ZHONGXIAOXING GUOLU
JIENENG HUANBAO XINJISHU

中小型锅炉节能环保新技术

丁守宝 主编
成德芳 副主编
冯维君 主审

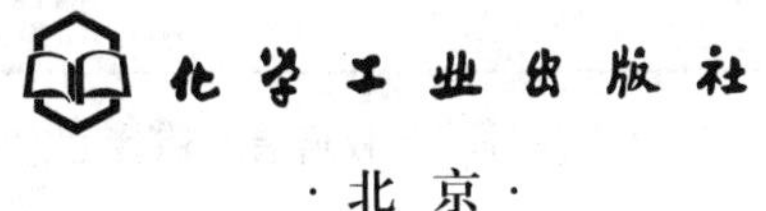

化学工业出版社
·北京·

内 容 提 要

本书以我国量大面广的中小型锅炉节能为主线，系统介绍了锅炉典型燃烧方式、锅炉传热过程、锅炉热平衡原理等锅炉节能的基础理论；锅炉燃烧调整、辅机经济运行、水质管理等经济运行技术；层燃锅炉改造、干熄焦余热回收、集中供热等典型节能技术；锅炉能效评价的测试方法、效率计算方法；锅炉房安全与节能管理、与锅炉节能密切联系的锅炉污染物减排技术等。

本书主题明确，紧扣当前我国锅炉节能工作的重点及热点——中小型锅炉的节能。内容由浅入深、逐层递进，在理论讲解的同时注意应用实例的说明，对我国中小型锅炉设计人员，制造、安装和改造工程技术人员，运行和管理人员，检验和监察人员以及锅炉科研人员都具有重要参考价值，同时也可供大专院校师生参考使用。

图书在版编目（CIP）数据

中小型锅炉节能环保新技术/丁守宝主编．—北京：化学工业出版社，2009.9
ISBN 978-7-122-06399-1

Ⅰ．中…　Ⅱ．丁…　Ⅲ．锅炉-节能　Ⅳ．TK229

中国版本图书馆 CIP 数据核字（2009）第 131361 号

责任编辑：李玉峰　戴燕红　　文字编辑：昝景岩
责任校对：陶燕华　　装帧设计：韩　飞

出版发行：化学工业出版社（北京市东城区青年湖南街 13 号　邮政编码 100011）
印　　装：化学工业出版社印刷厂
787mm×1092mm　1/16　印张 23¼　字数 601 千字　　2009 年 8 月北京第 1 版第 1 次印刷

购书咨询：010-64518888（传真：010-64519686）　售后服务：010-64518899
网　　址：http://www.cip.com.cn
凡购买本书，如有缺损质量问题，本社销售中心负责调换。

定　　价：68.00 元

编写人员名单

主　编　丁守宝（高级工程师）

副主编　成德芳（高级工程师）

主　审　冯维君（高级工程师）

参加编写人员

第一章　赵欣刚（高级工程师）　陈征宇（工程师）

第二章　池作和（教授）　关键（博士）

第三章　孙志敏（高级工程师）　葛翔（高级工程师）

第四章　成德芳　刘小东（工程师）　王政（高级工程师）　赵国凌（教授）

第五章　洪荣华（教授）　杨一农（高级工程师）　成德芳　杜斌（高级工程师）

第六章　章增明（高级工程师）　丁守宝

第七章　易革非（高级工程师）　陈征宇

第八章　丁守宝　徐文胜（工程师）

第九章　狄刚（高级工程师）　李文炜（高级工程师）

我的感言——代序

从参数上看，中小型锅炉设备的特征在于单台锅炉容量小，工质热工参数低。根据我对中小型锅炉的认识和理解，经过理论分析和对锅炉工程实践的思考认为，这个特征决定了中小型锅炉与大型锅炉相比，其热力特性参数：炉膛断面热负荷 q_F（或可见炉排热负荷 q_R）很小，且相对炉膛断面积和炉膛内外表面积很大，随着锅炉容量的减小，这两个矛盾显得更加突出。这是由中小型锅炉内因所决定的。因此，中小型锅炉在燃烧上存在着先天性不足：1. 炉内温度水平低，燃烧产物的烟气在炉膛内湍动很弱，且停留时间短，故着火、燃烧、燃尽困难；2. 锅炉散热面积大，漏风的潜在可能性大。这两者直接限制了煤的燃烧效率和锅炉的热效率。

我国中小型锅炉量大面广，节能和安全是永恒的主题。多年来长期普遍存在着实际运行热效率很低的状况，除上述内因造成的困难外，在运行管理上，对煤质的监管、运行技术和实践中成功经验及教训的总结提升，管理、运行人员综合能力的规范达标；专门性或专题性节能技术的研究上，节能技术及产品的开发和规范推广；特别是以锅炉为核心的整个热力系统的综合优化集成上都存在着较大的节能和创新的空间。

为了更好地推进我国中小型锅炉的安全运行和节能减排，本书的作者们在认真总结多年来我国锅炉节能减排相关理论、技术、工程实践成果不断发展进步的基础上，结合最新节能技术的发展以及自身专业工作成果的长期积累编写成此书。该书全面、系统、完整地介绍了我国锅炉节能的相关法规、节能的基础理论、锅炉经济运行与管理的技术和方法、典型的锅炉节能技术、余热利用、热力系统节能、锅炉房的安全节能管理、锅炉节能评价及能耗分析以及燃煤锅炉污染物减排技术等内容，特别本书还引入很多工程实例，极大地增强了该书的实用性和可读性，体现了技术节能、运行节能、管理节能的内涵。

这是一本内容广泛而充实，理论联系实际，集技术、运行、管理为一体，综合思考锅炉、辅机、水质及整个热力系统集成节能的著作。相信本书对我国中小型锅炉设计人员，制造、安装及改造工程技术人员，运行及管理人员，检验及监察人员以及锅炉科研人员都具有重要参考价值，同时也可供大专院校相关学科专业的师生参考使用。同时我也相信并希望本书的出版能推动我国从事中小型锅炉研究、设计、制造、运行、管理、检验检测各方面的科技工作者，在中小型锅炉节能理论、技术研究和实践中取得更大的创新性成果，出版更多的著作。

徐通模

2009 年 7 月于西安交通大学能源馆

前言

锅炉等高耗能特种设备的节能工作已成为我国节能减排国家战略的主要内容之一。新修订的《中华人民共和国节约能源法》中增加了对锅炉等高耗能特种设备实行节能审查和监管的要求，标志着我国锅炉等高耗能特种设备的节能工作已纳入法制体系中。中小型锅炉因为数量众多、节能潜力巨大，受到了各级政府、企事业单位及广大锅炉工程技术人员、科研人员的高度重视和广泛关注。

锅炉节能工作涉及面广，包括众多环节，从设计、制造、安装，到使用、管理、政府监管，以及节能科研，因此本书内容对我国中小型锅炉设计人员、制造、安装和改造工程技术人员、锅炉运行和管理人员、检验和监察人员以及锅炉科研人员都具有重要参考价值，同时也可供大专院校师生参考使用。

本书的编者均为长期从事锅炉行业的技术人员，具有丰富的锅炉设计、制造、节能改造、能效测试、科研经验，充分掌握中小型锅炉节能工作人员的技术需求、技术发展趋势，保证了本书具有较强的实用性及参考价值。

本书的内容选择及编写具有以下特点：

（1）紧扣当前我国锅炉节能工作的重点及热点——中小型锅炉的节能。中小型锅炉在我国社会生产、生活中广泛应用，节能潜力巨大、任务紧迫，受到锅炉相关工程技术人员、管理人员及科研人员的高度重视。

（2）全书以中小型锅炉节能为主线，主题明确，内容丰富完整，涵盖了锅炉节能的基础理论、典型技术、测试评价、运行管理。既有燃烧调整等方面的运行节能，又有层燃炉改造等方面的改造节能，还有锅炉房管理等的管理节能。考虑到锅炉污染物减排与节能工作是密切联系的两个方面，本书还介绍了烟尘、SO_2、NO_x等锅炉典型污染物的减排技术。本书是一本综合性较强的著作，同时注意应用实例的说明，增加了技术理论的说服力，具有很强的实用性。

（3）引用数据科学准确，表述规范，如节能评价及分析部分的测试流程、计算方法等内容，与国内最新的相关标准相吻合，保证了有关操作方法、计算依据的规范性和可操作性。

（4）章节安排合理，逻辑性强。从燃烧、热平衡等基础理论开始至冷凝水回收、余热利用等典型技术，从锅炉本体节能至供热系统层面的节能，从技术节能至管理节能，内容由浅入深，逐层递进。

本书是在浙江省质量技术监督局的关心支持下完成的。在本书的编写过程中还得到了上海工业锅炉研究所陈国岩高级工程师的大力支持，对本书提出了很多宝贵意见，在此一并表示感谢。

由于时间和水平所限，书中可能存在一些不妥之处，恳请读者批评指正。

编　者
2009 年 6 月于杭州

目 录

第一章 锅炉节能背景及意义 …… 1

第一节 我国能源及环境现状 …… 1

一、能源和环境的概念 …… 1

二、能源环境问题 …… 3

三、我国能源利用及环境现状 …… 10

第二节 我国锅炉现状及节能意义 …… 12

一、锅炉产品现状 …… 12

二、在用锅炉节能现状 …… 13

三、锅炉节能意义 …… 14

第三节 锅炉节能相关法规 …… 15

一、中华人民共和国宪法 …… 15

二、中华人民共和国节约能源法 …… 15

三、节能中长期专项规划 …… 16

四、关于推进高耗能特种设备节能监管工作的指导意见 …… 17

五、特种设备安全监察条例 …… 17

第二章 锅炉节能基础理论 …… 19

第一节 燃料及其基本特性 …… 19

一、固体燃料 …… 19

二、液体燃料 …… 21

三、气体燃料 …… 22

四、燃料的成分分析 …… 24

五、燃料的发热量 …… 25

第二节 燃烧基本原理 …… 26

一、燃烧基本概念 …… 26

二、煤的燃烧 …… 26

三、液体燃料的燃烧 …… 28

四、气体燃料的燃烧 …… 29

五、燃烧所需的空气量 …… 31

六、燃烧产生的烟气量 …… 31

第三节 锅炉典型燃烧方式 …… 33

一、层状燃烧 …… 33

二、悬浮燃烧 …… 36

三、沸腾燃烧 …… 46

四、煤的气化 …… 48

第四节 锅炉传热过程 …… 50

一、热传导 …… 50

二、热对流 …… 51

三、热辐射 …… 53
第五节 锅炉热平衡原理 …… 55
一、锅炉热平衡 …… 55
二、锅炉热效率计算方法 …… 56
三、输入锅炉的热量 …… 56
四、输出锅炉的热量 …… 57
五、锅炉热损失 …… 57

第三章 锅炉经济运行与管理 …… 60
第一节 燃煤锅炉燃烧调整 …… 60
一、手烧炉的燃烧调整 …… 60
二、链条炉的燃烧调整 …… 60
三、煤粉炉的燃烧调整 …… 61
四、循环流化床锅炉的运行调节 …… 62
第二节 燃油（气）锅炉燃烧调整 …… 63
一、合理配风 …… 63
二、燃烧调节 …… 64
三、其他调节方法 …… 65
第三节 锅炉吹灰及除渣 …… 66
一、吹灰及除渣的意义 …… 66
二、积灰积渣产生的原因 …… 66
三、常见吹灰器的工作原理 …… 67
四、冲击波吹灰系统 …… 67
第四节 锅炉辅机经济运行 …… 70
一、离心泵的工作原理 …… 70
二、离心泵的能量损失 …… 71
三、泵与风机的节能运行 …… 71
四、除渣及除灰设备 …… 77
五、提高辅机可靠性 …… 77
第五节 锅炉水质管理与水处理 …… 78
一、水质不良对锅炉安全经济运行的影响 …… 78
二、工业锅炉水处理的目的和总体要求 …… 79
三、天然水中的杂质和危害 …… 80
四、锅炉水质指标和标准 …… 82
五、锅外水处理 …… 86
六、锅内水处理 …… 93
七、锅炉给水除氧 …… 98
八、锅炉水处理方法选择 …… 101
第六节 锅炉除垢技术 …… 103
一、水垢的形成和分类 …… 103
二、水垢的危害及防止 …… 104
三、锅炉除垢 …… 105

第七节　锅炉合理排污与节能…… 108
一、排污的作用和目的…… 108
二、排污的方式和要求…… 109
三、排污量的监控及计算…… 110
四、锅炉排污水的综合利用…… 112
五、锅炉排污系统的热能回收改造实例…… 114
第八节　冷凝水的回收节能技术…… 115
一、凝结水的利用方式…… 115
二、冷凝水回收的原则…… 116
三、凝结水回收方法及对比分析…… 116
四、冷凝水回收的污染…… 118
五、冷凝水回收水处理技术…… 119
六、冷凝水的回收节能实例…… 120

第四章　锅炉节能技术 …… 122
第一节　层燃炉改造…… 122
一、链条锅炉存在问题分析…… 122
二、链条炉节能改造措施…… 123
三、链条炉改造实例…… 129
第二节　分层燃烧技术…… 135
一、分层燃烧技术的工作原理…… 135
二、分层燃烧技术的节能机理…… 135
三、分层燃烧技术的燃烧特性…… 136
四、分层给煤装置的分类及选择…… 136
五、分层燃烧的注意事项…… 138
六、分层燃烧存在的问题…… 138
七、分层燃烧的效果与评价…… 139
第三节　型煤燃烧技术…… 139
一、型煤的定义与特点…… 140
二、锅炉燃用型煤的必要性…… 141
三、型煤的燃烧特性…… 142
四、锅炉型煤生产工艺…… 143
五、工业型煤的发展前景…… 144
第四节　循环流化床技术…… 145
一、循环流化床锅炉的优缺点…… 145
二、循环流化床燃烧机理…… 147
三、循环流化床锅炉结构简介…… 147
四、循环流化床的发展情况…… 149
第五节　水煤浆燃烧技术…… 149
一、水煤浆…… 149
二、水煤浆燃烧特征…… 151
三、水煤浆燃烧技术概述…… 152

四、水煤浆喷嘴雾化技术…………………………………………………………………… 152
五、水煤浆燃烧器……………………………………………………………………………… 153
六、水煤浆锅炉………………………………………………………………………………… 154
七、水煤浆在炉窑方面的应用……………………………………………………………… 158
八、锅炉改造…………………………………………………………………………………… 158
九、水煤浆锅炉应用举例……………………………………………………………………… 158
第六节 煤粉燃烧技术………………………………………………………………………… 159
一、由来与现状………………………………………………………………………………… 159
二、煤粉燃烧过程及其特点…………………………………………………………………… 160
三、影响煤粉燃烧的因素……………………………………………………………………… 163
四、燃烧效率与燃尽率………………………………………………………………………… 166
五、煤粉燃烧器………………………………………………………………………………… 171
六、煤粉质量指标与制备……………………………………………………………………… 175

第五章 余热利用 …………………………………………………………………………… 180
第一节 概述…………………………………………………………………………………… 180
一、余热资源的分类…………………………………………………………………………… 180
二、烟道式余热锅炉的设计…………………………………………………………………… 181
三、余热气体的回收…………………………………………………………………………… 182
第二节 热管技术……………………………………………………………………………… 183
一、热管的历史………………………………………………………………………………… 183
二、热管的工作原理…………………………………………………………………………… 184
三、热管的优点………………………………………………………………………………… 185
四、热管分类及换热器结构…………………………………………………………………… 186
五、玻璃窑炉中的余热回收…………………………………………………………………… 188
六、热管换热器在钢铁企业中的应用……………………………………………………… 191
七、热管式换热器在电站锅炉中的应用…………………………………………………… 192
八、热管式换热器在氮肥工业中的应用…………………………………………………… 192
九、热管式换热器在硫酸工业中的应用…………………………………………………… 193
十、热管式换热器在石油化工企业中的应用……………………………………………… 193
第三节 工业炉窑余热锅炉…………………………………………………………………… 193
一、工业炉窑排烟余热………………………………………………………………………… 193
二、余热利用设备的介绍……………………………………………………………………… 193
第四节 水泥窑余热回收……………………………………………………………………… 198
一、国内现状…………………………………………………………………………………… 198
二、技术特点…………………………………………………………………………………… 198
第五节 干熄焦余热回收……………………………………………………………………… 200
一、熄焦工艺…………………………………………………………………………………… 200
二、干熄焦锅炉………………………………………………………………………………… 201
三、二次降温系统……………………………………………………………………………… 202
四、两种换热工艺的比较……………………………………………………………………… 203
第六节 燃气轮机余热锅炉…………………………………………………………………… 203

一、燃气-蒸汽联合循环发电 …… 203
二、燃机余热锅炉 …… 204
第七节 高炉煤气的利用 …… 206
一、燃气的种类与特点 …… 206
二、高炉煤气的技术特点 …… 207
第八节 有机热载体炉余热利用 …… 209
一、概述 …… 209
二、案例 …… 210
附录 1 烟道式余热锅炉的型号表示规定 …… 210
附录 2 余热锅炉订货须知 …… 211

第六章 系统节能技术 …… 213
第一节 集中供热概论 …… 213
一、概述 …… 213
二、集中供热几个重要概念 …… 214
三、集中供热热负荷的类别及收集整理 …… 215
四、集中供热热源厂 …… 216
五、供热介质及参数选择 …… 220
六、集中供热系统的类型 …… 221
七、集中供热系统的补水及定压 …… 226
八、集中供热系统的运行调节 …… 226
九、集中供热系统的管理维护 …… 227
十、分布式能源系统 …… 230
第二节 集中供热系统的节能技术 …… 232
一、概述 …… 232
二、锅炉本体系统节能 …… 234
三、锅炉运行中的节能 …… 236
四、供热系统辅机节能技术 …… 238
五、蒸汽凝结水回收技术 …… 243
第三节 供热系统改造 …… 246
一、水力平衡 …… 246
二、气候补偿 …… 246
三、案例 …… 247

第七章 锅炉节能评价及分析 …… 250
第一节 锅炉热工试验方法 …… 250
一、试验的分类和热效率试验的方法 …… 250
二、试验组织与前期准备工作 …… 251
三、试验要求 …… 251
四、正平衡热效率试验项目和计算方法 …… 254
五、反平衡热效率试验项目和计算方法 …… 255
六、锅炉的净效率 …… 260
七、测量方法 …… 261

八、锅炉热平衡试验计算实例…… 272
第二节 锅炉能耗分析…… 275
一、锅炉排烟热损失…… 275
二、化学不完全燃烧热损失…… 279
三、机械不完全燃烧热损失…… 280
四、散热损失…… 282
五、灰渣物理热损失…… 284
第三节 几种热工测试仪器…… 284
一、超声波流量计…… 284
二、烟气分析仪…… 286
三、热电偶温度计…… 288
四、热流计…… 289
第八章 燃煤锅炉污染物减排技术…… 290
第一节 燃烧产生的主要污染物特性及危害…… 290
一、烟尘性质和危害…… 290
二、SO_2 的性质和危害…… 291
三、NO_x 的性质和危害…… 291
四、酸雨…… 292
五、CO 和 CO_2…… 292
第二节 燃烧主要污染物排放标准…… 292
一、燃烧主要大气污染物排放标准…… 292
二、噪声控制标准…… 294
三、废水控制标准…… 295
第三节 燃煤锅炉烟尘的控制…… 295
一、烟尘的形成机理…… 295
二、烟尘生成量的控制…… 296
三、烟气的除尘…… 296
四、典型的烟气除尘方法和设备…… 298
五、除尘方法和设备的选用…… 308
第四节 锅炉 SO_2 减排技术…… 310
一、SO_x 的生成…… 310
二、SO_2 控制技术概述…… 310
三、典型的烟气脱硫方法…… 312
四、烟气脱硫方法的选取…… 320
第五节 中小型燃煤炉烟气除尘脱硫技术…… 320
一、工业锅炉烟气特点…… 320
二、烟气除尘脱硫装置的分类和特点…… 321
三、烟气除尘脱硫装置的材料和结构…… 322
四、除尘脱硫一体化工艺的特点和存在的问题…… 323
五、烟气脱硫除尘装置选择原则和技术选型…… 324
六、我国中小型燃煤锅炉烟气除尘脱硫技术的发展趋势…… 325

第六节　锅炉低 NO_x 控制技术 …… 326
一、概述…… 326
二、NO_x 的生成途径 …… 326
三、影响 NO_x 排放的主要因素 …… 326
四、低 NO_x 燃烧技术 …… 327
五、液体吸收法控制 NO_x …… 328
六、吸附法净化 NO_x …… 328
七、催化还原法净化 NO_x …… 328
八、烟气同时脱硫脱硝技术介绍…… 330
第七节　锅炉房噪声控制和废水减排…… 331
一、噪声的控制…… 331
二、锅炉房废水减排利用…… 333
第九章　锅炉房的安全节能管理 …… 336
第一节　锅炉房的基本设计要求…… 336
一、锅炉房的基本设计建造要求…… 336
二、锅炉房位置的选择…… 337
三、锅炉房的工艺布置设计…… 339
四、锅炉房的消防设施…… 339
五、锅炉房的通风设计…… 339
六、锅炉房的防火安全设计…… 341
第二节　中小型工业锅炉的经济运行要求…… 343
一、工业锅炉经济运行要求…… 343
二、工业锅炉使用管理要求…… 345
三、工业锅炉使用管理注意事项…… 346
第三节　锅炉房安全管理的基本要求…… 348
一、锅炉房规章制度…… 348
二、锅炉房安全管理岗位责任制…… 351
参考文献 …… 356

第一章

锅炉节能背景及意义

第一节　我国能源及环境现状

一、能源和环境的概念

资源与环境，是人类生存和发展的基本条件，其中自然资源是国民经济与社会发展的重要物质基础。然而，随着物质生活水平的提高和人口的增长，人类对自然资源的需求日益增大，同时对环境的破坏也日趋加剧。如何以最低的环境代价确保经济持续增长，同时还能使自然资源可持续利用，已成为当代所有国家在经济、社会发展过程中所面临的一大难题。因此，掌握资源与环境的概念，明晰资源构成要素之间、环境构成要素之间的关联性，以及资源与环境的关系，了解我国资源与环境的现状，是深刻领会发展循环经济，建设资源节约型和环境保护型社会，从根本上缓解经济社会发展面临的资源约束矛盾和环境压力，实现全面建设小康社会的前提。

1. 资源的概念

资源通常被解释为“资财之源，一般指天然的财源”（《辞海》）。由于人们在研究领域和研究角度上存在着差别，资源又有广义、狭义之分。

广义的资源指人类生存发展和享受所需要的一切物质的和非物质的要素。因此，资源既包括一切为人类所需要的自然物，如阳光、空气、水、矿产、土壤、植物及动物等等，也包括以人类劳动产品形式出现的一切有用物，如各种房屋、设备、其他消费性商品及生产资料性商品，还包括无形的资财，如信息、知识和技术，以及人类本身的体力和智力。正如恩格斯所指出的：“劳动和自然界一起才是一切财富的源泉。自然界为劳动提供材料，劳动把材料变为财富。”由于人类社会财富的创造不仅来源于自然界，而且还来源于人类社会，因此资源不仅包括物质的要素，也包括非物质的要素。

狭义的资源仅指自然资源，联合国环境规划署（UNEP）对资源下过这样的定义：“所谓自然资源，是指在一定时间、地点的条件下能够产生经济价值的，以提高人类当前和将来福利的自然环境因素和条件的总称。”《英国大百科全书》中把资源说成是人类可以利用的自然生成物以及生成这些成分的环境功能。前者包括土地、水、大气、岩石、矿物及森林、草地、矿产和海洋等，后者则指太阳能、生态系统的环境机能、地球物理化学的循环机能等。

对于资源，从不同的角度、标准有着各种各样的分类方法。例如，按照生产要素的实物形态，可以划分为人力资源和物资资源；按资源的根本属性不同，可以划分为自然资源和社会资源；按利用限度不同，又可以划分为可再生资源和不可再生资源。分类的目的是为了更好地理解和把握不同资源间的相互关系及同类资源的共同特征，以便更好地更合理地利用资源。

自然资源是指具有社会有效性和相对稀缺性的自然物质或自然环境的总称。联合国出版的文献中对自然资源的含义解释为：“人在其自然环境中发现的各种成分，只要它能以任何方式为人类提供福利都属于自然资源。从广义来说，自然资源包括全球范围内的一切要素，它既包括过去进化阶段中无生命的物理成分，如矿物，又包括地球演化过程中的产物，如植物、动物、景观要素、地形、水、空气、土壤和化石资源等。”自然资源是人类生活和生产资料的来源，是人类社会和经济发展的物质基础，同时也构成人类生存环境的基本要素。

自然资源的类型有多种划分方法。首先，按资源的实物类型划分，自然资源包括土地资源、气候资源、水资源、生物资源、矿产资源、海洋资源、能源资源、旅游资源等。其次，从可持续发展的角度出发，自然资源可划分为耗竭性资源和非耗竭性资源。

2. 能源的概念

通常凡是能被人类加以利用以获得有用能量的各种来源都可以称为能源。能源种类繁多，而且经过人类不断地开发与研究，更多新型能源已经开始被人类利用。根据不同的划分方式，能源也可分为不同的类型。

首先根据产生的方式以及是否可以再利用，可分为一次能源和二次能源、可再生能源和不可再生能源。以原始状态存在于自然界，不需要加工或转化，可以直接使用的能源，称为天然能源或一次能源。一次能源包括可再生的水力资源和不可再生的煤炭、石油、天然气资源，其中包括水、石油和天然气在内的三种能源是一次能源的核心，它们成为全球能源的基础；除此以外，太阳能、风能、地热能、海洋能、生物能以及核能等可再生能源也被包括在一次能源的范围内。经过加工或转化形成的能源称为二次能源，如电力、煤气、汽油、柴油、焦炭、洁净煤、激光和沼气等能源都属于二次能源。其次根据能源消耗后是否造成环境污染可分为污染型能源和清洁型能源，污染型能源包括煤炭、石油等，清洁型能源包括水力、电力、太阳能、风能以及核能等。最后根据能源使用的类型又可分为常规能源和新型能源。煤炭、石油、天然气以及水能等为常规能源。新型能源包括太阳能、风能、地热能、海洋能、生物能以及用于核能发电的核燃料等能源。

随着全球各国经济发展对能源需求的日益增加，现在许多发达国家都更加重视对可再生能源、环保能源以及新型能源的开发与研究。同时，我们也相信随着人类科学技术的不断进步，会不断开发研究出更多新能源来替代现有能源，以满足全球经济发展与人类生存对能源的高度需求，而且我们能够预计地球上还有很多尚未被人类发现的新能源正等待我们去探寻与研究。

3. 环境概念

在环境科学领域，环境的含义是：以人类社会为主体的外部世界的总体。环境是人类进行生产和生活的场所，是人类生存与发展的物质基础。人类环境包括自然环境和社会环境。自然环境是人类赖以生存、发展生产所必需的自然条件和自然资源的总称。自然环境既为人类提供了生存环境，也为人类生存提供了必要的资源。自然资源与自然环境是密不可分的，自然资源是自然环境的重要组成部分。环境科学将地球环境按其组成要素分为大气环境、水环境、土壤环境和生态环境。前三种环境又可称为物化环境。从人类的角度看，它们都是人类生存与发展所依赖的环境。按照这一定义，环境包括了已经为人类所认识的，直接或间接影响人类生存和发展的物理世界的所有事物。《中华人民共和国环境保护法》所称的环境是：影响人类社会生存和发展的各种天然的和经过人工改造的自然因素的总体，包括大气、水、海洋、土地、矿藏、森林、草原、野生动物、自然古迹、人文遗迹、自然保护区、风景名胜区、城市和乡村等。

随着人类社会的发展，环境的概念也在变化。以前人们仅仅把环境看作是一些单个物理要素的简单组合，忽视了它们之间的相互作用关系。20 世纪 70 年代以来，人类对环境的认识发生了一次飞跃，人类开始认识到地球的生命支持系统中的各个组分和各种反应过程之间的相互关系。对某个方面有利的行动，可能会给其他方面造成意想不到的损害。事实上，恩格斯早就指出："我们不要过分陶醉于我们人类对自然界的胜利。对于每一次这样的胜利，自然界都对我们进行报复。每一次胜利，在第一线都确实取得了我们预期的结果，但是在第二线和第三线却有了完全不同的、出乎意料的影响，它常常把第一个结果重新消除。美索不达米亚、希腊、小亚细亚以及别的地方的居民，为了得到耕地，毁灭了森林，他们梦想不到，这些地方今天竟因此成为荒芜不毛之地，因为他们在这些地方剥夺了森林，也就剥夺了水分的积聚中心和贮存器。阿尔卑斯山的意大利人，当他们在山南坡把那些在北坡得到精心培育的枞树林滥用个精光时，没有预料到，这样一来，他们把他们区域里的山区牧畜业的根基挖掉；他们更没有预料到，他们这样做，竟使山泉在一年中的大部分时间内枯竭了，同时在雨季又使更加凶猛的洪水倾泻到平原上来。"人类的生存环境已形成一个复杂庞大的、多层次、多单元的环境系统。500 多万年来，人类从动物中进化出来，进而适应、利用和改造环境，20 世纪的工业革命和近年来科学技术的迅速发展，使人与环境相互作用的问题日益增多，也激发了民族环境意识的觉醒和提高，当前保护环境已成为一个国家和民族具有高度文明的重要标志。

二、能源环境问题

1. 能源问题

能源是人类生存和发展的重要基础，也是当今国际政治、经济、军事、外交关注的焦点。当前和今后，能源问题在国际形势与世界发展中的分量不断上升，它不仅是经济和发展问题，也是影响世界形势和大国战略的政治和安全问题。发达国家普遍注重多元并举、创新能源开发和安全战略，并积累了不少经验。面对全球性日益严峻的能源安全问题，各国尤其是大国加强合作、共同应对、争取共赢，既是迫切需要，也是大势所趋。能源竞争的零和游戏越来越没有市场，能源磋商与合作将是发展潮流。

人类的能源利用经历了薪柴时代到煤炭时代再到油气时代的演变，能源的结构和消费也发生了很大的变化（见图 1-1 和图 1-2）。目前世界能源主要依赖石油、天然气和煤炭等不可再生资源，其中石油和天然气是多数国家的主要能源支撑，尤其是西方发达国家的经济增长长期直接依赖廉价畅通的石油供应。

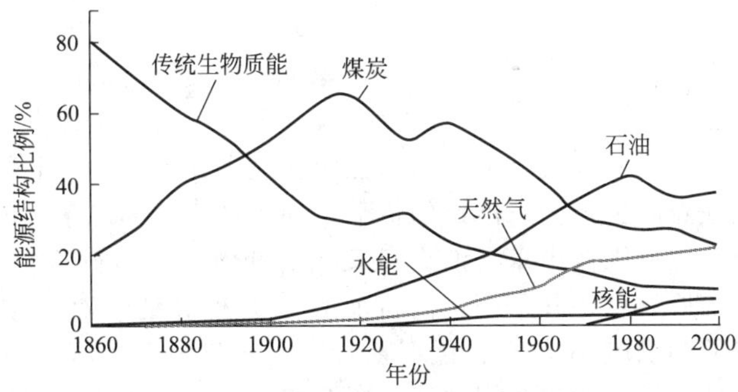

图 1-1 过去 100 多年世界能源结构变化

世界能源总量相对充足但地域分布严重失衡。2007 年年底全球石油剩余的探明储量为 1686 亿吨。估计世界石油储采比至少可维持 50 年以上（中东为 90 多年），随着勘探和开采技术的不断进步，世界常规油气资源总量和探明可采储量还将继续增长。但世界能源的生产和消费在地域分布上严重失衡，80%的探明储量分布在中东、北非、欧亚和北美地区（见图 1-3），

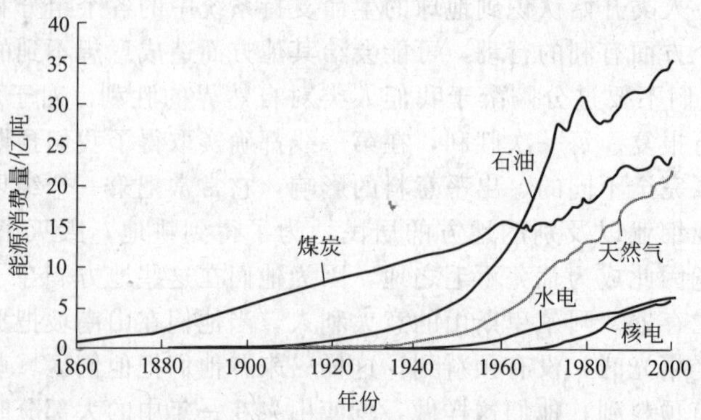

图 1-2　过去 100 多年世界能源消费变化

而世界石油消费的近 80%则集中在北美、亚太和欧洲。世界能源的不可再生性及其地域分布的严重失衡，使能源因素成为各国制定对外政策和处理外交关系的重要参考要素之一。

因为受到大国干预、地区热点、国际投机等诸多因素的深刻影响，油气生产和运输等环节受到严重制约，国际能源安全的脆弱性十分明显。因此各大国不断加大力度争夺石油资源和市场。能源问题与大国争夺、地缘政治、地区利益和民族纠纷等矛盾相互交织，成为牵涉到国家战略经济和发展利益以及总体对外战略的多层次的政治和安全问题。围绕激烈的能源竞争和能源安全维护，在能源消费国之间、消费国与生产国之间、生产国与生产国之间也不断发生复杂的矛盾和斗争，比如，美国、欧洲、俄罗斯、日本、印度等大国或大国集团近年来在中东、中亚、非洲和拉美地区展开的角逐和互动，无不带有能源争夺色彩，美国和俄罗斯在中亚和里海地区，在油气勘探开发、出口管道建设等方面的斗争尤其引人注目。世界大国为获取稳定可靠而经济的能源，不惜动用各种手段展开竞争，甚至不惜发动战争。

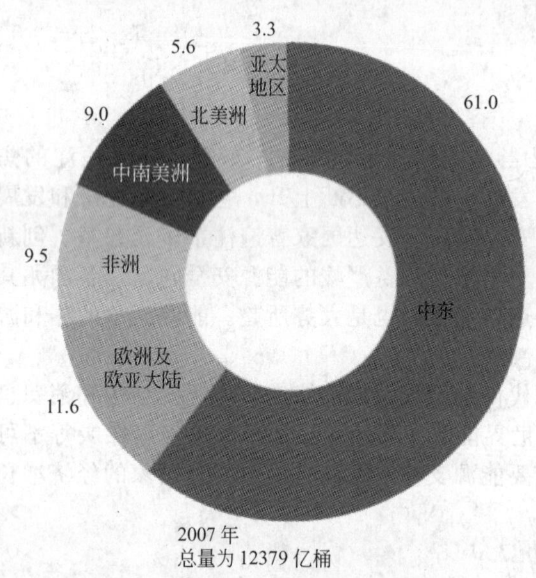

图 1-3　2007 年石油探明储量分布图
（以百分比表示）

许多大国纵横捭阖，开展能源外交，力求能源供应多元化。9·11 事件后，作为世界最大石油进口国，美国注意减少对中东能源的依赖，加大从非洲和加拿大的进口力度。日本要从中东进口 2 亿吨，在重点维持中东石油进口安全的同时，大力投资中亚、俄罗斯和非洲，提高在石油丰富地区的原油自主开采率，由目前的 15%提高到 40%。欧盟对石油的稳定需求量为每年 6 亿吨，原油供应 18%来自俄罗斯，28%来自中东。印度石油对外依赖度达到 70%，在依靠伊朗、俄罗斯和缅甸等周边油气资源的基础上，向非洲和拉美扩展。大国能源外交也体现出各自特性。美国能源外交注重现实主义和实力，不惜把游戏规则强加给盟友欧洲和日本；美国高度重视能源维护的军事力量建设，不断加强对世界重要海峡和运河的控制。日本想方设法发展与石油丰富国家的关系，日本企业在政府的优惠政策扶持下，纷纷在埃及、安哥拉和阿尔及利亚等国展开勘探和开采。俄罗斯 2010 年计划产油 5.3 亿吨，其能源外交也带有平衡色彩，在继续稳定欧洲市场的同时，大力开辟非欧洲市场。

国际能源署刚刚在京发布了2008世界能源展望报告。报告指出，世界能源体系正在面临抉择。到2030年，与今天相比，能源世界将发生翻天覆地的变化，世界能源体系将被改变。尽管市场失衡会导致价格的暂时回落，但很明显，廉价石油时代已经结束。报告预测，至2030年，世界一次性能源需求和2006年相比将增加45%，其中中国和印度的经济持续强劲增长，其一次性能源需求的增长强劲。

从能源资源总量来评价，可以说我国是能源资源丰富的国家之一，但从能源品种、地区分布以及人口等因素分析，我国能源资源的勘探和开发利用存在着先天的矛盾或问题，需要采取有效战略及措施加以妥善解决。

中国能源化石资源探明储量中，96%是煤炭，油气资源仅占总量的4%左右，煤炭资源相对丰富。中国现有煤炭剩余探明可采储量2000多亿吨，有较长时期保障供应的资源能力；石油剩余探明可采储量约24亿吨，储采比约14，人均仅为1.82吨；天然气剩余探明可采储量仅为2.38万亿立方米，从人均的角度看，中国的天然气资源也是十分有限的。如图1-4、图1-5所示。

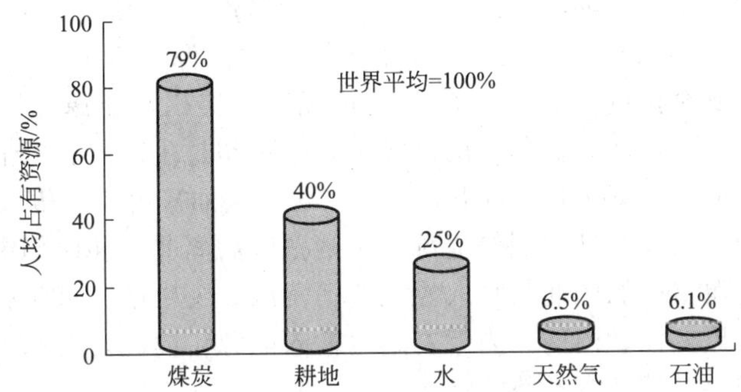

图1-4 我国主要资源人均占有水平和世界平均水平的比较

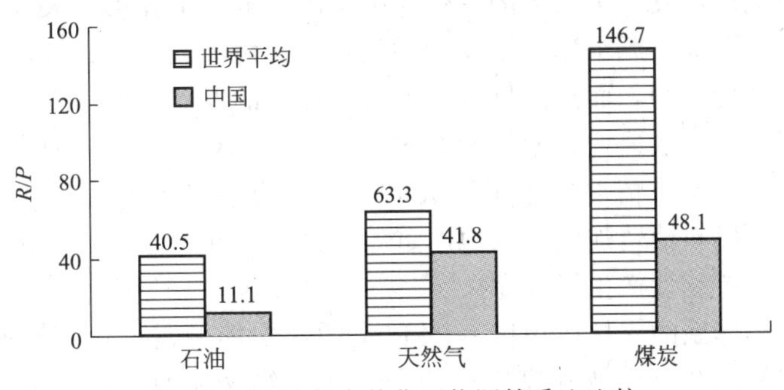

图1-5 2006年中外化石能源储采比比较

我国各种能源资源在地域分布上都具有不同程度的不平衡性。煤炭资源分布的面较广，全国2300多个县市中1458个有煤炭赋存，但90%的储量分布在秦岭-淮河以北地区，尤其是晋陕蒙三省区，占到全国总量的63.5%。从东西方向看，煤炭85%分布于中西部，沿海地区仅占15%。在煤炭资源比较贫乏的大区中有相对较富的省份，如东北区的黑龙江、华东区的安徽、华中区的河南；而在能源比较富裕的大区中又有相对贫乏的省份，如西北区的甘肃，华北区的京、津两市。从分省探明储量看，超过1000亿吨的有山西、陕西、内蒙古；200亿～1000亿吨的有新疆、贵州、宁夏、安徽、云南和河南六省区，合占全国的25.3%。石油、天然气资源集中在东北、华北（包括山东）和西北，合占全国探明储量的86%，集中程度高于煤炭。储量最大的省区是黑龙江（占全国31.8%）、山东（18.6%）、辽宁

(12.7%)和京津冀(12.7%),其次是新疆(8.1%)、河南(4.4%)等。水能资源的分布主要在西部和中南部,在全国可开发资源量(3.7亿千瓦)中合计占到93.2%,其中西南占67.8%。占全国10%以上比重的省份有四川(26.8%)、云南(20.9%)和西藏(17.2%),其次为湖北、青海、贵州、广西,各占3%~8%之间。与燃料资源主要分布在北方相比,水能资源与之在空间上有较强的区域互补性。

全国能源资源结构以煤为主(占75.2%),水力居次(22.4%),油气为辅(2.4%)。各地区呈现明显的差异。就省区而言,北方大多数省份以煤炭为主,而南方一些省份则以水力资源为主。在省内能源结构中水力比重在80%以上的有西藏、浙江、湖北、四川、福建,50%~80%的有广西、广东、青海、江西、湖南和云南。能源资源结构具有综合性特色的省份很少,但油气资源占相当比重(超过10%)的有黑龙江、山东、辽宁、吉林和京津冀。

无论从每一能源种类或能源总体看,其分布与消费区的分布都很不一致。尽管在能源相对贫乏地区努力进行资源勘探和加大开发强度,有的地区甚至在全国能源生产中的比重已高于其资源比重,然而由于主要经济发达省市几乎都是能源相对贫乏区,随着经济的不断快速增长,能源自给率逐年下降。如华东区三省一市,能源资源只占全国5.4%,通过加大两淮徐州等煤田的建井规模和较充分地开发浙江水电,一次能源生产的比重仍只占全国4.2%,而能源消费量却要占到全国的11.4%。华南的情况同样突出,能源资源、生产与消费量分别占全国2.3%、2.6%和7.0%。华中的能源消费量也超过生产量。以上三区合计要消费全国能源的1/3,他们的供需缺口主要靠华北甚至东北(供油)解决,需长途运输,诸如长江三角洲、珠江三角洲、武汉及其周围等能源集中消费区均离北方和西部主要能源基地一两千公里以上。即使在能源富裕的东北与华北,主要消费区如辽中南、京津唐,由于能源消耗量十分集中,也需要由黑龙江、山西、内蒙古远途输入能源。因此,能源由北而南和由西而东的大量运输将是长期存在的基本态势。

在过去,中国的能源需求主要依靠自给自足,其能源消费量也很低。而如今,在不到一代人的时间里,情况已经发生了极大的变化,中国已经成为世界第二大能源消费国,其增长势头也最为迅猛,在全球能源市场中扮演着举足轻重的角色。中国经济,特别是重工业的飞速发展导致了能源消费激增,而这又反过来推动了经济的发展。多年来,由于中国只依靠国内资源便能充分满足不断快速增长的能源需求,因此中国对全球市场的影响一度是微乎其微的。但在最近十年内,这一情况发生了巨大的变化,国家对能源供应安全的关注也随之增加。日益增长的化石燃料消费加剧了当地严重的污染,并导致温室气体排放量上升,这令人对中国发展模式的可持续性产生了疑虑。

煤炭是中国能源体系的支柱。中国60%以上的一次能源需求由煤炭来满足,包括发电站使用的大部分燃料以及工商业和家庭所消费的大量终端能源(图1-6)。实际上,由于对电力的需求高涨,而中国近80%的发电量来自燃煤发电,因此,近年来煤炭在整体燃料构成中的重要性在不断提高。石油需求也在快速增长,2005年它在一次能源需求中的比重高达19%。另外,由于很多农村家庭一直在使用薪柴和秸秆来烹饪和采暖,因此生物质仍然是一种重要的能源来源。但是,生物质在一次能源需求中的比重仅为20年前的一半。天然气和中国众多的水电站工程分别只占2%,核电占一次能源的比重不到1%。尽管其他可再生能源的增长十分迅速,但其所占的比重仍然较小。

2. 环境问题

所谓环境问题,是指由于人类活动作用于周围环境所引起的环境质量变化,以及这种变化对人类的生产、生活和健康造成的影响。自从有了人类以后,环境问题就存在了,只是随

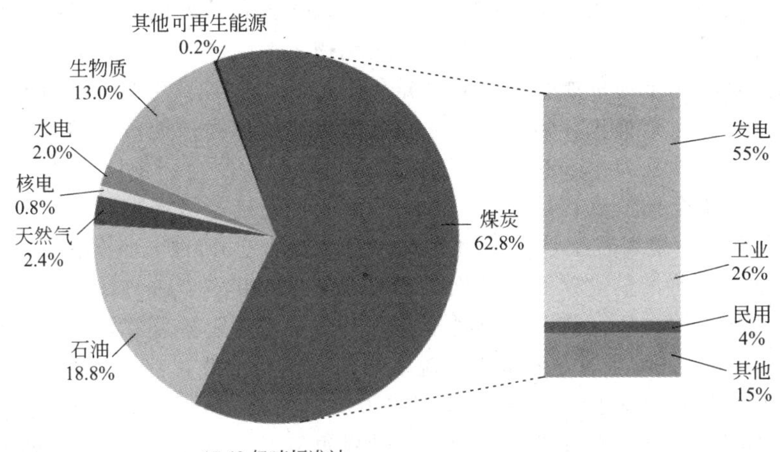

图 1-6 中国 2005 年的一次能源需求总量

着经济和社会的发展而不断变化。特别是 20 世纪 50 年代以来，社会生产力和科学技术突飞猛进，人口数量激增，人类征服自然界的能力大大增强，环境的反作用便日益强烈地显露出来，成为世界各国人民共同关心的全球性问题。《2002 年生命地球》报告指出，人类目前对地球资源的掠夺性使用，已超过了地球承受能力的 20%。这个数字每年还在不断增加。联合国的统计表明，支持人类生存空间和经济发展的四大生物系统——森林、海洋、耕地和草场、气候继续遭到巨大破坏。森林以每年 1400 万公顷的速度减少；全球土地荒漠化以每年 500 万～700 万公顷的速度发展，有 100 多个国家面临荒漠化威胁；有 80 个国家面临淡水资源匮乏；海洋污染日益严重，赤潮成为全球性公害；全球有 1/4 的哺乳动物、12%的鸟类濒临灭绝。当前，全球面临着十大环境问题。

(1) *人口问题* 医疗保健条件和生活水平的提高，使得人口出生率和成活率迅速提高，死亡率大幅度下降，引起全球人口急剧增长。地球上的自然资源是有限的，可以支持人口的能力也是有限的。

(2) *温室效应* 工业革命以来，大气中二氧化碳、甲烷、氮氧化物、氟氯烃等气体的含量不断增加，这些气体对地表放射出的长波辐射有强烈的吸收作用，并能透过太阳对地球的短波辐射，在空气中充当了玻璃或塑料膜的角色，导致地球表面和低层大气温度升高，全球变暖，造成“温室效应”。气候变暖导致冰川融化，海平面升高，沿海城市被淹没，大量桑田被浸泡，热浪不适于动物和植物的生存。

(3) *厄尔尼诺现象* 海洋水温上升，过多的热量使海水将热量传给大气，并以无法预测的方式改变大气环流，重新安排大气的正常环流，使风暴改向，打乱本来可能预报的季节天气特征的格局，引发干旱、洪水、暴风雪等自然灾害，这种具破坏性的洋流被称为厄尔尼诺。在过去 40 年中，9 次不同强度的厄尔尼诺已经对全球气候产生了影响。

(4) *臭氧层破坏* 在离地球表面 17～26km 的平流层中，有一个臭氧层，它可以阻挡对生物有害的由太阳发出的紫外线辐射。但由于工业生产排放的氟氯烃物质和日常生活中冰箱、空调、喷雾剂等氟氯烃制冷剂进入大气并上升到平流层后，通过复杂的物理化学过程，会与臭氧反应，使臭氧层变薄。人们已经发现，1995 年，南极的臭氧层出现 $2.5\times10^{7}km^{2}$ 面积的空洞。臭氧层可以吸收来自太阳辐射中 99%的紫外线，臭氧层破坏会威胁人类健康，影响农作物生长和海洋生物的繁殖。

(5) *酸雨现象* 酸雨指 pH 值小于 5.6 的酸性降水。酸雨的形成主要是由于现代工业的发展，像燃烧矿物燃料、金属冶炼等向大气排放硫氧化物和氮氧化物。酸雨危及河流、湖泊中的水生生物，危及水质、土壤、森林和各种建筑物。酸雨区已占我国国土面积的40%。

(6) 土地荒漠化　土地荒漠化指气候变异和人类活动影响等因素造成的干旱、半干旱以及亚湿润干旱地区的土地退化，包括沙漠化和石漠化，被称为“地球之癌”。据联合国1995年统计，全球荒漠化面积为4560万平方公里，几乎等于俄罗斯、中国、加拿大、美国土地面积的总和，每年给全球造成直接损失达423亿美元，间接经济损失是直接经济损失的2～3倍。另据联合国环境规划署统计：全世界每年有600万公顷的土地变为沙漠，沙进人退，土地不断被蚕食。目前，全世界受荒漠化影响的国家有100多个。

(7) 森林破坏　约在公元前700年时，地球上2/3的陆地覆盖着森林。目前，森林覆盖率不到1/3，已不足4000万平方公里，且锐减的趋势仍在继续，热带雨林的减少尤为严重。从1990年到1995年，地球上每年有11.7万平方公里的森林消失，现在则达到每年16万平方公里的消失速度。联合国粮农组织统计：全世界每年有1200万公顷的森林消失，相当于每分钟消失20公顷。森林的减少直接影响地球的气候变化，导致降水量下降，气温上升，又减少了土壤的蓄水能力，加重了洪水、干旱等自然灾害。

(8) 生物多样性减少　20世纪以来，科学技术的发展和应用扩大了人类对自然的影响范围和能力，人类的活动加快了地球上物种的灭绝速度。1600～1900年间，有75个物种灭绝，平均每4年一种；20世纪以来，平均每天有一种物种灭绝；20世纪90年代以来，平均每天灭绝的物种达140个；地球正面临第6次大规模的物种灭绝，与前5次不同的是，导致这场悲剧的正是人类自己。其中，对野生动物的狂捕滥杀，对生态环境的污染和破坏是物种灭绝的两个主要原因。由于人类的活动，使动物灭绝的速度超过自然灭绝速度的1000倍！物种的不断灭绝，将会导致生态平衡的破坏，或食物链的破坏，这种危害是人类所无法估计的。

(9) 淡水资源问题　地球表面有70%的面积被水所覆盖。由于开发困难和技术条件的限制，到目前为止，地球上的水资源只有1%可供人类使用，称之为“可用水资源”。可用水资源既是基础性自然资源，又是战略性经济资源，拥有安全的可用水资源是一个国家综合国力的有机组成部分。科学家们曾警告世界：“水，不久将成为一个深刻的社会危机，世界上的石油危机之后的下一个危机就是水的危机。”2002年8月在南非约翰内斯堡举行的可持续发展世界首脑会议上，全体与会代表一致通过将水危机列为未来10年人类面临的最严重挑战之一。

迄今为止，全球60%的大陆面积淡水资源不足，100多个国家严重缺水，其中缺水最为严重的有40个国家，有20多亿人口饮用水紧缺，世界上已经有近80%的人口受到水荒的威胁。由于过度开采，地球上的淡水资源正在枯竭。据预测，从21世纪初开始，世界上将有1/4的地方长期缺水；到2030年，全球大约有2/3的人口缺水。

加剧淡水资源危机的另一个重要原因是水污染，水资源地正在受到来自多方面的污染，污水直接入河形成的点污染，无节制地使用农药造成的面污染，河道、湖泊无清水、不流动造成的天然自净能力下降，使水环境的治理难度越来越大。在发展中国家，80%～90%的疾病和1/3以上死亡者的死因都与受细菌感染或受化学污染的水有关。

(10) 大气污染　大气污染是指由于人类的生产、生活活动，向大气中排放的各种污染物质超过了环境所允许的极限，使大气质量恶化，对人体、动物、物品产生不良影响或受到破坏时的大气状况。大气中的主要污染物包括：

① 颗粒物　颗粒物是除气体之外的包含于大气中的固体和液体物质。分散在大气中其粒径小于100μm的各种颗粒物称为总悬浮颗粒物（TSP），是目前大气质量评价中的一个重

要污染指标。其中，粒径小于 10μm，能在大气中长期飘浮的悬浮颗粒物质，如煤烟、烟气和雾等称为飘尘，由于飘尘粒径小，能被人直接吸入呼吸道内造成危害。

② 含硫化合物　含硫化合物主要是 SO_2 和 SO_3。SO_2 主要来源于含硫燃料的燃烧过程，以及硫化物矿石的焙烧、冶炼过程。火力发电厂、有色金属冶炼厂、硫酸厂、炼油厂和所有烧煤或油的工业锅炉、炉灶等都排放 SO_2 烟气。SO_2 在大气中不稳定，最多只能存在 1～2 天，可发生催化氧化反应，生成 SO_3，进而生成毒性比二氧化硫大 10 倍的硫酸或硫酸盐。硫酸盐在大气中可存留 1 周以上，能飘移至 100km 以外或被雨水冲刷，形成酸雨。

③ 碳氧化合物　碳氧化合物主要是 CO 和 CO_2。CO_2 是大气中的正常组成成分；CO 则是大气中很普遍的排放量极大的污染物。全世界 CO 每年排放量约为 2.10×10^8t，排放量为大气污染物之首。CO 对人类有害，是因为它能与血红蛋白作用生成羧基血红素。实验证明，一氧化碳与血红蛋白的结合能力比氧与血红蛋白的结合能力大 200～300 倍，因此它能使血液携带氧的能力降低而引起缺氧，使人窒息。

④ 氮氧化物　氮氧化物主要是 NO 和 NO_2 的混合物，用 NO_x 表示。全球每年排放氮氧化物总量约为 109t，其中 95%来自于自然发生源，即土壤和海洋中有机物的分解；人为发生源主要是化石燃料的燃烧过程排放的，如飞机、汽车、内燃机及工业窑炉的燃烧等。NO_x 对环境的损害作用极大，它既是形成酸雨的主要物质之一，又是形成光化学烟雾的引发剂和消耗臭氧的重要因子。

⑤ 碳氢化合物　碳氢化合物包括烷烃、烯烃和芳烃等复杂多样的含碳和氢的化合物。大气中碳氢化合物主要是甲烷，约占 70%。碳氢化合物的人为来源主要是石油燃料的不充分燃烧过程和蒸发过程，其中汽车排放量占有相当的比重。碳氢化合物是形成光化学烟雾的主要成分，其中的多环芳烃化合物 3,4-苯并芘具有明显的致癌作用。

⑥ 含卤素化合物　主要包括卤代烃、其他含氯化合物和含氟废气（主要是指含 HF 和 SiF_4 的废气）。其中一些高级的卤代烃，如有机氯农药 DDT、六六六，以及多氯联苯（PCB）等以气溶胶形式存在；大气中含氯的无机物主要是氯气（Cl_2）和氯化氢（HCl），除硫酸和硝酸外，盐酸也是构成酸雨的成分。含氟废气主要来源于炼铝工业、钢铁工业以及磷肥和氟塑料生产等化工过程，氟化氢对人的呼吸器官和眼结膜有强烈的刺激性，长期吸入低浓度的 HF 会引起慢性中毒；最典型的是引起牙齿酸蚀的“斑釉齿症”和使骨骼中钙的代谢紊乱的“氟沉着症”。

⑦ 氧化剂　如臭氧、过氧化物、过氧乙酰硝酸酯（PAN）等统称为氧化剂。它们是二次污染物。大气中臭氧浓度平均为 $(0.01\sim0.03)\times10^{-6}$，当发生光化学烟雾时，它的浓度可达 $(0.2\sim0.5)\times10^{-6}$，可以危害人的健康、生物生存。

⑧ 光化学烟雾　光化学烟雾成分很复杂，既有一次污染物，也有二次污染物，主要成分是臭氧、过氧乙酰硝酸酯（PAN）、高活性自由基以及某些醛、酮，总称为光化学氧化剂。烟雾中的甲醛、丙烯醛、PAN、O_3 等，能刺激人眼和上呼吸道，诱发各种炎症。臭氧浓度超过嗅觉阈值 $(0.01\sim0.015)\times10^{-6}$时，会导致哮喘发作；臭氧还能伤害植物，使叶片上出现褐色斑点。此外，PAN 和 O_3 还能使橡胶制品老化，染料褪色，并对涂料、纺织纤维、尼龙制品等造成损害。

⑨ 酸雨　天然降水中由于溶解了 CO_2 而会呈现弱酸性，一般正常雨水的 pH 值为 5.6。由于人类活动的影响，大气中含有大量 SO_2 和 NO_x 酸性氧化物，通过一系列化学反应转化成硫酸和硝酸，随着雨水的降落而沉降到地面，故称酸雨。一般认为是大气中的污染物使降水 pH 值降低至 5.6 以下的，所以酸雨是大气污染的后果之一。

三、我国能源利用及环境现状

1. 能源利用现状

当今世界能源问题日趋重要。因其不仅与一国的经济增长和社会发展密切相关，而且还关系到一国的国家安全、环境状况和国家综合竞争力。

中国的能源需求将继续增长以助推其经济发展，这是毋庸置疑的。然而，其能源需求的增长率以及这些需求将如何得到满足还远无法确定，因为它们取决于经济增长速度以及全球的经济和能源政策的整体情况。根据《参考情景》的预测，中国的一次能源需求将翻一番多，2005 年为 17.42 亿吨标准油，而 2030 年为 38.19 亿吨标准油，年均增长率为 3.2%。中国人口是美国的 4 倍，2010 年之后不久，中国将取代美国成为世界第一大能源消费国。2005 年，美国的能源需求比中国高出 1/3 以上。在到 2015 年这段时间内，中国的能源需求年均增长率为 5.1%，这主要是由持续蓬勃发展的重工业所推动的。从更长期来看，随着经济走向成熟，生产结构逐步转向能耗较低的领域，以及引进更高能效的技术，能源需求增速会放慢。2005～2030 年，交通运输业的石油需求会将近翻两番，占到中国石油需求增长总量的 2/3 以上。机动车数量将增加 6 倍，达到近 2.7 亿辆。到 2015 年前后，中国的新车销量将超过美国。然而 2006 年出台的燃料经济性法规缓和了石油需求的增长。收入的增加使住房、家电以及对供热和供冷的需求有了强劲增长。化石燃料消费的增加将加重二氧化碳排放和当地空气污染状况，尤其是在预测期的初期。例如，二氧化硫（SO_2）排放量将从 2005 年的 2600 万吨增加到 2030 年的 3000 万吨。

我国工业能源消费量占全国能源消费总量的 70%左右。高能耗行业中千家企业能源消费量占工业能源消费量的一半，是能源消费大户。为了突出抓好高耗能行业中重点耗能企业的节能工作，强化政府对重点耗能企业节能的监督管理，促进企业加快节能技术改造，国家发改委会同国家能源办、国家统计局、国家质检总局、国务院国资委于 2006 年 4 月启动了千家企业节能行动。千家企业是指钢铁、有色金属、石油石化、化工、建材、煤炭、电力、造纸、纺织等九个重点耗能行业中年综合能源消费量 18 万吨标准煤以上的企业，共 998 家。

如表 1-1 所列，千家企业主要产品单位能耗指标中，水泥、平板玻璃、原油加工等单位

表 1-1 部分行业主要产品单位能耗指标

指标名称	单位	千家企业 2006 年平均	比 2005 年下降	国际先进水平	国内平均水平
吨钢综合能耗	kg 标煤/t	618	3.7%	642	741
吨原煤企业综合耗电量	kW·h/t	41	0.3%	56	—
火力发电供电标准煤耗	g 标煤/(kW·h)	365	0.8%	312	366
单位铝锭综合交流电耗	kW·h/t	14733	0.8%	14100	14795
单位合成氨生产综合能耗	kg 标煤/t	1453	3.5%	990(气头) 1570(煤头)	1650
单位烧碱生产综合能耗(离子膜法)	kg 标煤/t	983	3.8%	910	1080
单位烧碱生产综合能耗(隔膜法)	kg 标煤/t	1373	2.2%	1250	1493
单位纯碱生产综合能耗	kg 标煤/t	422	0.2%	345	461
单位电石生产综合能耗	kg 标煤/t	1206	2.8%	1800	2300
原油加工单位综合能耗	kg 标油/t	77	4.2%	73	104
单位乙烯生产综合能耗	kg 标煤/t	972	5.7%	786	1003
每吨水泥综合能耗	kg 标煤/t	113	2.1%	102	156
每重量箱平板玻璃综合能耗	kg 标煤/重量箱	16	4.0%	15	22

注：1. 千家企业单位产品综合能耗指标采用国家统计局千家企业汇总数据，国际国内部分数据来源于有关行业协会、研究报告等。

2. 千家企业主要产品综合能耗指标中，电力折标系数按当量热值折算，即按照 0.1229kg 标煤/(kW·h) 折算。

产品能耗指标接近国际先进水平；火电、电解铝、合成氨、电石、烧碱、纯碱等产品单位综合能耗指标好于国内平均水平，但与国际先进水平有一定差距。

有关资料表明：我国能源利用效率为33%，比发达国家低10个百分点；单位产值能耗是世界平均水平的2倍多，比美国、欧盟、日本、印度分别高2.5倍、4.9倍、8.7倍和43%；我国8个行业（石化、电力、钢铁、有色、建材、化工、轻工、纺织）主要产品单位能耗平均比国际先进水平高40%；燃煤工业锅炉平均运行效率比国际先进水平低15%～20%；机动车百公里油耗比欧洲高25%，比日本高20%。我国建筑采暖、空调能耗均高于发达国家，其中单位建筑面积采暖能耗相当于气候条件相近的发达国家的2～3倍。能源利用效率与国外的差距表明，我国节能潜力巨大。根据有关单位研究，按单位产品能耗和终端用能设备能耗与国际先进水平比较，目前我国节能潜力约为3亿吨标准煤。

重要矿产资源利用状况：一方面，矿产资源总回采率仅为30%，比世界平均水平低20个百分点；矿产资源采选冶综合回收率及共伴生有用矿物的综合利用率均低于世界平均水平。另一方面，我国单位资源产出效率大大低于国际先进水平。按现行汇率计算，我国单位资源的产出水平相当于美国的1/10、日本的1/20、德国的1/6。我国每吨标准煤的产出效率，只相当于美国的28.6%、欧盟的16.8%、日本的10.3%。每立方米水的产出效率，世界平均是37美元，我国只有2美元，英国是93美元，日本是55美元，德国是51美元。

2. 环境现状

作为发展中的社会主义国家，我国人民在现代化建设的过程中，面临比世界其他国家更为严峻的人口、资源和环境形势。沉重的人口负担，人均资源不足，环境状况恶化，严重影响着党和政府发展经济的宏观决策，也影响着人民群众生活水平的提高，成为制约我国社会主义建设的首要问题。

据《2007年中国环境公报》资料，2007年，全国环境质量总体呈好转趋势，但形势仍不容乐观。地表水污染形势依然严峻，七大水系总体为中度污染，近岸海域总体为轻度污染。城市空气质量总体良好，但部分城市污染仍较重。酸雨分布区域保持稳定。全国城市声环境质量总体较好。生态环境总体稳定。

《国民经济和社会发展第十一个五年规划纲要》提出了“十一五”期间单位国内生产总值能耗降低20%左右，主要污染物排放总量减少10%的约束性指标。“十一五”污染减排的两项约束性指标为，到2010年，化学需氧量和二氧化硫排放量分别比2005年下降10%，即化学需氧量由2005年的1414.2万吨减少到1272.8万吨，二氧化硫排放量由2549.4万吨减少到2294.4万吨。

2007年，全国化学需氧量排放量1381.8万吨，比上年下降3.2%；二氧化硫排放量2468.1万吨，比上年下降4.7%。与2005年相比，化学需氧量和二氧化硫排放量分别下降2.3%、3.2%，首次实现双下降。经过努力，全国城镇污水处理率由2006年的57%提高到2007年的60%；脱硫机组装机容量达到2.66亿千瓦，装备脱硫设施的火电机组占全部火电机组的比例由2006年的32%提高到2007年的48%。2007年，全国759个地表水国控断面高锰酸盐指数平均浓度为6.5mg/L，比上年下降7%；113个环境保护重点城市环境空气质量优良天数比例比上年提高2.3个百分点。

我国连续多年二氧化硫的排放总量位于世界第一，二氧化碳的排放总量也已位于世界第二。随着能源消耗的增加，大气污染加剧。目前，我国很多城市空气二氧化硫污染严重，近年来全国酸雨污染状况不但没有明显好转，部分地区还呈现加重趋势。目前，燃煤二氧化硫排放量占二氧化硫排放总量的90%以上。为推动能源合理利用、经济结构调整和产业升级，控制燃煤造成的二氧化硫大量排放，遏制酸沉降污染恶化趋势，防治城市空气污染，根据《中华人民共和国大气污染防治法》以及《国民经济和社会发展第十个五年计划纲要》的有关要求，国家环境保护总局、国家经济贸易委员会、科学技术部等部委先后颁布了《国家环境保护"十五"规划》、《2002年全国环境保护工作要点》、《燃煤二氧化硫排放污染防治技术政策》等一系列关于二氧化硫排放治理的相关政策和规定，为"十一五"期间乃至更长时期内的二氧化硫排放治理工作提出了具体要求，也为国家烟气脱硫产业的发展指明了方向。

第二节 我国锅炉现状及节能意义

一、锅炉产品现状

锅炉是国民经济中重要的热能供应设备。电力、机械、冶金、化工、纺织、造纸、食品等行业，以及工业和民用采暖都需要锅炉供给大量的热能。锅炉是利用燃料燃烧释放出的热能或其他能量将工质（中间载热体）加热到一定参数的设备。应用于加热水使之转变为蒸汽的锅炉称为蒸汽锅炉，也称为蒸汽发生器；应用于加热水使之提高温度转变为热水的锅炉称为热水锅炉；而应用于加热有机热载体的锅炉称为有机热载体锅炉。

从能源利用的角度看，锅炉是一种能源转换设备。在锅炉中，一次能源（燃料）的化学贮藏能通过燃烧过程转化为燃烧产物（烟气和灰渣）所载有的热能，然后又通过传热过程将热量传递给中间载热体（例如水和蒸汽），依靠它将热量输送到用热设备中去。这种传输热量的中间载热体属于二次能源，因为它的用途就是向用能设备提供能量。当中间载热体用于在热机中进行热-功转换时，就叫做"工质"。如果中间载热体只是向热设备传输、提供热量以进行热利用，则通常被称为"热媒"。

随着我国国民经济发展，锅炉制造企业数量逐年递增，增速惊人。从2001年开始，锅炉生产企业呈逐年递增的趋势，如表1-2。这是我国重工业经济增长的结果，也是我国工业化、城市化发展的必然结果。但这并不说明中国真正需要这么多锅炉生产企业，经过"十一五"和中长期市场化的优胜劣汰，工业锅炉制造厂将不断减少，回归社会真正需求。

表1-2 拥有锅炉制造许可证的制造企业数量

新证	A级		B级		小计	C级	D级	合计
旧证	A级	B级	C级	D级		E1级	E2级	
1987	9	10	27	155	202	351		553
1997	9	18	40	149	216	175	315	706
2001	38		199		237	210	522	969
2006	63+72		241		376	329	710	1415
2009	234		335		569	326	未统计	—

近年来，我国国民经济持续发展，工业化和城市化进入高速发展时期，同时国家和各级地方政府制定了相关政策以努力改善环境和节约能源，为工业锅炉的发展奠定了良好的基础。工业锅炉销售呈上升趋势，继续保持较高的需求量。2007年工业锅炉行业70余个生产企业销售锅炉15285台、10.1万蒸吨，单机容量平均为6.65蒸吨/台（蒸吨为锅炉折算容量单位，1蒸吨相当于蒸汽锅炉1t/h或热水锅炉0.7MW）。

经过50多年的发展，中国工业锅炉行业已形成比较完整的产品体系，锅炉制造企业超千家，但具有自行设计和制造能力的仅百家左右，其余大多缺乏基本的技术开发能力，特别是C、D两级的众多企业，技术上东拼西凑，工业锅炉产品水平有待提高。

二、在用锅炉节能现状

1. 工业锅炉节能监督管理机构和相关制度法规不健全，监督管理不力

除北京、甘肃、山东等少数地方在当地《节能法实施细则》中对锅炉节能提出了相应的要求和实施办法外，我国至今没有工业锅炉的节能监督管理法规、制度和专业的节能政策措施，更没有建立相应健全的工业锅炉节能管理机构和监督机构。

2. 工业锅炉节能技术和产品研究开发力量薄弱、分散，节能技术和产品推广不力

目前，工业锅炉节能技术和产品研究开发缺少有效的组织和实施，既没有为政府节能决策提供技术支撑的工业锅炉专业技术研究机构，也缺乏足够的经费用于工业锅炉节能技术和产品研发以及相关节能技术和产品的推广。

3. 工业锅炉的节能技术法规标准不健全，或年久未修订

目前在工业锅炉节能管理标准方面，只有《评价企业合理用热技术导则》、《工业锅炉节能监测方法》、《工业锅炉经济运行》三个推荐性标准，缺乏强制性的产品最低能效标准（现行的JB/T 10094—2002《工业锅炉通用技术条件》只是规定了相关产品的设计热效率）来保证产品性能。而且部分标准由于年久未修订，有关技术指标已不能适应当前节能工作的要求。

4. 缺少有效的节能激励政策和措施

现有的节能政策、措施在针对性、专一性、协调配套性、可操作性等方面与市场经济的要求存在不同程度的不适应，适应市场经济的长效节能战略管理、监督、激励机制有待深入探索，并尽快研究制定。

5. 我国工业锅炉使用现状

据不完全统计，到2006年全国在用工业锅炉保有量50多万台，约180万蒸吨。其中燃煤锅炉约48万台，占工业锅炉总容量的85%左右，平均容量约3.4蒸吨，其中20蒸吨以下的超过80%。在用工业燃煤锅炉主要存在着以下几个问题。

(1) *平均容量小，运行负荷低*　我国在用工业锅炉的平均容量近几年虽然有所提高，但仍然较小。同时，工业锅炉运行负荷大多处于远低于额定负荷状态。如果锅炉在50%负荷下运行，散热损失比在额定负荷运行时增大一倍，同时容易造成漏风量增大，火床和炉膛温度偏低，燃烧速度明显减慢，煤中的固定碳燃烧变得愈加困难，炉渣含碳量增加，这样就使不完全燃烧热损失和排烟热损失增大，运行效率下降。

(2) *煤质差且煤种多变*　工业锅炉的燃煤多为未经过洗选加工的原煤，颗粒度、灰分等品质没有保证。目前燃煤工业锅炉以层燃锅炉为主，而层燃锅炉对煤种的适应性较差，当燃用煤种发生变化时，它的燃烧情况必然会变化，一般是变得更差些；煤种经常变化，也使锅炉运行、管理人员无法掌握煤质情况，摸不清运行规律，不能采取有针对性的应对措施。这样既降低了锅炉运行热效率，也增加了锅炉污染物排放。

(3) *锅炉设备本身存在较多不足*　工业锅炉多数是层燃炉，燃烧设备存在的缺陷较多。现今绝大多数工业锅炉制造企业只重锅炉本体设计制造，对燃烧设备并不多加重视。目前我国机械炉排普遍存在漏煤量偏大、侧密封不严等问题。另外，锅炉后部灰坑和炉墙都有漏风现象，锅炉实测过量空气系数α平均在2～3之间，有的高达4以上，严重影响锅炉运行效率。

(4) 锅炉运行监测仪表不全，控制水平低 目前在用工业锅炉配置的运行监测仪表不全，尤其缺少显示锅炉经济运行参数的仪表。因此，运行人员在调整锅炉时，往往由于缺少数据，不能对锅炉的运行状况随时做出准确判断并实行相应的运行调整，难以使锅炉处于最佳运行工况。

燃煤工业锅炉控制水平很低，不但锅炉运行人员的劳动强度大，而且没有实现连续闭环控制，不能根据外界变化调节锅炉运行状态，无法使锅炉运行较快地适应工况的变动和处于持续稳定状态，锅炉运行效率的保证和提高受到了限制。

(5) 锅炉水质达不到标准要求 按照GB/T 1576—2008《工业锅炉水质》标准的规定，蒸汽锅炉、承压热水锅炉的给水应采用锅外化学处理。据不完全统计，全国在用工业锅炉配置水处理设备占工业锅炉总数的65%左右。可见，仍有很大一部分工业锅炉没有使用水处理设备，尤其是地处边远地区和乡镇农村的工业锅炉，往往既未安装水处理设备，也未采用锅内加药处理方式。由于水质不好，锅炉往往结垢严重，有的锅炉水垢厚度达到5mm。资料表明：受热面结垢1mm，热效率将下降8%。锅炉结垢，增加热阻，既影响锅炉受热面传热，又危及锅炉的安全运行。

另外，有些锅炉为了保持锅内锅水品质，常采用增大排污率的做法，有的排污率高达20%～30%，浪费了大量热能。

(6) 锅炉辅机配套问题 目前，许多锅炉的鼓、引风机和给水泵、循环水泵配套偏大。即使辅机是按锅炉额定容量配置的，由于当前锅炉多数处于低负荷运行状态，辅机不能在高效率区域运行，会造成较大的能源浪费。使用的泵与风机多为通用产品，锅炉运行工况变动时，只能靠挡板、阀门的节流来调节流量或压力，影响锅炉性能的正常发挥。

三、锅炉节能意义

我国燃煤工业锅炉的设计效率不低，一般为72%～80%。但实际运行热效率大多在60%～65%，通常比锅炉产品的设计或鉴定热效率低10个百分点以上，甚至还有在热效率50%以下运行的，而先进国家的燃煤工业锅炉运行热效率平均为80%～85%。其主要原因在于：普遍存在锅炉运行负荷低、煤种多变、炉渣含碳量高等问题，漏风严重造成过量空气系数大。

中国燃煤工业锅炉热效率低，主要是由于机械不完全燃烧热损失及排烟热损失过大所致。实际原因在于：①所燃用的煤不符合锅炉的燃烧要求；②燃烧设备的机械质量不佳；③锅炉烟气侧的密封不良；④缺乏基本的自动控制；⑤运行人员培训和监督差。

在这些因素相互作用下，导致过高的机械不完全燃烧热损失和排烟热损失。

中国燃煤工业锅炉的机械不完全燃烧热损失设计推荐值为8%～12%，目前实际运行时高达10%～27%；而英国类似炉排锅炉设计时为3%～5%，运行时为3%～6%，甚至可控制到2.5%。仅此一项损失就使中国工业锅炉运行热效率降低5～10个百分点。差别是由于燃用灰分高、细末多、煤质多变的原煤所致。如果燃用经过洗选、筛分和低膨胀特性的煤，在过多的细煤末从给煤中被去除的情况下，未燃碳损失几乎可以减半。同时司炉工若能较好地进行燃烧控制，情况也可大为改善。

可通过降低排烟温度和减少烟气量来降低排烟热损失。排烟温度受锅炉热负荷和燃料含硫量的影响，中国大多数锅炉排烟温度低于200℃，其热效率的提高已无多大潜力可挖。热损失增大的主要原因是过量空气系数偏大，烟气量调整至良好燃烧所需的最低值时，锅炉热效率最高。在英国，一般100%负荷时最佳过量空气系数$\alpha=1.3$，50%负荷时增为$\alpha=1.6$，

25%负荷时可到 $\alpha=2$。但中国过量空气系数比英国高得多，产品设计典型的 $\alpha=1.8\sim2.0$。运行调查表明，在 100%负荷时过量空气系数 $\alpha=2\sim2.5$，60%负荷时 $\alpha=3\sim4$，在 40%负荷时有时高达 $\alpha=5\sim6$；过量空气系数这样高，致使大量多于燃烧所需的空气，通过锅炉并吸收热量后排入大气而白白浪费掉。这就是为什么中国工业锅炉热效率一般为 65%左右的缘故。

由此相比，中国燃煤工业锅炉的运行热效率，在 100%负荷时降低了 6.5 个百分点，60%负荷时则降低了 12.8 个百分点。中国燃煤工业锅炉若能采用设计先进的燃烧设备，同时配置良好的自控装置，以及操作人员忠于职守，那么在实际运行中提高 12.8 个百分点是完全可能的，也有望在每年避免超过 6000 万吨煤的浪费。

工业锅炉是我国国民经济生活中重要的设备，使用广泛，需求量大。我国是工业锅炉的生产大国，也是使用大国。我国工业锅炉的特点之一是以燃煤为主，燃煤工业锅炉的生产量和使用量占国际首位，每年工业锅炉燃煤约占我国原煤产量的 1/4，而在美国，煤炭资源虽比我国丰富，但燃煤工业锅炉仅占总量的 2%，其余均为燃油或燃气锅炉。我国工业锅炉的特点之二是锅炉热效率不高。

由于我国工业锅炉的以上两个特点，加之大多燃用统煤，因而不仅能源浪费严重，而且是大气重要污染源之一。我国工业锅炉每年向大气排放的烟尘达 620 万吨，约占全国总烟尘排放量的 33%；SO_2 排放量 500 多万吨，约占全国 SO_2 总排放量的 21%。此外，还排出大量的 CO_2 气体及 NO_x 等有害气体，不仅污染大气，而且影响到全球温室效应的生成。

由此可见，我国工业锅炉的状况对于节省能源资源和改善保护环境是十分重要的。今后我国工业锅炉的发展，必然是沿着高效和洁净燃烧方向前进。我国工业锅炉的发展方向必须根据我国的能源资源和环保状况而定，在近 50 年内，我国以煤为主的能源结构尚难以改变。目前，减轻燃煤工业锅炉造成环境污染的方法可以分为两类：一类是采用各种环保装置来减少锅炉排烟中的 SO_2、NO_x 和飞灰等；另一类是采用提高工业锅炉效率和适当调整燃料结构以减少燃煤的消耗，这样可同时减轻燃煤工业锅炉造成的环境污染。

节约能源已被视为继煤炭、石油、天然气和电力等四种重要能源之后的“第五能源”。在发达国家，节能观念已从 20 世纪 70 年代初为应付能源危机而实行节约和缩减，演变成以提高效益、减少污染、改善生活质量和改进公共关系为目标。目前，我国的能源利用也正在以快速的步伐向这一目标迈进。

第三节　锅炉节能相关法规

一、中华人民共和国宪法

节约能源是人类生存和发展所必需的重要内容，我们党和国家历来对此高度重视。1978 年 3 月 5 日，第五届全国人民代表大会第一次会议通过的《中华人民共和国宪法》明确规定：“国家保护环境和自然资源，防治污染和其他公害。”以根本大法的形式，对环境保护做出规定，这在我国尚属首次，为以后的环境保护立法提供了法律依据。

二、中华人民共和国节约能源法

《中华人民共和国节约能源法》于 1997 年 11 月 1 日第八届全国人民代表大会常务委员会第二十八次会议通过，2007 年 10 月 28 日第十届全国人民代表大会常务委员会第三十次会议修订，已于 2008 年 4 月 1 日起实施，该法第十六条第三款规定：“对高耗能的特种设备，按照国务院的规定实行节能审查和监管。”

高耗能特种设备是指涉及生命安全、危险性较大、耗能量也很大的锅炉、换热压力容器、电梯、起重机械、场（厂）内机动车辆等设备。目前，我国在用特种设备数量巨大，耗能量也很大，具有较大的节能空间。数据显示，如果我国将工业锅炉的平均热效率提高10%，每年可节煤4100万吨以上；将20万台换热压力容器逐步更新为高效换热容器，则每年多回收的热量可折合标准煤3000万吨；在新电梯产品上全部使用永磁同步电机等节能技术，每台电梯可节能30%，仅此一项每年电梯用电可减少13亿千瓦时。基于此种情况，对高耗能的特种设备按照国务院的规定实行节能审查和监管，这为加强高耗能特种设备的节能管理提供了法律依据。

三、节能中长期专项规划

2006年7月25日，国家发改委会同科技部、财政部等八部门编制下发了《“十一五”十大重点节能工程实施意见》。2007年以来，十大重点节能工程安排的681个项目可形成2550万吨标准煤的节能能力，各级政府引导的企业节能技术改造可形成6000多万吨标煤的节能能力。

十大重点节能工程是《节能中长期专项规划》的重要内容，已纳入《国民经济和社会发展第十一个五年规划纲要》，是实现“十一五”单位GDP能耗降低20%约束性目标的重要措施。通过实施十大重点节能工程，“十一五”期间，预计可实现节能2.4亿吨标准煤（未含替代石油），对实现“十一五”单位GDP能耗降低目标的贡献率近40%，对实现“十一五”主要污染物减排目标将发挥重要作用。

这十大重点节能工程主要包括：

（1）燃煤工业锅炉（窑炉）改造工程　2007年以来，国家安排资金10亿元，支持了130个节能改造项目，可形成节约410万吨标准煤的节能能力，节能效果显著。在采用高效燃煤工业锅炉系统替代低效锅炉，以及建筑、有色、化工等行业采用节能型隧道窑技术、蓄热燃烧技术、三废混燃技术实施节能改造等方面，工业锅炉（窑炉）改造工程取得较大进展。

（2）区域热电联产工程　在国家产业政策的支持和引导下，我国热电联产建设得到了快速发展。2005～2007年，全国新增热电联产装机约为5300万千瓦，占全国新增火电装机的近1/4。到2007年底，我国热电联产电站运行规模约为10100万千瓦，是2004年的2.4倍，三年翻一番。热电机组占全国装机比例也呈逐年上升趋势，已由2004年的10.9%上升到2007年的14.2%。近年来一批20万千瓦、30万千瓦热电联产机组的投产，改变了长期以来以12.5万千瓦供热机组为主的供热装机结构。

（3）余热余压利用工程　在建材行业新型干法水泥生产线纯低温余热发电技术，钢铁、有色行业高炉、转炉、焦炉煤气回收利用技术和干法熄焦技术等节能改造方面，余热余压利用工程取得重大进展。

（4）节约和替代石油工程　实施节约和替代石油工程是缓解我国石油供需矛盾、保证国家能源安全的重大战略措施。国家提出在2010年实现节约和替代石油3800万吨的目标。2007年，国家支持了利用废弃动植物油及边脚料制生物柴油技术，以及锅炉气化小油枪及水煤浆代油等节能改造。先后安排资金7390万元，支持了12个示范项目，可形成节能能力约43万吨标准煤。

（5）电机系统节能工程　国家规定在“十一五”期间使电机系统运行效率提高2个百分点，形成年节电250亿千瓦时节能能力。2007年以来，国家重点支持了利用变频调速、无功补偿、DCS控制等技术改造风机、水泵及电机等高耗能设备，优化系统运行等方面的电机系统节能工作。国家安排资金2.4亿元，支持节能技改项目46个，可形成100万吨标准煤的节能能力。

（6）能量系统优化（系统节能）工程　初步估计，“十一五”期间推行能量系统优化工程可挖掘节能潜力800多万吨标煤。2007年以来，国家采取一系列措施支持能量系统优化工程的组织实施，重点支持了用能工艺系统优化、能量梯级利用及高效换热，发电机组流通改造，离子膜电解槽改造，工业生产中三废（废气、废渣、废灰）资源利用等。国家安排资金14亿元，支持了200多个节能技改项目，可形成640万吨标准煤的节能能力。

四、关于推进高耗能特种设备节能监管工作的指导意见

2008年，国家质检总局下发《关于推进高耗能特种设备节能监管工作的指导意见》，提出5项具体措施，以确保实现年节约1000万吨以上标准煤的节能目标。

（1）加快完善特种设备节能法规标准　质检总局要配合国务院法制办加快修订《特种设备安全监察条例》，增加高耗能特种设备节能监管的有关规定；制定《高耗能特种设备节能审查和监督管理办法》，明确节能审查与监督管理的具体要求；加快修订《固定式压力容器安全技术监察规程》、《锅炉节能技术监管规程》等5项安全技术规范，进一步明确锅炉节能监管相关技术要求；指导锅炉压力容器标准化技术委员会加快制定《锅炉性能测试方法》、《热交换器及传热元件性能测试方法》等国家标准，为能效测试与评价提供技术和管理依据。

（2）逐步实施高耗能特种设备的准入和退出制度　对锅炉设计文件进行节能审查，能效不符合相关技术规范及标准要求的不允许投入制造；对新产品样机与在用设备进行能效测试，能效不符合相关技术规范及标准要求的，新产品不允许投入批量制造，在用设备将限期整改；尽快确定并公布一批特种设备能效测试机构，为企业提供能效测试服务；与国家发改委联合公布一批特种设备节能产品和淘汰产品目录。

（3）强化特种设备使用环节的节能监管　围绕锅炉使用环节的节能改造与监管工作，开展在用工业锅炉能效状况普查，推进“三个万”节能工程（万台工业锅炉节能改造、10万台工业锅炉水处理达标和20万名司炉工节能知识培训）的实施，凡全省在用锅炉数量在2万台以上的，要完成锅炉节能改造650台、锅炉水处理达标6500台、培训司炉工13000人；各省（自治区、直辖市）质监局选择10～30台热功率在2.8～29MW的热水锅炉和蒸发量在4～75t/h的蒸汽锅炉进行实际运行能效测试服务；对本区域内所有在用工业锅炉实际运行能效状况逐台进行普查，形成本地区在用工业锅炉实际运行能效状况报告。

（4）研究探索特种设备耗能规律与节能技术　质检总局将继续组织开展大型成套装置系统能效评价和节能新技术应用试点工作，研究换热压力容器、电梯、起重机械等高耗能特种设备耗能规律与节能技术，为全面推进高耗能特种设备节能监管工作奠定基础。

（5）加强特种设备节能工作的统计与分析，并及时报送相关的地方规定、标准以及所取得的阶段性成果。

五、特种设备安全监察条例

新修改的《特种设备安全监察条例》已于2009年5月1日起施行，其修改主要内容之一即落实并加强特种设备节能减排的措施和相关制度。

特种设备节能减排空间巨大。据统计，2007年全国耗煤25.8亿吨，其中锅炉耗煤22亿吨，占85.3%。换热压力容器、电梯等特种设备也具有较大的节能空间。为了满足特种设备节能减排工作的实际需要，根据《中华人民共和国节约能源法》第十六条的规定，条例

在特种设备设计、制造、使用、检验检测等环节，增加了有关特种设备节能管理的规定。

① 规定特种设备生产、使用单位应当建立健全特种设备安全、节能管理制度和岗位安全、节能责任制度。同时，明确特种设备生产、使用单位的主要负责人应当对本单位特种设备的安全和节能全面负责。

② 根据节能减排需要技术和资金支持的特点，明确提出国家鼓励特种设备节能技术的研究、开发、示范和推广，促进特种设备节能技术创新和应用，并规定特种设备生产、使用单位和特种设备检验检测机构保证必要的安全和节能投入。

③ 从特种设备生产环节强化对特种设备能效的管理，规定特种设备生产单位对其生产的特种设备的安全性能和能效指标负责，不得生产不符合能效指标的特种设备。

④ 从使用环节严格对特种设备使用单位和作业人员的管理，规定特种设备使用单位应当对特种设备作业人员进行特种设备安全、节能教育和培训，保证特种设备作业人员具备必要的特种设备安全、节能知识。锅炉使用单位应当按照安全技术规范的要求进行锅炉水（介）质处理，并接受特种设备检验检测机构实施的水（介）质处理定期检验。从事锅炉清洗的单位，应当按照安全技术规范的要求进行锅炉清洗，并接受特种设备检验检测机构实施的锅炉清洗过程监督检验。

⑤ 加强对特种设备的检验检测和日常安全监察，规定特种设备检验检测机构进行特种设备检验检测，发现能耗严重超标的，应当及时告知特种设备使用单位，并立即向特种设备安全监督管理部门报告；特种设备安全监督管理部门发现在用的特种设备不符合能效指标的，应当发出特种设备安全监察指令，责令使用单位及时予以纠正。

第二章

锅炉节能基础理论

第一节 燃料及其基本特性

燃料是指在空气中燃烧并能放出大量热量的气体、液体或固体，且在经济上具有利用价值的物质的总称。锅炉使用的燃料通常按照存在的物理形态，将其分为固体燃料、液体燃料和气体燃料三种。固体燃料常用的有煤、矸石、页岩和甘蔗渣等；液体燃料常用的有重油、渣油和轻柴油等；气体燃料常用的有天然气、城市煤气、高炉煤气、焦炉煤气和液化石油气等。

锅炉选用的燃料种类和品质不同，锅炉的设计结构、选用的燃烧方式和燃烧特性也不相同，这些都与锅炉的安全、经济运行有着密切联系。因此，了解和掌握各类燃料的性质及其燃烧特点，对做好锅炉节能工作具有十分重要的意义。

一、固体燃料

目前，锅炉上使用的固体燃料主要是煤，因此这里重点介绍煤炭燃料基本特性。

1. 煤的分类

我国煤炭资源丰富，种类繁多，为了能够合理地使用各类煤，应对煤进行科学分类。应用比较广泛的，是按干燥无灰基挥发分的含量和胶质层最大厚度对煤进行分类。所谓胶质层最大厚度是指将煤样放在专门的容器内逐渐加热到730℃，煤在受热干燥过程中，焦炭表面会产生一种胶质体（熔化的沥青表层），随着干燥温度的升高，胶质体厚度也增加，这个厚度的最大值即称为胶质层最大厚度，用符号Y表示，单位是mm。胶质层最大厚度，反映了煤的焦结性，胶质层越厚，煤的焦结性越强。我国按挥发分含量和胶质层厚度把煤炭划分为十大类，即无烟煤、贫煤、瘦煤、焦煤、肥煤、气煤、弱黏结煤、不黏结煤、长焰煤及褐煤，其中无烟煤、贫煤、弱黏结煤、不黏结煤、长焰煤与褐煤的胶质层厚度不大或不稳定，属于不焦结和弱焦结煤，不适宜作为炼焦煤，而可作为动力用煤供锅炉燃用。以下为几种锅炉常用煤种及其特性。

(1) 无烟煤　无烟煤的特点是固定碳含量很高，挥发分含量很小，干燥无灰基挥发分$V_{daf}\leqslant 10\%$，故不易点燃，燃烧缓慢，燃烧时无烟且火焰很短。因无烟煤的干燥无灰基含碳量达95%～96%，但含氢量少，故无烟煤发热量可能较烟煤低，也可能较烟煤高。其发热量大致为20930～25120kJ/kg(或5000～6000kcal/kg)；焦炭无焦结性；表面具有黑色光泽；密度较大，且质硬不易研磨；储存时不易风化和自燃。

(2) 贫煤　贫煤的性质介于无烟煤与烟煤之间。其炭化程度比无烟煤稍低，挥发分含量为$10\%<V_{daf}\leqslant 20\%$，亦不易点燃，燃烧时火焰短，但稍胜于无烟煤，焦炭无焦结性。

(3) 烟煤　烟煤的特点是固定碳含量较无烟煤低，挥发分含量较多，一般$V_{daf}>20\%$，故大部分烟煤都易点燃，燃烧快，燃烧时火焰长；烟煤发热量大致为18850～27210kJ/kg

(4500～6500kcal/kg)；多数具有或强或弱的焦结性，锅炉只能燃用那些不宜炼焦的烟煤；烟煤表面呈灰黑色，有光泽，质松易碎，储存时有可能会自燃。烟煤还有一种灰分、水分含量较高，发热量较低（多在18850kJ/kg以下）的品种，称为劣质烟煤。燃用劣质烟煤除应在燃烧上采取适当措施外，还应考虑受热面积灰、结渣和磨损等问题。

(4) 褐煤　褐煤的特点是固定碳含量不多，含挥发分很高，其 $V_{daf}>40\%$，故极易点燃，燃烧时火焰长；又因其水分、灰分及氧的含量均较高，故发热量低，不耐烧，大致为10500～14700kJ/kg(2500～3500kcal/kg)；褐煤燃烧后焦炭无焦结性。褐煤外表多呈棕褐色，质脆易风化，储存时极易发生自燃。

(5) 石煤　石煤是含灰分特别高的煤。煤矸石是夹带有矸石等矿物质的煤。它们的含灰量都在50%以上，发热量很低，一般需要制成细小的颗粒才能燃烧。这种煤由于发热量低，不易燃烧，所以在锅炉上较少使用。目前，只有沸腾炉和循环流化床锅炉中应用。

2. 煤的主要特性

判断煤的燃烧特性主要是依据煤的工业分析数据，同时结合其灰熔点和焦炭的黏结特性等方面，从而在锅炉运行中采取相应的技术措施，调节和控制燃烧过程，提高锅炉运行的经济性。煤的工业分析项目有挥发分、固定碳、水分、灰分和发热量等。

(1) 挥发分　对煤进行加热时，首先析出水分，然后排放出碳氢化合物、氧、氮、有机硫等气体，这些气体就是挥发分。由于挥发分中的主要成分是可燃气体，且这种气体能在较低的温度下着火燃烧，所以煤中挥发分含量越多，煤就越容易着火燃烧，但挥发分含量太多，固定碳的含量相应减少，则会使其发热量降低。

(2) 固定碳　煤中的水分和挥发分全部析出后，余下的便是焦炭，它包括固定碳和灰分。碳在完全燃烧时生成二氧化碳，并放出全部热量。但如果空气供应不足等原因，则生成一氧化碳，这时只能放出约全部热量的1/3。当然，一氧化碳在足够高的温度下再遇氧时，将化合成二氧化碳，并放出所含的热量，补足全部热量。

(3) 灰分　煤燃烧后残留下来不能燃烧的部分就是灰分，煤的含灰量一般在10%～40%之间。煤中的灰分主要由两部分组成，一部分是原来存在于植物中的矿物质，另一部分是煤在开采、运输过程中混入的砂和石灰土。煤中灰分的存在，不但降低了燃料的发热量，增加了热损失，而且当烟气流速较高时，会增加对流受热面的磨损。烟速较低时，易引起受热面的积灰，影响传热，降低锅炉的热效率。此外，灰分会随烟气排出室外，污染周围空气；熔化的灰分还会堵塞炉排，恶化通风，影响燃烧。

(4) 水分　水分也是煤中有害成分。水分在燃烧过程中要吸收热量，使炉膛温度降低，增加着火和燃烧的困难。水分汽化后还会增加烟气体积，这不仅增加排烟热损失，而且还会加重引风机的负担，同时，还会加剧尾部受热面的腐蚀。但是，在煤中保持适量的水分，可增加煤末的黏附能力，减少炉排漏煤和飞灰含碳量。同时在煤粒间的水分蒸发后能疏松煤层，增加煤粒间空隙，减少通风阻力，促进燃料的稳定燃烧。一般情况下，工业锅炉用煤的工作水分可控制在10%～14%范围内。

(5) 发热量　煤在完全燃烧时所能放出的热量称为煤的发热量。煤的发热量有低位发热量和高位发热量之分。通常，将煤中的水分在燃烧时吸收的热量全部释放出来的发热量称为高位发热量。但是，实际上水吸收热量变成水蒸气后随烟气从烟囱排出，不可能将吸收的热量释放出来，因此通常将高位发热量扣除水汽化潜热后的发热量称为低位发热量。在锅炉设计和运行管理中，一般都用低位发热量来计算耗煤量和热效率。

不同种类的煤，其发热量差别很大，为了便于对比和计算，通常将低位发热量为

29260kJ/kg(7000kcal/kg) 的煤称为标准煤。

(6) 灰熔点和焦炭的黏结性 不同煤种的灰分组成变化很大，其灰熔点也不一样。通常，将灰熔点高于1425℃的灰称为难熔性灰，低于1200℃的称为易熔性灰。灰熔点低的煤，易于结渣，难以燃尽，增加不完全燃烧热损失。有时，熔融的灰渣堵塞了炉排上的通风孔隙，使燃烧过程恶化。

焦炭的黏结性对于层状燃烧有显著影响，也是煤的重要特性之一。在炉排上燃烧强黏结性的煤，会引起严重结焦，阻碍通风，致使可燃物难以继续燃烧。反之，燃烧非黏结性煤，焦炭会呈粉状，燃烧层趋于密实，引起通风不良。有时还会形成局部火口，把部分细煤屑吹走，增加飞灰未燃尽损失，燃烧工况大为恶化。

二、液体燃料

1. 锅炉用液体燃料的种类及性质

在锅炉内燃用的液体燃料主要是重油和渣油，也有小型锅炉燃用柴油、原油、液化气残液油（混合油）。

(1) 重油 它是由裂化重油、减压重油、常压重油或蜡油等按不同比例调制成的。根据80℃时运动黏度可分为20号、60号、100号和200号4个牌号。牌号的数目大致等于该油在50℃时的恩氏黏度$°E_{50}$。表2-1是它们的质量指标。20号重油用在小型油喷嘴的燃油锅炉上，60号重油用在中等出力喷嘴的燃油锅炉上，100号和200号重油用在具有预热设备的大型喷嘴的锅炉上。

表2-1 燃料重油质量指标

质量指标	单位	20号	60号	100号	200号
恩氏黏度不大于	$°E_{90}$	5.0	11.0	15.5	
恩氏黏度不大于	$°E_{100}$				5.5～9.5
敞口法闪点不低于	℃	80	100	120	130
凝固点不高于	℃	15	20	25	33
灰分不大于	%	0.3	0.3	0.3	0.3
水分不大于	%	1.0	1.5	2.0	2.0
含硫不大于	%	1.0	1.5	2.0	3.0
机械杂质不大于	%	1.5	2.0	2.5	2.5

(2) 渣油 石油炼制过程中排出的残余物不经处理，直接作为燃料，习惯上称之为渣油。渣油没有统一的质量指标。渣油可以是减压重油、裂化重油或常压重油。渣油与重油相似，黏度大，流动性差，密度大，脱水困难，闪点、沸点较高。应用渣油时一般均需预热，以利输送和雾化。

(3) 原油 经过脱水处理，未经炼制的石油称为原油。原油中含有各种轻质低沸点馏分，因此原油的黏度、密度都较小，其闪点和燃点也比重油低很多。如大庆原油的敞口闪点比大庆重油敞口闪点低160～170℃以上。所以原油的贮存、运输特别应注意它的防火安全措施。原油含有大量轻质馏分，作为燃料油应用是不合理的，它不宜作为锅炉燃油。

(4) 柴油 柴油可分为轻柴油和重柴油，利用常压蒸馏和减压蒸馏均可获得柴油。轻柴油为柴油机燃料，在锅炉上只作点火用。重柴油为中、低速柴油机燃料，在个别电厂只作锅炉低负荷时的助燃燃料。以柴油为燃料的锅炉是小型锅炉。

2. 液体燃料的主要性能指标

了解和掌握液体燃料的各项特性指标，不仅是正确选用锅炉设备和进行设计计算的依据，而且也是做好液体燃料的管理工作，确保锅炉设备安全经济运行的前提。燃料油作为液体燃料，具有许多特性。现就燃料油的主要特性及其对燃烧的影响作如下介绍。

(1) 黏度　表示流体流动性能的好坏，黏度越大，流体流动性越差。黏度对燃烧和运输有很大影响。黏度大，在管道内输送阻力增加，装卸和雾化都有困难，因而需要加热。黏度与温度有关，温度提高后黏度就降低。

重油的黏度通常用恩氏黏度“°E”表示。即200mL试验重油在温度为t℃时从恩氏黏度计中流出的时间，与200mL温度为20℃的蒸馏水从同一黏度计中流出的时间之比，叫做重油在t℃时的恩氏黏度。

燃油黏度的大小反映燃油流动性的高低，对于高黏度油，为了顺利地运输和良好地雾化，必须将油加热到较高的温度。

(2) 凝固点和沸点　燃油丧失流动能力时的温度称凝固点，它是以倾斜45°试管中的样品油经过1min后，油面保持不变时的温度作为该油的凝固点。燃油凝固点高低与石蜡含量有关，含蜡高的油凝固点高。此外油中胶状沥青状物质具有阻滞析蜡的性能。所以油经过脱蜡后，凝固点降低。反之，除去胶状沥青状物质后，油凝固点升高。凝固点高低关系着燃油在低温下的流动性能。在低温下输送凝固点高的油时应给予加热。不同产地石油的凝固点值相差很大，如大庆原油凝固点为24～32℃，大庆重油为33～48℃，克拉玛依原油则为50℃。

燃油是由各种烃组成的，因此沸点是一范围的值，无恒定值。凡是分子量低的组分沸点就低。石油分馏正是利用各组分沸点的不同而实现的。

(3) 闪点和燃点　当油温升高，油面上油气-空气混合物与明火接触而发生一短暂闪光时的油温称为闪点。闪点与燃油的组成关系密切，燃油中只要含有少量分子量小的成分，其闪点将显著降低。油沸点愈低，其闪点也愈低。压力升高，闪点升高。按照闪点测定方法的不同，可分为开口杯法闪点和闭口杯法闪点。开口杯法比闭口杯法闪点高15～25℃。闪点是衡量燃油是否容易发生火灾的一项重要指标。敞口容器中油温接近或超过闪点就会增加着火危险性。应使敞口容器中油温低于闪点至少10℃。在压力容器中则无此限制。不同产地油的闪点也不同，如大庆原油敞口闪点为28～39℃，胜利油田重油的敞口闪点为140～200℃。

燃点是油面上油气-空气混合物遇到明火就可连续燃烧（持续时间不少于5s）的最低油温。燃点高于闪点10～30℃。当达到燃点时，油面上油气浓度已经达到火焰可以传播的程度，遇明火，火焰传播到整个油面上，明火撤去，仍可继续燃烧，以致引起火灾。所以闪点、燃点低的燃油应特别注意防火。

三、气体燃料

所谓气体燃料是指主要由可燃气体组成的，并且在常温下仍为气态的燃料。从防止大气污染的观点来看，气体燃料是最清洁的能源，且燃烧操作和调节较容易，自动调节和点火及灭火也较简单。

1. 气体燃料的种类

气体燃料按来源有天然气、液化石油气、干馏煤气、气化煤气、高炉煤气、焦炉煤气、城市煤气等。

所谓天然气是从地底下天然生产出来的可燃气体，以烃类为主要成分。它有气田煤气和油田气两种。

液化石油气是由炼油厂炼制石油中分离出来的一部分气体馏分经冷却加压使之变为液

体，然后灌装在承压容器里，可供用户使用的一种可燃气体。

煤干馏获得的煤气总称为干馏煤气，又称气化煤气。它是将煤加热到一定温度后干馏得到的煤气。

气化煤气是把煤或石油放在高温下，使之与气化剂（空气、氧气、水蒸气或上述几种气体的混合气）反应后得到的，以氢、一氧化碳、甲烷等为主的可燃气。气化煤气是发生炉煤气、水煤气、高炉煤气、油气化气的统称。

焦炉煤气是指炼焦副产品，属于优质气体燃料，也是重要的化工原料，一般不宜直接作为燃料使用。

城市煤气是指供应城市居民生活和工业生产的人工管道煤气。它是由上述气体燃料中一种单一气体或若干种气体组成的混合气体。

2. 气体燃料的组成

各种气体燃料均由一些单一气体混合组成，也包括可燃物质与不可燃物质两部分。主要的可燃气体成分有甲烷（CH_4）、乙烷（C_2H_6）、乙烯（C_2H_4）、氢气（H_2）、一氧化碳（CO）、硫化氢（H_2S）等，不可燃气体成分有二氧化碳（CO_2）、氮气（N_2）和少量的氧气（O_2）。常见气体燃料的主要成分见表 2-2。其中可燃单一气体的主要性质如下。

表 2-2 常见气体燃料的成分及发热量

名称	气体燃料的成分(体积分数)/%											低位发热量/(kJ/m³)
	CH_4	C_2H_6	C_3H_8	C_4H_{10}	C_mH_n	H_2	CO	CO_2	H_2S	N_2	O_2	
气田煤气	97.42	0.94	0.16	0.03	0.06	0.08		0.52	0.03	0.76		35600
油田气	88.59	6.06	2.02	1.54	0.06	0.07		0.2		1.46		39327
液化石油气		50	50									104670
发生炉煤气	4.0					1.25	27	4.2		51.9	0.4	5650
水煤气	2.6					33.3	29.3	17.8		16.9		8996
高炉煤气						2	27	11		60		3680
油气化煤气	15.4				15.3	34.5	25.8	5.4		2.3	1.0	38590

（1）甲烷　无色气体，微有葱臭，难溶于水，0℃时在水中的溶解度为 0.0556%，低位发热量为 35.906MJ/m³。甲烷与空气混合后可引起强烈爆炸，其爆炸极限范围为 5%～15%。最低着火温度为 540℃，当空气中甲烷浓度高达 25%～30%时才具有毒性。

（2）乙烷　无色无臭气体，0℃时在水中的溶解度为 0.098%，低位发热量为 64.396MJ/m³。乙烷最低着火温度为 515℃，爆炸极限范围为 2.9%～13%。

（3）氢气　无色无臭气体，难溶于水，0℃时在水中的溶解度为 0.0215%，低位发热量为 10.794MJ/m³。氢气最低着火温度为 400℃，极易爆炸，在空气中的爆炸极限范围为 4%～75.9%。燃烧时具有较高的火焰传播速度，约为 260m/s。

（4）一氧化碳　无色无臭气体，难溶于水，0℃时在水中的溶解度为 0.0354%，低位发热量为 12.644MJ/m³。一氧化碳的最低着火温度为 605℃，若含有少量的水蒸气即可降低着火温度，在空气中的爆炸极限范围为 12.5%～74.2%。一氧化碳是一种毒性很大的气体，空气中含有 0.06%即有害于人体，含 0.2%时可使人失去知觉，含 0.4%时致人死亡。空气中允许的一氧化碳浓度为 0.02g/m³。

（5）乙烯　无色气体，具有窒息性的乙醚气味，有麻醉作用，0℃时在水中的溶解度为 0.226%，低位发热量为 59.82MJ/m³，相对较高。乙烯最低着火温度为 425℃，在空气中的爆炸极限范围为2.7%～3.4%，浓度达到0.1%时即对人体有害。

(6) 硫化氢　无色气体，具有浓厚的腐蛋气味，易溶于水，0℃时在水中的溶解度为4.7%，低位发热量为23.383MJ/m³。硫化氢易着火，最低着火温度为270℃，在空气中的爆炸极限范围为4.3%～45.5%。毒性大，在空气中含有0.04%时即有害于人体，0.1%可致人死亡，大气中允许的硫化氢浓度为0.01g/m³。

3. 气体燃料的燃烧特点

气体燃料是一种优质、高效、清洁的燃料，其着火温度相对较低，火焰传播速度快，燃烧速度快，燃烧非常容易和简单，很容易实现自动输气和混合、燃烧过程，主要有以下特点：

(1) 基本无污染的燃烧特性　气体燃料基本上无灰分，含氮量和含硫量都比煤和油燃料要低很多，燃烧烟气中粉尘含量极少。硫化物和氮氧化物含量很低，对环境保护非常有利，基本上是无污染燃烧方式，环保要求最严格的区域也能适用，同时气体燃料由于采用管道输送，没有灰渣，基本上消除了运输、贮存过程中发生的有害气体、粉尘和噪声污染。

(2) 容易进行燃烧调节　气体是通过管道输送的，只要对阀门、风门进行相应的调节，就可以改变耗气量，对负荷变化适应快，可实现低氧燃烧，提高锅炉热效率。

(3) 作业性好　与油燃料相比，气体燃料输送是管道直供，不需储油槽、日用油箱等部件。特别是与重油相比较，可免去加热、保温等措施，使燃气系统简单，操作管理方便，容易实现自动化。

(4) 容易调整发热量　在燃烧液化石油气时，加入部分空气，既能避开部分爆炸范围，又能调整发热量。

(5) 气体燃料的缺点是与空气在一定比例下混合会形成爆炸性气体，且气体燃料大多数成分对人和动物是窒息性或有毒的，对安全性要求较高。

四、燃料的成分分析

1. 煤的元素分析和工业分析

煤是一种成分极为复杂的混合化合物，它含有C、H、O、S、N等元素。煤的元素分析除了分析它所含的元素外，还要测定水分（M）和灰分（A）等。C和H是煤最重要的可燃元素。含C量高的煤，发热量高，但着火点也高。含H量高的煤不仅发热量高，而且容易着火燃烧。S分为可燃硫和不可燃硫，前者包含有机硫和无机硫（硫化铁硫），燃烧后形成SO_2或SO_3，后者为硫酸盐，燃烧后存在于灰渣与粉尘中。O是不可燃元素。N是有害元素，燃烧时产生的NO_x气体污染大气，对人体和植物都不利。

煤的工业分析是测定煤的水分（M）、挥发分（V）、固定碳（FC）和灰分（A）的含量，以确定它的某些燃烧特性。

由于煤中灰分和水分含量容易受外界条件的影响而发生变化，所以单位质量的煤中其他成分的质量分数也会随之而变化，即使是同一种煤，也会出现上述情况，因此，需要根据煤存在的条件或根据需要而规定的"成分组合"作为基准，才能正确地反映煤的性质。常用的基准有下列四种。

(1) 收到基（曾称应用基）　以收到状态的煤为基准计算煤中全部成分的组合称为收到基，其中包括全部水分。对进厂原煤或炉前煤都应按收到基计算各项成分。收到基以下角标ar表示，即

元素分析：　$C_{ar}+H_{ar}+O_{ar}+N_{ar}+S_{ar}+A_{ar}+M_{ar}=100\%$

工业分析：　$FC_{ar}+V_{ar}+A_{ar}+M_{ar}=100\%$

（2）空气干燥基（曾称分析基）　以与空气温度达到平衡状态的煤为基准计算煤的各成分的组合称为空气干燥基，即供分析化验的煤样在实验室规定温度下，自然干燥，失去外部水分后，其余的成分组合便是空气干燥基，以下角标 ad 表示，即

元素分析：　$C_{ad}+H_{ad}+O_{ad}+N_{ad}+S_{ad}+A_{ad}+M_{ad}=100\%$

工业分析：　$FC_{ad}+V_{ad}+A_{ad}+M_{ad}=100\%$

（3）干燥基　以假想无水状态的煤为基准计算煤中成分的组合称为干燥基，以下角标 d 表示。由于已不受水分的影响，灰分含量比较稳定，可用于比较两种煤含灰量，即

元素分析：　$C_{d}+H_{d}+O_{d}+N_{d}+S_{d}+A_{d}=100\%$

工业分析：　$FC_{d}+V_{d}+A_{d}=100\%$

（4）干燥无灰基（曾称可燃基）　以假想无水、无灰状态的煤为基准计算煤中成分的组合称为干燥无灰基，以下角标 daf 表示。由于不受水分、灰分影响，常用于比较两种煤中的碳、氢、氧、氮、硫成分含量的多少，即

元素分析：　$C_{daf}+H_{daf}+O_{daf}+N_{daf}+S_{daf}=100\%$

工业分析：　$FC_{daf}+V_{daf}=100\%$

对同一种煤，各基准间可进行换算。

2. 液体燃料和气体燃料的成分

液体燃料和气体燃料也是一种混合化合物。液体燃料主要由 C、H 元素组成，也含有少量的 S、O、N 等元素。燃油中含有极少量的水分和灰分（在 0.1%以下）。液化气主要由碳氢化合物组成。

气体燃料主要由 C、H 元素组成，含有少量的水分，几乎不含灰分。气体燃料中含有可燃和不可燃成分（CO_2、N_2、水蒸气等）。天然气的主要成分是甲烷，城市煤气的主要成分是碳氢化合物、氢气、一氧化碳等。

五、燃料的发热量

燃料的发热量是指 1kg 燃料［气体燃料用 $1m^3$（标准状态，全书同）］完全燃烧时所发出的热量，单位是 kJ/kg（或 kJ/m^3）。

燃料的发热量分为高位发热量 Q_{gr} 和低位发热量 Q_{net}。如果燃烧产物中的水呈液态（即烟气中的水蒸气凝结成水，放出它的汽化潜热）时的发热量称为高位发热量。如果燃烧产物中的水呈气态（即由于烟气的温度还很高，其中的水蒸气不可能凝结成水而放出汽化潜热）时的发热量称为低位发热量。所以相同基燃料的高、低位发热量的差别是烟气中水蒸气的汽化潜热。

燃料的收到基：$Q_{gr,ar}=Q_{net,ar}+226H_{ar}+25M_{ar}$（kJ/kg）

燃料的空气干燥基：$Q_{gr,ad}=Q_{net,ad}+226H_{ad}+25M_{ad}$（kJ/kg）

燃料的干燥基：$Q_{gr,d}=Q_{net,d}+226H_{d}$（kJ/kg）

燃料的干燥无灰基：$Q_{gr,daf}=Q_{net,daf}+226H_{daf}$（kJ/kg）

不同基的低位发热量可以相互换算。

在实际工程中一般采用低位发热量。在有些国家，工程计算中使用高位发热量。烟气中的凝结水显酸性，锅炉设计时需要考虑它的腐蚀性和凝结水在排放到下水道之前的中和问题。

常用无烟煤及烟煤的发热量见表 2-3。常用的燃油发热量约为 41760kJ/kg。

表 2-3 工业锅炉用煤的分类和发热量

分类		挥发分/%	水分/%	灰分/%	$Q_{net,ar}$/(kJ/kg)
无烟煤	Ⅰ类	5～10	<10	>25	15000～21000
	Ⅱ类	<5	<10	<25	>21000
	Ⅲ类	5～10	<10	<25	>21000
烟煤	Ⅰ类	≥20	7～15	>40	>11000～15500
	Ⅱ类	≥20	7～15	25～40	>15500～19700
	Ⅲ类	≥20	7～15	<25	>19700
褐煤		>40	>20	>30	8400～15000

第二节 燃烧基本原理

一、燃烧基本概念

所谓燃烧，就是指某种物质与氧或含氧物质急剧化合并放出大量热与光的化学反应。燃料在进行燃烧反应时，一定同时出现吸热和放热，这种热称为反应热或燃烧热。燃烧反应的化合物称为燃烧产物。

要使物质燃烧，必须同时具备下列三个条件，即必须有可燃物（燃料）；具有能使可燃物（燃料）着火燃烧温度以上的温度水平；必须具有充足的氧气或空气作为助燃物。

从节约能源的角度出发，在锅炉的操作运行中，不但要使燃料能够燃烧，而且还要保证燃料能够完全燃烧。完全燃烧是指燃料中的可燃物在空气供应量和供应方法都很合适，且燃烧温度较高，以致燃烧产物中不含任何可燃物的燃烧。完全燃烧的特征之一是烟囱不冒黑烟。一般说来，使燃料完全燃烧，除上述燃烧的三要素外，还应符合以下条件。

(1) 温度条件　温度只有达到燃点时，燃料才能与氧化合而燃烧。温度越高，燃烧也越强烈。因此炉膛要具有一定的温度，一般在1200～1600℃的范围内，能够使燃料完全燃烧。锅炉进风过大，炉膛水冷壁面布置得过多，都会降低炉膛温度，影响燃烧效果。

一般说来，理论燃烧温度随燃料热值的增大而增大。若过量空气系数太小，由于燃烧不完全，理论燃烧温度会降低；若过量空气系数太大，理论燃烧温度也会降低。因此，为了提高理论燃烧温度，应在保证燃烧完全的条件下尽量降低过量空气系数。另外由于受热面的吸热和散热，炉膛内的实际燃烧温度比理论燃烧温度要低得多。锅炉设计计算时，是以理论燃烧温度为基础进行的。

(2) 空气条件　很明显，必须保证供应与燃料燃烧相适应的空气量。如果空气不足，燃烧就不完全。相反，空气量过大，会降低炉温，并增加排烟损失。

(3) 燃料与空气的混合条件　仅仅保证空气量是不够的，还必须设法使空气与燃料充分地混合。将煤磨成粉末或把油喷成雾状都是为了增加燃料与空气的接触面积。

(4) 时间与空间条件　燃料燃烧过程的进行需要一定的时间和足够的空间，否则，部分未燃尽的可燃物会随灰渣或烟气离开炉膛，就会造成燃烧不完全热损失。

总之，组织一个合理的燃烧过程，必须根据燃料的不同特点，从炉子结构和运行方式上加以保证。

二、煤的燃烧

送入锅炉炉膛进行燃烧的煤，一般是煤块或煤粒。锅炉司炉人员的任务是如何使这些煤块或煤粒能迅速完全地燃烧。

1. 煤的燃烧过程

煤从进入炉膛到燃烧完毕，一般要经过以下四个阶段。

(1) 水分蒸发阶段 煤进入炉膛受热后，水分即开始蒸发，当温度达到 105～110℃时，水分被蒸发完毕，煤被烘干。

(2) 挥发分析出着火阶段 煤烘干后继续受热升温，挥发分便开始析出（褐煤和高挥发分的烟煤，挥发分的析出温度为 150～180℃，低挥发分的烟煤为 180～250℃，贫煤和无烟煤为 300～400℃）。当温度达到着火点时（褐煤约 250～370℃，烟煤约 470～500℃，无烟煤约 700℃以上），挥发分便开始燃烧。

(3) 焦炭燃烧阶段 挥发分着火燃烧后，煤的温度逐渐升高，当温度约在 950℃，紧接着固定碳猛烈燃烧，放出大量热量。煤燃烧的速度和燃烧程度，主要决定于这个阶段。

(4) 燃尽阶段 这一阶段是使灰渣中残存的焦炭尽量烧完，以降低锅炉热损失，节约用煤。

2. 煤迅速燃烧必须具备的条件

要使煤燃烧得快，必须具备两个条件：一是温度，温度越高，炭和氧化合的速度越快；二是空气，空气冲刷炭表面速度越快，炭与氧接触越好，燃烧也就越快。从图 2-1 可以看出，炭燃烧后外面包上了一层灰壳，里面的炭继续燃烧形成的一氧化碳和二氧化碳必须透过灰壳向外运动，其中一氧化碳遇氧气后继续燃烧形成二氧化碳，也就是说炭粒燃烧时，灰壳外包围着两层气体，内层主要是 CO，外层主要是 CO_2。空气中的氧气必须透过这些“外包层”才能与炭接触。因此，加大送风，增加空气冲刷炭粒的速度，就容易把外包层的气体带走，促进氧气与炭接触，加速燃料的燃烧。

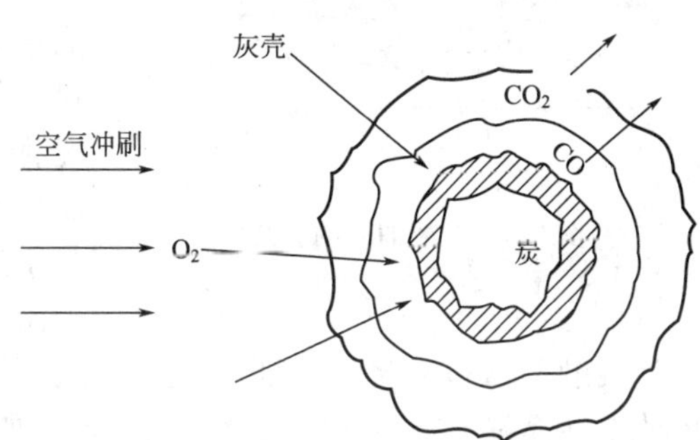

图 2-1 氧气穿透外包层与炭接触示意图

3. 煤完全燃烧必须具备的条件

煤要燃烧得完全，除了必须有足够的炉膛温度以外，还必须具备两个条件，一是氧气供应要充分；二是煤在炉膛中要有足够的停留时间。

如果空气供应不充分，炉排上的煤得不到足够的氧气就烧不透，灰渣中就会有许多未燃尽的炭核，这就是炉排上的燃烧不完全。同时，空气供应不足，还会使一部分一氧化碳在炉膛中没有燃烧就随烟气排出，这就是炉膛中的燃烧不完全。

煤在炉膛中停留的时间太短，中间的炭核则可能烧不完，所以燃料在炉膛中必须保持一定的燃烧时间，才能达到完全燃烧。在炉排上，煤块越大，完全燃烧所需要的时间就越长，所以对链条炉排不仅要控制好速度，而且要将大块煤破碎，使煤块尽量做到大小均匀。在炉膛中，煤屑飞行时间过短也会使煤燃烧不完全，很快被带走，因此炉膛不应过小。同时，在结构上可采用炉拱和二次风来加强搅动，以延长煤屑在炉膛中飞行的时间，使之得到充分的燃烧。

综上所述，我们可以把煤迅速而完全燃烧的条件归纳为四条：①足够高的炉膛温度；②供给充足的空气；③可燃物质与氧气良好的接触；④充分的燃烧时间。

在实际操作中，在锅炉炉膛内，由于燃料中的可燃物不可能和空气中的氧绝对均匀混合，不可能使每个氧分子都被利用。所以，为了保证完全燃烧，必须送入炉膛的实际空气量比计算所得的理论空气量多些。这多余的部分即称为过量空气量。但过量空气量太多也是有害的，它既降低了炉膛温度，不利于燃烧，又增加了排烟热损失，降低了锅炉热效率。

三、液体燃料的燃烧

在液体燃料的静置表面上点火时，会出现火焰（有焰燃烧）。但这并不是液体燃料本身的燃烧，而是液体燃料表面蒸发的油蒸气的燃烧。试验研究表明，液体燃料表面蒸发程度与燃料的温度有关。随着温度的上升，蒸发速度加快，燃烧也进行得更快，且油滴燃尽所需的时间与它的直径平方成正比，所以，燃油锅炉必须借助雾化器将燃油雾化成细小的雾状粒子（粒径小于 20μm），以加速油粒的气化，增加油粒的燃烧反应面积，促进燃油的迅速完全燃烧。

1. 油滴的燃烧过程

当油滴在炉膛内吸收大量的热量后，蒸发而产生油气。这些油气一方面将未蒸发的油滴包围在中间，另一方面它们向周围空气扩散，形成混合气体。当混合气体的比值达到可燃范围，且具有着火温度水平时，就开始着火燃烧，并在油滴四周形成火焰，如图 2-2 所示。值得注意的是，以上讨论的是轻油油滴的燃烧过程。在燃烧重油时，情况将有所不同。当重油油滴直径非常细小时，则油滴便能瞬时气化，燃烧产生的火焰是青白色而不发光，这就是完全燃烧。若重油油滴直径较大时，则油滴表面虽已气化，而内部仍残留油滴。于是，在与空气接触不良和混合不均匀时，会形成炭粒，呈黄白色发光火焰，这些炭粒必须与燃烧空间内的空气良好接触后才能完全燃烧。这时如果与空气的反应不充分，且接触到受热面而被冷却到着火温度以下时，就会形成约 0.1～0.3μm 的未燃尽的炭粒子（即炭黑）。为防止这些炭粒子的二次燃烧，对于装有空气预热器的燃油锅炉应装设吹灰及灭火装置。

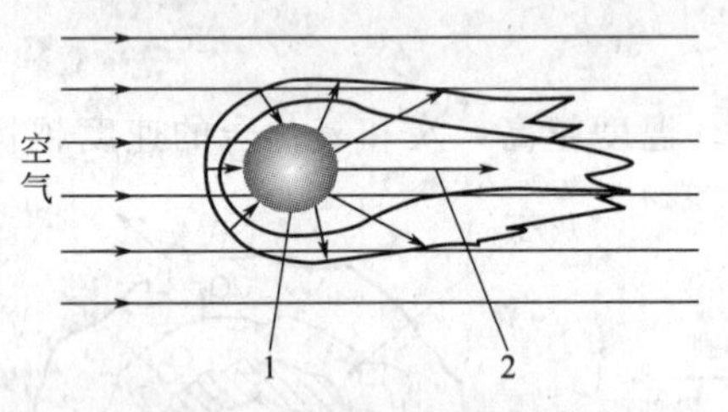

图 2-2 单粒油滴的燃烧

1—油滴；2—火焰

2. 油的燃烧过程

知道了油滴的燃烧过程，就能很容易地理解燃油在炉膛内的燃烧过程。具有一定压力和温度的燃油经过燃烧器被雾化成细小的油滴喷入炉膛内，油滴吸收炉内热量逐渐蒸发，分解而变成油气，然后与进入炉膛内的空气混合，形成可燃气混合物。混合物继续吸热，温度升高，当达到燃油的着火温度（即燃点）便开始着火燃烧，并持续到结束。由此可见，油的燃烧可分为如下四个过程：①油的雾化过程；②油滴的蒸发和热分解过程；③油气与空气的混合过程；④可燃气混合物的着火和燃烧过程。

燃油在炉膛内呈悬浮状态进行燃烧。以着火点为分界面，可把燃油火炬分成前后两个阶段。在燃油着火点以前称准备阶段，而着火点以后为燃烧阶段（见图 2-3）。

在准备阶段主要是使雾化的油滴加热

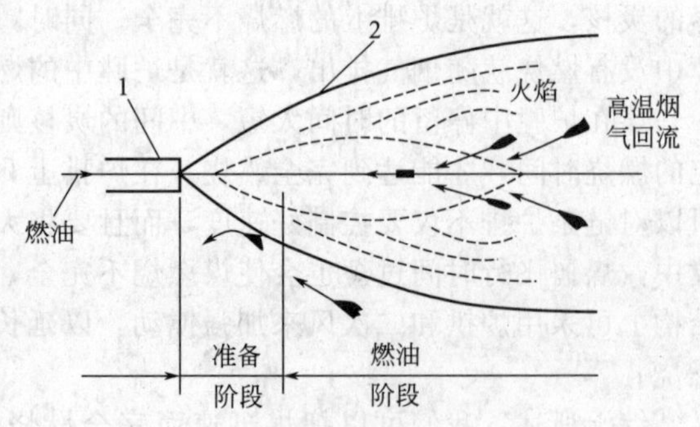

图 2-3 燃油的燃烧阶段示意图

1—喷嘴；2—着火点（面）

蒸发，并使之升高至着火温度。准备阶段的长短即进入炉内的油滴能否迅速着火主要取决于下列因素。

① 燃油着火热的大小和炉内着火热源的供给强度。所谓燃油的着火热就是进入炉内的燃油被加热升温、蒸发直至可燃气混合物被加热到着火温度所需的热量。显然，燃油着火热的大小与油品的沸点和燃点、混合物中空气的含量以及进入炉膛前燃油的温度与空气的温度等有关。一般情况下，燃油的着火热为 2500～3800kJ/kg(600～900kcal/kg)。准备阶段中，作为炉内的着火热源主要来自于两个方面，第一是炉膛中高温火焰对燃油进行的辐射传热，第二是炉膛内的高温烟气与喷入炉内的油滴、油气相互扩散和混合时进行的对流传热。

② 燃油雾化得愈细，其传热和蒸发的表面积就愈大，也就愈容易被加热到着火温度，使之加速着火燃烧。

③ 此外，在准备阶段，为保证油气加热到着火温度能及时发火，应有一定量的经预热的空气（一次风）提前在准备阶段送入。为了减少所需的着火热，以缩短着火时间，送入的一次风量不宜过多。另外，为使着火稳定，风速也不宜太高。

在燃烧阶段，由于燃烧本身放出的大量热量和烟气温度很高，所以，这时主要问题是需要空气与油气充分混合，以保证油的燃烧能持续、迅速和完全地进行下去。为了提高燃烧速度，可以采取下列措施：

① 适当提高燃烧器的出口风速。风速愈高，气流内部混合加剧，燃烧愈强烈，火焰也就愈短。但风速提高一倍，调风器阻力会增加四倍，风机电耗也显著增加。因此，应综合考虑风速的选取，一般推荐选用风速为 15～25m/s。

② 适当减少每个油嘴的出力，并增加油嘴数量。因为油嘴愈小，雾化效果愈好，愈容易使油气与空气混合均匀。

③ 提高风温，以提高油嘴周围的温度，加速可燃气混合物着火。

④ 采用旋转气流，以加剧混合。

为了使燃油完全燃烧，通常从以下几个方面加以考虑：

(1) 提高雾化质量　燃油的雾化愈细愈好。试验证明，油滴完全燃烧所需的时间和它的直径的平方成正比。如果油滴直径大一倍，燃烧所需的时间将增加四倍。所以，为了使油能燃烧完全，首先要提高油的雾化质量，这不仅有利于蒸发、混合，还能缩短燃烧时间，这是使油完全燃烧的一个重要环节。

(2) 加强油气与空气的混合　为了保证充分燃烧，必须将油滴蒸发形成的油气与空气良好地混合。混合愈强烈，燃烧速度就愈快，愈容易完全燃烧。

(3) 合理配置风量　风量过多或过少对完全燃烧都是不利的。试验和运行情况表明，对不同区域应及时地供应适当的风量，这样，一方面能避免油气在着火时由于缺氧而严重热分解，产生大量的炭黑，另一方面能保证在最少的过量空气下油的完全燃烧。通常将燃油锅炉送风分为一次风和二次风，且一次风量一般为总风量的 15%～30%。

四、气体燃料的燃烧

气体燃料的燃烧非常容易和简单，它没有蒸发过程，只有与空气的混合和燃烧两个过程。气体燃料或气体燃料与空气的混合气体从燃烧器喷口喷出后进入炉膛内进行燃烧。根据燃气与空气混合方式的不同，气体燃料的燃烧方式大致可分为预混合燃烧方式、扩散燃烧方式和部分预混合燃烧方式。

1. 预混合燃烧方式

这种燃烧方式如图 2-4(a) 所示。气体燃料与空气在燃烧器前面的混合器内预先混合成已达到可燃浓度范围的混合气体，然后从燃烧器喷口喷出进入炉膛进行燃烧。由于这种燃烧方式是由名为“本生”的德国人发明的，所以又称为“本生燃烧方式”。由于采用这种燃烧方式时，在外焰的外侧还存在一层看不清的高温薄焰膜，如图 2-4(b) 所示，所以人们又把这种燃烧方式叫做无焰式燃烧。

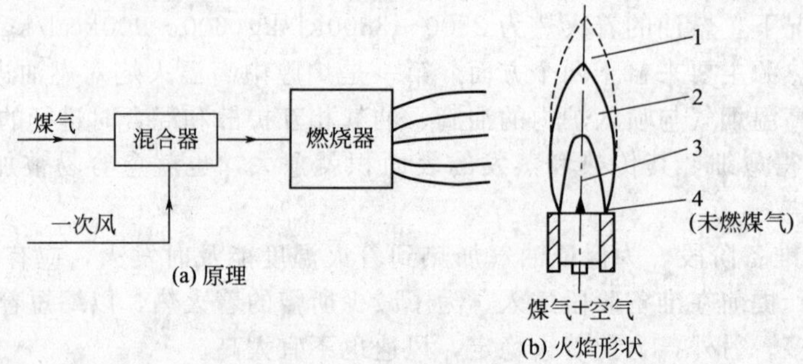

图 2-4 预混合燃烧方式

1—高温外焰膜；2—外焰；3—内焰；4—烟芯（未燃煤气）

预混合燃烧方式由于依靠燃烧器前的混合器把气体燃料与空气混合起来，因此燃烧过程极为迅速，这样既缩短了火焰，又提高了火焰温度，并且能在较大的炉膛空间内燃用较多的燃料。但是，如果燃烧器和混合器设计不当，就会产生火焰吹熄、燃烧中断乃至由于残留混合气体而使炉内烟气发生爆炸，酿成事故。目前燃天然气锅炉的燃烧器大多采用预混式燃烧方式。

2. 扩散燃烧方式

扩散燃烧方式是空气和气体燃料各自分别送入燃烧器中进行燃烧的一种方式，见图2-5。扩散燃烧方式的优点是燃烧稳定，燃具结构简单，但火焰较长，燃烧速度缓慢，易产生不完全燃烧，并使受热面积炭。

3. 部分预混合燃烧方式

燃烧前预先将一部分空气与气体燃料在混合器中混合，并从燃烧器喷口分别射出预混合气体和空气，然后进行扩散燃烧的燃烧方式称为部分预混合燃烧方式，见图 2-6。这种燃烧方式具有燃烧速度快，火焰温度高，不易回火和不易产生燃气爆炸等优点，但燃烧不稳定，对一次风的控制要求较高，一般需装设挡板予以调节。目前，燃城市煤气锅炉的燃烧器大多采用这种燃烧方式。

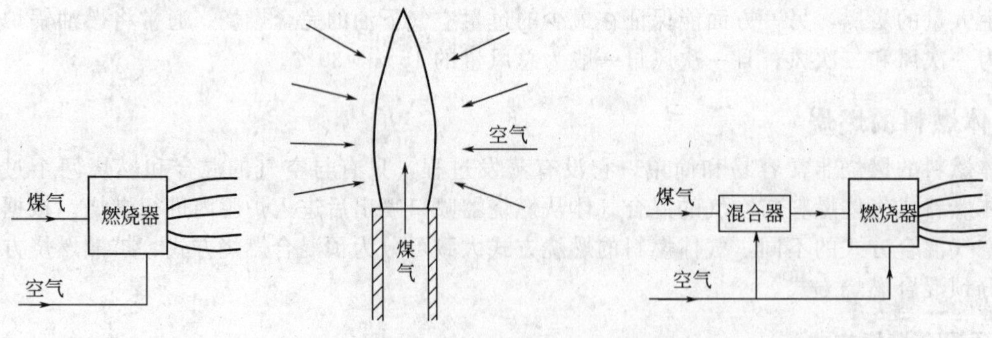

图 2-5 扩散燃烧方式　　图 2-6 部分预混合燃烧方式

五、燃烧所需的空气量

1kg 燃料中可燃元素完全燃烧，而又没有剩余氧存在时，燃烧所需的空气量称为理论空气量，用符号 V_k° 表示。

在固体和液体燃料所需的空气及生成的烟气量计算中：气体体积是以每千克燃料在标准状态下所测得的体积来计算；空气和烟气中所含的各种成分（包括水蒸气），均按理想气体计算，每千克分子气体体积为 22.4m³；略去空气中稀有气体成分，认为空气只是氧和氮的混合气体，其体积比为 21∶79。

燃料中可燃成分是碳、氢、硫三种元素，它们完全燃烧所需的理论空气量可用化学反应方程式来计算。

碳的燃烧：

$$C+O_2 = CO_2$$

$$(12kg)C+(22.4m^3)O_2 = (22.4m^3)CO_2$$

1kg 碳完全燃烧需 1.866m³ 氧气，并产生 1.866m³ 二氧化碳。

氢的燃烧：

$$2H_2+O_2 = 2H_2O$$

$$2(\times 2.016kg)H_2+(22.4m^3)O_2 = 2(\times 22.4m^3)H_2O$$

1kg 氢完全燃烧时，需要 5.55m³ 氧气，并产生 11.1m³ 水蒸气。

硫的燃烧：

$$S+O_2 = SO_2$$

$$(32kg)S+(22.4m^3)O_2 = (22.4m^3)SO_2$$

1kg 硫完全燃烧时需要 0.7m³ 氧气，并产生 0.7m³ 二氧化硫。

1kg 收到基燃料中可燃元素的量分别为：

碳：$C_{ar}/100kg$ 硫：$S_{ar}/100kg$ 氢：$H_{ar}/100kg$

1kg 燃料完全燃烧时，由外部供给标准状态下的理论氧气量为：

$$V_{O_2}^\circ=1.866C_{ar}/100+0.7S_{ar}/100+5.55H_{ar}/100-0.7O_{ar}/100 \quad m^3/kg$$

每千克燃料完全燃烧所需的理论空气量为：

$$\begin{aligned}V_k^\circ&=\frac{1}{0.21\times 100}(1.866C_{ar}+0.7S_{ar}+5.55H_{ar}-0.7O_{ar})\\&=0.0889C_{ar}+0.0333S_{ar}+0.264H_{ar}-0.0333O_{ar} \quad m^3/kg\end{aligned} \tag{2-1}$$

锅炉运行时，实际上所需空气量比理论空气量大。实际供给的空气量与理论空气量的比值称为过量空气系数，即

$$\alpha=\frac{V_k}{V_k^\circ} \tag{2-2}$$

式中 α——过量空气系数；

V_k——燃烧 1kg 燃料实际所需标准状态下的空气量，m³/kg。

表 2-4 给出了几种典型锅炉炉膛出口处的过量空气系数参考值。

六、燃烧产生的烟气量

按理论空气量供应空气（$\alpha=1$），又假定完全燃烧时的烟气标准状态下的体积为理论烟气量，用 V_y° 表示，其单位是 m³/kg。

理论烟气量由 CO_2、SO_2、水蒸气及 N_2 四种气体组成。即

$$V_y^\circ=V_{CO_2}+V_{SO_2}+V_{H_2O}^\circ+V_{N_2} \quad m^3/kg$$

表 2-4　炉膛出口处的过量空气系数

燃烧方式	烟煤	无烟煤	重油	煤气
手烧抛煤机炉	1.3～1.5	1.3～2.0		
链条炉	1.3～1.4	1.3～1.5	1.15～1.20	1.05～1.10
煤粉炉	1.2	1.25		
沸腾炉	1.15～1.20			

(1) CO_2 的体积 V_{CO_2} 和二氧化硫的体积 V_{SO_2}　由前面燃烧方程式计算得：

$$V_{CO_2}=1.866\frac{C_{ar}}{100}=0.01866C_{ar}\quad m^3/kg \tag{2-3}$$

$$V_{SO_2}=0.7\frac{S_{ar}}{100}=0.007S_{ar}\quad m^3/kg \tag{2-4}$$

(2) 标准状态下理论水蒸气体积 $V^\circ_{H_2O}$　理论水蒸气体积是指在 $\alpha=1$，燃料又完全燃烧时，1kg 燃料生成的烟气量中的水蒸气在标准状态下的体积。它由四部分组成：

① 燃料中氢完全燃烧生成的水蒸气为 $0.111H_{ar}$。

② 燃料中水分形成的水蒸气为 $0.0124M_{ar}$。

③ 理论空气量 V°_{nk} 带入的水蒸气为 $0.016V^\circ_k$

④ 燃用重油，并用蒸汽雾化时带入炉内的水蒸气。雾化 1kg 重油消耗的蒸汽量为 G_{wh}。这部分水蒸气体积为 $1.24G_{wh}$。

故理论水蒸气体积为：

$$V^\circ_{H_2O}=0.111H_{ar}+0.0124M_{ar}+0.016V^\circ_k+1.24G_{wh}\quad m^3/kg \tag{2-5}$$

(3) 理论氮气量 $V^\circ_{nN_2}$　烟气中氮气来源有两部分。

① 燃料本身所含的氮，其值为：

$$\frac{22.4}{28}\times\frac{N_{ar}}{100}=0.008N_{ar}\quad m^3/kg \tag{2-6}$$

② 理论空气量 V°_k 中所含的氮气，其值为 $0.79V^\circ_k m^3$。故每千克燃料燃烧后氮气理论体积为：

$$V^\circ_{N_2}=0.79V^\circ_k+0.008N_{ar}\quad m^3/kg \tag{2-7}$$

因此每千克燃料燃烧后烟气理论体积为：

$$\begin{aligned}V^\circ_y&=V_{CO_2}+V_{SO_2}+V^\circ_{N_2}+V^\circ_{H_2O}\\&=0.01866C_{ar}+0.007S_{ar}+0.111H_{ar}+0.0124M_{ar}+\\&\quad 1.24G_{wh}+0.008N_{ar}+0.806V^\circ_k\quad m^3/kg\end{aligned} \tag{2-8}$$

实际燃烧过程是在有过量空气的条件下进行的。因此烟气的实际体积 V_y 为理论烟气量和过量空气的体积之和。即

$$V_y=V^\circ_y+1.0161(\alpha-1)V^\circ_k\quad m^3/kg \tag{2-9}$$

实际工作中上述整个计算过程比较繁琐，对于工业锅炉和供热锅炉，当精度要求不高时，可以用经验公式来计算理论空气量和烟气量。经验公式见表 2-5。

表 2-5　理论空气量 V_k° 和理论烟气量 V_y° 的经验公式

燃料种类	V_k°	V_y°	单位
无烟煤、贫煤	$0.238\times\frac{Q_{net,ar}+600}{990}$	$0.25\times\frac{Q_{net,ar}}{1000}+0.77$	m^3/kg
烟煤	$0.25\times\frac{Q_{net,ar}}{1000}+0.278$	$0.25\times\frac{Q_{net,ar}}{1000}+0.77$	m^3/kg
劣质煤 $Q_{net,ar}<12500kJ/kg$	$0.238\times\frac{Q_{net,ar}}{900}+0.452$	$0.25\times\frac{Q_{net,ar}}{1000}+0.54$	m^3/kg
液体燃料	$0.263\times\frac{Q_{net,ar}}{1000}$	$0.265\times\frac{Q_{net,ar}}{1000}$	m^3/kg
气体燃料 $Q_{net,ar}<10450kJ/m^3$	$0.239\times\frac{Q_{net,ar}}{1000}+0.03$	$0.173\times\frac{Q_{net,ar}}{1000}+1$	m^3/m^3
气体燃料 $Q_{net,ar}>14630kJ/m^3$	$0.261\times\frac{Q_{net,ar}}{1000}-0.25$	$0.273\times\frac{Q_{net,ar}}{1000}-0.25$	m^3/m^3

第三节　锅炉典型燃烧方式

锅炉的燃烧方式主要分为层状燃烧、悬浮燃烧、沸腾燃烧和气化燃烧四种。

一、层状燃烧

1. 工业层燃炉燃烧过程

工业锅炉的层状燃烧是通过人工或机械设备将燃煤送到固定、移动或往复炉排上形成煤层，空气从炉排下面送入，经炉排的孔隙并穿过燃料层使燃料燃烧。层状燃烧时煤炭铺撒、堆积在炉排上燃烧，是一种应用很广的燃烧方式。层状燃烧时煤炭可以不经特殊加工，且设备简单，耗电省。但这一燃烧方式的燃料与空气的接触混合欠佳，燃烧反应缓慢，燃烧效率较低，仅适用于中小型锅炉设备。

工业层燃炉的燃烧过程可划分为三个阶段：

(1) *着火前的准备阶段*　从煤加入炉中开始，到煤着火前为止，称为着火前准备阶段。在这个阶段中煤受热干燥，挥发分开始逸出，然后着火。这个阶段不是放热，而是吸热阶段，燃料一着火就进入下一阶段，所以说这个阶段基本上不需要空气。

(2) *着火燃烧阶段*　煤开始着火就是这个阶段的开始。在这个阶段中，可燃物不断燃烧，直到基本烧完，形成大量灰渣，但可燃物并未完全燃尽，还有部分固体可燃物仍夹杂于灰渣中。这个阶段是燃烧过程最主要的放热阶段，燃料中的可燃物绝大部分在这个阶段燃烧，燃料燃烧的热量绝大部分是在这个阶段放出的。因此，这个阶段需要向炉内供入大量空气，燃烧所需空气量绝大部分都应在这个阶段供入。正常情况下，这个阶段燃料着火燃烧放出的热量可以保持燃料继续燃烧的温度，因此，影响这个阶段的两个主要因素是空气的供给和空气与燃料的良好混合。

(3) *燃尽阶段*　剩余的少量可燃物继续燃烧放热，直至灰渣被排出炉外被称为燃尽阶段。这个阶段虽然仍旧是放热阶段，但是剩余的可燃物一般已很少，放热很少，所需的空气量也很少。影响这个阶段的主要因素是应维持一定的温度水平和充分的燃烧时间。

2. 固定炉排手烧炉

固定炉排手烧炉是最简单的层燃炉。它的加煤、拨火和清渣三项主要操作由人力完成，劳动强度很大。因受人力限制，炉室的深度、宽度和每小时的燃煤量不能太大。新产品一般容量在 1t/h 以下。

(1) 手烧炉的工作原理 手烧炉的燃料由人工从炉门铺撒在炉排上形成燃料层。燃料所需空气则经灰坑穿过炉排的通风孔隙进入炉内；燃尽的灰渣，大块的从炉门钩出，细屑碎末则漏入灰坑由灰门扒出；高温烟气在炉膛与水冷壁管辐射换热，流经锅炉管束，最后由烟囱排出。

燃料在手烧炉中有十分有利的着火条件。它是“双面点火”，上方有来自炉膛空间的火焰、高温烟气和耐火砖衬的辐射热；下方受炽热的燃料层烧烤加热。手烧炉燃烧呈层状在炉排上燃烧，只有析出的挥发物及燃料燃烧生成的一氧化碳气体及部分随气流升腾的细屑燃料在炉膛空间呈悬浮状燃烧。

(2) 手烧炉的燃烧过程 手烧炉的燃烧过程是沿燃料层的高度自下而上逐层进行的，新的燃料层在上，灰渣层在下，中间是灼热燃烧着的焦炭层。

新燃料加在焦炭层上，在双面受热的条件下预热干燥，紧接着挥发物逸出，迅速地完成了热力准备阶段，进而开始着火燃烧。焦炭层是燃料层燃烧的主要区域。最下边是燃尽后的灰渣层。

还原区在氧化区的上方，空气经过氧化区后，氧气几乎耗尽，生成的 CO_2 与灼热的焦炭起还原反应。部分 CO_2 被还原为 CO。沿还原区高度方向 CO 浓度不断增高，氧化区和还原区的厚度主要取决于燃料颗粒的大小。一般情况氧化区厚度是煤粒直径的 3～5 倍。而还原区厚度为氧化区厚度的 4～6 倍。

燃料颗粒直径一般取不小于 0.3mm，不大于 20～30mm。燃料颗粒直径小于 0.3mm 时，会被气流携带飞走，造成较大的飞灰损失；细屑、碎末燃料增大通风阻力，又需增加拨火操作而增大劳动强度，还易造成漏煤损失。若燃料颗粒直径过大，使燃烧反应面积较小，降低了炉子的放热量，也会增加固体不完全燃烧热损失。

燃料层的厚度一般控制在 100～150mm。若燃料层过厚，一方面会增大燃料层的通风阻力；另一方面使 CO 气体增加，CO 在炉膛燃烧加重了炉膛负担，同时也增加了气体不完全燃烧的可能性。若燃料层过薄，容易引起炉排通风不均匀，甚至造成“火口”，既降低了炉膛温度，又导致排烟热损失加大。

另外，燃料层过薄，蓄热量小，不易保证燃烧层的高温，因而不利于稳定着火和燃烧。合理的燃料层厚度应当使炉内的可燃气体含量小，过量空气系数也达到合理的最低值。

(3) 手烧炉工作的周期性 由于手烧炉都是人工间隔加煤，随着燃料的燃烧，燃料层逐渐变薄，继而又投入新燃料。新燃料刚投入时，燃料层最厚，如此形成燃烧的周期性。

新燃料投入后，由于炉层较厚，挥发物大量逸出点燃，实际有效参与燃烧的空气满足不了燃烧的需要。大量已逸出的挥发物在较低炉温和缺氧的情况下分解裂化成微细的炭黑粒子，随气流从烟囱排出。因此，增大了气体不完全燃烧热损失，严重污染了大气环境。在燃烧周期的后半段，大部分燃料均已燃烧，同时燃料层变薄，阻力减小，形成大量空气过剩，排烟热损失增大。如能按照燃烧周期所需空气量的变化，分阶段控制送入空气，燃烧情况将大大改善。为达到这一目的，司炉工需采用“看、勤、快、薄、匀”的操作法。

综上所述，手烧炉的缺点是：司炉工劳动强度大；由于工作的周期性，投入新燃料后的一段时间内有大量炭黑排出，污染大气；锅炉热效率较低。其优点是对新燃料有“双面点火”的预热条件，着火条件优越；燃料在炉内停留的时间较长，所以能用较难燃烧的燃料；煤种适应性广，结构简单，操作方便，造价低，维修工作量小。

3. 机械化层燃炉

机械化层燃炉种类较多，主要有链条炉和往复推动炉排炉。现主要介绍常用的链条炉。

(1) 链条炉的结构和工作过程 链条炉的结构和炉排片形式种类亦较多，常用的是鳞片式炉排和链带式炉排两种。图 2-7 是鳞片式炉排总图。

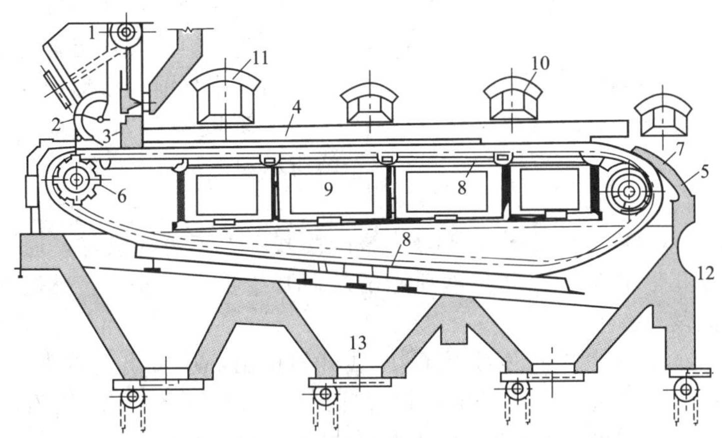

图 2-7 鳞片式炉排总图

1—煤斗；2—扇形挡板；3—煤闸门；4—防渣箱；5—老鹰铁；6—主动链轮；7—从动轮；8—炉排气支架上、下导轨；9—送风仓；10—拨火孔；11—火孔门；12—渣斗；13—漏灰斗

该型炉排的炉排片嵌插在两块夹板间，片紧挨片地前后交叠，形似鳞片而得名。炉排片用链销固定在平行工作的各组链条上。链条和炉排片通过铸铁滚筒支持在炉排支架上，并可沿支架的支撑面移动前进。当炉排行至尾部并转入空行程后，炉排片借自重一片片地顺序翻转过来，可除去残留的灰渣煤屑，且炉排片转入空行时亦被冷却。

炉排支架的前后两端各有一轴，前轴为主动轴，其上的链轮带动炉排运行；后轴为从动轴，轴上有光滑的大圆辊筒，可让链条自由移动而过。主动轴一端通过一套变速装置与拖动的电动机相连。

链带式炉排是用圆钢将炉排片串联而成的。在两边及中间安插主动链条，它直接与主动轴上链轮相啮合，以此带动炉排随着主动轴的转动而向后运动。

链条炉新燃料自前方由移动的炉排引入炉内，与空气气流交叉相遇，是一种典型的前饲式炉子。链条炉的工作过程如下：

煤通常由运煤设备输送到炉前的煤斗中，借自重跌落到炉排上，由前向后移动着的炉排将其带入炉内。通过可上下升降调节的煤闸门，按需要调节煤层厚度。随着炉排向后移动，燃料完成燃烧，最后形成的灰渣由装在护排末端的除渣板铲除而漏入煤斗，除渣板的作用还可使灰渣在炉排上略有停滞而延长其在炉内的停留时间，使之更好地燃尽，并减少炉排后端的漏风。

炉膛两侧的下方，纵置有圆形的防渣箱。它一半嵌入炉墙，一半贴近运动着的炉排，袒露于炉膛，其内通水冷却，通常即为炉膛水冷壁的下集箱，由上升管和下降管与锅筒沟通形成水循环。防渣箱的作用，一是保护炉墙不受高温燃烧层的侵蚀和磨损；二是防止侧墙结渣。

链条炉排下部的风室，分隔成可分区调节配风的风仓，燃烧所需的空气由风道送至各风仓后，穿过炉排通风孔隙进入燃烧层参与燃烧反应。

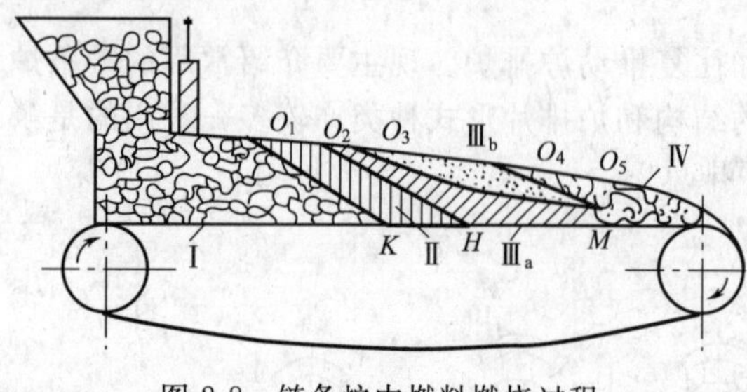

图 2-8 链条炉中燃料燃烧过程

(2) 链条炉排上煤的燃烧过程 链条炉排是一种单面引火的炉子，新煤从落煤斗落到炉排上，随着炉排的转动而进入炉内，依次完成预热、着火、燃烧和燃尽各个阶段。由于燃料与炉排间没有相对运动，链条炉的燃料层自上而下的燃烧过程受到炉排自前而后移动的影响，使燃烧的各个阶段均与水平成一倾角，如图 2-8 所示。

燃烧分四个阶段：

① 新燃料区 燃料在该区中预热干燥，该阶段基本上不需要氧气，通过燃料层进入的空气，其含氧浓度几乎不变。从 O_1K 线所示的斜面开始析出挥发物，燃烧准备阶段在炉排上占有相当长的区段。

② 挥发物燃烧区 燃料中挥发物从 O_1K 线开始析出，边析出边着火，至 O_2H 线挥发物逸完。在该区内挥发物边析出边燃烧，越析越多，燃烧产物中 CO_2 随着耗氧量的增大而浓度增高，燃烧温度随之增高，在 O_2H 线温度达到 1100～1200℃。

③ 焦炭燃烧区 从 O_2H 线开始，焦炭着火燃烧，温度上升很快，燃烧进行得异常激烈，为焦炭燃烧氧化区。该区段内二氧化碳随燃烧而增大，最后增至最大值。然后开始为焦炭燃烧还原区，即 O_3M 线开始至 O_4M 线截止。该区段中燃烧产物中二氧化碳和水蒸气上升，被灼热的焦炭还原为一氧化碳。因此该区段中一氧化碳增多而二氧化碳逐渐减少。

④ 灰渣形成区 链条炉是单面引火，最上层的燃料首先点燃，因此灰渣也在此处较早形成；此外，因空气从下层进入，最底层的燃料氧化燃尽也较快，较早形成灰渣，可见，炉排末尾未燃尽的燃料为上下灰渣所夹，多灰燃料难以燃尽。

但应注意，上述四个阶段是个连续变化过程，是不可能截然分清的。

二、悬浮燃烧

悬浮燃烧又称室燃，它没有炉排，燃料悬浮在炉室空间燃烧。它不仅可燃用固体燃料，也可燃用液体或气体燃料。固体燃料必须先制成粉末状喷入炉内方能进行燃烧。常用的室燃炉，按燃用燃料的种类不同，可分为煤粉炉、燃油及燃气炉三种。室燃炉当燃料喷入炉内立即着火燃烧，燃烧及烧尽阶段很难区分。

室燃炉的燃烧装置是燃烧器及炉膛。燃烧器的作用是将燃料和空气按一定比例，以一定速度和方向喷入炉内得到稳定和高效率的燃烧。炉膛是燃料燃烧的空间，燃烧的强度越高，达到燃烧完全所需的燃烧空间越小，燃尽的时间就越短。

1. 煤粉燃烧

(1) 煤粉燃烧的特点 对室燃炉的燃烧设备在燃烧性能上有两个共同的要求：一是要求燃烧效率高，即气体不完全燃烧热损失 q_3 及固体不完全燃烧热损失 q_4 都尽量地低；二是要求燃烧稳定和安全，能保证着火及燃烧稳定和连续，并保证设备和人身的安全，运行中不发生结渣和腐蚀等现象。煤粉与空气的混合气流进入炉膛受热后，先要把水分蒸发，然后挥发分挥发，再将挥发物点燃。使煤粉点燃的条件，不仅要求热源，还需要有一定的热容量，所以煤粉的着火比较困难。如果着火不稳定，就难以使燃烧稳定和连续。为了解决这个问题，常采取以下的措施：

① 煤粉是由空气携带输送入炉内的，一般采用热风送粉，输送煤粉的空气都采用 200～

400℃的预热空气。

② 在煤粉磨制过程中采用热空气（或热烟气）进行干燥。

③ 用于干燥和输送煤粉入炉的空气称作一次风，当煤粉与一次风混合气流中的煤粉点燃后，再逐步混入其余的空气，以减少煤粉点燃所需的热容量。其余的空气常分两步混入：一部分从煤粉燃烧器中混入，称为二次风；一部分直接喷入炉膛，称为三次风。煤粉炉的三次风与层燃炉的二次风比较类似。

④ 改变煤粉气流喷出燃烧器后的气流组织，在燃烧器出口处产生一个高温燃烧产物的回流区，回流区能提供煤粉点燃所需要的热量。

煤粉燃烧后的燃尽需要一定的时间，焦炭粉末的燃烧在温度高于1300℃时反应速度比较快，而燃烧速度又受氧气向焦炭粉粒表面扩散速度的限制。因此，为了减少煤粉燃烧所需时间，可以将煤粉磨得更细。

煤粉燃尽后残留的灰分，在炉膛高温区内呈熔融状态，若尚未冷却就与炉墙、水冷壁或是炉膛出口受热面接触，就会黏结而形成结渣，影响锅炉安全可靠地运行。为了避免结渣，必须注意：

① 炉膛要有足够大的容积和足够多的水冷壁受热面，使燃烧产物在接近水冷壁时的烟气温度小于灰的熔点；

② 运行中要保持炉内火焰处于炉膛中心。避免火焰中心偏移以及煤粉气流直接冲刷炉墙或水冷壁。

（2）煤粉制备与输送　煤粉是在磨煤机中制备的，其粒度大都为20～50μm，最大不超过500μm。煤粉越细，越有利于燃烧，但磨煤机的电耗和金属消耗也随之增加，这就存在一个经济细度问题。

煤的细度是指煤粉样品在一定尺寸筛孔的筛子中进行筛分，筛子上煤粉的剩余量占总量的百分比。通常以R_x表示，角码x代表筛孔内边长。全面比较煤粉细度需用4～5个筛子来筛分，将这些细度表示值来综合比较。一般对于烟煤和无烟煤，只用R_{90}和R_{200}表示，对褐煤则只用R_{200}和R_{500}（或R_1）表示。

不同品种的煤，着火的难易程度不一，在磨粉时对其细度也有不同的要求。通常烟煤R_{90}＝30％左右，褐煤可达到R_{90}＝40％～60％，而对于无烟煤、贫煤R_{90}＝6％～10％。

煤粉制备系统主要有两种：一是带中间贮粉仓的仓贮式系统，二是不带中间贮粉仓的直吹式系统。直吹式系统是直接将磨制的煤粉吹入炉内，磨煤机的出力要与锅炉的负荷变化相适应；而仓贮式系统中，磨煤机的出力基本保持不变，它不受锅炉负荷的影响，设立中间贮煤粉仓，多余煤粉可以贮存在中间贮煤粉仓中，锅炉高负荷时，可以从贮煤粉仓补充煤粉。小型煤粉炉上常用的锤击式和风扇式磨煤机，都采用结构布置比较简单的直吹式系统。

磨煤机常按转速分为三种：①低速磨煤机，转速为15～25r/min，如筒式钢球磨煤机，俗称球磨机；②中速磨煤机，转速为50～300r/min，如中速平盘磨、中速环球磨等；③高速磨煤机，转速为750～1500r/min，如锤击磨煤机、风扇磨煤机等。

75t/h以上的蒸汽锅炉常用筒式钢球磨煤机。因为它安全可靠，检修维护费用最小；可适应各种煤种，特别适应硬质煤，不怕煤中有铁块等杂质。但其金属耗量大、噪声大及耗电量大。这种磨煤机空载和满载的耗电量相差不大，因此为使它的出力稳定，不随锅炉负荷而变化，一般都采用仓贮式制粉系统。

风扇磨既起磨煤机的作用，又起排风机的作用，结构十分简单紧凑。特别是采用直吹式系统，本身体积较小，设备及系统都简单。因此，耗钢材少、投资少，电耗也较少，出力调节方便。另外，风扇磨对煤的适应性较好。如水分较大（M_{ar}＞30％）的褐煤；挥发分

$V_{daf}>30\%$，可磨系数较高（$K_{km}>1.1$，K_{km}表示单位重量的标准燃料和试验燃料磨到相同粒度时所消耗的能量之比，此值越大，越易磨细）的烟煤都可燃用。但这种磨煤机最突出的缺点是风扇磨的冲击板易磨损，使用周期短，频频更换维修工作量大。

中速磨煤机虽然具有系统简单、管道短、钢材耗量少、电耗低、设备紧凑及噪声小等优点，但是其结构复杂，摩擦部件寿命短，常需检修更换。有的中速磨煤机要定期压紧弹簧和频繁地停机调整，这些都影响系统运作的可靠性。对煤种的适应性不好，煤的水分不能过大（一般 $M_{ar}\leqslant15\%$），也不能磨过硬的煤，由于这些原因，工业锅炉一般不采用中速磨煤机。

煤粉的输送都是气力输送，其介质必须是热流体。常用的介质是热空气和热烟气两种。输送煤粉的一次空气量一般占燃烧所需空气量的 20%～30%。挥发分高的煤，一次风比例也可高一些。通常，改变一次风的风量可调节煤粉火焰的长度。火焰长度是煤粉气流喷出速度与燃烧时间的乘积。提高一次风量，就增加了煤粉气流的喷出速度，在相同的煤粉燃烧时间下，火焰长度随之增加。煤粉燃烧时间取决于煤粉细度和挥发分含量，通常为 1～3s。

（3）煤粉燃烧器　煤粉燃烧器也称喷燃器，是将制粉系统送来的煤粉喷入炉膛燃烧的专用装置。喷燃器要组织气流，使煤粉能迅速、稳定地着火燃烧；使煤粉和空气良好、均匀混合，以保证安全经济地运行。煤粉燃烧器按形状一般分为狭缝形和圆形两类，就气流特点看，煤粉燃烧器可分为直流式及旋流式两种。

① 直流式燃烧器　直流式燃烧器把煤粉与一次空气的混合物及二次空气分别经相间布置的平行通道送入炉膛。这种燃烧器的特点是结构简单、阻力小、射程远、着火慢、炉膛的火焰充满度较差，一般适用于高挥发分的煤种。这时，一次风量占总风量的比高达 30%～40%；二次风速也较高，约 20～25m/s，以使喷嘴得到较好的冷却。在锤击式磨煤机“竖井”上端常配用这种直流式燃烧器。

煤粉和空气分别由不同喷口喷入炉膛形成射流，射流自喷口喷出后，将一部分周围介质卷入射流中，并随着射流一起运动，这就使射流的横断面积扩大，同时，射流边界层的流动速度由于周围静止介质的卷入而逐渐降低。射流横断面上边界层的流速低，而中心的流速高。随着射流继续向前运动，其中心速度也逐渐衰减。当截面上的最大轴向速度降低到某一数值时，该截面至喷口的距离称为“射程”，它与喷口直径及初速度有关。气流的射程是确定燃烧器的功率、炉膛尺寸和组织炉内燃烧过程的一个很重要的依据，初速越大则射程越大。对矩形喷口，当出口截面积的初速不变时，其高宽比对射流轴线速度衰减的影响很显著，高宽比越大，衰减越快，射程就越短。

煤粉燃烧器布置的方式多，大容量煤粉炉一般将直流式煤粉燃烧器布置在炉膛四角上，燃烧器的轴线与炉膛中心的假想圆相切的布置方式，这种布置方式是我国锅炉上最常见的。这样布置的燃烧器又称角置直流式燃烧器。这样布置的燃烧器之间可以相互支持，加强着火和燃烧的稳定性。因此，角置直流式煤粉燃烧器对燃料适应性很强，不仅可燃用烟煤和褐煤，也可燃用无烟煤和贫煤。

② 旋流式燃烧器　煤粉与一次空气的混合物通过蜗壳产生旋流而喷入炉膛。二次空气也经另一蜗壳而旋转喷入炉膛，并与一次空气交叉混合。这种燃烧器也称为蜗壳式。煤粉气流在炉膛中扩散成圆锥形，在其根部产生卷吸作用，使高温烟气回流，促使煤粉迅速着火燃烧。这种燃烧器扩散角大而射程短，炉膛火焰充满度好，旋流强度易于调节。锅炉上常用的各种燃煤，在这种燃烧器内都能得到较好的使用效果。图 2-9 示出了一种工业锅炉常用的旋流式燃烧器，依靠二次风叶轮上的轴向叶片造成气流旋转，叶轮位置可前后移动，改变了与圆锥形风壳的间隙，有一部分二次风就不通过叶轮而从此间隙里直流通过，旋转的和不旋转的两股二次风混合而进入炉膛。若改变叶轮的位置，这两股二次风的比例也随之变化，从而

调节了旋流强度。旋流式燃烧器能方便地与燃油和燃气烧嘴组成复式燃烧器，以便同时或交替燃用几种不同性质的燃料。

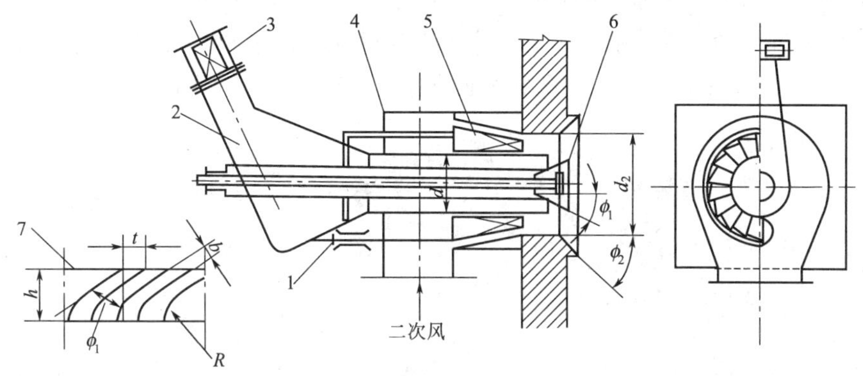

图 2-9 旋流式燃烧器

1—拉杆；2—一次风壳；3—一次风挡板；4—二次风壳；5—二次风叶轮；6—油喷嘴；7—叶轮

旋流式燃烧器可与竖井磨煤机和风扇磨煤机配用。通常，一次风占总风量的25%～30%，二次风速要求在25m/s左右，视煤质而异。二次风的阻力较大，约为700～1500Pa。

燃烧器在炉子上的布置应根据炉膛尺寸而定，位置不同，形成的火焰形状也不一样。在中小型工业锅炉上常采用前墙布置，炉膛深度不宜小于4.0～4.5m，以防火焰冲向后墙引起结焦。相邻燃烧器之间的中心距、燃烧器中心至侧墙以及至冷灰斗顶部的距离，不宜小于喷口直径的2.0～2.5倍。

2. 油的燃烧

液体燃料油适应于包括工业锅炉在内的各种热力设备，具有高热值和储运方面的优势。因此一些移动的动力和热力设备，如火车上的采暖锅炉、船舶锅炉几乎都采用液体燃料。燃油在锅炉炉膛中是以火炬的方式燃烧的。油的燃烧过程大致可分为三个阶段：①燃油的预热阶段；②燃油雾化并使油雾加热、气化分解与空气混合的阶段；③着火燃烧阶段。其中第一阶段在燃油系统或燃烧设备中完成，后两个阶段则是在燃烧设备和炉膛中完成。

(1) 油的燃烧过程和特点　由于油的沸点总是低于油的着火温度，因此油总是首先蒸发成气体，然后在油蒸气状态下进行燃烧。为强化油的燃烧，首先是把油雾化成细油滴，油滴进入温度高于其着火温度的空气和烟气混合气体中，首先蒸发，在其表面形成火焰，在悬浮状态下进行燃烧。在燃烧稳定时，油滴从火焰中获得热量而蒸发的油量等于油滴周围燃烧掉的油蒸气量。

燃油雾化成细油滴时，大大地增加了燃油的表面积，加快了油气的蒸发速度和与空气中氧的接触表面积。从喷油器喷出的雾化油雾，当到达燃烧区时，一部分尺寸较小的细油滴已经完全蒸发了，变成油蒸气与空气均匀混合后进行燃烧；一部分油滴则没有完全蒸发，但油滴直径减小了，形成细油雾；还有一部分尺寸较大的油滴甚至完全没有蒸发，保持单个油滴状态。油雾和油滴都是液态，所以油雾的燃烧既有均匀混合气的燃烧，也有油滴的燃烧，通常叫做两相燃烧。理论分析和大量试验证明，油滴燃烧时间和它的直径平方成正比。燃油雾化颗粒越小，燃烧时间就越短，火焰长度也越短。从加强混合和提高燃烧热强度的角度出发，要求燃油雾化得越细越好。当燃油雾化得很细时，油雾才可能和空气混合得很均匀，并很快蒸发和燃尽，如果雾化燃油中有很粗的油滴，常常会在炉膛内来不及燃尽而产生大量火星，甚至引起锅炉冒黑烟，更大的油滴还会喷射到锅炉的受热面和耐火砖墙上或落到炉底产生结焦。为了提高锅炉炉膛热强度和发展低氧燃烧，希望燃油雾化平均油滴直径在100μm以下。

(2) 喷油器　所有的喷油器按其雾化的方法不同可分为机械式、蒸汽或空气介质式和超声波雾化式。不同结构的喷油嘴喷出的油雾化形状也不相同，有实心型、半实心型和空心型等，如图2-10示出丹佛斯公司几种常用的油的雾化结构。

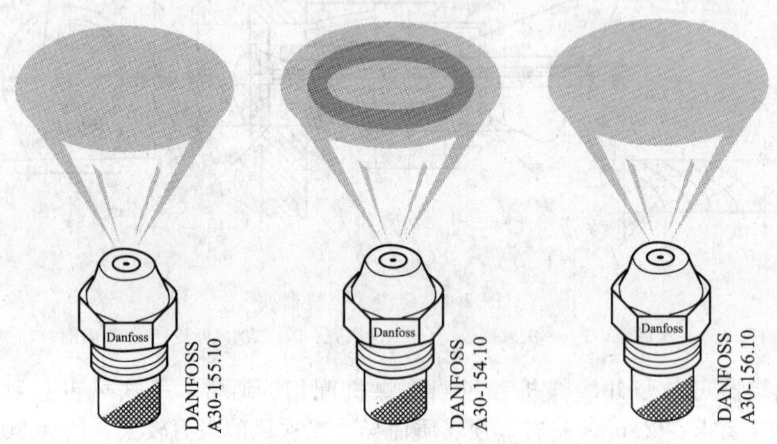

图2-10　不同结构的油雾形状

燃油从油压或旋转设备中获得能量从喷口喷出，在没有任何雾化剂的作用下而使燃油雾化的喷油器叫做机械式喷油器。机械式喷油器按着燃料微粒的运动方式可分为直射式、离心式和转杯式。离心式喷油器按其是否有回油，又可分为简单离心式和回油式。

利用高速的蒸汽（或空气）运动将燃油雾化的喷油器叫做蒸汽式（或空气式）喷油器。蒸汽式（或空气式）喷油器按其雾化剂的压力又可分为高压雾化和低压雾化两种。

燃油既从油压中获得能量，又利用蒸汽（或空气）的高速喷射能量而联合雾化的喷油器叫做介质机械式喷油器。

利用声波的高频振动而使燃油雾化的装置叫做超声波雾化喷油器。超声波雾化喷油器按其形成超声波的能源不同可分为电气式、空气式和蒸汽式。

锅炉中燃料油的燃烧采用蒸汽式喷油器较少，而较多地采用简单离心式喷油器和回油离心式喷油器。近年来随着锅炉自动化程度的提高和大量燃用劣质燃料油，蒸汽机械式喷油器中的Y形喷油器、超声波雾化喷油器也越来越多地被采用。

无论采用何种喷油嘴，喷油嘴的任务是把燃油雾化成很细的雾滴，以利于燃油迅速而完全地燃烧。喷油嘴的形式很多，但综合起来，目前应用较多的机械喷油嘴主要有三类：压力式、回油式和转杯式。

① 压力式喷油嘴　图2-11所示为压力式喷油嘴的结构图。喷油嘴的接头与燃油系统的输油管相连，油泵来的压力为0.7～2.0MPa的燃油经过滤网6过滤后流入芯子3的中央，穿过芯子前端的横孔，流入油头2的环形空间，充满开有切向槽的雾化片1的背面外围空间，再沿切向槽高速地流入雾化片中央的旋涡室，在此产生强烈的旋转运动，然后从喷孔中高速喷出。喷射的油滴在离心惯性力和空气摩擦力的作用下被粉碎成雾状，并且沿轴向和径向速度合成的速度方向运动（螺旋线运动），从而扩散成60°～70°的空心雾化锥。这种喷油嘴配有喷孔直径为0.5～1.2mm的不同规格的雾化片，可根据燃油质量和锅炉的负荷选用。雾化片是喷油嘴的主要零件，与燃油的雾化质量密切相关，因而要注意维护保养，定期检查和清洗。若发现技术状况不良，如喷孔不圆，内壁有缺口、毛刺等，应予换新。

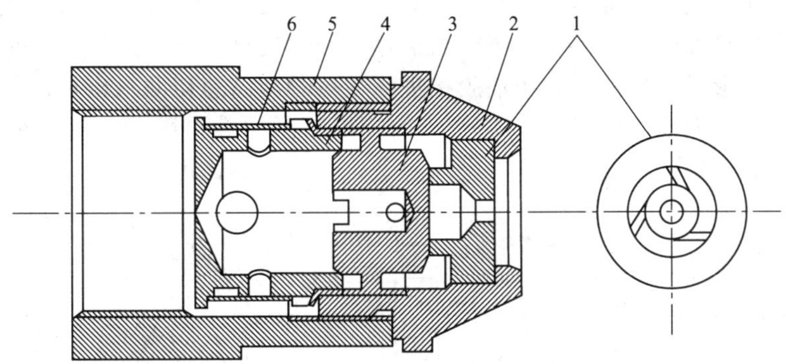

图 2-11 压力式喷油嘴头部结构

1—雾化片；2—油头；3—芯子；4—网座；5—套座；6—滤网

燃油燃烧的好坏在很大程度上取决于燃油雾化的质量。为了使油雾化良好，就应使油流过雾化片切向槽时保持一定的速度。当雾化片尺寸一定时，油压越高，油的流速就越高，油的流量也就越大，油雾化后颗粒就越细。但是油压在 2.0MPa 以上时，随着油压的升高，雾化质量的改善并不显著。反之，油压降低将导致流速减少，流量降低，雾化不良。通常保证良好雾化的最低油压约为 0.7MPa。

油温对雾化质量也有影响。油温低，黏度大，流动阻力大，燃油在喷出喷油嘴时不易被粉碎，雾化质量下降。所以黏度较大的油需要预热。用重柴油作燃料时，一般预热温度应不低于 60～70℃；用燃料油时，预热温度应不低于 90℃，对某些黏度比较大的重油，预热温度要超过 120℃才能满足良好的雾化条件。

既然改变供油压力能改变油流经喷油嘴的流量，因而锅炉运行时，可用改变油压的办法来改变喷油量，以适应不同的工况。但是，流量与油压平方根成正比，即喷油量提高一倍时，油压需提高至原油压的 4 倍。保证良好雾化的最低油压是 0.7MPa，而一般锅炉燃油系统的最高油压约为 2.0～3.0MPa，所以用改变油压的方法改变喷油量，其调节幅度不大，最大喷油量与最小喷油量之比很少超过 2。大型燃油锅炉常装设多个喷油嘴或者装设一个主喷油嘴和 1～2 个辅喷油嘴，用改变工作的喷油嘴数调节喷油量，以满足负荷的要求。

② 回油式喷油嘴　图 2-12 所示为回油式喷油嘴的头部结构，它有两个管接口。一个接供油管，燃油由此进入喷油嘴旋涡室，另一个接装有回油调节阀的回油管。只要改变回油调节阀的开度调节回油量，就可以一定比例调节喷油量。这种喷油嘴油量调节幅度较压力式明显扩大，而且不影响喷油压力和雾化质量。其最小喷油量可达最大喷油量的 1/5～1/3。

③ 转杯式喷油嘴　图 2-13 为转杯式喷油嘴的结构示意图。由电动机 7 经传动胶带轮 8

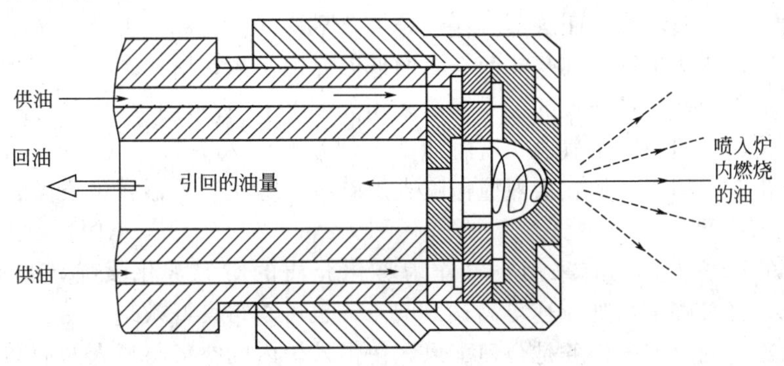

图 2-12 回油式喷油嘴的头部结构

带动旋杯 2 和一次风机（又称雾化风机）叶轮 5，使其在 4000～6000r/min 的高速下旋转，燃油以一定压力自给油管 4 进入，经燃油给油器均匀地流至旋杯中央。由于高速旋转的离心力作用，在杯内壁形成一层油膜，当油膜推进至杯口时即高速切向甩出，被一次风机叶轮 5 供入并自旋杯外壁的四周缝隙以 60～80m/s 的速度喷出的雾化风粉碎成油雾。使用中可根据燃烧情况改变调风门的开度，调整一次风量Ⅰ，以改变雾化角。

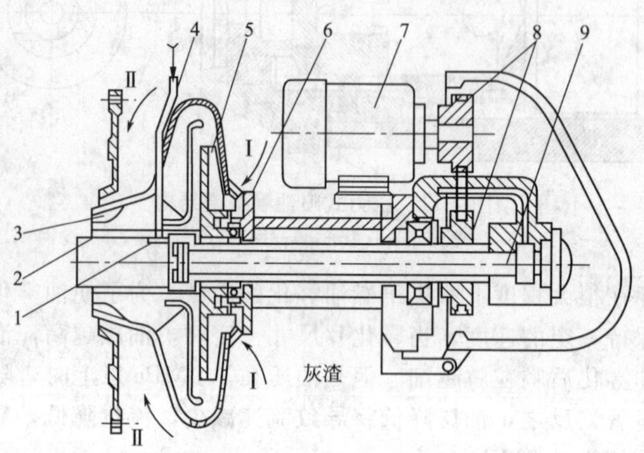

图 2-13　转杯式喷油嘴

1—燃油分配器；2—旋杯；3—导向叶片；4—给油管；5—风机叶轮；6—轴承；7—电动机；8—传动胶带轮；9—驱动轴；Ⅰ—一次风入口；Ⅱ—二次风入口

雾化风机供入的风量仅为总风量的 1/10，绝大部分二次风Ⅱ由专设的二次风机经调风器配风和导向调节后供入炉内。

转杯式喷油嘴的优点是供油压力可以较低，油量调幅可达 10∶1，且调节方便（只要开大或关小供油阀即可），不影响雾化质量；油流不易堵塞，过滤要求不高，可燃用油类的品级范围广；预热温度要求较低（炉内热能对旋杯辐射而使燃油预热）。但其缺点是结构较复杂，制造和安装要求高。

④ 蒸汽（空气）雾化喷嘴　蒸汽雾化喷嘴是利用 0.4～1.3MPa 蒸汽的喷射将油雾化。其结构如图 2-14 所示。重油由重油入口 1 进入，蒸汽由入口 2 进入环形套管，然后由头部喷油出口 3 的喷孔高速喷出，将中心油管中的油引射带出并撞击而雾化，中心油管可以伸前缩后以改变蒸汽喷孔的截面大小，而实现蒸汽量及喷油量的调节，负荷调节比较大。

蒸汽雾化质量比机械雾化还好，雾化后油粒平均直径在 100μm 以下，而且比较均匀。对油的黏度要求降低，油压也要求不高，有 0.2～0.3MPa 即可。它结构简单、制造方便、运行安全可靠。但要蒸汽源，而且蒸汽耗量较大，平均气耗为 0.4～0.5kg/kg。这不仅降低了运行的经济性，还会加剧尾部受热面金属的低温腐蚀和积灰堵塞。

为了减少蒸汽量，容量较大的工业锅炉采用如图 2-15 所示的 Y 形蒸汽雾化喷嘴。蒸汽由气管 6 进入头部 1 的一圈小气孔 8，而油则由油管 5 流入头部与气孔一一相对的油孔 7。油和气在混合孔 9 中相遇，相互猛烈撞击喷入炉膛将油雾化。Y 形雾化喷嘴的气耗仅0.02～0.03kg/kg。

在小容量的锅炉上，也有采用空气作为雾化介质的空气雾化喷嘴，要求空气压头在 2000～7000Pa，经喷嘴缩口处流速可高达 80m/s，也可获得良好效果。

（3）调风器　调风器的任务是合理配风，使供入炉内的空气与喷入的油雾均匀混合以提高燃烧效率。调风器常有平流式和旋流式两种。旋流式又分固定叶片型和斜向叶片型。固定

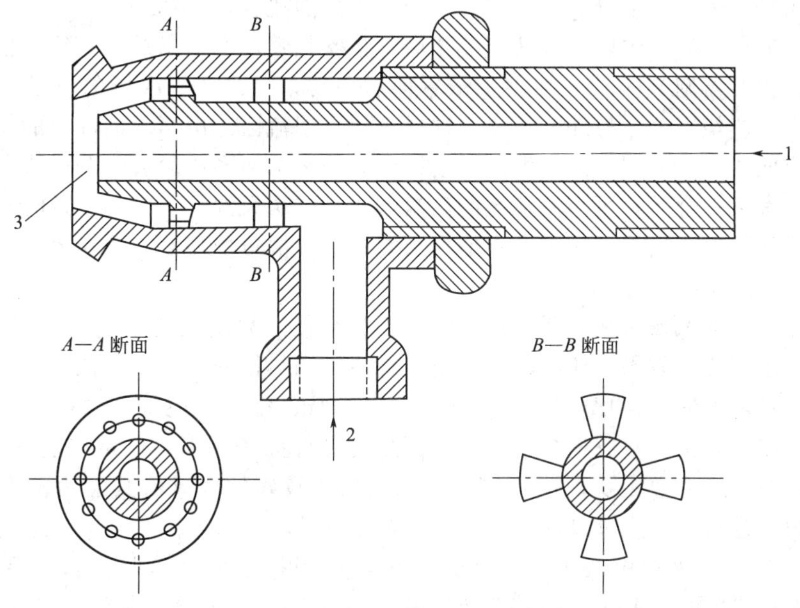

图 2-14 蒸汽雾化喷嘴

1—重油入口；2—蒸汽入口；3—喷油出口

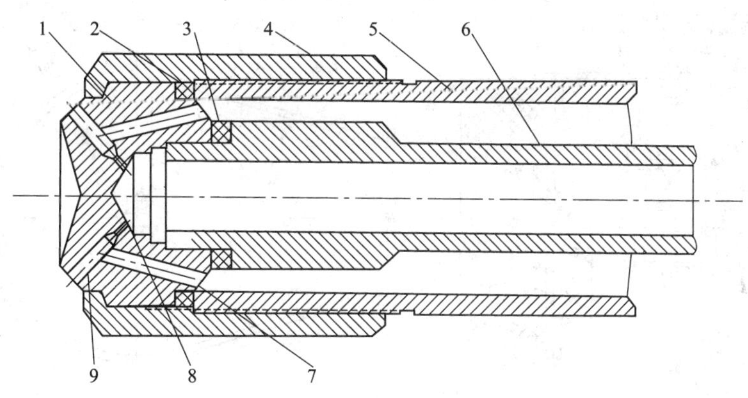

图 2-15 Y形喷嘴

1—头部；2,3—垫圈；4—套嘴；5—油管；6—气管；7—油孔；8—气孔；9—混合孔

叶片型叶片的倾角是固定的，斜向叶片型叶片的倾角则是可调节的。图 2-16 所示为采用旋流式固定叶片型调风器的燃烧装置。向着炉膛的前方有一耐火砖或钢板围成的锥形圆孔，称为火口（或风口），喷油嘴位于火口的中心线上，火口外面设有风箱，调风器就装在风箱中，正对着火口。调风器由扩散器罩 9、导向叶片 10、风门挡板 8、火口 11 等组成。导向叶片的作用是使进入炉膛的空气产生旋涡运动，即产生旋转气流，并使气流具有一定的扩散角，保证油气混合良好。在安装喷油嘴的中心管架的前方一有扩散器罩 9，罩上有一圈小孔，从罩内引一股气流至喷油嘴前端，用以防止燃油在高温缺氧条件下裂解，产生难燃的炭黑并冷却喷油嘴。这一部分空气约占总空气量的 10%～30%，风速约为 10～40m/s，称为一次风。推拉轴向风门调节杆 13，可使轴向风门挡板 8 移动，改变进风小孔通道的大小，调节一次风的风量，控制火焰的长度和保持火焰稳定。风箱里绝大部分空气从扩散器罩 9 外围，经导风叶片间以一定旋流速度供入炉内，这部分空气称为二次风，风速约为 25～60m/s。二次风

主要是供给燃烧所需的大部分空气，并使其与油雾强烈混合，以达到完全燃烧的目的。由于二次风是从扩散罩外进入炉内，高速气流不会直接吹扫喷油嘴喷出的油雾锥体根部，所以火焰稳定。推拉扩散器调节杆 14，可使扩散罩前后移动，以改变二次风的风量，保证火焰和排烟颜色正常，燃烧完全。另外，还靠二次风来建立回流区。由于斜向叶片的作用，在气流中心区域形成低压区，使炉膛内高温烟气迂回到火焰根部而形成回流。若回流区合适则喷出的油雾先与一次风混合后，再与回流区的高温烟气和二次风混合，有利于及时着火和保持火焰的稳定。但回流区过大将使油雾在火焰根部裂解。扩散罩内还装有电火花点火器 5，光敏电阻装置 12，点火器压板装置 15。

经调风器供入的风量必须合适，因为空气不足会使燃烧不良，空气过多则会降低炉温，不利于燃烧和削弱传热效果，还将因排烟量增加使排烟热损失增大而降低锅炉的热效率。从理论上计算，1kg 油在标准工况下完全燃烧需 10～11m^3 空气，但供入的空气不可能全部被有效利用，所以实际供入量应稍多些。在保证燃烧良好的条件下，过量空气系数越小越好。燃油雾化正常时，该系数主要取决于调风器的优劣。较好的调风器其值为 1.1～1.2 之间。过量空气系数可通过改变风机进风风门的开度进行调节。

(4) 点火器　点火器由两根耐热铝镁合金的电极棒组成，其形状和安装位置参见图 2-16。电极棒前端弯折成 150°，后端套有耐高压的瓷管。两根电极棒装于点火器支承外盖上，后端瓷管段与喷油嘴平行，前端弯折的裸体段彼此构成 60°的夹角，两尖端的距离为 3～5mm。当两电极棒通以 5000～10000V 高压电时，尖端间产生电弧火花，从而点燃喷入

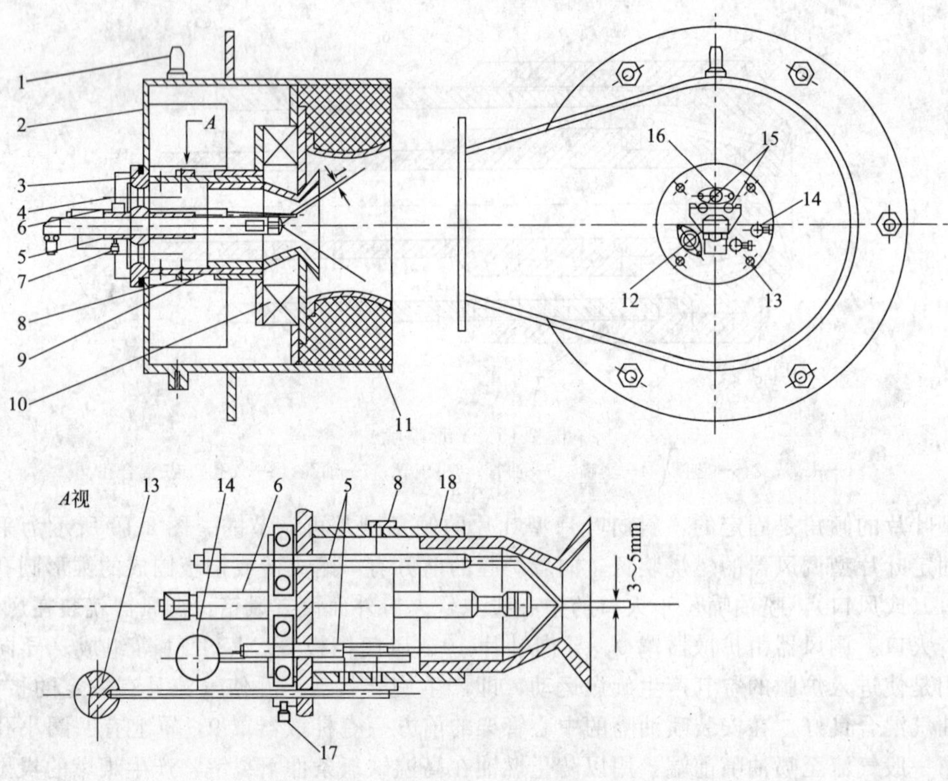

图 2-16　设有调风器的燃烧装置

1—测风压管接头；2—炉前风筒；3—喷油嘴支撑外盖板；4—观察孔；5—点火器；6—喷油嘴；7—固定螺钉；8—轴向风门挡板；9—扩散器罩；10—导向叶片；11—火口；12—光敏电阻装置；13—轴向风门调节杆；14—扩散器罩调节杆；15—点火器压板装置；16—观察孔；17—固定螺钉；18—轴向断筒

炉膛的燃油。为了保证点火效果和防止锥形油雾喷在电极上，要求两根电极棒中心线比喷油嘴中心线高 11mm，超出喷油嘴前端面 2.5mm，两根电极棒不能错开。

3. 气体的燃烧

(1) 气体燃料燃烧特点　气体燃料的燃烧是单相反应，着火和燃烧都比较容易，它不像煤粉有挥发分挥发及焦炭燃烧过程，也不像燃油有雾化问题。其燃烧速度与燃烧的完全程度取决于气体燃料与空气的混合。混合越好，燃烧就越迅速、完全，火焰也越短。

气体燃烧有多种分类方法，若按一次空气系数 α_1，可分为扩散式燃烧、大气式燃烧和无焰式燃烧。扩散式燃烧是指燃气与空气不进行预先混合，即 $\alpha_1=0$，扩散燃烧不会发生回火现象，燃烧完全靠二次空气。大气式燃烧是指燃气与燃烧需要的部分空气进行预先混合，即 $0<\alpha_1<1$，只能在一定的范围内进行稳定工作，剩余燃气靠二次空气完成。无焰式燃烧，是指燃气与燃烧所需的全部空气进行预先混合，即 $\alpha_1\geqslant1$，燃烧过程不需要二次空气，燃烧的稳定范围减小，燃烧的完全程度提高。

锅炉燃用气体燃料时，常采用前两种燃烧方式。其中燃气与空气预先均匀混合的燃烧方式也称为动态燃烧，或称动力燃烧。锅炉燃用的气体燃料品位和种类差异比较大，有的气体发热量很高，含惰性气体或杂质较少，有的则发热量很低，含惰性气体或杂质较多。低热值煤气可以高炉煤气为代表，它含惰性气体（N_2、CO_2）达 60%～80%，其发热值为 6280～10467kJ/m^3，这种煤气较难完全燃烧。燃用低热值煤气时常采用动态燃烧，有时还采取强化着火的措施，以保证燃烧的稳定，如将煤气和空气都进行预热。或在炉内离燃烧器出口不远处用耐火材料砌格栅型火墙等。一般燃用高、中热值的煤气时，大多采用扩散燃烧。但实际情况也并不尽然，除了保证完全燃烧外，还要考虑火焰稳定性以及负荷调节范围。

采用动态燃烧时，一定要注意混合气体在燃烧器中的流速。如果混合气体的流速低于火焰传播的速度，原来在燃烧器喷口之外的火焰可能缩回到燃烧器内部去燃烧，这种现象称为“回火”。回火可能烧坏燃烧器或发生其他事故。如果混合物流速比火传播速度大很多，则火焰就要远离燃烧器喷口，以致火焰发生完全熄灭，这种现象称为“脱火”。这时，不仅锅炉不能正常运行，而且炉膛内可能积有爆炸性气体，容易发生事故。为了加强混合，提高燃烧效果，通常在气体燃烧器中也采用稳焰器来稳定燃烧。

(2) 气体燃烧器　目前工业和民用燃气燃烧器的种类很多，采用的燃烧方法也不相同，一般都是根据燃气的燃烧特性及火焰速度的不同，调整烧头和火焰扩散盘的结构设计。综合起来看常用的有两种燃烧器烧头结构，即预混式结构和后混式（扩散式）结构。图 2-17 示出了两种不同烧头结构。

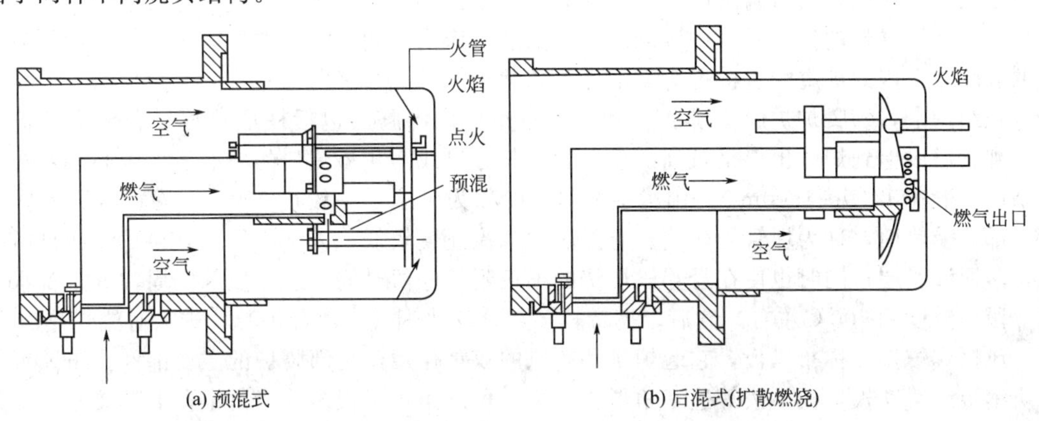

图 2-17　燃气燃烧器烧头结构

气体燃烧器没有雾化的任务，仅为配风，因此，扩散燃烧的煤气燃烧器比油燃烧器简单，它在配风的结构上与重油燃烧器相似。扩散燃烧的气体燃烧器也分为直流式和旋流式两类，直流式天然气燃烧器是经多根喷枪管以高速从切向和横向两个方向将天然气喷入炉膛，喷出后形成旋转运动，空气从燃烧器流出与天然气以正交的方式，依靠燃气射流强烈混合。

旋流式煤气燃烧器利用旋流装置使空气形成旋转气流。用于重油燃烧器的各种旋流调风器，一般都可以用在煤气燃烧器上。煤气引进方式可分为中心进气和周向进气两种方式。中心进气是煤气从中心管送入，在出口端煤气从管子上的煤气喷孔横向穿入旋转的空气流中。这些煤气喷孔是沿管子四周径向开孔的，沿管子轴向分成几排。周向进气是煤气由空气通道外圆周上的几排小孔横向喷入旋转的空气流中。

随着燃气事业的发展，对燃气的燃烧提出了更高的要求。首先要求燃烧的热强度高，热强度高，能有效减小炉膛的容积。其次是要求在损失最小的情况下将燃气的化学能转变为热能。这就要求化学不完全燃烧损失及过量空气系数均应最小，这是一般的扩散燃烧及大气式燃烧所无法满足的，因此出现了无焰燃烧。国外一些公司已经推出了几种无焰燃烧机配备在一些高效率的锅炉上，不仅燃烧效率高，锅炉整体尺寸也大大减小。如瑞士 Hoval 公司设计生产的 Ultragas 冷凝式燃气锅炉采用了无焰燃烧技术，燃气和空气在进入燃烧器之前按比例自控预混，燃料与空气混合后的气体由耐高温不锈钢制成的柱形网状喷嘴或火道喷出，形成无焰燃烧。充分混合后进入燃烧室燃烧，达到充分燃烧效果，并由此减小了燃烧室及锅炉体积。该比例式无焰燃烧器设计可获得 1∶5 的调节范围，燃烧器火道可提供 360°均衡热输出，确保高效燃烧和稳定的超低 NO_x 排放。

三、沸腾燃烧

1. 沸腾燃烧基本原理

沸腾过程，或称流态化过程，是指固体煤粒在气体或液体作用下变成流化状态的过程。流体通过固体煤粒床层后，随着流体流速的不断增加，床层的状态将发生一系列变化。流速较低时，固体颗粒基本不动，这时床层称为固定床。速度增大后颗粒就互相离开，并有少量颗粒在一定范围内振动，这时床层称为膨胀床。当速度增加到全部颗粒悬浮在流体中，这时状态称为临界流化状态，此时流体的流速被称为临界速度。为了便于比较和计算，流体流速都按空截面来计算。进入临界流化状态以后，就开始形成沸腾床燃烧过程。流体的速度再增加，床层进一步膨胀，当流速增加超过一定限度时，固体颗粒就被流体带走，从沸腾状态转化为气力输送，这一流体流速称为极限速度，只有在临界速度和极限速度之间，床层才能保持稳定的沸腾状态，而沸腾炉的运行风速和燃烧率的调节也只能限于这一范围内。

由于在沸腾炉的气固系统中，床层扰动激烈，床内会同时出现颗粒较少的气泡和颗粒较多的乳化相，因此沸腾炉也被称为鼓泡流化床锅炉。

在结构上，沸腾炉炉膛由沸腾层和悬浮段组成。沸腾层包括柱形垂直段和倒锥形扩散段。沸腾层以上到炉膛出口是较高的悬浮段，其分界线为灰溢流口的中心线，中心线距布风板高度一般在 1400～1500mm。沸腾层中的温度称为床温，一般在 900℃左右，沸腾段内布置一部分受热面，称为埋管受热面。悬浮段的气流速度较低，以利于较大颗粒尽量地自由沉降，落回沸腾层；同时也使在悬浮段燃烧的细粒延长停留时间。悬浮段的四周均可布置水冷壁，段内温度约 700℃左右。然后，携带较多灰分的热烟气，离开炉膛，进入对流受热面。

风帽式炉排又称布风板，它起炉排和布风的双重作用，是沸腾炉的主要部件。布风板为一块钢板或铸铁板，板上按等边三角形或等腰三角形布置了很多孔。每个孔上都装有一个风帽，最常用的风帽为蘑菇形风帽。高压风从风室经布风板上风帽的侧向小孔送出，与上升气流呈交叉形式，通常小孔风速控制在35～45m/s。风帽小孔以下直至布风板敷设一层耐火混凝土，以保护布风板，布风装置的作用是均匀布风和扰动床料，风室一般采用等压风室结构，使各截面的上升速度相同，从而达到整个风室配风均匀，风室内的空气流速一般控制在1.5m/s以下。

2. 沸腾燃烧的特点

沸腾燃烧具有一系列的优点，不仅作为劣质煤燃烧的有效方法受到重视，而且作为一种技术成熟、经济合理和环境友好的煤炭燃烧方式受到极大关注。沸腾燃烧的优点主要体现在以下几个方面。

(1) *几乎能适应各种不同品质的煤* 沸腾燃烧不仅适用于高水分褐煤、高灰分烟煤和挥发分低于5%的无烟煤，而且在设计合理、调整恰当的情况下，能稳定地燃用灰分70%的煤矸石和石煤，以及油页岩等劣质燃料。很多沸腾锅炉所用的燃料是低位发热量为4186kJ/kg左右的石煤、煤矸石和油页岩，目前还有用沸腾炉燃烧焦屑和城市垃圾的。

(2) *燃烧效率高* 沸腾炉炉内煤炭与空气混合强烈，燃烧得到有效的强化，可以在过量空气系数较低的条件下完全燃烧，炉渣含碳量一般在3%以下，燃烧效率高。

(3) *低污染物排放* 沸腾燃烧通常是在较低温度下（炉膛温度仅为800～950℃）进行燃烧反应，NO_x 的生成量可减少50%。若在燃料中添加石灰石脱硫，燃料中所含硫分的95%以上可以脱掉。沸腾炉的飞灰比较多，需要多级除尘，经多级除尘后，也可把粉尘排放量控制在标准规定的范围内。

(4) *沸腾层内埋管受热面吸热强烈* 沸腾炉一般都在沸腾层内布置埋管受热面，埋管除从烟气中吸收辐射热和对流换热外，还受炽热物料撞击的放热，综合传热系数可达233～290W/(m^2·℃)。

当然，沸腾炉由于其特殊的燃烧方式，在工程应用中也存在一些技术难点，主要如下：

(1) 沸腾炉埋管磨损严重，特别是埋管的弯头部分磨损更为严重。虽然曾采用多种方法加以减轻，但都没能彻底防止，有些措施的采用，又会引起传热系数的降低。

(2) 沸腾炉排烟的粉尘量大，用石灰石脱硫，其利用率低，脱硫效果也较差，这是由于较细的石灰颗粒很容易被吹走，而较粗的颗粒在脱硫过程中由CaO变成$CaSO_4$，其分子尺寸明显增大，在其表面因形成$CaSO_4$层而阻碍反应继续进行。

(3) 沸腾炉向大型化发展遇到困难。沸腾炉每平方米床面积可产生2～4t/h蒸汽，1台200t/h的工业锅炉需床面积80～100m^2。这样大的床面积，使锅炉布置、给煤均匀性等都复杂化。

这些困难影响了沸腾炉的进一步发展，取而代之的是性能更加优异的循环流化床燃烧技术。

3. 循环流化床燃烧

循环流化床与鼓泡流化床的主要区别在于炉内气体流速提高，在炉膛出口设置分离器，被烟气携带排出炉膛的细小固体颗粒，经分离器分离后，再送回炉内循环燃烧。流化床燃烧简称FBC(fluidized bed combustion)，循环流化床简称CFB或CFBC(circulating fluidized bed combustion)。增压流化床是压力条件下进行燃烧的流化床，简称PFBC(pressurized fluidized bed combustion)，是循环流化床更进一步的发展阶段。

固体煤粒在气体或液体作用下变成流化状态的过程是以流化速度的增加和床层阻力的变化为特征的，随着流化速度的增加，床层膨胀，依次经过固定床状态、鼓泡流化床状态、腾涌床状态、湍流床状态和快速床状态。气流速度较低，固体颗粒基本不动的状态被称为固定床；鼓泡流化床状态就是沸腾燃烧状态，床内形成由气泡相和乳化相组成的两相状态，有明显的床层分界面；腾涌床状态是一种不正常的流态化状态，其特征在于床层中气泡聚合长大，然后引起气泡层的破裂，这样循环往复，造成床层压降极不稳定，实际应用中应尽可能避免腾涌床状态的出现；当流化速度足够大时，床层压力波动减小并趋于比较平稳，床层进入湍流床状态，其特征是床层中气泡相的尺寸不再随气流速度的增加而聚合长大，只是不断增多气泡的数量和分布密度。床层界面模糊，炉内形成上部固体颗粒浓度小的稀相区和下部颗粒浓度大的密相区；当流化速度大于颗粒带出速度时，大量颗粒被带出燃烧室，而且随着气流速度的增加，颗粒带出量也增大，可以说颗粒和气流几乎全部充满了整个炉膛空间，炉膛上部和下部的颗粒浓度差别显著减小，床内颗粒的内循环率很高。为了维持快速床状态，必须把气流带出的颗粒进行分离，收集起来，再送回到快速床内进行循环运动，这就是循环流化床状态。因此要完成有效的循环流化床燃烧过程，除了沸腾床燃烧需要的炉膛、布风装置和风室等主要燃烧设备外，还需要高效能的分离器和回料装置。

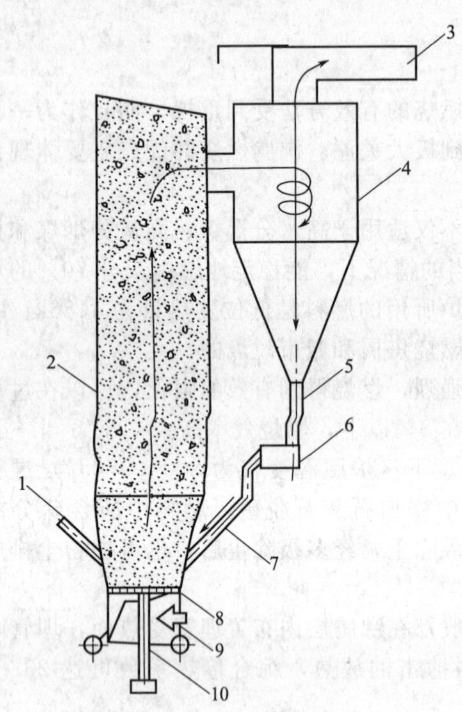

图 2-18 循环流化床燃烧物料循环系统

1—给煤机；2—炉膛；3—分离烟气出口；4—分离器；5—立管；6—回料器；7—回料管；8—布风板；9—风室；10—冷渣出渣管

CFB 锅炉的循环系统是由炉膛、分离器、立管和回料器等部件构成的，这一系统可将飞出炉膛的较粗的可燃固体颗粒通过分离器捕集下来，经立管、回料器返回炉膛中，图 2-18 示出了循环系统的工作流程图。由图可见，燃煤通过给煤机送入炉膛后，其中一部分在密相区燃烧，另一部分随气流向上并进入分离器。炉膛中的燃烧沿高度可分为密相区燃烧和稀相区燃烧。进入分离器的物料有随流体一次上升进入分离器的燃煤部分及循环物料两部分，循环物料要考虑经过炉膛时的燃烧减重。燃烧所需要的空气从风室和布风板进入炉膛，燃烧后生成的烟气从炉膛经分离器离开循环系统。稳定状态下始终有一定量的物料在系统内流动，系统将处于周而复始的循环运行状态。

四、煤的气化

1. 煤气化基本原理

与固体和液体燃料的燃烧相比，气体燃料的燃烧既简单方便，又易于控制、调节，可以在很低的过量空气系数下达到完全燃烧，因此，如果将煤转化成气体燃烧可以获得清洁燃烧。

煤的气化是清洁利用煤的基础，煤的气化是指以煤炭为原料，以水蒸气在富氧气氛之下转变为燃料合成气的过程。煤炭和水蒸气的反应如下：

$$C+H_2O \longrightarrow CO+H_2$$

该反应是吸热反应，反应热为 125.6MJ/kmol，反应温度在 600～900℃，反应时需要过量的水蒸气。

煤炭中本身含有一定成分的氢，在空气或富氧气氛下煤炭的反应为：

$$2CH_{0.8}+O_2 \longrightarrow 2CO+0.8H_2$$

煤气化后生成的气体 CO 和 H_2 都是可燃气体，称为合成燃料气。生成的气体中还含有一些不可燃的气体，如 CO_2、SO_2 等。如在空气中气化，则含有大量的 N_2，只能生成低热值煤气。

2. 典型煤气化方法

(1) 固定床气化 原料煤自上而下经历干燥、干馏和氧化层，最终成为灰渣排出炉外，气化剂则自下而上逆向流动，经灰渣层预热后进入原料煤的气化层。入炉的煤要求有一定的高度，并具有一定的强度和热稳定性、足够低的黏结性和结渣性。成品煤气经过热回收和去除焦油，约含有 10%～12%的甲烷和不饱和烃，适于作城市煤气用。该技术流程长，技术经济指标差，对低温焦油及含酚废水的处理难度较大，环保问题不易解决。常压等径的固定床煤气化炉工艺简单，操作方便，适合于工业用，但因其产量少，对煤种要求十分苛刻，国外早已被淘汰了。为了提高产量，发达国家开发了固定床加压技术，如德国鲁奇（Lurgi）炉，可以制取中热值煤气。但随之而来的是操作工艺复杂，投资增加。图 2-19(a) 示出了 Lurgi 气化炉结构简图。

(2) 流化床气化 流化床气化就是将具有一定压力的气化剂（氧、富氧、水蒸气）从床层下部经过布风板吹入，将床上小粒度的碎煤托起，当气化剂上升时，使煤粒上下翻滚，床层处于流态化状态。流化床气化可以制成高热值气，煤种适应性强，而且 0～10mm 的碎煤不必筛分，加工简单，因此现在世界上很多国家都在积极开展流化床气化技术的开发和研究工作。但流化床气化的温度低，反应速度低，反应不完全，飞灰和灰渣带出的热损失大。流化床气化有常压操作的温克勒（Winkler）气化炉和加压操作的高温温克勒（HTW）气化炉。HTW 气化炉克服了常压气化炉低气化效率的问题，完善了飞灰汇流返烧，总的碳转化率提高到 95%，满足工业化要求。图 2-19(b) 示出了凯洛格公司的 KRW 法加压流化床气

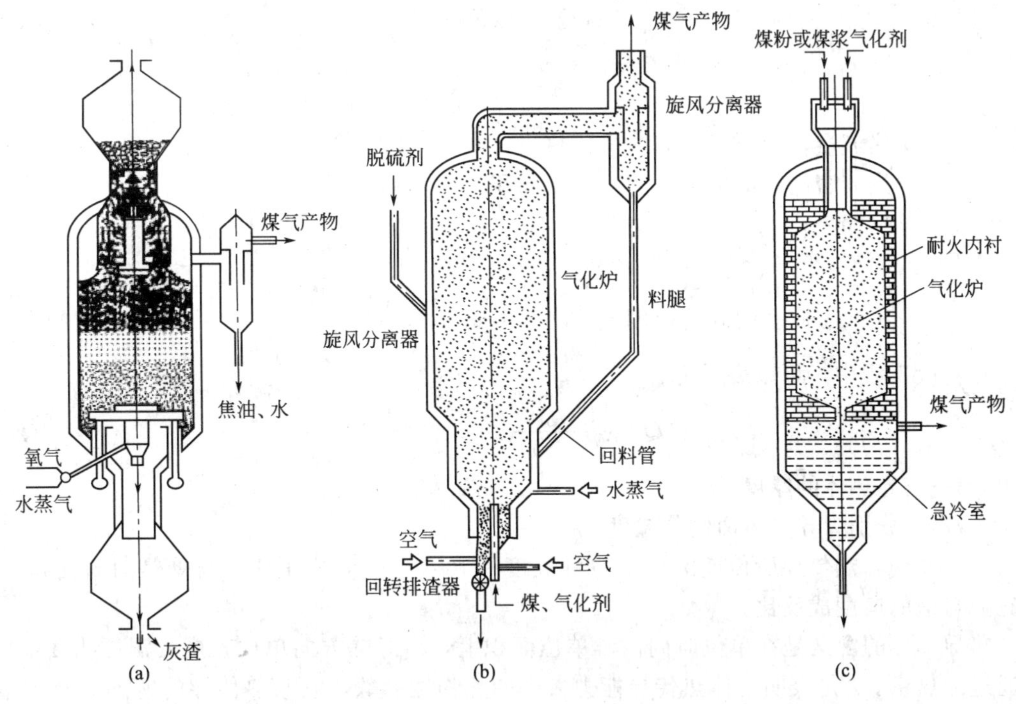

图 2-19 煤气化炉结构图

化炉结构简图。

（3）气流床气化法 气流床气化使用极细的粉煤作为原料，被氧气和水蒸气组成的气化剂高速气流携带，喷入气化炉。在炉内，固体细颗粒分散悬浮于气流中，并被气体夹带出去，成为气流床。气流床气化的气流速度快，粉煤在炉内停留的时间短，反应温度高，并采用液态排渣，因而气化强度高，生产能力大，碳转化率高，而且煤气中不含焦油和酚，对环境污染小。已工业化的气流床有高压操作的 Koppers-Totzek(KT) 气化炉和加压操作的德士古炉（Texaco）和谢尔炉（Shell）等。图 2-19(c) 示出了 Texaco 气化炉结构简图。

第四节 锅炉传热过程

煤燃烧放出的热量在炉膛中形成高温烟气，通过锅炉的各种金属受热面，传给较低温度的水或蒸汽，了解这一传热的过程，对锅炉的设计、运行和改造都很必要。传热不好，浪费燃料、钢材，影响锅炉的安全经济运行。

热量传递的 3 种基本形式是导热、对流、辐射。

一、热传导

直接接触的两个物体，或同一物体相邻两部分间所发生的热传递现象叫热传导，简称导热。单纯的导热主要发生在固体中。在液体和气体中也有导热存在，不过往往伴有其他传热方式。导热的基本特点是物体要互相接触才能发生热量传递，但物体各部分之间不发生相对位移，也没有能量形式的转换。导热主要是由物体内部的分子、原子和自由电子的微观运动而实现的。

导热基本定律又叫傅里叶定律，是 1822 年由傅里叶通过实验得出的，即

$$Q=-\lambda F\frac{\partial t}{\partial n} \tag{2-10}$$

$$q=-\lambda\frac{\partial t}{\partial n} \tag{2-11}$$

式中 Q——热流量，即单位时间内的传热量；

q——热流密度，即单位时间、单位面积上的传热量；

λ——热导率；

F——面积；

$\frac{\partial t}{\partial n}$——法线方向上的温度梯度。

在一般工程中，可以表示为：

$$Q=\lambda\frac{F(t_{b1}-t_{b2})}{\delta}\quad \text{kJ/h} \tag{2-12}$$

式中 δ——导热体的厚度；

t_{b1}，t_{b2}——分别为导热体两侧的温度。

实验发现，热传导所传递的热量 Q 和温度差（$t_{b1}-t_{b2}$）成正比，与受热面的面积 F 成正比，与壁的厚度成反比。

热导率 λ 的含义是在单位时间内、单位面积上，沿导热方向单位长度，温差为 1℃时所能通过的热量。λ 是表明物体热传导能力大小的热物性参数，它与热传导的速率和物质本身温度、湿度及密度等有关。

一般说来，气体的热导率最小，液体次之，金属材料最大。非金属材料则视用途不同而在较大的范围内变动，如建筑材料和隔热材料的热导率就很小，水垢尤其是灰垢等的 λ 更小。一些常用材料在常温下的热导率如表 2-6 所示。

表 2-6 一些常用材料在常温下的热导率 单位：kJ/(m·h·℃)

材　料	λ 值	材　料	λ 值	材　料	λ 值
银	1400～1600	水	2	耐火砖	3.78～5.04
铜	1200～1400	氟里昂-12	0.25	红砖	2.1～2.94
铝	750～840	空气	0.08	混凝土	2.9～4.62
铁	170～210	锅炉水垢	2.1～8.4	珍珠岩	0.25～0.42
合金钢	60～126	烟渣	0.21～0.42	蛭石砖	0.34～0.42

稳定导热是指温度不随时间而变化的导热。大多数情况下的导热现象均可按稳定导热来对待。

锅炉运行时，金属表面并不洁净，烟气侧（外表面）有积灰，水侧（内表面）有水垢。因此，热量是经由外壁的积灰层、金属本身和内壁的水垢层传导过去的。

灰垢的导热能力很差，一般 λ_{hg}=0.21～0.42kJ/(m·h·℃)，约为水垢的 1/20～1/10，约为钢材的几百分之一。所以，受热面积灰是使烟气热量不能充分传递给水的主要原因之一。积灰严重会导致受热面堵灰，影响烟气流通，而不能维持锅炉正常运行，因此运行中应坚持经常给受热面吹灰、扫灰，以保证锅炉的出力与效率。

锅炉结垢不仅会使锅炉受热面传热量大大下降，使锅炉出力和效率降低（一般结水垢 1mm 可使锅炉效率降低 3%～5%），影响锅炉经济性，而且更主要的是影响锅炉安全性。因为水垢是在水侧，由于水垢导热不良，热量不易传递给工质水，但水垢层外的受热面金属壁却处于高温状态，易发生过热甚至爆管。所以，灰垢对传热影响最大，水垢对传热影响虽仅次于灰垢，但水垢对锅炉安全影响最大。此外，锅炉水垢形成后，常会引起垢下腐蚀，加速受热面损坏；垢层太厚还会影响水循环的正常进行，造成循环流速不稳，引发事故。因此，坚持排污，进行给水处理十分必要。

二、热对流

流体各部分之间发生相对运动时，依靠液体或气体本身的流动来传递热量的过程叫做对流传热。对流传热只能发生在流体中，而且必然伴随有导热现象。对流传热主要是由流体中分子微团运动来实现的。

锅炉受热面外侧受到流动烟气的冲刷使热量从烟气传递到受热面外侧，及锅炉内侧水（或蒸汽）的流动使热量从内壁传递给水（或蒸汽）的过程都属于对流传热。

对流换热基本定律又叫牛顿公式，是 1701 年牛顿首先提出的，即

$$Q=\alpha \Delta t F \tag{2-13}$$

$$q=\alpha \Delta t \tag{2-14}$$

式中 α——对流换热系数，kW/(m²·℃)；

Δt——流体和固体壁面间的温度差。

而热量由烟气传到水（或汽）的全过程中，遵循热力学第一定律，即烟气传给管子外壁的热量 Q_W 等于外壁传到内壁的热量 Q，也等于由内壁传给水（或汽）的热量 Q_n，即

$$Q_W=Q=Q_n$$

$$Q=\alpha_1 F(t_1-t_{b1})=\frac{\lambda}{\delta}F(t_{b1}-t_{b2})=\alpha_2 F(t_{b2}-t_2)$$

解得

$$Q=\frac{1}{\frac{1}{\alpha_1}+\frac{\delta}{\lambda}+\frac{1}{\alpha_2}}F(t_1-t_2)$$

通常令 $K=\frac{1}{\frac{1}{\alpha_1}+\frac{\delta}{\lambda}+\frac{1}{\alpha_2}}$，称为传热系数，其单位为 $kW/(m^2 \cdot ℃)$；再令 $\Delta t=t_1-t_2$，称为温压（℃），从而有：

$$Q=K\Delta tF \quad kJ/h \tag{2-15}$$

上式为包括导热、对流传热在内的公式，叫传热方程式。分析这一传热方程式，对锅炉设计、节能大有启发，可以找到提高热效率的一些理论根据。

(1) *在保证传热量的前提下，尽量减少 F*　即制造锅炉要节省金属，用较少的受热面传递同样的热量。从传热方程式看，有两个途径：一是增加温压 Δt，二是增加传热系数 K。

① 增加温压 Δt 也有两个出路：一是 t_2 不变，提高 t_1。这就要强化燃烧，提高炉膛烟气温度，采用优化拱形，如在过热蒸汽锅炉中把过热器放到烟温较高的炉膛出口处。二是 t_1 不变，降低 t_2。这就要降低排烟温度，设法选择工质水的温度 t_2 较低的省煤器，这比增加管束合理，因流经省煤器的水温比较低。

② 提高传热系数 K。因为

$$K=\frac{1}{\frac{1}{\alpha_1}+\frac{\delta}{\lambda}+\frac{1}{\alpha_2}} \tag{2-16}$$

且金属的热导率 λ 很大，$\frac{\delta}{\lambda}$ 值较小，可以忽略不计，所以可认为

$$K=\frac{1}{\frac{1}{\alpha_1}+\frac{1}{\alpha_2}} \tag{2-17}$$

一般来说，提高 α_1 或 α_2 都可以提高 K 值，但提高 α_1 还是比提高 α_2 更为有效。因为在锅炉受热面中，烟气侧的放热系数 α_1 比较小（3 位数以下），而水侧或汽水侧的放热系数 α_2 比较大，则 $\frac{1}{\alpha_1}\gg\frac{1}{\alpha_2}$，提高 α_2 对 K 值影响不大。所以提高传热系数主要是设法提高烟气侧的放热系数 α_1。

烟气侧放热的强弱主要与烟气速度有关，速度越大，冲刷管壁越强烈，对流放热也越强烈。因此，采用高的烟气流速可以强化传热，节省金属。但烟速高，通风阻力大，会受到锅炉抽力的限制，在自然通风的情况下，烟速一般只能达到 3～5m/s。采用引风机实行强制通风，可使烟速大大提高。但过高，会使通风电机耗电过多，还会使受热面受到烟气中灰粒的强烈磨损，影响寿命。综合考虑，强制通风时，烟速可以达到 8～12m/s（水管受热面）和 20m/s（烟管受热面）。

除提高烟速外，还可采用横向冲刷、逆流布置、管子错列布置，用小管径的管子等来提高烟侧放热系数 α_1，以提高传热系数 K 值。

对于空气预热器，因为受热面内外侧都是气体，α_2 值并不大，要提高 K 值，两侧要同时考虑。

(2) *合理加大传热面积*　为了提高传热效果，当 $K\Delta t$ 都不能再变化时，也可以合理地加大传热面 F。比如铸铁式省煤器，如图 2-20 所示。外壁 F_1 的面积大于内壁面积 F_2 是符

合传热原理的。

由于内外壁面积不同，传热公式可以写为：

$$Q=\alpha_1 F_1(t_1-t_{b1})=\frac{\lambda}{\delta}F_2(t_{b1}-t_{b2})=\alpha_2 F_2(t_{b2}-t_2) \tag{2-18}$$

即

$$Q=\frac{t_1-t_2}{\frac{1}{\alpha_1 F_1}+\frac{\delta}{\lambda F_2}+\frac{1}{\alpha_2 F_2}}=\frac{F_2(t_1-t_2)}{\frac{1}{\alpha_1}\times\frac{F_2}{F_1}+\frac{\delta}{\lambda}+\frac{1}{\alpha_2}} \tag{2-19}$$

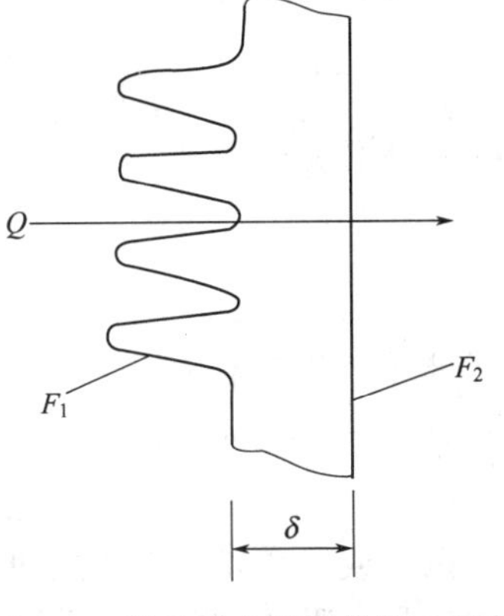

图 2-20 肋片式省煤器传热示意图

与前文所述传热公式相比较，分母第一项多了一个$\frac{F_2}{F_1}$，因 $F_1>F_2$，所以$\frac{1}{\alpha_1}\times\frac{F_2}{F_1}<\frac{1}{\alpha_1}$，从而 Q 大了。F_1 比 F_2 大得越多，提高传热的效果越好。可见，肋片加在原来放热系数较小的一侧，效果才能显著。有的新式快装锅炉把烟火管制成波纹管，就是这个道理。这种以曲面代替平面的节能措施总的来说是利大于弊，唯一需要充分重视的是及时清灰。

三、热辐射

由热物体本身直接向周围发射热量的过程叫热辐射，简称辐射。任何物体只要温度高于热力学零度，就能不断地以电磁波的形式向四面八方发射能量，这就是热辐射的实质。与此同时，物体又能不断地吸收其他物体发出的部分辐射能，从而实现了能量的转移，称辐射换热。热辐射的基本特点是，它的传递不需要任何媒介物而可在真空中进行，这是导热和对流无法实现的。辐射换热的另一个重要特点是它不但有热量的传递，而且伴随着能量形式的变化，即在传递过程中有热—辐射能—热的变化，这也是热辐射区别于其他辐射的不同点。

在锅炉炉膛内，热量从高温烟气（火焰）传递到受热面外壁即靠辐射，接受辐射热的受热面如炉膛的水冷壁叫做辐射受热面。实质上，炉膛内的传热过程十分复杂，至今仍没有一个全面、准确的定量研究结论，其中也有对流换热形式，只不过以辐射换热为主罢了。另外，新煤引燃，也是接受炉膛烟火、炽热的炉拱辐射热的过程。

辐射换热基本定律又叫斯蒂芬-玻尔兹曼定律，是 1879 年斯蒂芬通过实验、1884 年玻尔兹曼由理论推导得出的：黑体在单位时间内通过单位面积向外发出的辐射力（辐射能）E_0 和热力学温度的四次方成正比。即

$$E_0=\sigma_0 T^4 \tag{2-20}$$

或

$$E_0=\sigma_0\left(\frac{T}{100}\right)^4 \quad \text{W/m}^2 \tag{2-21}$$

式中 σ_0——黑体辐射常数（玻尔兹曼常数），$\text{W}/(\text{m}^2\cdot\text{K}^4)$。

黑体辐射常数和物质的性质、表面状况等有关。任何物体在对外辐射的同时，也在不断地吸收从周围其他物体发射来的能量。但它吸收的仅是其中一部分，有一部分反射出去，有一部分透射过去；如图 2-21 所示，它们占投射来的能量 Q_0 的百分数分别称为吸收率 A、反射率 R、透射率 D。

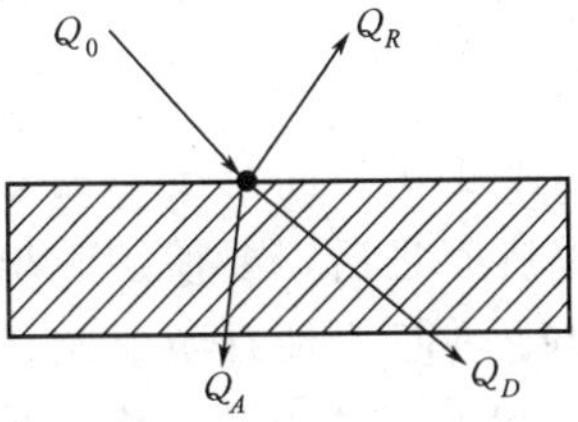

图 2-21 热辐射示意图

绝对黑体是指能够全部吸收投射到其上的全部辐射能的物体，其 $A=1$，$R=0$，$D=0$，即 $Q_A=Q_0$。工程上一般物体的 A、R 和 D 都介于 0～1 之间，为灰体。

对于其他物体来说，辐射能力相差很大，通常把它和绝对黑体作比较，而引入“黑度”的概念，以表示物体接近黑

体的程度：

$$a=\frac{E}{E_0}=\frac{C}{C_0} \tag{2-22}$$

任一物体其辐射力为：

$$E=C\left(\frac{T}{100}\right)^4 \quad \mathrm{kJ/(m^2 \cdot h)} \tag{2-23}$$

可写成 $E=aC_0\left(\frac{T}{100}\right)^4$，所以知道了某物体的黑度和温度，即可计算其辐射力 E。

某物体的黑度与它在温度相同时的吸收率 A 在数值上是相同的，即

$$a=A$$

两个或两个以上物体之间互相辐射、互相吸收，就构成了辐射换热。温度高的物体辐射出的热量比吸收的多，而温度低的物体吸收的热量比辐射出的多，因此热量就由高温物体传给低温物体了。

锅炉中进行辐射传热时，由于火焰黑度和水冷壁的黑度都不等于 1，且火焰射出的能量也只有一部分投射到水冷壁上，因此，其辐射传热量可按下式表示：

$$Q=a_1C_0\left[\left(\frac{T_{\mathrm{hy}}}{100}\right)^4-\left(\frac{T_{\mathrm{b}}}{100}\right)^4\right]F_{\mathrm{f}} \tag{2-24}$$

或

$$Q=a_1\sigma_0(T_{\mathrm{hy}}^4-T_{\mathrm{b}}^4)F_{\mathrm{f}} \quad \mathrm{kJ/h} \tag{2-25}$$

$$\sigma_0=C_0\times10^{-8}=20.5\times10^{-8} \quad \mathrm{kJ/(m^2 \cdot K^4)}$$

式中 a_1——炉子的相当黑度，称为炉膛黑度；

T_{hy}，T_{b}——分别为火焰的热力学平均温度及受热面外壁的热力学温度，K；

F_{f}——炉膛内有效辐射受热面积，$\mathrm{m^2}$。

辐射换热在锅炉中是至关重要的：一般来说，辐射受热面热强度 q_{f} 要高于对流受热面热强度 q_{d}，有时 $q_{\mathrm{f}}/q_{\mathrm{d}}=5\sim10$，也就是说，辐射受热面面积布置只占对流受热面 1/5 时，其吸热量才与之相当。所以，在炉膛里布置辐射受热面是经济的，因为辐射传热 q_{f} 与温度的四次方成正比，这是对流传热 q_{d} 所不可比拟的。

但是辐射受热面过多则会走向反面。辐射传热的结果是烟气温度降低，炉膛温度降低，F_{f} 布置得越多，炉膛温度降低得越多，炉温过低时，新煤进炉难引燃，层燃火床上的火焰不能完全燃烧，火色黑红，T_{hy} 与 T_{b} 已相当接近，辐射传热的强烈程度显著减弱，辐射受热面热强度 q_{f} 迅速降低，甚至 $q_{\mathrm{f}}<q_{\mathrm{d}}$，这时布置的辐射受热面越多，工况恶化得越厉害，燃烧将无法正常进行，未完全燃烧损失大为增加。现在国内燃煤工业锅炉设计效率往往都不低于国际水平，而实际运行起来，效率明显偏低，往往实际效率比设计效率低 10～20 个百分点左右，与辐射受热面布置过多、水冷度过大是大有关系的。

对于工业锅炉，对应于 1t/h 蒸发量，炉膛内布置 3～5$\mathrm{m^2}$ 辐射受热面，水冷度 x 保持在 0.3～0.4 之间，相对节距 s/d 在 2.0～2.5 之间是合适的。当然，当燃用挥发分较低的煤时，辐热受热面要适当减小。然而，辐射受热面没有或过小，也不会达到经济运行的目的。

计算表明，当烟气温度为 1000℃左右时，炉内辐射受热面热强度 q_{f} 与同温度下的对流受热面热强度 q_{d} 基本相同。所以在进行热力计算时，布置辐射受热面之后，要使炉膛出口烟温尽量不低于 900～1000℃。只有当烟温超过 1000℃时，辐射受热面才具有明显的优越性。因而，选用合理的拱型、进行合理的运行调整，以维持 950～1100℃的炉膛温度，是保持锅炉出力的必要条件。否则，辐射受热面布置得多么合理也是形同虚设。

第五节 锅炉热平衡原理

一、锅炉热平衡

锅炉热平衡是指锅炉在稳定运行工况下，输入热量与输出热量的平衡。根据锅炉的工作过程，输入热量和各项输出热量如图 2-22 所示。对于固体燃料和液体燃料，以每千克燃料量作为计算基础，对于气体燃料，则以每立方米标态燃料量作为计算基础。

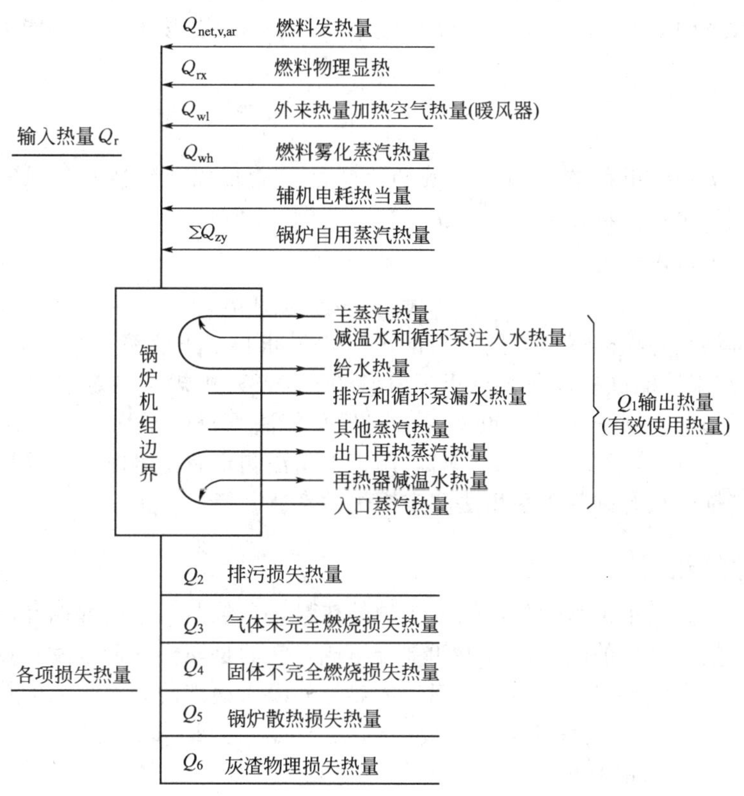

图 2-22 锅炉输入热量和输出热量示意图

对于每千克燃料，可列出下列方程：

$$Q_r = Q_1 + Q_2 + Q_3 + Q_4 + Q_5 + Q_6 \qquad \text{kJ/kg} \tag{2-26}$$

式中 Q_r——每千克燃料输入锅炉的热量，kJ/kg；

Q_1——锅炉的输出热量，也称有效利用热量，kJ/kg；

Q_2——锅炉排烟损失热量，kJ/kg；

Q_3——气体不完全燃烧热损失，kJ/kg；

Q_4——固体不完全燃烧热损失，kJ/kg；

Q_5——锅炉散热损失，kJ/kg；

Q_6——灰渣物理热损失，kJ/kg。

如以锅炉输入热量的百分数表示，则可列出下式：

$$\left(\frac{Q_1}{Q_r}+\frac{Q_2}{Q_r}+\frac{Q_3}{Q_r}+\frac{Q_4}{Q_r}+\frac{Q_5}{Q_r}+\frac{Q_6}{Q_r}\right)\times 100 = q_1+q_2+q_3+q_4+q_5+q_6 \qquad \% \tag{2-27}$$

式中 q_1——锅炉热效率，%；

q_2——排烟热损失，%；

q_3——气体不完全燃烧热损失，%；

q_4——固体不完全燃烧热损失，%；

q_5——散热损失，%；

q_6——灰渣物理热损失，%。

二、锅炉热效率计算方法

热力设备的热效率定义为设备有效输出热量占输入总热量的百分比。热效率是衡量热力设备能量利用效率的重要指标。热力设备热效率高，表示设备技术先进，能量利用率高。根据热效率定义，锅炉热效率 η 可按下式确定：

$$\eta = q_1 = \frac{Q_1}{Q_r} \times 100 \quad \% \tag{2-28}$$

即通过测定锅炉输出热量 Q_1 和输入锅炉热量 Q_r，求得锅炉热效率，利用这种方法测定的锅炉热效率称为正平衡热效率。

锅炉热效率也可表示为：

$$\eta = q_1 = 100 - (q_2 + q_3 + q_4 + q_5 + q_6) \quad \% \tag{2-29}$$

即通过测量锅炉各项热损失，然后根据式(2-29) 求得锅炉效率，称为反平衡热效率。

《工业锅炉热工性能试验规程》(GB/T 10180—2003) 中规定测定锅炉效率应同时采用正平衡法和反平衡法，锅炉效率取正平衡法与反平衡法测得的平均值。当锅炉额定蒸发量(额定热功率) 大于或等于 20t/h(14MW)，用正平衡法测定有困难时，可采用反平衡法测定锅炉效率；手烧锅炉只允许用正平衡法测定锅炉效率。

三、输入锅炉的热量

锅炉的输入热量是指由锅炉外部输入锅炉的热量，不包括锅炉内部循环的热量。根据锅炉的工作过程，输入锅炉的热量通常由四部分组成，它们是燃料的低位发热量、燃料带入锅炉的物理热、燃烧空气外热源加热带入锅炉的热量和喷入锅炉的蒸汽带入的热量。

$$Q_r = Q_{net,v,ar} + Q_{wl} + Q_{wr} + Q_{wh} \quad kJ/kg \tag{2-30}$$

式中 $Q_{net,v,ar}$——燃料的收到基低位发热量，kJ/kg；

Q_{wl}——燃料的物理热，kJ/kg；

Q_{wr}——外热源加热空气带入锅炉的热量，kJ/kg；

Q_{wh}——雾化燃油的蒸汽带入的热量，kJ/kg。

应该说明，输入锅炉的热量由上述四部分组成并非是绝对的。应该根据具体情况，对所测试的锅炉进行仔细的分析，才能确定输入锅炉的热量。如带炉内脱硫的循环流化床锅炉，就应该考虑脱硫剂带入炉内的热量。再如对于掺烧高炉煤气的煤粉炉，输入热量应该根据煤气和煤粉的低位发热量和各自所占的比例进行折算。

当燃料为煤时，燃料的物理热 Q_{wl}：

$$Q_{wl} = C_{r,ar} t_r \quad kJ/kg \tag{2-31}$$

式中 t_r——煤的温度，℃；

$C_{r,ar}$——煤的比热容，kJ/(kg·℃)，可按下式计算：

$$C_{r,ar} = \frac{4.1816 M_{ar}}{100} + \frac{100 - M_{ar}}{100} C_{r,d} \quad kJ/(kg \cdot ℃) \tag{2-32}$$

式中 M_{ar}——收到基水分，%；

$C_{r,d}$——干煤的比热容，kJ/(kg・℃)，其数值见表 2-7。

表 2-7 干煤的比热容 $C_{r,d}$ 单位：kJ/(kg・℃)

燃料	温度/℃				
	0	100	200	300	400
无烟煤、贫煤	0.921	0.963	1.047	1.130	1.172
烟煤	0.963	1.089	1.256	1.424	
褐煤	1.089	1.256	1.465		
油页岩	1.047	1.130	1.298		

当煤未经预热时，只有当煤的水分符合式(2-33)时，才需考虑煤的物理热。这时煤的温度取为 20℃。

$$M_{ar} \geqslant \frac{Q_{net,v,ar}}{628} \quad \% \tag{2-33}$$

当锅炉以外的热源加热空气时，随同空气进入锅炉的热量 Q_{wr}：

$$Q_{wr} = \beta'_{ky}(I_k^\circ - I_{lk}^\circ) \quad kJ/kg \tag{2-34}$$

式中 β'_{ky}——空气预热器进口空气量与理论空气量之比；

I_k°——空气预热器进口处理论空气焓，kJ/kg；

I_{lk}°——锅炉入口处冷空气焓，kJ/kg。

雾化燃油的蒸汽带入的热量 Q_{wh}：

$$Q_{wh} = G_{wh}(h_{wh} - 2512) \quad kJ/kg \tag{2-35}$$

式中 G_{wh}——相应于 1kg 燃料雾化蒸汽耗量，kg/kg；

h_{wh}——蒸汽的焓值，kJ/kg。

四、输出锅炉的热量

对于饱和蒸汽工业锅炉，由于锅筒内汽水分离设备比较简单，自锅筒输出的饱和蒸汽有一定湿度，因而需在饱和蒸汽吸热量中减去这部分饱和水的汽化潜热，有效利用热可表示为：

$$Q_1 = \frac{1}{B}\left[D_{gs}\left(i_{bq} - i_{gs} - \frac{rw}{100}\right) - G_s r\right] \quad kJ/kg \tag{2-36}$$

式中 B——燃料消耗量，kg/h 或 m³/h；

D_{gs}——蒸汽锅炉给水流量，kg/h；

i_{bq}——饱和蒸汽焓，kJ/kg；

i_{gs}——给水焓，kJ/kg；

r——汽化潜热，kJ/kg；

w——蒸汽湿度，%；

G_s——测定蒸汽湿度时锅水取样量，kg/h。

五、锅炉热损失

1. 排烟热损失

当烟气离开锅炉尾部最后一级受热面时，仍具有一定的温度，排出烟气造成的物理热损失占输入热量的百分率，称为排烟热损失。排烟热损失按下式计算：

$$q_2 = \frac{Q_2}{Q_r} \times 100 = \frac{(I_{py} - \alpha_{py} I_{lk}^\circ) \times (100 - q_4)}{Q_r} \quad \% \tag{2-37}$$

式中 I_{py}——排烟焓值，kJ/kg；

α_{py}——排烟处过量空气系数；

I_{lk}°——理论冷空气焓值，kJ/kg，一般情况下，可取冷空气温度20℃。

排烟热损失是锅炉最主要的一项热损失，工业锅炉排烟热损失一般为8%～12%。

2. 气体不完全燃烧热损失

气体不完全燃烧热损失是指烟气中的气体可燃物因未完全燃烧而随烟气排出炉外造成的损失。

$$q_3=\frac{Q_3}{Q_r}\times 100=\frac{V_{gy}(126.36CO+107.98H_2+358.18CH_4)(100-q_4)}{Q_r}\quad\% \tag{2-38}$$

式中 CO，H_2，CH_4——分别为烟气分析测得的烟气中CO、H_2、CH_4体积分数，%。

q_3一般很小，其量级约为0.5%～1.0%。

3. 固体不完全燃烧损失

固体不完全燃烧损失是指固体可燃物没有燃烧完全而被排出炉外所造成的损失。

对于煤粉炉，未燃炭只在飞灰和炉渣中。

$$q_4=\frac{Q_4}{Q_r}\times 100=\frac{328.66A_{ar}}{Q_r}\left(a_{fh}\frac{C_{fh}}{100-C_{fh}}+a_{lz}\frac{C_{lz}}{100-C_{lz}}\right)\times 100\quad\% \tag{2-39}$$

式中 A_{ar}——燃料收到基灰分，%；

C_{fh}——飞灰中可燃物含量，%；

C_{lz}——炉渣中可燃物含量，%。

对于链条燃烧锅炉，未燃炭在飞灰、炉渣、链条炉漏煤和烟道灰中，q_4按下式计算：

$$q_4=\frac{Q_4}{Q_r}\times 100$$

$$=\frac{328.66A_{ar}}{Q_r}\left(a_{fh}\frac{C_{fh}}{100-C_{fh}}+a_{lz}\frac{C_{lz}}{100-C_{lz}}+a_{lm}\frac{C_{lm}}{100-C_{lm}}+a_{yd}\frac{C_{yd}}{100-C_{yd}}\right)\times 100\quad\% \tag{2-40}$$

式中 a_{fh}、a_{lz}、a_{lm}、a_{yd}——锅炉飞灰、炉渣、漏煤、从烟道中分离出来并连续或定期排除的灰中含灰量占入炉煤总灰量的质量分数，%；

C_{lm}——链条炉排漏煤中可燃物含量，%；

C_{yd}——从烟道中分离出来，并连续或定期排除的灰中可燃物含量，%。

根据灰量平衡，可得：

$$a_{fh}+a_{lz}+a_{lm}+a_{yd}=1 \tag{2-41}$$

机械不完全燃烧损失是锅炉一项较大的热损失。对于煤粉炉燃烧，q_4一般为0.5%～5%；对于链条炉燃烧，q_4约为6%～10%。

4. 锅炉散热损失

锅炉散热损失是指锅炉本体及其范围内的烟风道、汽水管道、附件由于其外表面温度高于周围环境温度而散失的热量。

锅炉散热损失在实验过程中较难测定，通常是根据相应图表所示的经验数据查取。

散热损失的大小与锅炉表面积的大小、表面温度、炉墙结构、保温隔热性能、环境温度及锅炉容量等有关。

5. 灰渣物理热损失

灰渣物理热损失是指固体燃料在炉膛内燃烧后排出的高温灰渣所产生的显热损失。

灰渣物理热损失可以用下式计算：

$$q_6=\frac{a_{hz}c_{hz}t_{hz}A_{ar}}{Q_r}\times 100 \quad \% \tag{2-42}$$

式中 a_{hz}——灰渣占入炉煤总灰量的质量分数，可用灰平衡实验测定；

c_{hz}——灰渣的平均比热容，kJ/(kg·℃)；

t_{hz}——灰渣的温度，℃。

对于层燃炉，取 $t_{hz}=600$℃。

第三章

锅炉经济运行与管理

锅炉节能不是消极地减少能源消费量，而是在生产中充分发挥能源利用潜力，从而以最少的能源消耗获得最大的社会经济效益。锅炉的燃料消耗占全国燃料总消耗的50%以上，是耗能大户。大力开展以节能为中心的技术改造以及加强经济运行，合理调整燃烧，充分提高燃料的有效利用与合理使用，在多产汽、产好汽的前提下，真正突出节能降耗是每个司炉人员的职责。安全运行靠法规，靠一整套完整的制度来保证，经济运行从某种意义上说，实际上就是检验我们的操作水平。

锅炉是企业的动力设备，在能源日趋紧张的情况下，如何掌握合理的运行操作技术，在确保安全运行的前提下，实现完美的经济运行正成为我们极力探索和深入探讨的问题。

第一节　燃煤锅炉燃烧调整

锅炉的运行主要包括启动、运行调整、停炉三个阶段。在这三个阶段中，运行调整是我们必须掌握的重要环节，这个环节也是我们提高能源的利用效率，降低产品单耗，减少能源消耗量的重要环节。

锅炉的运行调整主要以燃烧调整为主，控制好蒸汽压力、蒸汽温度以及调整好锅筒水位，适时进行排污操作，确保往生产、生活部门正常供汽。

一、手烧炉的燃烧调整

手烧炉的通风多数为自然通风，少数为机械通风。自然通风通过烟道门开度来调节，因此在实际运行中要正确掌握开度与通风的关系。

手烧炉煤层厚度一般应保持在100～150mm。太薄则易产生风孔，太厚则易燃烧不完全。由于燃烧不完全造成热损失，这部分热损失包括气体不完全燃烧热损失和固体不完全燃烧热损失。因此煤在燃烧之前最好适当掺点水，且渗透时间6～8h，目的一是使煤中细小颗粒完全燃烧，不让其被气流带走进入大气层污染环境，二是含有适量水分的煤进入炉膛燃烧，所含水分很快蒸发成水蒸气，容易促使煤层中形成一定的空隙，有利于空气进入煤层，强化燃烧，煤中含水量控制在8%～10%为佳。如何检验掺水是否适量？经验的做法是用手抓一把掺过水的煤，当伸开手掌时煤团能成块裂开，表明掺水适量，如果不成团状则表明水分不够，如果煤成团状但不开裂则表明水分过多。

二、链条炉的燃烧调整

在层燃炉中，链条炉的燃烧是比较有规律的，这是链条炉较为鲜明的一个特点。手烧炉的燃料燃烧虽然存在着周期性变化的特点，但整个燃煤层上各处的气体成分分布大致是均匀的，而链条炉则不同，燃料随着炉排不断地运动，干燥、着火燃烧、燃尽等几个阶段是沿炉排长度方向按分段送风、区域性燃烧的特点进行的。由于链条炉排在加煤和出渣方面是连续进行的，因此链条炉不仅具有运行稳定、燃烧比较有规律的特点，而且操作简便，对煤的适应性较强。

链条炉的燃烧调节主要是指对煤层厚度、炉排速度和通风，根据负荷变化和燃烧状况及时进行调整。首先司炉人员应掌握单位用汽规律，什么时段是用汽高峰，什么时段是用汽低谷，要了如指掌，只有做好这一点才能做好燃烧调节。

煤层厚度的调节：取决于煤种，对灰分多、水分大的无烟煤和贫煤，煤层厚度为100～160mm；对不黏结烟煤，煤层厚度为80～140mm；对黏结性强的烟煤，煤层厚度为60～120mm。煤层厚度适当时，应在距煤闸门后200～300mm处开始着火燃烧，在距挡渣器前400～500mm处燃尽。

炉排速度的调节：在正常的炉排速度下，应保持整个炉排面上都有燃烧的火床，而在挡渣器前的炉排面上没有红火，做到火床不穿孔，火床不脱火。若锅炉负荷增加，应加快炉排速度，增加供煤量。若负荷减少，则应降低炉排速度，减少供煤量。

通风量的调节：在正常运行时，炉排各风室风门的开度应根据燃烧情况及时调节。对于在全负荷分四段送风的锅炉，一般第一段风压为98～196Pa，第二、第三段风压为588～784Pa，第四段风压为196～294Pa。如果燃用挥发分较高的煤，风量应集中在炉排中间偏前处，一般第二段风压为882～980Pa，如燃用较低挥发分的煤，风门的开度应由中间往后逐渐增大，甚至到后拱处才能全开。

煤层厚度、炉排速度和送风三者不能单一调整，否则会使燃烧工况失调，三者必须密切配合，才能保证燃烧正常。

当锅炉负荷减少、炉排速度降低时，应降低鼓风机转速和关小鼓风机出口风门，以减少送入炉排下部的总风量。而不应采用直接关小各段风门的办法，同时应避免增大炉排下部各风室之间的风压差，增加漏风对燃烧不利。当锅炉负荷增加时，则应先增加引风后增加各风室的送风量以强化燃烧。

三、煤粉炉的燃烧调整

煤粉的燃烧方式是把煤磨成小于1000μm的细粉，由空气带动管道输送至煤粉烧嘴喷到炉内进行燃烧。粉煤燃烧的火焰可以有一定的火炬形状，接近燃油和燃气的火炬外形。

粉煤燃烧的主要优点是可以烧劣质煤且能达到比层状燃烧高的炉膛温度，减轻操作人员的劳动强度。

由于粉煤粒度很细，被一次风带入炉内后瞬间即被加热燃烧，形成明显的火焰轮廓。与层状燃烧相比，可在较低过量空气系数（α=1.2～1.25）下达到完全燃烧，在相同煤质情况下，可以得到比块煤高的燃烧温度，并且可将二次空气预热到较高的温度，而且燃烧过程较层状燃烧易于调节。

新型的燃烧装置能使燃料在炉窑中很好地燃烧，满足生产工艺要求且具有较好的经济效益和社会效益。燃料的完全燃烧是节约能源的关键所在，是保护环境、减少污染的前提。

在燃烧过程中助燃空气不足会产生不完全燃烧，助燃空气过量烟气就增多，它带走的热量也就随之增加，热效率下降，单位产品的能耗升高。一般来说，如果空气过量10%，通常就浪费3%以上的燃料，然而可燃成分的过剩会浪费更多的燃料。如果在烟气中可燃成分为1%，通常就浪费掉3%～5%的燃料，因此在完全燃烧的前提下，尽量减少过量空气。

煤粉炉的燃烧调节应做好以下三方面工作。

1. 正常燃烧

煤粉炉燃烧的关键在于增减煤粉量和调节一、二次风的配合关系。正常运行时，煤粉喷出后距喷嘴不远就开始着火，燃烧稳定，火焰不带有停滞的烟层和分离出的煤粉，温度约1400℃，呈亮白色，火焰行程不碰墙，并均匀地充满整个炉膛，烟气颜色呈淡灰色。

2. 火焰调整

当火焰位置过低时，灰渣斗上容易结焦，应增加喷嘴下面的二次风并相应减少喷嘴上面的二次风。此时炉膛上部负压若低于10Pa应加强引风。当火焰位置过高时，应减少喷嘴下面的二次风并相应增加喷嘴上面的二次风。此时炉膛负压高于20Pa，应减弱引风。当火焰靠近喷嘴时，除了增加一次风外，还要增加喷嘴下面的二次风。

3. 负荷变化的调整

当负荷增加时，先增加引风量和空气量，再增加煤粉供给量；当负荷减少时，先减少煤粉供给量，再减少空气量和引风量。如果有多个燃烧器，则每个燃烧器的给煤量应尽可能均匀，炉膛两侧燃烧器的给煤粉量可适当少点。锅炉低负荷运行时，应停止部分燃烧器以维持燃烧稳定。煤粉炉对锅炉负荷的适应性较好，但煤粉炉最低负荷一般不宜低于额定负荷的50%～70%，否则难以保持正常燃烧。

四、循环流化床锅炉的运行调节

流化床燃烧的基本原理是燃料在流化状态下进行燃烧。我国是一个以煤为主要能源的国家，煤在一次能源结构中约占75%，煤的燃烧带来了严重的污染。循环流化床锅炉具有高效低污染的特点。

循环流化床锅炉对燃料的适应性好、燃料的着火条件优越、燃烧效率高、热强度大、脱硫效果好、负荷调节范围大、灰渣能综合利用。无疑循环流化床燃烧锅炉对保护生态环境有十分重要的意义。

循环流化床锅炉的运行效果除与设备的使用制造质量有关外，还取决于运行人员对锅炉及其辅助设备，尤其是对控制系统掌握的熟练程度，以及对锅炉设备各种运行工况在系统运行条件状态发生变化时的综合判断与处理能力，运行人员在实践中不断地获取和积累运行经验，确保安全、可靠、经济、环保、稳定地运行是十分重要的。

运行风量对燃烧的影响：运行中在一定范围内提高过量空气系数可改善燃烧效率，因为燃烧区域氧浓度的提高增加了燃烧效率和燃尽度，炉膛出口氧量一般保持在3%～4%为宜。

循环流化床锅炉的运行，影响其负荷变化的主要因素有：①煤质；②床温；③床压；④氧量及一、二次风配比；⑤给水温度；⑥尾部受热面的清洁度。

循环流化床锅炉在启动和运行过程中加强监视氧量表是非常重要的，在点火投煤初期，应根据床温和氧量的变化判断燃煤是否着火。正常运行时风量没变、床温下降、氧量增高时，说明给煤量偏小，床内含的煤少了，可增大给煤。相反，床温升高、氧量降低时，说明煤量偏大，则应减少给煤。

运行中为适应外界负荷的需要，应及时调整燃烧。在快速减负荷或甩负荷时，应立即减少或停止给煤，并减少一次风量和二次风量，但要保证最低流化风量。蒸汽压力高时，应及时开启排汽门，防止锅炉超压，在快速增负荷时，锅炉应提前少量加煤。在主汽压力下降时，开始增加流化风量和二次风量，同时应适当增加给煤量，确保床温稳定。

在调整锅炉给煤量时，应采取少量多次的调整方法，防止床温、床压大幅度变化引起结渣和熄火。正常运行时应加强对给煤的运行监视，包括对给煤量和播煤风、密封风的监视，发现异常应及时处理，在负荷变化和煤质变化时，应及时调整煤量和风量，保持汽压、汽温的稳定。控制床温在850～950℃之间，最低不应低于760℃，床温过高时容易结渣，床温过低造成燃烧不完全。当床温升高时，可适当开大一次风，反之减少一次风。当床温变化较大时，应及时调整给煤量，若床温超过规定或床温变化巨大时，应及时调整给煤量，必要时停止锅炉给煤。

第二节 燃油（气）锅炉燃烧调整

一、合理配风

每位司炉工通过上岗培训，学习过程中学好燃油、燃气、燃料化学成分组成及燃烧特点，哪些是可燃元素，哪些是有害元素。只有充分了解、认识这些成分的特点才能更深层掌握好燃烧过程，才能进一步提高自己的操作技能。目前科学突飞猛进地发展，司炉过程中由手工操作、开关型转为电脑控制的自动化操作，只有不断学习才能跟上形势，从“苦、脏、累、高温作业”转向“自动化、数字化”操作。

目前，燃油、燃气锅炉大都是“内燃”燃烧，微正压，所以操作过程中只有通过“窥视镜”才能看到火焰燃烧情况，可以看成“封闭式”燃烧，保温也做得较好。所以过量空气系数燃油在1.1～1.3，而燃气只有1.05～1.2，在低空气系数下燃烧，因此锅炉燃烧过程中燃料与空气比例调节一定要合理。

在燃烧过程中，进风量和燃料量（油、气）一定要匹配，风量不可以过大或过小，调节中利用仪表控制风量。调节油量一定要用油压表，不可以凭经验调整。调整燃气通过烟气分析仪表，排烟中CO含量应在100×10^{-6}以内，越低越好，排烟中含O_2量控制在科学范围内，不可以在无仪表情况下盲目调整。

过量空气系数与热损失的关系：与过量空气系数有关的热损失有三项，即化学不完全燃烧热损失、机械（固体）不完全燃烧热损失和排烟热损失。

1. 过量空气系数与化学不完全燃烧热损失的关系

过量空气系数α太小，在空气量不足的情况下，燃烧中燃料可燃物C、CO、H_2、CH_4等由于不能充分与氧气接触反应，将在烟气中残存部分CO、H_2、CH_4等，随烟气排出炉外，造成化学不完全燃烧热损失增加。烟气中残存的可燃气成分随过量空气系数α的增大而减少。随α值的增大，化学不完全燃烧热损失逐渐减少，趋向一个稳定值。

2. 过量空气系数与机械不完全燃烧热损失的关系

当过量空气系数过小时，燃料中的炭将有一部分没有与氧气反应即被排出炉外，固体燃料易产生这种机械不完全燃烧热损失。随α值的增大，机械不完全燃烧热损失值逐渐下降，趋于一个稳定值；当α值过大，空气流速过大，炭粒尚来不及燃尽即被吹出炉外，也使机械不完全燃烧热损失增大。

3. 过量空气系数与排烟热损失的关系

过量空气系数α小，排出烟气少，反之排出烟气多。排烟带走的物理热损失随α值的增大而增大，增大趋势远大于化学不完全燃烧热损失、机械不完全燃烧热损失变小的趋势。因此过量空气系数过大，尽管化学不完全燃烧热损失和机械不完全热损失减小，但化学不完全燃烧热损失、机械不完全热损失、排烟热损失之和是随α值增大而增大的。因此在保证完全燃烧的前提下，尽量减少排烟中过量空气量，亦即减少过量空气系数的值。这种燃烧称低过量空气系数燃烧技术。对于不同种类燃料和选用不同的燃烧装置，可能达到的最佳低过量空气系数值也不同。

二、燃烧调节

目前使用的燃油燃气锅炉，采用比例调节型或者变频调节的较少，大部分是位式调节和开关型（ON/OFF）。位式调节是根据蒸汽压力实行分级调节，一般分为一级火、二级火、三级火，在燃烧过程中，调节范围较小。设定工作压力上限和下限，上限停炉，下限启炉，周而复始重复进行，也可以讲“循规蹈矩”非常机械，不管负荷如何变化，运行始终一成不变，而且每次停炉后重新启动时，都要进行炉膛吹扫，使得炉膛温度急剧下降，浪费了大量热能。与上面所述“低过量空气系数”燃烧方式往往是违背的，因为重新点火时，所用燃料点燃过程中是“盲喷”过程，到底耗多少油气很难测量，这要考虑炉膛中温度、空气量多少、燃料用量等一系列问题，浪费是较严重的。使炉膛从燃烧时的高温停下来，炉膛温度急剧下降，再次吹扫残余可燃性气体，几乎和炉外空气温度相差无几。这样反复“从停到运行又从运行到停”，浪费了大量的燃料。“盲喷”点炉要一定温度、一定油气比例或者燃气和空气温度达到一定值才能使高压点火装置正负极放电产生电火花，到一定点火温度才能点燃，这也是一种能源浪费。而且每次吹扫电动机启动电流也较大，电动机启动耗电也比较大。

实际操作中根据负荷需要、温度（压力）要求，采取“稳压燃烧”是一种较好的方式。位式燃烧的二级火的调节：当锅炉点火运行初始点或者当锅炉蒸汽压力走到上限值停炉后又回到下限恢复工作时，首先点燃一个喷嘴（即一级燃烧），为其额定负荷30％的燃烧量。启炉后则可换到二级燃烧（两个喷嘴），当锅炉燃烧达到满负荷运行而蒸汽压力不断上升达到额定工作压力值90％或95％时，即自动切换到一级燃烧。如外界负荷用汽不大，压力持续上升达到上限工作压力则自动停炉，如燃烧出力跟不上用汽负荷，则压力下降到二级燃烧，切换压力值时又自动切换到二级燃烧，这样周而复始来完成负荷的调节。当锅炉运行到上限工作压力时停炉。停炉一段时间压力下降至下限压力值又自动进入燃烧，恢复其自动调节动能。

三级火燃烧调节是一级—二级—三级（运行—停炉—压力下降）—一级—二级—三级地循环运行，一级火（开关型）（ON/OFF）“开”“停”两种方式进行整个燃烧过程。

以燃油燃气锅炉的上位式燃烧调节方式简单容易，但有广位式的特性，分级燃烧、跳跃式变化，跨度很大，一级火0～100％，二级火一段火30％、二段火100％，三级火为30％、60％、100％，调节跨度大，在燃烧过程中如设定不合理，停、启动炉的次数增多，浪费燃料会更大，耗电能也更大。所以根据实际运行情况可采用稳压燃烧，广大司炉工可以实地试验一下，人工操作根据实际负荷随时调节肯定比自动操作要节约。

① 在运行操作“二级火”、“三级火”的锅炉，首先在设定最高工作压力和最低启动压力的压力位置要合理，尽量减少停炉、启炉，减少不必要的启炉、停炉、吹扫，节约燃料。

② 在燃烧过程中，根据平时供汽规律采用分级供汽（特别是生活锅炉）。按生产生活用汽规律，可分为用汽较集中的“高峰”和“低谷”及二者间的“过渡级”，高峰转为低谷时采用自动加手动，低谷全部采用手动进锅炉水，也可采用自动加手动操作水泵电源开关，负荷“小”时多进水，来迎接负荷大时（可以减少进水，保证蒸汽供应所要求压力），负荷“大”时少进水，分多次进水。由于燃油燃气锅炉水容积较小，而且油、气的热值比燃煤热值大几乎一倍，因此实行此法进水确实较为频繁，但只要认真，是能达到节约目的的。

具体操作如下：首先在“高峰”时锅炉进水全部可采用自控装置；“高峰”时段过后，供汽逐渐下降，可根据负荷采用“自动加手动”，进行燃烧和进水；当进到“低谷”，负荷减少，大部分用汽装置处于停顿、半停顿状态，可全部改用手动操作来完成燃烧和进水过程。

这样既保证各部门用汽需要，又节约燃料用量。

三、其他调节方法

除以上燃烧调节方法外，燃油（气）锅炉的节能还需要注意以下几个方面。

（1）控制好排烟温度，使排烟温度控制在允许的范围内。排烟温度太高，排烟热损失增加。对于原先无尾部受热面的油（气）炉，如果燃烧器压头允许，在炉后烟道上加装省油（气）器来降低排烟温度，特别是24h连续运行的油（气）炉，加装省油（气）器后耗油（气）降低更明显。如上海浦东新区，在油（气）炉中90%以上无省油（气）器，10%的单位加装了省油（气）器，装后提高了热效率，降低了油（气）耗。以一台蒸发量4t/h，工作压力为1.25MPa，每天运行24h的燃油（气）锅炉为例，安装一台省油（气）器，一次性投入13万元左右，排烟温度从230℃降至130℃左右，进水温度从20℃提高至60℃，节约油（气）可达5%左右，全年可节省50多吨燃油、近60000m^3天然气，节约费用分别为25万元及20万元。

（2）现有锅炉房选用锅炉与实际需求相比往往过大，锅炉只要处于低负荷状态下运行，其热效率必然降低。因此选用的锅炉容量与用汽需要容量要相匹配，以免浪费能源。

锅炉辅机采用变频调节，如用变频水泵来进水，代替普通给水泵，以阀门开度调节给水量，避免节流损失，降低电耗。

（3）以疏水阀全压为动力将凝结水及闪蒸蒸汽输送到指定回水点（如医药、纺织、食品加工用的蒸锅、气锅），加热蒸汽压力比较高而回水背压不太高的各种加热设备。所以要求在洗刷、冲洗过程中利用凝结水，特点是不仅回收利用凝结水，节约水资源，而且二次闪蒸蒸汽也被充分利用。该技术对疏水阀质量和回水管的设计要求较严格。

（4）在锅炉运行过程中巡视检查，发现问题及时解决，如炉排烟温度突发性升高，要对锅炉逐个检查，具体为以下三个方面：

① 由于燃油燃气炉燃料与空气比例失调，α值太小造成化学不完全燃烧，冒黑烟，造成烟管中烟、灰垢沉结管壁上。因为烟灰垢的热导率是钢的1/500，使烟管对水传热系数降低，造成排烟温度升高。

② 由于炉胆和烟管外锅水结水垢增厚（1mm水垢浪费燃料3%～5%），而水垢的热导率是钢的1/80，造成排烟温度升高。

③ 由于锅炉后烟室短路（特别是干背、半湿背炉）使烟气回程缩短，造成排烟温度剧增。

这三种情况任何一种发生都会使锅炉蒸发量下降，造成能源的浪费。对锅炉尾部和烟囱进行检查，发现问题要及时采取措施进行解决、排除。由于燃油（气）锅炉水容积较小，与同样容量的燃煤锅炉相差一倍以上，因此燃油（气）锅炉蒸发快、升压快，因而锅筒内水浓缩也快，平时锅炉给水水质的硬度和锅水溶解固形物、pH值一定要达到国家锅炉水质标准要求范围内，减缓锅炉结水垢速度，减少锅水对锅炉的腐蚀，在锅外化学水处理的同时，应定期按水质化验情况进行锅内加药（纯碱、磷酸三钠、氢氧化钠、栲胶等）。通过药物对锅炉内部进行保护和除垢，达到节能减排、安全运行的目的。

（5）蒸汽管道系统将蒸汽从锅炉房输送到用汽点，蒸汽管道系统应遵循高压输送、低压使用的原则。高压输送可以减少管道费用，减少散热损失。而低压使用可以降低设备的等级，充分利用蒸汽中的潜热，降低冷凝水的排放温度，减少蒸汽消耗量，如锅炉出来的蒸汽压力0.7MPa，而使用只要0.2MPa，我们可以在用汽点按压力要求装减压阀，既节能，又可安全使用。

蒸汽管道系统应该有良好足够的疏水器。疏水器是排放蒸汽管道中冷凝水的设备，可防止由于蒸汽管中有冷凝水而造成“水击”现象。一个运行不良的疏水器会造成能源的更大浪费。根据企业实际情况，疏水器是蒸汽系统节能潜力最大的地方，一般疏水器占蒸汽系统节能改造投资总额的约5%～7%，但整个节能效果可占40%～50%。

蒸汽管道系统应保温良好，对阀门和管道配件安装可以移动的保温装置，并对蒸汽管道定期检查，及时对管道和阀门的泄漏采取相应措施。例如长100m、直径100mm的蒸汽主管，系统压力1.0MPa，有4个截止阀和16片法兰，年工作运行2000h，如果没有保温要损失440t，燃油锅炉将损失燃料费用近10万元，而燃气锅炉损失近5万元。

(6) 杜绝锅炉本体、管道、阀门“跑、冒、滴、漏”，尽量选用精良产品，主汽阀尽量采用双波纹截止阀和柱塞阀使蒸汽不外泄，问题发现一个，解决一个，绝不拖延。油嘴根据磨损情况进行调换，最好每年调换一次。

(7) 两台锅炉同时运行或一备一用情况下，尽量少用一台锅炉以减少热损失。对分汽缸供汽合理布局，用汽量较大的和经常用的与分时段用汽管道分开，并合理配置管道的口径，减少热损失。

(8) 合理搞好锅水排污，根据每时、每班、每天定时化验结果来进行锅水排污控制，包括次数和排污量，既防止水渣产生二次水垢，又防止水垢迅速增长和锅水对锅炉的腐蚀，还能保障蒸汽品质，防止盲目排污过多，增加不必要的热量损失。

第三节 锅炉吹灰及除渣

一、吹灰及除渣的意义

烟气离开锅炉排入大气所带走的热量损失，叫做排烟热损失。虽然排烟的温度不算高，但是排烟的容积很大，故它是锅炉热损失中最大的一项。

影响排烟热损失的主要因素是排烟温度和排烟容积。显然，排烟温度越高，排烟容积越大，则排烟热损失就越大。在一般情况下，当排烟温度升高15～20℃时，排烟热损失约增加1个百分点。

降低排烟温度，可降低排烟热损失。当受热面积灰、积渣和积垢时会使传热减弱，排烟温度升高，造成排烟热损失增大。因此，应及时吹灰除渣和清除结垢，保持受热面内外清洁，以降低排烟热损失。

二、积灰积渣产生的原因

当烟气横向冲刷管子，在接近管子时，在管子正面改变方向，并绕过管子沿管子表面向两侧流动。大约在管子的侧面中部（即与烟气流方向约成90°角的地方），烟气流离开管子表面，并在管子背后发生旋涡流动，将很多小灰粒旋了进去，并沉积在背面管壁上。管子正面受到较大颗粒的冲刷作用，这种冲刷起着清除管子表面的沉积物的作用。图3-1是在不同烟速下松灰的沉积情况。

在烟气温度较高的区域，熔融的灰粒黏结并积聚在受热面或炉墙上的现象，叫结渣。在水冷壁、防渣管和过热器等处都可能发生结渣。特别是未受水冷壁保护的暴露面积较大的炉墙，因表面温度高而又粗糙，很容易形成比较坚硬的结渣。发生结渣后，由于渣层表面粗糙，渣与渣之间的黏附力大，加之燃烧室内空间的温度和壁面温度都因传热受阻而升高，使灰粒更加容易黏结，从而加速了结渣过程的发展。

锅炉结渣与下列因素有关：灰的熔点、运行调节、锅炉设计及安装等。灰分熔点低，易结渣。锅炉设计时炉膛容积热强度过大，也易结渣。运行调节不当，造成炉内火焰偏斜，使炉内温度场偏移，温度高的一侧易结渣。炉内风量不够，呈还原性气氛，造成灰中熔点较高的 Fe_2O_3 还原成熔点很低的 FeO，使灰的熔点降低很多，增加结渣的可能。

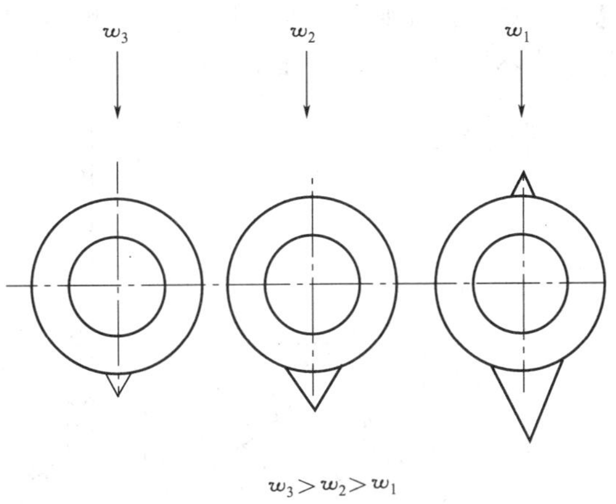

图 3-1 不同烟速下松灰的沉积情况（w 为烟速）

三、常见吹灰器的工作原理

吹灰器的作用是清除受热面上的积灰，保持受热面清洁，以保证传热过程的正常进行。

目前常用的吹灰器有枪式吹灰器（用于水冷壁）、振动式吹灰器（用于炉膛出口和水平烟道的受热面）、钢珠除灰器（用于尾部垂直烟道的受热面）等。它们使用的吹灰工质有过热蒸汽、压缩空气等。

1. 枪式吹灰器

枪式吹灰器采用过热蒸汽作为吹灰工质，一般将过热蒸汽减压至 0.3～0.8MPa 后再送入吹灰器，电机带动吹灰管转动，吹灰管一头接蒸汽引入管，另一头装喷嘴头。吹灰时吹灰管被推入炉膛，并自动打开蒸汽阀引入蒸汽，喷嘴头一边转动一边吹灰。吹灰完毕喷嘴头退出炉膛，以免烧坏。当用于低温对流受热面时，吹灰管可长期放置在烟道内。

2. 振动式除灰器

振动式除灰器由偏心电动振动器及振杆两部分组成。利用电动振动器产生振动力，振杆（又称水冷杆）深入烟道内传递振动力给受热面管，通过偏心振动将管子上的积灰振落下来。通过调节偏心块位置可调节振动力大小，一般振幅达 1.5mm 时即可有效除去管子上的积灰。

振动式除灰器结构简单、操作方便、所占空间较小、成本不高，在水泥窑余热炉上得到广泛应用。

四、冲击波吹灰系统

1. 冲击波吹灰系统的工作原理及参数

冲击波吹灰技术是 20 世纪 80 年代由前苏联传入我国的新一代在线吹灰技术，与此相近的技术系统曾在石油、化工、电力和冶金等行业的工业加热炉、电厂锅炉、其他换热器的不同部位使用，取得了良好的使用效果。

燃料爆燃冲击波吹灰系统的技术关键是制造可控制燃料爆燃的装置，用以产生强度可控制的冲击波，由动能、声能作用来清除积灰。

冲击波吹灰系统的原理（如图 3-2 所示）是：让可燃气体（通常是氢气、天然气、丙烷或乙炔等）在特殊的装置和特定条件下，与空气混合，混合气体充满火焰导管及冲击波发生器后，被点燃，火焰沿导管传播到冲击波发生器并点燃冲击波发生器内的混合气体，由于冲击波发生器内部特殊的结构设计，使得混合气体在冲击波发生器内快速燃烧，火焰的燃烧速度可达到近千米每秒，火焰阵面具有非常高的动能。通过此动能激发发射管喷出瞬间冲击波。当冲击波作用于积灰表面时，其声能和动能将对灰粒子产生冲击和加速扰动，使之与黏结表面分离，从而脱落。通过控制和改变可燃气和空气的配比、充气时间和发射管的形状，可以生成不同形式和不同强度的冲击波，可完成不同要求的吹灰。

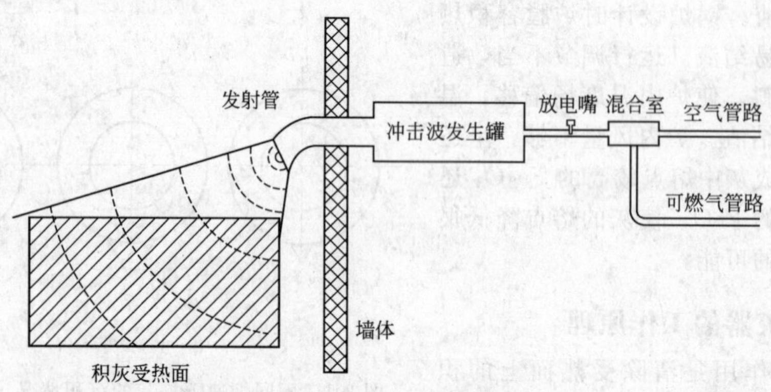

图 3-2 冲击波吹灰工作原理图

JSR 型冲击波吹灰系统有如下特点：

① 吹灰效果立竿见影，有效恢复锅炉出力，节能效果显著。

② 在线吹灰，避免阶段性停炉清洗，提高生产效率，降低劳动强度。

③ 延长换热器使用寿命，避免蒸汽湿吹和锅炉水洗造成的受热面腐蚀。

④ 有效克服蒸汽吹灰器吹损受热面，引起锅炉爆管现象，提高锅炉运行的安全性。

⑤ 自动化程度高，维护工作量小。

JSR 型冲击波吹灰系统的通用参数为：

可燃气体类型	氢气、乙炔、天然气、液化气、煤气等
可燃气气源	瓶装气或气站
可燃气体压力	0.12～0.15MPa
可燃气体消耗量	≤0.06m^3/次（常温常压）
空气气源	气泵提供
空气压力	4～50kPa
空气消耗量	≤200m^3/h
燃料温度	常温
空气温度	常温
额定能量	25～2500kJ
作用距离	9m

2. 系统简介

(1) 管路系统的组成　冲击波吹灰系统的管路包括空气管路、乙炔管路以及混合气管路。

① 空气管路　空气由系统配备的旋涡气泵提供，用无缝钢管输送到混合器，与乙炔进行混合。在空气管路上安装了手动球阀和空气流量计，用来调整监视空气流量，以保证有效地混合、可靠地吹灰。

② 乙炔管路　乙炔管路由乙炔汇流排引出，经过手动截止阀、阻火器、流量计、流量变送器、管路上安装有压力变送器，手动球阀、电磁阀、单向阀然后进入混合器。

③ 混合气管路　混合气管路从混合器出口开始，到冲击波发生器入口结束。混合气管路上安装有分配器。

(2) 控制系统的组成　冲击波吹灰系统由一台控制柜控制，乙炔流量、空气流量用孔板流量计测量，工作温度用热电偶测量，乙炔压力用压力变送器测量。乙炔通断用电磁阀控制，工作组的切换用分配器控制。控制柜采集现场的压力信号、流量信号、温度信号，通过数字显示仪进行显示。

(3) 吹灰流程 本系统的自动吹灰流程为按照顺烟气正向吹灰，吹灰完毕后系统自动停止。吹灰工作时间为20min左右。

(4) 系统操作说明

① 系统投运条件

a. 锅炉运行稳定；

b. 送风机工作平稳，风量、风压正常，引风机投运正常；

c. 乙炔压力不低于0.10MPa，且至少有两瓶乙炔同时供气；

d. 系统电源电压正常，熔断器无异常指示，初始流量值、初始压力值显示正常；

e. 系统周围无电焊、气焊等有明火的施工作业；

f. 投运应征得司炉同意。

② 吹灰操作流程

a. 关闭乙炔房内乙炔联箱上的所有阀门；

b. 打开2～4瓶乙炔，将乙炔瓶旋塞阀开到最大；

c. 把各瓶乙炔压力分别调节到0.15MPa后，打开相应手阀（各瓶气压力保持一致）；

d. 启动系统，开始吹灰；

e. 注意观察控制柜面板指示及数显表示数；

f. 吹灰结束后，关闭乙炔瓶旋塞阀和联箱上球阀。

充气时间、工作次数可依据锅炉的积灰情况进行调整，积灰严重时可适当增加工作次数，反之减少。

3. 冲击波吹灰器运行的安全性

冲击波吹灰器的可燃气体燃烧产生的冲击波爆振压力理论最高值为0.7～0.8MPa，但持续时间仅为几毫秒，对于100L冲击波发生器来讲，总能量只有476.5kJ，仅相当于0.015kg标准煤，对于传送到较远的积灰层表面的冲击波，其压力只有几千帕，如此小的能量和波压，不会对锅炉维持正常运行的强度有影响。另外，单次燃烧产物仅为0.0976m^3，这对于烟气通道是微不足道的，不会使锅炉内部烟气通道出现过大的瞬时增压现象，因此，冲击波吹灰器的使用，对锅炉的安全正常运行不会有明显的影响。

作为一种较新型的吹灰系统，冲击波吹灰系统不占地，投资较少，但吹灰效果佳，操作极其方便，在电厂锅炉上得到广泛应用。

几种典型的吹灰器特性比较如表3-1所列。

表3-1 各种吹灰器的性能、使用情况、优缺点一览表

种类	结构特征	工作介质及参数或工作条件	除灰机理	除灰效果	安全性经济性
蒸汽吹灰器	有软管、电动枪式和链轮式	作用半径为1.5～2.0m，饱和蒸汽或过热蒸汽源的温度$t\leqslant$320℃，压力$p=0.8\sim1.8$MPa。不同积灰到达其表面的蒸汽冲击动压为：表面浮灰200～300Pa；结块积灰200～300Pa；熔渣或焦渣＞2000Pa	利用专用设备，使蒸汽通过带有特殊喷嘴的喷管，借助蒸汽的自身射流冲击力，清除受热面的积灰	除灰效果较好，应用比较普遍	投资较多，运行成本较高，自动化程度低；锅炉受热面磨损较明显，有时很严重，以致使锅炉经常被迫停炉修理

续表

种类	结构特征	工作介质及参数或工作条件	除灰机理	除灰效果	安全性经济性
振动除灰器	电动振动器连接伸入烟道的振杆，振杆固定于受热面金属上	电动机和偏心轮构成的振动器；固定于受热面上的耐热振杆系统	振动器产生的激振力，通过振杆使受热面金属构件产生安全而有限的振动，恰当的振幅和频率，可以清除积灰	理论上可以清除各种受热面上的积灰，而且清灰效果良好	如何恰当控制振幅和频率，既能清除积灰，又能保证锅炉的安全运行，不易把握
钢珠除灰器	5～6mm钢珠若干，配以钢珠输送、播撒、收集和分离机构	钢珠、锅炉自身蒸汽或压缩空气构成的负压系统	利用下落钢珠在受热面的弹跳和碰撞，将受热面上的积灰击落	除灰效果不太好	系统复杂，投资高，运行成本大，已很少采用
冲击波吹灰器	冲击波发生器、管路、混合气体点火模块、自动控制	压缩空气、乙炔气	预吹扫、定比吹气、间接小能量点火，冲击波产生并波及积灰层表面，当衰减后波压大于积灰层灰粒之间或灰粒与管壁之间的黏着力时，清除灰粒	清灰彻底，无死角；分布式除灰器，还可实现人性化除灰；可靠	安全方面：不会影响锅炉承压件强度；不会明显影响炉内烟气侧瞬时压力；对锅炉受热面无磨损。经济方面：投资少，运行成本很低，几乎可忽略不计

第四节 锅炉辅机经济运行

锅炉辅机有给水泵、送引风机、出渣机（出灰机）等，锅炉辅机的运行情况不仅直接关系到辅机本身的使用寿命，更关系到锅炉的经济运行。

一、离心泵的工作原理

给水泵的作用是向锅炉连续、可靠地供水。送风机的作用是向炉内连续供风，以保证燃料燃烧所需要的空气量；引风机则起着平衡通风，保证炉内负压运行的作用。中小型锅炉上使用的泵与风机均为离心式泵与风机，它们的参数主要有流量、扬程（对于风机称压头）及转速。

离心泵工作时，液体在水泵叶轮中一方面从旋转着的叶轮里向外流动（相对于叶轮的流动），称为相对运动，其速度称为相对速度，用 $\boldsymbol{w}$ 表示；同时液体又随着叶轮一起转动，称为圆周运动，其速度称为圆周速度，用 $\boldsymbol{u}$ 表示；液体相对于不动泵体的运动称为绝对运动，其速度称为绝对速度，用 $\boldsymbol{v}$ 表示。绝对速度 $\boldsymbol{v}$ 等于相对速度 $\boldsymbol{w}$ 和圆周速度 $\boldsymbol{u}$ 的向量和，即

$$\boldsymbol{v}=\boldsymbol{w}+\boldsymbol{u}$$

如图 3-3 所示为离心泵的速度三角形。

当液体自吸入室吸入泵后，叶轮在原动机带动下高速旋转，叶轮内有叶片，液体进入叶片流道后，转动的叶片驱使液体一同转动，在离心力作用下液体向叶轮外缘流去，由于液体离开叶轮中心越来越远，即半径越来越大，故液体的流动速度越来越高，液体的动能越来越大，越接近叶轮边缘的液体压力也越大，因此，液体流过离心式叶轮时，其动能和压力能都

得到增加，这样便产生了扬程。被叶轮排出的液体经过压出室后大部分动能转换为压力能，然后沿排出管道输送出去。这时叶轮进口处因液体的排出而形成低压或真空，吸入池中的液体在液面的压力下进入叶轮，于是旋转着的叶轮就连续不断地吸入和排出液体。

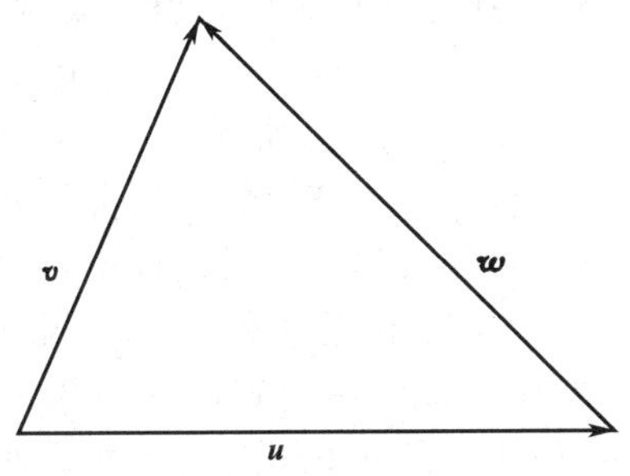

图 3-3　离心泵的速度三角形

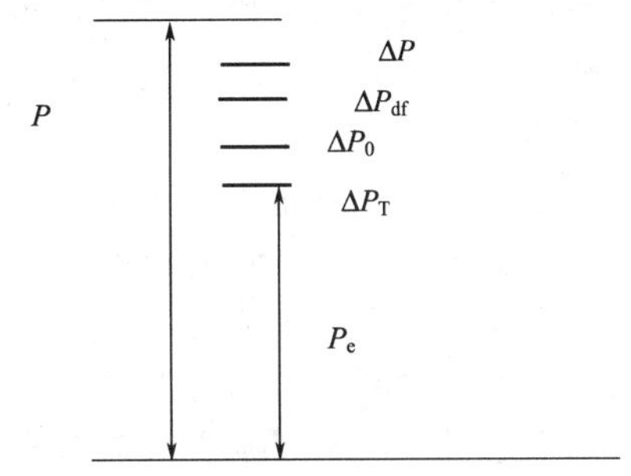

图 3-4　离心泵的能量损失

P—原动机传给水泵的轴功率；ΔP—轴承及轴封摩擦损失功率；ΔP_{df}—圆盘摩擦损失功率；ΔP_0—容积损失功率；ΔP_T—水力损失功率；P_e—有效功率

二、离心泵的能量损失

图 3-4 给出了离心泵的各项能量损失。离心泵的效率就是有效功率 P_e 和原动机传给水泵的轴功率 P 的比值，即

$$\eta = P_e / P$$

减少各项损失即能提高离心泵的效率，主要包括：

① 减少轴承和轴封摩擦损失。可采用机械密封。

② 减少圆盘摩擦损失。影响圆盘摩擦损失 ΔP_{df} 的因素很多，对一般的铸造叶轮可用下式近似计算。

$$\Delta P_{df} = 4.07 \times 10^{-12} \rho g \pi^3 n^3 D^5$$

式中，D 为叶轮外径。

可见，圆盘摩擦损失与转速三次方成正比，与叶轮外径 D 的五次方成正比，故降低叶轮转速能有效减少圆盘摩擦损失。

③ 减少容积损失。可通过采用减少密封环间隙的途径来实施。

④ 减少水力损失。这需要从泵的制造上下功夫，要减少沿程摩擦损失。

三、泵与风机的节能运行

通过上述分析可以看出，对于用户，泵的节能可通过采用机械密封及降低水泵转速来实现。

1. 采用机械密封

采用机械密封的结构，轴封摩擦损失很少。与其他各项损失相比，此项损失所占的比重也很小。在采用软填料密封结构时，若填料压盖压得太紧，摩擦损失就会增加，因此合理准确地压紧填料压盖是减少此项损失的必要措施，尤其对小型离心泵而言，填料压盖压得太紧，启动负荷相对增加，甚至有无法启动的可能，此项损失大约为轴功率的 1%～3%。而且，采用软填料密封结构时，填料压盖会随着运行时间的延长而变松。而机械密封却无此问题，故现在各高速转动的机械大量采用机械密封。

下面对机械密封作简单介绍。

(1) 机械密封的原理及结构 机械密封是靠一对或数对垂直于轴作相对滑动的端面在流体压力和补偿机构的弹力（或磁力）作用下保持贴合并配以辅助密封而达到阻漏的轴封装置。常用机械密封结构由静止环（静环）、旋转环（动环）、弹性元件、弹簧座、紧定螺钉、旋转环辅助密封圈和静止环辅助密封圈等元件组成，防转销固定在压盖上以防止静止环转动。旋转环和静止环往往还可根据它们是否具有轴向补偿能力而称为补偿环或非补偿环。

机械密封中流体可能泄漏的途径有A、B、C、D四个通道。C、D泄漏通道分别是静止环与压盖、压盖与壳体之间的密封，二者均属静密封。B通道是旋转环与轴之间的密封，当端面摩擦磨损后，它仅仅能追随补偿环沿轴向作微量的移动，实际上仍然是一个相对静密封。因此，这些泄漏通道相对来说比较容易封堵。静密封元件最常用的有橡胶O形圈或聚四氟乙烯V形圈，而作为补偿环的旋转环或静止环辅助密封，有时采用兼备弹性元件功能的橡胶、聚四氟乙烯或金属波纹管的结构。A通道则是旋转环与静止环的端面彼此贴合作相对滑动的动密封，它是机械密封装置中的主密封，也是决定机械密封性能和寿命的关键。因此，对密封端面的加工要求很高，同时为了使密封端面间保持必要的润滑液膜，必须严格控制端面上的单位面积压力，压力过大，不易形成稳定的润滑液膜，会加速端面的磨损；压力过小，泄漏量增加。所以，要获得良好的密封性能又有足够寿命，在设计和安装机械密封时，一定要保证端面单位面积压力值在最适当的范围。

(2) 机械密封优缺点 机械密封与软填料密封比较，有如下优点：

① 密封可靠，在长周期的运行中，密封状态很稳定，泄漏量很小，按粗略统计，其泄漏量一般仅为软填料密封的1/100；

② 使用寿命长，在油、水类介质中一般可达1～2年或更长时间，在化工介质中通常也能达半年以上；

③ 摩擦功率消耗小，机械密封的摩擦功率仅为软填料密封的10%～50%；

④ 轴或轴套基本上不受磨损；

⑤ 维修周期长，端面磨损后可自动补偿，一般情况下无需经常性地维修；

⑥ 抗振性好，对旋转轴的振动、偏摆以及对密封腔的偏斜不敏感；

⑦ 适用范围广，机械密封能用于低温、高温、真空、高压、不同转速，以及各种腐蚀性介质和含磨粒介质等的密封。

但其缺点有：

① 结构较复杂，对制造加工要求高；

② 安装与更换比较麻烦，并要求工人有一定的安装技术水平；

③ 发生偶然性事故时处理较困难；

④ 一次性投资高。

(3) 机械密封材料选择

机械密封常用材料的选用原则如下：

清水；常温；（动）9Cr18，1Cr13堆焊钴铬钨，铸铁；（静）浸树脂石墨，青铜，酚醛塑料。

河水（含泥沙）；常温；（动）碳化钨，（静）碳化钨。

海水；常温；（动）碳化钨，1Cr13堆焊钴铬钨，铸铁；（静）浸树脂石墨，碳化钨，金属陶瓷。

过热水100℃；（动）碳化钨，1Cr13堆焊钴铬钨，铸铁；（静）浸树脂石墨，碳化钨，金属陶瓷。

汽油，润滑油，液态烃；常温；（动）碳化钨，1Cr13 堆焊钴铬钨，铸铁；（静）浸树脂或锡锑合金石墨，酚醛塑料。

汽油，润滑油，液态烃；100℃；（动）碳化钨，1Cr13 堆焊钴铬钨；（静）浸青铜或树脂石墨。

汽油，润滑油，液态烃；含颗粒；（动）碳化钨；（静）碳化钨。

密封材料应满足密封功能的要求。由于被密封的介质不同，以及设备的工作条件不同，要求密封材料具有不同的适应性。对密封材料的要求一般是：

① 材料致密性好，不易泄漏介质；

② 有适当的机械强度和硬度；

③ 压缩性和回弹性好，永久变形小；

④ 高温下不软化、不分解，低温下不硬化、不脆裂；

⑤ 抗腐蚀性能好，在酸、碱、油等介质中能长期工作，其体积和硬度变化小，且不黏附在金属表面上；

⑥ 摩擦系数小，耐磨性好；

⑦ 具有与密封面结合的柔软性；

⑧ 耐老化性好，经久耐用；

⑨ 加工制造方便，价格便宜，取材容易。

橡胶是最常用的密封材料。除橡胶外，适合于做密封材料的还有石墨、聚四氟乙烯以及各种密封胶等。

(4) 机械密封安装、使用技术要领

① 设备转轴的径向跳动应≤0.04mm，轴向窜动量不允许大于 0.1mm；

② 设备的密封部位在安装时应保持清洁，密封零件应进行清洗，密封端面完好无损，防止杂质和灰尘带入密封部位；

③ 在安装过程中严禁碰击、敲打，以免使机械密封摩擦破损而使密封失效；

④ 安装时在与密封相接触的表面应涂一层清洁的机械油，以便能顺利安装，对于不同的辅助密封材质，要特别注意机械油的选择，避免造成 O 形圈浸油膨胀或加速老化，造成密封提前失效；

⑤ 安装静环压盖时，拧紧螺丝必须受力均匀，保证静环端面与轴心线的垂直要求；

⑥ 安装后用手推动动环，能使动环在轴上灵活移动，并有一定弹性；

⑦ 安装后用手盘动转轴，转轴应无轻重感觉；

⑧ 设备在运转前必须充满介质，以防止干摩擦而使密封失效；

⑨ 对易结晶、颗粒介质，在介质温度>80℃时，应采取相应的冲洗、过滤、冷却措施，各种辅助装置请参照机械密封有关标准。

(5) 机械轴封的密封原理　动环与静环之间的密封是靠弹性元件（弹簧、波纹管等）和密封液体压力在相对运动的动环和静环的接触面（端面）上产生一适当的压紧力（比压），使两个光洁、平直的端面紧密贴合，端面间维持一层极薄的液体膜而达到密封的作用。这层膜具有液体动压力与静压力，它起着平衡压力和润滑端面的作用。两端面之所以必须高度光洁平直，是为了给端面创造完美贴合并使比压均匀的条件。

(6) 机械密封技术的种类　当前采用新材料和工艺的各种机械密封的新技术进展较快，有下列的机械密封新技术。

① 密封面开槽密封技术　近年来，在机械密封的密封端面上开了各种各样的流槽，以

产生流体静、动压效应，现在还在不断更新。

② 零泄漏密封技术　过去总认为接触式和非接触式机械密封不可能达到零泄漏（或无泄漏）。以色列利用开槽密封技术，提出零泄漏非接触式机械端面密封的新概念，并已用于核电站润滑油泵中。

③ 干运转气体密封技术　这类密封是将开槽密封技术用于气体密封。

④ 上游泵送密封技术　即利用密封面上开流槽将下游少量泄漏流体泵送回上游。

上述几类密封的结构特点是：采用浅槽，且膜厚和流槽的深均属微米级，并采用润滑槽，径向密封坝和周向密封堰组成密封和承载部分。也可以说开槽密封是平面密封和开槽轴承的结合。其优点是泄漏量小（甚至无泄漏）、膜厚大，消除接触摩擦、功耗和发热量小。

⑤ 热流体动压密封技术　它是利用各种形状较深的密封面流槽，造成局部热变形，以产生流体动力楔效应。这种具有流体动压承载能力的密封，称为热流体动力楔密封。

⑥ 波纹管密封技术　可分为成型金属波纹管和焊接金属波纹管机械密封技术。多端面密封技术分为双密封、中间环密封、多密封技术。

另外还有平行面密封技术、监控密封技术、组合密封技术等。

(7) 机械密封冲洗方案及特点　冲洗的目的在于防止杂质集积，防止气囊形成，保持和改善润滑等，当冲洗液温度较低时，兼有冷却作用。冲洗的方式主要有如下几种。

① 内冲洗

a. 正冲洗

特点：利用工作主机的被密封介质，由泵的出口端通过管路引入密封腔。

应用：用于清洁流体，$P_{出}$ 稍大于 $P_{进}$，当温度高或有杂质时，可在管路上设置冷却器、过滤器等。

b. 反冲洗

特点：利用工作主机的被密封介质，由泵的出口端引入密封腔，冲洗后通过管路流回泵入口。

应用：用于清洁流体，且 $P_{进}$ 稍大于 $P_{出}$。

c. 全冲洗

特点：利用工作主机的被密封介质，由泵的出口端通过管路引入密封腔，冲洗后再经管路流回泵入口。

应用：冷却效果优于前两种，用于清洁流体，且 P_1 与 $P_{进}$ 和 $P_{出}$ 相接近时。

② 外冲洗

特点：引入外系统与被密封介质相容的清洁流体至密封腔进行冲洗。

应用：外冲洗液压力应比被密封介质大 0.05～0.1MPa，适用于介质为高温或含固体颗粒的场合。冲洗液的流量应保证带走热量，还需满足冲洗的需要，不会产生对密封件的冲蚀。为此，需控制密封腔的压力和冲洗的流速，一般清洁冲洗液的流速应小于 5m/s；含有颗粒的浆状液体须小于 3m/s，为达到上述的流速值，冲洗液与密封腔压力的差值应＜0.5MPa，一般取 0.05～0.1MPa，对双端面机械密封可取 0.1～0.2MPa。冲洗液进入和排出密封腔的孔口位置，应设置在密封端面附近，且应在靠近动环侧，为了防止石墨环被冲蚀或因冷却不均引起温差变形，以及杂质堆积和结焦等，可采用切向引入或多点冲洗。必要时，冲洗液可以是热水或蒸汽。

2. 变频调速技术

在设备安装完成后，人们往往发现设备的选型有这样那样的问题。譬如在锅炉辅机中，人们往往发现水泵选型偏大，或送引风机选型偏大，或实际运行时工况改变频繁，导致锅炉未在额定负荷工作，影响到锅炉辅机未在高效区运行，如何改变这一状况？影响辅机效率的参数有哪些？人们经过思考，得出变频技术。上面分析已得出：圆盘摩擦损失与转速三次方成正比，故降低叶轮转速能有效减少圆盘摩擦损失。但一般电机转速固定，传到泵与风机上的转速也固定，这样风机的性能曲线不会改变，采用变频调速技术，既可以保证泵的扬程(对风机而言是压头)，又能改变泵与风机的性能曲线，使之在高效区工作。

风机的管网特性曲线较泵稍简单一些，图 3-5 及图 3-6 给出了风机的性能曲线及管网特性曲线。

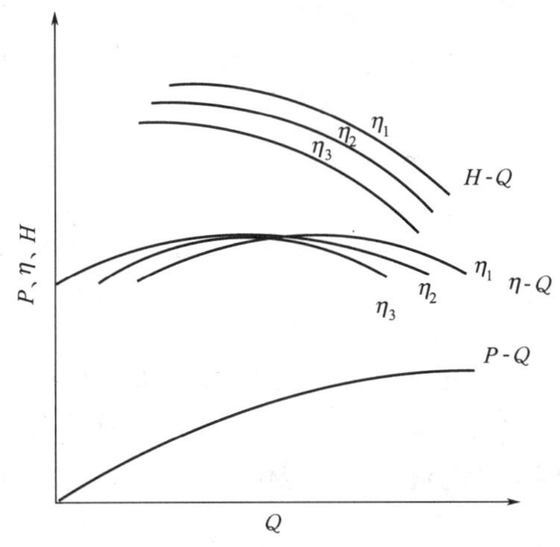

图 3-5 风机性能曲线

Q—流量，单位时间内进入风机的气体体积；H—压力，单位气体通过风机后所获得的能量；P—流体功率，$P=QH$；η—流体功率/轴功率

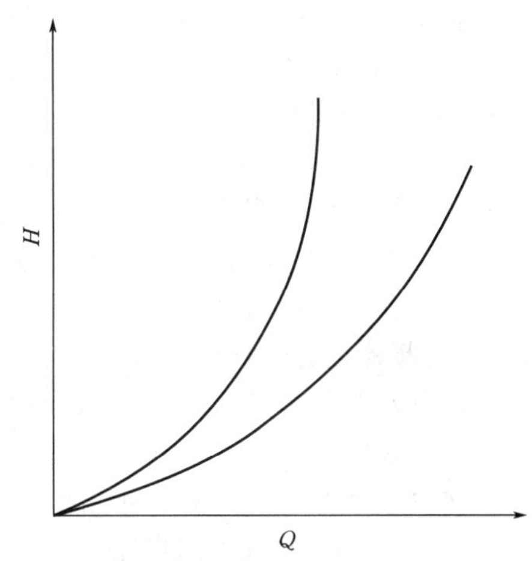

图 3-6 管网特性曲线

管网阻力 $H=KQ^2$，其中 K 为管网总阻力系数。

风机在运行时，其工作点是风机 H-Q 曲线与管网 H-Q 曲线的交点，如图 3-7。

风机的正常工作点为 A，当风量需要从 Q_1 调到 Q_2 时，采用挡板调节，管网阻力特性曲线由 R_1 改变为 R_2，工作点调至 B 点，功率为 OQ_2BH_2' 所围成的面积，功率变化很小，而效率却随之降低。

当采用变频调速时，可以按需要升降电机转速，改变设备的性能曲线，图中从 n_1 到 n_2，工作点调至 C 点，使其参数满足工艺要求，功率为 OQ_2CH_2 所围成的面积，同时效率曲线也随之平移，依然工作在高效区。由于功率随转速 3 次方变化，故节能效果显著。

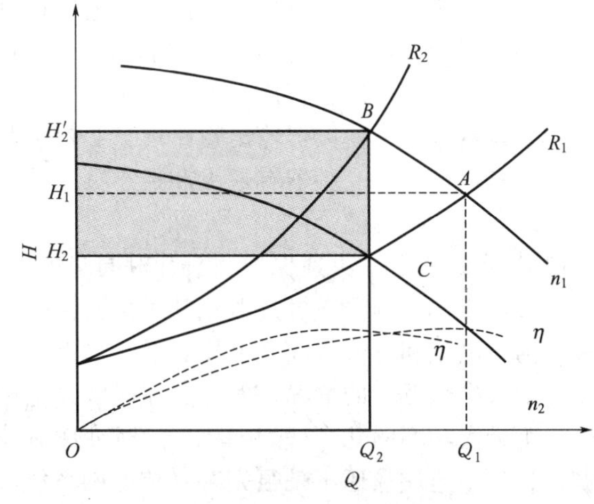

图 3-7 变频工作原理图

节能量 $P=(H_2'-H_2)Q_2$

风机、水泵（平方根转矩负载）的相似定律——变速前后流量、压力、功率与转速之间关系为：

$$Q_1/Q_2=n_1/n_2$$
$$H_1/H_2=(n_1/n_2)^2$$
$$P_1/P_2=(n_1/n_2)^3$$

在变频调速的分类中，交交变频由于调速范围有限，谐波大，已趋于淘汰；交直变频调速直接控制电机的输入电压和电流，变频器和电机系统效率高，调速范围宽，是最直接和彻底的调速解决方案。

水泵的节能：离心水泵装置中存在一个由吸入侧和排出侧之间液位差所造成的固定管路阻抗分量，即实际扬程，管路阻抗不再通过原点。全扬程 H 表示为：$H=H_a+H_l$（H_l 为损失扬程，包括吸入管路损失水位差、排出管路损失水位差、剩余速度损失水位差三部分）。以 50%流量情况的运行特性分析，排出管路阀门控制的工作点为 A，转速控制的工作点为 B（采用管端压一定的控制方式），与全流量工作点 C 相比较，工作点 A 及 B 所需轴功率都减小了，但 B 所需轴功率更小，可见采用调速的方式节能效果大。

变频器还能对电机实施有效保护。

（1）过电压保护　变频器的输出有电压检测功能，变频器能自动调整输出电压，使电机不承受过电压。即使在最严酷的情况下，输出电压调整失效，当输出电压超过正常电压的110%时，变频器也会保护停机。

（2）欠电压保护　与上述过电压保护类似，当电机的电压低于正常电压的 90%时，变频器保护停机。

（3）过电流保护　变频器检测输出电流，当电机的电流超过额定值的 150% 3s，或额定电流的 200% 10μs，变频器保护停机。

（4）缺相保护　监测输出电压，当输出缺相时，变频器报警，5min 后（此时间可以设定）保护停机。

（5）反相保护　为了保证安全，变频器使电机只能沿一个方向旋转，无法设定旋转方向，除非用户改动电机 A、B、C 接线的相序，否则没有反相的可能。

（6）过负荷保护　变频器监测电机电流，当电机电流超过额定电流的 120% 1min 时（反时限特性），变频器保护停机。

（7）接地保护　变频器配有专门的接地保护电路，由接地保护互感器和继电器构成，当发生一相或两相接地时，变频器报警。由于 HARSVERT-A 变频器的输出是中性点不接地系统，变频器仍旧可以运行。当然，如果用户要求，也可以设计为接地后立即保护停机。

（8）短路保护　变频器输出短路后，必然引起过流，在 10μs 内变频器保护停机。

（9）超频保护　变频器有最大和最小频率限制功能，使输出频率只能在规定的范围内，由此实现超频保护功能。

（10）失速保护　失速保护一般针对同步电机。对于异步电机，加速过程中的失速必然表现为过电流，变频器通过过电流和过负荷保护实现此项保护功能。减速过程中的失速有可能表现为过电流和直流母线过电压，对于后者，可通过在调试过程中设定安全的减速时间来避免，如果出现万一的情况，发生直流母线过电压，变频器保护停机。

作为最大功率的几个锅炉辅机，通过变频调速可有效地降低能耗，尽管现阶段的国内变频调速器的制造质量还不是很完善（抗电网系统冲击的能力不强），但瑕不掩瑜。作为一种新技术，越来越多的用户正在使用它。

3. 单元机组的滑参数启停

以滑参数启动为例，锅炉的滑参数启动分为真空法滑参数启动和压力法滑参数启动，而国内中小型热电厂常采用压力法滑参数启动。

采用滑压启动时，在锅炉点火后升压过程中，利用低温低压蒸汽来进行暖管和暖机，并随着汽温、汽压的升高，同时也逐步地提高机组的转速，机组并入电网后逐步增加负荷。

滑压启动安全可靠，经济性高，操作简化，得到很广泛的应用。在低负荷时，变压运行的锅炉给水压力比定压运行低得多，如果采用变频调节的给水泵，所消耗的功率将减少很多。如果给水泵转速不可调，则给水泵出口多余的压头将消耗于给水调节阀的节流损失，并且还加剧阀门的磨损。因此，定速给水泵不适用于变压运行的机组。有资料显示，滑压运行给水泵所需功率仅为定压运行的55%，可见对于给水泵，滑参数启停同样有节能效果。

四、除渣及除灰设备

煤燃烧后产生的灰渣，以及在烟道和除尘器里沉降后收集到的烟灰，必须定期清除。特别当锅炉燃烧劣质煤时，产生的灰渣多，更应及时清除，以便锅炉正常运行，保持锅炉房和附近环境清洁卫生，实现文明生产。

除渣的方法有：人工除渣、机械除渣、气力除渣、水力除渣等。

1. 人工除渣

人工除渣的主要工具是手推翻斗车，放灰渣前先用冷水冷却炽热的灰渣，然后开启炉膛底部的灰渣门，灰渣依靠自重落入翻斗车，被人工推走。

人工除渣劳动强度大，熄灭灰渣时会产生大量烟气污染，因此，应通过技术改造努力实现除渣机械化。

2. 机械除渣

中小型锅炉机械除渣，常采用绞龙式或刮板式除渣设备。利用绞龙或刮板将炉膛尾部水封灰坑中的灰渣，提升到炉外小车内运走。这种除渣设备有利于防止炉膛尾部漏风，但易磨损，维修量较大。

3. 气力除渣

气力除渣是将炉膛下部的灰渣先经过破碎，然后由压缩空气带动，沿输送管道运至堆渣场。气力除渣需要消耗较多的动能，管道磨损又严重，因此仅适用于大型锅炉。

4. 水力除渣

水力除渣需要在灰斗下挖一条除渣沟，利用冲灰器水流的力量，将灰渣经由渣沟排至锅炉房外的沉渣池或堆渣场。

水力除渣设备简单，操作方便，卫生条件好，但受锅炉房地势、水源等限制，如能利用工业废水则经济效果更好。

关于除渣的几点说明：

① 灰渣可作为道路建设中的重要材料，特别是未加水的灰渣，黏结性好，有一定的强度，较之经水冷却的灰渣，经济性不可同日而语。中小型电厂可发展干除渣，即在灰斗下方做一灰斗仓，下面用翻板隔断，拖拉机来拉时翻下翻板即可，要考虑的是放灰时的密封问题及紧急状况下的放灰问题，而且这些问题极易解决。

② 流化床锅炉的飞灰可直接作为制作水泥的辅料，经济效益更高，建议气力除灰。

③ 像重型刮板机之类有一定功率的用电设备，均可用上变频设备。

五、提高辅机可靠性

锅炉辅机的经济运行十分重要，同样，锅炉辅机的检修质量同样重要。设备安装质量不佳，或检修质量不过关，造成设备振动偏大，使设备电流偏大，同样导致运行时功率偏大，造成能耗偏高。至于辅机的选型错误，导致出现大马拉小车或选型偏小，导致设备出力不够，进而影响到锅炉出力不够，更是不足取的。而由于辅机事故故障、停机检修造成锅炉停机检修，则锅炉开停机一次所需费用、发电厂里其他设备停用一天所造成的损失更是不可估量的。

第五节 锅炉水质管理与水处理

锅炉的水质管理及水处理是保证锅炉安全、经济运行的重要措施之一。锅炉给水如不处理或处理不当，在受热面上就会结生水垢，不仅使传热效率降低、检修清理困难，严重时甚至会堵塞受热面管道，引起锅炉爆管。水质不好，特别是pH值低、含氧量高的水，还会对锅炉金属产生腐蚀，造成管子泄漏，甚至引起锅炉爆炸。此外，水质不好还会引起蒸汽带水，恶化蒸汽品质。因此，加强锅炉的水质管理和锅炉水处理对提高锅炉运行效率、延长锅炉使用年限、节约能源等都具有重要意义。

就锅炉的节水节能而言，国际上普遍采用的措施主要是加强水处理，防止结垢以提高锅炉的热效率，减少排污量和回收排污热量以减少排污热损失，并防止锅炉的腐蚀，最终保证锅炉长期、安全、经济运行。

一、水质不良对锅炉安全经济运行的影响

运行锅炉中的水好比人体中的血液是在不断地循环着的，同时锅水又在一定的压力和温度下不断地因蒸发而浓缩，锅炉受热面始终处于恶劣的环境下工作，要使锅炉能长期安全正常运行，就必须保证锅炉的汽水品质良好。通常在保持锅炉汽水品质良好的正常情况下，一般锅炉至少能达到10年甚至15年以上使用寿命而不大修。但对于水质很差的锅炉，使用寿命不到几年就可能会提前报废，而且还需经常大修，不但直接损失严重，因停炉修理、更换所造成的间接损失也非常大。然而，由于水质不良对锅炉所造成的危害是一种日积月累的过程，并不是一下子就会反映出来，因此，不少用炉单位对锅炉水处理往往缺乏足够的认识和重视，以致因水质不良而造成的锅炉事故时有发生。水质不良对锅炉的危害主要体现在下面三个方面。

1. 锅炉结垢

当锅炉给水不良，尤其是给水中存在硬度物质，又未进行合适的处理时，在锅炉与水接触的受热面上会生成一些导热性很差且坚硬的固体附着物，这些固体附着物称为水垢，这种现象称为结垢。由于金属的导热性比水垢高几十倍甚至数百倍，因此水垢生成后对锅炉的运行会带来很大的危害。例如：影响传热，降低锅炉出力，浪费燃料；引起金属局部过热而变形，进而产生鼓包、爆管等事故；产生垢下腐蚀，使承压部件壁厚减薄；堵塞管道，破坏水循环。

钢材和锅炉沉积物的热导率见表3-2，在不同厚度的情况下，水垢种类与热损失的关系见表3-3，燃煤锅炉水垢厚度与能耗的关系见表3-4。

2. 腐蚀

锅炉水质不良还会引起金属的腐蚀，使金属构件变薄、凹陷，甚至穿孔。更为严重的是某些腐蚀会使金属内部结构遭到破坏，强度显著降低，以至于在毫无察觉的情况下，被腐蚀

的受压元件已承受不了原设计的压力，进而发生恶性事故。锅炉金属的腐蚀不仅会缩短设备本身的使用寿命，造成经济损失，而且由于金属腐蚀产物转入水中，增加了水中杂质，从而加剧了高热负荷受热面上的结垢过程，又会促进垢下腐蚀，这样的恶性循环更会导致锅炉事故的发生。

表 3-2 钢材和各种沉积物的热导率

名　称	热导率 λ/[W/(m·℃)]	名　称	热导率 λ/[W/(m·℃)]
钢材	46.40～69.60	硫酸钙水垢	0.58～2.90
氧化铁垢	0.116～0.232	碳酸钙水垢	0.58～6.96
硅酸盐水垢	0.058～0.232		

表 3-3 在不同厚度的情况下，水垢种类与热损失的关系 单位：%

水垢厚/mm	硬质 $CaCO_3$	软质 $CaCO_3$	硬质 $CaSO_4$	水垢厚/mm	硬质 $CaCO_3$	软质 $CaCO_3$	硬质 $CaSO_4$
0.5	5.2	3.5	3.0	1.6	12.6	12.5	12.6
1.0	9.9	8.0	9.0	2.2	14.3	15	14.3

表 3-4 燃煤锅炉水垢厚度与能耗的关系

水垢厚度/mm	多耗燃料/%	水垢厚度/mm	多耗燃料/%
≥1	5～8	≥3	18～26
≥2	8～18		

3. 影响蒸汽品质

含有杂质的给水进入锅炉后，其浓度将随着锅炉的蒸发、浓缩而不断增大，当超过一定值后，就会在汽水分界面处形成泡沫，使蒸发面成为蒸汽和泡沫的混合体，造成蒸汽大量带水，从而影响蒸汽品质。严重时，甚至会发生汽水共腾，不但恶化蒸汽品质，而且会影响锅炉安全运行。当锅水中含有油脂、有机物或碱度过高、水渣较多时，就更容易污染蒸汽品质。

二、工业锅炉水处理的目的和总体要求

工业锅炉水处理方法很多，总体可分为锅外水处理和锅内水处理。锅外水处理主要是水的软化和除氧，即在水进入锅炉之前，通过物理的、化学的及电化学的方法除去水中的钙、镁硬度盐和氧气。锅内水处理就是往锅炉（或给水箱、给水管道）内投加药剂达到防止或减轻锅炉结垢和腐蚀。锅炉水处理的目的，就是对水进行正确的净化处理和严格的汽水质量监督，防止锅炉及热力系统结垢、积盐和腐蚀，保证锅炉水汽系统有良好的水质。为此，国家质检总局颁布了新的《锅炉水处理监督管理规则》（TSG G 5001—2008），已于 2008 年 12 月 1 日起实施执行。

搞好锅炉水处理是关系到锅炉安全经济运行的一项重要工作。根据《锅炉水处理监督管理规则》的规定，对用炉单位的锅炉水处理主要有以下几方面的要求。

（1）锅炉使用单位应当根据所用锅炉品种、炉型、结构和容量等采取合适的水处理方式以保证锅炉水质。工业锅炉水质应当符合 GB/T 1576—2008《工业锅炉水质》标准，电站锅炉水、汽质量应当符合 GB/T 12145—1999《火力发电机组及蒸汽动力设备水汽质量》标准的规定（以下简称水质标准）。

（2）为了促进锅炉节能减排，蒸汽冷凝水应当尽可能回收利用，降低排污率。

(3) 采用的锅炉水处理设备出厂时，应当附有以下文件资料：

① 水处理设备图样（总图、管道系统图等）；

② 产品质量证明文件；

③ 设备安装、使用说明书。

(4) 采用的水处理药剂、树脂出厂时，应当附有以下文件资料：

① 产品合格证；

② 使用说明书。

(5) 锅炉使用单位应当结合本单位的实际情况，建立健全水处理管理、岗位职责、运行操作、维护保养等制度，并且严格执行。

(6) 锅炉使用单位应当根据锅炉的数量、参数、水源情况和水处理方式，配备专（兼）职水处理作业人员。水处理作业人员经考核合格取得资格后，才能从事锅炉水处理管理、操作工作。

(7) 锅炉使用单位应当根据《锅炉水处理监督管理规则》和水质标准的规定，对水、汽质量定期进行化验分析。每次化验分析的时间、项目、数据及采取的相应措施，应当填写在水质化验记录表上。

对于锅炉蒸发量大于或者等于 1t/h 的蒸汽锅炉、热功率大于或者等于 0.7MW 的热水锅炉的使用单位，对水、汽质量应当每班至少进行 1 次分析。

(8) 为了防止备用或者停用的锅炉和水处理设备腐蚀以及树脂污染，锅炉使用单位应当做好锅炉的停炉保养工作。

(9) 锅炉使用单位应当按照规定向检验机构提出锅炉水处理检验的申请并进行检验。

三、天然水中的杂质和危害

天然水中的杂质种类很多，按其性质可分为：无机物、有机物和微生物。按其颗粒大小可分为：悬浮物、胶体物质和溶解物质，其中溶解物质又可分为溶解盐类和溶解气体。

1. 悬浮物

悬浮物是构成水中浑浊度的主要因素，其颗粒较大，一般粒径在 10^{-4}mm 以上，易于分离除去。

悬浮物一般在江河水中含量较高，湖水和水库水中含量低些，地下水中则含量较低。自来水由于经自来水厂的预处理，一般基本上除去了水中的悬浮物。悬浮物对锅炉的影响主要有：

① 悬浮物如直接进入锅炉，将会在锅内产生沉积，形成泥垢，影响锅炉传热；悬浮物沉积量大时，还易堵塞炉管、阀门，破坏锅炉水循环。

② 比水轻的悬浮物如进入锅炉，往往漂浮在蒸发面上，易引发汽水共腾，降低蒸汽品质。

③ 悬浮物如进入离子交换器，易污染离子交换树脂。

2. 胶体物质

胶体也是构成水中浑浊度的主要因素，它大都是由许多分子或离子所组成的集合体，其颗粒直径一般为 10^{-6}～10^{-4}mm。天然水中的胶体主要是由腐殖质以及铁、铝、硅等化合物形成的。胶体总是以稳定的微粒均匀地分布在水中，而无法靠重力自行沉降。胶体物质对锅炉的影响也很大，主要有：

① 在受热面上结生难以除去的坚硬水垢。

② 锅炉给水中胶体含量较高，就会在蒸发面上产生大量泡沫，易恶化蒸汽品质，并且影响水位的正确显示。

③ 胶体物质如进入离子交换器，会将离子交换树脂的表面包裹起来，降低树脂的交换能力，严重时还会使树脂“中毒”。

3. 溶解物质

溶解物质是指颗粒直径小于 10^{-6}mm 的微粒，由于极其细微，人的肉眼已无法观察到，因此，即使是非常清澈透明的自来水中也往往含有各种溶解物质。天然水中溶解物质大都以离子或溶解气体的状态存在，对锅炉有影响的溶解物质主要有以下几种。

(1) 钙离子（Ca^{2+}）和镁离子（Mg^{2+}）　钙、镁离子是天然水中的主要阳离子，几乎存在于所有的天然水中，通常人们将钙、镁离子在水中的含量称为“硬度”。一般降雨、降雪的水硬度极低，地表水的硬度通常低于地下水。

(2) 碳酸氢根（HCO_3^-）和碳酸根（CO_3^{2-}）　碳酸氢根和碳酸根都是水中碱度的主要组成部分。在天然水中，碱度大多以 HCO_3^- 的形式存在，只有极少数的天然水，当碱度很高时，才会有少量的 CO_3^{2-} 存在。

由于碱度物质能促使锅水中的钙镁离子形成水渣，然后通过排污除去，起到一定的防垢作用，因此，低压锅炉要求在锅水中保持一定的碱度。但如果锅水中碱度过高，不但会严重影响蒸汽品质，而且对压力较高的锅炉还易引起碱性腐蚀。

(3) 亚铁离子（Fe^{2+}）和铁离子（Fe^{3+}）　铁的化合物是常见矿物，所以铁也是天然水中常见的杂质。地表水中由于溶解氧充足，铁主要以 Fe^{3+} 形态存在，并因形成难溶于水的 $Fe(OH)_3$ 胶体而沉淀出来。而地下水中的铁因为不接触空气，常以可溶性较好的 Fe^{2+} 形态存在。一般来说，地表水中含铁量较小。

Fe^{2+} 接触空气后会很快转化成 Fe^{3+}。Fe^{3+} 是一种较强的去极化剂，会加速锅炉的电化学腐蚀。同时，当锅水中含铁量较高时，还易在热负荷较高的受热面上产生氧化铁垢，影响锅炉的传热。此外，Fe^{3+} 若进入离子交换器，极易使离子交换树脂“中毒”。

(4) 氯离子（Cl^-）　氯离子也称为氯根，几乎存在于所有的天然水中，但其含量却相差很大。一般的氯化物不但溶解度都很大，而且很稳定，所以在低压锅炉水质分析中常以测定 Cl^- 的含量来反映锅水的浓缩倍率，并指导锅炉的排污。

虽然少量的氯化物对锅炉没什么危害，但由于 Cl^- 是一种活化离子，在一定的条件下会破坏金属表面的保护膜，加速腐蚀的进行，因此锅水中的 Cl^- 含量不宜过高。

(5) 硫酸根离子（SO_4^{2-}）　天然水中大多含有 SO_4^{2-}，在淡水中 SO_4^{2-} 含量一般要大于 Cl^-。SO_4^{2-} 与 Ca^{2+} 生成的 $CaSO_4$，在常温下为微溶，在高温下却成为难溶物。所以，当锅炉给水中有硬度，而锅水碱度又不足时，容易在热负荷较高的受热面上结生坚硬的硫酸盐水垢。由于硫酸盐水垢难溶于酸，生成后特别难清除。

(6) 硅酸（H_4SiO_4）　水中硅酸的含量通常以 SiO_2 表示，故又称为可溶性二氧化硅。天然水中普遍含有硅，不过其含量的变化幅度较大，一般地下水硅含量比地表水要高。

硅化物与硫酸钙类似，在高温受热面上易生成热导率非常小，且极坚硬的硅酸盐水垢。对中、高压电站锅炉来说，如果锅水中硅含量过高，还易在蒸汽中携带硅酸盐，并会在过热器及汽轮机叶片等热力系统中形成非常难以清除的沉积物，影响热力设备的正常运行。

(7) 溶解气体　天然水中常见的溶解气体主要有氧（O_2）和二氧化碳（CO_2），有时还有硫化氢（H_2S）、二氧化硫（SO_2）和氨（NH_3）等。一般地表水中，由于水与大气接触，使水体有自充氧的能力，氧的含量相对较高，而二氧化碳的含量不高；地下水则相反，通常氧含量较低，而二氧化碳的含量有时会达到很高。溶解氧对锅炉的影响主要是引起锅炉的氧腐蚀。因此，一般锅炉给水应尽量除氧，锅炉压力越高，对除氧的要求越严。

水中二氧化碳比较特殊，水中碳酸化合物随着pH值的变化有下列平衡关系：

$$CO_2 + H_2O \rightleftharpoons H_2CO_3 \rightleftharpoons H^+ + HCO_3^- \rightleftharpoons 2H^+ + CO_3^{2-}$$

如果水中CO_2含量较高，当pH值较低时，离解出的H^+会造成金属的酸性腐蚀；当pH值较高时，CO_2转为碱度，将使锅水碱度过高。

(8) *有机物* 天然水中的有机物主要由腐烂的水生动植物残骸、生活污水及工业废水污染等构成。有机物含量较高时会恶化水质，增加锅炉水处理的难度。

四、锅炉水质指标和标准

1. 锅炉用水的分类

根据汽水系统中的水质差别，常将锅炉用水分为以下几类。

原水：原水是未经任何净化处理的天然水或自来水，是工业锅炉用水的水源。天然水包括地表水和地下水。

补给水：原水经过各种方法净化处理后，用来补充锅炉汽水损失的水，称为补给水。

回水：锅炉产生的蒸汽、热水，做功后或热交换后返回到给水中的水。

给水：供给锅炉工作的水称为给水。工业锅炉给水通常是由回水和补给水两部分组成的，也包括疏水。

锅水：正在运行的锅炉内（汽水系统中）循环流动的水，称为锅水。

排污水：锅水不断蒸发和浓缩，含盐量增加，当锅水水质指标超过标准的要求时，需从锅内排放掉一部分锅水，补以新鲜的给水，这种排放掉的锅水称为排污水。

除盐水：通过有效的工艺处理，去除全部或大部分水中的悬浮物和无机阴、阳离子等杂质后，所得成品水的统称。

2. 锅炉水质指标

为了评价和衡量水的质量，必须采用一系列的水质指标。锅炉的水质指标可以分为两类：一类是反映某种单独物质或离子含量的指标，如溶解氧、钠离子、氯离子等；另一类是反映水中某些共性物质总含量或表征某种特征性的技术指标，如硬度、碱度、溶解固形物、电导率等等。水的用途不一样，对水质要求也不同，故采用的水质指标也不同，锅炉的水质指标主要有以下几种。

(1) *悬浮物* 悬浮物是指悬浮于水中经过过滤分离出来的不溶性固体混合物的含量，其中包括了颗粒较大的悬浮物质和胶体物质，标准单位用毫克每升（mg/L）表示。

(2) *含盐量* 含盐量是表示水中溶解性盐类的总量，是衡量水质好坏的一项重要指标。含盐量通常有以下三种表示方法：含盐量、溶解固形物、电导率，单位分别为mg/L、mg/L、S/cm［西（门子）/厘米］。

(3) *硬度* 硬度表示水中高价金属离子的总浓度。在天然水中，形成硬度的物质主要是钙、镁离子，其他高价金属离子很少，所以通常硬度就是指水中钙、镁离子（Ca^{2+}、Mg^{2+}）的含量，它是衡量锅炉给水水质好坏的一项重要技术指标。硬度的表示方法很多，法定计量单位为mmol/L，即一升水中含有的钙、镁盐的毫摩尔数。不同国家有不同的硬度计量单位，各种硬度间的换算关系如表3-5。

(4) *碱度* 碱度是表示水中能接受氢离子（H^+）的一类物质的量。在锅炉用水中，碱度主要是由OH^-、CO_3^{2-}、HCO_3^-及其他少量的弱酸盐类组成的。碱度的计量单位为mmol/L。

表 3-5 各种硬度间的换算关系

硬度单位	mmol/L	德国度	法国度	英国度	美国度
mmol/L	1	2.804	5.005	2.511	50.045
德国度	0.3566	1	1.784	1.252	17.847
法国度	1.998	0.560	1	0.702	10.00
英国度	0.284	0.798	1.428	1	14.285
美国度	0.018	0.056	0.1	0.070	1
前苏联度	0.356	1	1.784	1.252	17.847

注：德国度：1L 水中含 10mg CaO；法国度：1L 水中含 10mg $CaCO_3$；英国度：0.7L 水中含 10mg $CaCO_3$；美国度：1L 水中含 1mg $CaCO_3$；德国度：1L 水中含 10mg CaO。

(5) 相对碱度 相对碱度是为了防止锅炉产生碱脆而规定的一项技术指标。它表示锅水中游离 NaOH 含量与溶解固形物的比值，即

$$相对碱度=\frac{游离\ NaOH}{溶解固形物}$$

(6) pH 值 pH 值是表示水样酸碱性的一个指标，它对水中其他杂质的存在形式、各种水的控制过程以及对金属的腐蚀程度都有广泛的影响，所以是最重要的水质指标之一。pH 值与水样中 H^+ 浓度的关系为：

$$pH=-\lg[H^+]$$

(7) 溶解氧 水溶液中含有氧气的质量浓度叫溶解氧，用 $\rho(O_2)$ 来表示，计量单位为 mg/L。

(8) 亚硫酸根 低压锅炉多数没有配置除氧设备，为了防止氧腐蚀，有的采用亚硫酸钠化学除氧，并维持锅水中一定的亚硫酸根离子浓度。

(9) 磷酸根 天然水中一般不含磷酸根，但对于发电锅炉和工作压力大于 1.57 MPa 的锅炉，通常在锅炉内进行加磷酸盐处理，以防止给水中残余硬度在锅内结垢，使之形成松软的碱式磷酸钙水渣随锅炉排污除去，并可消除一部分游离的苛性钠，保证锅水的 pH 值在一定范围内。

3. 工业锅炉水质标准（GB/T 1576—2008）

(1) 适用范围 《工业锅炉水质》规定了工业锅炉运行时的水质标准，适用于额定出口蒸汽压力小于 3.8MPa、以水为介质的固定式蒸汽锅炉和汽水两用锅炉，也适用于以水为介质的固定式承压热水锅炉和常压热水锅炉。

(2) 水质标准

① 自然循环蒸汽锅炉和汽水两用锅炉水质

a. 采用锅外水处理的自然循环蒸汽锅炉和汽水两用锅炉水质应符合表 3-6 的规定。

b. 单纯采用锅内加药处理的自然循环蒸汽锅炉和汽水两用锅炉水质。额定蒸发量小于或等于 4t/h，并且额定蒸汽压力小于或等于 1.3MPa 的自然循环蒸汽锅炉和汽水两用锅炉可以单纯采用锅内加药处理，但加药后的汽、水质量不得影响生产和生活，其给水和锅水水质应符合表 3-7 的规定。

② 热水锅炉水质

a. 采用锅外水处理的热水锅炉的给水和锅水水质应符合表 3-8 的规定。

b. 单纯采用锅内加药处理的热水锅炉水质。对于额定功率小于或等于 4.2MW 承压热水锅炉和常压热水锅炉（管架式热水锅炉除外），可单纯采用锅内加药处理，但加药后的汽、

水质量不得影响生产和生活，其给水和锅水水质应符合表 3-9 的规定。

表 3-6 采用锅外水处理的自然循环蒸汽锅炉和汽水两用锅炉水质

水样	项目		额定蒸汽压力/MPa							
			$p\leqslant1.0$		$1.0<p\leqslant1.6$		$1.6<p\leqslant2.5$		$2.5<p<3.8$	
	补给水类型		软化水	除盐水	软化水	除盐水	软化水	除盐水	软化水	除盐水
给水	浊度/FTU		≤5.0	≤2.0	≤5.0	≤2.0	≤5.0	≤2.0	≤5.0	≤2.0
给水	硬度/(mmol/L)		≤0.030	≤0.030	≤0.030	≤0.030	≤0.030	≤0.030	≤5.0×10^{-3}	≤5.0×10^{-3}
给水	pH 值(25℃)		7.0～9.0	8.0～9.5	7.0～9.0	8.0～9.5	7.0～9.0	8.0～9.5	7.0～9.0	8.0～9.5
给水	溶解氧①/(mg/L)		≤0.10	≤0.10	≤0.10	≤0.050	≤0.050	≤0.050	≤0.050	≤0.050
给水	油/(mg/L)		≤2.0	≤2.0	≤2.0	≤2.0	≤2.0	≤2.0	≤2.0	≤2.0
给水	全铁/(mg/L)		≤0.30	≤0.30	≤0.30	≤0.30	≤0.30	≤0.10	≤0.10	≤0.10
给水	电导率(25℃)/(μS/cm)		—	—	≤5.5×10^2	≤1.1×10^2	≤5.0×10^2	≤1.0×10^2	≤3.5×10^2	≤80.0
锅水	全碱度②/(mmol/L)	无过热器	6.0～26.0	≤10.0	6.0～24.0	≤10	6.0～16.0	≤8.0	≤12.0	≤4.0
锅水	全碱度②/(mmol/L)	有过热器	—	—	≤14.0	≤10.0	≤12.0	≤18.0	≤12.0	≤4.0
锅水	酚酞碱度/(mmol/L)	无过热器	4.0～18.0	≤6.0	4.0～16.0	≤6.0	4.0～12.0	≤5.0	≤10.0	≤3.0
锅水	酚酞碱度/(mmol/L)	有过热器	—	—	≤10.0	≤6.0	≤8.0	≤5.0	≤10.0	≤3.0
锅水	pH 值(25℃)		10.0～12.0	10.0～12.0	10.0～12.0	10.0～12.0	10.0～12.0	10.0～12.0	9.0～12.0	9.0～11.0
锅水	溶解固形物/(mg/L)	无过热器	≤4.0×10^3	≤4.0×10^3	≤3.5×10^3	≤3.5×10^3	≤3.0×10^3	≤3.0×10^3	≤2.5×10^3	≤2.5×10^3
锅水	溶解固形物/(mg/L)	有过热器	—	—	≤3.0×10^3	≤3.0×10^3	≤2.5×10^3	≤2.5×10^3	≤2.0×10^3	≤2.0×10^3
锅水	硫酸根③/(mg/L)		—	—	10.0～30.0	10.0～30.0	10.0～30.0	10.0～30.0	5.0～20.0	5.0～20.0
锅水	亚硫酸根④/(mg/L)		—	—	10.0～30.0	10.0～30.0	10.0～30.0	10.0～30.0	5.0～10.0	5.0～10.0
锅水	相对碱度⑤		<0.20	<0.20	<0.20	<0.20	<0.20	<0.20	<0.20	<0.20

① 溶解氧控制值适用于经过除氧装置处理后的给水。额定蒸发量大于或等于 10t/h 的锅炉，给水应除氧。额定蒸发量小于 10t/h 的锅炉如果发现局部氧腐蚀，也应采取除氧措施。对于供汽轮机用汽的锅炉给水含氧量，应小于或等于 0.050mg/L。

② 对蒸汽质量要求不高，并且无过热器的锅炉，锅水全碱度上限值可适当放宽，但放宽后锅水的 pH 值（25℃）不应超过上限。

③ 适用于锅内加磷酸盐阻垢剂。采用其他阻垢剂时，阻垢剂残余量应符合药剂生产厂规定的指标。

④ 适用于给水加亚硫酸盐除氧剂。采用其他除氧剂时，除氧剂残余量应符合药剂生产厂规定的指标。

⑤ 全焊接结构锅炉可不控制相对碱度。

注：1. 对于供汽轮机用汽的锅炉，蒸汽质量应执行 GB/T 12145 规定的额定蒸汽压力 3.8～5.8MPa 汽包炉标准。

2. 硬度、碱度的计量单位为一价基本单元物质的量的浓度。

3. 停（备）用锅炉启动时锅水的浓缩倍率达到正常后，锅水的水质应达到本标准的要求。

c. 贯流和直流蒸汽锅炉应采用锅外水处理，其给水和锅水水质应符合表 3-10 的规定。

d. 余热锅炉的水质指标应符合同类型、同参数锅炉的要求。

e. 补给水水质。应当根据锅炉的类型、参数，回水利用率、排污率，原水水质和锅水、给水水质标准，选择补给水处理方式；补给水处理方式应保证给水水质符合本标准；软水器再生后出水氯离子含量不得大于进水氯离子含量的 1.1 倍；以软化水为补给水或单纯采用锅内加药处理的锅炉的正常排污率不应超过10.0%，以除盐水为补给水的锅炉的正常排污率不应超过2.0%。

表 3-7 单纯采用锅内加药处理的自然循环蒸汽锅炉和汽水两用锅炉水质

水样	项目	标准值	水样	项目	标准值
给水	浊度/FTU	≤20.0	锅水	全碱度/(mmol/L)	8.0～26.0
	硬度/(mmol/L)	≤4.0		酚酞碱度/(mmol/L)	6.0～18.0
	pH值(25℃)	7.0～10.0		pH值(25℃)	10.0～12.0
	油/(mg/L)	≤2.0		溶解固形物/(mg/L)	≤5.0×10^3
				磷酸根①/(mg/L)	10.0～50.0

① 适用于锅内加磷酸盐阻垢剂。采用其他阻垢剂时，阻垢剂残余量应符合药剂生产厂规定的指标。

注：1. 单纯采用锅内加药处理，锅炉受热面平均结垢速率不得大于0.5mm/a。

2. 额定蒸发量小于或等于4t/h，并且额定蒸汽压力小于或等于1.3MPa的蒸汽锅炉和汽水两用锅炉同时采用锅外水处理和锅内加药处理时，给水和锅水水质可参照本表的规定。

3. 硬度、碱度的计量单位为一价基本单元物质的量的浓度。

表 3-8 采用锅外水处理的热水锅炉水质

水样	项目	标准值
给水	浊度/FTU	≤5.0
	硬度/(mmol/L)	≤0.60
	pH值(25℃)	7.0～11.0
	溶解氧①/(mg/L)	≤0.10
	油/(mg/L)	≤2.0
	全铁/(mg/L)	≤0.30
锅水	pH值(25℃)②	9.0～11.0
	磷酸根③/(mg/L)	5.0～50.0

① 溶解氧控制值适用于经过除氧装置处理后的给水。额定功率大于或等于7.0MW的承压热水锅炉给水应除氧；额定功率小于7.0MW的承压热水锅炉如果发现局部氧腐蚀，也应采取除氧措施。

② 通过补加药剂使锅水pH值（25℃）控制在9.0～11.0。

③ 适用于锅内加磷酸盐阻垢剂。采用其他阻垢剂时，阻垢剂残余量应符合药剂生产厂规定的指标。

注：硬度的计量单位为一价基本单元物质的量的浓度。

表 3-9 单纯采用锅内加药处理的热水锅炉水质

水样	项目	标准值
给水	浊度/FTU	≤20.0
	硬度①/(mmol/L)	≤6.0
	pH值(25℃)	7.0～11.0
	油/(mg/L)	≤2.0
锅水	pH值(25℃)	9.0～11.0
	磷酸根②/(mg/L)	10.0～50.0

① 使用与结垢物质作用后不生成固体不溶物的阻垢剂，给水硬度可放宽至小于或等于8.0 mmol/L。

② 适用于锅内加磷酸盐阻垢剂。加其他阻垢剂时，阻垢剂残余量应符合药剂生产厂规定的指标。

注：1. 对于额定功率小于或等于4.2MW水管式和锅壳式的承压热水锅炉和常压热水锅炉，同时采用锅外水处理和锅内加药处理时，给水和锅水水质也可参照本表的规定。

2. 硬度的计量单位为一价基本单元物质的量的浓度。

表 3-10 贯流和直流蒸汽锅炉水质

水样	项目	贯流锅炉			直流锅炉		
	额定蒸汽压力/MPa	$p\leqslant1.0$	$1.0<p\leqslant2.5$	$2.5<p<3.8$	$p\leqslant1.0$	$1.0<p\leqslant2.5$	$2.5<p<3.8$
给水	浊度/FTU	≤5.0	≤5.0	≤5.0	—	—	—
	硬度/(mmol/L)	≤0.030	≤0.030	$\leqslant5.0\times10^{-3}$	≤0.030	≤0.030	$\leqslant5.0\times10^{-3}$
	pH 值(25℃)	7.0～9.0	7.0～9.0	7.0～9.0	10.0～12.0	10.0～12.0	10.0～12.0
	溶解氧/(mg/L)	≤0.10	≤0.050	≤0.050	≤0.10	≤0.050	≤0.050
	油/(mg/L)	≤2.0	≤2.0	≤2.0	≤2.0	≤2.0	≤2.0
	全铁/(mg/L)	≤0.30	≤0.30	≤0.10	—	—	—
	全碱度①/(mmol/L)	—	—	—	6.0～16.0	6.0～12.0	≤12.0
	酚酞碱度/(mmol/L)	—	—	—	4.0～12.0	4.0～10.0	≤10.0
	溶解固形物/(mg/L)	—	—	—	$\leqslant3.5\times10^3$	$\leqslant3.0\times10^3$	$\leqslant2.5\times10^3$
	磷酸根/(mg/L)	—	—	—	10.0～50.0	10.0～50.0	5.0～30.0
	亚硫酸根/(mg/L)	—	—	—	10.0～50.0	10.0～30.0	10.0～20.0
锅水	全碱度①/(mmol/L)	2.0～16.0	2.0～12.0	≤12.0	—	—	—
	酚酞碱度/(mmol/L)	1.6～12.0	1.6～10.0	≤10.0	—	—	—
	pH 值(25℃)	10.0～12.0	10.0～12.0	10.0～12.0	—	—	—
	溶解固形物/(mg/L)	$\leqslant3.0\times10^3$	$\leqslant2.5\times10^3$	$\leqslant2.0\times10^3$	—	—	—
	磷酸根②/(mg/L)	10.0～50.0	10.0～50.0	10.0～20.0	—	—	—
	亚硫酸根③/(mg/L)	10.0～50.0	10.0～30.0	10.0～20.0	—	—	—

① 对蒸汽质量要求不高，并且无过热器的锅炉，锅水全碱度上限值可适当放宽，但放宽后锅水的 pH 值（25℃）不应超过上限。

② 适用于锅内加磷酸盐阻垢剂。采用其他阻垢剂时，阻垢剂残余量应符合药剂生产厂规定的指标。

③ 适用于给水加亚硫酸盐除氧剂。采用其他除氧剂时，除氧剂残余量应符合药剂生产厂规定的指标。

注：1. 贯流锅炉汽水分离器中返回到下集箱的疏水量，应保证锅水符合本标准。

2. 直流锅炉汽水分离器中返回到除氧热水箱的疏水量，应保证给水符合本标准。

3. 直流锅炉给水取样点可设定在除氧热水箱出口处。

4. 硬度、碱度的计量单位为一价基本单元物质的量浓度。

f. 回水水质应当保证给水水质符合本标准，并尽可能地提高回水利用率。回水水质应符合表 3-11 的规定，并应根据回水可能受到的污染介质，增加必要的检测项目。

表 3-11 回水水质

硬度/(mmol/L)		全铁/(mg/L)		油/(mg/L)
标准值	期望值	标准值	期望值	标准值
≤0.060	≤0.030	≤0.60	≤0.30	≤2.0

五、锅外水处理

锅外水处理，指对进入锅炉之前的锅炉用水（包括补充水和回水）所进行的各种处理。绝大部分锅炉用水都必须进行锅外水处理，但不同种类、不同容量参数的锅炉，锅外水处理的要求和方式有所不同。

锅外水处理主要包括：预处理，即去除水中的悬浮物及胶体杂质；软化处理，即去除水中的硬度；综合处理或降碱处理，即去除硬度、降低碱度；除盐处理，即去除水中的各种溶盐；除氧，即去除水中溶解的氧气。

1. 预处理

预处理的目的是除去水中影响离子交换过程或有害于离子交换剂的杂质，如悬浮物及胶体状杂质等。一般来说，当原水中的悬浮物含量不符合锅炉水质标准时，原水在进入软化装置之前必须进行预处理。

地下水由于土壤和砂石的过滤作用，水中悬浮物含量较少；自来水是经过混凝、沉淀和过滤等一系列处理的水，水中悬浮物含量也比较少。采用这些水源作锅炉原水时，一般无需对悬浮物再进行预处理。用地表水作锅炉原水时，则应进行预处理。地表水的预处理通常采用沉淀（澄清）和过滤的方法。

沉淀处理包括使水中杂质自然沉淀和在水中加入药剂促使胶体状杂质转变为絮状沉淀物析出，后者也叫混凝处理。常用作混凝剂的是一些铝盐和铁盐，如硫酸铝［$Al_2(SO_4)_3 \cdot 18H_2O$］、明矾［$Al_2(SO_4)_3 \cdot K_2SO_4 \cdot 24H_2O$］、偏铝酸钠（$NaAlO_2$）、硫酸亚铁（$FeSO_4 \cdot 7H_2O$）和氯化铁（$FeCl_3 \cdot 6H_2O$）等。

2. 软化处理

消除或减少水中钙、镁离子的含量，称作把水软化。软化水的方法有两类：一类叫沉淀软化，一类叫离子交换软化。

（1）*沉淀软化法* 把水中的钙、镁离子转变为难溶于水的化合物，使其沉淀后排除，达到降低水中硬度的目的，叫做水的沉淀软化。可以通过两种手段使水沉淀软化：加热或向水中加入化学药剂。

① 热力软化法 将水加热进行软化的方法叫做热力软化法。它是将水加热至大气压力下的沸腾温度，使水中的重碳酸钙、重碳酸镁分解成难溶于水的碳酸钙和氢氧化镁。这种方法只能将水中的碳酸盐硬度（暂硬）基本除去，非碳酸盐硬度（永硬）则不能除掉，因此一般不能满足锅炉给水的要求，而且经热力软化后的水温很高，使进一步的离子交换软化处理难以进行，所以这种软化法已很少采用。

② 化学软化法 化学软化法就是向水中加入化学药剂（沉淀剂），使该药剂与水中的结垢性离子进行化学反应，生成难溶的化合物，从水中沉淀析出。在早期的水处理中，所用的沉淀剂有石灰、纯碱、氯化钙和磷酸三钠等，处理的方式有冷法和热法。目前由于离子交换水处理等技术的发展，水的沉淀处理法已较少采用。但由于我国水质多属暂硬型，而石灰价格低廉、处理效果好，因此常以石灰为主，配合使用其他药剂，作为离子交换软化前的预处理之用，也用于循环冷却水和锅炉补充水的处理。化学软化法通常有石灰软化、石灰-纯碱软化、化学热能综合软化三种方法。

（2）*离子交换软化法* 利用不形成硬度的阳离子，将水中构成硬度的 Ca^{2+}、Mg^{2+} 置换出来，以达到将水软化的目的，这样的方法叫阳离子交换软化法，简称离子交换软化法。用自己的离子可把水中的 Ca^{2+}、Mg^{2+} 置换出来的物质叫做离子交换剂，最常用的离子交换剂是钠离子交换剂，有时也采用氢离子交换剂。这两种交换剂的阳离子部分为 Na^+ 或 H^+，阴离子部分成分及结构很复杂，通常以 R^- 表示。因此钠离子交换剂通常可写作 NaR，氢离子交换剂通常可写作 HR。

① 钠离子交换软化 钠离子交换软化是目前工业锅炉给水软化最常采用的一种方法。其软化过程是：将具有一定硬度的原水，流经装有钠离子交换剂的软化器（图 3-8）时，原水中的 Ca^{2+}、Mg^{2+} 等阳离子被交换剂所吸附，而交换剂中的可交换离子（Na^+）则转入水中，从而达到去除原水中 Ca^{2+}，Mg^{2+}，使原水得到软化的目的。钠离子交换软化过程可用

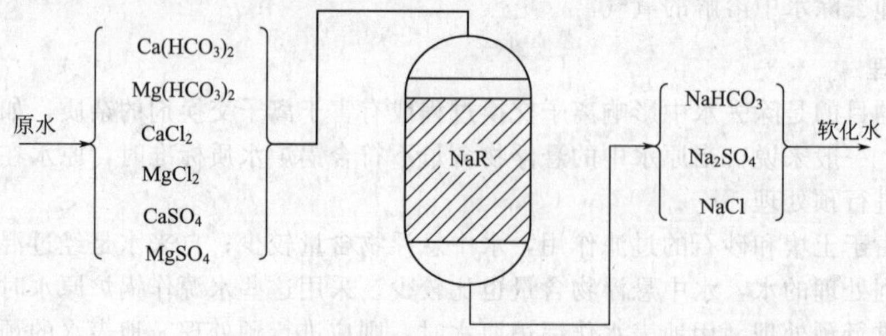

图 3-8 钠离子交换软化过程示意图

下列反应式表示。

碳酸盐硬度的软化过程为：

$$Ca(HCO_3)_2+2NaR = CaR_2+2NaHCO_3$$

$$Mg(HCO_3)_2+2NaR = MgR_2+2NaHCO_3$$

非碳酸盐硬度的软化过程为：

$$CaSO_4+2NaR = CaR_2+Na_2SO_4$$

$$MgSO_4+2NaR = MgR_2+NaSO_4$$

$$CaCl_2+2NaR = CaR_2+2NaCl$$

$$MgCl_2+2NaR = MgR_2+2NaCl$$

钠离子交换软化反应是在水和交换剂之间进行的，交换剂的可交换离子不仅存在于交换剂的表面，而且还大量存在于交换剂内部。因此，可将钠离子转化反应归结为这样一个过程：钙、镁离子从水中扩散到离子交换剂表面，继而由表面扩散、深入到交换剂的内部各处；在离子交换剂表面和内部，阳离子（Na^+ 与 Ca^{2+}、Mg^{2+}）之间相互交换，钙、镁离子存留在交换剂的内部和表面；交换剂的可交换离子（Na^+）从离子交换剂内部扩散到交换剂表面，并从表面扩散到水中，与各种酸根离子构成钠盐。在这种离子交换过程中，交换剂的结构本身并无实质性变化，只是可交换离子被置换了。

钠离子交换软化的结果是：能较彻底地将水软化，水中的碱度在交换前后保持不变，仅把暂硬碱度转化成了钠盐碱度；水中的含盐量在交换后没有降低（反而有所增加），因为原水中的阴离子（Cl^-、SO_4^{2-}、HCO_3^-）等并不改变，仅是将易生成水垢的钙、镁盐转化为钠盐而已。

钠离子交换剂与原水经过离子交换作用后，交换剂中的 Na^+ 逐渐被 Ca^{2+}、Mg^{2+} 所置换而失去其软化的能力，因此需进行再生处理，常用的再生剂是食盐。再生方法是使食盐溶液流过失效的交换剂，产生如下反应：

$$CaR_2+2NaCl = 2NaR+CaCl_2$$

$$MgR_2+2NaCl = 2NaR+MgCl_2$$

再生生成物 $CaCl_2$ 和 $MgCl_2$ 易溶于水，可随再生废液一起排掉。交换剂重新吸附 Na^+，变成 NaR，又恢复其置换 Ca^{2+}、Mg^{2+} 的能力。

对于硬度很高的原水，单纯进行离子交换软化，虽然消除了硬度，但软化后的水含盐量有所增加；对于碱度较高的原水，单纯进行钠离子交换软化后，仍保持原来的碱度。这种较高的碱度和含盐量，对提高锅水质量和蒸汽品质都是不利的。因此对于高硬度和高碱度的水质，不宜单纯采用钠离子交换软化，而必须采用氢-钠离子交换软化，甚至要进行部分除盐或全部除盐处理。

② 氢离子交换软化　阳离子交换剂如果不用氯化钠食盐，而是用酸去还原，则可得到氢离子交换剂 HR，原水流经氢离子交换剂层时，交换剂中氢离子置换原水中的钙、镁离子，原水同样可以得到软化。以水中的钙盐为例，会发生如下反应：

$$Ca(HCO_3)+2HR = CaR_2+CO_2\uparrow+H_2O$$

$$CaSO_4+2HR = CaR_2+H_2SO_4$$

$$CaCl_2+2HR = CaR_2+2HCl$$

镁盐、钠盐等盐类也会程度不同地与交换剂发生类似反应。

氢离子交换剂与原水中的离子交换作用后，氢离子逐渐被钙、镁离子所置换而失去软化能力，因此必须进行再生处理，所用的再生剂一般为盐酸或稀硫酸。

经氢离子交换处理后的水去除了暂硬和永硬，而且可以除碱和降盐，但在去除非碳酸盐时生成了一定量的酸（硫酸、盐酸和硅酸），故出水呈酸性，并且离子交换剂再生时用酸作为再生剂，所以氢离子交换器及其管道必须采取防腐措施，且处理后的水不能直接送入锅炉。通常，它必须与其他离子交换法联合使用，例如与钠离子交换软化配合使用，可使软水中没有酸性，而保持合适的碱性。

③ 氨离子交换软化　氨离子交换软化法的工作原理与氢离子交换软化法基本相同，所不同的是氨离子交换剂是 NH_4R，它再生时不是用酸而是用铵盐，如 NH_4Cl、$(NH_4)_2SO_4$。

经氨离子交换后，水中原来的钙盐、镁盐、钠盐都转化为铵盐：NH_4HCO_3、$(NH_4)_2SO_4$、NH_4Cl。这些铵盐在室温下的水中是稳定的，进入锅炉后则因受热而发生分解生成酸，其反应为：

$$NH_4HCO_3 = NH_3\uparrow+CO_2\uparrow+H_2O$$

$$(NH_4)_2SO_4 = 2NH_3\uparrow+H_2SO_4$$

$$NH_4Cl = NH_3\uparrow+HCl$$

经氨离子交换后的软水进入锅炉受热后有如下的效果：在去除暂硬的同时，也除掉了碱度，并具有除盐作用，除盐量与原水中的暂硬在当量上相等，产生并放出二氧化碳和氨气，在去除永硬的同时生成当量的酸，使水呈酸性，水中含盐量显著降低。

经氨离子处理后的软水中没有游离酸，并且其交换剂不用酸再生，故氨离子交换器及其管道无需防腐，但软化水在锅内受热后会分解出酸，所以氨离子交换处理也不能单独采用，也需要和其他交换方法联合使用，实际中常用氨-钠离子交换软化法。

④ 氯离子交换软化　氯离子交换剂属于阴离子交换剂，在低压工业锅炉水处理中，有时用到氯离子交换。以钙盐为例，当原水与氯离子交换剂接触时，会发生如下交换反应：

$$Ca(HCO_3)_2+2RCl = CaCl_2+2RHCO_3$$

$$CaSO_4+2RCl = CaCl_2+R_2SO_4$$

镁盐、钠盐与交换剂的反应与上述反应类似，处理过的软化水降低或消除了暂硬碱度，使水中的各种盐都转化成了盐酸盐。氯离子交换可以和钠离子交换配合使用，达到除硬降碱的目的。

3. 软化及降碱联合处理

当原水硬度高、碱度也高，或者硬度不高而碱度很高时，为了防止锅炉腐蚀和蒸汽污染，除了将水软化外，还必须对水进行降碱处理。所谓降碱，就是通过离子交换或其他方法，适当降低给水的碱度。由于锅水通常是碱性水，pH 值保持在 10～12，因此并不要求除去给水的全部碱度，仅仅要求给水碱度不致过高从而造成锅水碱度过高。

原水中的碱度通常以暂硬［$Ca(HCO_3)_2$、$Mg(HCO_3)_2$］及钠碱（$NaHCO_3$）的形式存

在。在进行钠离子交换软化时，暂硬碱度也转化为钠盐碱度。当原水及软化水中碱度较高时，在锅内一定温度和压力的作用下，$NaHCO_3$ 转化为 $NaCO_3$ 并在一定程度上水解成 NaOH，由于蒸发浓缩，使得锅水碱度及相对碱度过高，造成汽水共腾、苛性脆化等严重后果。因此，当原水的碱度超标时，对原水不仅需要软化，还需进行降碱处理。降碱是低压小型锅炉锅外水处理的主要内容之一。

降碱往往是和软化配合进行的，例如石灰软化处理主要是消除水中的暂硬，它同时也消除了暂硬碱度。而部分钠离子交换、氢-钠离子交换、氨-钠离子交换等常用的降碱方法，都是和软化组合而成的综合方法，通常把这种处理系统称为联合处理系统。

(1) *部分钠离子交换法* 由于钠离子交换软化法不能除掉原水中的碱度，所以，当原水中的总碱度超标时，可以采用部分钠离子交换软化法，以降低水中的碱度。

这种方法是将一部分经钠离子处理过的软水与一部分未经处理的原水在给水箱内混合后作为锅炉的给水。经钠离子交换软化后的水中，暂硬（碳酸盐硬度）转换成碱度（$NaHCO_3$），它在锅内受热分解形成 Na_2CO_3 和 NaOH，并与原水中的永硬发生反应，生成难溶于水的碳酸钙沉淀，可定期从锅内排掉。

部分钠离子交换软化可以减少钠离子交换器的负荷和设备容量，节约食盐的消耗量，又可自然降低锅水碱度，减少锅炉排污及热损失，但水的软化不彻底，混合后水的残余硬度较高。

部分钠离子交换是锅内锅外相结合的水处理方法，适用于硬度和碱度都较高的水质。采用这种方法时，必须掌握好锅炉给水中软水与原水的比例，保证混合后的水具有适当的残余碱度和硬度，并且碱度应略大于硬度。

(2) *氢-钠离子交换法* 采用钠离子交换后的软水其碱度不变，若要降低碱度，需要加酸处理；而氢离子交换后的水呈酸性，氢-钠离子交换软化法是将氢离子交换后的酸性水与钠离子交换后的碱性水适当配合，以氢离子交换生成的酸去中和钠离子交换后的钠碱，即可达到既除硬又降碱的效果，中和反应式如下：

$$H_2SO_4+2NaHCO_3 \xlongequal{} Na_2SO_4+2H_2O+2CO_2\uparrow$$

$$HCl+NaHCO_3 \xlongequal{} NaCl+H_2O+CO_2\uparrow$$

反应后所产生的 CO_2 在除 CO_2 器中除掉，这样既降低了碱度，又消除了硬度，且使水的含盐量有所降低。氢-钠离子交换软化法根据连接系统的不同，可分为并联法和串联法两种。

① 氢-钠离子并联交换系统 如图 3-9 为氢-钠离子并联交换系统。系统的运行过程是：原水经分配装置，一部分流经钠离子交换器，另一部分流经氢离子交换器，然后将氢离子交换器产生的酸性水和钠离子交换器产生的碱性水混合（在混合器内进行中和反应），最后进入除 CO_2 器中除去 CO_2，即可作为锅炉的补给水。氢-钠离子并联交换系统运行的关键是原水的分配比例。

② 氢-钠离子串联交换系统 氢-钠离子串联交换系统如图 3-10 所示。原水一部分流经氢离子交换器，其出水与另一部分原水混合，进行中和反应后，进入除 CO_2 器除去 CO_2，然后进入中间水箱，再由水泵打入钠离子交换器进行软化。

串联离子交换系统适用于硬度较高的水质，因为原水与氢离子交换后的出水混合之后，总硬度相应降低了，这种水再流经钠离子交换器，既可减轻钠离子交换器的负担，又能提高软化水的质量。

氢-钠离子交换的这两种方法的不同之处在于，并联系统只有一部分原水经过钠离子交换器，而串联系统则是全部原水都经过钠离子交换器。因此，就系统而言，并联系统比较紧

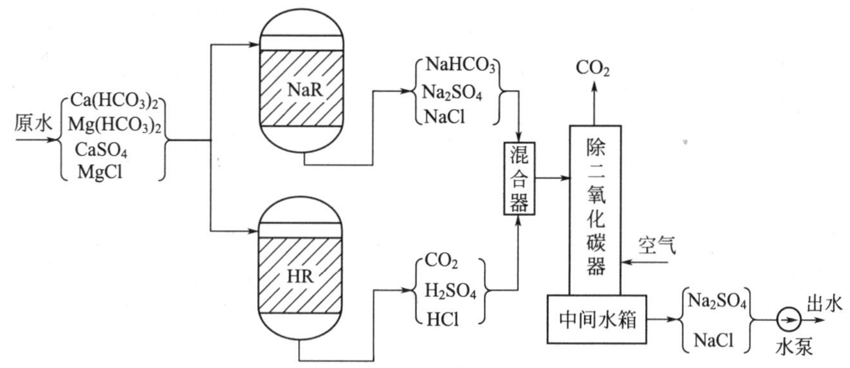

图 3-9　氢-钠离子并联交换系统

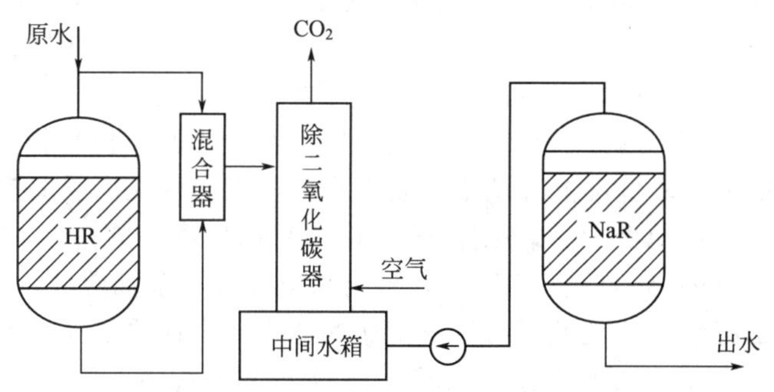

图 3-10　氢-钠离子串联交换系统示意图

凑，钠离子交换器较小。但从处理效果来看，串联系统出水水质易得到保证。因而串联系统适用于原水硬度较高又需要降碱的场合，并联系统适用于原水碱度较高但硬度不太高的场合。

（3）氨-钠离子交换法　氨离子交换和钠离子交换都可以将水软化，经氨、钠离子交换后的水，其中的钙、镁盐类分别转化为铵盐和钠盐。把用这两种方法处理后的水适当混合送入锅炉，由于酸碱析出及中和都是在锅内进行的，只要比例适当，反应前及反应后水都不呈现酸性，反应的结果不仅使水的碱度下降，含盐量也相应减少。

氨-钠离子交换常用的系统有两种，即综合系统和并联系统。综合交换系统就是在一个离子交换器内，既有氨离子交换剂（NH_4 R），又有钠离子交换剂（NaR），对进入交换器的原水同时进行氨离子交换和钠离子交换，如图 3-11 所示。再生溶液采用氯化钠和硫酸铵（或氯化铵）的混合溶液。控制再生混合溶液中两种再生剂的浓度比例，即可控制再生后离子交换剂中氨型和钠型交换剂的比例，进而控制原水分别进行氨离子交换及钠离子交换的比例。

并联交换系统是将氨离子交换器与钠离子交换器并联，将原水按比例分别送入两交换器，最后将出水混合送至给水箱，如图 3-12 所示。这种系统必须根据原水水质和处理要求，调节进入两交换器水量的比例，以此来控制锅水的碱度。

氨-钠离子交换与氢-钠离子交换相比较，有以下的特点：

① 氨-钠离子交换的除碱作用是在锅内发挥出来的，而氢-钠离子交换的除碱作用在锅外离子交换后即可实现。所以，氢-钠离子交换法较氨-钠离子交换法便于直观控制。

② 氨离子交换后的水只有在受热后才呈现酸性，而且不用酸再生，故氨-钠离子交换系统的设备和管道无需采用防腐措施，系统中也不需要设置除 CO_2 器，系统较为简单。

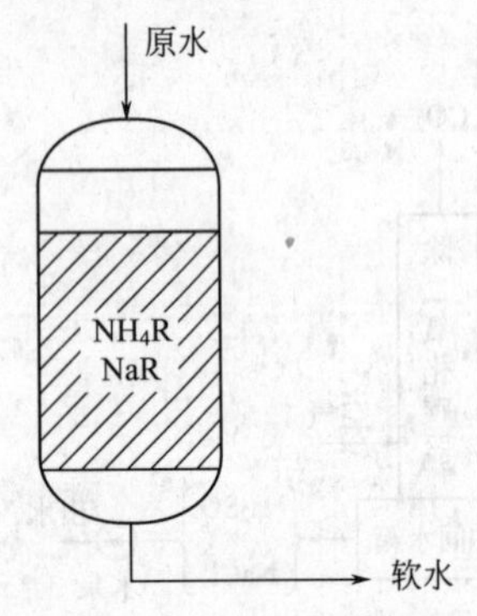

图 3-11　综合氨-钠离子交换系统

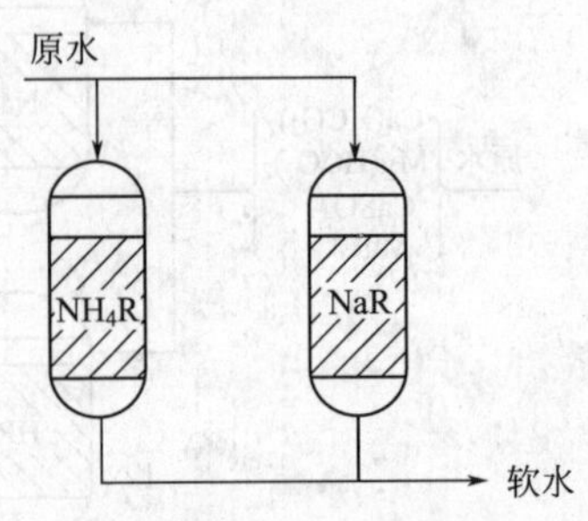

图 3-12　并联氨-钠离子交换系统

③ 水在锅内受热后产生的氨气和二氧化碳随蒸汽输出，对蒸汽品质及其使用范围有一定的影响，在蒸汽中有氧气存在的条件下，氨气会严重腐蚀铜质及铝质构件。为此，经氨-钠离子交换后的水，在进入锅炉之前，最好经过热力除氧。

(4) 氯-钠离子交换法　氯离子交换可不同程度地将水中各种酸根离子转化为氯离子，从而有效地降低水的碱度，但不能降低水的硬度和含盐量。将氯离子交换与钠离子交换配合使用，即可达到除硬降碱的目的。氯-钠离子交换都是以串联方式进行的，无需考虑水量分配问题。串联氯-钠离子交换又分为双床串联系统和单床双层系统两种。

双床串联系统是将钠离子交换器与氯离子交换器串接，让原水先后流经两个交换器。根据两个交换器的排列次序不同，又分为如图 3-13 所示的两种运行方式。因钠离子交换剂的抗污染能力较强，通常布置在前边。当氯离子交换器的出水残余硬度超过允许值时，两交换器同时失效，并均用食盐溶液进行再生。

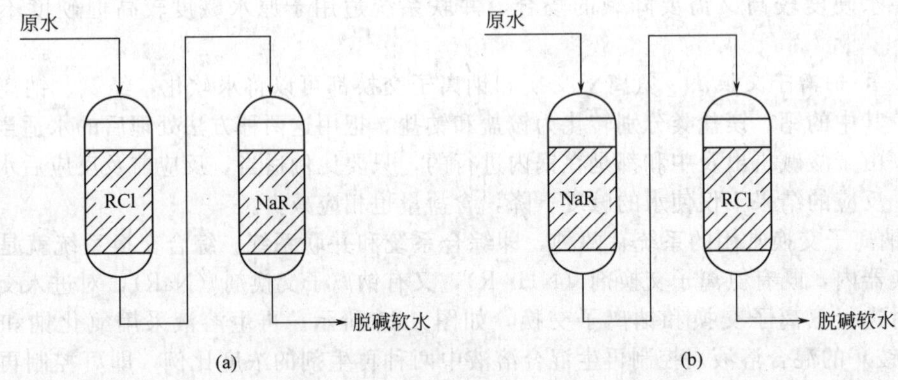

图 3-13　氯-钠离子双床串联交换系统

单床双层系统是将氯离子交换剂和钠离子交换剂填装在同一个交换器内，上部为氯离子交换剂，下部为钠离子交换剂，分层处装有中间排液管。原水从上部进入交换器，通过氯型交换剂层、钠型交换剂层和排水装置，由底部流出除硬降碱水。氯-钠离子交换剂再生时，食盐溶液分别从交换器的顶部和底部同时进入，从中间排液装置处排出再生废液，这样，使上部氯型交换剂顺流再生，下部钠型交换剂逆流再生。氯-钠离子交换因无需设置原水分配及出水混合装置，无需设置除二氧化碳器，且两种交换剂采用共同的再生剂，再生系统简单，因而整个交换系统简单，操作方便。但氯型交换剂的交换容量较小，价格较高，交换后水中总的含盐量不变，出水的氯离子含量增高，会腐蚀铁质及铜质部件。因此，氯-钠离子交换适用于原水碱度高而氯离子含量低的中型工业锅炉。

4. 除盐处理

水的软化处理仅能除去水中的钙、镁离子，而不能除去水中的酸根离子，因此，不能有效地降低水的含盐量。利用离子交换法，即采用阳离子交换剂和阴离子交换剂除去水中所有溶盐正负离子的方法，叫做离子交换除盐或化学除盐。阳离子交换剂为氢型，阴离子交换剂为氢氧根型。原水先流经氢离子交换器，氢型交换剂中的 H^+ 置换水中的各种阳离子，包括 Ca^{2+}、Mg^{2+}、Na^+，并生成无机酸（HCl、H_2SO_4 等）；然后再流经装有氢氧根型的阴离子交换器，交换剂中的 OH^- 置换水中的各种酸根离子，包括 CO_3^{2-}、SO_4^{2-}、Cl^-、SiO_4^{2-}、NO_3^- 等。因此，含盐水经阳、阴离子交换处理后，水中各种离子几乎除尽，而得到近乎中性的纯水。这种阳、阴离子交换器串联使用的化学除盐系统称为一级复床除盐系统，如图 3-14 所示。化学除盐工艺通常用于高压以上的电站锅炉补给水处理，工业锅炉一般不需要除盐处理。

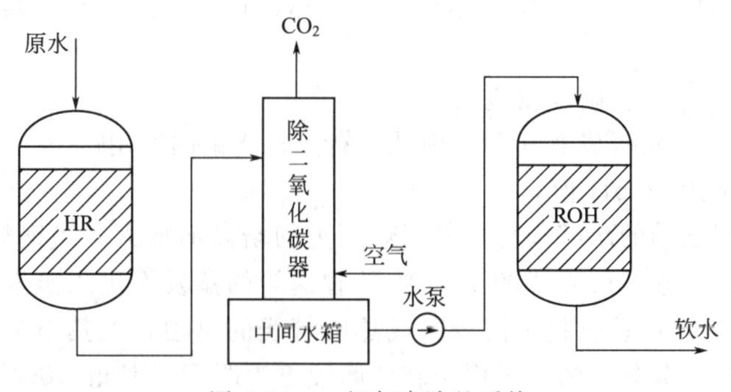

图 3-14 一级复床除盐系统

六、锅内水处理

1. 概述

锅炉给水在锅外进行软化处理，可有效防止锅炉受热面上的结垢。但需要较多的设备和投资，增加了人员和维护费用，这对某些小型锅炉房是比较难实现的。此时采用锅内水处理，就是向锅炉给水或锅水中投加适量的药剂，使之与锅水中 Ca^{2+}、Mg^{2+} 等容易结垢物质发生化学或物理反应，生成水渣（软泥、泥垢），通过排污从锅内排出，以达到减缓或防止水垢、防止腐蚀及提高蒸汽品质的目的。

锅内水处理常用的药剂主要包括无机和有机两大类，无机类主要包括碳酸钠、氢氧化钠和磷酸盐，有机类主要包括腐殖酸钠、栲胶等。

无机类药剂大多为碱性物质，只有部分磷酸盐是偏酸性的。它们的阻垢原理主要是根据溶度积原理，在锅水中增加某种物质的含量，使之与钙镁离子的溶度积超过其溶度积常数而生成流动性较好的水渣，并借锅炉排污而除去，从而降低或消除锅水中的硬度。另一方面，通过加药使锅水中的沉淀物质改变性质，例如使沉淀物晶粒带有与金属面相同的电荷，以破坏静电吸引作用，避免其在锅炉受热面上结生水垢。

有机类水处理药剂品种很多，大致可分为天然提取物和化学合成物。由天然物质提取的有机药剂，最常用的为栲胶和腐殖酸钠；由化学合成的有机药剂，统称为水质稳定剂，它们大多数为高分子聚合物，以前主要用于冷却水的处理，近年来在锅炉水处理中研究开发也较快，应用范围越来越广。它们具有用量少、阻垢性能好、易与其他阻垢剂产生协同效应等优点，但由于价格较贵，目前使用的还不很多。在锅炉水处理中常用的为有机聚磷酸盐和有机聚羧酸盐。

与锅外水处理相比，锅内加药水处理具有设备简单，投资少，操作方便，管理、维护简便等优点。但是单独使用锅内加药处理，防垢效果不是很稳定，易使锅炉的排污率较高，热损失增大；锅水中水渣较多时，有恶化水循环和蒸汽品质的可能，水渣在锅炉受热面某处沉积时，会形成二次水垢。

2. 常见的锅内水处理药剂

(1) 氢氧化钠 (NaOH) 氢氧化钠俗称烧碱、火碱、苛性钠，是一种强碱，主要作用为：

① 能与水中的碳酸盐硬度和镁硬度反应，生成水渣；

② 使细小分散的碳酸钙晶粒稳定，以阻止其在金属受热面上结生水垢；

③ 保持锅水一定的 pH 值和碱度，以使金属表面的保护膜较为稳定，从而防止锅炉腐蚀。

(2) 碳酸钠 ($NaCO_3$) 碳酸钠俗称纯碱，也称苏打，易溶于水，其水溶液呈碱性。碳酸钠的主要作用为：

① 能与水中的非碳酸盐硬度反应；

② 在锅水中会部分水解成 NaOH，因此具有氢氧化钠的作用；

③ 保持锅水的碱度和 pH 值。

需注意的是，碳酸钠的水解率将随着锅炉压力的增高而增大，当锅炉达到一定压力后，碳酸钠将会全部水解，水解后生成的 CO_2 将随着锅炉的蒸发而进入蒸汽系统，当碳酸钠水解率较大时，大量的 CO_2 易引起用汽设备或热网管线的腐蚀，尤其当锅炉给水未除氧或除氧效果不好时，氧和二氧化碳的同时作用将使腐蚀更为严重。因此，碳酸钠只适用于压力较低的工业锅炉水处理，而不宜用作中、高压锅炉的锅内水处理。

(3) 磷酸三钠 ($Na_3PO_4 \cdot 12H_2O$) 磷酸三钠也称磷酸钠，常带有 12 个结晶水，易溶于水，其溶液呈碱性。它的主要作用有：

① 能与水中的钙、镁硬度反应，生成水渣；

② 增加水渣的流动性；

③ 能使已结生的硫酸钙等老水垢疏松而脱落；

④ 在金属表面上形成磷酸铁保护膜，防止锅炉金属的腐蚀。

(4) 磷酸氢二钠 (Na_2HPO_4) 和磷酸二氢钠 (NaH_2PO_4) 其作用与磷酸三钠相似，但由于它们的水溶液分别接近中性或偏酸性，因此它们能起到降低锅水碱度的作用。当给水中钠钾碱度较高时，宜采用磷酸氢二钠或磷酸二氢钠来代替磷酸三钠。

(5) 六偏磷酸钠 [$(NaPO_3)_6$] 六偏磷酸钠俗称磷酸钠玻璃，是磷酸钠聚合体的一种。六偏磷酸钠在水中的溶解度很大，其水溶液具有弱酸性，水解后生成磷酸二氢钠。它的主要作用是：

① 防止给水系统产生水垢；

② 代替磷酸钠的作用。

六偏磷酸钠在酸性或碱性溶液中都能水解为磷酸二氢钠，在锅水中遇到氢氧化钠时能生成磷酸三钠，故可起到磷酸三钠的作用，但应注意避免将六偏磷酸钠与氢氧化钠直接混合。

(6) 栲胶 栲胶大多从橡椀、栗木等树类中提取，在冷水中溶解度不大，在热水中溶解性要好些，加药量较大时，会使锅水呈红棕色。栲胶通常与其他阻垢剂配合使用，很少单独用作锅炉水处理。栲胶的主要作用有：

① 络合、凝聚作用，阻止硬度物质产生沉淀。同时可使已析出的碳酸钙等沉淀晶粒凝聚成絮状的水渣，易随锅炉排污而除去，防止水垢的生成。

② 生成电中性绝缘层的作用，抑制结垢物质在金属受热面上黏附。

③ 吸氧防腐作用。

④ 有较强的渗透能力，促使老水垢疏松脱落。

(7) 腐殖酸钠　腐殖酸钠呈黑褐色颗粒状，它没有固定的分子结构，可溶于水，水溶液呈棕褐色，显弱碱性。腐殖酸钠的主要作用有：

① 防垢。在碱性条件下，与钙镁离子反应生成水渣，并且对沉淀物质具有分散、吸附、络合等作用，可阻止沉淀晶粒的长大，而且所生成的水渣黏度小，流动性强，易随锅炉排污而除去，从而防止水垢的生成。

② 缓蚀。腐殖酸钠在碱性条件下，可在锅炉金属表面生成一层致密、均匀、附着力较强的黑色保护膜，可起到较好的缓蚀作用。

③ 具有较强的渗透能力，它能渗入到水垢和金属的接触面上，并与水垢中的钙镁盐发生复分解反应，使老水垢与金属的附着力降低而脱落。

(8) 有机聚膦酸盐　有机聚膦酸盐的品种很多，目前用于锅炉水处理的主要有：氨基三亚甲基膦酸（ATMP）、乙二胺四亚甲基膦酸（EDTMP）、羟基亚乙基二膦酸（HEDP）等。其主要作用有：

① 螯合作用。能与水中的钙镁离子生成稳定的非沉淀性螯合物，因而可降低锅水中的硬度，防止结垢。

② 产生开尔文效应。使较大的 $CaCO_3$ 场晶体分散变小，而细小的 $CaCO_3$ 晶体由于被螯合物所包围，难以发生有效碰撞而再长大。

③ 晶格扭曲作用。对垢层结晶体的生长能起干扰作用，不但抑制了水垢的形成，而且可使已生成的硬垢变得松软，很容易被水冲刷而分散。

(9) 有机聚羧酸盐　有机聚羧酸盐的品种也非常多，常用的有：聚丙烯酸钠、聚甲基丙烯酸、水解聚马来酸酐、马来酸酐-丙烯酸共聚物、苯乙烯磺酸-马来酸（酐）共聚物等。有机聚羧酸盐的主要作用是：

① 吸附与分散作用。有机聚羧酸盐在水中能离解，使晶体间不能合并长大附着成水垢。另外，有机聚羧酸盐能使所吸附的晶体颗粒均匀分散，使其始终以小晶体形式悬浮于锅水中，从而阻止水垢的生成。

② 晶格扭曲作用。

③自解脱膜作用。有机聚羧酸盐能在受热面上形成一种与垢层共沉淀的膜，这种膜增厚到一定程度就会破裂，并会带着垢层一起从受热面上自行脱落。因此，有机聚羧酸盐不但有阻垢作用，同时还有较好的除垢作用。

3. 复合防（阻）垢剂的选用

每种水处理药剂虽然都有一定的阻垢作用，但单用一种药剂进行水处理往往达不到规定的水处理效果。对于锅内水处理来说，要达到良好的阻垢、防腐效果，往往需根据实际情况选用不同的药剂，按一定的比例配制成复合型防垢剂。复合配方中的各种药剂不但可发挥各自的特性，而且由于协同效应，往往能获得比单一使用时更好的阻垢、除垢和防腐的效果。

(1) 复合防垢剂的作用要求　锅内加药处理所配用的复合防垢剂至少应达到下列几个作用：

① 能与钙镁盐类反应，生成松散的水渣，可随锅炉排污除去，或生成非沉淀的稳定络

合物，达到防止结垢的作用。

② 能使锅水保持一定的 pH 值和碱度，使金属保护膜稳定，从而防止锅炉金属的腐蚀，同时也可更好地达到防垢的效果。

③ 能在金属表面生成良好的保护膜，以防止金属的腐蚀。

④ 能促使已生成的水垢脱落，起到除垢的作用。

此外，有的复合防垢剂还配有除氧剂，以防止锅炉的氧腐蚀。

(2) 复合防垢剂的选配

① 因炉制宜　因炉制宜主要是针对热水锅炉、蒸汽锅炉、汽水两用及常压锅炉等不同类型的锅炉，其水处理要求不同，所用防垢剂也有所不同。

例如热水锅炉，压力和锅水温度相对较低，循环水量较大，但排污量和补给水量较少，除首次加药外，运行中需加的药量较少，这类锅炉较适宜采用能使水渣分散性好，并具有防腐作用的有机类防垢剂；而蒸汽锅炉，不但压力和锅水温度相对较高，受热面上较易结生硬垢，而且由于锅水的蒸发浓缩，补给水量大，运行中需加的药量也大，又由于蒸汽品质的要求，不宜采用会使水渣过于分散的药剂，以免蒸汽带水而影响蒸汽品质，一般应选用热稳定性好，能使水渣黏性小、流动性大，易随锅炉排污除去的药剂。另外，对于有些水容量较小，炉管较细，结构较紧凑的燃油、燃气锅炉，最好选用能与钙镁离子形成非沉淀性络合物的药剂。

② 因水制宜　复合防垢剂的选配，除了需考虑炉型和蒸汽品质的要求外，原水水质也是非常重要的一个因素。常见的原水及其相应的处理药剂有下列几种类型。

a. 硬度较低的非碱性水质。对于硬度含量不太高（≤3.5mmol/L），且二氧化硅含量较低的水质，采用价格较便宜的“三钠一胶”（即碳酸钠、氢氧化钠、磷酸三钠和栲胶），或“四钠”（即上述三钠加腐殖酸钠）配方，就可以取得较好的水处理效果。

b. 二氧化硅含量较高的非碱性水质。对于总硬度较低，但 SiO_2 含量较高（质量比 $MgO/SiO_2<1$）的水质，一般的药剂配方较难防止硅垢的生成，可采用以下措施：适当增加 NaOH 用量，提高锅水的碱度，这样可使大部分胶体状 SiO_2 变成可溶性硅酸钠，以减少硅垢的生成；适当提高磷酸盐的用量，维持锅水中剩余的 PO_4^{3-} 含量达到 10～30mg/L；选用适当的有机水质稳定剂、腐殖酸钠等，以改变水渣、水垢的性质和结构。

c. 高硬度水质。对于总硬度较高＞3.5mmol/L，且 MgO/SiO_2 质量比＞1.6）的水质，防垢难度相对较大，一般可采用以下措施：如果原水中碳酸盐硬度较高，可采用石灰软化预处理措施，以降低水中的硬度和部分碱度；采用以氢氧化钠为主的配方，少用或不用磷酸盐，氢氧化钠可增加锅水中的 OH^- 浓度，从而使 $CaCO_3$ 晶粒稳定，对于镁硬度较高的水，为防止黏性较大的磷酸镁沉淀物生成二次水垢，应尽量少用或不用磷酸盐作防垢剂；选用适当的有机水质稳定剂、腐殖酸钠等，可取得较好的防垢效果。

d. 高碱度水质。当水中的钠钾碱度（即负硬度）＞2.0mmol/L 时，选用磷酸氢二钠或磷酸二氢钠作为降碱剂，不但可起到阻垢的作用，而且对保证蒸汽品质、防止锅水碱度过高都有较好的效果。

4. 锅内水处理常用药剂的用量计算

水处理药剂的用量一般需要根据原水的硬度、碱度和锅水需维持的碱度或药剂浓度及锅炉排污率大小等来确定。通常无机类药剂可按化学反应物质的量进行计算，而有机类药剂则大多按实验数据或经验用量进行加药。下面主要介绍氢氧化钠、碳酸钠、磷酸三钠的用量计算。

（1）氢氧化钠和碳酸钠加药量计算

① 空锅上水时给水所需加碱量

$$X_1=(YD-JD+JD_G)MV \tag{3-1}$$

式中 X_1——空锅上水时，需加的 NaOH 或 Na_2CO_3 的量，g；

YD——给水总硬度，mmol/L；

JD——给水总碱度，mmol/L；

JD_G——锅水需维持的碱度，mmol/L，一般当不加水质稳定剂时，维持在 12～18mmol/L，如同时加水质稳定剂，则维持在 8～12mmol/L，考虑到点火运行后锅水将浓缩，故在计算时，可取锅水标准的下限值进行计算；

V——锅炉水容量，t 或 m^3；

M——碱性药剂的摩尔质量，用 NaOH 为 40g/mol，用 Na_2CO_3 为 53g/mol。

② 锅炉运行时给水所需加碱量

a. 对于非碱性水，可按下式计算：

$$X_2=(YD-JD+JD_GP)M \tag{3-2}$$

式中 X_2——每吨给水中需加的 NaOH 或 Na_2CO_3 的量，g/t；

P——锅炉排污率，一般为 5%，不超过 10%；

其余符号意义同上式。

如果 NaOH 和 Na_2CO_3 同时使用，则在上述各公式中应分别乘以其各自所占的质量分数。如 NaOH 的用量占总碱量的 η，则 Na_2CO_3 占（$1-\eta$），两者的比例应根据给水水质而定。一般对于高硬度水、碳酸盐硬度高或镁硬度高的水质，宜多用 NaOH，而对于以非碳酸盐硬度为主的水质，特别是硫酸根含量较高时，应以加 Na_2CO_3 为主，少加或不加 NaOH。

b. 对于碱性水，也可按式(3-2) 计算，但如果当 JD_G 以标准允许的最高值代入后，计算结果仍出现负值，则说明原水的钠钾碱度较高，将会引起锅水碱度超标，宜采用偏酸性药剂，如 Na_2HPO_4、NaH_2PO_4 或其他偏酸性水质稳定剂。

c. 当锅水碱度不符合控制值要求时，加碱量应进行调整，可按下式计算：

$$X'=[(JD_G-JD_L)V+(YD-JD)Q+JD_GPQ]M \tag{3-3}$$

式中 X'——调整锅水碱度，每班给水中需加的 NaOH 或 Na_2CO_3 的量，g；

JD_L——加药时实际测得的锅水总碱度，mmol/L；

Q——锅炉每班给水量，t 或 m^3；

其余符号意义同上式。

（2）磷酸三钠（$Na_3PO_4\cdot12H_2O$）用量计算 磷酸三钠在锅内处理的防垢剂中，一般用来作水渣调节剂和消除残余硬度用。当单独采用锅内水处理时，通常加药量不按化学反应式计算，而是按经验用量计算。经验用量的计算公式如下。

① 空锅上水时磷酸三钠用量（Y_1）的经验计算式：

$$Y_1=(65+5YD)V \quad \text{g} \tag{3-4}$$

② 锅炉运行时磷酸三钠用量（Y_2）的经验计算式

$$Y_2=5YD \quad \text{g/t} \tag{3-5}$$

（3）常用有机类药剂的用量 有机类防垢剂一般每吨水的经验用量如下。

① 栲胶：5～10g/t；

② 腐殖酸钠：每 1mmol/L 的给水硬度投加 3～5g/t；

③ 水质稳定剂：根据不同的水质确定，一般用量为 1～10g/t。

上述各式的加药量仅为理论计算值，实际运行时，由于各种因素（如锅炉负荷、实际排污率大小等）的影响，加药后锅水的实际碱度有时与欲控制的碱度会有一定的差别，这时应根据实际情况，适当地调节加药量和锅炉排污量，使锅水指标达到国家标准。

5. 锅内加药处理的注意事项

（1）*合理选择药剂，正确配制药剂，充分溶解药剂* 进行锅内水处理，一定要因炉、因水选择适宜的药剂。对复合配方药剂，要根据水质及水处理情况调整好各种药剂的配制比例，做到既经济又有效。在选择、配制好药剂后，要采用恰当的方法溶解药剂。溶解药剂时，应充分搅拌（最好能安装机械搅拌装置），对于难溶解的药剂，可单独用温水溶解。有锅外水处理的，最好用软水溶解药剂，以免生成较多的沉淀物；无锅外水处理的，用原水溶解药剂时，应使药液有充分的澄清时间；溶药箱应进行排污，以免沉渣积累较多时难以排出或被带入锅内；对于互相间容易发生反应的药剂，应分别配置和投放。

（2）*定时定量加药* 锅内加药的方式有间断加药和连续加药两种。注水器加药和水箱加药是常用的两种间断加药方法；连续加药的主要方法是压力式加药，它是利用管道系统的压差，将药液和给水按照一定比例连续地加入锅炉。

锅内加药水处理成败的关键是保持加药的均匀连续性。对于间断加药来说，要按照规定的加药间隔时间，准时加药。加药前应化验锅水碱度及 pH 值，按锅水水质确定加药量，同时加药时要称量准确，切忌加药量忽多忽少；加药前还应先排污，避免浪费药剂。

（3）*定期排污* 锅内水处理时，保持一定的排污量是十分必要的。锅内加药的结果，必然使锅水的含盐量增加，水渣增多，如不及时排污就会有恶化蒸汽品质及形成二次水垢的危险。低压小容量锅炉，一般都无连续排污装置，而采用定期排污。定期排污量的控制要掌握既经济又合理的原则，即在保证排除锅筒底部泥渣的前提下，尽量减少排污量，以免损失过多热量。为此，除了与加药量相配合外，还应选择锅炉负荷低时进行排污，否则排污量较大，而且效果不理想。

（4）*定期化验* 锅水品质直接影响锅炉结垢和腐蚀的速度，决定着水处理的加药量，所以对锅水要定期定时化验其硬度、碱度、氯离子和 pH 值，以便及时调整加药量。

（5）*定期检查，及时清理* 锅内加药处理并不能保证锅内完全无垢，应经常对锅炉进行检查。通过检查，一方面可以清除脱落的老垢及积存的水渣；另一方面可以检查防垢效果，鉴定防垢剂的质量，调整加药量和排污量。最好是在锅炉开始加药一个月就停炉进行检查，如果效果正常的话，以后的检查时间可以适当延长。

七、锅炉给水除氧

锅炉给水中往往溶解有氧、氢、二氧化碳等气体，它们都会对锅炉金属壁面产生腐蚀，其中危害性最大的是氧气，因而对锅炉给水必须采取除氧措施。工业锅炉水质标准规定，额定蒸发量不小于 10t/h 的蒸汽锅炉和额定热功率不小于 7.0MW 的承压热水锅炉应除氧。目前锅炉给水除氧的方法主要有热力除氧、解析除氧和化学除氧等。

1. 热力除氧

（1）*热力除氧的原理* 气体在水中的溶解度与水的温度有关，水温越高，其溶解度也就越小；气体的溶解度还与水面上气体的分压力有关，某种气体的分压力越小，这种气体在水中的溶解度也就越小。热力除氧就是利用溶解气体的这一规律，引入具有一定压力的蒸汽将水加热至沸腾，通过升温及用蒸汽压力排除水面上氧气的分压，使水中的氧气因溶解度下降而逸出。逸出的氧气随少量未凝结的蒸汽一起排出。此外，在热力除氧过程中，还会使水中的重碳酸盐全部或部分地分解，产生 CO_2 等。温度愈高，沸腾时间愈长，则重碳酸盐的分解愈完全。因此，热力除氧既可除氧，也可除去水中其他溶解气体（如二氧化碳等），是锅炉给水最常用的除氧方式。

为提高除氧效果，热力除氧应满足一定的条件，即无论在何种压力下进行除氧，都应保证将水加热到相应压力下的饱和温度。加热不足，将会引起除氧效果恶化；其次，保证水与蒸汽有足够的接触时间；还要保证除氧器有足够的流通面积，使加热蒸汽的流动自由通畅，并保证氧气和其他不凝结气体能充分排出。

(2) 热力除氧的种类 热力除氧在除氧器内进行。根据除氧器内蒸汽压力的不同，热力除氧又分为大气式、真空式和压力式三种。

大气式热力除氧器中的蒸汽压力比大气压力稍高，通常表压为 0.02MPa，相应的饱和温度为 104℃，这样便于逸出的气体随蒸汽排出除氧器。水自上部送入除氧器，通过喷水管网流入喷嘴被喷成雾状或水膜流下，蒸汽自下部送入除氧器，上行与水雾或水膜充分接触并凝结放热，将水加热至饱和温度。剩余的蒸汽与逸出的氧气及其他气体从除氧器顶部排出。

真空式热力除氧器的原理及设备与大气式热力除氧相似，但除氧器内维持负压状态，绝对压力为 0.004～0.03MPa，相应的饱和温度为 30～60℃。器内真空可借助蒸汽喷射器或水喷射器抽射形成。由于器内压力及饱和温度低，可在较低的加热温度下，消耗较少的蒸汽即可达到除氧的目的。

压力式除氧器中的压力在 0.2MPa(表压) 以上，多用于大、中型锅炉的给水除氧。

热力除氧效果稳定可靠，不增加水中含盐量，不仅除氧，也可同时除去水中其他的溶解气体。特别是大气式热力除氧，便于控制和操作，应用极为普遍。但大气式热力除氧耗用的蒸汽量大，使给水温度升得较高，不利于锅炉省煤器发挥节能的作用。另外人气式除氧器体积较大，除氧器水箱位置通常布置得较高，这在一定程度上限制了它在小型锅炉上的应用。

(3) 常用的热力除氧器 在不同压力下进行热力除氧，由于原理是一样的，所以除氧设备基本相同。热力除氧器的结构形式有淋水盘式和喷雾填料式两种。

① 淋水盘式除氧器 这种除氧器是由除氧塔（也叫除氧头）和除氧水箱组成的。除氧头内自上而下设有若干层淋水盘。需除氧的水由除氧头上部侧面引入，流进上部配水盘，然后从多孔筛形淋水盘底部的许多小孔落入下一个淋水盘，如此层层下淋，最后流入下部的除氧水箱。加热用的蒸汽则由除氧头的下部引入，经蒸汽分配器向上流动，穿过淋水盘间自由下落的纤细水流，再通过盘边挡水板与器壁间隙迂回上升，在上升中放热凝结并把水加热至饱和温度。从水中逸出的气体和少量未凝结的蒸汽，经顶部锥形挡板进行汽水分离，最后由排汽管排出。

要保证淋水盘式除氧器获得好的除氧效果，就要调整好汽量和水量，保持除氧器内汽压和水温稳定。若汽量不足，除氧器内压力较低，水温也低，则除氧效果不好；汽量过多，汽压会升高，导致水封被冲破，增加蒸汽损失。此外，这种除氧器的淋水盘长期在水流和蒸汽的冲击下，水平方向会失去平衡，也会因锈蚀或杂质而堵塞，造成盘内水位高低不一，从而影响除氧效果。因此，近年来淋水盘式除氧器已逐步被其他形式所取代。

② 喷雾填料式热力除氧器 这种除氧器是由淋水盘式热力除氧器发展改进而成的，它包括喷雾和填料二级加热除氧，目前已基本取代了淋水盘式除氧器，如图 3-15 所示。

除氧器上部设有进水管，其上装有几排相互平行的喷水管，喷水管上有特制的喷嘴。需除氧的水经进水管、喷水管流向喷嘴，通过喷嘴被雾化成细滴。来自除氧头下部的蒸汽经蒸汽分配器向上流动，与水雾相混合，使水迅速加热并进行第一级除氧。

经初步除氧的水，在继续向下流动时，与除氧头中部的填料层相接触，并在填料表面形

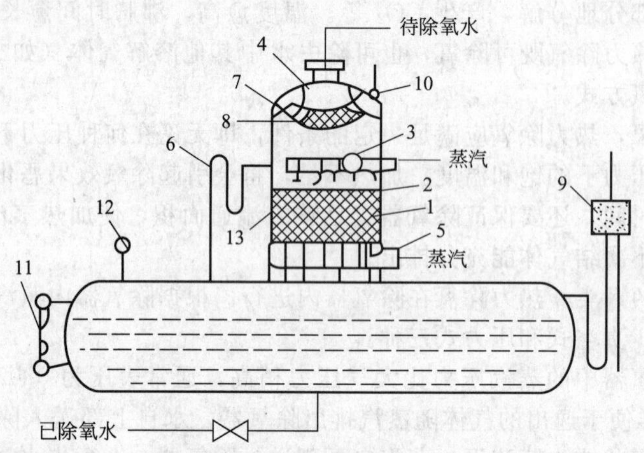

图 3-15 喷雾填料式热力除氧器

1—填料层；2—挡水板；3—蒸汽环形室；4—进水室；5—进汽管；6—平衡管；7—折流板；8—喷嘴；9—水封；10—排气管；11—水位计；12—压力表；13—淋水盘

成水膜。填料层下部设有进汽管，蒸汽经此管引入，将填料层中的水膜加热，氧气及其他气体即可充分析出，完成第二级除氧。

喷雾填料式除氧器的结构简单，除氧效果好，且体积比淋水盘式除氧器小，并对负荷和水温的变化有较好的适应能力，所以被广泛采用。

真空式热力除氧器一般都采用喷雾填料式结构，由于它是在低于大气压力下进行除氧的，故要求除氧系统有较好的密封性能，如水箱、管道、阀门等必须严密。待除氧的水在进入除氧器之前，预先在热交换器内加热到 30～60℃（通常较器内压力下的饱和温度高 0.5～1.0℃）。除氧器内的真空度靠喷射器实现，喷射器分蒸汽喷射和水喷射两种。水中溶解氧和其他气体被喷射器抽吸出除氧器。另外，为维持给水泵前一定的正压，真空除氧器的水箱必须置于较高位置（10m 以上）。因此，真空式热力除氧器的应用受到了一定限制。

2. 解析除氧

解析除氧就是将不含氧的气体与待除氧的水相混合，使水面上氧气分压降至零，从而使水中溶解氧逸出。解析除氧装置如图 3-16 所示，除氧的过程是：待除氧的水经除氧水泵以 0.3～0.4MPa 的表压送至喷射器，靠喷射器的引射作用把由反应器来的无氧气体（CO_2+N_2）吸入，与水混合，并经喷射器后的混合管进入解析器。此时水中的氧气开始向无氧气体中扩散，并在此进行气体和水的分离。分离后的含氧气体经进一步的汽水分离送往反应器。反应器是一根两端封闭的钢管，内部装满煤炭，放在温度约 500～600℃的锅炉烟道内。含氧气体进入反应器，氧与灼热的煤炭反应生成 CO_2，故从反应器出来的气体是无氧气体，它再次被喷射器抽走。上述过程循环、重复进行。除氧后的水由解析器流入水箱。水箱内放有浮板，将水面盖住，以减少水与空气的接触。

解析除氧装置简单，操作方便，除氧时不需加热给水，运行耗费省。但除氧不彻底，除氧效果不稳定。此外，它只能除去氧而不能除去其他气体，而且除氧后水中 CO_2 含量增加。因而解析除氧的使用有一定的局限性。

3. 化学除氧

蒸发量在 4t/h 以下的锅炉，因负荷不均匀，难以适应热力除氧，多采用化学除氧。化学除氧就是向水中加入还原药剂，或使水流经有吸氧物质的过滤器而除去水中氧气的方法。

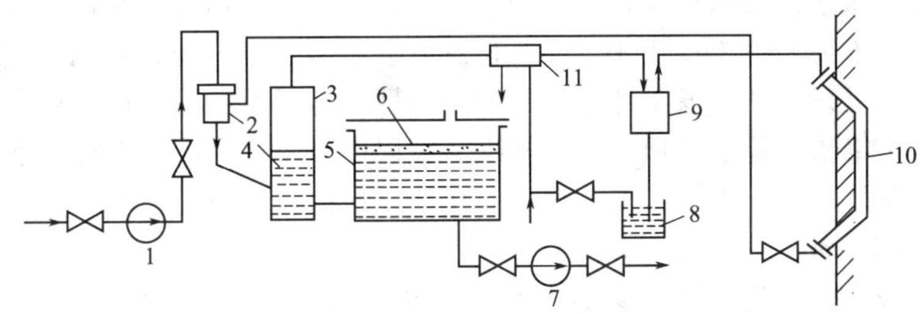

图 3-16 解析除氧装置

1—除氧水泵；2—喷射器；3—解析器；4—挡板；5—水箱；6—木板；7—给水泵；8—水封；9—汽水分离器；10—反应器；11—气体冷却器

常用的化学除氧方式有钢屑除氧和药剂除氧。

(1) 钢屑除氧 将待除氧的水经过钢屑过滤器，水中的氧在与钢屑接触过程中使钢屑氧化，从而除去水中的氧。由于钢屑的除氧效果与温度和水的流速有关，因此采用钢屑除氧时，一般把水加热到 70℃以上。水中含氧量越大，水流速度就要越慢，并且流经除氧器的水必须是经软化过的水，否则会使钢屑失去除氧的作用。

钢屑除氧设备简单，投资少，操作维护也方便，适用于低压小容量工业锅炉的给水除氧。但更换钢屑时劳动强度较大，且在新换钢屑初期除氧效果较好，以后效果就逐渐下降。因此可与药剂除氧配合使用。

(2) 药剂除氧 药剂除氧常用的药剂是亚硫酸钠（Na_2SO_3）和联氨（N_2H_4）。

① 亚硫酸钠除氧 采用亚硫酸钠除氧，在水温较高时亚硫酸钠与氧反应生成硫酸钠而除去水中溶解的氧，即有

$$2Na_2SO_3+O_2 = 2Na_2SO_4$$

亚硫酸钠的除氧效果与水温、药剂浓度和水中含盐量有关。水温越高，氧与亚硫酸钠的反应越快、越完全，因此采用亚硫酸钠除氧时，水温一般不低于 80℃。水中亚硫酸钠的浓度越高，除氧效果就越好。

使用亚硫酸钠除氧，装置简单，使用、维护方便，药剂无毒，使用安全。但除氧后水中含盐量增加（反应生成 Na_2SO_4），从而加大了锅炉的排污量并影响蒸汽品质。

② 联氨除氧 联氨在常温时为无色液体，易挥发，遇水会结成稳定的水合联氨（$N_2H_4 \cdot H_2O$）。联氨是强还原剂，可将溶于水中的氧还原，生成氮气和水，而不增加水中的含盐量，所以对蒸汽品质和锅炉排污均无影响。反应方程式如下：

$$N_2H_4+O_2 = N_2\uparrow+2H_2O$$

联氨除氧时，水温越高，除氧效果越好，水温达 100℃以上时除氧效果最好。为保证除氧效果，通常要求联氨有一定的过剩量，并保持水的 pH 值在 9～11 之间。

联氨除氧虽然反应产物不会造成含盐量的增加，但因需过量用药，联氨价格较贵，且本身有毒易挥发，故不宜用于生活锅炉。另外由于它在低温条件下与氧作用缓慢，故它在低压锅炉上的应用受到限制。

亚硫酸钠除氧和联氨除氧都较少单独使用，常与热力除氧配合使用，作为高压锅炉给水的补充除氧措施。

八、锅炉水处理方法选择

工业锅炉水处理的特点是：锅炉种类繁多，原水水质复杂。不同类型的锅炉对给水水质的要求不同，不同的水处理方法和设备适用于不同的原水水质和制备不同的锅炉用水。而我

国地域广阔，原水水质以及水处理设备和药剂的供应情况各不相同，因此，不可能规定出统一的水处理方法，而应根据 GB/T 1576《工业锅炉水质》，结合所适用的锅炉类型、原水水质，选择相应的水处理方法。既要考虑技术的先进性、运行的经济性和设备的可靠性，又要依据锅炉的结构、参数、原水水质及给水标准。相同类型的锅炉，在不同的地区，可以采用不同的水处理方法和设备；不同类型的锅炉，在同一地区、使用同一水源时，也可以采用相同的水处理方法和设备。

(1) 锅炉炉型与水处理 锅炉按结构大致可分为锅壳式锅炉（包括立式锅炉和卧式锅炉）、水火管组合锅炉、水管锅炉。

① 立式水管锅炉有立式直水管锅炉和立式弯水管锅炉。立式直水管锅炉水循环较好，水垢较易清除，所以对水质要求不高，一般锅内处理就可满足要求。立式弯水管锅炉，由于弯水管和耳管中的水垢不便清除，因此对水质要求较直水管的为高，宜采用锅外水处理。

② 卧式内燃锅炉是指锅壳平放、炉膛及炉排都在锅壳内部的锅炉。这种锅炉水容量大，运行时汽压、汽温较为稳定，对水质要求较低，采用锅内加药处理或钠离子交换软化即可满足水质要求。

③ 水火管组合锅炉是由卧式烟管锅炉外加水冷壁管组合而成的。目前我国广泛制造和使用的快装锅炉即属于此类锅炉。水火管组合锅炉因其受热面结构复杂，水垢不易清除，所以对水质要求较高，一般采用锅外化学水处理，钠离子交换软化或软水加酸降碱及部分钠离子交换法均可。

④ 水管锅炉形式繁多，构造各异，但都是由锅筒、水冷壁管、对流管束和下降管等部件组成锅炉本体。由于水管锅炉结构复杂，需保持无垢或微垢运行，对水质要求严格，给水除软化外，还需降碱，甚至还需除盐。因此，必须采用锅外化学水处理，如氢-钠离子交换软化、氨-钠离子交换软化、降碱处理等。给水还要采取除氧措施。

(2) 锅炉参数与水处理 锅炉参数主要是指蒸汽锅炉的额定蒸发量、蒸汽压力、温度和热水锅炉的额定热功率、热水出口压力、出水温度、回水温度。

① 工作压力、温度与水处理的关系 锅炉运行时，锅水及蒸汽的温度是与其压力相对应的，即是此压力下的饱和温度。压力升高或降低，锅水及蒸汽的温度也随之升高或降低。水中 Ca^{2+}、Mg^{2+} 的某些盐类，如硫酸钙（$CaSO_4$）、硅酸钙（$CaSiO_3$）等，其溶解度随着水温的升高而减小。也就是说，锅炉工作压力和温度升高，这些盐分结生水垢的可能性就增大，而且锅炉工作压力和温度越高，其金属受热面的温度也就越高，工作条件越差，结生的水垢对锅炉安全的危害也越大。所以，锅炉额定蒸汽压力越高，对锅炉用水的水质要求也就越严格。水质标准 GB/T 1576《工业锅炉水质》将锅炉压力分为 $p \leqslant 1.0$MPa、1.0MPa $< p \leqslant$ 1.6MPa、1.6MPa $< p \leqslant$ 2.5MPa、2.5MPa $< p <$ 3.8MPa 四挡，分别规定了它们的水质应达到的指标。锅炉使用单位要根据锅炉工作压力来选择不同的水处理方法和设备。

② 锅炉容量与水处理的关系 锅炉容量的大小与水处理方法的选用也有着密切的关系。容量为 2t/h 及以下的工业锅炉，多为固定炉排的手烧炉和水容量较大的锅壳式锅炉，且运行工作压力也多在 1.0MPa 以下。这些锅炉检修维护都比较方便，对水质的要求也较低，采用锅内加药处理，只要监督管理得当，即可达到微垢或少垢运行的要求。额定蒸发量在 10t/h 以上的蒸汽锅炉和额定功率在 7.0MW 以上的热水锅炉，由于结构复杂，维修保养较困难，均要求无垢或微垢运行，对给水水质要求严格，所以必须采用锅外化学处理才能满足要求。根据水源水质情况和蒸汽的用途，对原水进行软化、降碱或除盐处理，同时给水还应进行除氧处理。对额定蒸发量为 2t/h、4t/h 的快装锅炉，一般使用钠离子交换法进行软化处理，即能满足给水水质要求。

(3) *水源水质与水处理* 由于各地水质差异很大，水处理方法又多种多样，为了能选择合理的水处理方法，必须了解水源的水质情况，对原水水质进行准确、可靠的分析，包括原水的总硬度、总碱度、pH 值、溶解氧、悬浮物等几个主要指标。有时还要根据某些特殊水质或用户要求进行其他的分析项目。

锅炉用水的水源，不外乎地表水和地下水。锅炉以城市自来水作水源时，其水质一般都经过混凝、沉淀、过滤等处置，可不再考虑预处理；未受污染的地表水，硬度、碱度都较低，往往只需要经过软化处理，即可满足给水水质要求；地下水的碱度较高，因此除了软化外，还需考虑降碱。

锅炉水处理是一项技术性强、专业水平要求高的工作。选择的水处理方法是否得当，直接影响着水处理的效果和水处理的经济性。因此锅炉使用单位应综合考虑锅炉的类型、结构特点、运行参数、水源水质等多方面的因素，权衡利弊，在保持处理后的水质达到锅炉水质标准的前提下，兼顾技术先进性、设备可靠性及运行经济性，并做到有部署、有落实、有检查。

第六节 锅炉除垢技术

一、水垢的形成和分类

1. 锅炉结垢

含有硬度等杂质的原水如果不经处理或水处理未达到要求就进入锅炉，锅炉受热面水侧上就会牢固地附着一些固体沉积物，这就是水垢。在一定的条件下，固体沉淀物也会在锅水中析出，呈松散的悬浮状，称为水渣，可随排污除去。但如果排污不及时，部分水渣将会在受热面上或水流流动滞缓的各个部位沉积下来，也会转化成水垢（通常称为“二次水垢”）。

中、高压的电站锅炉，由于给水中的硬度很小几乎为零，因此受热面上结生钙镁水垢较少，常见的大多为氧化铁垢。氧化铁垢往往易结生在热负荷最高的喷燃器和燃烧带附近的水冷壁管上。低压锅炉若水处理控制不当，也会在水冷壁管、烟管等部位形成氧化铁垢。

2. 锅炉结垢的原因

锅炉结垢，首先是因为给水中含有钙镁硬度或铁离子，硅含量过高；其次是由于锅炉的高温高压特殊条件所造成的。其水垢形成的主要过程如下。

(1) *受热分解* 在高温高压下，原来溶于水的某些钙、镁盐类（如碳酸氢盐）受热分解，变为难溶物质而析出沉淀：

$$Ca(HCO_3)_2 = CaCO_3\downarrow + H_2O + CO_2\uparrow$$

$$Mg(HCO_3)_2 = Mg(OH)_2 + 2CO_2\uparrow$$

(2) *溶解度降低* 在高温高压下，有些盐类（如硫酸钙、硅酸盐等）物质的溶解度随温度升高而大大降低，达到一定程度后，便会析出沉淀。

(3) *水的蒸发、浓缩* 在高温高压下，由于锅水不断蒸发浓缩，水中盐类物质的浓度随之不断增大，当达到过饱和时，就会在蒸发面上析出沉淀。

(4) *相互反应及转化* 给水中原来溶解度较大的盐类，在锅炉运行状况下，与其他盐类相互反应，生成了难溶的沉淀物质，如果反应在受热面上进行，就直接形成了水垢；如反应是在锅水中进行，则形成水渣，而水渣中有些是具有黏性的，由于未被及时排污除去，也能转化成水垢。另外，有些腐蚀产物附着在受热面上，也往往易转化成金属氧化物水垢。

上述这些析出的沉淀物质黏结在锅炉受热面上就形成了水垢，温度越高的部位，越易形成坚硬的水垢。

3. 水垢的分类

(1) 按阳离子分类

① 钙、镁水垢 主要是由于给水硬度过高所造成的，主要成分为钙、镁化合物，其含量有时可高达90%以上。

② 氧化铁垢 氧化铁垢通常指以铁的氧化物为主的水垢，其铁的氧化物含量常可达70%～90%，此外往往还含有少量的铜垢和其他盐类沉积物。这种水垢的形成往往是由于给水中含铁量太高、锅炉热负荷太大，或者由锅炉本身的腐蚀产物转化而造成的。

(2) 按阴离子分类

① 碳酸盐水垢 主要成分为钙、镁的碳酸盐，以碳酸钙、氢氧化镁为主。多结生在温度相对较低的部位，如省煤器、进水口附近等，有时在下联箱和水冷壁上也有生成。

② 硫酸盐水垢 主要成分为硫酸钙（常常占50%以上)，特别坚硬、致密，不易清除。多结生在温度较高、蒸发强度大的受热面上。

③ 硅酸盐水垢 成分较为复杂，绝大部分为铝、铁的硅酸化合物，其中二氧化硅含量往往占20%以上，高的可达40%～50%。这种水垢多数非常坚硬，导热性最差。通常易在锅炉受热强度最大的部位结生，如锅炉的水冷壁。

④ 混合水垢 是上述各种水垢及铁锈垢的混合物，不易指出哪一种成分是主要的，常见于水处理不稳定的锅炉中。混合水垢色杂，往往呈多层状，一部分可在盐酸中溶解，也有气泡产生，溶液中有残留水垢碎片或泥状物。另外，如给水受油污染，还会形成油垢，但不常见。各种水垢的性质及其鉴别方法可参见表3-12。

表3-12 各类水垢的性质及鉴别

水垢类别	性 质	鉴 别 方 法
碳酸盐水垢($CaCO_3$>50%)	白色 呈石膏状或疏松状	在5%HCl中大部分可溶解，同时生成大量气泡，反应后酸溶液中所剩残渣量很少
硫酸盐水垢($CaSO_4$>50%)	黄白色或白色坚硬、致密断面呈结晶状	在热HCl中能极缓慢地溶解，很少有气泡产生；向溶液中加入10%氯化钡溶液时，会生成大量的白色沉淀
硅酸盐水垢(SiO_2>20%)	灰白或灰褐色坚硬、致密导热性极差	在盐酸中不溶解，加热后其他成分会缓慢地部分溶解，并有透明状砂粒出现，加入氟化物时可缓慢溶解
氧化铁垢(Fe_2O_3>70%)	棕褐色或黑色较致密或疏松	在5%HCl中可缓慢溶解，溶液呈黄绿色，加硝酸或氢氟酸能较快地溶解，溶液呈黄色
油垢(有机物>5%)	黑色略呈黏性	在酸中不溶解。将垢样研碎，加入乙醚后，溶液呈黄绿色

二、水垢的危害及防止

1. 水垢的危害

由于水垢的导热性很差，其热导率是锅炉钢板热导率的几十分之一至数百分之一，所以锅炉结垢后就会严重阻碍传热并引起下列危害。

(1) 浪费燃料，降低出力 锅炉结垢后将严重影响受热面传热，降低热效率，降低蒸汽出力，增加燃料消耗。由于油、气价格高，因此燃油、燃气锅炉结垢后造成的浪费和损失将大大高于燃煤锅炉。根据测定，水垢厚度与浪费燃料的关系见表3-13。

(2) 引起事故，影响安全运行 受热面结生水垢后，金属的热量由于受水垢的阻碍而难以传热给锅水，致使金属壁温急剧升高，当温度超过了金属所能承受的允许温度时，金属就会因过热而发生蠕变，强度显著降低，从而导致金属过热变形，严重时将造成鼓包、裂缝甚至爆管等事故。

表 3-13　水垢厚度与浪费燃料的关系

水垢厚度/mm	0.5	1	3	5	8
浪费燃料/%	2	3～5	6～10	15	34

(3) 堵塞管道，破坏水循环　如果水管内结垢，就会减少流通截面积，增加水的流动阻力，破坏正常的水循环，严重时还会完全堵塞管道，或造成爆管事故。

(4) 引起垢下腐蚀，缩短锅炉寿命　锅炉结垢后还会引起垢下腐蚀等危害。有些结构紧凑或结构复杂的锅炉，一旦受热面结垢，就极难清除，严重时只好采用挖补、割换管子等修理，不但费用大，且将使受热面受到严重损伤。所有上述这些危害都将大大缩短锅炉的使用寿命。

另外，锅炉结垢后，将增加清洗和维修的时间、费用及工作量等，影响生产，减少锅炉的有效利用率，降低经济性。

2. 水垢的防止

为了防止锅炉结生水垢，保证锅炉安全经济运行，一般应做好以下几方面工作：

① 加强锅炉的给水处理，保证给水品质符合国家标准。

② 及时合理地做好锅炉的加药、排污工作，保证锅水品质符合国家标准。

③ 对于电站锅炉应保证凝汽器严密。当发现凝结水硬度升高时，应迅速查漏并及时消除缺陷。

④ 加强锅炉的运行管理，防止锅炉汽水系统的腐蚀，减少给水中含铁量，以确保锅炉在无垢、无沉积物下运行。

三、锅炉除垢

1. 概述

锅炉应以积极的防垢、防腐为本，但实际上不管采用何种水处理方法，都只能起到降低结垢速度和延长运行时间的作用，而不能使锅炉完全避免结垢和腐蚀。尤其当水处理方法不当、管理不善时，情况就会更严重。由于水垢会对锅炉带来一系列的危害，因此当锅炉结垢或腐蚀沉积物达到一定程度时，就应及时进行清除，以免对锅炉安全运行带来隐患。

清洗除垢的方法主要分为机械除垢和化学清洗两大类，其中化学清洗又可分为碱煮除垢和酸洗除垢。目前在各种除垢方法中，以酸洗除垢效果最好。由于锅炉化学清洗必须由经专门培训，并取得锅炉化学清洗操作证的专业人员进行，因此本章对锅炉化学清洗只作基本知识介绍，以便锅炉检验、管理和水处理人员了解并能监督或配合锅炉的化学清洗。

2. 机械除垢

以前主要采用洗管器、扁铲、钢丝刷及手锤等工具进行机械除垢。此法比较简单，成本低，但劳动强度大，除垢效果差，易损坏金属表面，只适用于结垢面积小，且结构简单便于机械工具接触到水垢的小型锅炉。近年来，由于清洗专用的高压水枪的应用，使水力冲洗的机械除垢发展较快，这种高压水力除垢的效果较使用原始的机械工具有很大的提高，且较为安全、方便。但目前高压水力除垢仍仅限于结构较简单的工业锅炉。

3. 碱洗（煮）除垢

(1) 碱洗（煮）除垢的作用原理　锅炉碱煮的作用主要是使水垢转型，同时促使其松动脱落。单纯的碱煮除垢效果较差，常常需与机械除垢配合进行。碱煮除垢对于以硫酸盐为主的水垢有一定的效果，但对于碳酸盐水垢，则远不如酸洗除垢效果好。有时碱洗也常作为酸洗前的除油清洗或垢型转化。

碱洗除垢的原理就是根据溶度积原理，当溶液中存在溶度积较小的物质时，可将溶度积较大的沉淀物质转化为溶度积更小的沉淀物质。由于锅炉受热面上的硫酸盐水垢和硅酸盐水垢酸溶性很差，且往往非常坚硬致密，通过碱煮可使其转化为酸溶性较好且疏松的垢渣，同时在垢型转化的过程中使水垢松动，甚至脱落。查得25℃时下列物质的溶度积常数为：

$CaSO_4$ $K_{sp}=6.1\times10^{-5}$

$CaCO_3$ $K_{sp}=4.8\times10^{-9}$

$Ca_5(PO_4)_3(OH)$ $K_{sp}=1.6\times10^{-58}$

$Ca(OH)_2$ $K_{sp}=3.1\times10^{-5}$

$Mg_3(PO_4)_2\cdot8H_2O$ $K_{sp}=6.3\times10^{-26}$

由这些溶度积常数可知，碱式磷酸钙和磷酸镁的溶度积常数要比硫酸钙小很多。因此除硫酸盐水垢时，常采用磷酸三钠、碳酸钠等碱性药剂，使硫酸钙转化为酸溶性较好的碳酸钙和疏松的碱式磷酸钙。其中碳酸钠还可水解成氢氧化钠和二氧化碳，后者还能够起气掀作用，以加速水垢的剥离脱落。

由于氢氧化钠既能与硅酸盐垢反应，生成可溶性的硅酸钠，又能与油类起皂化反应，因此清洗锅炉金属表面的油污或除硅酸盐水垢时，常用氢氧化钠和磷酸三钠混合液作碱洗药剂。

(2) 碱洗常用药剂的用量　碱洗药剂用量应根据锅炉结垢及脏污的程度来确定，一般用于除垢时用量为：工业磷酸三钠5～10kg/t水，碳酸钠3～6kg/t水，或氢氧化钠2～4kg/t水。这些碱洗药剂应先在溶液箱中配制成一定浓度，然后用泵送入锅内，并循环至均匀。

(3) 碱煮除垢的基本操作　加入碱洗液后，将锅炉点火升压，一般煮炉压力可控制为锅炉正常运行压力的2/3，时间一般为24～40h，若结垢较严重也可适当延长煮炉时间。煮炉过程中应定时适当排汽和排污，并需维持碱液在最高水位。同时应定时化验，若碱度下降到开始浓度的一半时，应适当补加碱液。

煮炉结束后，应使其自然冷却，待水温降至70℃以下时，即可将碱洗液全部排出，然后打开锅炉的各检查孔，及时加以机械（或高压水力）辅助清垢，以免松软的水垢重新变硬。

单独采用碱洗除垢虽操作简单，副作用小，但除垢时间长，药剂耗量多，除垢不彻底。对于酸洗之前的碱煮转型，由于垢型转化需要有足够的时间，否则效果较差，如果时间不够，也可采用清洗前预先转型（即在酸洗前，在锅内加入适量磷酸三钠和碳酸钠，使锅水碱度维持水质标准的上限，运行1～2周再停炉酸洗）。

4. 锅炉的酸洗

(1) 锅炉酸洗的条件

① 工业锅炉酸洗条件　根据《锅炉化学清洗规则》的规定，工业锅炉采用酸洗方法除垢的，应符合下列条件之一，且每台锅炉酸洗间隔时间不宜少于两年。

a. 锅炉受热面被水垢覆盖80%以上，且平均水垢厚度达到或超过1mm。

b. 锅炉受热面有严重的锈蚀。

② 电站锅炉的酸洗条件　新建的直流锅炉和额定工作压力为9.8MPa及以上的锅筒式锅炉，在投运前必须进行酸洗；额定工作压力为9.8MPa以下的新建锅炉，一般可不酸洗，但必须进行碱煮，若锅炉锈蚀较严重的则也应酸洗。运行锅炉的酸洗按下列条件确定。

a. 当水冷壁管内的沉积物量或锅炉化学清洗的间隔时间超过表3-14中的极限值时，就应安排化学清洗。锅炉化学清洗的间隔时间，也可根据运行水质的异常情况和大修时锅炉检验情况作适当变更。

b. 燃油燃气锅炉和液态排渣炉，应按表 3-14 中规定的提高一级参数锅炉的沉积物极限量确定化学清洗。一般只需清洗锅炉本体，蒸汽通流部分是否进行化学清洗，应根据实际情况决定。

表 3-14 电站锅炉确定化学清洗的条件

炉 型	锅筒式锅炉			直流锅炉
额定工作压力/MPa	＜6.0	6.0～13.0	＞13.0	
沉积物量①/(g/m^2)	600～900	400～600	300～400	200～300
清洗间隔年限/a	一般 12～15	10	6	4

① 表中的沉积物量，是指在水冷壁管热负荷最高处向火侧 180°部位割管取样，用洗垢法测得的沉积物量。

(2) 锅炉酸洗的一般工作程序　根据《锅炉化学清洗规则》规定，锅炉酸洗工作一般应按下列程序进行。

① 详细了解锅炉的结构和材质，检查锅炉结垢情况，对有缺陷的锅炉预先作妥善处理。

② 采集有代表性的垢样，并对垢样做化验分析。

③ 由专业技术人员根据锅炉及结垢的具体情况制定清洗方案，清洗方案应符合《锅炉化学清洗规则》的要求。

④ 对所用药剂、设备、材料等进行测试和准备，使之符合规定要求。

⑤ 根据清洗循环系统设计的要求，安装设置清洗循环系统。

⑥ 拆除或隔离易受酸洗影响的部件及不参加酸洗的部位，尤其对过热器须采取充满除盐水等措施的保护；对下降管进行节流（对于蒸发量小于 4t/h 的小型锅炉可不作要求)。需注意的是：清洗前在锅内拆除、封堵和临时装设的部件，应做好记录。清洗结束后，系统复位时应核对无误，避免遗漏。

⑦ 按清洗方案的清洗工艺进行化学清洗，并在清洗过程中进行化验监督及各项记录。一般化验监测项目应包括：清洗液（包括酸或碱）的浓度、Fe^{3+} 和 Fe^{2+} 含量、排酸中和时的 pH 值及钝化液的浓度等。记录不仅仅指化学监测的数据记录，凡是清洗过程中实施的每步工艺（包括时间、温度、流量表所示的流量、酸循环泵的出口压力和巡回检查是否正常等)，以及清洗过程出现的问题和消缺情况等，都应如实做好现场记录。

⑧ 清洗结束时，排放的废液必须进行适当处理，使之达到国家允许的排放标准。清洗废液未经处理，绝对不可随意排放，也不得采用渗坑、渗井和漫流的方式排放。清洗方案中应具体写明如何处理清洗废液。

⑨ 打开所有的检查孔，清理残渣。由于一般低压锅炉的化学清洗，水垢只能部分溶解，大多还是靠剥离脱落为主，因此酸洗后还须用人工进一步清理残垢和沉渣。必要时，可用高压水枪或洗管机逐根冲洗并疏通所有的水冷壁管和对流管等。当垢量较少时，可在钝化后清理；若垢量较多，以致酸洗后有大量垢渣堆积时，会使钝化膜难以形成，这时需排酸中和后，先清理残垢，再进行钝化。

⑩ 检查验收，恢复系统。清洗单位自检清洗合格后，再会同用炉单位和锅炉安全监察部门共同验收清洗质量。然后拆除清洗系统，恢复锅炉各装置，必要时可进行水压试验。

(3) 一般的酸洗工艺和系统设计原则

① 酸洗工艺　通常完整的酸洗工艺步骤包括：水冲洗→碱洗（或碱煮转型)→水冲洗→酸洗→水顶酸（中和)→漂洗→钝化。其中碱洗（煮）和漂洗，可根据锅炉结垢或受污程度以及退酸钝化工艺等具体情况免做。工艺参数的控制应以既保证除垢效果良好，又保证金属

腐蚀速度和总腐蚀量不超过规定值为原则，有关酸洗工艺参数还将在下面进一步叙述。

② 系统设计原则　清洗系统应根据锅炉结构、清洗范围、清洗介质、清洗方式、水垢的分布状况、锅炉房条件、废液处理条件及环境要求等具体情况进行设计。

需要注意的是，如果有并列运行的锅炉，不管采用何种工艺方法，在进行除垢时都必须将与之相连接的所有汽、水管道可靠地隔绝。

(4) 清洗质量的验收要求

① 工业锅炉的清洗质量验收要求

a. 除垢率。清洗以碳酸盐垢为主的水垢，除垢面积应达到原水垢覆盖面积的80%以上；清洗硅酸盐或硫酸盐水垢，除垢面积应达到原水垢覆盖面积的60%以上。

b. 钝化膜。锅炉清洗表面应形成良好的钝化保护膜，金属表面不出现二次浮锈，无点蚀。

c. 腐蚀速度。用腐蚀指示片测量的金属腐蚀速度的平均值应小于$6g/(m^2 \cdot h)$，且腐蚀总量不大于$72g/m^2$。

d. 炉管畅通。清洗后锅内所有的水冷壁管和对流管等炉管都应畅通无阻。如清洗前已堵塞的管子，清洗后仍无法疏通畅流的，应由有修理资格的单位修理更换。

酸洗结束后，清洗单位应对炉管逐根检查，如有水垢脱落造成水流不畅的，必须疏通，并做好记录。如清洗前已堵塞的，应事先检查记录，并由用炉单位认可，以作更换准备。

② 电站锅炉的清洗质量验收要求

a. 除垢（锈）效果。被清洗的金属表面应清洁，基本上无残留水垢、沉积物、氧化皮和焊渣，无明显金属粗晶析出的过洗现象，不允许有镀铜现象。

清洗结束后一般应对水冷壁进行割管检查，以判断清洗效果，对于运行锅炉应在运行时热负荷较高，而清洗时酸液流速较低的部位割管；对于新建锅炉应在清洗流速最低处，割取带焊口的管样。新建锅炉如能确定清洗效果良好的，也可视具体情况免作割管检查。

b. 钝化膜。锅炉清洗表面应形成良好的钝化保护膜，金属表面不出现二次浮锈，无点蚀。

c. 腐蚀速度。用腐蚀指示片测量的金属腐蚀速度的平均值应小于$6g/(m^2 \cdot h)$，且腐蚀总量不大于$60g/m^2$。

d. 固定设备上的阀门等不应受到损伤。

第七节　锅炉合理排污与节能

一、排污的作用和目的

锅炉给水虽然经过一定的处理，但或多或少仍会含有一些杂质，进入运行锅炉后，随着锅水的不断蒸发浓缩，这些杂质的浓度会越来越高，当达到一定限度后，将会造成蒸汽品质不良、锅炉受热面结垢、金属受到腐蚀等不良影响。为了使锅水中的杂质含量保持在一定限度（即控制标准）以下，就必须排去部分高浓度的锅水和水渣等沉淀物，同时补入相同量的给水，这一过程称为锅炉的排污。锅炉排污的目的主要有：

① 降低锅水中过高的含盐量和碱性物质，使之保持在标准允许的范围内，并排除锅水表面的油脂和泡沫，以保证蒸汽品质良好。

② 及时排除锅内形成的水渣，防止水渣在受热部位聚集成二次水垢，以保证锅炉安全运行。

二、排污的方式和要求

1. 排污的方式

排污方式通常分为连续排污和定期排污，根据锅炉设备和运行的实际情况，可分为以下三种情况。

（1）*表面连续排污* 它的功能主要是连续不断地降低锅水浓缩物，排除锅水表面油脂和泡沫。连续排污阀是常开的，通常用于对水质要求较严、蒸发量较大（≥10t/h）的水管锅炉。表面连续排污装置一般设置在锅炉上汽包正常水位下 80～100mm 处，因为此处靠近蒸发面，锅水浓缩程度较高，而排污时又不至于将蒸汽排走。

（2）*表面定期排污* 与表面连续排污比较，其功能基本相同，不同点在于其排污阀不是常开的，而是以间歇式定期进行表面排污。一般蒸发量不太大（4～8t/h）的水管锅炉，大都采用此方式。不少进口锅炉的自动排污装置也采用表面定期排污，它通过专用的电导仪探头自动监测锅水浓度，当锅水含盐量（电导率）超过设定的允许值时，就会自动打开表面排污阀进行排污，同时自动进水，待含盐量下降到一定值后又会自动关闭阀门。

（3）*底部定期排污* 它是在锅炉水循环系统的最低点（通常在下汽包及水冷壁的下联箱）间歇地进行排污，是排除水渣和泥垢等底部沉积物的有效方式，同时也能起到降低锅水浓度的作用。无论是何种锅炉，通常都装有底部定期排污装置，其中小型锅炉一般只有底部定期排污装置。

2. 排污的要求

锅炉排污是锅炉水处理的重要组成部分。排污不只是简单的排放，不能随意进行，只有科学而合理地控制排污，才能既使锅炉排污达到良好的效果，又可尽量减少热能等损失。为了取得好的排污效果，应遵循下列几点：

① 正确运用不同的排污装置，发挥各自的功能。如降低含盐量，以调节表面排污为主；排除水渣，以底部排污为主。

② 做到勤排、少排、均衡排。就是说，排污次数要多，每次的排污量要少，排污的间隔时间要均匀。这样既可保证不影响供汽，又可使锅水品质均衡地保持在标准范围内，而不会有较大的波动，同时也可有效地排除水渣。实践证明，对于底部排污，在同样的排污量下，多次而短促地排污，比一次性长时间地排污，排除水渣及泥垢的效果要好得多。

③ 底部排污尽量在低负荷时进行。因为此时水循环速度低，水渣易下沉，有利排除。另外，有多个排污点的，每班至少一次都应进行排污。

④ 根据水质分析结果指导锅炉排污量。锅水应定时（一般工业炉每 2～4h 一次，中、高压炉每 1～2h 一次）取样分析，根据分析结果调整表面排污阀的开度及定期排污的次数。

锅炉排污率应控制在一定范围内，一般可参照表 3-15 的规定。如果正常排污已达到规定排污率的上限，而锅水浓度（如含盐量或碱度）仍超标，则不可无限制地增加排污率，而应从改善给水质量入手，尽量降低给水中的杂质含量或碱度，必要时应改变给水处理的方法。

表 3-15 锅炉排污率的一般规定

锅炉类型及所用补给水	工业锅炉	背压机组热电锅炉		凝汽机组发电锅炉	
		软化水	除盐水	软化水	除盐水
排污率/%	5～10	3～5	1～2	2～3	0.5～1

注：背压机组热电锅炉与凝汽机组发电锅炉的排污率并无严格区别，主要以给水的质量来区分，给水中若以合格的凝结水为主，排污率可低些；对于补给水采用混床处理的背压机组热电锅炉，排污率也可再低些。

三、排污量的监控及计算

1. 排污率的确定

锅炉排污量的大小常以排污率来表示。排污率就是排污水量占锅炉蒸发量的质量分数，可用下式表示：

$$P=\frac{D_P}{D}\times 100\% \tag{3-6}$$

式中 P——排污率，%；

D_P——排污水量，t/h；

D——锅炉蒸发量，t/h。

在实际运行中，由于排污水量难以测定，因此排污率一般不按式(3-6) 计算，而是由水质分析结果来计算。其原理和计算方法如下。

如果某物质较稳定，无论在给水或锅水中都既不析出，也不分解，那么根据物料平衡规律，该物质随给水进入锅内的量应等于该物质随排污水排掉的量与饱和蒸汽中带走的量之和，即

$$Q_{给}S_{给}=DS_{汽}+D_P S_{污} \tag{3-7}$$

式中 $Q_{给}$——锅炉给水量，t/h；

$S_{给}$——给水中某物质的含量，mg/L；

$S_{汽}$——饱和蒸汽中某物质的含量，mg/L；

$S_{污}$——排污水中某物质的含量（实际上也就是锅水中的含量），mg/L；

其余符号意义同式(3-6)。

又因为进、出锅炉的水、汽量是平衡的，即

$$Q_{给}=D+D_P \tag{3-8}$$

由式(3-6)～式(3-8) 可推出下式：

$$P=\frac{S_{给}-S_{汽}}{S_{污}-S_{给}}\times 100\% \tag{3-9}$$

对于用除盐水或蒸馏水为补给水的中、高压锅炉，一般可用水、汽中的硅含量分析结果代入式(3-9) 来计算排污率。

对于工业锅炉而言，一般锅水中所含的各物质中氯离子最为稳定，且测定方便，而碱度或溶解固形物含量常因药剂加入及水渣的形成而变化。因此工业锅炉通常以测定氯离子含量来计算排污率，并指导锅炉的排污。由于排污水排出的是锅水，故上式中 $S_{污}$ 可以用锅水中 Cl^- 含量来代替，又由于蒸汽中带走的杂质含量往往很小，在计算中可忽略不计，这样对于工业锅炉，式(3-9) 可改写成式(3-10)。

$$P=\frac{Cl^-_{给}}{Cl^-_{锅}-Cl^-_{给}}\times 100\% \tag{3-10}$$

式中 $Cl^-_{给}$——给水中氯离子含量，mg/L；

$Cl^-_{锅}$——锅水中氯离子含量，mg/L。

在实际应用中，如果 $Cl^-_{锅}$ 以锅水要求的氯离子控制标准代入，则计算所得为需控制的排污率，可用以指导锅炉的排污量；如果 $Cl^-_{锅}$ 以实际测得的锅水氯离子含量代入，则计算所得为锅炉运行中实际的排污率，可用来检查排污率是否合适，或用于锅内水处理加药量的计算。

有的地区原水碱度较高，当锅炉给水采用软化处理后，锅水碱度往往会很高，这时如果靠增加锅炉排污来降低锅水碱度，就很可能会降低锅炉热效率，增加燃料消耗，因此可通过

排污率的测定，确定是否需要采取降碱处理。

2. 锅炉最大蒸发倍率

给水中的溶解物质进入锅炉后，随着锅水的不断蒸发而逐渐浓缩，当达到最大允许含量时，锅水的蒸发倍数（K）就是所允许的最大蒸发倍率，也可以看作是允许的锅水最大浓缩倍数。根据物料平衡关系式：

$$Q_{给}S_{给}=DS_{汽}+D_{P}S_{污}$$

此式也可写成：

$$Q_{给}S_{给}-DS_{汽}=D_{P}S_{污}$$

由于排污水量相对来说量很少，所以锅炉给水量可近似看作锅炉蒸发量，即 $Q_{给}\approx D$；又由于蒸汽中的杂质含量极少可忽略不计，而排污水中的杂质含量也即为锅水中的含量。因此上式可简写成：$DS_{给}\approx D_{P}S_{锅}$，所以锅水蒸发倍数 K 为：

$$K=\frac{S_{锅}}{S_{给}}=\frac{D}{D_{P}}=\frac{1}{P} \tag{3-11}$$

即锅水蒸发倍率近似为锅炉排污率的倒数。

3. 排污阀开启时间的估算

控制排污率，也就是要控制排污量。虽然排污水量较难直接测量，但如果知道了锅炉工作压力下相应管径的排污阀全开时每秒的排污量，也就可以估算出排污阀所需开启的总时间，从而通过掌握排污阀开启时间的长短来控制排污水量。表 3-16 列出了不同压力下排污阀门的管径与排污水量的关系。

表 3-16　排污阀门全开时每 10 秒排污量　　单位：kg

排污阀管径/mm	工作压力/MPa				
	0.5	1.0	1.5	2.0	2.5
5	5.1	7.2	8.8	9.3	11.1
8	12.5	17.6	22.0	24.8	27.7
10	20.4	28.7	34.7	39.7	45.0
15	45.0	64.0	79.0	90.0	100
20	77.0	110	135	154	175
25	126	181	217	250	277
30	177	260	303	345	385
40	323	455	555	670	715
50	506	715	833	1000	1110

需要注意的是，上述方法只是对排污时间的估算，一般排污后还应通过锅水取样分析，确定排污量是否使锅水达到国家标准的要求。估算的排污阀开启时间应按照排污分布点数和每班的排污次数合理分配。

4. 燃油燃气锅炉的自动排污和手动排污

不少燃油燃气锅炉，尤其是进口锅炉常带有自动排污装置。通常自动排污是通过装置中的电导仪对锅水中的电导率或溶解固形物含量（TDS）进行连续监测来控制的，即当锅水浓度达到或超过所设定的某个值时，锅炉的表面排污阀就会自动打开，排放出一定量的高浓度锅水。装置中对锅水浓度的设定和排污流量的大小可根据水质标准的要求和实际水质情况进行设定并加以调节。一般自动排污为表面间歇排污，主要用来控制锅水中的溶解固形物含量。对于锅水中水渣的排除，仍需要手动进行底部排污。

有的进口锅炉（如贯流式锅炉）由于水容积很小而蒸发速率很高，在锅炉负荷较大的情况下，自动排污量不能过大。为了快速降低锅水浓度，并防止水渣累积而堵塞细小的管子，有时要求每天手动将锅水全部排掉（换水）一次。在这种情况下，应注意排污换水对锅炉腐蚀的影响，尤其是间歇运行的锅炉，全排换水宜在开始运行之前进行。

四、锅炉排污水的综合利用

由于锅炉排污水将带走大量的热量，可以将排污水先通过与除氧器相连的排污扩容器回收一部分蒸汽，剩下的饱和热水在冬季可作为采暖用水，非采暖期可送入热交换器加热化学水处理车间送来的软化水；由于排污水是碱性废水，也可用作烟气脱硫脱氮或在氯碱企业进行综合利用，以达到节水、节能的目的。

1. 排污扩容蒸汽的回收

为了回收利用连续排污水的热量，加装一个连续排污扩容器，排污水进入扩容器后，进行扩容减压，一部分液体迅速变为蒸汽，一部分成为接近大气压力下的饱和热水。为了稳定扩容器的压力，一般是将这部分蒸汽引至除氧器，然后回收到热力系统中去。每千克锅炉排污水汽化量：

$$D_k=\frac{(i_b\eta-i_k)}{xr}\quad \text{kg/kg}$$

式中 i_b——汽包压力下的饱和水焓，kJ/kg；

i_k——扩容压力下的饱和水焓，kJ/kg；

η——汽包到扩容器间的管道散热损失系数，取为 0.98；

x——扩容器的蒸汽干度，取为 0.97～0.98；

r——扩容器压力下的汽化潜热，kJ/kg。

如：对中温中压锅炉，i_b＝1180.6kJ/kg(汽包压力 4.3MPa)，i_k＝467.2kJ/kg(扩容器压力 0.15MPa)，x＝0.97，η＝0.98，代入上式得：D_k＝0.287kg/kg。即对于中温中压锅炉，每千克锅炉排污水经连续排污扩容器可回收 0.28kg 的蒸汽。

2. 锅炉排污水余热的回收利用

锅炉排污水经连续排污扩容器回收蒸汽后，还余下约 70％的排污水，在冬季可将这部分排污水用于热水采暖系统的补水。因为排污水碱度约为 1.2mmol/L，而且其硬度和含盐量远低于生水，所以它不会对采暖系统构成危害。锅炉排污水还可作其他蒸发设备的给水。锅炉排污水含有大量的热能，表 3-17 为不同压力下锅水对应的热焓值。

表 3-17 不同压力下锅水对应的热焓值

序号	绝对压力/MPa	锅水温度/℃	锅水热焓值/(kJ/kg)	蒸汽热焓值/(kJ/kg)
1	1.0	179.8	762.6	2776.2
2	1.1	184	780.99	2781.3
3	1.2	188	798.43	2782.7
4	1.3	191.6	814.7	2785.4
5	1.6	201.4	858.56	2791.7
6	2.5	223.9	961.96	2800.9
7	4.0	250.3	1087.4	2791.7
8	5.3	267.6	1172.9	2780.6
9	6.4	279.8	1235.8	

排污余热可采用以下方法回收。

(1) 直接采暖 一般地，锅炉排污水量要远远小于采暖循环水量（一台20t/h锅炉排污率按3%计算，排污水量为0.6t/h，水温为180℃，热焓值为762kJ/kg，大约可以供1500m² 采暖，而采暖循环水量约为4.5t/h），因此可以将锅炉排污水直接通入采暖循环水管，具体连接见图3-17。

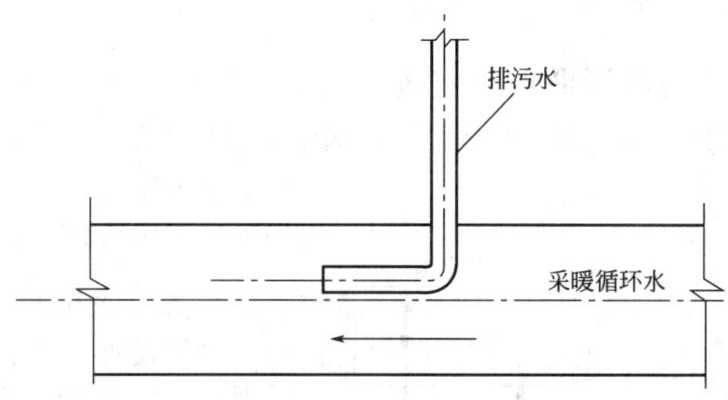

图3-17 锅炉排污水与采暖循环水连接简图

该方法需要在排污水管路上加装止回阀，防止当锅炉停炉检修或汽压较低时，采暖循环水进入锅炉，给锅炉的安全运行造成危害。在采暖循环水管路上需要加装安全阀，防止采暖循环水压出现高压时，给采暖用户造成伤害。同时应设置水处理措施，防止循环水结垢。

(2) 换热采暖 对于原来采暖系统是闭式强制循环的单位，可在采暖循环管路上加上一套水-水混合加热器，具体流程见图3-18。

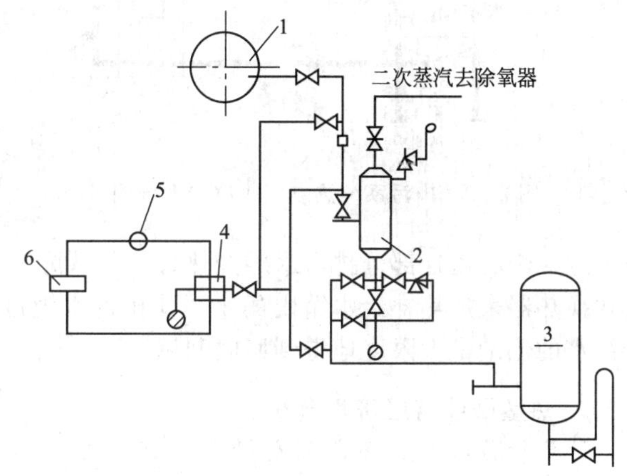

图3-18 锅炉排污水采暖利用系统图

1—锅筒；2—连续排污扩容器；3—定期排污扩容器；4—面式水-水换热器；5—循环水泵；6—热用户

(3) 加热锅炉给水 在非采暖期，可将连续排污水送入热交换器，加热化学水处理车间送来的软化水，使排污水温度降至40℃以下再排放。现以一台SHL10-1.25型锅炉为例，额定蒸发量10t/h，工作压力1.0MPa，连续排污率3%，热效率75%，经扩容器后一部分成为接近大气压力下的饱和热水（在0.02MPa压力下为104℃），热交换后为40℃，其节煤量可按下式计算：

$$B=[DP(i-t_b)]/(Q_{标}\ \eta)$$

式中 B——节煤量，kg；

D——蒸发量，kg，取10000kg；

P——排污率，%，取3%；

i——液体热，kJ/kg，查表为777.49kJ/kg；

t_b——扩容后饱和水温，℃，取104℃，液体热为437.02kJ/kg；

$Q_{标}$——标准煤发热量，29308kJ/kg；

η——热效率，75%。

则每小时节煤量为8.32kg。若年利用按6000h计算，即可节煤49954.28kg（近似50t）。

3. 用于烟气脱硫脱氮

锅炉的碱性排污水能起到一定的脱硫脱氮作用，除了自身的中和作用外，还因为烟气中含有高温燃烧产生的粉煤灰，在烟道工况下因碱性排污水的喷淋而被活化后，与 SO_2 和 NO_x 进行吸附、化学反应等作用。因此，碱性排污水在用于烟气脱硫脱氮时具有双重作用，并具有设备简单、操作方便、价格低廉的优点。

五、锅炉排污系统的热能回收改造实例

以 1 台 SZL10-1.25-AⅡ型锅炉为例，锅炉额定蒸发量 10t/h，额定蒸汽压力 1.25MPa，额定蒸汽温度 194℃，该炉设有定期排污和连续排污装置，连续供汽。

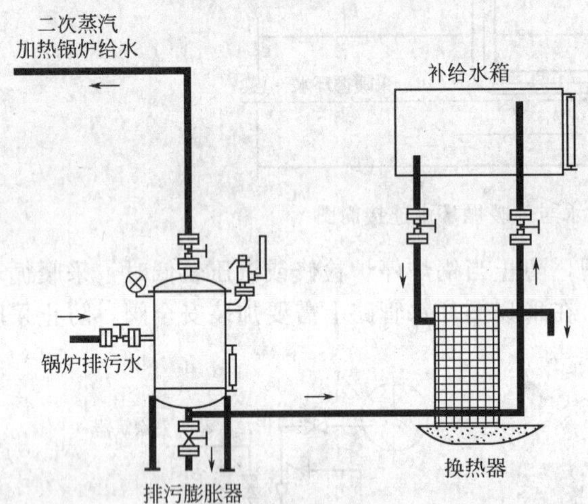

图 3-19 排污系统热能回收改造系统图

1. 改造系统设置

系统设置 1 台排污膨胀器和 1 台换热器，如图 3-19。排污膨胀器设计压力 0.25MPa，设计温度 250℃，容积 $1.5m^3$，运行压力为 0.1MPa，锅炉运行压力 1.0MPa。当排污水切向进入排污膨胀器后，由于扩容降压，迅速汽化释放出二次蒸汽，二次蒸汽经圆筒形隔板和上部的百叶窗式分离器，从膨胀器顶部引出，用来加热锅炉给水，使工质和热量得到回收，排污水经扩容汽化后，压力降至 0.1MPa，温度仍有 120℃左右。为了进一步利用这部分排污水的余热，使其从膨胀器底部经浮球疏水阀排出后，再通过 1 台板式换热器来加热补给水箱内的水，使排污水温度最终降至 40℃以下，再排至下水道，使排污水的热量最大限度地得到回收利用。

2. 热量回收与经济性分析

计算参数：锅炉额定蒸发量 $D=10t/h$；锅炉排污水焓 H_1（按运行压力 1.0MPa）= 782kJ/kg；换热器后排污水温度 $t=40℃$，焓 $H_2=167.5kJ/kg$；给水含盐量 $S_g=200mg/L$；炉水含盐量 S_p 取 4000mg/L；膨胀器的最高工作压力 0.1MPa，该工作压力下的饱和水焓 $H_3=504.8kJ/kg$；闪蒸压力下的蒸发焓（即汽化潜热）$H_4=2201.7kJ/kg$；锅炉热效率 η 取 65%；燃煤热值 Q 取 25000kJ/kg。

(1) 锅炉排污水量

$$w=DS_g/(S_p-S_g)=10\times10^3\times200/(4000-200)=526kg/h$$

(2) 膨胀器产生的二次蒸汽量

$$w_1=w(H_1-H_3)/H_4=526\times(782-504.8)/2201.7=66.2kg/h$$

(3) 回收二次蒸汽的热量

$$Q_1=w_1(H_3+H_4)=66.2\times(504.8+2201.7)=179170kJ/h$$

(4) 换热器回收的热量

$$Q_2=(w-w_1)(H_3-H_2)=(526-66.2)\times(504.8-167.5)=155091kJ/h$$

(5) 按每年运行 320 天，每天运行 24h 计算，每年可节省煤

$$B=\frac{(Q_1+Q_2)\times24\times320}{\eta Q}=(179170+155091)\times24\times320/(65\%\times25000)=158t$$

经计算可以说明，改造后这台锅炉每年大约可以节约 158t 煤，另外还可节约大约 500 多吨水和相应的水处理费用。

第八节 冷凝水的回收节能技术

一、凝结水的利用方式

作为一种优质的软化水和含高热量的热水，凝结水具有极高的经济价值和广泛的应用价值，加之高压水降压后产生的二次蒸汽使其被利用的潜能更大。目前凝结水的利用方式主要有以下几种。

1. 直接回用补水

理论上讲蒸汽凝结下来的凝结水是含高热的纯净软化水，如将纯净凝结水直接输送到锅炉，不仅节约了补给水量和水处理的费用，而且减少了加热补给水所需的燃料费用。这种方式利用凝结水是最有效的途径之一。但由于蒸汽运用场合及工艺的不同，凝结水中往往会含有部分杂质，很难保证凝结水的品质，在把凝结水输送回锅炉之前需进行必要的水处理，除去凝结水中的污染物及超标的杂质。

2. 换热利用

以下情况适合锅炉换热补水的利用方式，通常是利用换热器给锅炉补给水进行加热或者本着就近利用的原则利用到生产工艺中。

① 凝结水的集中处理距离较远；

② 用汽单位没有锅炉；

③ 凝结水混入具有腐蚀性的污染物质；

④ 凝结水的水处理费用较高（远大于凝结水的自身价值）。

3. 闪蒸汽的利用

处于饱和状态下的凝结水一旦排至工业区时，部分凝结水就会产生二次蒸汽，这种现象即为凝结水的闪蒸。不同压力下的凝结水在大气压下排放时形成闪蒸汽的量如图 3-20 所示。由于闪蒸汽带走凝结水中大量的热量，所以具有很高的利用价值，充分地利用闪蒸汽是凝结水利用的重要组成部分。闪蒸汽的产生量主要与凝结水前后的压力差和流量有关。在一般情况下，如果闪蒸汽的量较小，就可以直接将闪蒸汽引进软化水箱内，如果闪蒸量较大，可采用以下两种方法。

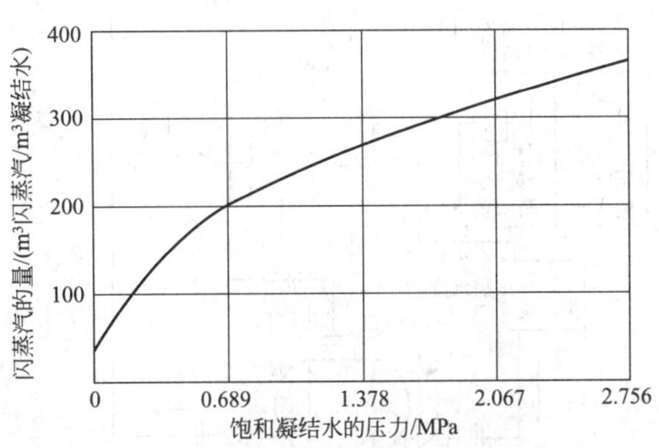

图 3-20 每立方米凝结水在大气压下排放时形成闪蒸汽的量

第一种方法是将凝结水引入闪蒸罐，将闪蒸罐的闪蒸汽输入工业管网或工业用汽设备。这里应当注意的是，如果工业用汽设备只靠闪蒸汽进行加热时，为保证工业用汽设备的蒸汽供给量，应加装新鲜蒸汽补给系统。其主要功能是通过减压阀来实现的，当凝结水量减少时，闪蒸汽量也减少并造成闪蒸汽压力降低，此时设置在工业用汽设备前的蒸汽压力传感器将信号传给新鲜蒸汽供给管线上的减压阀，这时减压阀开启向工业用汽设备补充新鲜蒸汽，直到压力传感器显示达到要求的蒸汽压力为止关闭减压阀。通过以上的补给装置保证了工业用汽设备的正常汽量。

第二种方法是通过加热锅炉补给水中加热其他工艺介质。整个过程是通过热交换器来实现的，该过程同样要依据就近的原则，以达到最少热损失的目的。在某些情况下可以在集水缸上设置填料冷却器，利用软化水喷淋闪蒸汽。

二、冷凝水回收的原则

冷凝水的回收作为供热系统最后的环节，要想达到如期的节能效果，就应当考虑以下几点原则：

① 选择泄漏率低、使用寿命长的疏水器及凝结水自动回收装置。

② 根据系统的工艺方案以及设备的技术要求来选择凝结水回收方案。

③ 在满足工艺要求的条件下，凡凝结水有可能被回收的，应尽量采用蒸汽间接加热方式，以提高回收量。

④ 凝结水回收率不得小于60%。

⑤ 对可能被污染的凝结水，确认有回收价值的，应设置水质监测及净化装置予以监测回收或净化回收；特别是凝结水回到有汽轮机存在的设备时，必须控制凝结水中硅的含量，硅的含量超标将严重影响汽轮机叶片的工作性能。

⑥ 二次蒸发箱产生的蒸汽和高温凝结水的热能应尽量应用。

三、凝结水回收方法及对比分析

通常，凝结水回收系统可分为开式和闭式两大类。

1. 开式回收系统

开式回收系统是把凝结水回收到锅炉的给水罐中，在凝结水的回收和利用过程中，回收管路的一端是向大气敞开的，通常是凝结水的给水箱敞开于大气。当凝结水的压力较低，靠自压不能到达再利用场所时，可利用泵对凝结水进行压送。

开式回收在大多数场合进行了应用，该方式对每台用汽设备的疏水器的工作性能有极高的要求。如果在疏水器失效或疏水器的泄漏率高的情况下都会造成大量的蒸汽从集水罐的排汽口喷出，造成环境的热污染和能源的浪费。同时由于开式系统在回水缸处与大气相通，这样就不可避免地造成大量的闪蒸汽逸出，实际的凝结水温度仅在75℃左右；又由于空气直接进入系统，会造成严重的管网腐蚀，所以开式系统的弊端较多，并且系统所得的经济效益差。总的来讲，余热回收率不会超过59%，软水回收率一般在70%左右。凝结水开式回收系统如图3-21所示。

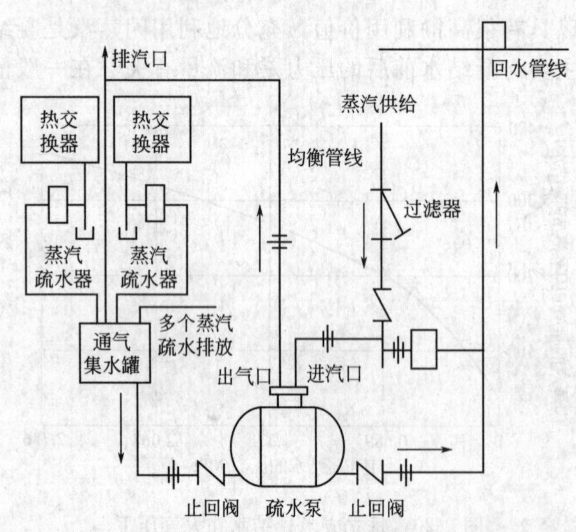

图 3-21 凝结水开式回收系统

开式回收系统的优点是技术原理浅显明白，适应性宽，设备简单，操作方便，初始投资小。这种系统适用于凝结水较少、二次蒸汽量较少的小型蒸汽供应系统。采用该系统时，应尽量减少冒汽量，从而减少热污染和工质、能量损失。

2. 闭式回收系统

闭式回收系统是凝结水集水箱以及所有管路都处于恒定的正压下，系统是封闭的。其凝结水回收的基本原理是压差式的回收，即用汽设备尾部疏水器处的压力高于管道阻力和集水罐压力的总和，蒸汽凝结水可以靠压力差回输进集水罐内，虽然由于压差减小会影响流速，但只要对疏水器排量、管径、管网布置等充分考虑裕量，问题不难解决。

闭式回收设计可以直接输送高温的凝结水，因而回收系统得以在较高的温度和压力下运行，这就使空气不直接进入系统，系统内的闪蒸量也会明显地减少，系统中凝结水所具有的能量大部分通过一定的回收设备直接回收到锅炉里，凝结水的回收温度仅丧失在管网降温部分，热量得到充分的利用。同时由于封闭，水质有保证，减少了回收进锅炉的水处理费用。在这里要说明的是：在这种情况下不需要安装蒸汽疏水阀。如果蒸汽供汽压力高于回水管线的压力，在疏水泵的出口需要安装蒸汽疏水阀，且该闭式回收一般用于压力高于回水管线压力的工况。

闭式回收系统的优点是凝结水回收的经济效益好，设备的工作寿命长，但是系统的初始投资大，操作不方便。闭式回收通过提高余热的品位，余热基本无排放，实现较高的余热回收率和理想的节能经济效益。凝结水闭式回收系统如图 3-22 所示。

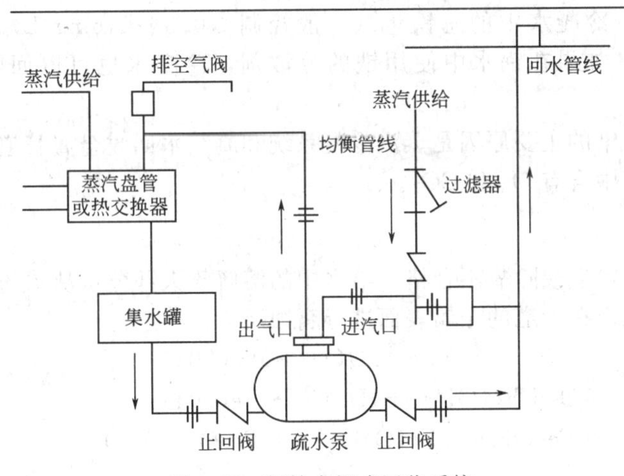

图 3-22 凝结水闭式回收系统

凝结水回收方式的比较见表 3-18。

表 3-18 凝结水回收方式比较

项　目	开式回收	闭式回收	项　目	开式回收	闭式回收
原理	位差式	压差式	热能损失	大	小
特点	与大气接触	不与大气接触	环境污染	较大	较小
结构	简单	复杂	系统运行	不稳定	平稳
闪蒸损失	大	小	投资	较少	较多

开式和闭式回收系统仅仅是凝结水回收系统的大体分类，具体凝结水回收系统还要根据具体的项目情况，如凝结水的现场条件、凝结水的状态参数、回收目的等不同而有不同的回收系统。值得注意的是，在闭式循环中，如汽轮发电装置中凝结水都是可以利用的，但开式循环中凝结水是否回收视污染的程度而定。

在系统选择时也并非回收效率越高越好，在系统达到回收目的的同时，还要考虑系统热经济性的问题，也就是在考虑余热利用效率的同时，还要考虑初始的投入，即项目的经济技术比较，只有通过合理的经济技术比较，达到投入和回收的合理比值，才是工程项目的优化方案。

四、冷凝水回收的污染

回收冷凝水是锅炉通过水处理节能的最有效措施。蒸汽总热量中，冷凝水的热量可占蒸汽热量的20%，若能回收冷凝水的热量而加以利用，不仅可大量降低燃料用量和节水，而且可以改善锅水的运行条件。

作为锅炉给水，回收冷凝水可以节省补给水，提高给水温度，降低给水溶解氧含量，避免或减缓锅炉的氧腐蚀。并且冷凝水近于纯水，则其固溶物浓度小，锅水可以在高浓缩状态下运行，因此也降低了排污量，最终达到提高锅炉效率、节省燃料和节约运行费用的目的。

虽然凝结水回收作锅炉给水具有不少优点和良好效益，然而如果不注意对凝结水系统进行防腐处理，往往会造成凝结水管道严重腐蚀，直接影响凝结水输送管道的寿命，危害锅炉的安全运行。冷凝水中含铁量超标还会引起锅炉内的二次腐蚀和传热面结垢，如没有炉内水处理，只能放弃回收。因此，为了回收冷凝水，必须对蒸汽和冷凝水系统进行防腐处理，减少冷凝水中的总铁量（一般控制≤0.3～0.6mg/L）。当冷凝水的总铁浓度＞0.6mg/L时，如果在锅水中使用铁的分散剂，冷凝水也可以回收，但需要将排污率适当加大。

凝结水铁离子污染的主要原因是蒸汽冷凝系统和凝结水回收金属管道发生了腐蚀，而腐蚀的主要原因是蒸汽中含有O_2和CO_2。

1. 氧腐蚀

由于锅炉给水不除氧或除氧不合格，给水中的溶解氧大部分从沸腾的锅水中逸出并进入蒸汽及冷凝水中，从而在管道的金属表面进行腐蚀反应：

$$O_2+Fe+H_2O \longrightarrow Fe(OH)_2$$
$$O_2+Fe(OH)_2+H_2O \longrightarrow Fe(OH)_3$$
$$Fe(OH)_2+Fe(OH)_3 \longrightarrow Fe_3O_4+H_2O$$

2. 游离二氧化碳造成的腐蚀

凝结水中的二氧化碳主要来源于锅炉的补给水或碳酸盐阻垢剂，这是由于天然水中含有大量碳酸氢盐，多数工业锅炉为了防垢，常加入碳酸钠，在高温的锅水中碳酸氢盐、碳酸盐受热分解，释放出游离的二氧化碳，并随着蒸汽进入凝结水中。

$$HCO_3^- \longrightarrow CO_2\uparrow+H_2O+CO_3^{2-}$$
$$CO_3^{2-}+H_2O \longrightarrow CO_2\uparrow+OH^-$$

换热后的蒸汽冷凝时，二氧化碳溶解在凝结水中形成碳酸，从而破坏了金属表面的保护膜并引起酸性腐蚀。

$$CO_2+H_2O \longrightarrow H^++HCO_3^-$$
$$Fe+H_2O \longrightarrow Fe_2O_3+H_2$$

金属的腐蚀速度取决于温度和酸浓度。当pH＜6.2时，碳素钢在冷凝液中的腐蚀速度与碳酸浓度成正比。当凝结水的pH值较低时，腐蚀产物溶解，造成凝结水被铁离子污染，其大部分pH值在4.8～5.2之间，此时的酸浓度见表3-19。

表 3-19 各种形式碳酸的摩尔分数 单位：%

碳酸形式	pH 值							
	4	5	6	7	8	9	10	11
$CO_2+H_2CO_3$	99.7	97	76.7	24.89	3.22	0.32	0.02	
HCO_3^-	0.3	3.0	23.3	74.98	96.7	95.84	71.43	20.0
CO_3^{2-}				0.03	0.08	3.84	28.55	80.0

3. 氧和二氧化碳的共同腐蚀

在凝结水系统中，若同时含有 O_2 和 CO_2，将会显著加速管道和泵的金属腐蚀，使凝结水中的含铁量迅速增高。有的甚至出现“黄水”，严重的会使凝结水回收管道很快地腐蚀穿孔。

五、冷凝水回收水处理技术

为了防止凝结水中铁含量增高而引起锅炉结垢和腐蚀，目前常采取下列几种处理措施。

1. 提高锅炉给水品质

从提高锅炉给水品质入手，减少蒸汽中 O_2 和 CO_2 的含量，从而防止凝结水对回收管道的腐蚀，来保证凝结水中的铁含量达到锅炉给水标准。要减少锅炉给水中的溶解氧含量，必须做好锅炉给水的除氧处理。目前 10t/h 以上的工业锅炉给水，一般都采用热力除氧，但小系统根本就不配置除氧设备，即使采用了热力除氧的系统，由于设备和技术水平的限制，大多数除氧设备都达不到理想的运行效果。有些除氧设备甚至根本就不能正常运行。因此，要彻底解决锅炉给水的含氧量问题有很大难度。要减少蒸汽中的二氧化碳，必须降低锅炉给水中碳酸盐碱度。对于原水碱度较高的应采取降碱处理；对于原水碱度较低的，当采用软化处理时，不宜加碳酸钠而应加适量的磷酸三钠来消除残余硬度和提高锅水碱度；必要时还可设脱碳器除去二氧化碳。本方法从理论上是可行的，但从工业锅炉在运行系统的实际情况出发，实施有很大难度。首先是系统改造的设备投资大；对系统运行的技术和管理水平又要求高，而且对于中小型系统会大幅度提高运行成本。本方法在系统配置完善、管理技术水平较高的电厂锅炉系统有很好的效果。

2. 提高凝结水管道的耐腐蚀性能

为了避免金属管道腐蚀而造成凝结水中铁离子的增高，凝结水管道可采用耐压并耐高温的工程塑料管、玻璃钢管或不锈钢管。此方法对于蒸发量小、供热范围小、凝结水回收管路较短的系统有实用价值：而对于较大的凝结水回收系统，由于造价和施工难度等原因很少采用。

由于凝结水回收管道腐蚀是凝结水被污染的主要原因，因此，向凝结水回收系统中加入能有效抑制金属腐蚀，同时不改变蒸汽品质的缓蚀剂，是解决管道的腐蚀和凝结水的铁污染问题最简捷和有效的途径。常用的药剂为挥发性的碱化剂和成膜胺。

碱化剂包括氨水（NH_4OH）、环己胺（$C_6H_{11}NH_2$）和吗啡啉（C_4H_8ONH）。一般将它们加在给水系统中，使给水 pH 值达到 8.0～9.5，它们随水蒸气蒸发、冷凝后中和冷凝水中的 CO_2，提高冷凝水的 pH 值，从而有效防止冷凝水系统的酸腐蚀。常用的缓蚀剂有成膜胺、十八烷胺（ODA）等，另外癸胺、十六烷胺和羟乙基豆胺等也有应用，近年国内还开发了咪唑啉类的成膜缓蚀剂 ODW 和 SM-ODM。成膜胺是含 10～20 个 C 的直链烃基胺类化合物，当它们进入腐蚀介质后，其极性基团吸附于金属表面，非极性基团则远离金属表面作定向排列，从而在整个金属表面上形成一层疏水性保护膜，通过非极性基团的屏蔽效应抑制水中溶解氧和 CO_2 对金属的腐蚀。

3. 对铁污染后的凝结水进行除铁处理

(1) 曝气除铁 曝气除铁的原理：凝结水中的铁主要以 Fe 形式存在，Fe^{2+} 不稳定，与氧作用极易形成氢氧化铁胶体 [$Fe(OH)_3$]，其反应如下：

$$4Fe(OH)_2 + O_2 + 2H_2O \longrightarrow 4Fe(OH)_3 \downarrow$$

在 pH＝6.8～7.2 时，$Fe(OH)_3$ 呈胶体凝聚物，很容易过滤去除。

此方法原理、工艺简单、除铁效果较好，但需要增加厂房，设备占地面积大，最根本的问题是不能防止凝结水管道的腐蚀。

(2) 接触氧化过滤法 接触氧化过滤法既可以除铁，又起过滤作用，防止回水系统腐蚀产物和物料进入锅炉给水里。滤料可以用石英砂等普通材料，天然锰砂由于适应条件较宽、过滤效果比较好而日益受到重视。天然锰砂的除铁机理包括 MnO_2 对于 Fe 的氧化催化作用，和锰砂上的 $Fe(OH)_3$ 沉淀物对于 Fe 的离子交换作用。此外，新近研制出耐高温的陶瓷除铁过滤器滤料，对冷凝水中铁的去除亦收到了良好的效果。

(3) 离子交换法 离子交换除铁存在生产能力低、运行费用高的缺陷。

(4) 其他方法 包括纤维过滤器法（覆盖过滤器）、电磁过滤器法，这些方法还不是很成熟，或者还处于试验研究阶段，所以应用很少。

六、冷凝水的回收节能实例

冷凝水的回收，尤其用于锅炉补给水，将产生显著的经济效益和社会效益。以蒸发量 10t/h、工作压力 1.25MPa 的蒸汽锅炉为例，按年运行 300 天，每天满负荷运行 16h 计，如采用冷凝水回收系统，则产生的经济效益如表 3-20 所示。

由表中数据可见，冷凝水的回收具有巨大的经济效益和社会效益。

① 利用蒸汽冷凝水较高的回水温度（开放式回收系统回水水温 40～80℃，密闭式回收系统回水水温达 100℃以上），可以提高锅炉给水温度，降低燃料消耗。

表 3-20 冷凝水回收系统的经济效益分析

回收形式	项 目	燃油	燃煤	燃气
未进行冷凝水回收	年消耗能量/(kJ/a)	1.30×10^{11}	1.30×10^{11}	1.30×10^{11}
	原消耗燃料/(t/a)	3518.9	8841.8	4.05×10^{6}①
	燃料消耗成本/(万元/a)	1231.6	530.5	890.5
	原用水量/(t/a)	48000	48000	48000
	用水及水处理费用/(万元/a)	14.4	14.4	14.4
开放式回收	回收的水量/(t/a)	34560	34560	34560
	节约水费/(万元/a)	9.0	9.0	9.0
	回收的热量/(kJ/a)	5.20×10^{9}	5.20×10^{9}	5.20×10^{9}
	节约燃料/(t/a)	141.2	354.8	162408①
	节约燃料费用/(万元/a)	49.4	21.3	35.7
	年节约成本/(万元/a)	58.4	30.3	44.7
	天节约成本/(元/d)	1947	1009	1491

续表

回收形式	项 目	燃油	燃煤	燃气
闭式回收	回收的水量/(t/a)	38400	38400	38400
	节约水费/(万元/a)	10.0	10.0	10.0
	回收的热量/(kJ/a)	1.29×10^{10}	1.29×10^{10}	1.29×10^{10}
	节约燃料/(t/a)	350.0	879.4	402589①
	节约燃料费用/(万元/a)	122.5	52.8	88.6
	设备运行费/(万元/a)	10.8	10.8	10.8
	年节约成本/(万元/a)	122.4	52.7	88.5
	天节约成本/(元/d)	4080	1756	2949

① 单位为 m^3(标准状态)。

注：1. 冷凝水回水率按 80%计算，回收系统的热损失率按 20%计算。

2. 开放式系统散失到大气的闪蒸汽百分比按 10%计算。

3. 锅炉热效率按下列值计算：燃油锅炉 88%，燃煤锅炉 78%，燃气锅炉 90%。

4. 燃料的低位发热量按下列值计算：重油 41870kJ/kg，Ⅱ类烟煤 18800kJ/kg，天然气 $35590kJ/m^3$；

5. 燃料的价格按下列值计算：重油 3500 元/t，二类烟煤 600 元/t，天然气 2.2 元/m^3。

6. 节约的水费=自来水费+给水处理费−冷凝水处理费，按自来水费 1.0 元/t、给水处理费 2.0 元/t、冷凝水处理费 1.0 元/t 计算；

7. 设备运行费主要考虑设备耗电费，按设备功率 21kW 计算。

② 冷凝水回收量一般可达到锅炉补给水量的 40%～80%，减少了锅炉软水用量，既节约给水水量，又节约生水软化处理费用，还可降低锅炉排污率，提高锅炉热效率。

③ 燃料的节省和排污率的降低可减少企业废弃物的排放量，减少环境污染，同时也减少了有限的非可再生资源的消耗。

④ 采取冷凝水回收控制措施，可以有效控制系统酸、氧腐蚀，延长系统的使用寿命。

⑤ 采用冷凝水回收系统，可以提高锅炉的运行稳定性，为用汽设备提供更可靠的蒸汽压力和温度。

⑥ 冷凝水的回收可以减少系统排空过程中的噪声污染。

第四章

锅炉节能技术

工业锅炉是我国耗能最多的设备之一，其中大部分为小容量的燃煤工业锅炉，每年消耗的煤炭约占全国原煤产量的1/4，普遍存在着运行负荷及效率低、炉渣含碳量高、排烟损失大等状况。我国燃煤工业锅炉的平均实际热效率仅为65%左右，而发达国家平均水平为80%以上。如采取有效措施使燃煤工业锅炉平均实际运行热效率提高10个百分点，每年可节约标准煤6000万吨以上。因此，工业锅炉行业已成为我国开展节能降耗、提高能效、减少污染的主要对象之一。

我国工业锅炉的节能潜力十分巨大，采取适当的措施加以改进，显得十分迫切。对于半新以下的锅炉，可采取技术改造措施解决问题；对于接近寿命期的工业锅炉，可采用淘汰和更新的办法。对现有不满足当前节能要求的工业锅炉，可采用下列措施进行优先改造及供热系统的优化。

第一节　层燃炉改造

一、链条锅炉存在问题分析

在我国燃煤工业锅炉中，其中层燃链条炉占总数的60%以上，往复炉排炉约占20%，固定炉排炉约占10%，流化床锅炉约占5%。因此，链条炉的节能是我国工业锅炉节能的重中之重。目前，链条锅炉普遍存在着以下几个方面的问题。

(1) 热效率低、着火条件差、煤耗高　新燃料不是直接投撒于灼热的已燃焦炭之上，而是从链条炉排的一端供入。煤着火所需热量基本上只能从上部炉膛空间及拱墙的辐射获得，属于“单面着火”。因为煤的着火热量是从上部靠接触导热传下来的，煤层又有一定厚度，所以当煤层表面着火时，底部的煤尚在加热而不能着火。煤层太厚或炉排移动速度过快，都会使燃料的着火延迟，使燃烧和燃尽时间不足，机械不完全燃烧热损失增大。当链条炉燃用低挥发分、低热值的劣质煤时，着火问题将更为突出，燃烧效率更低。

(2) 链条炉的燃烧具有区段性　在炉排前部的准备区域，燃料处于加热升温、析出水分和挥发分的阶段，基本上不需要氧气；炉排后部的燃尽区域，燃料层（灰渣）可燃成分所剩无几，又大部分被灰渣所包裹，空气在穿过该层之后，它的氧浓度也变化不大。但在燃烧的旺盛区域，缺氧情况相当严重。于是出现了炉排首、尾两端空气过剩，而中部主燃烧区空气不足的这样一种特有的现象，这就是所谓的链条炉燃烧的区段性。

(3) 燃料与炉排之间没有相对运动　这样就必须对炉排上结焦或结渣的燃料进行人工拨火，因此，链条炉只实现了加煤和除灰的机械化，并没有实现拨火操作的机械化。

(4) 对煤种的适应性较差　低灰熔点的煤不适于在链条炉排上燃用，这种煤在高温下燃烧易结成渣块，影响通风。对于弱黏结或不黏结煤受热易炸裂成碎屑细末，使飞灰和漏煤的损失增大，所以也不宜在链条炉上燃烧。一般链条炉只适于燃用结焦性适中的燃料，在不得不燃用上述两类煤时以掺和混烧为宜。

此外，链条炉要求入炉煤有较均匀的颗粒度。当燃烧未经筛分的煤时，大小颗粒相间煤层密实，煤的干燥、通风、导热均困难，延迟了着火；同时由于通风阻力增加，火床易在某些局部冲开燃料层形成“火口”，火口处未被利用的大量空气穿过燃料层，其余大面积燃料层则供风微弱，使焦炭燃烧减缓，锅炉出力降低。粒度不均还会引起煤在煤斗和炉排上的机械分离，粗大煤块跑边而细粒碎末居中，致使两边穿风早已燃尽，中间却是带火焦炭落入渣坑造成机械不完全燃烧热损失增大。所以链条炉适合于燃烧经过分选或碎屑较少的块煤，若不能实现也希望小于 6mm 的细末不超过 50%，最大煤块尺寸不大于 40mm，以利于燃尽。

链条炉对煤的水分、灰分、挥发分等也较敏感。煤中水分增大会推迟燃料着火，对整个燃烧过程不利，但适量水分的存在有利于使煤层疏松、促进风煤良好接触、减少煤末飞扬和漏煤，对黏结性强的煤还有减弱结渣的作用。链条炉的燃煤水分一般以 $M_{ax}=8\%\sim10\%$ 为宜。燃料中的灰分越多，焦炭的燃尽就越困难，低灰熔点的灰分软化熔融后，破坏通风和燃烧工况，并可能使炉排片过热。但灰分太少会使炉排上的灰渣层太薄，不能有效保护炉排。因此，对于燃料中的灰分含量和熔点都应加以限制。

挥发分对燃烧过程的影响主要体现在煤着火的难易程度。挥发分低的煤，挥发分开始析出温度和着火温度都高，致使开始着火区和焦炭燃烧区向炉排末端移动，且低挥发分煤往往固定碳含量大，因而进一步使机械不完全燃烧热损失增加。对于挥发分高的煤，一般不存在着火和燃烧的问题，但应注意炉膛容积热负荷 q_v 要选得低些，给大量挥发分充分燃烧提供足够空间。

(5) 炉排漏煤多　如上所述，链条锅炉对煤的粒度要求很严格，粒度小的煤会使漏煤量增加。

二、链条炉节能改造措施

目前链条炉设计中，在炉膛结构、空气供应以及炉内气流组织等方面多采取以下改造措施，来提高链条炉燃烧的经济性和稳定性。

1. 采用合理的炉拱

炉拱对于组织炉内燃烧尤其是劣质煤的燃烧起重要作用。炉拱分为前拱和后拱，前拱（点火拱）接收炉内高温火焰和燃料层的辐射热，并将其中 80%以上的能量吸收用于提高拱本身的温度，并重新辐射出去。这部分再辐射热量将集中投射到新燃料层上，促进新燃料的迅速着火。前拱实质上是再辐射拱，它也反射部分辐射能。从再辐射的观点来看，只要前拱的投影尺寸（即拱的两个端点）一经确定，则前拱的形状对拱的传热效果就不再有影响。因此，有效地增加前拱的辐射热量，主要途径就是提高前拱温度和选择拱的尺寸。

设计前拱时，应考虑具有足够的敞开度，以利于拱从更多的空间范围内接收辐射能量来提高拱温。前拱的形状可以不去追求镜反射效果，而是要使从后拱区流出的高温烟气能够深入前拱区，并在前拱区形成强烈的旋涡。这样就可以提高拱区及前拱温度，增强前拱辐射放热。前拱的边界尺寸也需要慎重拟订，前拱过高，有可能使温度较低的拱区烟气辐射取代前拱的再辐射。此外，前拱还应保持适当长度以增大覆盖新燃料层的辐射面积。计算表明，拱长的影响比拱高还要大些。对于小型锅炉，适当加长前拱可将新燃料层护卫起来，削弱离炉排较近的大面积“冷”受热面的吸热作用；但当锅炉容量较大时，由于炉膛宽阔，低而长的前拱却往往将一个重要的热源（炉内高温烟气辐射）遮断。

后拱的主要作用是将大量高温烟气和炽热焦炭粒输送到燃料的主燃烧区和准备区，以维持那里的高温，从而使前拱获得更高温度的辐射源，间接加强了前拱的辐射引燃作用；后拱中部的强烈燃烧区所形成的高温以及后拱本身对燃尽区的保温作用，都对炉排尾部残炭的燃尽起着促进作用。另外，设计时一般都注意使前拱与后拱的配合形成炉膛中前部的喉口。在喉口处，炉排中部大量因空气不足形成的挥发分、焦炭气化产物 CO 及未燃尽的煤屑，遇到从两头被前、后拱驱赶过来的富足空气，在旋转中获得优越的燃烧条件，不仅可以减少未完全燃烧热损失，而且有助于消烟除尘。

对后拱设计有影响的主要参数包括后拱倾角 α、后拱出口端高度 h_2、后拱覆盖炉排长度 a_2 等，如图 4-1 所示。

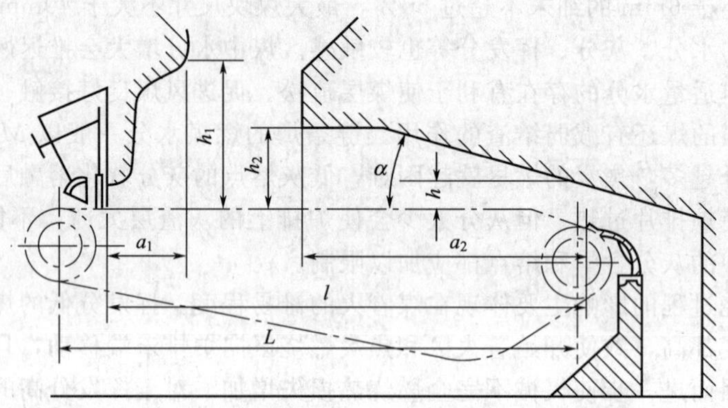

图 4-1　链条锅炉前、后拱结构设计图

后拱出口端高度和形状决定了烟气的喷出速度和流向，对在前拱区形成良好的气体动力场起决定性作用，后拱覆盖炉排的长度则主要影响后拱区内的温度水平及对着火区引燃作用的大小。对一般低挥发分的燃料，覆盖率可取到 0.7 左右。表 4-1 给出了链条炉炉膛设计时前、后拱尺寸的推荐选用值。

表 4-1　链条锅炉前、后拱基本尺寸设计推荐值

名　称	符号	褐煤[③]	无烟煤烟煤（Ⅰ）	烟煤（Ⅱ、Ⅲ）
前拱高度[⑤]/m	h_1	1.4～2.3[①]	1.6～2.1[①]	1.6～2.6[①]
前拱覆盖炉排长度/m	a_1	$(0.15\sim0.35)l$	$(0.15\sim0.35)l$	$(0.1\sim0.2)l$
后拱出口端高度/m	h_2	0.8～1.2[①]	0.9～1.3[①]	0.9～1.3[①]
后拱覆盖炉排长度/m	a_2	$(0.25\sim0.5)l$	$(0.6\sim0.7)l$	$(0.25\sim0.55)l$[④]
后拱倾角/(°)	α	12～18	8～10	12～18
后拱至炉排面的最小高度/m	h	0.4～0.55[②]	0.4～0.55[②]	0.4～0.55[②]

① l 值大者，h_1、h_2 值偏大。

② 对多灰或灰熔点低的煤，h 取大值，对 V_{daf} 小的煤，h 取小值。

③ 对水分高的褐煤，h_1、a_2 取大值，a_1、α 取小值。

④ 对难着火的Ⅱ类烟煤，a_2 取大值。

⑤ h_1 值主要取决于与后拱的配合。

注：V_{daf} 偏高的贫煤按Ⅱ类烟煤设计，V_{daf} 偏低的贫煤按无烟煤设计。振动炉排、往复炉排的炉拱可以参照该表推荐值确定。

在后拱的布置形式上，以往国内外几乎都采用单纯上倾、弧形出口的后拱形状，使一大部分高温烟气在后拱出口转弯处向上流走，不利于形成强烈旋转的气流，并缩短了停留时间。目前较新型的后拱取消传统的单纯上倾布置，将后拱的出口部分制成向下倾斜或水平的“人”字形形状（见图 4-1），以扩大链条炉的煤种适应范围。这种“人”字形后拱配以短而高的前拱，使后拱下的高温烟气更多地流向前拱下部，增强了辐射和对流的传热过程。同时烟气在前拱区的高速旋转将其中夹带的火红炭粒甩落在新燃料层上，靠辐射、对流和导热三重作用形成更好的着火条件。在确定前、后拱的高度时，一般使前拱的高度为后拱出口端高度的2.0～2.5倍，以利于在前拱区产生较强的气流旋涡。但对于高挥发分、易着火燃烧的烟煤，前拱下端水平段要有一定的长度，且不能离炉排面太高，否则不利于保护煤闸门，甚至烧坏煤斗。

2. 采用二次风

为减少气体、飞灰的不完全燃烧热损失，促进燃料及时着火和防止局部结渣，链条炉的炉膛可布置二次风。

链条炉的二次风是指布置于炉排上方的炉墙上以高速喷入炉膛的若干股气流。其作用主要是进一步强化炉内气流的扰动与混合，增加未燃尽颗粒在炉内的回旋逗留时间，促进上行烟气中未燃尽气体和炭粒的充分燃烧。使用二次风可以降低总的空气供应量，减少排烟热损失；二次风造成的旋转气流能把许多未燃尽的碎屑炭粒甩回炉排复燃，既加强了着火，又减少了飞灰的未完全燃烧热损失。此外，布置于后墙的二次风能将高温烟气和空气引向炉前，并与后拱配合帮助着火、消灭黑烟。

二次风的功能主要用于增加扰动，因此，空气和蒸汽都可以用作二次风，容量较小的锅炉使用简易的蒸汽作二次风可以省去二次风机。二次风具有足够的动量是能够扰动炉内气流的根本条件，因而应具有一定的风量和风速，二次风量通常控制在总风量的5%～15%（挥发分高的煤取大值），出口风速一般不低于50～70m/s。为保证二次风的射程，其喷口直径不宜太小。

二次风喷口在炉膛内的布置有三种形式。

（1）前墙布置　如图4-2(a)所示。二次风从前墙引入，冲击扰动炉内上升烟气。但炉膛后部的过量空气被上升烟气带走而未被利用，且气流充满度差，使前上部炉膛空间利用率不高，燃料在炉内停留时间缩短。

（2）后墙布置　如图4-2(b)所示。多用于劣质煤点火，喷口指向着火区，可强化前拱区煤层上的对流传热和提高着火区温度，但前部的过量空气利用不充分。

（3）前、后墙布置　如图4-2(c)所示。这种布置，风口应上下错开，以便形成旋转气流，经调整可使烟气的旋涡中心在炉膛中央。这是一种能较充分利用前、后部过量空气，同时使烟气流动行程加长的布置形式。在不破坏燃料层燃烧的前提下，二次风口的位置应尽可能低。喷口的只数及间距应使二次风的扰动区尽量充满整个炉膛横断面。

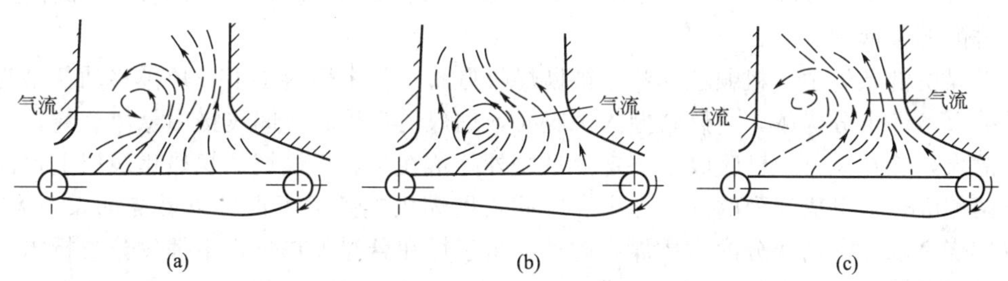

图4-2　二次风的布置形式

(a) 前墙布置；(b) 后墙布置；(c) 前、后墙布置

综上所述，设置炉拱、采用分段送风及二次风等改善链条炉燃烧的措施也适用于其他有类似特点的层燃炉，可针对具体情况采用其中的某几项或全部。

3. 采用合适的燃烧方式

各种燃烧技术有其一定的适用范围，表4-2列出各种燃烧技术特点。锅炉改造时，应根据煤种及锅炉实际情况选择合适的燃烧设备。为了高效洁净利用煤炭资源，尽可能采用流化床燃烧技术。针对劣质煤，还可选用抛煤机炉和往复推饲炉。用户和设计院选型时就应严格把关，确保改造能取得实效。

表4-2　各种燃烧技术性能对比表

燃烧技术	特　征	使用范围	燃烧效果	备　注
链条炉	历史悠久、技术成熟。对环境污染小、机械化程度高；着火性能差；气体分片流动严重	燃用煤0～3mm≤30%，最大粒度≤40mm；不宜烧结渣性强、水分多(超过20%)的煤；灰分不过高(超过30%)也不过低(低于10%)；燃料最好经过分选	燃用块煤、型煤效果好；采用技术措施燃烧效率可达90%	采用分层给煤、二次风、合理的炉拱设计、合适的运行调整等措施强化着火和燃烧
往复推饲炉	金属耗量省；着火性能好；燃料层有自身拨火作用，燃烧强度高	煤种适应性较广，尤其在燃用黏结性强、含灰多且难以着火劣质烟煤时更能体现其优越性；不宜烧低挥发分、高热值贫煤及无烟煤	较好	可布置二次风、合理的炉拱设计、合理的配风等措施强化着火和燃烧
抛煤机链条炉	着火性能好；煤层薄、阻力小，燃烧强度高；负荷调节灵敏。但飞灰量大	煤种适应性广，0～3mm≤35%，且最大粒度≤25mm；V_{daf}最好≥20%，A_{ar}最好≤30%，水分不超15%	燃烧效率可达90%，飞灰含碳量高	应合理组织二次风，各风室也应合理配风，改善除尘设备
煤粉炉	燃烧效率高，但磨煤机及引风机磨损严重，不能压火，不宜经常启停	可燃难着火和低热值煤。20t/h及其以下容量锅炉不宜采用，130t/h及其以上容量锅炉普遍采用	对煤种变化很敏感，燃烧效率可达98%～99%	要求除尘装置性能好，SO_2、NO_x排放量大，系统投资大
流化床炉	燃烧效率高，负荷调节方便，污染控制特性好，易实现灰渣综合利用	可燃难着火和低热值煤甚至煤矸石，自20世纪60年代诞生起便得到了较快发展，目前容量0.5～700t/h	对煤种适应性较广泛，燃烧效率可达90%～95%	可炉内脱硫，需采用飞灰回燃或其他措施降低飞灰含碳量
循环流化床炉	燃烧效率高，负荷调节方便、范围大，污染控制好，易实现灰渣综合利用	可燃难着火和低热值煤甚至煤矸石，石灰石利用率高，已得到广泛的应用，在电站领域开始挑战煤粉炉	对煤种适应性广，燃烧效率可达95%～99%	可炉内脱硫，对流受热面应采用合理的防磨措施，可大型化

(1) 采用抛煤机链条炉　为解决链条炉漏煤量大的问题，目前都采用风力-机械抛煤机倒转炉排的链条锅炉。

在抛煤机链条炉中，粗颗粒燃料是被抛煤机撒布于整个燃料层上，炉排移动仅是为了出渣。其着火条件十分优越，当燃料抛入炉膛时，细煤屑在炉膛空间飞扬中悬浮燃烧，而落在炉排上的煤，除在飞行中已吸收了一定热量之外，落在已着火燃烧的炽热焦炭层上，同时从上、下两侧吸热，形成强烈的双面点火。因此，抛煤机链条炉不仅可以燃烧烟煤、无烟煤，还可以燃烧高水分、高灰分的劣质煤。此外，由于煤在悬浮加热过程中挥发分被析出，部分煤的表面已被焦化，落在燃料层上时焦炭之间不再黏结，故抛煤机链条炉可以燃用结焦性强、灰熔点较低的煤。

但要注意抛煤机链条炉飞灰可燃物会增加，在炉膛结构设计和二次风设计时要特殊考虑这个问题。目前采用风力-机械抛煤机倒转炉排的链条锅炉，燃烧效率可以提高到90%。

(2) 采用流化床技术　利用流化床燃烧技术改造传统锅炉，可增强其煤种适应性，提高锅炉效率，减少 SO_2 和 NO_x 的排放，提高设备水平，实现煤资源的综合利用。特别是利用循环流化床燃烧技术改造传统锅炉，已成为流化床燃烧技术的重要方向。一方面可节省新建锅炉投资一半左右，在经济上很有竞争力和吸引力；另一方面链条炉均未配烟气脱硫除硝设备，如加装这些设备不仅投资高，而且需要一定的安装场地，而将其改造为循环流化床锅炉能经济有效地解决 SO_2 和 NO_x 的排放。燃用劣质煤的锅炉，改造为循环流化床锅炉后可方便地燃用各种劣质煤甚至煤矸石，并且能获得比同容量链条炉更高的热效率和负荷调节能力，更便于实现灰渣的综合利用。

(3) 链条锅炉改造成其他燃料的锅炉　在有条件的情况下，可以考虑将燃煤锅炉改为燃油、气锅炉，以减少污染物排放，提高锅炉效率。一般可以全部拆除原燃煤锅炉，改造锅炉房，选用安装新的燃油、气锅炉；也可以在原燃煤锅炉的基础上进行改造，将燃煤锅炉改为燃气锅炉。

4. 锅炉风机水泵节能技术

锅炉的辅机系统很多，如送、引风系统，除尘系统，自动控制系统，水处理系统等，这些系统对锅炉运行的可靠性和经济性影响非常大。如锅炉风机、水泵，其用电量占锅炉房全部用电的 80%以上。

目前小型锅炉风机、水泵在运行中普遍存在如下问题：①设备老化或设计陈旧，风机、水泵本身额定效率低。我国有 70%的电机只相当于国际 20 世纪 50 年代的技术水平，电机驱动系统能效比国外低 20%左右，节能潜力巨大。②选型不当，富余量过大或建设后期工艺要求改变，实际工作负荷远离额定负荷，运行效率更低。大量风机、水泵常常在低于额定流量下运行。③绝大多数仍以挡板或阀门调节流量，节流损失大，运行效率低。④输送管道设计、安装不合理，管路阻力以及管理制度不严等。有些锅炉的鼓风机进风口布置在炉顶，目的是利用炉顶的热量。由于鼓风机前的管路阻力增加，相应的风机容量也要增大，否则反而会造成鼓风不足，得不偿失。由于环保上的要求，许多厂家将原有旋风干式除尘器改成水膜除尘器，由于受场地限制，采用较多的直角弯头，阻力增加不少，原有引风机的容量就不够了。现有锅炉一般采用立式空气预热器，由于烟气在管内作纵向冲刷，对管壁的放热系数小，而作横向冲刷的空气对管壁的放热系数大，使管壁温度接近于低温的空气而不是高温的烟气，在进风一侧的管壁温度往往会低于烟气中 SO_x 的结露温度，产生硫酸。煤灰与硫酸作用后便在管子下部出口处形成像水泥一样的硬垢，使流通阻力大大增加。

大家知道，风量与转速成正比，风压与转速的平方成正比，轴功率与转速的立方成正比。如果风量下降到原来的 80%，可以采用调速的方法使转速下降 20%，则风机的轴功率要下降到原值的 51.2%；当风机量减少至 50%时，风机的轴功率下降至原值的 12.5%。因此，风机、水泵采用调速控制流量是非常有意义的。

5. 余热回收利用技术

锅炉设计中，为了使受热面不至于过大及维持一定的传热温差，锅炉的排烟温度比对应的饱和蒸汽温度高约 50℃。如一台额定工作压力为 1.25MPa 的燃油（气）锅炉，其对应的饱和蒸汽温度为 194℃，所设计的排烟温度为 250℃左右。目前有的锅炉未设计尾部受热面，另有部分锅炉已设置省煤器，但由于结构及运行原因，排烟温度较高，排烟热损失较大。增设尾部受热面，可以降低排烟温度，减小排烟热损失，提高燃油锅炉的热效率。另对有省煤器的锅炉，在省煤器后加装节能器，也能起到良好的节能效果。

6. 蒸汽冷凝水回收

常规锅炉出口蒸汽多用作热源间接加热，而实际上被使用的仅仅是蒸汽的潜热，蒸汽的显热——冷凝水所具有的热量几乎全部被丢弃。然而，蒸汽在各用汽设备中放出汽化潜热后，变为近乎同温同压下的饱和冷凝水，冷凝水所具有的热量可达蒸汽全热量的20%～30%，且压力、温度越高，冷凝水具有的热量就越多，占蒸汽总热量的比例也就越大。利用好这部分热量可收到很大的节能效益。通过加设冷凝水回收装置，不但节约了工业用水及锅炉给水处理费用，更节约了燃料。

7. 其他节能改造措施

零星分散的小锅炉效率低、能源利用率差、环境污染严重。在用热相对集中的区域，在条件允许的情况下采用区域锅炉房集中供热，利用高效率大容量锅炉代替分散小锅炉的统一供热。由于区域相对集中，大型锅炉热效率提高所获得的效益足以补偿热网系统输送热量所产生的损失，集中供热可减低企业及用热单位的投入及维护成本，节约燃料，提高能源的利用率。在用汽量大的区域，可以考虑热电联产，建立供热为主、发电为辅的热电厂。与分散的小型工业锅炉相比，由于锅炉热效率提高，热电联产的燃料消耗与小型锅炉相当。在同样的供热条件下，利用热电联产，可获得额外的电能。

8. 增设自动控制装置

锅炉是一个多输入多输出、非线性动态对象，诸多调节量和被调量间存在着耦合通道。通过增设锅炉自动控制装置，对锅炉给水、给煤、鼓风、引风等进行自动控制，使锅炉的汽包水位、蒸汽压力控制在一定的波动范围内，以保证锅炉的安全、稳定运行。锅炉系统中包含鼓风机、引风机、给水泵等大功率电动机，由于锅炉本身特性和选型的因素，这些辅机大部分时间里是不会满负荷输出的，原有方式采用阀门和挡板控制流量，浪费非常严重。通过对辅机进行自动控制可以节电达到30%～40%。同时自动控制根据用汽量与压力的变化调整燃料量与送风量，保证燃料的充分燃烧及热量的充分利用，提高锅炉效率。

9. 燃煤炉改煤气化燃烧

煤炭气化是指在一定温度、压力下，以煤、半焦或焦炭为原料，以空气、富氧、水蒸气、二氧化碳或氢气为气化介质，使煤经过部分氧化和还原反应，将其所含碳、氢等物质转化成为一氧化碳、氢、甲烷等可燃组分为主的气体产物的多相反应过程。经气化，使煤的潜热绝大部分转变为煤气的潜热。通过燃煤炉改为煤气化燃烧，可提高热效率5%～15%。该技术主要是改煤直接燃烧为煤气燃烧，提高燃烧效率，减少粉尘排放。

10. 增设蒸汽蓄热器

锅炉使用过程中，很多单位往往只是阶段性用汽或用汽量不均。可考虑增设蒸汽蓄热器以降低由于锅炉负荷波动而造成的效率降损失。当蒸汽使用量不大时，将剩余蒸汽存入蓄热器，使蓄热器内的水温和压力逐渐上升，直到额定压力下的饱和温度，完成热能的储存。当蒸汽使用量增大时，就由蓄热器供汽，完成放热过程。在生产用汽负荷波动大的热力系统中，合理设置蓄热器，可以起到“削峰填谷”的作用，保证蒸汽量和蒸汽压力稳定，使锅炉在平均负荷工况稳定运行。

以上仅简单介绍了一些基本和常见的锅炉节能改造措施，还有很多节能措施等待我们去研究和利用。锅炉改造的基本原则是在安全的基础上，根据原锅炉的结构，参照使用燃料品种，提高燃烧效率，尽可能地降低各种热损失及维护运行成本。只有真正重视能源的节约和合理利用，采取各种有效措施，才能切实提高工业锅炉的能源利用率，使有限的能源发挥更大的作用，为国民经济的发展奠定坚实的物质基础。

三、链条炉改造实例

1. 正转炉排链条锅炉改造成抛煤机倒转炉排的链条锅炉

(1) 问题分析 某厂原设计为 20t/h 正转炉排链条锅炉，该锅炉在运行中暴露出以下几个问题：锅炉出力不足（额定蒸发量的 50%～70%），锅炉热效率低（η=50%～60%），炉渣含碳量高（C_{lz}=30%～40%），负荷调节速度慢，炉膛正压等，这些问题给该电厂运行管理带来了很多不便，能源损失比较严重。主要原因是煤种偏离设计值太大，该锅炉不能适应其变煤种的需要。因此，必须对其进行改造。针对该锅炉出现的问题，并结合其所燃用煤质的特点，在保证锅炉原结构、外形尺寸不变的前提下，将其改造成 20t/h 抛煤机倒转炉排链条锅炉。

(2) 改造措施 对原有正转炉排的给煤系统、炉排传动结构、炉拱结构和配风系统进行改造。

① 给煤系统及炉排部分的改造

a. 撤掉原锅炉的加煤斗，将其改装成两个小给煤口，并与刮板式给煤机相连。

b. 在炉前加装给煤机检修平台，平台用钢架支撑并与原锅炉钢架焊接在一起。平台上加装两台刮板式给煤机和两台机械-风力抛煤机。

c. 将原锅炉下部的落渣口由炉后部改到前部。

d. 适当降低炉排前轴和减速箱的标高，同时调整炉排后轴的标高，并使之无向下的倾角，以减少因抛煤机给煤时造成的漏煤，保证炉排的正常运转和炉渣的排放。

e. 将原炉的减速箱移到炉侧前部，调整内部齿轮传动结构，改变减速箱转动方向，使炉排由正转变为倒转。煤粒由机械风力抛煤机抛出后，经过炉内分选，落在炉排上的煤粒度组成较均匀，并且锅炉燃烧由单纯层燃变成层燃加悬浮燃烧；连续落下的煤粒覆盖在燃烧或将要燃尽的焦炭层上，使煤很容易引燃，提高了炉排热强度，扩大了锅炉对煤种的适应性。另一方面，由于炉排上的煤层厚度比正转炉排薄，因此锅炉的热惯性小，负荷调节更加灵敏，同时大大减少了锅炉的机械不完全燃烧热损失，相应地提高了锅炉的热效率，改造前后的炉子结构如图 4-3、图 4-4 所示。

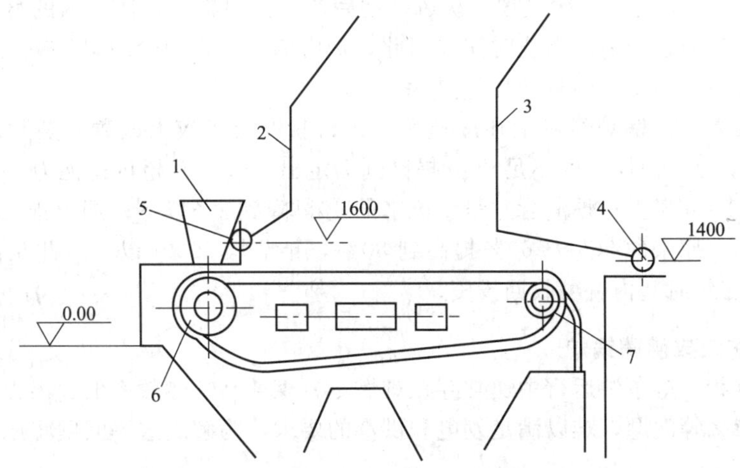

图 4-3 改造前的 20t/h 正转链条炉

1—加煤斗；2—前水冷壁；3—后水冷壁；4—后联箱；5—前联箱；6—前主动轮；7—后从动轮

② 炉拱部分改造

a. 对于抛煤机链条炉来说，其前拱的引燃作用已几乎没有了，因此将原锅炉的前拱抬

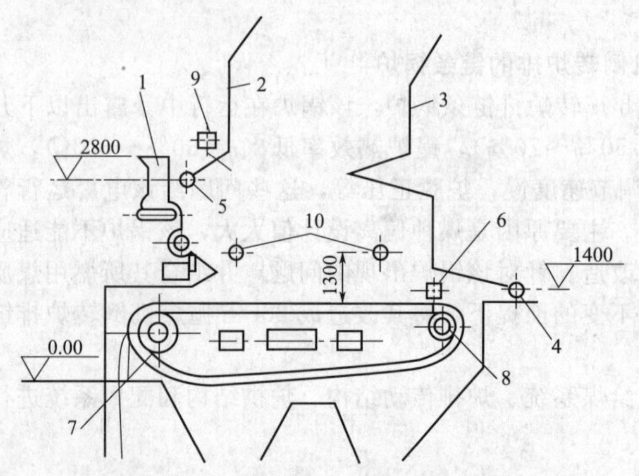

图 4-4 改造后的 20t/h 抛煤机链条炉

1—抛煤机；2—前水冷壁；3—后水冷壁；4—后联箱；5—前联箱；6—后墙二次风；7—前主动轮；8—后从动轮；9—前墙二次风；10—四角二次风

高（将前水冷壁集箱标高由原1600mm 提高到 2800mm），以便加装机械-风力抛煤机。

b. 将原炉长而低的后拱抬高，并用后二次风箱作挡煤器（因二次风采用冷风，可对挡煤器起冷却作用），如图 4-4 所示，这样可减少抛煤机抛煤时造成的漏煤，同时加大了炉膛的辐射受热面，保证锅炉达到额定出力。

③ 配风系统改造

a. 更换引风机，加大引风量，以解决锅炉在运行中产生“正压”的问题。由于该锅炉在增加水膜除尘器后，未相应加大引风机功率，使系统阻力增加，引风量不足造成锅炉“正压”。因此，在对一次风进行改造时，将原引风机进行了更换，加大了引风量，解决了炉膛正压问题。

b. 由于原锅炉只配一台二次风机，二次风量远达不到要求，为此又另增加一台二次风机，以满足播煤风及二次风对风量和风压的需要。

c. 对于二次风同时采取前后墙和炉膛四角切向引入两种布置方式，并分别由一台二次风机提供前墙二次风和播煤风，另一台二次风机供后墙和炉膛四角二次风。在锅炉前墙给煤机上方布置 9 个二次风喷口，向下倾角 $\alpha=35°$；在后墙挡煤器（二次风箱）上方距炉排标高 1300mm 处布置 11 个二次风喷口，喷口成水平方向。另外在炉膛的四角分别布置四个二次风喷口，喷口的延长线在炉膛中心形成一个切圆。根据冷态模化实验得到，当二次风与一次风的动量比达到 $m=5$ 时，一次风被二次风扰动后产生强烈旋涡，使炉内的悬浮燃烧得以加强，且延长了细煤粒在炉内的燃烧时间，因此，炉内的空气扰动较理想，保证了煤粒在炉膛内能够燃尽，减少了飞灰含碳量和烟气黑度。

(3) 改造效果　该锅炉经过上述改造后，运行状况有了较大改善。炉膛温度平均提高200℃左右，锅炉出力由原来的不足 70%提高到额定出力，并有超负荷能力；煤汽比由原来的 1∶3 提高到 1∶6 以上；炉渣含碳量由原来的 40%降到 8%以下；烟尘排放达到了规定标准；锅炉热效率由原来的 50%～60%提高到 80%，年节煤 2000t 以上。此次改造的总投资为 90 万元，约三年时间内就可收回投资。

2. 链条锅炉改成沸腾锅炉

(1) 问题分析　链条炉运行中通常存在难燃尽、煤耗高、热效率低、出力不足、煤质适应差、机械故障多等问题，难以满足发电和供汽的要求，为解决这一问题将原链条炉改造成沸腾炉。

沸腾燃烧具有燃烧热强度高、传热效果好、煤种适应性广、能脱硫降硝减轻大气污染等优点。链条炉改为沸腾炉，宜采用鼓泡床沸腾燃烧方式，它具有技术改造投资少、改造工期短、见效快等特点。近几年许多 6t/h、10t/h、20t/h、35t/h 链条炉都作了相应的改造，设计煤种有Ⅱ类烟煤、贫煤和无烟煤，均取得了较好的效果。

（2）改造措施　结合现场实际设计改造方案，在保证安全、经济运行的前提下，以改造工程量小、工期短、运行检修方便、投资少、回收期短为原则，主要对燃烧设备和炉膛受热面进行改造。拆除原链条炉的给煤装置、燃烧设备、炉底部分风室、渣斗及除渣设备、炉膛部分水冷壁、下集箱以及下部炉墙；输煤系统增设环锤式破碎机和振动筛，保证燃煤粒度小于8mm；布风装置采用等压风室、绝热式布风板和圆柱形风帽；燃烧系统采用炉前布置的螺旋给煤机正压给煤。容量为20～35t/h的锅炉，给煤机出口上、下要设置播煤风，沸腾段出口布置二次风；6～10t/h锅炉布置阻挡燃尽拱；20t/h以上锅炉采用分床燃烧，炉膛外形尺寸不改变，沸腾段在炉内用高铝耐火砖砌筑；沸腾段内布置横埋管，前后倾斜15°，其上焊有防磨片，悬浮段布置部分水冷壁；锅炉排渣采用冷灰管。

改造主要设计部件如下。

① 沸腾床配风装置设计　配风装置是沸腾炉的关键部件。沸腾床燃烧效率的高低，飞灰含碳量的多少与流化质量的优劣有着很大关系，而流化质量则取决于沸腾床配风装置的结构设计。配风装置包括风室和布风板，它们的主要作用是支承床料，使空气均匀分布在整个床截面上，创造一个良好的床料流化条件和煤粒的燃烧条件，并把那些流化差、已燃尽且开始堆积在布风板上的粗料从冷渣管排出床外。

a. 风室设计。沸腾床布风均匀性直接影响到流化床的建立和流化质量，来自送风机的风量须经风室、布风板、风帽的几次均匀分配才能使进入床截面上的空气分布均匀。要使空气分布均匀，必须使布风板下的静压处处相等，即采用等压风室结构，如图4-5所示。

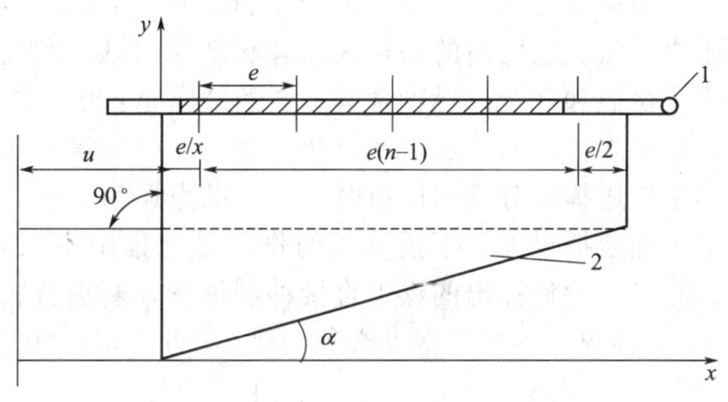

图4-5　等压风室

1—孔板；2—风室；u—风室进口直段长；e—风帽节距；n—风帽排数；α—倾斜角

为使静压处处相同，必须使流体在x方向及y方向的流速即v_x与v_y处处相等。一般采取保持足够高度的稳流段来保证v_y相等，采用变截面来保证v_x相等，截面的变化倾角为$\alpha=12°\sim15°$，稳流段长L尽可能大，一般大于600mm。

为保证进入风室的气流平直，尽可能增大风室进口直段长度，长度μ至少为进门风室截面当量直径的2～3倍。

风室入口流速＜8～10m/s，X面与Y面必须垂直，并以此作为加工基准面。为保持风室有足够的刚度，对20t/h、35t/h锅炉的风室需设计框架加固。为保证风室的严密件，风室与布风板通过支撑工字梁焊接固定。

b. 布风板设计。布风板结构对流化床布风均匀性有着很大的影响，它直接关系着床的起始流化质量。布风板有孔板式和风帽式两大类。风帽式虽然阻力大，但布风均匀性好，所以一般采用风帽式布风板结构。

风帽的结构与布置对流化床布风均匀性和煤的燃烧的影响也很大。试验研究结果表明：单位面积床上风帽数量减少，床中气泡直径增大且数量减少，气泡破裂时造成床面波动很剧烈。故采用小直径风帽，增加单位面积床上风帽数量，可使床中气泡直径减少而数量增多。这不仅使炭粒燃尽时间缩短，而且使床的布风更为均匀，这对提高床的燃烧效率，减少飞灰含碳量都是有利的。布风板上无风帽区的面积，是床料易堆积的地方，应尽量缩小，它的大小与风帽布置方式和节距e有关。当风帽顺列布置时，无风帽区面积占布风板面积的最小理论份额为21.5%，当风帽错列布置时，无风帽区面积的最小理论份额为9.31%，所以，为减少无风帽区，应采用错列布置。风帽节距e越小，则无风帽区面积就越小，但e过小会给布风板上耐火层的敷设和床内清渣带来困难，故取$e=d+(20\sim25)$mm为宜，d为风帽直径。

在改造设计中推荐采用值：风帽式布风板，布风板厚度20mm，材质A3钢，分床制造，安装后再焊接；风帽为圆柱形，直径ϕ40～42mm，高153～175mm，风帽小孔直径ϕ4.7～5.7mm，6孔均布，下倾15°，材料为耐热铸铁；风帽错列布置，节距$e=60\sim75$mm；为改善炉墙四周及冷渣管处的流化质量，将布风板四周和冷渣管周围两圈的风帽小孔直径加大0.5～0.7mm；风帽与布风板的径向配合间隙为0.25mm，布风板上敷设耐火层厚度60～80mm；锅炉排渣采用冷灰管直通炉底，管径ϕ159×5mm，6t/h、10t/h、20t/h、35t/h锅炉分别设置冷灰管数1根、2根、4根、6根。

② 正压给煤和播煤风的设置 沸腾炉的给煤方式有负压给煤、正压给煤和气力输送三种。负压给煤是煤从床上部负压空间给入，对于燃用细粉末较多的燃料，易造成飞灰可燃物的大量增加。气力输送适用于燃用好煤的大型沸腾床。我国小型锅炉燃煤普遍煤质差且细粉多，采用螺旋给煤机从距布风板上部700～800mm处的正压区给煤是最适宜的，它将煤送入燃烧剧烈、温度高的密相区，有利于煤的迅速燃烧，同时上部受埋管阻挡，有利于降低锅炉飞灰份额和飞灰可燃物含量。它的缺点是：由于给煤点相对集中，造成给煤口附近局部缺氧，温度降低，易形成重碳氢化合物和CO浓度增加，造成床内温度场、浓度场分布不均，特别是燃用挥发分高的燃料时，这一缺点尤为突出。为克服这一缺点，在设计中采用在给煤口上下加装播煤风，下播煤风的作用是把集中供入床内的煤播撒分散开来，上播煤风是助燃、补氧，并使播出的煤不直接冲刷埋管，避免造成局部磨损。上、下播煤风口各俯、仰角为15°。播煤风的穿透深度必须满足$L\geqslant500$mm，播煤风的穿透深度可按下式计算，即

$$\frac{L}{d}=13.47\frac{v_1}{v_2}\left|\frac{\rho_b}{\rho_1}\right|^{0.5}(1-\varepsilon)^{-0.5}\exp\left|1-0.065\frac{H}{d}\right| \tag{4-1}$$

式中 L——播煤风穿透速度；

d——播煤风口当量直径；

v_1，v_2——流化速度和播煤风速度；

ρ_b、ρ_1——播煤风和料层颗粒密度；

H——播煤风口到床层表面距离；

ε——床层空隙率。

设计中取播煤风量占锅炉总风量的8%～10%，播煤风速在40～50m/s范围内，若取定播煤风的穿透深度L值，则可用上式计算出播煤风口截面的当量直径，一般采用矩形风口。现场运行调试表明：当每台给煤机的出力>0.8kg/s时，播煤风对燃烧的影响比较明显，当给煤机的出力<0.5kg/s时，其影响较小。故容量为6t/h、10t/h沸腾炉可以不设播煤风，对20～35t/h炉必须设播煤风。

③ 悬浮段强化燃烧的措施 悬浮段的烟气温度较低，炭粒的燃烧属于动力区，燃烧速度主要取决于温度。进入悬浮段的烟气成分、飞灰浓度、飞灰含碳量等皆不均匀，加强混合扰动、适当补氧将有助于飞灰燃尽。

为强化飞灰的燃尽，设计中采取以下措施。

a. 加装二次风或阻挡燃尽拱。对于6～10t/h炉，在沸腾段出口装设弧形阻挡燃尽拱。分上下两层错列布置，上层一道拱，下层两道拱，拱宽1000～1400mm，厚80mm，弧半径1800～2400mm，用耐火混凝土浇筑。20～35t/h炉在沸腾段出口装设二次风，前墙或四角

切圆布置，保证足够的二次风量和速度，以保证有足够的穿透深度。

b. 减少悬浮段辐射受热面积，维持炉膛温度。链条炉水冷壁布置较多，改造时一般都要割掉或敷掉 50%～60%，应按热力计算维持炉膛出口烟温大于 850℃，来确定悬浮段的水冷壁面积。

c. 采用分床燃烧。随着锅炉容量的增加，从 6t/h 到 35t/h，沸腾床截面积几乎成比例增大。为保证料层流化均匀，改善悬浮段温度场、浓度场的分布，有利于飞灰燃尽和分床启动、压火，把整个床分成 1～3 个小面积分床，每个分床各自有独立的进风、给煤、排渣系统。6～10t/h 炉采用单床，20t/h 用双床，35t/h 用 3 床。

d. 保持悬浮段大的截面尺寸和炉膛高度。链条炉的炉膛截面和高度都比同容量的沸腾炉大，改造时在悬浮段保留不变，有利于降低烟气流速，一般为 2～2.5m/s。这时飞灰靠重力分离，对减少飞灰扬析量、增加燃料在炉内停留时间、降低飞灰可燃物含量有明显的效果。

(3) 运行效果　从对 6t/h、10t/h、20t/h、35t/h 链条炉改装为沸腾炉的运行实践表明，此改造方案投资少、工期短，锅炉效率提高到 82%左右，6～35t/h 炉改造投资费为 30 万～95 万元，改装工期 30～50 天，投资回收期在 8 个月以内；飞灰含碳量<12%，大渣中碳的含量为 0.2%～0.8%；锅炉出力提高，负荷稳定，运行灵活；压火后 12h 不需点火可直接启动，十多分钟即可并炉；对煤质适应性好，运行劳动条件得到根本改善，灰渣能综合利用。

3. 35t/h 链条锅炉改造成循环流化床锅炉

(1) 问题分析　某热电厂锅炉为 SG-35/3.82-SⅡ-2 型正转链条锅炉，其结构如图 4-6(a) 所示。燃用低位发热量为 20934kJ/kg 的Ⅱ类烟煤，锅炉运行效率低达 70%以下。为提高锅炉效率，对该锅炉进行改造。

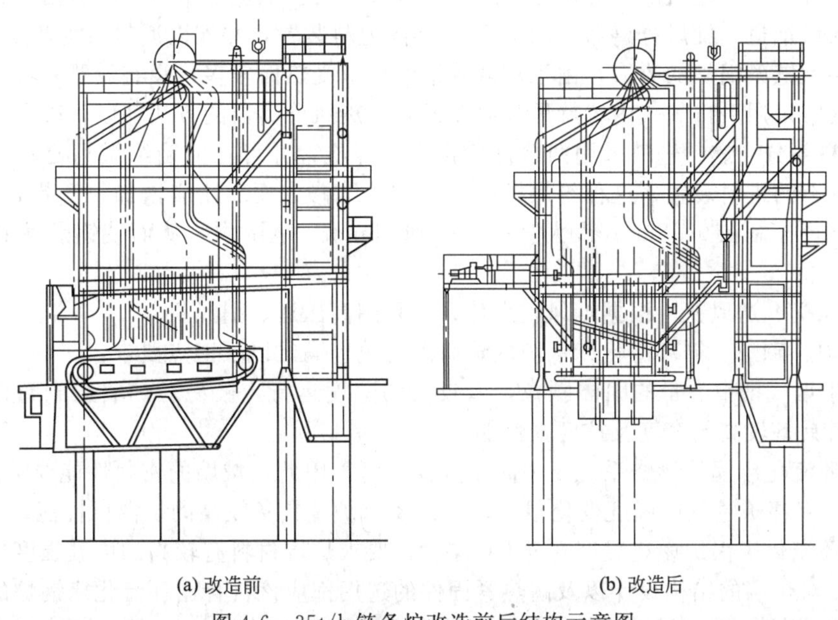

(a) 改造前　　(b) 改造后

图 4-6　35t/h 链条炉改造前后结构示意图

(2) 改造措施　为降低改造费用，在维持锅炉各项参数不变的情况下，决定采用中倍率循环流化床燃烧方式，制定以下改造方案，改造后的结构如图 4-6(b) 所示。

a. 锅炉总体框架不变，汽包位置不动；

b. 分离设备、给煤机及流化床采用成熟的定型设备；

c. 辐射受热面全部改为膜式水冷壁；

d. 炉膛出口后、过热器前布置一套高温惯性分离器；

e. 过热器后、省煤器前布置两套中温旋风分离器；

f. 热工仪表部分保留，适当增加一些控制点；

g. 给煤部分增加一套粉碎筛分装置；

h. 引风机、鼓风机和二次风机全部更换。

改造设计主要包括以下几部分。

① 燃烧部分　拆除原有链条炉给煤斗、煤闸板、炉排、灰斗及出渣口，增加流化床及布风系统，布风板固定在膜式壁上，布风板下布置等压风室，增加给煤系统及石灰石添加系统，炉膛四角布置二次风。

② 水冷壁受热面部分　锅炉汽包位置不变，水冷壁全部拆除，集箱、下降管全部拆除；辐射受热面改为膜式壁受热面，重新布置下降管，集箱全部更换。

③ 过热器及尾部受热面　原锅炉过热器位置不动，过热器高温段受热面积不变，低温段过热器需减少部分受热面，省煤器受热面进行调整，去掉原省煤器高温段，空气预热器不变。

④ 惯性分离系统　惯性分离系统布置在炉膛出口后、高温过热器前，用不锈钢圆钢悬吊在炉顶，采用两排错列布置。分离效率可达 60%，阻力为 200～300Pa。这种分离器结构简单、布置方便、热惯性小、阻力低，最大限度地避免了颗粒反弹及气流返混对分离不利的影响。材料采用耐热铸钢，分离元件不存在大的磨损问题。

⑤ 旋风分离系统　旋风分离系统布置在低温过热器后、省煤器前，为中温分离，安装于炉膛和尾部竖井之间的空当处，利用锅炉立柱增加支撑，烟气由过热器低温段后墙引出，分左右两路分别进入左右旋风分离器，烟气经分离器后，从上部出口集箱引出，直接进入竖井省煤器入口烟道，旋风分离器下部采用 U 形阀返料装置，并配以返料系统及放灰系统。

对于小型链条锅炉的改造，由于对流管束和尾部受热面较多，没有设置外置旋风分离器的位置，通常采用下排气式内置旋风分离器或多管旋风分离器的方法加以解决。

⑥ 给料部分　燃料进料采用两台螺旋正压给煤机，并可在前墙给煤斗处根据需要增加脱硫用石灰石的进料装置，这种给煤机运行可靠，维修方便。还应增加一套粉碎筛分装置，应使煤的粒径控制在 0～8mm（最大直径可达到 15mm）范围内，从而使锅炉达到较高的燃烧效率。

⑦ 引风机、送风机　根据烟风阻力计算，采用高压送、引风机。

⑧ 筑炉、砌炉　循环流化床锅炉的炉墙砌、筑应满足以下四点要求：

a. 由于烟气携带大量的固体颗粒，以较高的速度运行，极易对炉墙造成磨损，因此要求炉墙材料具备较高的密度及抗磨损性能；

b. 循环流化床锅炉燃烧系统压力高于其他炉型，因此，炉墙的密封性能要求高；

c. 由于启停炉过程中温度变化很大，因此要求炉墙具备较高的抗温压性能；

d. 循环流化床锅炉燃烧温度在 900℃左右，要求炉墙材料有较高的中温强度。

此外，对炉墙的结构设计以及耐热紧固件的选用都应该符合循环流化床锅炉的特点。

⑨ 监控仪表　根据循环流化床锅炉的运行特点，监控炉膛温度对于运行至关重要，为便于司炉操作，使司炉在运行中对炉膛温度有比较准确的判断，炉膛温度表至少应有 5 只以上，并且应分布合理。返料器也应布置温度表，司炉可以据此判断返料是否正常。另外，各风室、分离器、返料装置各处的风压表也很重要，尽量多布置几处风压表，以便司炉操作。

(3) 改造效果　锅炉经过上述改造后，达到了设计参数，锅炉蒸发量在33～40t/h之间，过热蒸汽压力3.5～3.8MPa，过热蒸汽温度450℃，给水温度150℃，锅炉热效率$\eta \geq$85%，燃烧效率≥98%，能燃烧低位发热量小于10886kJ/kg的煤矸石，粒度0～8mm，总体设计成功，主要体现在以下几个方面：

① 锅炉出力介于35～40t/h之间，完全能够达到满负荷，并能稳定运行。

② 煤种适应性强，自运行以来，先后进行了多煤种试验，均可稳定燃烧，未出现因切换煤种而导致停炉等情况。在使用低位发热量12560～16747kJ/kg燃煤时，效果最佳。

③ 燃烧效率相对较高。据化验，炉渣可燃物含量<2%，循环灰可燃物含量<4%。

④ 试运行过程中未发现设计缺陷，未发生因设计缺陷而导致的停炉。

⑤ 分离返料系统运行正常可靠。分离器及返料机构是循环流化床锅炉最关键的部件，直接影响着锅炉的正常运行及燃烧效率，自运行以来两级分离器运行正常，且分离效果较好，运行可靠。

⑥ 炉墙在运行期间未发生任何事故。

⑦ 锅炉运行后，烟气黑度在林格曼Ⅰ级以下，二氧化硫的排放也符合要求。

第二节　分层燃烧技术

我国燃煤工业锅炉大多为正转链条炉排锅炉，其给煤装置主要依靠煤炭的重量，顺着加煤斗落到链条炉排上燃烧的。煤炭堆积得很高，经过煤闸的挤压后更加密实。大小煤块在煤层中无序分布，密实的煤层阻碍着空气与煤炭的充分接触，造成部分煤炭缺氧燃烧，燃烧不尽，而部分煤层出现风口、火垄，不均匀燃烧现象非常普遍，降低了煤炭的燃烧效率，致使炉渣和飞灰的含碳量偏高。因此疏松煤层，并按煤炭颗粒大小分层排列煤层，是提高正转链条炉排锅炉燃烧效率的一种有效措施。

一、分层燃烧技术的工作原理

煤仓中颗粒直径大小不等的燃煤进入分层给煤机的进煤口后，不是直接落在炉排上，而是通过辊筒的不断转动和辊筒表面螺纹钢的不断拨动，先落在下部的筛网上。该筛网由三层结构组成，混合煤经筛网筛分后，在机械作用下，大颗粒煤块落在从前向后不断移动的链条炉排的最下层，中颗粒煤块落在大颗粒煤块的上面，碎煤则落在最上层，从而达到分层给煤的目的。给煤量的多少和煤层厚度可以由上部的调节闸板和辊筒的转速调节。

二、分层燃烧技术的节能机理

1. 通风性能好

传统正转链条锅炉炉排上的煤层密实，透气性较差。而在分层燃烧中，原煤先经过煤闸板，再经给煤辊转动，最后进入振动筛，自由撒落到炉排上，形成上小下大煤层。由于该煤层未经煤闸板挤压，且下部大颗粒的空隙较大，透气性得以改善，通气较好。

2. 燃烧强度增大

由于传统煤层是由大小不一颗粒混合的原煤形成的，煤层的结构不一样，密实程度也就不一样，在大颗粒集中的地方容易因煤层疏松，通风量大，形成“火口”或“火龙”，而在其他地方通风相对减少，煤层燃烧不充分，易产生“跑红火”现象，燃烧不充分，燃烧强度较低。分层燃烧形成的煤层，结构均匀，排列有序，煤层密实程度一致，就避免了上述现象

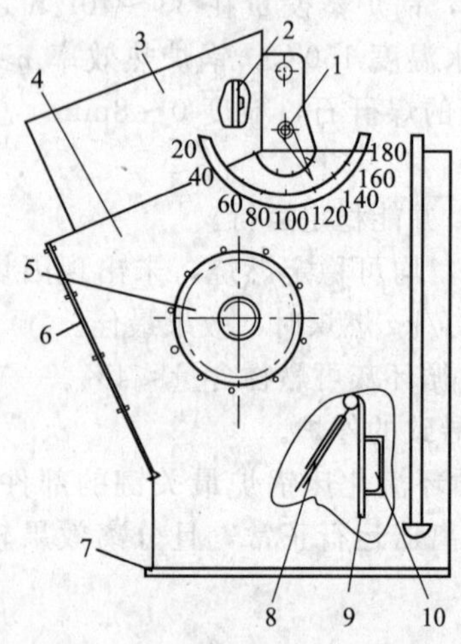

图 4-7 分层给煤机结构示意图

1—调节链轮总成；2—调节闸板；3—进煤口；4—壳体；5—辊筒总成；6—可拆卸前面板；7—给煤机底座；8—筛网总成；9—煤刮板；10—冷却水套

的发生。燃烧室温度较高，燃烧强度较大，燃烧充分。

3. 提高了对煤种的适应性

传统链条锅炉煤层在整个燃烧过程中相对炉排是静止的，无扰动，风煤的混合效果较差，燃烧性能不好。为保证锅炉出力，锅炉的设计煤种要求较严格，一般选用热值在 2000kJ/kg 以上的优质煤，这样就不适合我国多煤种的需求，用户往往因煤种变化，影响锅炉出力，甚至出现断火停炉现象。而应用分层燃烧技术后，由于锅炉炉排的燃烧面积热强度和炉膛的体积热强度较高，燃料的着火性能、燃烧性能得以改善，锅炉对燃料的适应性也相对加强，一般按优质煤设计的锅炉可燃用热值低的劣质煤，燃烧同种煤种时会有较大的超负荷能力。

三、分层燃烧技术的燃烧特性

分层燃烧的燃烧过程同传统的链条锅炉一样，也是依次经过干燥、干馏、挥发分逸出着火燃烧、焦炭的燃烧、燃尽区等阶段。但是由于炉排上的煤层结构分布发生了变化，其燃烧过程同传统链条锅炉的燃烧过程也有明显的差异。在干燥、干馏区，煤层主要是受炉拱及高温火焰辐射加热干燥、干馏。此区间主要决定于燃料中的水分与挥发分的含量，但是由于炉膛温度高（较传统炉膛温度高 100℃左右），煤层受热快，升温迅速，因此这个区间较传统燃烧窄些，一般提前 3～4cm。燃料至挥发分逸出着火燃烧区，上层煤首先受热挥发分逸出，着火燃烧，同传统燃烧相比，其着火线整直，燃烧区间较短窄。上层燃料挥发分逸出燃烧后，温度急剧上升，引起固定碳燃烧。由于煤层下部，块与块之间间隙较大，通风好。而燃料层上部的覆盖层，颗粒较小，上层碎煤易被一次风吹起，形成半悬浮燃烧，火苗高大均匀，燃烧强烈。热量继续向下层传递，引起块煤挥发分逸出、燃烧。由于上层燃烧过程较下层煤提前 12cm 左右，且块煤热量高、粒大，持续燃烧时间长，上层煤将接受下层煤的二次燃烧，使其更完全彻底。在这区间，由于干燥区、挥发分逸出区均前移，此区间加长，使焦炭有足够时间燃烧。燃烧最后至燃尽区，相应地，此区间也加长，可有效降低炉渣含碳量。

四、分层给煤装置的分类及选择

链条炉分层燃烧包括机械分层和气力分层两种方式。按照结构形式的不同，机械分层燃烧装置可简单地分为单辊、双辊及三辊（也有三辊以上的）等。筛子有单层筛、多筛、组合筛等等。分层燃烧装置自面世以来，国内先后研制出来的产品很多，制造分层燃烧装置的厂家也很多，并且有的还申报了专利。不论是哪种形式的分层燃烧装置，其分层的机理都基本一样。

1. 单辊式分层燃烧装置

单辊式分层燃烧装置作为分层燃烧装置的先导，具有率先垂范的启蒙作用，可谓功不可没，尽管它在煤层厚度控制板的布置位置等方面存在着这样或那样的不足和缺陷。

单辊式分层燃烧装置结构如图 4-8 所示。由图可知，不论煤层厚度板在 1、2、3 的哪个位置摆放，也不论控制板是直线形还是弧形，为确保燃煤分层后能够均匀，需要控制燃煤必须由拨煤辊上的拨煤条拨转下去，而绝不允许燃煤依靠自重溜滑下去，否则将造成炉排上的煤层厚度高低不匀，失去分层的意义。为实现该目的，就必须将煤层厚度控制板的下部布置在拨煤辊垂直轴线延长线上或偏右；如果偏左，即使拨煤辊不转动，也会有一部分燃煤自动溜滑下去。由于单辊式分层燃烧装置的结构特点，使装置在工作过程中，燃煤与拨煤辊的接触面积仅占拨煤辊外表面积的 1/8～1/6，故当燃煤稍有潮湿、冻块或杂物时，非常容易造成拨煤不畅。

2. 双辊式分层燃烧装置

双辊式分层燃烧装置是在单辊式的基础上，为克服单辊式装置的缺陷而发展的，其结构如图 4-9 所示。

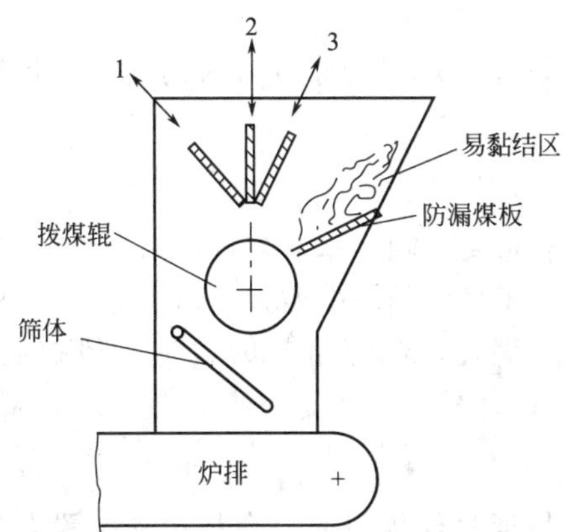

图 4-8 单辊式分层燃烧装置

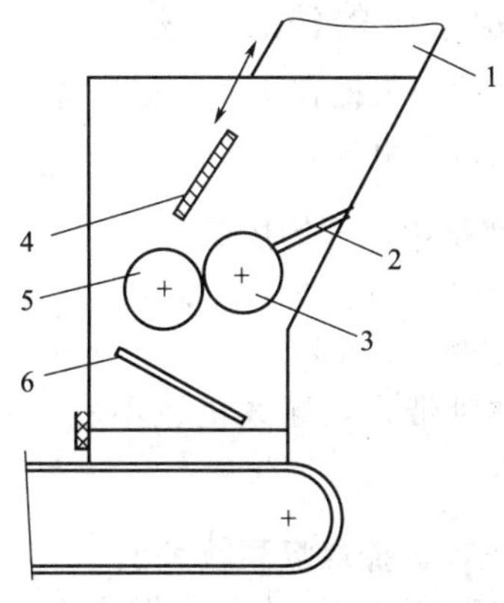

图 4-9 双辊式分层燃烧装置

1—下煤筒；2—防漏煤板；3—移煤转辊；4—斜式煤层厚度控制板；5—拨煤转辊；6—分层筛子

双辊式分层燃烧装置就是在单辊式的基础上，增加了一根燃煤移动转辊，其作用就是承接下煤筒或电动翻斗的供煤，并将其平行移位到拨煤转辊上，这样由于增大了燃煤与转辊之间的接触面积，使得疏导燃煤的能力比单辊式的大大增强。更为重要的是，由于增大了燃煤和转辊间的接触面积，煤层厚度控制板的底部完全可以布置在拨煤辊垂直轴线的延长线上，从而克服了单辊式设备的缺陷。

3. 三辊式分层燃烧装置

我们知道，传统的链条炉煤斗仅是一个承接和传输燃煤的壳体，燃煤在进入炉排的过程中基本处于直线状运动；尽管如此，随着时间的推移，在煤斗的前箱内壁仍然会经常出现黏结和沉积煤的现象。采用普通分层燃烧装置（单、双辊式）后，燃煤先要在拨煤辊上部作一短时停留，然后在拨煤转辊的作用下再曲径进入炉内，这样就使得前箱体内侧（即该类装置中湿煤搅动辊所处位置处）更加容易产生黏结和沉积，这在工业锅炉处于热备用和故障停炉期间更为严重。当这种黏结和沉积达到一定程度后，便会阻隔燃煤与转辊的接触，即产生棚煤现象，造成锅炉燃烧处于断煤灭火的危险境地。

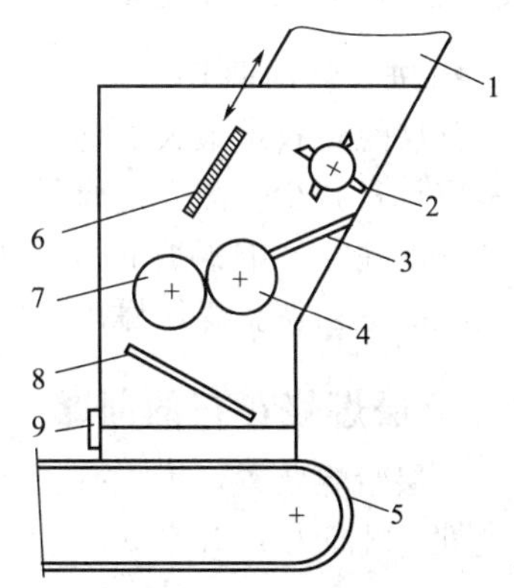

图 4-10 三辊式分层燃烧装置

1—下煤筒；2—湿煤搅动辊；3—防漏板；4—移煤转辊；5—炉排；6—斜式煤层厚度控制板；7—拨煤转辊；8—分层筛子；9—防漏风活动翻板

三辊式分层燃烧装置结构如图 4-10 所示。该类装置主要是在前箱体内侧处增设了第二根转辊，称其为湿煤搅动辊，它类似于马丁除渣机的破碎齿牙，湿煤搅动辊可对湿煤实施强制搅动，使燃煤靠自重下落改变为机械疏导式下落，从而不给燃煤黏结和沉积的机会。另外，对于北方冬季的燃煤，常常有冻煤块出现，冻煤块会在拨煤转辊上打滑，也造成棚煤现象，而湿煤搅动辊还可将这些冻煤块破碎，这样使得单、双辊式分层燃烧装置的湿煤和冻煤问题得以解决。

三辊式分层燃烧装置融汇了分层燃烧技术的全部优点。实践表明：对于封闭式供煤系统，特别是在≥10t/h的锅炉上，呈现出了其他形式设备无法比拟的优势。如在1999～2000年冬季，东北地区连降暴雪，气候异常寒冷，许多采用单、双辊技术的司炉人员工作非常困难，而采用三辊式设备的用户，却明显地体现了其独特优越性。

五、分层燃烧的注意事项

该技术的关键在于如何保证煤层的分层效果，有效控制煤层的厚度，为到达最佳效果，还应注意以下事项。

1. 燃煤中水分的控制

在分层燃烧过程中，煤中水分的含量对燃烧效果有重要影响，水分含量过高，煤的黏度加大，分筛容易糊堵，不利于分层；水分含量过低，由于煤层的间隙增大，通风好，细小的煤颗粒被风带走，导致机械不完全燃烧热损失增加。因此，燃煤水分的含量一般控制在10%左右。

2. 正确选择燃煤颗粒大小

燃煤颗粒过大，会导致燃烧不充分，而且大的块煤通过给煤机时，会将传动装置卡死，引起锅炉故障。因此，燃煤最大颗粒的外径不能超过40mm。燃煤颗粒也不能太小，这样会导致来不及燃烧就飞走的颗粒增多，机械不完全燃烧热损失增大；由于煤粒太小，煤层的透气性降低，节能效果也不太明显。一般情况下，燃料颗粒的直径小于6mm的不能超过50%。

3. 风量大小的调节

采用分层给煤装置后，由于煤层的通风性较好，引风机和鼓风机的负荷都将减轻，引风机和鼓风机电机安装变频装置，达到既节煤又省电的良好效果。

4. 进煤量的调节

分层燃烧技术最大的优点就是节煤，应用该技术的锅炉，在负荷变化不大的情况下，进煤量应尽量减少。减少进煤量的方法有两种：一是降低炉排速度，二是减少煤层厚度。改变炉排速度往往影响锅炉的运行状况及炉渣含碳量，因此一般不采用这种方法，而是根据锅炉燃烧状况适当调整煤层厚度。根据实际应用，采用分层燃烧技术可节煤10%左右。

六、分层燃烧存在的问题

分层给煤装置，为了真正实现它的节能目的，必须进一步解决下述几个问题，提高它的适应性，才能推广开来。

1. 要解决粒度不均匀的卡煤现象

通常给煤装置没有能够控制好大块煤的给入，容易造成卡煤现象，应该再加一个简易的筛选分拣装置，以避免卡煤现象的发生。

2. 解决粉煤在整个燃烧过程中不完全的问题

干燥的粉煤，即使分层给煤装置能够均匀投煤，在炉膛内燃烧过程中，一部分由链条缝隙漏掉，另一部分形成飞灰而跑掉。当链条炉排的运行速度加大、通风量加大，也就是说要赶火时，粉煤损失量就更大了，很大一部分都以飞灰形式被烟气携带而走，燃尽的程度就更差。干燥的粉碎煤燃烧不完全，其主要原因是锅炉本身的问题，要从自然因素和人为因素共同配合来解决这个难题。

3. 解决湿煤的给煤不均问题

太干燥的煤容易漏掉或被烟气带走，太湿时煤容易发生粘煤，给煤的分布就更不均匀了，有时煤加不进去，有时形成圆球状。太湿的煤很容易将给煤拨叉辊轮粘成平滑的圆辊轮，致使无法投煤。被雨水淋湿的煤最容易发生这种情况，人为加湿的煤被粘的情况较少。平时较干燥的煤，也要人为加湿，以实现充分燃烧。只有给煤辊轮被粘问题解决好，才能发挥分层燃烧装置的节煤作用。遇到这种情况，应加装联动的简易清理装置，就像皮带运输机的辊筒清理装置那样，以解决此类问题。另外，干燥粉煤的加水多少、时间和空间的分布也值得研究。就加水多少而言，要视煤的干燥程度、吃水的黏度情况而定。对于时间问题，主要是决定链条炉排的运行速度和通风量。空间分布主要是指给煤前后的加水，这也是一个重要的因素。如果在给煤后加水，给煤辊轮不会出现粘煤，此时应考虑到是否会降低炉膛的正常燃烧温度。

七、分层燃烧的效果与评价

我国现在流行的机械分层燃烧装置都是大块煤在下，中、小块煤在上，煤层分层层次分明。由于中、小块煤在上，改善了着火条件；并且由于送风均匀，增加了氧气的扩散，使炉渣中的含碳量减少，并降低了 α 值，因此，可以增加锅炉出力及提高锅炉热效率。表 4-3 为 4 台锅炉采用分层燃烧改造前、后的测试数据表。

表 4-3　分层给煤机安装前后锅炉主要参数对比

锅炉型号	蒸发量 /(t/h)		热效率 /%		灰渣可燃物含量 /%		每蒸吨标准煤耗量 /(kg 标煤/t 汽)		排烟温度 /℃	
	改前	改后	改前	改后	改前	改后	改前	改后	改前	改后
GB—35/54-M	32	38.1	62.5	77.9	—	15.8	160.8	132	—	150
上海锅炉厂 20t/h	14	20	60	72	20	10	—	—	—	—
SHL20t/h	15	20	60.4	77.3	24	11.1	124.6	105.3	—	—
SHL20-13-A	15	22	70	77.2	20	11		111		176

第三节　型煤燃烧技术

我国的矿物能源资源中，以煤最为丰富，中国是世界上少数几个一次能源以煤为主的国家之一。据有关资料介绍，我国一次能源的资源结构中，煤炭与石油、天然气、水电及核电等相比，在数量上占绝对优势，将探明的一次能源保有储量折算为标煤计，煤炭占 90%以上。我国一次能源以煤为主的格局在相当长的时期内难以改变，未来能源环境问题突出。展望能源科技和产业化发展可能达到的水平，在相当长的时期内，新能源和再生能源、水电和核电的发展与推广尚不足以影响煤炭的主导地位。这种以煤为主的一次能源结构的主要制约因素是大气污染物排放量超过可接受的水平。出路在于发展以煤炭高效、洁净利用为宗旨的洁净煤技术。型煤是以煤炭高效洁净利用为宗旨的洁净煤技术之一。国内外在型煤技术的研究、开发及应用方面取得了一定的进展。

一、型煤的定义与特点

以适当的工艺和设备，可以将具有一定粒度组成的粉煤加工成一定形状、尺寸、强度及理化特性的人工“块煤”，这种人工块煤统称为型煤，这样的加工过程称为粉煤成型工艺。粉煤成型的目的是根据型煤在不同用途的需要，克服煤炭天然存在的缺陷，赋予原煤所没有的优良特性，使之符合用户的最佳需求，实现煤的清洁、高效利用。

粉煤成型后与原煤及天然块煤相比，具有下列一些特点。

1. 粒度均匀

型煤的形状规整，性质均化，粒度均匀，这是任何天然块煤都无法比拟的。

2. 孔隙率大

型煤是由粉煤粒子挤压而成的，因此型煤的孔隙率比同一煤种的天然块煤明显增大，见表 4-4。

表 4-4　同一煤种的型煤与天然块煤的孔隙率比较　　单位：%

煤　种	天然煤块	型　煤
无烟煤	3	12.5
烟煤	5	17.2

3. 反应活性高

型煤与同一煤种的天然块煤相比，反应活性明显提高。几种煤的型煤与其天然块煤的反应活性见表 4-5。

表 4-5　型煤与天然块煤的反应活性比较　　单位：%

温度/℃	大同煤			老鹰山煤			鲤鱼江煤			重庆煤		
	型煤	块煤	提高/倍	型煤	块煤	提高/倍	型煤	块煤	提高/倍	型煤	块煤	提高/倍
800				7.77	4.28	0.82	6.35	1.44	3.41	44.6	11.3	2.95
850	8.50	6.05	0.41	11.37	6.82	0.67	7.65	3.16	1.42	66.2	14.4	3.60
900	16.75	9.70	0.73	21.61	15.43	0.40	14.82	6.15	1.41	82.0	19.5	3.21
950	26.50	15.55	0.74	38.62	30.36	0.27	50.98	13.25	2.85	87.9	26.1	2.37
1000	44.75	25.30	0.77	64.66	42.13	0.58	66.77	23.81	1.80	86.9	36.7	1.37
1050	66.90	45.30	0.48	81.05	62.09	0.31	69.19	41.20	0.68	80.8	50.1	0.62
1100	85.90	62.20	0.38	96.73	83.70	0.15	77.33	58.57	0.32	68.8	63.3	0.09

4. 改质优化

型煤可以通过原料煤混配、掺入添加剂、快速加热以及热焖等成型工艺，对原煤起到明显的降黏、阻熔、增加反应活性、改善热稳定性、提高机械强度以及固硫等改质优化效果。

(1) 降黏　通过配煤热压成型，会使型煤的黏结性明显降低。例如，老鹰山煤、鲤鱼江煤均为黏结性较强的烟煤，但分别通过掺配一定比例的弱黏结性煤或无烟煤热压成型之后，型煤的黏结性明显降低，见表 4-6。

(2) 阻熔　所谓阻熔是指提高煤的灰熔融性（*ST*）。例如，大同煤的灰熔融性偏低，*ST* 为 1190℃，而鲤鱼江煤的灰熔融性较高，*ST* 为 1480℃，两者按一定比例配合热压成型，所得型煤的灰熔融性 ST 为 1265℃，比大同煤的灰熔融性提高了 75℃，见表 4-7。

表 4-6 型煤与天然块煤的黏结性比较

原料煤	$V_{daf}/\%$	焦质层指数 Y	焦渣特征(1～8)
鲤鱼江煤	28.36	21	7
大同煤	29.82	0	2
(鲤鱼江＋大同)型煤	19.81	0	2
老鹰山煤	36.20	18.5	7
龙岩煤	1.90	1	1
(老鹰山＋龙岩)型煤	20.52	0	4

表 4-7 型煤与天然块煤的灰熔融性比较　　单位：℃

原料煤	DT	ST	FT	原料煤	DT	ST	FT
大同煤	1160	1190	1225	（大同＋鲤鱼江）型煤	1240	1265	1340
鲤鱼江煤	1435	1480	＞1500				

(3) 改善热稳定性　龙岩煤的热稳定性较差，通过配入热稳定性较好的老鹰山煤，热压成型所得型煤的热稳定性得到了明显改善，见表 4-8。

表 4-8 型煤与天然块煤的热稳定性比较　　单位：%

原　料	热稳定性指标			
	Rw6-13	Rw3-6	Rw1-3	Rw0-1
龙岩煤	54.5	30.8	9.10	5.40
老鹰山煤	91.6	1.9	1.60	3.10
(龙岩＋老鹰山)型煤	86.7	5.8	3.17	4.17

(4) 提高机械强度　龙岩煤的落下强度较低，通过配入老鹰山煤热压成型，所得型煤的机械强度有了明显提高，见表 4-9。

表 4-9 型煤与天然块煤机械强度比较　　单位：%

原料煤	落下次数	＞25mm	25～13mm	13～3mm	＜3mm
龙岩煤	1	71.68	11.05	11.76	5.51
	2	62.77	12.76	14.90	9.57
	3	53.79	14.59	17.49	14.13
(龙岩＋老鹰山)型煤	1	95.02	1.54	1.19	1.85
	2	91.10	3.90	2.68	2.32
	3	86.46	6.48	3.90	3.16

(5) 固硫　在型煤加工过程中，通过添加一定量的固硫剂，可以减少燃烧烟气中 SO_2 的排放，有利于减轻环境污染及设备腐蚀。加入固硫剂后，一般固硫效果可达 40%～60%。

二、锅炉燃用型煤的必要性

国内在供热锅炉上燃用型煤的多年实践表明，燃用型煤同散煤相比，锅炉效率提高 5%～8%，节煤 7%～13%；烟尘排放量可减少 50%～60%，从而只需加装简单的干式除尘器，即可使烟尘排放浓度达标；型煤中加入固硫剂可使 SO_2 排放量显著减少（可减排 50%～55%）；其他有害物质，如苯并芘等的排放量也可大大降低。

1. 节能

燃用原煤时，锅炉的热效率低于型煤。其主要原因，一是燃用原煤时的固体不完全燃烧损失率（q_4）较型煤高了约15%；二是由于粉煤成型后的锅炉型煤具有一定粒度，不易从炉箅上掉落，燃烧时基本无漏煤损失，也不易被烟气流带出，很少飞扬损失；三是新型锅炉型煤的优选配方中，加入了助燃催化剂后，降低了型煤的着火点及燃尽温度，使型煤在燃烧时迎火焰面开裂呈花卉状，有利于氧气和燃烧产物的相互扩散换质，促使型煤燃烧更完全，灰渣含碳量降至8%～9%，提高了碳的利用率；四是在燃用型煤时根据其块度均匀、大小适中、通风条件好，但着火较散煤慢的特点，采用了“高煤层、低风速、慢推进”的操作方法，使型煤预热较充分，过量空气系数小，有利于型煤的引烧，也降低了排烟热损失。上述措施均对提高热效率产生了良好的效果，因而获得了较高的节煤率。

2. 减排

层燃锅炉一般燃用宽筛分的原煤，小于3mm的末煤较多，在锅炉火床上各区密实程度将不相同，容易产生通风阻力不均的情况，在通风阻力较小处则会产生火口，不仅影响床层稳定燃烧，而且因风速较大，吹走大量末煤及细灰，造成高的烟尘排放浓度而污染环境。由于型煤粒径相同，火床上阻力均匀，不会形成火口，型煤的含末率很小，且燃尽后灰渣也不完全散碎成粉末，所以烟气中的含尘量较燃用原煤时降低80%以上。固硫、防水锅炉型煤在加工时加入了固硫剂、助燃催化剂，改善了煤的燃烧特性及固硫效果，因而在燃用锅炉型煤时，烟气中烟尘含量及SO_2排放浓度大幅度降低，具有显著的环境效益。

三、型煤的燃烧特性

型煤是散煤经筛分破碎后，添加少量黏结剂、添加剂压制而成的，它与散烧煤的发热量、元素成分差别不大，其燃烧性质的差别主要表现在颗粒大小及煤层的结构方面。型煤颗粒大，粒径匀，型煤之间空隙大，彼此之间接触面小，型煤内煤层压得较实，这就使得型煤在着火延迟时间、煤层着火线向下的扩展速度以及着火的稳定性等方面和散煤比有不同特征。

1. 型煤的着火延迟时间

在链条炉内，煤层从煤闸板出口开始吸收辐射热至煤层表面着火所经历的时间，称为着火延迟时间。它随煤质的不同、辐射热流量、辐射源温度、通风量等因素而变化。

试验表明，煤层着火取决于辐射源温度，在低温时着火延迟时间长，高温时短。型煤的着火延迟时间长于散煤，低温时两者差别大，随着炉温的升高，差别减小，高温时差别消失（如图4-11所示）。这除了是由于颗粒大小及煤层结构方面造成的煤层通风、传热与传质方面的差别所致外，压实的型煤挥发分释放时间拉长和达到着火点所需辐射热流量大，也都使得型煤着火比散煤困难。

2. 煤层着火线的向下扩散速度

煤层表面着火是从煤析出挥发分的着火开始的，以后逐渐从煤层表面向深处扩展，这种扩展的快慢可以用煤层着火线向下扩展速度来衡量。扩展速度愈快，煤层的稳定着火就愈有保证。

试验表明，对于一定煤种，着火线向下扩展速度与给风量有关。对于型煤，上、中煤层较薄，温度低，加大风量因散热量增大，使着火线向下扩展速度降低，这种燃烧属于动力燃烧；而下层煤层着火线向下扩展速度因增加风量提供了燃烧所需氧气而加快，这种燃烧属于扩散燃烧。对于散煤，由于颗粒小，粒径不均一，孔隙率小，散热较差，增加风量使燃烧速

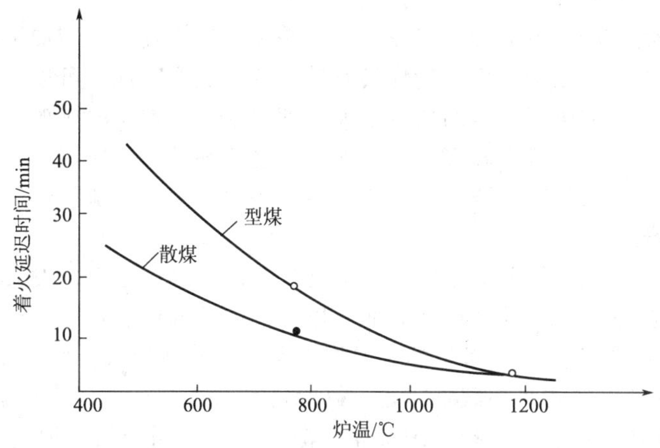

图 4-11 煤层的着火延迟时间和炉温的关系

度加快，上、中、下煤层着火线向下扩展速度也随之加快，这种燃烧属于扩散燃烧。

型煤燃烧从动力燃烧过渡到扩散燃烧较缓慢，致使着火过程中煤层上部为动力燃烧，而下部为扩散燃烧。对于散煤，这种过渡转变极为迅速，表现为上、中、下层均为扩散燃烧。

3. 煤层着火的稳定性

表层型煤是靠炉内火焰和炉拱的高温辐射而引燃的，下一层的型煤要靠上一层型煤的热传递而升温着火，每一煤层都存在先吸热后放热的过程，要使每一层都能稳定着火燃烧，必须保证每 煤层都处在增温状态。

型煤空隙大，彼此间接触面小，直接接触传递的热量不多，主要是依靠对流和辐射传热，尤其是靠大间隙中的火焰传热。散煤空隙小，空隙内不可能形成火焰，因此煤间隙内有火焰是型煤和块煤的燃烧特征。在给风量较小时，间隙内火焰能稳定燃烧，促使煤层着火线向下扩展速度加快；而在给风量较大时，会吹灭间隙内火焰，热量散失大，不利于煤层稳定燃烧。因此，要保证煤层着火稳定，应采取适宜的风量，并使煤层中每一层都处在不断增温状态。对于链条炉而言，改善型煤着火应采取改进炉拱结构、采用预热空气和减小着火区的风量等措施，以增加着火用辐射热流量和加快煤层着火线向下扩展速度。

四、锅炉型煤生产工艺

1. 炉前成型工艺

(1) *定义* 所谓炉前成型，是指燃料煤在投入锅炉燃烧室前，通过专用设备，把粉状的原煤经过粗加工后变成型煤，供锅炉燃烧。其工艺如图 4-12 所示。工业锅炉燃用型煤有两大优点：一是降低 q_4，提高锅炉热效率，减少煤耗，节约能源；二是降低排烟含尘量和飞灰含碳量，减轻污染，保护环境。

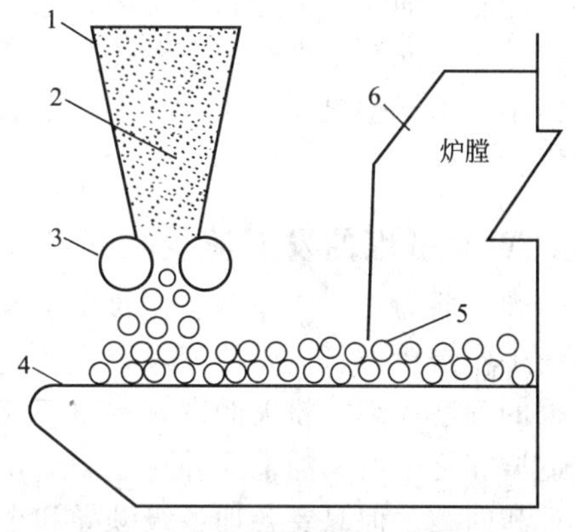

图 4-12 炉前成型工艺示意图

1—煤斗；2—原料散煤；3—成型机；4—炉排；5—成型煤；6—炉体

(2) *基本原理* 工业锅炉采用炉前成型设备后，由于型煤具有一定的冷、热强度，堆积均匀，孔隙适当，有利于通风，并能经受强制通风时所产生的振动，因而燃烧状况稳定，型煤层燃时不扬尘、不漏屑，固体不完全燃烧损失小，排烟热损失也小。

型煤入炉燃烧后，高温下会开裂出花卉状，并释放出挥发分，增加了燃烧的比表面和氧的扩散能力，使煤炭充分燃烧。由于型煤具有较好的热变形特性，可以做到裂而不粉，燃而不扬，既可以烧透，又减少了粉尘的扬析，大幅度地减少了烟尘的排放。如果在原煤成型时加入适当的添加剂，还可以具有较好的固硫效果，这些都是一般原煤不具备的独有特性，因此可以把劣质煤变成型煤便于燃烧，并利用型煤层燃无扬析及固硫的作用，解决燃煤的烟尘和 SO_2 污染，减少酸雨的形成。

(3) 优缺点　采用锅炉炉前成型的办法推动工业锅炉燃用型煤的发展，虽然节煤率和环保效益稍差于型煤集中成型，但在推广方面有以下几方面的优点：

① 炉前成型所需原料煤的准备虽然也要加工费，但价格较低，用户较易接受。

② 不需要考虑型煤的防水和破碎问题，故投资可以减少。

③ 投资费用由各用户分散负担，困难相对减少。推广锅炉型煤炉前成型，国家只需先支持少量的节能贷款，是投资少、见效快、节能和环保双效益的项目。

(4) 成型机装置　燃煤炉前成型仅适用于机械层燃锅炉，也就是说，凡是炉前有给煤装置——煤斗的机械锅炉，都可以实施炉前成型。

在原链条炉煤斗中部相距炉排面约 400mm 的高度上，设置一对直径为 200mm、带有型窝的型煤轧辊，型辊长度与煤斗、炉排宽度相同。成型机由电机经减速装置拖动。来自煤场、粒度在 0～25mm 的散煤加入煤斗中（如系高硫煤，则可掺加脱硫剂），经型辊挤压成型的型煤团块从型辊直接下落到炉排上，通过型辊转速和炉排行走速度间的配合，得到平整的型煤燃烧层和所要求的料层高度；也可使型辊间断运转，而通过控制型辊运转时间，由原有煤闸门控制燃料层厚度和平整性。

炉前成型的型煤不加黏结剂，直接使用来自煤场的动力配煤，在不高的成型压力下挤压成型，也没有成型后的干燥过程，得到的型煤强度不高，它在下落到炉排上时可能破裂但不成粉末，在通过煤闸门之后，燃料层由大小相间的型煤团块所构成。鉴于链条炉排的燃料层厚度一般不大于 300mm，型辊中心线到炉排表面只有 400mm 间隙，故炉前成型的强度只要满足 0.4m 跌落强度，以及 2.5N/球（型煤尺寸为 28mm×28mm×12mm）的抗压强度。

2. 集中型煤工艺

集中型煤工艺就是建立一个专业的型煤厂，由型煤厂根据不同的用户需求对煤炭进行筛选、配制，加入固硫剂和添加剂，通过成型工艺压制成型，然后配送给用户进行燃烧。用户可在专业厂家帮助进行型煤燃烧，降低了用户对型煤知识的要求，对推广型煤技术起了积极的作用。由于型煤运输中易破碎，且成本相对炉前成型偏高，一般适用于民用或小型锅炉使用。

五、工业型煤的发展前景

到目前为止，工业型煤在整个工业锅炉中燃用的比例还是很低的。这说明这方面还有大量的工作需要做。但要使型煤燃烧的比例大于散煤燃烧也是不现实的。首先尽管现在机械化开采的程度提高，粉煤的占有率也不断提高，但还有 40%左右的块煤，把块煤破碎来加工制造型煤是不科学的。此外对于 10t/h 以上的大型链条锅炉，使用炉前成型机械也有一定的困难和问题。但只要各地各级领导和企业管理人员重视，达到 20%的型煤燃用比例在 10 年内是可以实现的。到那时将达到全国每年燃用 120Mt 左右的工业型煤。

现在是发展工业型煤的大好时机。各地都在为解决酸雨问题考虑积极发展固硫洁净型煤。只要进行统一规划，制定和完善一套兼顾环境和经济效益的产业政策、经济政策，建立扶持、奖励和惩罚政策，以经济、行政和法律手段进行宏观引导和调控，就可以迎来工业型煤大发展的明天。

第四节 循环流化床技术

循环流化床燃烧的基本原理是燃料在流化状态下进行燃烧。一般粗粒子在燃烧室下部燃烧，较细的粒子在燃烧室上部燃烧。被吹出燃烧器的粒子经分离器收集下来之后，通过返料器送回燃烧室实现循环燃烧。循环流化床由于独特的流体动力特征和结构，使其具有许多优点，燃料适应性广，燃烧效率高，燃烧过程高效脱硫，氮氧化物排放浓度低，燃料预处理系统简单等，因而，近年来得到了较大的发展。

一、循环流化床锅炉的优缺点

1. 循环流化床锅炉具有传统锅炉无可比拟的优越性

流化床锅炉是20世纪60年代诞生的一种洁净燃烧设备，具有燃烧效率高、污染小、对燃料适应性强、负荷调节范围大及灰渣可综合利用等优点，有传统锅炉无法比拟的优越性，被誉为“21世纪的燃烧技术”。我国从20世纪80年代初期开始进行循环流化床技术的开发，取得了很大成效，特别是在中小型锅炉燃用劣质煤并实现资源综合利用时，循环流化床锅炉是首选的能源转换设备。

(1) *燃料适应性广* 这是循环流化床锅炉的主要优点之一。在循环流化床锅炉中按质量计，燃料仅占床料的1%～3%，其余是不可燃的固体颗粒，如脱硫剂、灰渣或砂。燃料进入炉膛后很快与大量床料混合，燃料被迅速加热至着火温度以上，而同时床层温度没有明显降低。只要燃料的热值大于加热燃料本身和燃烧所需的空气至着火温度所需的热量，上述特点就可以使得循环流化床锅炉不需辅助燃料而燃用任何燃料。它既可燃用优质煤，也可燃用各种劣质燃料，如高灰煤、高硫煤、高灰高硫煤、高水分煤、煤矸石、泥煤以及油页岩、石油焦、尾矿、炉渣、树皮、废木头、垃圾等，根据不同燃料，均可选择到对应的循环流化床锅炉。

(2) *燃烧效率高* 循环流化床锅炉的燃烧效率要比鼓泡流化床（即沸腾炉）锅炉高，燃烧效率通常在92.5%～99.5%范围内，可与煤粉锅炉相当。由于其气-固两相混合良好，燃烧速率高，特别是对粗粒燃料，绝大部分未燃尽的燃料被返回炉膛循环燃烧。

与鼓泡流化床锅炉不同，循环流化床锅炉能在较宽的运行变化范围内保持高的燃烧效率，甚至用细粉含量高的燃料时也是如此。

(3) *高效脱硫* 在循环流化床锅炉中可实现炉内脱硫，其脱硫剂通常采用廉价的石灰石，粒径通常为0.1～0.3mm。典型的循环流化床锅炉达到90%脱硫效率时，所需的脱硫剂化学当量比（即Ca/S比）为1.5～2.5。因此循环流化床锅炉为洁净燃烧技术，对日益要求严格的环境保护是适应的。

(4) *氮氧化物（NO_x）及其他污染物（CO、HCl、HF等）排放低* 这是由于其在燃烧时有两个特点：一是低温燃烧，此时空气中的氮一般不会生成NO_x；二是分段燃烧，抑制燃料中的氮转化为NO_x，并使部分已生成的NO_x得到还原。

(5) *燃料预处理系统简单* 循环流化床锅炉的给煤粒度一般小于10mm，因此，与煤粉炉相比，燃料的制备破碎系统大为简化。此外，循环流化床锅炉能直接燃用高水分煤（水分可达30%以上），当燃用高水分燃料时也不需要专门的处理系统。

(6) *易于实现灰渣综合利用* 目前对燃煤锅炉的环保要求，既要对在燃烧中产生的污染物加以控制和消除，又必须对燃烧排放的气、液、固体废弃物加以控制，不得造成二次污染，要实现无害化、资源化直至商品化。而循环流化床锅炉在加入石灰石脱硫后生成的灰渣，可作为水泥掺合料或做建筑材料，完全达到上述的环保要求，因此受到人们的关注。

(7) 负荷调节范围大，负荷调节快 循环流化床锅炉的负荷调节比可达（3～4）：1，其调节速率一般可达每分钟4%。

(8) 床内不布置埋管受热面 循环流化床锅炉的床内不布置埋管受热面，因而不存在鼓泡流化床锅炉的埋管受热面易磨损的问题。此外，由于床内没有埋管受热面，启动、停炉、结焦处理时间短，同时长时间压火之后可直接启动。

(9) 投资运行费用适中 循环流化床锅炉的投资和运行费用略高于常规煤粉炉，但比配置脱硫装置的煤粉炉低15%～20%。

2. 循环流化床存在的问题

任何事物都是一分为二的，有优点，也有缺点。这些年来的发展和实践表明，循环流化床锅炉也有某些缺点。有的缺点是发展中的，经过不断努力和实践可以完善和克服；有的缺点是该技术本身所固有的，难以克服。

(1) 一次风机压头较高，电耗大。另外，循环流化床还配有送灰风机、二次风机，有的还有冷渣器风机。一般循环流化床锅炉电厂的用电比煤粉锅炉高4%～5%。

(2) 燃烧室下部膜式壁与耐火防磨层交界处的磨损严重。循环流化床锅炉无埋管问题，但是如果耐火防磨层与膜式壁交界处的结构处理不好，带来的交界处管壁的磨损比鼓泡床锅炉的埋管磨损更难处理。

(3) 耐火耐磨层磨损、开裂和脱落。循环流化床锅炉使用耐火材料的部位和数量比其他形式的锅炉多许多。由于耐火耐磨材料选择不当，或施工工艺不合理，或烘炉和点火启动过程中温控不好，升温、降温过快，导致耐火材料内衬中蒸发的水汽不能及时排出，或耐火内衬中热应力过大，而造成耐火内衬破裂和脱落。燃烧室内耐火防磨隔热层脱落，将破坏流化工况，造成床料结渣。分离器内耐火防磨层脱落，将堵塞返料系统，造成飞灰不能循环燃烧，循环流化床锅炉变成鼓泡床锅炉，蒸发量急剧下降。返料器内耐火隔热层脱落，同样造成返料器内结渣，返料器不能正常运行，严重影响锅炉的正常运行，造成蒸发量下降，飞灰含碳量增加，锅炉燃烧效率下降。料腿和返料管内耐火隔热层脱落，堵塞管道，同样破坏飞灰循环燃烧效果。

(4) 点火启动时间长。循环流化床锅炉点火启动过程除受汽包升温速率的影响外，还受耐火防磨层内衬温升和能承受的热应力的限制。升温太快，耐火层内（特别是高温绝热旋风分离器耐火防磨层内）热应力超过允许热应力而破裂。所以，对循环流化床锅炉点火启动时间和升温速率有严格要求。对采用高温绝热旋风分离器的循环流化床锅炉，从冷态启动到带满负荷的时间控制在12～16h。对采用汽冷旋风筒分离器循环流化床锅炉，从冷态启动到带满负荷的时间控制在6～8h。

(5) 对燃煤粒径要求严格。一般鼓泡床锅炉燃煤粒径范围为0～10mm，平均粒径为5mm左右，对粒径的分布要求不严。循环流化床锅炉燃煤粒径范围要求在0～8mm，平均粒径为2.5～3.5mm，对煤粒径的分布有一定的要求。如果达不到要求，将带来许多不良后果：锅炉达不到设计蒸发量，飞灰含量高，尾部受热面磨损严重。

(6) N_2O生成量较高。与高温煤粉燃烧过程相比，循环流化床燃烧温度较低，NO_x生成量较小，但N_2O生成量较大。N_2O是一种强温室效应气体，对大气臭氧层有破坏作用，导致直射到地球上的紫外线强度增加，引发皮肤癌。

（7）热面磨损。循环流化床锅炉的飞灰份额比煤粉锅炉小，但飞灰的粒径比煤粉锅炉的大许多。如果锅炉尾部受热面的气流速度选择偏高，将使过热器受热面和省煤器受热面磨损严重。

（8）风帽磨损。风帽使用寿命不长，主要由于床料对风帽的横向冲刷引起。解决风帽的磨损问题，主要靠提高风帽材质的抗磨性能实现。

（9）运行维护费用较高。循环流化床锅炉本体，包括耐火防磨层、金属受热面和风帽磨损比较严重，加上煤破碎机磨损亦十分严重，导致循环流化床锅炉的日常维修费用较高。

（10）循环流化床锅炉累计连续运行小时数不长。由于循环流化床锅炉本体和辅机事故比煤粉锅炉多，它的连续累计运行时间目前比煤粉锅炉短。

（11）循环流化床锅炉本体金属消耗量比煤粉锅炉大，造价比较高。

（12）循环流化床锅炉的辅机配套还存在一些问题，由于辅机故障引起锅炉停炉的比率较高。

（13）中小型循环流化床锅炉飞灰含碳量还比较高，提高分离器的分离效率，降低飞灰含碳量，是值得进一步研究的问题。

总之，目前循环流化床锅炉运行中的问题与煤粉炉相比要多，它的连续运行小时数要比煤粉炉短。

二、循环流化床燃烧机理

在层燃炉中，煤粒铺在炉排上，空气从下向上通过煤颗粒之间的空隙进入炉膛，此时风速较小，气流的浮力小于煤粒的重力，煤粒静止在炉排上不动，故称其为固定床，如常见的链条炉。若增大风速、减小煤的粒径，则颗粒间隙中的气流速度将增加，气流对煤粒的推力也增大。当风速达到某一数值时，气流的浮力超过煤粒的重力，整个燃料会被风托起。如果在一定范围内继续增大风量，大部分煤粒并不会随风吹走，这时只是煤粒之间的空隙加大，实际风速仍保持在刚好托起煤粒的极限值，煤粒在床中产生强烈的翻滚跳跃，整个燃料层与气流混合具有流体一样的流动性，这种状态称为沸腾床。燃料在沸腾床内的燃烧即为沸腾燃烧，见图 4-13。常用的沸腾燃烧锅炉有沸腾炉和循环流化床锅炉两种类型。

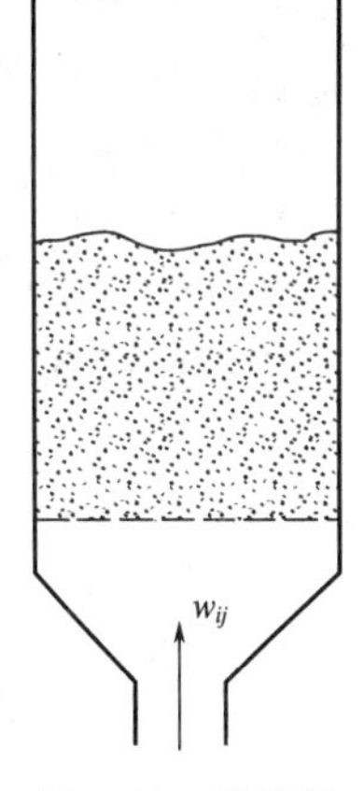

图 4-13 沸腾燃烧的机理

循环流化床锅炉与沸腾炉两者之间既有联系，也有差别。两者结构上最明显的区别是循环流化床锅炉在炉膛出口安装了气固分离器，可以将烟气中的大颗粒飞灰收集起来，送回炉膛继续燃烧，大大提高了飞灰可燃物的燃尽率（循环流化床锅炉的“循环”是指大颗粒飞灰返回炉膛内循环燃烧），使锅炉的热效率提高到 90％以上。

三、循环流化床锅炉结构简介

循环流化床锅炉由炉膛、气固分离器、灰回送系统、受热面和辅助设备所组成。有的循环流化床锅炉还设有外置热交换器，或称外置冷灰床。如图 4-14 所示为带有外置热交换器的循环流化床锅炉系统示意图。

1. 循环流化床锅炉的工作流程

在燃煤循环流化床锅炉的燃烧系统中，煤先被加工成一定粒度范围的宽筛分煤，然后由给料机经给煤管送入循环流化床炉膛进行燃烧，一般粗重的粒子在燃烧室下部燃烧，细小的粒子在燃烧室上部燃烧。少量被烟气带出燃烧室的细粒子由分离器收集下来之后，送回床内循

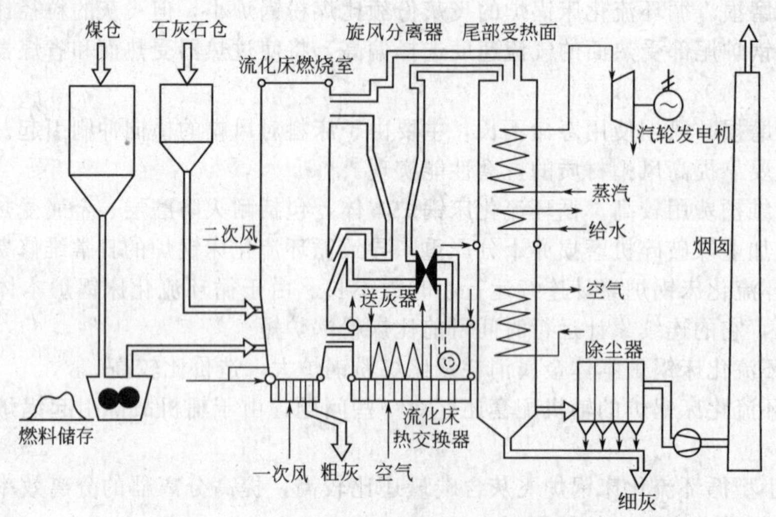

图 4-14 带有外置热交换器的循环流化床锅炉系统示意图

环燃烧。燃烧过程中产生的大量高温烟气，经炉膛水冷壁、过热器、再热器、省煤器、空气预热器等受热面进行热交换，然后进入除尘器进行除尘，最后由引风机排至烟囱进入大气。

此外，循环流化床锅炉还设有掺烧石灰石的脱硫系统，如图 4-14 所示。石灰石脱硫剂经破碎至合适粒度后，由给料机从流化床燃烧室布风板上部给入，与燃烧室内炽热的沸腾物料混合，被迅速加热，燃料迅速着火燃烧，石灰石则与燃料燃烧生成的烟气中的 SO_x 反应生成 $CuSO_4$，使 SO_x 变成固态与飞灰一起除掉，从而起到脱硫作用。

燃烧室温度控制在 850℃左右。在较高气流速度的作用下，燃料燃烧充满整个炉膛，并有大量固体颗粒被携带出燃烧室，经高温旋风分离器分离后，一部分热炉料直接送回流化床燃烧室继续参与燃烧，另一部分则送至冷灰床，在冷灰床中与埋管受热面和空气进行热交换，被冷却至 400～600℃后，经送灰器送回燃烧室或排出炉外（用来调节床温，如果采用中低温分离器就不用冷灰床了）。经旋风分离器排出的高温烟气，在尾部烟道与对流受热面进行换热后，通过除尘器由烟囱排出。

循环流化床锅炉燃烧在整个炉膛内进行，而且炉膛内具有很高的颗粒浓度，高浓度颗粒通过床层、炉膛、分离器和返料装置再返回炉膛，进行多次循环，颗粒在循环过程中进行燃烧和传热。

2. 循环流化床锅炉汽水系统

由于现在的循环流化床锅炉都是汽包锅炉，锅炉给水首先进入省煤器，然后进入汽包，后经下降管进入水冷壁。燃料燃烧所产生的热量在炉膛内通过辐射和对流等传热形式由水冷壁吸收，用以加热锅水产生汽水混合物，产生的汽水混合物进入汽包，在汽包内进行汽水分离。分离出的水进入下降管继续参与水循环；分离出的饱和蒸汽进入过热器系统继续加热变为过热蒸汽。

3. 循环流化床锅炉的基本构成

循环流化床锅炉可分为两个部分：第一部分由炉膛（流化床燃烧室）、气-固分离设备（分离器）、固体物料再循环设备（返料装置、返料器）和外置换热器（有些循环流化床锅炉没有该设备）等组成，上述部件组成了一个固体物料循环回路；第二部分为尾部对流烟道，布置有过热器、再热器、省煤器和空气预热器等，与常规煤粉锅炉相近。

循环流化床锅炉的出现，使燃烧效率达到能与煤粉燃烧相媲美的水平。因此，受到国内外的普遍重视，使沸腾燃烧技术的研究和开发得到迅速发展，近十几年在我国发展更快，循环流化床锅炉容量已经发展到 400t/h 以上，目前投产的中等容量的锅炉由于环保的要求，大多数采用循环流化床锅炉。

四、循环流化床的发展情况

循环流化床锅炉具有煤种适应性广、燃烧效率高、环保性能好、负荷调节范围大和灰渣可综合利用等优点，近十年来在工业锅炉、电站锅炉、旧锅炉改造和燃烧各种固体废弃物等领域得到迅速的发展。世界上 100～300MW 级的各种类型的大型循环流化床锅炉有 100 多台在运行中，600MW 循环流化床锅炉的方案设计已完成。可以预计，循环流化床锅炉将以它的高性能和对环境友好，与常规煤粉锅炉展开激烈竞争。特别在烧中、高硫煤时，循环流化床锅炉有绝对的优势。

近几年来，循环流化床锅炉的发展出现了竞争十分激烈的局面：法国 GEC-Alstom 吞并了美国 ABB-CE 公司，美国 F&W 公司吞并了 Ahlstrom Pyropower 公司。吞并之后，两种流派的循环流化床燃烧技术互相渗透，互相结合，加速了大型循环流化床锅炉的发展。美国 F&W 公司、法国 Alstom 公司已经推出了 600MW 循环流化床锅炉的设计。围绕 600MW 循环流化床锅炉开展了锅炉燃烧室、分离器、流化床热交换器和尾部烟道放大的研究，以及炉内气固两相流动、传热、污染物控制和燃煤热破碎特性的研究。

20 世纪末，我国为了更好解决燃煤发电引起的环境恶化问题和进一步改造大批技术落后的原有发电机组，开展了蒸发量为 410t/h、450t/h（配 10MW 发电机组）高温高压循环流化床电站锅炉和蒸发量为 440t/h（配 135MW 发电机组）的超高压中间再热循环流化床电站锅炉的国内公开招标工作，以推动大容量循环流化床电站锅炉在国内的发展。上海锅炉厂、哈尔滨锅炉厂和东方锅炉厂都在自己原有积累的技术基础上，通过技术引进等措施迅速具备了制造这些级别的大型循环流化床电站锅炉的能力。

在原国家计委的领导下，依托白马电厂，采用三大锅炉厂技术共享的形式与法国 GEC-Alstom 公司签订了引进 300MW CFB 锅炉的合同。东方锅炉厂分包了锅炉本体部分部件的生产制造。300MW CFB 锅炉为亚临界中间再过热 Lurgi 型。锅炉蒸发量为 1025t/h。蒸汽参数为 16.7MPa、540℃。锅炉燃烧室尺寸：5m×12.6m×35.5m（宽×深×燃烧室净高），流化速度 u=6.5m/s。锅炉主要结构特性如下：Lurgi 型外部流化床热交换器；4 个内径为 7.9m 的绝热式上排气高温旋风筒分离器布置在燃烧室左右两侧；燃烧室下部为绝热裤衩型，上部为膜式水冷壁结构；过热器、再热器分别布置在 4 个外部流化床热交换器和尾部烟道内。这台锅炉的引进、吸收、消化工程，是我国大型 CFB 锅炉发展的重要示范性工程，为我国大型 CFB 锅炉发展上一个新台阶，为超大型、超临界 600MW 锅炉的发展打下一个基础。目前，我国也开展了 800MW 机组超临界 CFB 锅炉方案的研究，现已完成了该炉型的概念设计。

第五节　水煤浆燃烧技术

一、水煤浆

1. 简介

水煤浆是 20 世纪 70 年代发展起来的一种新型的煤基流体燃料，是燃料家族中的新成员，它是由65%～70%不同粒度分布的精煤粉、29%～34%左右的水和约0.5%～1%的化学添加剂制成的，具有不同粒度分布的稳定的混合物，呈黑色黏稠状，具有燃油一样的流动性，热值相当于石油的一半，被称为液态煤炭产品。

2. 水煤浆质量指标和分级

(1) 质量指标　浓度、粒度、平均粒度、灰分、硫分、发热量、挥发分、稳定性、煤灰熔融软化温度（*ST*）等。

常见的质量指标如表4-10所列。

表4-10　水煤浆常见的质量指标

浓度	66%～70%	挥发分 V_{daf}	>30%
黏度	1200MPa·s(20℃,100S⁺时)	稳定性	1～3个月
平均粒度	<50μm,最大<300μm	热值	17～19.5MJ/kg(4060～4675kcal/kg)
灰分 A_d	6.7%±1%	煤灰熔融软化温度 *ST*	>1250℃
硫分 $S_{t,d}$	0.3%～0.5%		

(2) 水煤浆分级　根据GB/T 18855—2002《水煤浆技术条件》，按照浓度、发热量、灰分、硫分、粒度、挥发分等指标，分为Ⅰ、Ⅱ、Ⅲ三个级别，基中Ⅰ级质量最好。市场上出售的商品浆一般各个指标有交叉，如热值是Ⅰ级浆指标，但粒度可能是Ⅱ级浆指标。水煤浆的技术要求和测定方法如表4-11所列。

表4-11　水煤浆的技术要求和测定方法

项目		技术要求	试验方法
浓度 c/%		Ⅰ级:>66.0 Ⅱ级:64.1～66.0 Ⅲ级:60.1～64.0	GB/T 18856.2
黏度 η(在浆体温度20℃,剪切率100s^{-1}时)/mPa·s		<1200	GB/T 18856.4
发热量 $Q_{net,cwm}$/(MJ/kg)		Ⅰ级:>19.50 Ⅱ级:18.51～19.50 Ⅲ级:17.00～18.50	GB/T 18856.6
灰分 A_{cwm}/%		Ⅰ级:<6.00 Ⅱ级:6.00～8.00 Ⅲ级:8.01～10.00	GB/T 18856.7
硫分 $S_{t.cwm}$/%		Ⅰ级:<0.35 Ⅱ级:0.35～0.65 Ⅲ级:0.66～0.80	GB/T 18856.8
煤灰熔融软化温度 *ST*(适用于固态排渣方式)/℃		>1250	GB/T 18856.10
粒度	$P_{cwn+0.3mm}$/%	Ⅰ级:<0.03 Ⅱ级:0.03～0.10 Ⅲ级:0.11～0.50	GB/T 18856.3
	$P_{cl-0.075mm}$/%	≥75.0	
挥发分 V_{daf}/%		Ⅰ级:<30.00 Ⅱ级:20.01～30.00 Ⅲ级:≤20.00	GB/T 18856.7

3. 水煤浆技术范围及发展意义

(1) 范围　水煤浆技术包括水煤浆制备、添加剂、储存、运输、燃烧等关键技术，是一项涉及多门学科的系统技术。

(2) 发展意义　水煤浆是一种低硫低灰的液态产品，其最大优势在节能和环保方面。

① 理想的代油代气的燃料　由于我国油气资源贫乏，煤炭资源相对丰富，而水煤浆具有类似燃油一样的贮存、运输、燃烧的特征，而其价格约是燃油的一半，是一种煤代油的燃料。

② 水煤浆是一种低污染燃料　制备水煤浆的原料——煤是经过洗选的，含灰量一般在7%左右，仅是原煤的20%左右，含硫量也降低，在0.3%～0.5%之间，作为燃料燃烧，经除尘后其烟尘浓度可达到50mg/m^{3}以下，SO_2浓度可达到300mg/m^{3}以下。同时可以在水煤浆中增加脱硫剂可进一步降低SO_2的浓度，由于水煤浆含有30%左右的水分，使燃烧火焰温度比直接燃烧煤粉低150～200℃，且水蒸气还具有使NO还原为N_2的作用，所以NO_x的排放浓度低。可认为水煤浆是一种低污染的清洁燃料。

③ 提高锅炉效率　水煤浆作为燃料使用，是一种类似油的燃烧方式，工业锅炉效率提高，节省了煤炭资源。

④ 提高厂区卫生　水煤浆采用封闭贮存，管道密闭输送方式，减少原煤在堆场、公路运输中的损耗、扬尘等问题，提高了煤炭的深加工利用率，据统计可减少损耗7%。

⑤ 水煤浆是一种理想气化燃料，可实现蒸汽-燃气联合循环。

二、水煤浆燃烧特征

1. 水煤浆燃烧机理

水煤浆可以像油一样实现雾化燃烧，其燃烧效率高达98.5%，大型电站锅炉可达99%。水煤浆经过煤浆喷嘴，以压缩空气或过热蒸汽作为雾化介质，形成煤浆雾炬，同时液雾周围喷入供煤浆燃烧所需的空气，煤浆液滴进入炉膛后被加热并与空气混合，首先水分蒸发，然后挥发分挥发并着火，进而引起液滴中的焦炭颗粒着火燃烧，直到燃尽。如图4-15所示。

2. 水煤浆着火、点火问题

由于水煤浆含有30%左右的水分，其着火点在800℃左右，所以不能像燃油一样直接点火，需要采用燃油方式预点火，加热炉膛，待火焰达到接近800℃左右才开始喷入水煤浆混烧，待燃烧稳定后，撤去点火用燃油，进入纯煤浆燃烧阶段。

水分对水煤浆燃烧过程影响很大，由于加热水分需要一定时间，挥发分要大部分水分蒸发后才能析出，开始燃烧，就大大延迟了水煤浆着火，所以水分存在是一个很大的不利因素。但是通过良好组织，良好的燃油点火，提高雾化质量，采用合适的水煤浆燃烧器和合理的配风及合理的炉膛稳燃室和卫燃带等措施组织燃烧，已非常好地解决了问题，使水煤浆表现出非常好的着火及燃烧特性，其火焰稳定、清晰、明亮，具有很好的刚度。

3. 水煤浆燃烧结渣问题

由于水煤浆的可燃成分是煤，而煤中灰熔点是其固有特性，如何防止结渣是保证燃烧的一个关键因素。一般水煤浆煤灰熔融软化温度是1250℃，所以组织良好的燃烧，可使火焰温度不超过1250℃。通过合理的燃烧组织，包括燃烧和炉体设备及控制系统的有机统一设计，可以解决结渣问题。

4. 水煤浆燃烧飞灰处理

由于水煤浆含有7%左右的灰分，不但有上述结渣问题存在，如何使炉膛及对流换热部

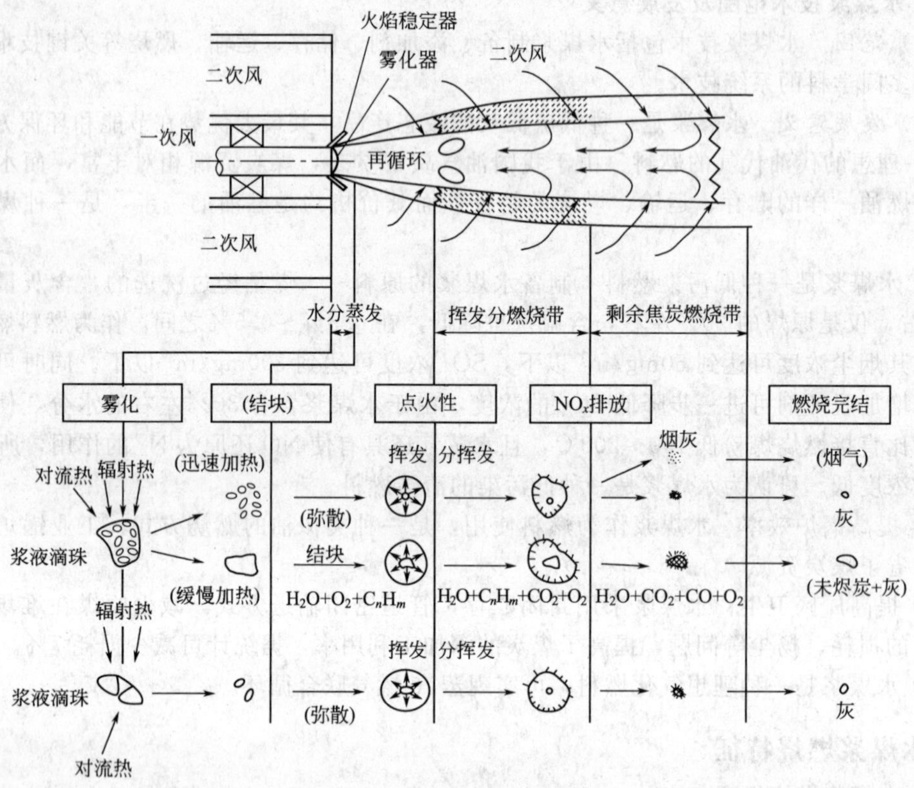

图 4-15 水煤浆燃烧过程图

分灰及时带出炉外，同时清理受热面也是一个重点。采用人工、机械水力冲洗，压缩空气吹灰，蒸汽吹灰等各种方式可以解决。

三、水煤浆燃烧技术概述

我国从 20 世纪 70 年代开始发展水煤浆技术，主要分为水煤浆制备、添加剂的研制、燃烧技术的应用等三大块。我国把水煤浆技术列为重点发展的代油技术，从“六五”到“八五”都列为国家重点科技攻关项目，也是作为中国洁净煤技术的重要组成部分。由国家水煤浆工程技术研究中心、中国矿业大学、南京大学、浙江大学等高校和科研院所作为重点研究项目，同时全国有多家锅炉生产厂家积极参与。我国在 20 世纪 80 年代初，在这一技术上就取得了成功，走在世界的前列。特别是进入 21 世纪以来，此项技术得到极大的发展，在工业锅炉方面也得到了很大的发展。在全国的许多省市如广东、浙江、江苏、上海、福建、山东、北京等地得到推广应用。

水煤浆燃烧技术主要包括喷嘴雾化、燃烧器、启炉点火系统、锅炉炉窑、热风炉、出渣（出灰）、供浆系统（含储运、输送、搅拌、过滤）、尾气处理系统（含除尘、脱硫）、电气控制系统等。

四、水煤浆喷嘴雾化技术

水煤浆是一种煤基流体，由各种不同粒度的煤粉颗粒和水组成，而要组织良好的着火和提高燃烧效率，就需要对水煤浆进行良好的雾化。只有将水煤浆雾化成雾滴后才能在炉膛里较好地燃烧，且燃料雾化得越细，着火就越容易，燃烧越完全。

雾化通过水煤浆喷嘴来完成。喷嘴是液体燃料组织燃烧必须使用的。按照喷嘴雾化方式，可分为机械雾化和气力雾化两类。

机械雾化喷嘴是用高压液体燃料通过切向槽和旋涡室使液体燃料强烈旋转，再由喷孔喷出，因离心力作用而使其雾化。由于燃料油本身颗粒非常细，黏度低，直接采用机械雾化方式。

气力喷嘴是利用有一定压力的空气（压空）或过热蒸汽以高速冲击速度较低的液体燃料，把其撕裂成很细的液滴，以高速气流的气力作用，以极快速度从喷口喷出而使燃料雾化。由于水煤浆与燃油相比有较粗的颗粒和很高的黏度，一般都采用气力喷嘴。

对水煤浆喷嘴的要求是：

① 雾化颗粒细，稳定着火，较好的燃烧特性和较高的燃烧效率。

② 能防堵塞，能长期连续运行。

③ 耐磨损，增加使用寿命。

④ 具有较低的气耗率，减小使用成本。

⑤ 合适的雾化角和射程，使火焰形状易于控制，能适应不同形状和尺寸的炉膛。

⑥ 负荷调节性能好，在一定的负荷变化范围内，喷嘴仍维持较好的雾化性能。

撞击式喷嘴由混合件、T形件、撞击件、雾化头、套筒组成（如图4-16所示）。水煤浆从中心浆孔进入混合室，先经一级或多级对称Y形结构的雾化气（或汽）的冲击雾化，在临出口处遇上一级T形雾化气的冲击，然后整个气浆两相流一起以一个适当的速度冲击撞击件，产生机械撞击，最后从喷嘴雾化孔中喷出。特点是：

① 雾化质量好，能有效防止堵塞，采用耐磨合金或陶瓷材料作为耐磨件，使其寿命长达1200～1500h。

② 气（汽）耗合理，雾化角度方便调整，负荷变化时性能可以得到保证，能制成300～6000kg/h不同浆量的规格。

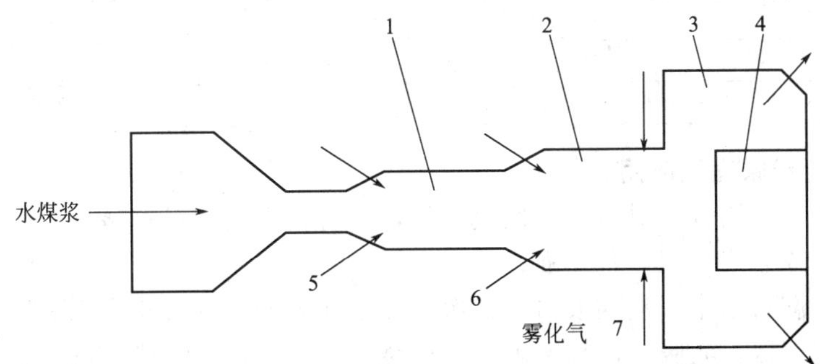

图4-16 多级撞击式雾化喷嘴

1—一级混合室；2—二级混合室；3—喷嘴头部；4—撞击件；5—一级雾化器；6—二级雾化器；7—三级雾化器

五、水煤浆燃烧器

1. 简述

水煤浆燃烧器最重要的功能是实现配风，也可称为配风器，是水煤浆燃烧的关键设备。水煤浆由于含有约30%的水分，所以着火热就显得十分重要。而着火热主要是靠高温烟气回流，需要对燃烧配风进行合理的组织，以使煤浆雾矩得到有效的加热，及时着火。同时，合理配风是加强燃烧室内湍动，提高水煤浆燃烧速度和燃尽率的关键。合理的配风还将影响到污染物的排放，分段送风可控制 NO_x 的生成和排放。一、二次风混合适时适量，可保证燃烧的稳定性和经济性，炉膛的燃烧工况主要是通过燃烧器的结构及布置来决定的。

燃烧器按空气动力学的特性可分为旋流式和直流式。旋流式燃烧器是利用旋转气流产生合适的回流区，用回流的高温烟气来加热水煤浆，保证其稳定着火和燃烧。直流燃烧器是利用射流及其组合来实现燃料燃烧的。

旋流燃烧器按机电器件组合方式可分为手动燃烧器和自动燃烧器两类。手动燃烧器仅是一个配风器，其他部件如浆枪、点火枪、油枪、点火器都是分开的，是单独部件，点火、喷浆、清洗浆枪都是手动操作。自动燃烧器是由燃烧器体及保温、轻油点火系统（点火枪、油枪、油泵、油电磁阀等）、煤浆供浆系统（浆枪、喷嘴、供浆自动阀、供气自动阀等）、浆枪喷嘴自动在线清洗系统等各个系统组成的机电一体化设备，点火、喷浆、清洗等动作全部是自动完成的。

水煤浆燃烧器的基本要求有：

① 组织良好的空气动力场，使煤浆及时着火，一、二次风混合适时适量，保证燃烧的稳定性。

② 运行可靠。防止烧坏、磨损、气流不贴墙等。

③ 有较好的燃料适应性和负荷调节性。

④ 便于调节和自动控制。

⑤ 能使喷雾雾化和炉膛合理配合。

⑥ 能使 NO_x、SO_2 及粉尘污染控制在允许范围内。

水煤浆燃烧器的性能指标如表 4-12 所列。

表 4-12 水煤浆燃烧器性能指标

项目	指标	项目	指标
负荷调节	40%～100%	阻力	≤1500Pa
喷嘴寿命	1500h	雾化介质	压缩空气或过热蒸汽
过量空气系数	1.2	雾化汽耗	≤25%
预热空气温度	60～300℃	燃料	水煤浆、轻油、重油

2. 旋流燃烧器原理及应用

旋流燃烧器是利用旋转射流的特性设计的，具有较大的喷射扩展角，使射程较短，能在较短的炉室中完成燃烧过程，且在强旋流内部及外侧形成一个回流区，卷吸高温烟气，保证煤浆及时着火。燃料由中心喷嘴喷出，二次风经轴向可调的旋流器形成旋转气流，流出喷口后在中心形成回流区，卷吸炉内高温烟气到燃烧器出口附近，加热并点燃燃料。一次风经中心旋流器流出与二次风混合，保证燃烧过程的完成。如图 4-17 所示。

燃烧器已成功地应用在 1～20t/h 的组装或半组装的锅炉上，主要应用在工业锅炉和工业炉窑上，一般采用前墙布置形式，其中≤10t/h 锅炉采用一台燃烧器，而 15～35t/h 采用 2～4 台燃烧器布置。

3. 直流燃烧器

直流燃烧器是利用直流射流及其组合来实现燃料燃烧的，其特点是喷出的风是直流射流，喷口一般是狭长形，一般都采用四角切圆燃烧方式，应用于电站锅炉和散装工业锅炉上。

六、水煤浆锅炉

1. 水煤浆锅炉炉型选择考虑因素

水煤浆锅炉炉型在满足锅炉基本原理的情况下必须考虑水煤浆燃料的特性，按照水煤浆

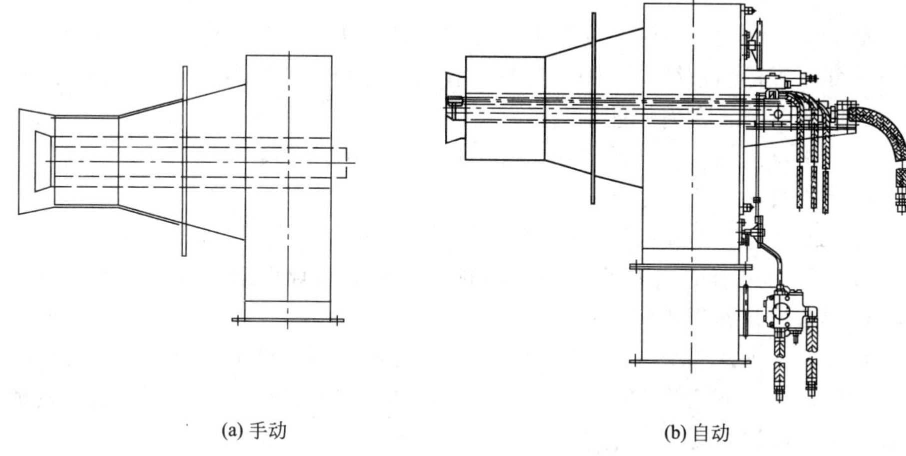

(a) 手动　　(b) 自动

图 4-17 燃烧器示意图

的特点来设计和布置炉膛、受热面等。

① 由于水煤浆含有大约30%的水分，使着火变得困难，为此前墙布置燃烧器的炉膛前端都会布置一个合适的稳燃室结构，而四角布置燃烧器的炉膛布置卫燃带结构，以增加辐射热，使水分快速蒸发，煤浆及时着火，稳定燃烧。

② 水煤浆燃烧本质和煤粉的悬浮燃烧是类似的，全部燃烧过程在炉膛内完成，应充分考虑煤浆颗粒燃烧所需的时间。而这个时间与炉膛容积的大小和形状有很大的关系，同时由于水分蒸发使着火推迟，炉膛容积比一般的煤粉炉大，远大于一般的链条炉，更远大于油气锅炉，由于煤浆火焰较长，炉膛呈长形较好。

③ 炉膛辐射受热面的布置。工业锅炉在稳燃室区域不布置受热面，受热面布置应保证炉膛出口温度合适，保证燃尽但不致太高造成结渣。

④ 对流受热面布置考虑积灰对换热的影响，应适当增大换热面积，烟气冲刷以横向冲刷为好，烟气速度应考虑在较低负荷时不易积灰，考虑到吹灰影响，一般都采用水管结构，不建议采用烟管形式。

⑤ 设计时充分考虑水煤浆灰熔点的影响，防止炉膛结渣，锅炉结渣会危害到锅炉安全运行，造成停炉检修时间缩短，甚至破坏受热面，要从稳燃室尺寸与燃烧器的配合、炉膛容积、炉膛尺寸布置、辐射受热面积大小、运行配风等方面考虑。

⑥ 充分考虑炉膛出渣和受热面吹灰方式，由于水煤浆含有7%左右的灰，而灰在炉膛及对流管束和其他换热面表面形成积灰，必须有可靠的清灰和吹灰措施。工业锅炉炉膛出灰早期为人工方式，一般已不采用，现在大部分采用刮板出渣机机械传动形式、水力冲洗形式等。工业锅炉一般采用压缩空气和固定式吹灰器，电站锅炉一般采用过热蒸汽和电动吹灰器，其中必要的人工辅助看火、吹灰孔应布置合理。

⑦ 对于工业锅炉应尽量考虑组装、半组装的形式出厂，尽量不使用散装出厂，减少安装周期。

2. 水煤浆锅炉炉型

水煤浆锅炉1～25t/h之间选用DZS型、SZS型（包含D型和长短锅筒型）较多，15～35t/h为SHS型较多，65～670t/h为“Π”型。

（1）DZS型　为单锅筒纵置式，对流受热面为烟管，烟气纵向冲刷，对流管束易积灰，主要问题是不能在线清灰，基容量一般在6t/h以下，组装出厂，使用很少，一般不采用。

(2) D型锅炉 由上、下两个纵置锅筒，对流管束，炉膛水冷壁管，连通管，集箱部件组成，炉膛前部布置稳燃室结构，炉膛与对流管束平行布置，炉膛一般在右侧，对流受热面布置在左侧，燃烧器布置在锅炉前墙。

烟气流程：水煤浆燃烧形成的高温烟气由炉膛进入凝渣管束，经惯性分离器后进入第一对流管束，而后进第二对流管束，经锅炉出口排出。

D型布置炉型较宽，炉膛内尺寸受到限制，不能太宽，布置紧凑，采用整体出厂，一般容量在6t/h以下，国内生产此炉型较多，炉膛出灰和对流管束出灰不便，不能采用同一个出渣机出灰，同时炉膛容积热负荷稍高。

(3) 长短锅筒纵置式SZS型结构 锅炉采用长短锅筒纵置式结构，上锅筒为长锅筒，下锅筒为短锅筒，上、下锅筒间布置对流管束，两侧布置水冷壁管，集箱布置在两侧，炉膛布置在前部，炉膛前端布置稳燃室结构，炉膛出口布置燃尽室结构。

由于锅炉炉膛及对流管束在同一个方向上，一个出渣机就可以出灰、出渣，炉膛宽度不受对流管束限制，可较宽，炉膛容积可较大，锅炉为瘦而长结构，长度尺寸比D型要大。

(4) 双锅筒散装SHS型结构 锅炉双锅筒横置为散装式结构，炉膛有前置稳燃室，炉膛四周水冷壁管结构，上、下两个锅筒间布置对流管束，尾部布置省煤器和空气预热器。燃烧器布置在前墙。烟气在对流管束上下纵向冲刷，炉膛出灰采用水力冲洗或刮板出渣机形式。锅炉容量从15～35t/h都可以，炉膛形状为瘦长形，且高，适合水煤浆燃烧要求。

(5)“Π”型结构 大容量锅炉结构参照煤粉炉“Π”型结构，炉膛为瘦长形，无对流管束，尾部布置省煤器和空气预热器，燃烧器为四角布置，组成切圆燃烧方式，锅炉容量可达670t/h，能提供高压过热蒸汽。

(6) 水煤浆有机热载体（导热油）锅炉 有机热载体锅炉是一种特种锅炉，能提供低压高温热媒。锅炉分为上、下大部件组装出厂，上部大件一般为本体换热体，一般为方箱形结构，较大容量炉膛采用双盘管结构，对流受热面采用蛇形管结构，较大容量采用双蛇形管结构。下部大件一般是燃烧室，不布置受热面，额定负荷燃烧时，下部燃烧室炉温容易偏高，下部大件也有布置受热面结构的，与上部大件一起考虑，不易结焦，燃烧器布置在前墙，炉膛体积容易取较大，燃尽率较高，锅炉容量可在1400～14000kW之间。

3. 水煤浆锅炉烟气处理

水煤浆锅炉烟气原始排放的大气污染物要求处理的主要是烟尘和二氧化硫（SO_2）。由于水煤浆灰分主要以飞灰形式排放，烟尘浓度计算参照煤粉锅炉进行。原始烟尘浓度在5000～6000mg/m^{3}左右，并且其粒径较细，一般的旋风除尘较难处理。采用多管除尘和湿法水膜除尘方式较难达到燃油锅炉标准，且湿法水膜易产生二次污染问题，需定期清理，沉淀池中灰为湿灰，需脱水后集中处理。

静电除尘为干法除尘，其除尘效率可达99%以上，在部分工程中得到了应用，但由于其初投资费用高，占地面积大，且长期运行对飞灰中细灰处理效果变差，其应用受到限制。

布袋除尘的除尘效率可达到99.5%，初投资相对较低，设备性能主要取决于布袋，除尘效果能长期保持（实际测试烟尘浓度≤50mg/m^3），高于燃油锅炉标准，且为干灰收集，不存在二次污染，已在许多水煤浆锅炉工程中得到应用，但需要解决耐温问题，一般选用耐高温滤袋。除尘下来的干灰可采用气力输送密闭方式集中处理，灰仓收集，不会产生扬尘等二次污染，且干灰适合循环经济要求，可用于水泥、建材等行业。

水煤浆含硫为0.3%～0.5%，锅炉原始SO_2的排放浓度较低，一般采用湿法加碱性物质脱硫。常用的设备有带文丘里的水膜脱硫除尘器、喷淋塔等。其脱硫效率大于70%，处理后SO_2浓度小于$300mg/m^3$，低于轻油锅炉的SO_2排放。

4. 燃料供应系统

水煤浆锅炉燃料供应包含轻油、煤浆、压缩空气、清洗水等各个子系统。

轻油部分主要包含轻油储槽、日用油箱、轻油泵及其管路。

煤浆系统由储浆罐、日用浆罐、在线过滤器、卸浆泵、输浆泵、供浆泵、流量计和管路阀门、仪表等组成。储浆罐应考虑七天左右的储浆量，应有液位指示装置、防止水煤浆沉淀的搅拌装置。一般为钢制立式结构，南方地区不考虑保温，北方地区应考虑保温。

5. 电气控制系统

水煤浆锅炉电气控制系统有普通按钮及全自动控制两种形式。

普通按钮形式采用人工按钮形式，控制简单，以人工操作为主，较少采用，不适应现代控制。

全自动控制系统采用先进的PLC可编程控制，程序的优化设计，将炉前供浆系统、燃烧设备、锅炉本体、烟风系统等进行一体化控制设计，采用人机界面，给操作和维护带来极大方便。

全自动控制系统具备的功能：

① 全自动控制及负荷调节系统。

② 图形化、人性化、生动丰富的监控操作接口。

③ 启、停简单。在操作接口按“启动”开机，按“停止”关机，启炉、停炉自动吹扫，停炉自动在线清洗。

④ 点火可靠。包括点火前吹扫，点火枪及点火油枪自动进退，熄火自动保护。

⑤ 燃油。油枪大、小火燃烧，按需分段启动，逐段关闭；油枪在燃油时推进到位，关闭后退回原位，油枪动作一目了然；油枪退出采用火焰温度控制；燃油时采用介质雾化，消除黑烟。

⑥ 燃浆。喷浆采用火焰温度控制；喷浆前雾化阀自动开启；雾化、喷浆动作现场指示直观明了；喷浆动作可在炉膛温度、压力、雾化、燃油等配合下自动进行；燃浆结束自动开启浆枪浆嘴冲洗程序，实现燃浆自动化；喷浆量变频调节，使负荷调节平稳，燃烧更为充分；依据蒸汽压力或导热油出油温度自动调节喷浆量。

⑦ 各阶段熄火自动停炉保护。

⑧ 风。鼓、引风机变频调节，根据理论计算结合运行经验参数确定合适的风浆比，采用多台燃烧器时各燃烧器单独配备风量计；含氧量的监测作为配风参考；鼓风频率与供浆频率联动控制；炉膛负压控制引风频率，维持炉膛负压恒定；鼓、引风机联锁控制。

⑨ 压力、温度控制。压力或温度达到自动停炉；变频供浆结合比例配风、历史曲线和趋势图、前馈信号控制，实现锅炉恒温、恒压控制。

⑩ 浆罐液位、油箱液位等自动控制功能。

⑪ 完备显示系统工作状态参数、报警及值班记录、故障检修自助功能等。

⑫ 安全保护。熄火保护（声光报警并联锁保护停炉）；热媒温度高或蒸汽压力高（声光报警并联锁保护停炉）；热媒流量低或进出口压差低（声光报警并联锁保护停炉）；锅炉水位极低（声光报警并联锁保护停炉）；其他故障声光报警。

6. 锅炉运行管理

水煤浆锅炉采用轻油、水煤浆两种燃料。我国现在还没有专门的水煤浆锅炉运行管理方面的标准和规范，锅炉在调试、启炉、运行等各阶段应参照燃油、煤粉锅炉相关运行标准。建议行业主管部门尽快制定相关标准。

七、水煤浆在炉窑方面的应用

水煤浆在炉窑中应用主要是解决燃烧结渣、灰分的影响问题。燃烧后灰分对某些炉窑影响较大，但也在加热炉、干燥窑，特别是陶瓷行业中得到较多的应用。热风炉也得到应用，对于热风品质要求高的，采用耐热钢制成的间接换热方式进行。

八、锅炉改造

锅炉改造主要解决点火、燃烧、结渣、出灰、吹灰、受热面积核算等问题，一般锅炉改造后其出力会降低20%左右。

电站锅炉中燃油锅炉为散装结构、立式炉膛，锅炉改造技术比较成熟，在35～670t/h锅炉都得到应用。

工业锅炉中组装燃油锅炉，特别是应用最多的WNS型卧式燃油锅炉不适合改造。由于该型炉膛为封闭结构，不能解决出灰问题，炉膛容积大小不能适应水煤浆着火、燃尽的要求，会严重结渣，受热面积偏小，烟气流速会偏大，造成磨损严重。

链条锅炉的改造主要根据其炉型结构，拆去燃烧设备，增加稳燃室、出渣装置，设置吹灰器，增加燃烧器及供浆系统等，可以作适当改动以满足水煤浆着火、燃烧等的需要。但由于炉型本体结构已定，改造中其炉膛、受热面积布置等不能与新设计水煤浆锅炉一致，其燃烧、换热、出渣都受到影响，一般改造后出力会下降20%左右。具体根据每台锅炉的结构图纸、实际锅炉使用情况进行设计改造。

九、水煤浆锅炉应用举例

水煤浆电站锅炉和工业锅炉、导热油锅炉在全国许多省市，特别是广东、浙江、山东、上海等得到了应用。电厂有北京造纸厂的60t/h，燕山石化的230t/h，茂名热电和万丰热电的220t/h，茂名热电的400t/h，南海发电厂的670t/h等。

工业锅炉2～35t/h都有使用，其数量和分布都较广泛，特别是近五年在广东、浙江等地得到较大的发展，市场上能提供2～35t/h等各种规格的蒸汽、热水和1.4～14MW的水煤浆有机热载体锅炉。

[实例1] 浙江西湖区某酿酒厂原采用一台4t/h链条煤炉，烟气排放不达标，采用一台全新的4t/h水煤浆锅炉，配用布袋除尘器，已连续运行三年，烟尘浓度为39.8mg/m^3，SO_2浓度为253.8mg/m^3。

[实例2] 浙江某啤酒厂采用一台10t/h水煤浆锅炉，与原有的两台20t/h煤锅炉并联，锅炉为SZS型纵置式，上、下两大件组装形式，配备省煤器和空预器，锅炉投入运行，着火、燃烧稳定，出力足，出渣方便，能满足其连续供汽的需求。

[实例3] 浙江萧山两家化纤行业企业，原采用10.5MW和12MW的燃油锅炉，现分别采用了全烧水煤浆的三台10.5MW和12MW水煤浆导热油锅炉，也是目前国内最大的水煤浆导热油锅炉。已投运将近16个月时间，满足了用户连续24h运行要求，导热油出口温度控制在±1℃。每年可代油4万吨左右，每家企业每年可节约燃料费用5000万元左右。

第六节 煤粉燃烧技术

一、由来与现状

1. 煤粉定义及用途

煤粉是由煤炭经物理加工制成的具有一定细度的粉状物料。根据这一定义有三层含义：其一，从组成成分来看，对于普通煤粉，其成分与制粉煤种完全相同；对某些有特殊要求的改性煤粉，还有少量添加剂；其二，从加工过程来看，为纯物理过程，包括破碎、干燥、磨粉、分离等；其三，从成品特点来看，为松散粉状物料，可袋装或罐装，煤粉颗粒粒度随制粉煤种及不同用途而有所不同。

煤粉可随风飘散，由排粉机吹送，经燃烧器喷入炉膛，在悬浮状态下燃烧，该燃烧方式称为“室燃”方式，相应的锅炉称为煤粉锅炉。长期以来，只有电站锅炉才适用煤粉燃烧，在我国从新中国成立初期至今已有50多年的发展历史。在工业窑炉中，煤粉室燃方式也有20多年历史，主要用于加热炉、陶瓷窑炉、玻璃窑炉等。

2. 大型煤粉电站锅炉

煤炭在世界能源消费中约占30%的比重，且以发电为主。国外大型煤粉电站锅炉历史悠久、技术成熟，并朝超大容量、超高参数、极低污染方向发展。单台锅炉的蒸发量已达到2000t/h以上，锅炉参数由亚临界17MPa/538℃/538℃提高到超临界24MPa/538℃/538℃直到超超临界30MPa/566℃/566℃/566℃。多电场高效电除尘器和多室布袋除尘器的应用，除尘效率高达99.5%以上，可确保烟尘排放浓度低于50mg/m^3；高效湿式脱硫装置的脱硫率达到95.0%以上，低氮燃烧器可使NO_x生成量减少40%左右，烟气脱硝装置可使NO_x排放浓度降低70%～90%左右。

我国的火力电站煤粉锅炉经过50多年的发展，容量从6MW(35t/h)、25MW(130t/h)、50MW(220t/h)发展到125MW(410t/h)、200MW(670t/h)直到300MW(1000蒸吨)以上；压力从中压、高压发展到超高压、亚临界直至目前的超临界压力。单机容量越来越大，工作压力越来越高，锅炉热效率也由80%～82%提高到92%～94%。锅炉整机由制粉系统、汽水系统、烟风系统、烟气净化系统、除灰除渣系统以及控制与调节系统等组成为一个完整的系统工程。目前，上海、哈尔滨、自贡东方、北京巴威、武汉五大电站锅炉企业可制造适用褐煤、烟煤、贫煤及无烟煤的电站锅炉产品。我国电站锅炉在容量和参数上已达到世界先进水平，但在烟气净化控制方面与发达国家相比，尚存在较大差距。

3. 小型煤粉工业锅炉

我国小型燃煤工业锅炉，以往多采用原煤的层燃方式，这是因为如果采用煤粉的室燃方式，则作为辅机的煤粉制备系统的设备投资、占地面积远大于锅炉本身，将造成“主机不主，辅机不辅”的格局，庞大的制粉系统成为煤粉室燃方式在工业锅炉中应用的拦路虎。另外，高效、经济型的烟气净化装置的不配套也是重要的制约因素。实际上，工业锅炉采用煤粉室燃方式是有很大优势的，其燃烧效率高、热效率高、便于燃烧过程自动调控，节能效益高于水煤浆锅炉。燃煤工业锅炉采用原煤层燃方式时，设计效率为80%～82%，而采用煤粉室燃方式时，设计效率可达90%～92%，提高了10个百分点，实际运行热效率提高的幅度就更大了，可达到15～20个百分点左右。当前，面对燃煤工业锅炉节能减排的重责，加快高效煤粉燃烧技术研发和推广应用小型煤粉锅炉的进程，是节能减排形势的迫切需要。近年来，随着我国科学技术的进步，小型制粉装置研发和专业煤粉生产企业的出现，还有高效低价位烟气净化装置配套等，这些都为小型煤粉锅炉的发展创造了良好的条件。

4. 高效煤粉燃烧技术

2006 年 10 月，依据《国家中长期科学技术发展规划纲要》的要求设置的“十一五”国家科技支撑计划重点项目“动力煤优质化技术和高效燃煤锅炉技术”中课题之一为“高效工业煤粉锅炉系统及关键技术”，这表明高效煤粉燃烧技术的研发被国家正式立项，其研究目标和主要技术指标是：

① 开发出 4～35t/h 先进煤粉工业锅炉系统；

② 实现低氮燃烧、炉内脱硫和高效除尘，烟尘排放浓度小于 50mg/m^3，SO_2 和 NO_x 排放浓度小于 500mg/m^3；

③ 形成 4～35t/h 中小型煤粉锅炉系列产品，锅炉热效率达到 86%～90%；

④ 形成可广泛推广应用的中小型煤粉锅炉换代技术。

该课题由煤科总院北京煤化工研究分院承担，在实验室小型试验研究基础上，在山西沂州和大同分别建立了 4t/h 煤粉蒸汽锅炉和 2.8MW 煤粉热水锅炉示范工程，并进行了热工测试。课题达到了预期的目标和技术指标，于 2007 年 1 月通过技术成果鉴定，具备了进一步推广应用的基本条件。2007 年 1 月至今，又经过反复试验，改进完善提高，相继完成了第二代、第三代直至目前的第四代产品，并经全面试验测定，热效率可稳定达到 90%～92%，大气污染物排放指标进一步降低，烟尘排放浓度仅为 20mg/m^3，SO_2 排放浓度仅为 100mg/m^3 左右，目前已在山西、山东等地推广应用。

二、煤粉燃烧过程及其特点

1. 煤的燃烧过程

煤炭是一种复杂的固体燃料，其主要可燃成分是碳，其次是氢，还有硫、氮；其助燃成分是氧；不燃成分是水分和矿物杂质或称为灰分，如图 4-18 所示。

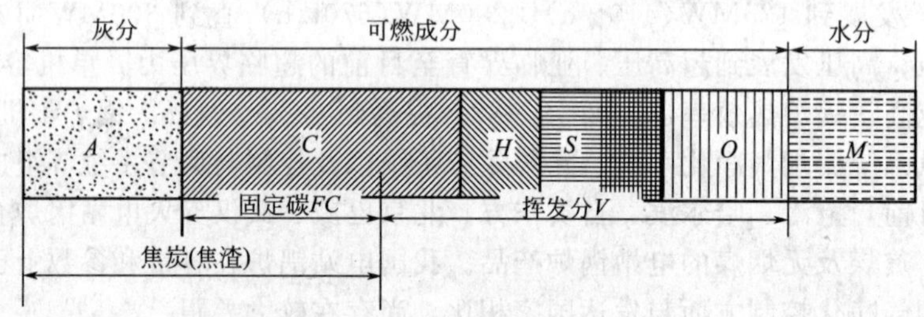

图 4-18 煤的组成成分示意图

煤在燃烧过程中要经历四个不同的阶段，即水分蒸发及干馏阶段、挥发分着火燃烧阶段、焦炭燃烧阶段及燃尽阶段。

(1) *水分蒸发及干馏阶段* 煤进入炉膛受热，水分即开始蒸发；当温度达到 100～105℃时，水分迅速蒸发而干燥，温度继续升高，挥发分开始析出。这个阶段时间很短，只占整个燃烧过程的百分之几。蒸发干燥时间和煤的水分大小有关，当炉内温度较高时，这个阶段可以说是在瞬间完成的。

(2) *挥发分着火燃烧阶段* 煤的挥发分并不是煤中固有的某些物质，而是在特定条件下煤受热分解的产物。对于不同的燃烧设备或燃烧方式，煤受热分解的条件不同，即加热升温时间、加热最终温度及持续时间等不同，把煤的热分解过程分为慢速、中速及快速热分解三种。煤热分解加热条件不同，挥发分的数量和性质就不同。总体而言，挥发分是一种含多种组成的可燃气体，其中有 CH_4、H_2、CO、CO_2、H_2S、及 C_mH_n 等，当炉膛温度升至500℃时，挥发分中的气态烃就会首先到达着火温度燃烧起来，使炉膛温度迅速升高，为焦炭的着火燃烧创造有利条件。

（3）焦炭着火燃烧阶段　挥发分着火燃烧后，煤温升高很快，焦炭被点燃并剧烈燃烧，释放出大量热量。炭的燃烧是一个气固异相反应过程，反应是在炭的吸附表面上进行的。炭除了与炭表面的氧进行反应，还会与水蒸气、氢气等发生反应。这就是说，炭的燃烧反应是十分复杂的，反应性强弱与煤化程度有关，总的趋势是：煤化程度越低，反应性越强，燃尽时间越短，如褐煤、高挥发分烟煤；煤化程度越高，反应性越弱，燃尽时间越长，如贫煤、无烟煤。

（4）燃尽阶段　灰壳中残存的焦炭逐渐烧完，剩下来的就是燃尽后的灰渣。

上述四个阶段是交叉进行的，前一个阶段是吸热，后三个阶段是放热。在水分蒸发阶段后期，就有挥发分析出；在挥发分着火阶段，还会有挥发分继续析出，甚至延续到焦炭燃烧阶段。

2. 煤粉气流的燃烧过程

上面所述是煤炭燃烧的基本过程，在煤粉锅炉中，煤粉的燃烧过程仍具有上述基本过程所固有的特征，但也引发了一些自身的特点。煤粉锅炉的燃烧设备为煤粉燃烧器和燃烧室（亦称炉膛），煤粉与其燃烧所需的空气经由燃烧器吹送进入燃烧室，在炉膛空间悬浮燃烧，并随同炉内气流一起流动，在燃烧室内停留 2～3s，因此煤粉必须在极短时间内完成燃烧的全部过程。由于煤粉燃烧所需空气的体积比煤粉本身大得多，而且随风飘移，其流动速度大致接近气流速度，煤粉颗粒与气流之间的相对速度很小，一般不超过 1m/s，所以，煤粉气流的燃烧接近动力燃烧状态。

（1）煤粉气流的着火　在煤粉气流燃烧过程中，用以干燥煤粉并输送其进入燃烧室的空气称为一次风，而单独引入燃烧室的空气称为二次风。携带煤粉的一次风气流进入炉膛因受热而升温，首先煤粉中的挥发分析出而掺混到空气中去，形成了可燃气体，当气流温度升高到一定程度时，挥发分开始着火燃烧，并释放出燃烧热，气流温度进一步提高。所以煤粉气流的着火首先是煤的挥发分与空气混合气体的着火，类似于气体燃料的着火燃烧。

煤粉气流进入炉膛所收到的热量来自两个方面，一是卷吸高温烟气所带入的热量；二是炉墙与高温烟气的辐射热。据研究分析，煤粉气流着火所需热量主要是通过卷吸高温烟气获得的，这部分热量约占总热量的 7/8，而辐射热的作用仅占 1/8 左右。

煤粉气流着火的温度取决于制备煤粉的煤种，保证煤粉气流进入炉膛能及时着火的基本温度如表 4-13 列示。但是在达到着火基本温度时，煤粉气流还要滞后一点时间才能着火，如在 700℃下，无烟煤煤粉需隔 0.3s 左右才能着火。为了保障煤粉气流进入炉膛能及时着火，则需要更高一点的温度，这个温度比着火基本温度要高出约 200～300℃。

表 4-13　不同煤种煤粉气流的着火基本温度

煤种	褐　煤	烟　煤	无　烟　煤
着火基本温度/℃	250～400	400～500	约 700

煤粉气流一般在距燃烧器喷口数百毫米处着火，着火点推后或提前都是不利的。着火推后，一方面将丧失初期强烈扰动利于燃烧的良机，导致煤粉来不及燃尽而造成的固体不完全

燃烧热损失增大；另一方面，将使火焰中心上移或后移，导致局部结焦，严重的着火推后，还可能造成灭火故障。相反，着火提前，如着火点离燃烧器喷口过近，可能使燃烧器受热变形、损坏和使燃烧器附近严重结焦。总之，着火推后或提前，轻则影响正常燃烧，重则对安全运行构成威胁。

(2) 煤粉着火燃烧　煤粉气流着火后，一方面由于煤粉释放出的挥发分燃烧放热使气流本身的温度升高，另一方面煤粉气流流经炉膛高烟温区，当气流温度升高到一定程度时，气流中的煤粉颗粒开始着火燃烧。不同煤种制备的煤粉颗粒的着火温度是不同的，如表 4-14 所列。

表 4-14　不同煤种制备的煤粉颗粒大致着火温度

煤种	褐煤	烟煤		贫煤	无烟煤	
挥发分 V_{daf}/%	50	40	30	20	14	4
着火温度/℃	550	650	750	840	900	1000

煤粉颗粒着火后，煤粉中尚有一部分挥发分继续析出并很快燃烧完毕，剩下的只是焦炭粒的燃烧。焦炭粒在氧化性气氛（有氧气存在的气氛）中燃烧时，燃烧反应的机理在不同的温度下是不同的，可分为两种情形。

① 在温度为 800～1200℃时　氧气扩散到炭粒表面进行氧化反应，生成了 CO 和 CO_2，并一起向外扩散，在半程上，向外扩散的 CO 与向内扩散的 O_2 相遇而燃烧，形成了一个火焰面。CO 燃烧消耗以外剩余的 O_2 继续向内扩散到炭粒表面进行氧化反应。炭粒表面生成的 CO_2 和 CO 在半程上燃烧生成的 CO_2 会合一起向外扩散，如图 4-19(a) 所示。燃烧反应方程式如下：

$$4C+3O_2 = 2CO_2+2CO$$
$$2CO+O_2 = 2CO_2$$

② 在温度 1200～1300℃时　氧气在向内扩散的半程上被 CO 燃烧全部耗尽，所生成的 CO_2 同时向外和向内两个方向扩散，如图 4-19(b) 所示。向内扩散的 CO_2 到达炭粒表面产生气化反应，生成 CO，这时 CO_2 起到了传输氧气而使 C 氧化的作用。化学反应方程式如下：

$$2CO+O_2 = 2CO_2$$
$$C+CO_2 = 2CO_2$$

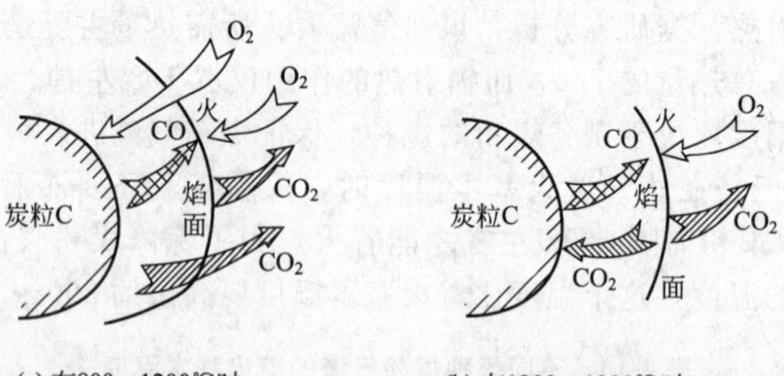

图 4-19　煤粉颗粒在氧化性气氛中的燃烧过程

炭粒在还原性气氛（无氧存在，只有 CO、H_2 等气体存在）中燃烧时，炭粒只能和 CO_2、H_2O 发生“气化”反应，即

$$C+CO_2 = 2CO$$

$$C+H_2O = CO+H_2$$

上述反应都是吸热的，因此炭粒温度下降，反应速度也下降，所以炭粒在还原性气氛中难以完全燃烧。这就是说，在煤粉锅炉的燃烧组织中，应避免炭粒在还原性气氛中燃烧，确保炭粒在氧化性气氛中得以完全燃烧。

(3) 煤粉的燃尽 由于煤中灰分的存在，煤粉颗粒燃烧时，会在颗粒外表面形成一层灰壳，其厚度将随着燃烧过程的发展而增大，灰壳层将妨碍周围的氧气和二氧化碳向焦炭表面扩散，影响焦炭燃尽。在整个燃烧过程中，燃尽阶段所需时间较长，燃尽将延续到炉膛出口，为此，有些煤粉锅炉在炉膛出口后往往设置有一燃尽室。

3. 煤粉燃烧特点

综上所述，煤粉的燃烧过程具有如下特点。

(1) 悬浮飘移燃烧 煤粉随同一次风经由燃烧器送入炉膛后在空间悬浮飘移燃烧，直至炉膛出口。

(2) 气固组合燃烧 煤粉析出的挥发分与一次风混合物的燃烧和煤粉颗粒的燃烧可视为气体燃料和固体燃料的燃烧组合。

(3) 全程快速燃烧 煤粉气流从着火、燃烧直至燃尽，全过程速度快、时间短，总共仅在2～3s内完成。

三、影响煤粉燃烧的因素

在煤粉燃烧过程的不同阶段中，起主要影响作用的因素是不同的，同一因素在不同阶段所起的作用也不同。主要影响因素综述如下。

1. 煤质特性

煤质特性中，影响煤粉燃烧过程的主要因素有挥发分、水分、灰分及灰渣特性。

(1) 挥发分的影响 挥发分是煤炭中最容易着火燃烧的成分。挥发分高的煤，着火温度低；相反，挥发分低的煤，着火温度高。挥发分很低，着火温度很高，相应的煤粉气流必须加热到很高的温度才能着火燃烧。挥发分对着火温度的影响如表4-14所列。另外，挥发分很低的煤，煤粉气流的着火推后，因此对于挥发分低的贫煤，尤其是无烟煤，为保证正常稳定着火燃烧，必须采取有效的技术措施。

(2) 水分的影响 水分是煤炭中的不可燃成分。水分增大时，用于蒸发水分的热量增加，使炉温降低，着火推后，对燃尽不利。另外，水分高的煤粉，发热量较低，煤粉耗量增加，水分蒸发所生成水蒸气与挥发分混合，使其浓度降低，这些都对燃烧产生不利影响，煤粉的着火稳定性降低。

(3) 灰分的影响 灰分是煤炭中的主要不可燃成分。灰分按其在煤炭中存在的情况分为外在灰分和内在灰分。外在灰分是外来矿物质或夹层状矿物质，和煤炭本身的有机质是分开的，对煤炭的燃烧无直接妨碍作用。内在灰分则是均匀地分布在煤炭的可燃有机质中，对煤炭的燃尽起主要影响作用。灰渣中的可燃物含量与内在灰分有直接关系，灰分愈高，焦炭粒外表面的灰壳愈厚，燃尽所需时间愈长，灰渣中可燃物含量也愈大。另一方面，灰分增大，煤粉的发热量降低，特别是燃用高灰分的劣质煤时，炉膛温度也要降低，煤粉的着火稳定性大为降低。

(4) 灰渣特性的影响 灰渣特性有焦结性和煤灰熔融性。对于焦结性强、煤灰熔点低的煤种，煤粉炉容易结渣，煤粉颗粒受焦渣包覆，难以燃尽，导致燃烧不完全，灰渣可燃物含量增大，固体不完全燃烧热损失增大，燃烧效率降低。

2. 颗粒特性

煤粉颗粒特性包括颗粒粒度及其均匀性。

(1) 粒度的影响　不同燃烧设备或燃烧方式对燃煤颗粒度有不同要求。煤粉锅炉的室燃方式对煤粉粒度的要求很高。从燃烧反应速度和燃尽时间的角度考虑，煤粉粒度应愈细愈好，表 4-15 列示为煤粉颗粒着火、燃尽时间与其粒径的关系。煤粉细，制粉系统能耗和费用相应增大，将磨制煤粉的能耗折算成热损失 q_{ZF}，q_{ZF} 将随着煤粉细度的增大而增大，而固体不完全燃烧热损失则随着煤粉细度的增大而减小，所以煤粉有一个合理的细度，称之为经济细度。不同煤种对煤粉细度要求不同，挥发分高的煤，着火快燃尽容易，煤粉就可粗些；反之，就要细些。我国锅炉行业的煤粉细度常以 90μm 筛网上剩余的质量分数 R_{90} 表示，一般情况下，不同煤种所适宜的 R_{90} 如下：

褐煤　$R_{90}=40\%\sim60\%$；

烟煤　$R_{90}=25\%\sim40\%$；

无烟煤　$R_{90}=4\%\sim14\%$。

表 4-15　煤粉颗粒着火、燃尽时间与粒径的关系

煤粉粒径/μm	20	40	60	80	100
着火时间/s	0	0.1	0.3	0.7	1.1
着火后燃烧时间/s	0.2	0.5	1.2	1.8	2.7
总燃尽时间/s	0.2	0.6	1.5	2.5	3.8

(2) 均匀性的影响　对于粉状物料，其颗粒特性一般符合下式：

$$R_x=100e^{-bx^n}\quad\%\tag{4-2}$$

式中　x——颗粒直径或筛网孔径，μm；

R_x——粒径大于 x 的颗粒质量占全部粉料质量的百分数，称筛余，%；

n——表征粉料粒度分布的特性系数，称为粒度均匀性系数；

b——表示粉料研磨程度的特性系数。

煤粉粒度均匀性系数 n 可按下式求得：

$$n=\frac{\lg\ln\frac{100}{R_{x1}}-\lg\ln\frac{100}{R_{x2}}}{\lg x_1-\lg x_2}\quad\%\tag{4-3}$$

式中　x_1、x_2——两个不同的筛网孔径，μm，通常取 90μm 与 200μm；

R_{x1}、R_{x2}——相对于筛网孔径 x_1、x_2 的筛余，%。

当 $n>1$，煤粉中不会存在大量过细颗粒，粒度分布较均匀；而当 $n<1$，煤粉中含有过细颗粒和过粗颗粒的百分比较大，即粒度均匀性较差。从燃尽的角度出发，过细的煤粉并不需要，反而增加磨粉电耗；而过粗的煤粉会带来如下弊端：

① 燃尽所需时间较长，使燃烧不完全，导致飞灰可燃物含量增大，降低燃烧效率与燃尽率；

② 使一些粗粉直接落到炉底，导致炉渣可燃物含量大大增大，降低燃烧效率；

③ 对液态排渣煤粉锅炉，会产生炉底析铁现象，严重影响锅炉安全运行；

④ 对挥发分低的煤种，着火发生困难，即使着火，也难以稳定燃烧，容易熄火，影响运行可靠性。

煤粉的粒度均匀性系数 n 与制粉系统的形式有关，带有粗粉离心分离器的制粉系统，n 通常在 0.8～1.2 范围内，竖井式磨煤机则更高些。

3. 燃烧器结构形式及其工况参数的影响

燃烧器的结构形式及其工况参数对煤粉燃烧过程的影响很大。工况参数包括一、二次风率、风速、风温等，这些工况参数对煤粉着火、火焰稳定性、煤粉燃尽性、防结渣性及高温腐蚀性，还有低污染性等都有不同程度的影响。下面仅针对煤粉着火的影响因素作简要分析。

(1) *一次风温度的影响* 一次风温度提高，对着火有利，可使煤粉气流提前到达着火温度，对于挥发分低的煤种，应采用较高的一次风温度。

(2) *一次风量的影响* 一次风量增大对着火不利，因为煤粉气流加热到着火温度所需的热量等于一次风和煤粉混合物的流量、比热容及温度的升高幅度的乘积，一次风量增大，加热所需的热量增加，着火点推后。

(3) *一次风速的影响* 一次风速提高对着火不利，因为煤粉气流的速度增大，致使着火点推后。

(4) *燃烧器空气动力工况的影响* 燃烧器出口的回流区使高温烟气被卷吸入煤粉气流，这是保证煤粉气流着火的主要热源，回流区愈大，回流量愈多，对着火愈有利；另外，回流区长，就可从炉膛深处卷吸到温度更高的烟气，对煤粉气流的着火更有利。

(5) *一、二次风混合特性的影响* 一、二次风混合特性对着火起重要作用，二次风不应在煤粉气流着火前过早地与一次风混合，否则将增加煤粉气流加热到着火温度所需的热量，致使着火点推后。

4. 炉膛结构尺寸的影响

炉膛结构尺寸包括炉膛形状、尺寸、水冷程度、燃烧器的布置等，将对炉膛温度水平、火焰中心位置、火焰长度、火焰充满度、烟气流动形态、煤粉在炉内停留时间、炉膛结渣等产生影响。

(1) *炉膛水冷程度的影响* 炉膛壁面的水冷程度主要影响到炉膛整体温度水平的高低。炉膛四周壁面的水冷壁管密布，水冷程度大，炉膛温度水平就低，这对煤粉气流的着火是不利的。为保证煤粉的着火稳定性，可在燃烧器区域采用耐火塑料将水冷壁管涂覆起来，以减少其辐射吸热量，这可使该区域的烟气温度显著提高，从而确保稳定着火燃烧，故称之为卫燃带或燃烧带。对于挥发分低的无烟煤来说，在燃烧器区域敷设卫燃带是保证煤粉着火稳定性的有力措施。

炉膛壁面的水冷程度受锅炉容量大小影响极大。炉膛容积与炉膛尺寸的三次方成比例，而炉膛壁面面积与炉膛尺寸的二次方成比例，这就意味着，当锅炉容量减小时，炉膛容积减少的幅度大，而炉膛壁面面积减小的幅度小，那么，在相同的水冷壁管布置密度下，炉膛的水冷程度较大，壁面的相对吸热量增加，炉膛温度降低，着火稳定性降低。为保证着火稳定性，就必须适当减少水冷壁管的布置，即降低水冷程度。然而，水冷壁管布置稀疏的壁面，往往构成了炉内结渣的策源地，这也正是小型煤粉锅炉，尤其是容量小于10t/h的煤粉锅炉炉膛布置的难点所在。

(2) *炉膛热强度的影响* 煤粉气流从进入炉膛的着火燃烧到炉膛出口的燃尽是需要一定时间的，这个时间的长短受制于由炉膛结构尺寸与燃烧器的布置所决定的火焰长度、火焰充满度、烟气流态等。煤粉锅炉炉膛结构设计中通常采用炉膛容积热强度作为反映煤粉通过炉膛时间长短的一个控制指标，定义为：

$$q_V=\frac{BQ_{\mathrm{net,ar}}}{V_1}\qquad [\mathrm{kJ/(m^3\cdot h)}]\tag{4-4}$$

式中 B——煤粉锅炉实际煤粉耗量，kg/h；

$Q_{net,ar}$——煤粉收到基低位发热量，kJ/kg；

V_l——炉膛容积，m^3。

炉膛容积热强度加大，意味着煤粉气流通过炉膛的时间缩短；反之，则增长，所以为保证煤粉在炉膛内基本燃尽，炉膛容积热强度 q_V 不能过大。另一方面，如 q_V 过小，即炉膛相对过大，势必增加锅炉造价和钢材耗量，增加设备投资，故 q_V 也不应过小。总之，q_V 要有一个适当的范围，我国煤粉锅炉已往推荐的炉膛容积热强度值如表 4-16 列示。对于小型煤粉锅炉的炉膛容积热强度值，目前尚缺乏科学数据，有待于今后通过一段时间的积累、统计分析得到确切的数据。

表 4-16　固态排渣煤粉锅炉的炉膛容积热强度推荐值　　单位：kJ/(m^3·h)

燃用煤种	容量 D/(t/h)			
	25	35	50	≥75
无烟煤	—	—	—	500
贫煤	—	—	—	590
烟煤	920	750	670	630
褐煤	1050	880	750	670

从表 4-16 推荐的数值可见，对于同一煤种，锅炉容量较大时，所采用的炉膛容积热强度值较小，为解释这个问题，在此引入炉膛形状系数的概念。炉膛内可敷设辐射受热面的壁面表面积与炉膛容积之比称为炉膛形状系数，定义为：

$$f=\frac{F}{V_l}\quad m^{-1} \tag{4-5}$$

式中　F——炉膛壁面表面积，m^2。

锅炉容量增大时，炉膛容积的增大幅度大于炉膛壁面表面积增大的幅度，所以其形状系数相应减小，可敷设辐射受热面的壁面积不足，导致炉膛出口烟温偏高。为此，必须采用较低的炉膛容积热强度以增大炉膛壁面面积，从而增加辐射受热面的敷设。

四、燃烧效率与燃尽率

1. 燃烧效率与燃尽率的定义

效率的概念已广为人知，机械设备的效率称为机械效率，热力设备的效率称为热效率，燃烧设备的效率称为燃烧效率。锅炉作为国计民生所不可缺少的能源转换设备，通俗地讲，由“锅”和“炉”两部分组成。“炉”内进行着燃料的燃烧过程，燃料燃烧时所释放出的燃烧热转换成高温烟气的热能再传递给“锅”内的工作介质，并被吸收转换成工作介质的热能。“锅”内进行着工作介质的吸热过程，“炉”与“锅”之间则进行着换热过程。不论是燃烧过程还是换热过程，都存在着一个效率问题。锅炉整机中既有燃烧设备，又有换热设备，所以锅炉行业中通常有如下几种有关效率的术语。

(1) 锅炉热效率　锅炉整机效率通常称为锅炉热效率或锅炉效率，定义为锅炉输出热量与输入热量的百分比，表征输入热量的有效利用程度，即

$$\eta=\frac{\text{锅炉输出热量}}{\text{锅炉输入热量}}\times100\quad\% \tag{4-6}$$

(2) 燃烧设备燃烧效率　燃烧效率仅针对锅炉中的燃烧设备或燃烧装置，即上述提到的“炉”，定义为燃料在燃烧设备中所释放出的燃烧热与其所拥有的化学能的百分比，表征燃料所拥有的化学能在燃烧时释放出来的完全程度，即

$$\eta_{rs}=\frac{\text{燃料释放的燃烧热}}{\text{燃料拥有的化学能}}\times 100 \quad \% \tag{4-7}$$

(3) 燃料燃尽率　我们将燃料燃尽率定义为燃料燃烧时可燃物的烧失量与可燃物原有量的质量百分比，表征燃料中可燃物参与燃烧的完全程度，即

$$\eta_{rj}=\frac{\text{燃料中可燃物烧失质量}}{\text{燃料中可燃物总质量}}\times 100 \quad \% \tag{4-8}$$

不难看到，锅炉整机热效率、燃烧设备燃烧效率以及燃料燃尽率三者之间是截然不同的，因为各自所针对的对象不同。然而三者之间又是密切相关的。锅炉整机效率高，就意味着其燃烧设备的燃烧效率和燃料燃尽率必然高；相反，燃烧效率高、燃尽率高则并不意味着锅炉整机效率一定高，这是因为燃烧效率、燃尽率所涉及的仅仅是热效率中的一部分而不是全部。

近年来，不少锅炉制造企业在推介他们的高效节能锅炉新产品时，经常提到燃烧效率或燃尽率高达98%、99%等等，往往把两者混淆起来。虽然燃烧效率与燃尽率都是针对燃料燃烧的，但存在着质的区别，燃烧效率指的是热量比率，燃尽率指的是可燃物的质量比率；另一方面，既然都是针对燃烧的，就必然有着内在的有机联系。

2. 燃烧效率计算

(1) 燃烧效率计算式　许多文献在有关锅炉热平衡计算中，对不完全燃烧所造成的热损失已进行了详尽的论述，在这里，我们引用锅炉反平衡热效率的计算方法，结合燃烧效率的定义，给出了燃烧效率计算式：

$$\eta_{rs}=100-(q_3+q_4) \quad \% \tag{4-9}$$

式中　q_3——气体不完全燃烧热损失，%；

q_4——固体不完全燃烧热损失，%。

(2) 气体不完全燃烧热损失计算　气体不完全燃烧热损失是由于燃烧所生成的烟气中残留有CO、H_2、CH_4等可燃气体成分而未释放出燃烧热就随烟气排出所造成的热损失，其计算公式如下：

$$q_3=\frac{V_{gy}}{Q_{net,ar}}(126.36CO+107.98H_2+358.18CH_4)(100-q_4) \quad \% \tag{4-10}$$

式中　V_{gy}——1kg煤粉完全燃烧后生成的干烟气体积，m^3/kg；

CO、H_2、CH_4——干烟气中的CO、H_2、CH_4气体的体积分数，%。

实际上，烟气中的H_2、CH_4含量很少，因此可认为烟气中只残留有CO，那么式(4-10)简化为：

$$q_3=\frac{V_{gy}}{Q_{net,ar}}\times 126.36CO\cdot(100-q_4) \quad \% \tag{4-11}$$

1kg煤粉完全燃烧后生成的干烟气体积为：

$$V_{gy}=1.866\,\frac{C_{ar}+0.375S_{ar}}{RO_2+CO} \quad m^3/kg \tag{4-12}$$

将式(4-12)代入式(4-11)整理得：

$$q_3=\frac{235.8}{Q_{net,ar}}\times\frac{C_{ar}+0.375S_{ar}}{RO_2+CO}\times CO\times(100-q_4) \quad \% \tag{4-13}$$

式中　C_{ar}——煤粉中收到基碳分，%；

S_{ar}——煤粉中收到基硫分，%；

RO_2、CO——烟气分析所测得的RO_2、CO气体体积分数，%。

当缺乏燃煤元素分析资料时，q_3可按经验公式计算：

$$q_3=3.2\alpha\times CO \quad \% \tag{4-14}$$

式中 α——烟气成分测定处的过量空气系数值。

在锅炉实际运行中，只要操作得当，调整及时，燃烧工况良好，q_3 一般是很小的，对煤粉锅炉，通常为 0～0.5%左右。

(3) 固体不完全燃烧热损失计算 固体不完全燃烧热损失是由于燃料中有一部分没有参与燃烧或参与燃烧部分未燃尽而没有释放出燃烧热就随灰渣排出所造成的热损失。对于不同的燃烧设备或燃烧方式，灰渣的组成情况是不同的。对煤粉锅炉来说，灰渣包括炉渣、烟道灰及飞灰。

相对每千克煤粉，炉渣、烟道灰及飞灰所带走的热量损失为：

$$Q_4^{lz}=Q_{lz}\frac{G_{lz}C_{lz}}{100B} \quad kJ/kg \tag{4-15a}$$

$$Q_4^{yh}=Q_{yh}\frac{G_{yh}C_{yh}}{100B} \quad kJ/kg \tag{4-15b}$$

$$Q_4^{fh}=Q_{fh}\frac{G_{fh}C_{fh}}{100B} \quad kJ/kg \tag{4-15c}$$

式中 Q_{lz}、Q_{yh}、Q_{fh}——炉渣、烟道灰及飞灰中可燃物的发热量，kJ/kg，可燃物可认为是固定碳，其发热量为 32866kJ/kg；

G_{lz}、G_{yh}、G_{fh}——单位时间平均的炉渣、烟道灰及飞灰量，kg/h；

C_{lz}、C_{yh}、C_{fh}——炉渣、烟道灰及飞灰中的可燃物质量分数，%；

B——单位时间平均煤粉耗量，kg/h。

在热工测试时，飞灰量是难以直接准确测定的，因为有一小部分飞灰会沉积在受热面上或烟道内，难以采集；还有一小部分飞灰将随烟气从烟囱排向大气。因此，飞灰量一般是通过灰平衡求得的。所谓“灰平衡”就是进入炉内的煤粉的总灰量应等于炉渣、烟道灰及飞灰中的灰量之和，即

$$B\frac{A_{ar}}{100}=G_{lz}\frac{100-C_{lz}}{100}+G_{yh}\frac{100-C_{yh}}{100}+G_{fh}\frac{100-C_{fh}}{100} \quad \% \tag{4-16}$$

令

$$a_{lz}=\frac{G_{lz}(100-C_{lz})}{BA_{ar}} \tag{4-17a}$$

$$a_{yh}=\frac{G_{yh}(100-C_{yh})}{BA_{ar}} \tag{4-17b}$$

$$a_{fh}=\frac{G_{fh}(100-C_{fh})}{BA_{ar}} \tag{4-17c}$$

式(4-16) 变换为：

$$a_{lz}+a_{yh}+a_{fh}=1 \tag{4-18}$$

a_{lz}、a_{yh}、a_{fh} 称为炉渣、烟道灰及飞灰中的灰分份额，总称灰渣份额，分别表示炉渣、烟道灰及飞灰中的灰量与入炉煤粉中的总灰量之比。借助 a_{lz}、a_{yh}、a_{fh}，可按下列公式计算灰渣各部分的热损失：

$$q_4^{lz}=32866\times\frac{A_{ar}}{Q_{net,ar}}\times\frac{a_{lz}C_{lz}}{100-C_{lz}} \quad \% \tag{4-19a}$$

$$q_4^{yh}=32866\times\frac{A_{ar}}{Q_{net,ar}}\times\frac{a_{yh}C_{yh}}{100-C_{yh}} \quad \% \tag{4-19b}$$

$$q_4^{fh}=32866\times\frac{A_{ar}}{Q_{net,ar}}\times\frac{a_{fh}C_{fh}}{100-C_{fh}} \quad \% \tag{4-19c}$$

式中 A_{ar}——煤粉中的收到基灰分，%。

$$q_4 = q_4^{lz} + q_4^{yh} + q_4^{fh}$$

$$= 32866 \frac{A_{ar}}{Q_{net,ar}} \left(\frac{a_{lz} C_{lz}}{100 - C_{lz}} + \frac{a_{yh} C_{yh}}{100 - C_{yh}} + \frac{a_{fh} C_{fh}}{100 - C_{fh}} \right) \quad \% \tag{4-20}$$

令

$$\overline{C_{hz}} = A_{ar} \left(\frac{a_{lz} C_{lz}}{100 - C_{lz}} + \frac{a_{yh} C_{yh}}{100 - C_{yh}} + \frac{a_{fh} C_{fh}}{100 - C_{fh}} \right) \quad \% \tag{4-21}$$

$\overline{C_{hz}}$称为灰渣平均含碳量，%。

这样一来

$$q_4 = 32866 \frac{\overline{C_{hz}}}{Q_{net,ar}} \quad \% \tag{4-22}$$

对于同一结构形式的燃烧设备或燃烧方式，长期运行实践统计分析表明，燃煤中的总灰量分配于灰渣各部分的灰分份额变化不大，煤粉锅炉，$\alpha_{fh}=0.85 \sim 0.95$。因此在进行一般性计算时，灰渣份额可采用经验数据；至于灰渣的可燃物含量，可按照 DL/T 567.6—1995《飞灰和炉渣可燃物测定方法》的有关规定实测得到。

3. 燃尽率计算

(1) 可燃物计算 如图 4-18 所示，煤炭中的可燃成分按工业分析可分为固定碳和挥发分。固定碳是指燃煤测定挥发分后的残余物减去灰分的部分。测定挥发分的残余物为焦渣。焦渣燃尽后的残渣即为灰分。燃煤中的可燃物可按下式计算：

$$V_{ar} + FC_{ar} = 100 - (A_{ar} + M_t) \quad \% \tag{4-23}$$

式中 FC_{ar}——燃煤中的收到基固定碳，%；

V_{ar}——燃煤中的收到基挥发分，%；

M_t——燃煤中的全水分，%。

应当指明，固定碳并非纯碳，在烟煤、无烟煤的固定碳中，碳的质量分数占 95%左右，其余为少量硫、氧及氮。

(2) 燃尽率计算式 煤粉在炉内加热蒸发、挥发分析出着火，直至焦炭燃烧、燃尽的过程中，经过高温燃烧，挥发分可以认为全部燃尽，灰渣中残留的可燃物基本上可视为固定碳。这样，我们可以建立可燃物的质量平衡。所谓可燃物质量平衡就是煤粉在燃烧之前的可燃物总质量应等于燃烧掉的可燃物质量和残留在灰渣中的固定碳质量之和，即

$$B \frac{V_{ar} + FC_{ar}}{100} = G_{rs} + G_{lz} \frac{C_{lz}}{100} + G_{yh} \frac{C_{yh}}{100} + G_{fh} \frac{C_{fh}}{100} \quad \text{kg/h} \tag{4-24}$$

令

$$\varepsilon_{lz} = \frac{G_{lz} C_{lz}}{B(V_{ar} + FC_{ar})} \times 100 \quad \% \tag{4-25a}$$

$$\varepsilon_{yh} = \frac{G_{yh} C_{yh}}{B(V_{ar} + FC_{ar})} \times 100 \quad \% \tag{4-25b}$$

$$\varepsilon_{fh} = \frac{G_{fh} C_{fh}}{B(V_{ar} + FC_{ar})} \times 100 \quad \% \tag{4-25c}$$

$$\eta_{rj} = \frac{100 G_{rs}}{B(V_{ar} + FC_{ar})} \times 100 \quad \% \tag{4-25d}$$

式(4-24) 变换为：

$$\eta_{rj} = 100 - (\varepsilon_{lz} + \varepsilon_{yh} + \varepsilon_{fh}) = 100 - \varepsilon_{hz} \quad \% \tag{4-26}$$

式中 G_{rs}——单位时间平均烧掉的可燃物质量，kg/h；

ε_{lz}、ε_{yh}、ε_{fh}——炉渣、烟道灰及飞灰中残留的固定碳质量与煤粉中原有的可燃物总质量的百分比；

ε_{hz}——灰渣残炭率，%。

如前所述，飞灰量是难以直接准确测定的，但可通过灰平衡求得，式(4-25a)、式(4-25b)、式(4-25c) 引入灰渣份额 a_{lz}、a_{yh}、a_{fh}后变换为：

$$\varepsilon_{lz}=\frac{A_{ar}}{V_{ar}+FC_{ar}}\times\frac{a_{lz}C_{lz}}{100-C_{lz}}\times100 \quad \% \tag{4-27a}$$

$$\varepsilon_{yh}=\frac{A_{ar}}{V_{ar}+FC_{ar}}\times\frac{a_{yh}C_{yh}}{100-C_{yh}}\times100 \quad \% \tag{4-27b}$$

$$\varepsilon_{fh}=\frac{A_{ar}}{V_{ar}+FC_{ar}}\times\frac{a_{fh}C_{fh}}{100-C_{fh}}\times100 \quad \% \tag{4-27c}$$

那么 $\varepsilon_{hz}=\varepsilon_{lz}+\varepsilon_{yh}+\varepsilon_{fh}$

$$=\frac{A_{ar}}{V_{ar}+FC_{ar}}\left(\frac{a_{lz}C_{lz}}{100-C_{lz}}+\frac{a_{yh}C_{yh}}{100-C_{yh}}+\frac{a_{fh}C_{fh}}{100-C_{fh}}\right)\times100 \quad \% \tag{4-28}$$

引用$\overline{C_{hz}}$，式(4-28) 变换为：

$$\varepsilon_{hz}=\frac{\overline{C_{hz}}}{V_{ar}+FC_{ar}}\times100 \quad \% \tag{4-29}$$

(3) 燃烧效率与燃尽率的换算关系　将式(4-22) 的两边分别除以式(4-29) 的两边得到：

$$\frac{q_4}{\varepsilon_{hz}}=328.66\,\frac{V_{ar}+FC_{ar}}{Q_{net,ar}} \tag{4-30}$$

令

$$k=328.66\,\frac{V_{ar}+FC_{ar}}{Q_{net,ar}} \tag{4-31}$$

由式(4-31) 可见，其物理意义是将煤粉的可燃物全部视为固定碳时的发热量与其低位发热量的比值，那么对某一既定的煤粉，k 值是一常数，据式(4-9) 与式(4-26)、式(4-30) 可导出：

$$\eta_{rs}=100-q_3-k(100-\eta_{rj}) \quad \% \tag{4-32}$$

(4) 计算示例　一台 10t/h 煤粉蒸汽锅炉，燃用 AⅢ磨制的煤粉，$A_{ar}=20.0\%$，$M_t=5.0\%$，$V_{daf}=36.0\%$，$Q_{net,ar}=23030$kJ/kg，实测煤粉耗量 $B=1350$kg/h，炉渣量 $G_{lz}=32$kg/h，炉渣可燃物含量 $C_{lz}=15\%$，烟道灰和飞灰混合样可燃物含量 $C_{fh}=5\%$，试计算燃烧效率与燃尽率。计算过程及其结果汇总于表 4-17 中。

表 4-17　煤粉锅炉燃烧效率与燃尽率计算程序及结果汇总表

序号	项 目 名 称	数据来源或计算公式	数 值
1	煤粉灰分 A_{ar}/%	测定值	20.0
2	煤粉全水分 M_t/%	测定值	5.0
3	煤粉挥发分 V_{daf}/%	测定值	36.0
4	煤粉低位发热量 $Q_{net,ar}$/(kJ/kg)	测定值	23030
5	煤粉耗量 B/(kg/h)	测定值	1350
6	炉渣量 G_{lz}/(kg/h)	测定值	32
7	炉渣可燃物含量 C_{lz}/%	测定值	15
8	飞灰可燃物含量 C_{fh}/%	测定值	5
9	炉渣份额 a_{lz}	$\frac{G_{lz}(100-C_{lz})}{BA_{ar}}$	0.10

续表

序号	项 目 名 称	数据来源或计算公式	数 值
10	飞灰份额 a_{fh}	$1-a_{lz}$	0.90
11	灰渣平均含碳量$\overline{C_{hz}}$/%	$A_{ar}\left(\frac{a_{lz}C_{lz}}{100-C_{lz}}+\frac{a_{fh}C_{fh}}{100-C_{fh}}\right)$	1.30
12	固体不完全燃烧热损失 q_4/%	$32866\times\frac{\overline{C_{hz}}}{Q_{net,ar}}$	1.86
13	气体不完全燃烧热损失 q_3/%	取值	0.5
14	燃烧效率 η_{rs}/%	$100-(q_3+q_4)$	97.64
15	煤粉中可燃物含量 $V_{ar}+FC_{ar}$/%	$100-(A_{ar}+M_t)$	75.0
16	灰渣残炭率 ε_{hz}/%	$\frac{\overline{C_{hz}}}{V_{ar}+FC_{ar}}\times 100$	1.73
17	燃尽率 η_{rj}/%	$100-\varepsilon_{hz}$	98.27
18	k 值	$328.66\,\frac{V_{ar}+FC_{ar}}{Q_{net,ar}}$	1.0703

五、煤粉燃烧器

1. 基本性能要求

煤粉燃烧器是煤粉锅炉的关键部件之一，也是煤粉燃烧技术的核心所在。大型电站煤粉锅炉的煤粉燃烧器已是成熟产品，一般由锅炉制造企业自行设计制造，并已有相应的行业标准：JB/T 4194—1999《锅炉直流式煤粉燃烧器技术条件》、JB/T 10440—2004《大型煤粉锅炉炉膛及燃烧器性能设计规范》。

煤粉燃烧器的功能是将煤粉和一次风吹送进入炉膛，使其稳定地着火燃烧，并合理地供送二次风，组织良好的燃烧过程。从某种意义上讲，煤粉燃烧器的性能要求比燃油、燃气燃烧器更高，其基本性能要求有以下几点。

(1) *着火稳定性* 煤粉气流喷入炉膛后应能适时着火并稳定燃烧的性能称为着火稳定性。着火稳定性是煤粉燃烧器的首要性能要求，是保证煤粉锅炉安全经济运行的前提。各种煤种的着火性能不同，对着火性能差的煤种，燃烧器的着火稳定性尤其重要。电站煤粉锅炉的煤粉燃烧器在着火稳定性方面有一个很重要的指标，即最低不投油稳燃负荷率 $BMLR$，其定义为燃烧器不投油最低稳定燃烧负荷与燃烧器最大连续负荷的百分比，即

$$BMLR=\frac{\text{不投油助燃的最低稳燃负荷}}{\text{最大连续负荷}(BMCR)}\times 100 \quad \% \tag{4-33}$$

$BMLR$ 值是衡量燃烧器对负荷变动的调节性能的好坏，同时也关系到点火辅助燃料耗量的重要指标。一个设计精良的煤粉燃烧器，其 $BMLR$ 值应能达到50%。

(2) *煤粉燃尽性* 实现煤粉在炉膛内充分燃烧，最大限度减少炉膛出口粉粒中可燃物含量的性能称为煤粉燃尽性。煤粉燃尽性是煤粉燃烧器的经济性能要求，是确保煤粉锅炉高效节能的关键。应通过一、二次风工况参数的有序配合组织良好的燃烧过程，同时实施燃烧器布置与炉膛结构的最优化匹配，提高炉内火焰充满度，减少死滞区，延长煤粉颗粒在炉内停留时间，以获得最大的燃尽率。

(3) *防结渣性* 防止因煤粉气流冲墙、刷墙、着火推迟、火焰中心偏斜等造成的燃烧器区域或炉膛出口处结渣的性能，称为防结渣性。防结渣性是煤粉燃烧器的安全性能要求，是保证煤粉锅炉长期安全可靠运行的重要条件。不同煤种的煤灰结渣倾向不同，对于焦结性强、煤灰熔点低的煤种，在燃烧器结构布置及其与炉膛结构的匹配上，在燃烧器工况参数的

设定上，应认真对待，精心设计，使炉内实现良好的空气动力工况，严防煤粉气流冲墙、刷墙、火焰中心偏斜等弊端发生。

(4) 低污染性 在炉内控制、减少 NO_x、SO_2 等有害气体生成量，从而降低锅炉大气污染物排放量的性能称为低污染性。低污染性是煤粉燃烧器的环保性能要求，是确保煤粉锅炉环保性能达标的关键。要通过合理控制一、二次风率和炉膛温度，减少 NO_x 生成量，实现低氮燃烧；要通过实施炉内喷钙脱硫技术，减少 SO_2 生成量等。

2. 燃烧器结构形式与布置

煤粉燃烧器的结构形式和布置方式对煤粉锅炉的安全经济运行有着决定性的影响，煤粉锅炉设计的首要任务就是要根据所燃用的煤种进行燃烧器选型，确定燃烧器的布置方式。

(1) 直流射流与旋流射流 流体力学中将一股从孔口喷入充满介质的无限空间的流体称为射流。射流根据流场中的速度分布规律分为直流射流和旋流射流。射流的特点，一是从喷孔出来后速度不断衰减；二是射流的边缘不断扩张，有一个扩展角。射程和扩展角是表征射流特性的重要参数。射程的大小决定于射流在喷孔出口处的初始动量，定义为：

$$M_0=\rho f_0 W_0^2 \qquad \text{kg}\cdot\text{m/s} \tag{4-34}$$

式中 ρ——射流的密度，kg/m^3；

f_0——喷孔孔口的流通截面积，m^2；

W_0——射流在喷孔孔口处的初始速度，m/s。

M_0 值愈大，射流的射程愈大，射流能喷射到空间的更深处。

直流射流与旋流射流的区别在于：

① 直流射流的速度分布是二维的，即有轴向速度和径向速度，而旋流射流的速度分布是三维的，即除了轴向速度和径向速度外，还有切向速度。旋流射流的特点是产生了内回流区，切向速度愈大，旋流强度愈大，内回流区的尺寸也随之愈大，内回流区可卷吸周围热烟气，对着火燃烧是十分有利的。

② 直流射流轴向速度衰减较慢，而旋流射流衰减较快，在同样的初始动量下，旋流射流的射程较短。

③ 直流射流的扩展角较小，约 20°～30°，旋流射流的扩展角则大得多，而且随着旋流强度加大，扩展角变大，扩展角达到 40°～60°甚至更大是常见的。

除了射程和扩展角外，旋流强度是表征旋流射流特性的另一重要参数，有关旋流强度的计算比较复杂。

(2) 直流燃烧器 出口气流为直流射流或直流射流组的燃烧器称为直流燃烧器。小型煤粉燃烧器喷口一般做成圆形，构成简单圆形直流射流；大型煤粉燃烧器则做成射流组，一、二次风风口的形状不同、布置不同，从形状上看，有圆形、矩形、多边形等，从布置上看，有相间、周边、侧面、夹心、中心十字等等。我国大型电站煤粉锅炉采用的直流燃烧器通常按一、二次风风口的布置情况分为均等配风和分级配风两种形式。均等配风是一、二次风风口相间布置，这种布置形式，一、二次风混合快，适于燃用挥发分高的褐煤和烟煤；分级配风是一、二次风风口相对集中布置，二次风风口离一次风风口较远，相互混合推迟，这样有利于煤粉着火，适于燃用贫煤、无烟煤和劣质煤。大型煤粉锅炉的二次风风口常布置成上、中、下三部分，其作用各不相同，各部分二次风风口还根据燃用不同煤种的要求构成侧二次风、周介风、夹心风以及中心十字风等。

直流燃烧器的布置与炉膛结构的匹配上常构成对冲燃烧方式或四角切圆燃烧方式，而且主要用于容量在 50MW 以上的电站煤粉锅炉。对工业煤粉锅炉，直流燃烧器不适用。

（3）旋流燃烧器 出口气流包含旋流射流的燃烧器称为旋流燃烧器，它可以是若干个同轴的旋流射流，也可以是直流射流与其同轴的旋流射流的组合。旋流气流的形成可借助蜗壳结构，也可借助旋转叶片结构。据此，旋流燃烧器可分为双蜗壳式、单蜗壳式、轴向可调叶片式及切向可调叶片式等形式。旋流燃烧器喷口的结构形状都是圆形、同轴，而且是一次风风口居中，二次风风口在外。常用的旋流燃烧器的工作原理及调节方法如表 4-18 列示。

表 4-18 常用旋流燃烧器工作原理及调节方法

结构形式	双蜗壳式	单蜗壳式	轴向可调叶片式	切向可调叶片式
工作原理	一、二次风均靠蜗壳产生旋流	二次风靠蜗壳产生旋流，一次风做成带扩流锥的直流射流	一次风作直流，二次风一部分经叶片产生旋流，另一部分短路直流	一次风作直流，二次风经切向可调叶片产生旋流
二次风调节方法	转动挡板	转动挡板	轴向移动锥形叶轮	转动改变叶片角度

旋流燃烧器通常用于容量小于 50MW 的煤粉锅炉，对于小容量的煤粉锅炉，大都布置在前墙，成单排、双排或三角形排列，当锅炉额定蒸发量 D 大于 50t/h 时，也可以两侧墙对冲布置。前述介绍的煤科总院北京煤化工分院研发的小型煤粉燃烧器属旋流燃烧器，其中，适配 2～10t/h 煤粉锅炉的煤粉燃烧器，为单只前墙布置，炉膛为卧式波纹炉胆结构。

3. 燃烧器的工况参数

煤粉燃烧器的工况参数主要指一、二次风风率，一、二次风速度和一、二次风温度，此外，对大型煤粉燃烧器，还有三次风风率、风速及温度等。

（1）一次风率 煤粉燃烧器的一次风率主要影响到煤粉的着火性能，一次风率的大小取决于燃用煤种。各种煤种煤粉锅炉统计的一次风率如表 4-19 列示。

表 4-19 一次风率

燃用煤种	无烟煤	贫 煤	烟 煤	褐 煤
热风送粉一次风率 a_1/%	16～25	16～25	25～35	20～35

（2）一、二次风风速 煤粉燃烧器的一、二次风风速除与燃用煤种有关外，还与燃烧器结构形式有关。各种形式燃烧器统计的一、二次风风速如表 4-20 列示。

表 4-20 一、二次风风速 单位：m/s

燃用煤种		无烟煤或贫煤	烟 煤	褐 煤
直流燃烧器	一次风速 w_1	20～25	25～30	18～25
	二次风速 w_2	40～50	45～55	40～55
单蜗壳旋流燃烧器	一次风速 w_1	14～16	18～20	
	二次风速 w_2	16～20	20～25	
双蜗壳旋流燃烧器	一次风速 w_1	15～20	20～25	
	二次风速 w_2	20～30	25～35	
轴向可调叶片式旋流燃烧器	一次风速 w_1	—	10～25	
	二次风速 w_2	—	20～40	

（3）一、二次风温度 煤粉燃烧器的一、二次风温度除了与燃用煤种有关外，还与制粉系统模式以及燃烧器布置与炉膛结构匹配所构成的燃烧方式等有关。目前，小型工业煤粉燃烧器的一、二次风温度尚缺少统计数据。下面列举大型四角切圆燃烧方式直流燃烧器统计的

一、二次风温度值，以供参考，如表4-21列示。

表4-21 四角切圆燃烧方式直流燃烧器统计的一、二次风温度 单位：℃

燃用煤种		无烟煤或贫煤	烟煤	褐煤
直吹式制粉系统	一次风温 t_1	90～130	70～100	80～120
	二次风温 t_2	350～380	300～360	300～380
中间储仓式制粉系统	一次风温 t_1	200～260	70～100	100～200
	二次风温 t_2	320～380	300～360	310～360

由表4-21可见，一次风温度通常都在100℃左右，只有对中间储仓式制粉系统燃用低挥发分的煤种才要求200℃以上；而二次风温度则都在300℃以上，这不难理解，因为如果采用较低的风温，当大量二次风喷入炉膛时，势必对炉内燃烧工况产生不良影响。高二次风温度对煤粉锅炉空气预热器的设计提出较高的要求，这对大型煤粉锅炉是很容易做到的，但对小型煤粉锅炉则造成一定困难。

煤粉燃烧器的工况参数主要受燃煤某些特性的影响，如表4-22列示。

表4-22 燃煤特性对煤粉燃烧器工况参数的影响趋势

煤质特性	一次风率/%	二次风率/%	一次风速/(m/s)	二次风速/(m/s)	一次风温度/℃	二次风温度/℃
着火性能↓	↓	↑	↓	—	↑	↑
燃尽性能↓	↓	↑	↓	—	↑	↑
煤灰结渣倾向↑	↑	↓	↑	↑	—	—

4. MFP型煤粉燃烧器

MFP型煤粉燃烧器是我国工业窑炉行业研发的一种新型可调旋流煤粉燃烧器，它吸取了国内外各种煤粉喷嘴的优点，构成了二次风采用蜗壳加可调旋流器产生的旋流射流和一次风采用可调扩流锥产生的直流射流组合的旋流燃烧器。MFP型煤粉燃烧器的结构如图4-20所示，MFP型系列煤粉燃烧器的主要技术性能如表4-23列示。

由图4-20可见，MFP型煤粉燃烧器的工作原理是：携带煤粉的一次风，在一定的压力

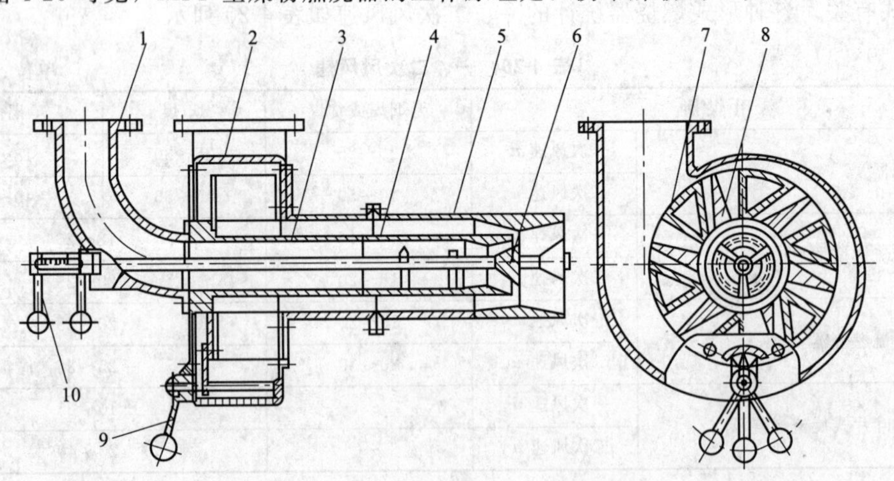

图4-20 MFP型煤粉燃烧器结构示意图

1—一次风弯管；2—风壳；3—一次风直管；4—一次风喷管；5—燃烧器喷头；6—钝体；7—固定塞块；8—可动塞块；9—旋流手柄；10—钝体拉杆

下，从一次风的喷管喷出，调节扩流锥的前后位置，可改变煤粉气流的出口角度；二次风在一定压力下由蜗壳切向进入燃烧器，经由固定塞块和可动塞块组成的可调式旋流器，形成强烈的旋流气流，在燃烧器头部与煤粉气流成一定交角充分混合后从喷口喷出。通过可调旋流器和扩流锥的调整，可控制二次风乃至整个喷出流股的旋流强度，从而得到不同的火炬射程和张角。

表 4-23 MFP 型系列煤粉燃烧器的主要技术性能

项　目	MFP 100	MFP 200	MFP 300	MFP 500	MFP 700	MFP 1000	MFP 1500	MFP 3000
最大燃粉量/(kg/h)	100	200	300	500	700	1000	1500	3000
适用煤种	烟煤					贫煤		
煤粉低发热量/(MJ/kg)	20.7～25.3					17.1～20.9		
煤粉粒度/目	≥180							
一次风风压/Pa	≥980							
二次风风压/Pa	≥1960							
一次风温度/℃	0～100							
二次风温度/℃	0～100							
一次风风量/(m^3/h)	210	420	630	1040	1460	1650	2480	4130
二次风风量/(m^3/h)	490	970	1460	2440	3410	3850	5780	12380
火炬射程/m	2.0～3.0	2.5～3.5	2.8～4.0	3.0～4.5	3.2～4.8	3.5～5.0	3.8～5.5	4.0～6.0
火炬张角/(°)	30～50					40～60		

六、煤粉质量指标与制备

1. 煤粉质量指标

对于我国电站煤粉锅炉，至今尚无有关煤粉质量的行业或国家标准，与其相关的标准有两个，其一是 GB/T 7563—1998《发电煤粉锅炉用煤技术条件》，其二是 MT/T 714—1997《煤粉生产防爆安全技术规范》，前者规定了煤粉锅炉燃用煤的基本要求，后者规定了煤粉生产场所防爆安全技术的基本要求。至于各电站结合各自的锅炉机组性能和燃煤供应情况所制定的某些煤粉质量指标，譬如煤粉细度、水分等，只适于本电站所用。迄今为止，没有一个系统的适于行业的煤粉质量的标准。随着国民经济的发展和科学技术的进步，小型高效煤粉工业锅炉和工业窑炉得到了一定范围的推广应用，并在节能方面展现了明显的优势。为适应小型煤粉工业锅炉和工业窑炉的发展需求，一些专业的煤粉生产厂相继问世，并为周边的小型煤粉工业锅炉和工业窑炉用户提供了商品煤粉，形成了集中制粉、定点供应的模式。为了保证小型煤粉工业锅炉和工业窑炉的安全、经济运行，在当前，规范煤粉生产秩序，加快制定商品煤粉质量标准是非常迫切和必要的。

(1) *主要质量指标* 煤粉质量指标应包括对煤粉燃烧器的性能和煤粉锅炉整体性能有影响的各项指标，即经济性指标、安全性指标以及环保性指标等。

① 煤质特性指标 煤粉质量指标中的诸多指标取决于加工煤粉的煤质特性指标，包括 V_{daf}、A_{ar}、$S_{t,d}$、JT 和 ST 等。这些指标对煤粉的着火性、燃尽性、结渣性及燃烧产物污染性起决定影响。

a. V_{daf}。煤粉的 V_{daf} 指标与其着火稳定性密切相关，着火稳定性宜采用煤的着火稳定指数 R_w 来表示，其表征煤的着火难易程度。据电站煤粉锅炉统计，R_w 值与煤的 V_{daf} 之间存在如下经验关系式：

$$R_w = 3.59 + 0.054V_{daf} \quad (4\text{-}35)$$

煤的着火稳定指数R_w值及按式(4-35) 计算的相应V_{daf}值如表4-24列示。

表 4-24 煤的着火稳定指数 R_w 值及相应的 V_{daf} 值

煤的着火难易程度	R_w值	V_{daf}值/%
极难着火	<4.02	<8
难着火	$4.02 \leqslant R_w < 4.67$	$8 \leqslant V_{daf} < 20.0$
中等着火	$4.67 \leqslant R_w < 5.00$	$20.0 \leqslant V_{daf} < 26.1$
易着火	$5.00 \leqslant R_w < 5.59$	$26.1 \leqslant V_{daf} < 37.0$
极易着火	$\geqslant 5.59$	$\geqslant 37.0$

b. A_{ar}。煤粉的A_{ar}指标与其燃尽性密切相关，A_{ar}指标高的煤粉，燃尽所需时间长，灰渣中的可燃物含量大，固体不完全燃烧热损失增大，因而燃烧效率较低。

c. $S_{t,d}$。煤粉的$S_{t,d}$指标与其燃烧产物的污染性密切相关，$S_{t,d}$指标高的煤粉，燃烧产物中的大气污染物SO_2含量高，其危害性很大。煤粉锅炉大气污染物的减排，首先要立足于从源头上控制煤粉中的$S_{t,d}$指标。

d. JT和ST。煤粉的JT与ST指标与结渣倾向密切相关，焦结性弱、煤灰熔融性高的煤种适用于干态排渣煤粉锅炉，不易结渣。而焦结性强、煤灰熔点低的煤种，则容易结渣，在燃烧器结构设计和布置上应谨慎对待。

② 煤粉细度　煤粉细度是煤粉质量的重要指标，它对着火稳定性、粉粒燃尽性起决定影响，较细的煤粉有利于提高着火稳定性和粉粒燃尽，但制粉电耗增加、产量降低、成本提高，正如前面提到的，有一个经济细度问题。煤粉细度指标有R_{90}或200目筛子（74μm）通过率。我国电站煤粉锅炉的煤粉细度一贯用R_{90}表示。据统计数据，R_{90}值与燃煤的V_{daf}值有如下经验关系式：

对于$V_{daf} \geqslant 12\%$的贫煤和烟煤

$$R_{90} = 4 + 0.5nV_{daf} \quad \% \quad (4\text{-}36)$$

对于劣质烟煤

$$R_{90} = 5 + 0.35V_{daf} \quad \% \quad (4\text{-}37)$$

式中　n——煤粉的粒度分布均匀性系数，决定于制粉设备的形式，通常为0.8～1.2，如配有离心分离器的制粉设备，n=1.1。

中小型煤粉锅炉的煤粉细度比大型电站煤粉锅炉稍小些，可用200目筛子的通过率表示，200目筛子的筛孔尺寸为74μm×74μm，类似于R_{90}，也可用R_{74}表示。煤科总院研发的小型高效煤粉锅炉在山西忻州市运行的炉子的煤粉细度经取样筛分，其200目筛子通过率为80%～90%，即R_{74}=10%～20%，说明煤粉是比较细的。

③ 煤粉发热量　收到基低位发热量是衡量任何一种燃料质量高低的重要指标，是核定燃料市场价格的依据，也是核算单元供热量的燃料耗量和最终核算供热单价的基础，据锅炉热平衡，燃料耗量为：

$$B = \frac{Q_k}{\eta Q_{net,ar}} \times 100 \quad \text{kg/h} \quad (4\text{-}38)$$

式中　Q_k——1蒸吨或2.5GJ的供热量，kJ/h；

η——煤粉锅炉运行热效率，%。

由式(4-38) 不难看到，相应于锅炉单元供热量的煤粉耗量与煤粉的发热量成反比，在企业成本核算中，动力燃料耗量是一个主要的组成部分，采用发热量较高的燃料可降低燃料耗量，对降低企业成本、提高企业经济效益是有益的。

④ 煤粉水分 煤粉水分虽然不像其他煤质特性、发热量那样，对煤粉锅炉的经济运行起决定性影响，但与煤粉的加工、贮运过程的安全可靠性有极大关系。

影响煤粉爆炸性的主要成分是挥发分和水分，一般说来，$V_{daf}<10\%$的煤，即无烟煤，没有爆炸危险，$V_{daf}>10\%$时，随着V_{daf}的增大，爆炸危险性增加，当$V_{daf}>20\%$时，爆炸危险性大大增加。对于褐煤、烟煤挥发分高的煤，当煤粉水分大于其固有水分时，一般没有爆炸危险，只有当水分低于固有水分时，爆炸危险性才显著增大。

另外，在煤粉输运系统中，如煤粉水分偏高，容易发生系统堵塞故障，导致煤粉锅炉无法正常运行，系统堵塞主要发生在粉仓与中间储仓至给料机的落粉管上。山西小型煤粉锅炉运行实践证明，只要煤粉水分控制在5%以下，系统就不会发生堵塞。

(2) 煤粉综合质量指标 小型煤粉工业锅炉的用户比较分散，每个用户的煤粉用量也不多，少则每年数百吨，多则数千吨，不可能实现铁路运输，只能汽运，为节省运费，避免无效运输，建议煤粉采用优质三类烟煤磨制。陕西升基能源管理有限公司所制定的煤粉产品质量指标如表4-25列示。山西忻州某煤粉锅炉所燃用的煤粉取样化验分析的煤粉质量亦列于表4-25中。不难看到，山西煤粉总体上接近序号2的质量指标。

表4-25 陕西升基能源管理有限公司煤粉产品质量指标

项目		1	2	3	山西煤粉
全水分 M_t/%		≤5.0	5.01～8.0	8.01～12.0	6.34
干基灰分 A_d/%		≤6.0	6.01～12.0	12.01～20.0	7.25
干基全硫分 $S_{t,d}$/%		≤0.30	0.31～0.50	0.51～0.80	0.34
无水无灰基挥发分 V_{daf}/%		>40.0	30.01～40.0	20.0～30.0	36.37
收到基低位发热量 $Q_{net,ar}$	MJ/kg	>27.2	25.11～27.2	23.0～25.1	27.534
	kcal/kg	>6500	6001～6500	5500～6000	6576
焦渣特性(CRC)		1	2～3	4～5	2
煤灰软化温度 ST/℃		>1350	1251～1350	1150～1250	1240
煤粉细度	200目通过率	≥90	≥80	≥70	84
	R_{74}/%	≤10.0	10.01～20.0	20.01～30.0	16

注：各质量指标所列序号1、2、3仅表示其技术要求上的差别，相互之间不需要一一对应。

2. 煤粉制备及其系统模式

从煤粉气流燃烧过程及其特点来看，除了对燃烧器及炉膛结构有相应要求外，在煤粉的制备上也有一定要求。煤粉制备是煤粉锅炉整机的重要组成部分，它与煤粉锅炉运行的安全经济性也有着密切的关系。

(1) 磨煤机 磨煤机是制粉系统中最主要的设备，其工作性能对煤粉细度、煤粉产量、磨粉电耗、金属耗量等有很大影响。磨煤机的类型很多，通常按转速分类：低速磨煤机，转速约为18～25r/min，如筒式球磨机；中速磨煤机，转速约为40～300r/min，如球式和辊式磨煤机，亦称立式磨煤机；高速磨煤机，转速约为750～1500r/min，如竖井磨煤机和风扇磨煤机。不难看到，各类磨煤机都是转动机械，如果采取炉前制粉的系统模式，那么煤粉锅炉整机的工作可靠性将受制于磨煤机工作的可靠性。

① 筒式球磨机 筒式球磨机全称筒式钢球磨煤机，筒体直径2～4m，长3～10m，筒内

装有许多直径为 25～60mm 的钢球，筒身架在两端的两个空心轴承上。在磨煤机中，干燥和磨煤同时进行，这种磨煤机适用于磨制各类煤种，对煤中杂质的敏感性不大，工作可靠性高，缺点是容易将煤粉磨得过细，电耗高，低负荷运行不经济，适用于大型电站煤粉锅炉中间储仓式制粉系统。

② 中速磨煤机　中速磨煤机的具体结构形式较多，以往常用的有四种，即辊盘式、辊碗式、球环式及辊环式。中速磨煤机适于磨制烟煤和贫煤，原煤灰分要小于 30%～40%，煤的可磨性系数应大于 50。中速磨的优点是重量轻、占地小、投资省、耗电低、金属磨损少和噪声小等。只要煤种适宜，应优先采用中速磨煤机。

③ 高速磨煤机　竖井磨煤机由一锤击式磨煤机和竖井组成，磨煤机转子上挂有许多小锤，以转动的小锤击碎煤粒，煤粉靠竖井重力分离，因此煤粉颗粒较粗，R_{90} 为 40%～60%，适于挥发分高的褐煤和烟煤。竖井磨煤机优点是结构简单，金属耗量和投资较低，缺点是击锤磨损较严重，检修工作量大，磨煤机本身工作可靠性较差，从而影响煤粉锅炉整机的工作可靠性。

风扇磨煤机构造上与离心式风机相似，兼有磨粉和送风两种功能，叶轮外圆周速度达到 80m/s 左右，能产生 2000Pa 的风压。风扇磨的优点是结构简单，布置紧凑，金属耗量较少，出力调整方便，适用煤种多，特别是由于具有抽力，可抽吸烟气作为干燥剂，对高水分煤种也适用；缺点是叶轮磨损严重，同样有一个工作可靠性较差的问题。

高速磨煤机适用于中小型煤粉锅炉的炉前制粉系统模式，传统上称为直吹式系统。

(2) 制粉系统　包括从原煤到磨煤机直至煤粉燃烧器之前的给粉机等组成的煤粉制备、输送、计量、给料的各种设备、管道及控制装置的体系称为煤粉制备系统，简称制粉系统，典型制粉系统如图 4-21 所示。以往煤粉锅炉整机所配套的制粉系统有直吹式系统和储仓式系统两种，前者又称为单元制粉系统，后者称为集中制粉系统。

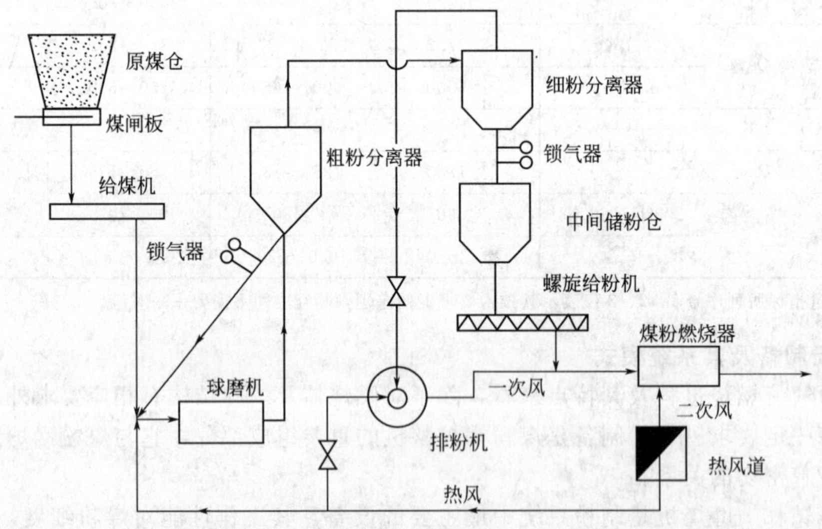

图 4-21　典型的储仓式制粉系统工艺流程图

工业锅炉一般采用直吹式制粉系统，系统布置在锅炉房内，实施炉前制粉，煤粉直接送入炉内燃烧，现用现磨。直吹式系统简单，布置紧凑，投资少，运行电耗较小；缺点是可靠性较差，系统中任何故障都会直接威胁到锅炉安全运行。另外，燃煤量的调节只能在给煤机上进行，滞延性较大，造成锅炉负荷调节的滞延性较大，要求较高的运行操作水平。

大型电站煤粉锅炉以往普遍采用储仓式制粉系统，系统布置在锅炉房之外，所磨制的煤粉存储在锅炉房的中间储仓中，根据锅炉的需要供粉，也可送至邻炉燃用。小型工业煤粉锅炉可多台锅炉共用一个中间储仓。储仓式系统的优点是可靠性高，制粉系统的故障不直接影响锅炉安全运行。磨煤机的工作与锅炉本体的运行不相牵制，磨煤机可满负荷运转以降低电耗，锅炉负荷变化时，燃煤量由给粉机调控，消除了锅炉负荷调节的滞延性。另外，储仓式制粉系统的煤粉炉可采用较高温度（200℃以上）的热风送粉，保证燃用低质煤的着火稳定性，缺点是系统复杂，投资多，占地面积大，运行费用也较大。

近年来，随着工业发展和技术进步，新型耐磨金属材料的研发应用使直吹式制粉系统的工作可靠性不断提高，这将为煤粉“室燃”方式在工业锅炉中的应用创造条件。

煤科总院将小型煤粉锅炉的制粉系统分为两种模式，即专业集中制粉模式和炉前自给制粉模式，如图 4-22（a）、（b）所示。鉴于小型煤粉锅炉燃煤量少、用户分散的状况，对于锅炉房总容量小于 20t/h 或 14MW 的用户，推荐采用专业集中制粉的模式，在城市的周边建立若干个小型的煤粉生产厂，磨煤机采用立式雷蒙磨，所生产的煤粉由专用罐车运送到用户，用压缩空气吹送存储于锅炉房的煤粉储仓中。目前，在山西、山东推广应用的小型煤粉锅炉，均采用这个模式，运营情况正常。

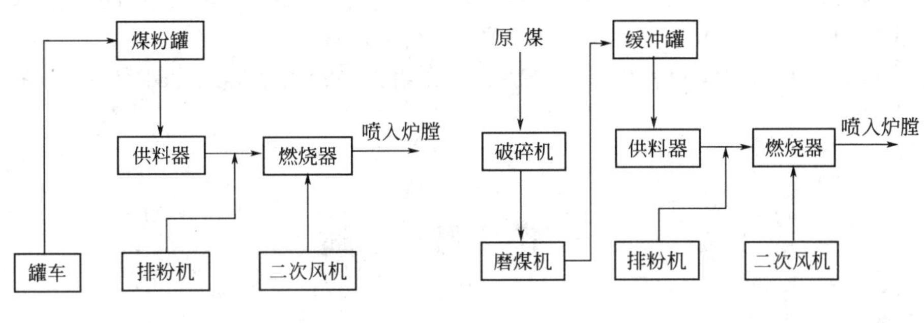

图 4-22 小型煤粉锅炉煤粉制备系统框图

第五章

余热利用

能源在保障国民经济增长、促进社会进步和提高人民生活水平等方面发挥着积极作用，但是基于能源的稀缺性、过分倚重化石能源以及化石能源具有不可再生性等，它又成为经济发展的重要制约因素，并对环境保护造成压力。因此节约能源和开发利用新能源已成为新时期能源经济面对的现实课题。另一方面，为了环境的洁净和人类自身的健康，我们必须对各种排放物加以限制。

提高一次能源的利用率和尽可能多地回收利用二次能源，既能节约能耗，降低产品成本，又能减少对环境的污染，是一举多得的措施。国家节能减排的政策导向进一步促进了对二次资源的利用，也就是本章所要讨论的对各种余热的利用。

对余热利用，本章按两种利用形式分别给予介绍，一种利用形式为热管，另一种为余热锅炉。

第一节 概 述

一、余热资源的分类

就余热资源的形态而言，通常有固、液、气三态。对烟道式余热锅炉和分离式非一体化余热锅炉来说，主要利用的余热资源形态是气态；或虽为固态但通过某种工艺转换成为气态；或虽为固、液、气三态废物却因其含有可燃物而通过外置焚烧炉燃烧而成为气态。这些，及其烟道式余热锅炉和分离式非一体化余热锅炉，是本章讨论的重点。

气态余热资源由于生产工艺不同，从各种设备排出的气体也因此而各异，如表 5-1 所示，有所谓干净气体和含尘大的脏气体，有高温气体和低温气体之分。

但这样的分类还只是一些初步基本特征，实际利用中，还得考虑气体是否具有腐蚀性，所含粉尘的熔点高低和黏结性强弱，烟气量和温度的波动变化情况等方面。

通过分类，针对烟气的不同性状，有可能或从锅炉结构，或从蒸汽参数的选择，或从添加燃料的补燃措施，或从受热面布置上与之适应。

一般来说，除非烟气中的烟尘熔点低，易黏结于受热面上，从而需采取特殊手段以外，高温气体比低温气体的利用要容易得多。然而，当低温烟气量大时，其所携有的余热量不能被忽视；只是其利用则有较多的困难，尤其对于老厂的技术改造，常常因余热利用设备体积过于庞大而受到占地面积和空间的限制。在螺旋翅片管、热管等新型高效传热元件问世之前，纯低温余热资源的利用几乎是空白。而具有腐蚀性的烟气气体或流量、烟温波动幅度大的烟气气体，其利用的难度则将更大。

通常气体余热回收设备取决于回收热量的使用目的：是用来加热空气，还是用来加热水或进而将之转化为蒸汽。前者的设备为空气预热器，后者即是余热锅炉。由易到难，由简单到复杂，由一般到特殊，本章将遵循这一原则对余热回收设备逐一介绍；并对高炉煤气的废气利用，即高炉煤气锅炉也一并介绍。虽然高炉煤气锅炉不是这里确定的、一般意义的分离式非一体化余热锅炉，算是特种燃料锅炉，但从其采用的技术上，或可触类旁通，举一反三，值得重点介绍。

表 5-1　余热气体（烟气）的种类及性质

气体种类			气体发生设备	气体温度/℃	含尘量/(g/m³)	气体压力/Pa	所含的特殊气体成分/%
发生设备排出气体	干净气体		重整炉	800～1000		−200	
发生设备排出气体	干净气体		燃气轮机	450～520		2000～4500	
发生设备排出气体	干净气体		柴油机	320～380		2000	
发生设备排出气体	干净气体		一般加热炉（钢铁、化肥、化工）	350～900		−200	
发生设备排出气体	脏气体	炉窑	玻璃熔窑	400～600	5～8	−100	
发生设备排出气体	脏气体	炉窑	水泥窑(干法)	350～450	80～150	−100	
发生设备排出气体	脏气体	炉窑	海绵铁回转窑	850～900	40	50	
发生设备排出气体	脏气体	炉窑	硫铁矿焙烧炉	920	250～300	50	SO_2:10～13
发生设备排出气体	脏气体	有色金属冶炼炉	铜反射炉	1250	20～40	50	SO_2:1～2
发生设备排出气体	脏气体	有色金属冶炼炉	铜闪速炉	1350	100～150	50	SO_2:10～30
发生设备排出气体	脏气体	有色金属冶炼炉	铜转炉	800	20～30	50	SO_2:8～15
发生设备排出气体	脏气体	有色金属冶炼炉	锌矿熔炼炉	950	100～150	50	SO_2:8～10
发生设备排出气体	脏气体	有色金属冶炼炉	炼镍烟化炉	800	25～40	−50	SO_2:～5
其他	固态转化成气态		干熄焦	800	6～10	−200	
其他	固态转化成气态		烧结冷却机	350～400	10	−100	CO:<8
其他	固态转化成气态		空气冷渣	400～800	10	−100	

就余热锅炉的基础技术而言，它和一般通用的锅炉毫无二致。但在一些场合下，余热锅炉往往成为生产工艺流程众多设备中的一环，它们直接相连不可分割。因此，必须在充分了解余热源工艺的运行条件、烟气性质、含尘性质和构成的情况下，确定一种形式好、参数适合、除尘有效的余热锅炉。余热锅炉的设计“有定法，又无定法”，必须十分安全可靠，否则将影响整套装置的正常运转。

二、烟道式余热锅炉的设计

余热锅炉的设计方法和制造工艺与动力锅炉是相同的。动力锅炉中普遍采用的膜式水冷壁、屏式管屏、小弯管半径、密封炉壁等在余热锅炉上也都有应用。余热锅炉是附属于有关工业炉窑的一个节能设备，因此要求余热锅炉运行安全可靠，设备经济合理，有利于主工艺流程的运行，有利于防止污染环境和装设除尘设备。下面就影响余热锅炉布置的有关因素作简要的介绍。

（1）进入余热锅炉的烟气温度是决定余热锅炉布置形式的一个重要因素。进口烟温一般在 400～1250℃范围内，它对传热的影响如表 5-2 所示。

表 5-2　余热锅炉辐射对流受热面与烟气进口温度的关系

进口烟温	1250℃	900℃	400℃
辐射传热所占份额	70%	24.7%	3.6%
对流传热所占份额	30%	75.3%	96.4%

由此可见，对于进口烟温在 400～900℃范围的余热锅炉来说，依靠的是对流传热，因而不需要有空旷的辐射炉室。但碰到烟尘熔化点低时也有例外的情况。对于进口烟温在

1100℃以上的余热锅炉来说，在布置上与燃烧燃料的锅炉已无多大区别。

（2）灰的侵蚀性。某些冶炼炉窑（如沸腾焙烧）的烟尘有侵蚀性，在这种情况下，不论以何种方式冲刷受热面，应把烟速控制在 8m/s 以下。而且，烟气流的均匀分布显得格外重要，在烟气流转弯处的迎流面要有防磨措施。

（3）灰的结渣性。大多数冶金炉窑的排烟含有大量结渣性烟尘，对此应注意下列几点：

① 不宜采用较高的蒸汽温度和蒸汽压力；

② 控制进入对流烟道区的入口烟温，此时在对流烟道区的前方可布置一个水冷炉室（辐射空腔）以控制入口烟温；

③ 避免水平布置的管排，应把垂直于烟气流向的管排距离放宽，在灰渣搭桥前依靠灰渣的自身重力自行落下；

④ 垂直布置的管排宜采用悬吊形式，以利于振打除灰。

（4）细灰的堆积性。如水泥炉窑烟气中的细灰易堆积，但磨损性小，对此：

① 纵向冲刷管排时，要采用悬吊方式以利振打除灰；

② 适当增加烟速以增加传热效果；

③ 采用水平布置管排，烟气横向冲刷受热面时，应加大水平方向的管排距离，防止灰渣搭桥并增加吹灰设备。

（5）腐蚀性的烟气。腐蚀性的烟气主要指烟气中含有二氧化硫，为了防止钢材受腐蚀，应采取如下措施：

① 选取合理的蒸汽压力 0.2～0.6MPa；

② 不采用省煤器；

③ 采用较高的排烟温度；

④ 炉壁要严密，以防止烟气漏出腐蚀外部钢架、平台等附件，而冷风漏入烟道又会引起炉内管件腐蚀并增加排烟损失和引风电耗。

（6）烟量和烟温的波动。烟量和烟温的波动会引起供汽参数的变化和锅水循环的不稳定，在烟管锅炉和立式水管锅炉中由于蓄水量大，短时间的波动对锅炉的运行影响不大。但对于一切蛇形管式蒸发受热面，则必须采用强制循环方式。为了稳定地向外供汽，最好与蓄热器配合使用。

（7）洁净的烟气、热机排气和某些化工流程中的工艺气属于这种情况。一般而言，这时考虑采用螺旋鳍片管组成的受热面更为合理，以达到结构紧凑、降低造价，降低烟阻的双重目的。但当配备有可靠有效的除灰装置时，即便对相对较脏的烟气，如水泥窑的烟气，其利用的锅炉受热面还是多用螺旋鳍片管。不过，烟气温度不宜超过鳍片材料的抗氧化、抗石墨化所允许的最高温度，对于碳素钢材料，一般不超过 600℃。

（8）烟管余热锅炉的使用条件受到烟管端与管板连接结构的限制，如果烟管端能良好地受到冷却，进口烟温就可高些，通常工作压力不超过 1.55MPa，入口烟温不超过 650℃。

三、余热气体的回收

将余热气体中的热能作为蒸汽来回收时，锅炉的蒸汽产量是随烟气条件、蒸汽条件及给水温度的变化而变化的。

根据图 5-1 可以很方便地查算出锅炉回收余热生成的大致蒸汽产量（t/h）。如果知道烟气的成分，那么可以通过不同比例的分子量之和及摩尔标准状态的 22.4m^3 体积计算出标准状态下的烟气密度，再求得图中需要的烟气单位 kg/h。由于余热烟气本身经常波动，锅炉蒸汽产量多不作考核指标，因此亦可用密度约 1.3kg/m^3 来估算蒸汽产量。

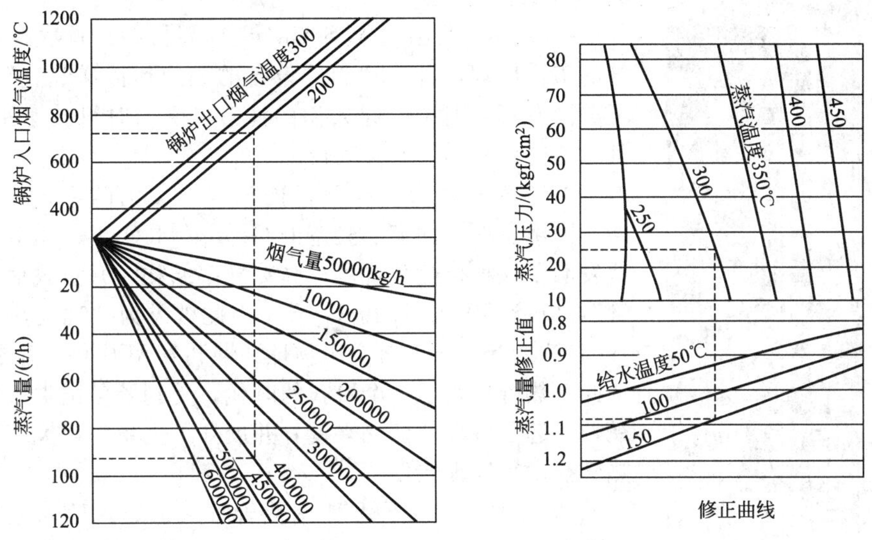

图 5-1 余热锅炉蒸发量计算图表

第二节 热管技术

我国的常规能源资源人均可采储量低于世界平均水平，能源资源不丰富，在能源效率、能源强度、单位产品能耗等方面大大落后于发达国家。目前我国的能源利用效率为 33%，比发达国家低 10 个百分点，产值能耗是世界平均水平的 2 倍多，主要产品单位能耗比国外先进水平高 40%。为促进我国经济的可持续发展，近年来，国家十分重视节能工作，并颁布了一系列相关法规，节能已成为全社会共同关注的大事。

提高热能设备的热效率和热力系统的能源利用率，是目前节能工作的重点之一。在我国，数以万计的锅炉、窑炉、高炉、热风炉、干燥器、反应器、内燃机等热能设备每天将大量高、中温烟（废）气排到大气中，这些平均温度高达 200～500℃的烟（废）气排放时带走了大量热能，既浪费了能源，又加剧了温室效应和环境污染。因此采用先进的热回收技术和设备，降低各种热力设备的排烟（气）温度，有效地回收余热、废热，是提高热效率的关键。

先进的热管技术和热管换热设备应用于热能回收领域具有其他传统换热技术和设备无法比拟的独特优点，热管技术推动了余热回收行业的技术进步，与此同时，余热回收领域的许多难题及需要又反过来促进了热管技术、热管产业的发展，热管技术在余热回收领域有着十分广阔的发展前景。

一、热管的历史

热管是一种具有特高导热性能的新颖传热元件，其导热能力超过任何已知金属。热管的产生和发展，主要归功于空间事业的开发及其本身所具有的高效导热性能。热管广泛用于航天器的温度控制、电子器件的冷却和各种能量回收系统中的换热装置。它也是热气机传热系统的理想器件。目前，热管在建材工业、冶金工业、化工及石油化工、动力工程、纺织工业、玻璃工业、电子电气工程等领域内得到广泛的应用。热管

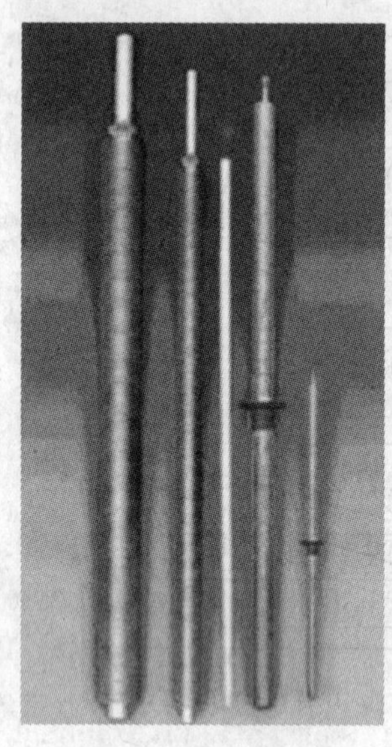
图 5-2 热管照片

的照片见图 5-2。

1942 年，美国人 P. S. Gaugler（高格勒）首次提出标准热管的工作原理，称为“制冷设备的毛细热传递装置”，并取得了美国专利，但未引起人们的注意。受当时科技水平的限制，其未能得到实用性开发利用。

1963 年，因为航天技术的需要，美国的 Los Alamos（洛斯·阿洛莫斯）国家实验室的 George M. Grover 等人重新独立地发明了这种传热装置——高热导率结构，并正式命名为“热管”，申请了美国专利。Grover 因此被誉为“现代热管之父”。1964 年，Grover 在《应用物理》期刊发表了第一篇热管论文。从此，热管进入了一个崭新的时代，受到了各国学者的极大重视，引起了各界的广泛兴趣，并展开了大量的研究工作，使得热管技术得以很快发展。

1967 年，一根不锈钢-水热管首次被送入地球卫星轨道并成功运行。继空间应用以后，又进一步发展了地面应用的研究。20 世纪 70 年代，世界性的能源紧张使得热管技术被大量地应用到民用工业上，出现了热管应用研究的又一个高潮。从 20 世纪 70 年代开始，热管已从实验室研究迅速地转向实用阶段。

工业性的热管应用，尤其是在余热回收领域中大量开发和利用，迫切需要降低热管成本，简化热管结构。因此，没有吸液芯重力热管受到了大家的重视。重力热管又称两相闭式热虹吸管，是从珀金斯管（Perkins Tube）发展而来的，它的历史比标准热管长，早在 1949 年，前苏联就发表了有关面包烤炉用加热管的专著。其加热管即两相闭式热虹吸管（改进的珀金斯管）。1950 年美国 NACA 首次发表了利用两相闭式热虹吸管原理对透平叶片进行冷却的研究结果。1959 年，前苏联已经在其热电站的 200t/h 锅炉上安装了应用两相闭式热虹吸管原理传热的空气预热器，这是世界上在电站锅炉中最早的此类换热器。直到 1963 年有了“热管”的名称以后，两相闭式热虹吸管才称为重力热管。

二、热管的工作原理

从热力学的角度看，为什么热管会拥有如此良好的导热能力呢？热管内的传热是利用工质受热汽化吸收汽化潜热和冷凝释放出汽化潜热来进行的，传递的热量是工质的汽化潜热。物质的汽化潜热比它的显热大得多，例如：在 1atm（101325Pa）的条件下，1g 水温度变化 1℃只能吸收（或放出）1kcal（1kcal＝4.1868kJ）的热量，而 1g 水变成水蒸气则可以吸收 539.6kcal 的热量，可见热管的导热能力是很强的。

热传递有三种方式：辐射、对流、传导。物体的吸热、放热是相对的，凡是有温度差存在的时候，就必然出现热从高温处向低温处传递的现象。如图 5-3 所示，一般热管是封闭系统，由管壳、吸液芯和工质组成。热管利用工质相变的物理过程来传递热量。热管内部被抽成负压状态，充入适当的液体，这种液体沸点低，容易挥发。管壁有吸液芯，其由毛细多孔材料构成。热管一端为蒸发段，另一端为冷凝段，当热量从蒸发段传入时，吸液芯内的工质受热蒸发，变成蒸气，蒸气在微小的压力差下流向冷凝段，在冷凝段接触到冷的吸热芯表面，释放出热量，重新凝结成液体，液体再沿多孔材料依靠毛细力的作用流回蒸发段，完成闭合循环。如此循环不止，通过工质的蒸发和冷凝便把热量源源不断地从热端传到冷端。这种循环是快速进行的，因此热管具有很高的导热性。

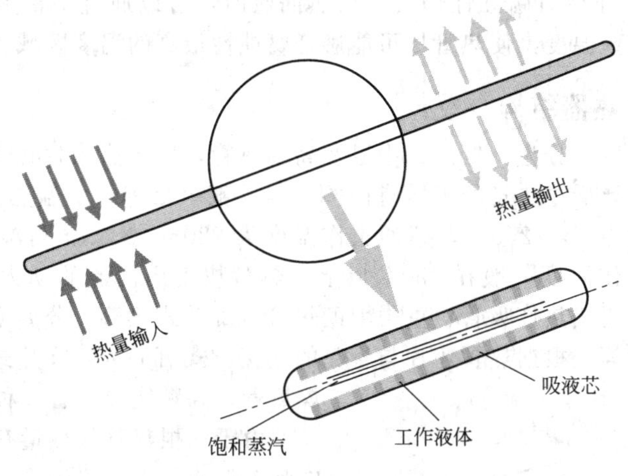

图 5-3 热管工作原理

重力热管的基本工作原理如图 5-4 所示，典型的热管由管壳、外部扩展受热面、端盖组成，将管内抽成 $1.3\times(10^{-1}\sim10^{-4})$ Pa 的负压后充入适量的工作液体，然后加以密封。当热管的蒸发段受热时，热管内的工质蒸发汽化，蒸气在微小压差下流向冷凝段放出热量凝结成液体，在重力的作用下流回蒸发段。如此循环不已，热量就由一端传到了另一端。

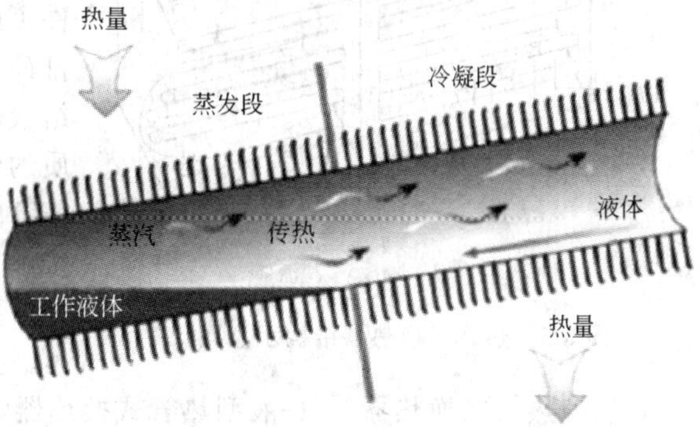

图 5-4 重力热管工作原理

三、热管的优点

热管的传热原理决定着热管有以下基本特性：

① 较大的传热能力。热管巧妙地组织了热阻较小的沸腾和凝结两种相变过程，使它的热导率高达紫铜热导率的数倍以至数千倍。

② 优良的等温性。热管内腔的蒸气处于饱和状态，饱和蒸气由蒸发段流向冷凝段的压力差很小，因而热管具有优良的等温性。

③ 不需要输送泵以及密封润滑部件，结构简单，无运动部件和噪声。一根长 0.6m、直径 13mm、重 0.34kg 热管在 100℃工作温度下，输送 200W 功率的能量，其温降为 0.5℃，而输送同等功率能量同样长的实心铜棒重量为 22.7kg，温差却需要高达 70℃。

由热管组成的热管换热器具有以下优点：

① 热管换热器可以通过换热器的中隔板使冷热流体完全分开，在运行过程中单根热管因为磨损、腐蚀、超温等原因发生破坏，也只是单根热管失效，而不会发生冷热流体的掺混。所以热管换热器用于易燃、易爆、腐蚀性等流体的换热场合具有很高的可靠性。

② 热管换热器的冷、热流体完全分开流动，可以比较容易地实现冷、热流体的完全逆流换热；同时冷热流体均在管外流动，由于管外流动的换热系数远高于管内流动的换热系数，且两侧受热面均可采用扩展受热面。用于品位较低的热能的回收非常经济。

③ 对于含尘量较高的流体，热管换热器可以通过热管结构尺寸，扩展受热面形式，以

解决换热器的磨损堵灰问题。

④ 热管换热器用于带有腐蚀性烟气的余热回收时，可以通过调整蒸发段、冷凝段的传热面积来调整热管管壁温度，使热管尽可能避开腐蚀性最高的温度区域。

四、热管分类及换热器结构

热管按其工作温度可分为：低温、中温及高温热管，选用热管时必须根据热管的工作温度来选用管内的工质。低温热管的工质有丙酮、氨、氟里昂等；中温热管的常用工质有水、萘等，水的工作温度为 90～250℃，萘的工作温度为 280～400℃；高温热管的常用工质有钠、钾等碱金属，工作温度一般在 450℃以上。热管按工质回流的动力可分为：吸液芯热管、重力热管或两相闭式热虹吸管、重力辅助热管、旋转式热管、分离型热管、电流体动力学热管、电渗透热管等。根据热管翅片与管壳的连接方式可分为：穿片式热管、镍铬合金钎焊热管、高频绕焊热管 3 种形式。

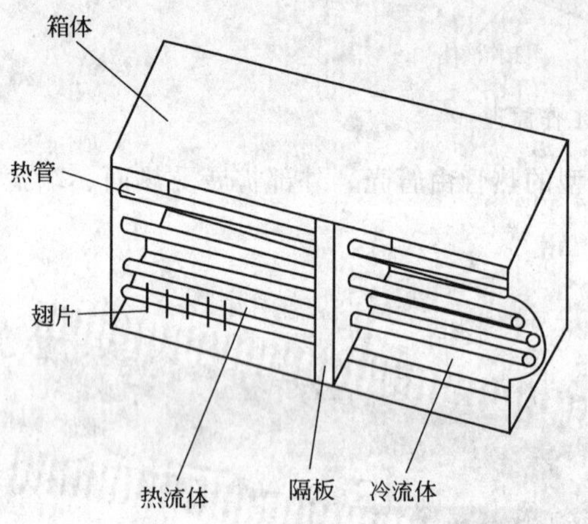

图 5-5 热管式换热器结构示意图

由于一根热管传热量有限，于是把热管集中起来形成一束，置于冷、热源之间，使热源中的热量通过热管束源源不断地传至冷源，这就是热管式换热器。热管式换热器中的热管元件可以呈错列三角形排列，也可以呈顺列矩形排列。热管式换热器由热管、箱体和中间隔板组成，隔板将箱体分为两部分，形成冷、热介质的流道，隔板保证两侧流体互不混淆，热管横穿隔板，一端与热流体接触，一端与冷流体接触，冷热两端可按需加装翅片以增大传热面积。如图 5-5 所示。

热管式换热器按照流体的不同种类可分为：气-气型热管式换热器，气-液型热管式换热器，液-液型热管式换热器；按照热管式换热器的结构形式可分为：整体式、分离式、回转式和组合式。常用的热管换热设备有以下三大类产品：热管省煤器（气-水换热设备）；热管空气预热器（气-气换热设备）；热管余热锅炉（气-汽换热设备）。

1. 热管省煤器

热管省煤器又称锅炉给水预热器或锅炉烟气热回收器，是由若干热管元件组成的一种高效气-水换热设备。它通过热管将锅炉烟气的热量传递给锅炉给水或生活用水，从而达到降低排烟温度、提高水温、节省燃料的目的。

热管省煤器具有传热效率高、阻力小、冷热侧面积可调、结构紧凑、无交叉污染、工作可靠、运行维护费用少等优点，适用于各类锅炉，尤其适用于不带引风机的燃油、燃气锅炉。配置热管省煤器后可使锅炉排烟温度降低 60～160℃，给水温度提高 20～50℃，锅炉效率提高 3%～8%。

传统的铸铁式或钢管式省煤器用于锅炉烟气余热回收存在以下缺陷：

① 传热强度低。因为是水在管内流动、烟气在管外流动的常规传热方式，换热系数不高，传热强度较低。

② 容易腐蚀。由于省煤器水侧进口处管壁温度常常低于烟气的露点温度，容易产生酸腐蚀，使省煤器遭到损坏。

③ 体积庞大。设备结构不紧凑，金属消耗多，烟侧阻力较大，引风机的电耗增加，完

全不能用于不带引风机的燃油、燃气锅炉。

④ 使用寿命短。省煤器内部某一处因腐蚀损坏，则造成气-水相通，必须停炉，而且修复很困难。

如采用热管省煤器代替传统换热器，上述缺陷均可得到解决，既可获得很高的传热强度，缩小换热器的体积和重量，降低烟气侧阻力，解决金属结构的低温腐蚀问题，又能在局部热管损坏时，仍不影响整台换热器的使用，保证锅炉的正常运行。

表 5-3 热管省煤器与铸铁省煤器比较

项目	单位	热管式	铸铁式
烟气进口温度	℃	250	250
烟气出口温度	℃	190	190
给水进口温度	℃	20	20
给水出口温度	℃	50	50
烟气容积流量	m^3/h	2988	2988
给水质量流量	t/h	2.2	2.2
最低壁温	℃	136	35
热回收量	kW	78	78
烟气压降	Pa	38	98
单位容积受热面	m^2/m^3	106.12	35.89
外形尺寸	mm	1670×450×250	1350×600×700
总体积	m^3	0.188	0.608
总质量	kg	320	720

从表 5-3 可以看出，热管省煤器与铸铁省煤器二者在以下方面差异较大：

① 传热系数。热管省煤器为铸铁省煤器的 7.45 倍，$K_{热管}:K_{铸铁}=145.3:19.5=7.45:1$。

② 最低壁温。热管省煤器为 136℃，而铸铁省煤器只有 35℃，相差 100℃。

③ 烟气侧压降。热管省煤器为 38Pa，铸铁省煤器为 98Pa。

④ 单位体积的传热面积。热管省煤器为铸铁省煤器的 2.96 倍。

⑤ 热管省煤器的总体积为铸铁省煤器的 1/3。

⑥ 热管省煤器的总重量不到铸铁省煤器的 1/2。

综上所述，热管省煤器无论在技术先进性还是在工作可靠性、使用寿命等方面都明显优于传统的铸铁省煤器。

热管省煤器的应用举例：广州经济技术开发区某外资企业锅炉房设置有三台国外进口的 18t/h 燃油锅炉，锅炉排烟温度为 250℃左右，原锅炉未配备省煤器，烟气余热没有利用，既浪费能源，又影响到后续的烟气脱硫工艺。经节能改造后，三台锅炉各配置了一台 HPW18-100-Y(P) 型热管省煤器，用于回收锅炉烟气余热，将排烟温度降低至 150℃，使给水温度提高约 28℃，锅炉效率提高 3%～5%。据统计，每年可节省重油约 500t，每年节能效益达到 170 万元。

2. 热管空气预热器

热管空气预热器是一种传热强度特别高的气-气换热设备，其各项性能指标均优于传统的气-气换热器，是气-气热回收的最佳选择。

热管技术用于气-气热回收可以最大限度地发挥热管的优势。热管空气预热器具有如下性能特点：

① 传热效率高。冷、热流体均在管外流动，两侧均可肋化，肋化系数可高达 10 以上。与管壳式相比，单位容积的传热面积大 3～4 倍，质量仅为前者的 1/4～1/2。

② 流动阻力小，风机电耗少。可以根据设备对阻力的限定条件进行专门设计。

③ 面积比可调。冷侧、热侧换热面积比及结构形式都可以在设计时自由调整，两侧互不干涉，这样就从结构上确保换热器能适用于温度、流量、清洁度相差悬殊的两种流体的传热，任何其他换热器均不具备此特点。

④ 密封性能好。冷、热流体可以完全隔开，密封性好，无交叉污染，即使单支热管损坏，也不会造成泄漏，换热器仍能正常运转。

⑤ 使用寿命长。每支热管都是独立元件，容易拆卸、更换，运行安全可靠，维修方便。

热管空气预热器的应用举例：广东佛山某再生纸厂有一台配有余热锅炉的垃圾焚烧炉，余热锅炉的排烟温度约310℃，通过节能改造，在排烟管道上安装了一台HPA-35-N/I型热管空气预热器，将烟气温度从310℃降低至约200℃，将助燃空气的温度从常温预热到150℃以上，回收了烟气余热，提高了系统的热效率。安装该节能设备后，相当于每年节煤700t，每年节能效益达38万元。同时，由于节省了燃料，每年可少排放灰尘约7t、SO_2约14t、CO_2约300t，减轻了燃烧产物对大气的污染。

3. 热管余热锅炉

热管余热锅炉又称热管蒸汽发生器，是一种新型高效的气-汽热回收装置，它兼有水、火管锅炉两者的优点，却避开了两者的弱点，各项性能均优于传统的余热锅炉，它具有如下性能特点。

① 传热强度高。与水管锅炉相同之处是烟气在管外流动，可以扩展换热面积，强化传热。

② 水循环稳定。与火管锅炉相同之处是水在管外流动，因而水循环及沸腾工况稳定可靠。

③ 负荷适应强。启动快，对负荷波动的适应性较强，发电机或导热油炉负荷在30%～100%范围内变化，均能产生蒸汽。

④ 密封性能好。水蒸气与废气热源之间有双重隔离，完全不会泄漏，运行安全可靠。

⑤ 气侧流动阻力小。完全不影响废气的正常排放，不需新增加引风机。

⑥ 使用寿命长。热应力小，密封性好。

热管余热锅炉应用举例：广东省佛山市某聚酯切片厂原有一台4650kW的燃油导热油炉，该热油炉排烟温度约450℃，烟气经烟囱直排大气，烟气余热未利用。经过节能改造，在排烟管道上安装了一台HPB0.8-10-Z型热管余热锅炉，用于回收烟气余热，生产0.8t/h、压力为0.8MPa的蒸汽供生产车间使用，从而达到节能的目的。此项改造工程每年为该厂节约重油约370t，每年经济效益达120万元，同时使排烟温度从450℃降低至230℃，减轻了排烟对环境的热污染。

以下简要介绍一下热管式换热器在我国几种主要行业中的应用。

五、玻璃窑炉中的余热回收

在20世纪90年代末开始将热管技术应用到玻璃熔窑，回收烟道尾气的余热生产饱和蒸汽，用于生产和生活。在节能型工业（玻璃）窑炉上，烟气离开蓄热室的温度还是较高的(有的高达400℃以上)。烟气在这样高的温度下离开窑炉直接从烟道排入大气，将带走大量的热能，造成热量的大量浪费。目前企业回收这部分热量使用的余热回收设备型号较多，它们各有其特点。采用重力热管式余热锅炉在工业（玻璃）窑炉上的应用是目前的发展趋势。

热管余热锅炉在节能玻璃熔窑余热回收安装位置如图5-6所示。

其主要作用是回收熔窑尾气余热，用以加热软水，使之在汽包内沸腾，产生饱和蒸汽或

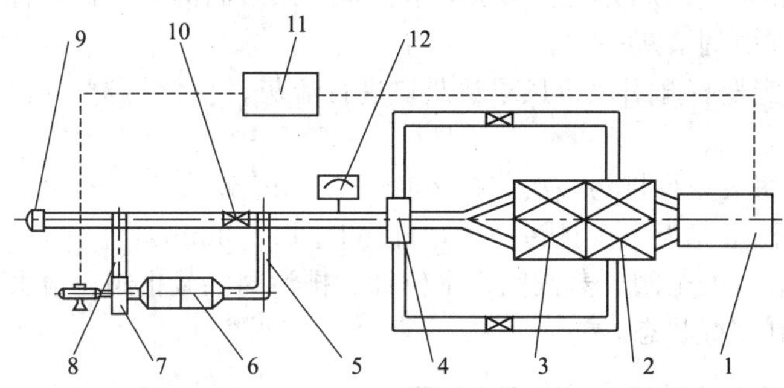

图 5-6 热管余热锅炉安装位置示意图

1—熔窑；2—煤气蓄热室；3—空气蓄热室；4—煤气交换器；5—进烟闸板；6—热管余热锅炉、软水加热器、空气预热器；7—风机；8—排烟闸门；9—烟囱；10—主烟道闸板；11—自控系统；12—烟道抽力

干饱和蒸汽。在生产上可用来加热重油、给煤气发生炉汽化、铅封用，对烟道进行吹扫，还可用蒸汽对黄烟进行封堵；在生活上用蒸汽加热水，冬季可取暖，平时洗澡、做饭等，夏季和溴化锂吸收式制冷机配合可以制冷，用于中央空调，起到节约电力的作用。总之，代替外供蒸汽的燃煤（燃油、燃气）锅炉，达到节能降耗的目的。

1. 特点

① 在烟气的入口处设有抽屉迷宫式除尘器。

② 在烟箱内设有吹灰管，可以不打开清灰门，接上汽或水源定期进行吹灰。

③ 选用合适的烟气流速，有自吹灰的功能。

2. 启动与操作注意点

待熔窑运行正常、烟气达到一定温度（200℃）后，打开余热锅炉进烟闸板，启动引风机，逐步关闭烟道闸板，操作过程确保烟道抽力波动不要超过规定指标。烟箱内的热管吸收流经烟箱的烟气余热，将热量传递给汽包内的软水，把软水加热、沸腾产生蒸汽，供生产与生活使用。

（1）运行中要考虑降低运行成本　根据用汽量的实际情况，可分成满负荷操作和减负荷操作两部分进行。每天某一时段需蒸汽量多时（如吹扫烟道等）可进行满负荷操作。根据窑压调节闸板，让烟气绝大部分通过热管余热锅炉，引风机满负荷运行。在停止用汽或极少量用汽时，使得汽包内水位达到水位上限，蒸汽压力达到上限。调节闸板，停开或微开（变频）引风机，依靠烟囱抽力进行排空。每天在需要蒸汽时，可提前 30～40min（根据实际情况而定）进行满负荷运行，达到蒸汽压力要求，开始供汽。

（2）清灰

① 每班可根据灰尘量情况，定期将中压水管和清灰管连接，进行吹灰。

② 根据灰尘量定期打开热管蒸发器的清灰门，用普通的单级水泵产生的中压水清除灰尘，能将热管表面的

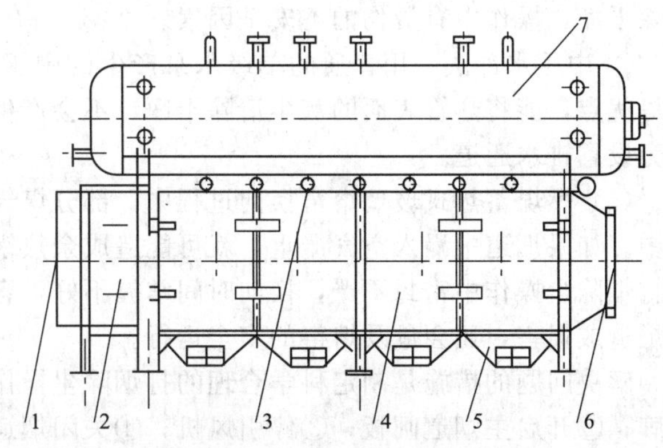

图 5-7 热管余热锅炉构造

1—烟气入口；2—除尘器；3—吹灰器；4—烟箱；5—落灰斗；6—烟气出口；7—汽包

灰尘清除干净。需在余热锅炉旁设置排水通道，也可用自制的薄铁板进行刮灰，这两种方法可结合用。一般情况每周清灰一次。

③ 根据灰量，定期打开引风机风罩清灰口进行清灰。

(3) 排污

① 热管蒸发器每天至少排污一次，排污时间 2～3min。

② 水位计、分汽缸每天至少排污一次，排污时间 2～3min。

(4) 安全 仪表、安全阀、蒸汽阀、水位计、排污阀、截止阀、给水泵等要每天巡回检查、保养，使其达到完好状态。

3. 使用重力式热管余热锅炉应注意的问题

(1) 重力式热管余热锅炉不能安装在主烟道里，避免因灰堵而影响生产系统的正常运行。必须在主烟道边设置旁路烟道，安装重力式热管余热锅炉，旁路烟道和主烟道最好形成 75°或小于 75°的夹角，不提倡做成 90°的夹角（见图 5-8)。

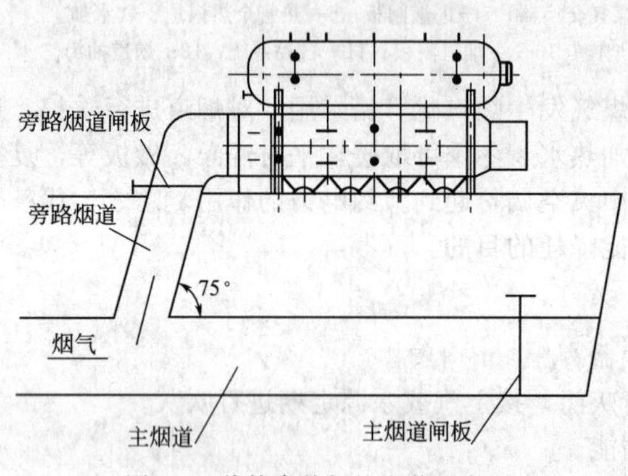

图 5-8 热管余热锅炉安装示意图

(2) 重力式热管余热锅炉入口的规格尺寸应和旁路烟道的规格尺寸相同。这样可以降低阻力，稳定窑压，换热效果好。

(3) 重力式热管余热锅炉在节能型熔窑上使用，烟气温度偏低，有的只有 250～300℃。为减少热量损失，确保余热利用效果，必须对烟道、余热锅炉入口管道、烟箱及汽包进行保温。余热锅炉出口管道、风机管道和入烟囱管道可以不保温。

(4) 根据灰尘情况，及时定期进行除灰和清灰。如不及时清灰，会降低热管的导热性能，余热利用率大大降低；同时系统阻力增加，导致风机转速增高，耗能增加。

清灰方法的优缺点比较：

① 压缩空气法。优点是气源易得，使用安全方便。缺点是费时长，清理完后易发生火星（指燃煤熔窑)，可能造成烟箱内煤气着火或放炮。

② 热蒸汽法。优点是热蒸汽易得，缺点是蒸汽与灰尘反应容易产生一层黏结层，不易清除干净，操作中有烫伤的不安全因素。

③ 中压水冲法。用普通的单级水泵产生的中压水清除灰尘，具有安全、易得、价格便宜等优点，能将热管表面的灰尘清除干净，不会产生火星，安全性好。缺点是需在余热回收器旁设置排水通道。

(5) 燃煤蓄热式玻璃熔窑换向过程中，部分煤气会经烟道及余热锅炉进入烟囱而排到大气中。如果烟道中漏入空气严重，就可能造成余热锅炉烟箱内着火，甚至发生放炮，特别是在打烟除尘操作中密封不严，换向时间掌握不好，容易发生放炮现象。严重的不仅会对余热锅炉造成损害，还会危及熔窑的安全运行。

解决问题的措施是制定科学合理的打烟除尘操作程序并严格执行：①挂“不准换向”警示牌；②开启主烟道闸板；③停引风机；④关闭烟道出口闸板；⑤打烟除尘；⑥密封；⑦开启进出口闸板；⑧开引风机；⑨关闭主烟道闸板；⑩延时换向，特别是密封要严，换向延时时间要充分，一般不低于 30min。

4. 几点建议

① 为降低运行成本，建议引风机安装变频器。如没有变频，可用调节烟道闸板方法来控制进入余热锅炉的烟气量，蒸汽用量少时，电机可以停开，靠烟囱的抽力来排烟。

② 如烟气温度较高，可以在余热锅炉前面安装 1 台蒸汽过热器，将饱和蒸汽加热到 200℃以上的过热干饱和蒸汽，这样有利于生产。

③ 如果在余热锅炉出口处安装 1 台热管空气预热器，加热二次配风，由冷风变成 100℃以上的热风，可使理论燃烧温度提高 50℃，熔窑的生产能力可提高 2%，可节约燃料 5%以上。

一般，一座应用于 $24m^2$ 玻璃熔窑（烟气量按 $4000m^3/h$，烟气入口温度约 400℃）上的重力式热管余热锅炉可以产生 0.2MPa、424kg/h 左右的蒸汽，利用废气余热 10.2×10^5kJ/h，相当于每年回收 356t 煤的热量，扣除运行费用 1.5 万元/年，年可节支 9.2 万元，余热锅炉的投资回收期为 1.3 年。重力热管余热锅炉的热管材质采用 20G 无缝钢管，如不受外界的腐蚀、人为的破坏，可连续运行 10 年以上甚至更长时间。

六、热管换热器在钢铁企业中的应用

1. 热管换热器在轧钢加热炉上的应用

热管在轧钢加热炉余热利用方面有两种形式：热管空气预热器和热管余热锅炉。

(1) 热管空气预热器　用热管空气预热器预热助燃空气，不仅可以节约燃料，还能改善燃烧效果。上海第八钢铁厂在四车间轧钢加热炉上采用了热管气-气型换热器。该空气预热器由 150 根热管组成，热管直径 25mm，长 1400mm，废气侧阻力 147～196Pa，空气侧阻力 294～392Pa，热管热效率达到 80%，助燃空气从 20℃预热到 80～90℃，废气从 280℃下降到 190℃，回收废气余热 419MJ/h。

(2) 热管余热锅炉　1986 年秋，上海第八钢铁厂在其三车间轧钢加热炉上安装了一台热管气-液型换热器作余热锅炉用。投产后，轧钢加热炉废气温度明显下降，平均由 350℃下降至 300℃以下，回收热量 47.7MJ/h，年回收热量折合标煤 1159t，经济效益显著。热管余热锅炉与常规余热锅炉相比，前者更具有明显的优越性。其体积紧凑，传热效率高，结构简单，维修方便，更重要的是单根热管损坏不影响设备运行，提高了设备长期运行的可靠性。不论是采用高温空气预热器方式还是采用高温热管蒸汽发生器方式，烟气温度可降低至 200℃以下，这对大型加热炉热效率的提高有很大意义。

国内外许多轧钢加热炉采用了余热锅炉和空气预热器、热管省煤器相结合的流程来回收烟气的高温余热。即首先将高温烟气通过余热锅炉降至 500～600℃温度范围，产生 1.9～3.0MPa 的蒸汽，降温后的烟气通过空气预热器将空气预热至 250℃，烟气温度降至 300℃以下进入热管省煤器，将 105℃的脱氧水加热至 250℃左右，烟气温度降至 200℃以下，经引风机送至烟囱排放。这种流程的优越性在于：余热锅炉可以以较少的设备投资回收烟气高温部分的余热。所产生的蒸汽如果可以外销，则在极短的时间内收回投资。空气通过预热器可以加热至 300℃以上，一次能耗可以节约 14%～18%，这是最合算的流程，如果采用蒸汽透平发电，再将背压蒸汽外销，也是一种经济效益很好的方案。热管空气预热器和热管省煤器可以在较低的条件下充分发挥其传热效率高和体积紧凑的特点。

2. 热管换热器在烧结机上的应用

烧结工序是高炉炉料入炉以前的准备工序。据统计，烧结工序的能耗约占冶金总能耗的 12%。而其排放的余热约占总消耗热能的 49%。回收和利用这些余热，显然极为重要。烧结过程有两部分余热可回收利用。其一为烧结后部几个风箱内的烟气余热，其温度高达

300～350℃，并含有较多的氧气。其二是热成品矿具有的显热。烧结矿终了时，烧结矿温度约 750～800℃，具有显热 750MJ/t，占烧结总能耗的 30%～40%左右。目前主要利用热管气-液型换热器作余热锅炉回收烧结或冷却热废风，所产蒸汽用于预热烧结混合料或生活取暖等。

马钢、宝钢二期工程采用余热锅炉回收烧结环冷机 300～400℃废风显热技术，即在环冷机的排气罩内安装热管管束，将废风的显热传递到余热锅炉，产生蒸汽。宝钢 2 号烧结机低压余热蒸汽的回收量为 52.8kg/t，年回收蒸汽 24.18 万吨，折合能源 2.58 万吨标煤。

3. 热管换热器在高炉热风炉上的应用

高炉热风炉的烟气温度一般限制在 300～350℃，最高不得超过 400℃。但是烟气量大，具有较多的余热。使用热管换热器回收这部分余热，预热热风炉所用的煤气及助燃空气，是提高风温、增加高炉喷煤量和降低燃料比的有效措施。

目前，热管在我国高炉热风炉上广泛应用，主要有整体式和分离式热管换热器两种形式。

1982 年初，我国首台整体式热管空气预热器（钢-水热管）在马钢第一炼铁厂 7# 高炉投入了运行，使用结果表明，废气温度由 290～370℃降至 150℃，助燃空气温度由常温预热到 200℃，装置回收热量 3.39GJ/h；由于出炉热风温度的提高，使吨铁减少 10kg 焦炭，同时用于燃烧的煤气节约 40%，这一效果的获得大大促进了热管空气预热器在热风炉上的推广应用。其后，又有一批同类的热管空预器在鞍钢炼铁厂 3# 和 9# 高炉热风炉、三明钢铁厂、本溪钢铁厂、上钢一厂、梅山冶金公司等相继应用。

整体式热管换热器具有一系列优点，但是要求烟气换热和空气（煤气）预热两部分设备紧挨在一起，其使用受到了场地的限制，为了避免场所条件的制约，又开发了分离式热管换热器。

分离式热管换热器首次在四川威远钢厂投入运行，将助燃空气预热到了 110～195℃，节能效果显著，其投资回收年限与整体式热管换热器相近。由于分离式热管换热器具有良好的换热性能及灵活的布置方式，重钢、攀钢、韶钢、宝钢、武钢等厂家先后在它们高炉热风炉上配备分离式热管换热器，用来预热助燃空气和煤气。

七、热管式换热器在电站锅炉中的应用

福建省永安发电厂 2# 130t/h 燃用无烟煤锅炉，1987 年加装前置式热管空气预热器，低温段空气预热器入口风温由 30～40℃升高到 85～90℃，排烟温度由 151℃降低到 133℃，锅炉效率提高了 2.68 个百分点。

四川成都热电厂 5# 煤粉炉，1987 年利用热管式空气预热器代替卧式玻璃管空气预热器，排烟温度降低了 21.5℃。滦河发电厂 2# 煤粉炉，1991 年利用热管式空气预热器代替回转式空气预热器，年经济效益 250 万元。由于热管式换热器具有小温差下传递大热量的特点，在一般电站锅炉中作为前置式的空气预热器，将会回收利用大量能源。

八、热管式换热器在氮肥工业中的应用

化肥厂造气工段的余热回收是合成氨降耗的主要环节，造气工段的工艺余热包括：上行煤气显热、下行煤气显热、吹风气显热以及燃烧热，占合成氨工艺余热的 40%以上，这部分工艺余热量较高，利用价值较大。

中、小型氮肥厂利用热管式换热器对半水煤气和吹风气进行余热回收，半水煤气通过热管蒸发器放出热量，降温后送至洗气塔，吹风气降温后放空，同时产生的中压饱和蒸汽由蒸汽管道送至除氧器或进入蒸汽管网进行下一步利用。大型化肥厂一段转化炉的排烟温度一般

在 250～300℃之间，利用热管式换热器回收这部分烟气的余热，用于加热助燃空气，每小时回收热量折合燃料轻柴油约 1.027t。

九、热管式换热器在硫酸工业中的应用

在硫酸生产工艺中，SO_2 通过接触器氧化为 SO_3 时放出大量热，使 SO_3 干气体的温度高达 200～300℃，此时气体需冷却后再进入吸收工段，这部分热量往往被浪费，此时采用气-液型热管式换热器将 SO_3 气体的热量回收，加热热水供化碱工艺用，每小时余热回收量为 892MJ/h，设备每年按 7000 工作小时算，余热回收节约的燃料折合标准煤 214.5t/a。另外硫酸工业中硫铁矿沸腾炉与工艺静电除尘之间和硫黄焚烧炉与转化工段之间，可以利用热管式余热锅炉回收 950℃以上的工艺气的高温余热产生中压蒸汽，用于发电或工艺过程。

十、热管式换热器在石油化工企业中的应用

安庆石化炼油厂减压炉于 1995 年采用热管式空气预热器回收烟气余热，烟气从 365℃降至 165℃，空气从进口温度 20℃升至 220℃，每小时回收热量 8.82GJ/h，此热管式空气预热器的成功运行说明热管式换热器完全可以用于石化行业中一些燃用高含硫燃料的恶劣工况。石油化工企业中的许多加热炉和裂解炉，例如制造乙烯用的石脑油裂解炉，排烟温度一般在 200～400℃之间，并且燃烧后的废气往往不利于排空，采用热管式空气预热器利用这部分废气预热助燃空气，可以达到很好的节能效果。

第三节 工业炉窑余热锅炉

一、工业炉窑排烟余热

煤炭、石油、各种可燃气等一次能源用于冶炼、加热、转换等工艺过程后都会产生各种形式的余热，矿物的焙烧、化工流程中的放热反应也会产生大量余热。这些余热寄存于气体、液体和固体等三种形态之中，其中绝大部分的余热都是以物质的物理显热出现的。显然，以物理显热为主的余热也只有在其温度高于周围环境温度以及数量较大的情况下才有利用价值。

工业上各种炉窑、化工设备、动力机械由于燃料和生产过程不相同，它们的排烟温度以及排烟的性质也跟着不同。从烟气的性质来说，以重油或天然气作为燃料，从上述设备排出的烟气是比较干净的。但是冶炼炉、玻璃窑、水泥窑、电极熔化炉等由于炉料的因素，烟气中含有大量的粉尘，还伴有各种有害气体，它们属于比较不易处理的一类高温烟气。

工业窑高温排烟余热的利用，也就是气态余热的利用，相对于固态和液态来说，在工程上是比较容易实现的，其主要的余热利用设备为预热空气的换热设备和加热水或产生蒸汽的余热锅炉。一般工业炉窑采用预热空气的余热利用设备后对提高设备的热效率极为显著。炉窑的散热损失占很大比例，保温和密封妥善的炉窑，热效率相对来说比较高。加装余热锅炉后虽对工业炉窑自身的热效率无直接影响，但对整个用热系统来说，热利用率大为提高。

二、余热利用设备的介绍

1. 预热空气的余热利用设备

工业炉窑由于用途和构造不同，余热利用的方法也有所区别。像轧钢加热炉和玻璃熔窑都采用蓄热室加热空气，蓄热室紧靠炉窑本体，共有两室，都是由耐火砖砌筑的，它们轮流吸收来自炉窑的排烟余热，然后把耐火材料吸收的热量再传给供燃烧用的空气，烟气流和空

气流通过换向阀周期性地切换，由于这些炉窑的蓄热室采用的是耐火材料，空气温度可以被加热1100℃以上，被加热的空气直接送入炉窑。如需进一步利用烟气余热，也可以加装金属制造的预热器。更多的工业炉窑因构造不同和间断运行的缘故，不能采用蓄热器这种形式，这就需要探索其他的加热空气设备。国外开始采用的有以碳化硅为材料的陶瓷管，允许管外烟侧烟温高达1500℃，管内空气侧预热温度最高可达1000℃。对于出口烟温1100℃以上的工业炉窑，则可以采用以镍合金或镍铬合金材料制造的金属换热器，对于600℃以下的烟气来说，则可以采用碳素钢材料。管式空气预热器，适用于较低烟温情况。

对于含有黏结性烟尘的高温烟气，采用烟气在管束外面顺向冲刷，装备有振打除尘器，因此堵灰可能性减少。

2. 余热锅炉

有些工业炉窑，如纯氧炼钢转炉、硫铁矿焙烧炉、电极加热炉、炼油厂裂解炉、干熄焦设备、制氢设备等产生的高温排烟余热由于生产过程无需加热空气，所以只有通过余热锅炉回收排烟余热，提高整个系统的热利用率。其次即使需要利用余热加热空气的炉窑，也往往还需要通过余热锅炉进一步回收排烟余热。

余热锅炉有烟道式和管壳式两大类。管壳式余热锅炉的受热面均处于内外受压的状况下运行，为另一类专项压力设备，不是本章所能穷尽；如前所述，这里将着重介绍烟道式余热锅炉。而各种工业炉窑的余热锅炉都是烟道式的，即烟气侧处于负压或微正压状态。

烟道式余热锅炉在布置系统上要注意的是工业炉窑和余热锅炉之间应设置旁通烟道，以保证主要生产过程在停用锅炉的情况下能正常运行。

以下介绍几种利用工业炉窑排烟余热的余热锅炉。

(1) 焚烧用余热锅炉 电解铝用的电极材料——炭棒，是由回转窑焙烧焦炭制成的。在这个过程中，从回转窑中排出了含有CO、H_2等的可燃气体和焦炭粉。为防止污染大气和回收余热，用图5-9的大型焚烧炉将可燃物烧去，再通过余热锅炉回收热量。

同样，这种焚烧炉也可用来处理从石化工厂热裂解装置中排出的也含有焦炭粉和可燃气体的废气。有时，海绵铁余热锅炉前边也有用焚烧炉来烧去烟气中所含有的可燃气体的。

图5-9所示的余热锅炉为双锅筒立式布置，锅筒之间是装有折烟板的大量管束，汽水自然循环；管束前吊挂了过热器。锅炉前的焚烧炉顶部是含有可燃气体的气体进口，其四周则有由鼓风机鼓入的空气与之混合燃烧，生成的烟气向下流动进入余热锅炉，经过热器和对流管束后由引风机排出。

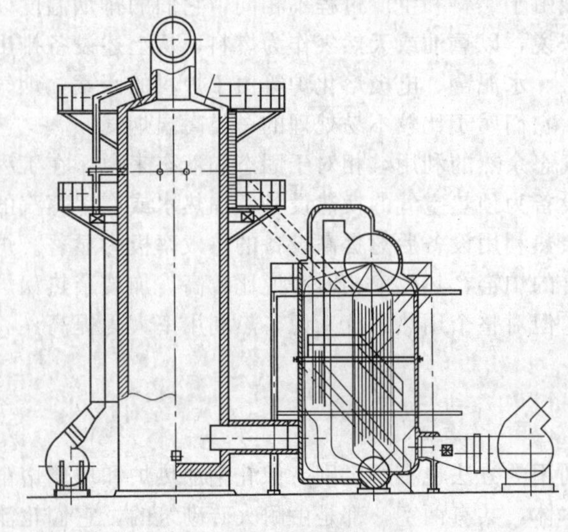

图5-9 焚烧炉用余热锅炉

图5-10的余热锅炉布置方式与图5-9不同的是单锅筒管束水平布置，因而汽水循环是强制的，即其运行需配置循环泵。锅炉烟道分为两部分，前部烟道装设屏式蒸发器、过热器和蒸发器，后部烟道装设省煤器。前后烟道之间由两个兼作灰斗的V形烟道连接。为增加受热面并且使锅炉的结构紧凑，蒸发器和省煤器采用了螺旋翅片管。所有受热面与炉体耐火保温浇注层在厂内装配完成，并组成几组管箱，然后运至现场安装。

表 5-1 实际只说明了气体的显热利用，本例不但有排气的高温显热利用，而且还有烟气中所含可燃物在焚烧炉中燃烧的化学反应热的利用。类似的事例很多，例如，可燃（炭黑、电石）尾气的余热利用。而分离式的固体废弃物、分离式的液体碱回收余热锅炉也可以归属这一种，只是它们这些载体不具有显热而已。

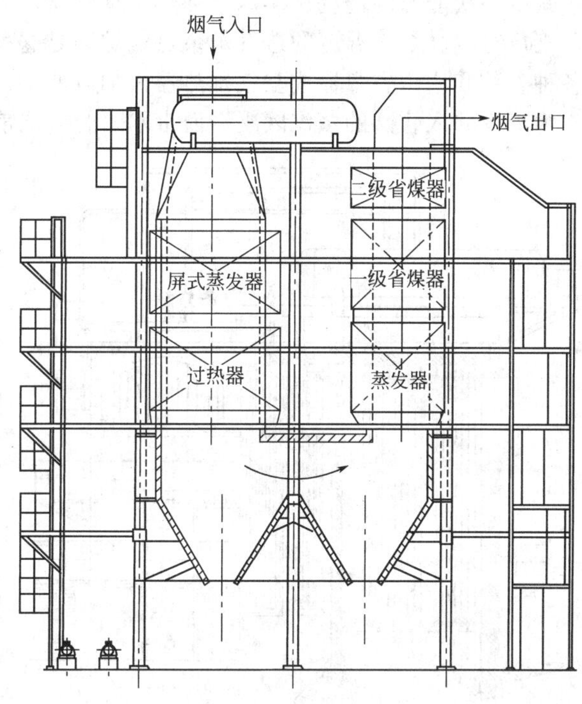

图 5-10 海绵铁余热锅炉

可见表 5-1 只是一种简单的分类举例，事实远为复杂得多；这里为的是方便读者能对余热气体有个大致的概念性了解。

（2）加热炉用余热锅炉 由钢铁、化工行业加热炉排出的烟气，通常量大温度低；而机械行业加热炉的排烟则正相反，量少温度高。因为烟气携带的物理显热是根据单位时间内燃料的消耗量、单位燃料的烟气生成量及烟气的温度和比热容计算的，是以上几个参数的乘积。所以，无论量大量小，还是温度高低，其携有的余热都很可观，应加以利用。

图 5-11 系一般用于废气温度 650℃左右加热炉的余热锅炉，也是双锅筒之间大量管束，只是管束间无折烟板，烟气一次性通过管束，利用烟气的对流传热。汽水依靠自然循环，根据各管束受热的强弱不同，受热强的上升，受热弱的下降，自然形成水循环，不需专门的下降管。

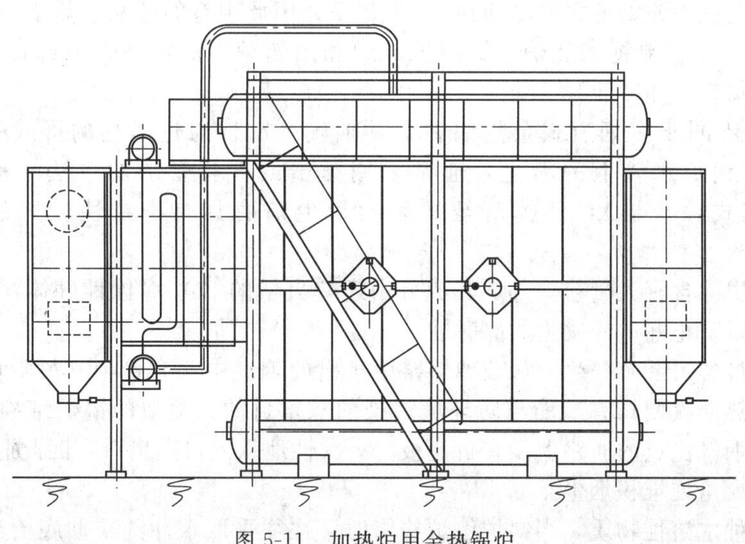

图 5-11 加热炉用余热锅炉

根据需要，锅炉和省煤器或空气预热器可以进行不同的组合，以便进一步降低排烟温度，减少一次能源的消耗。类似于加热炉烟气条件的都可用这类余热锅炉回收余热，如今用于化肥厂有较高烟气温度的造气炉余热锅炉即是这种形式，或以此为基本炉型，根据需要变化各种参数和增添省煤器或空气预热器而加以变形。

为减少并入管网的蒸汽因凝结而带水，管束之前装有过热器，使蒸汽稍加过热。有时为清除管子上的积灰，在管间设置固定回转式蒸汽或压缩空气吹灰器。

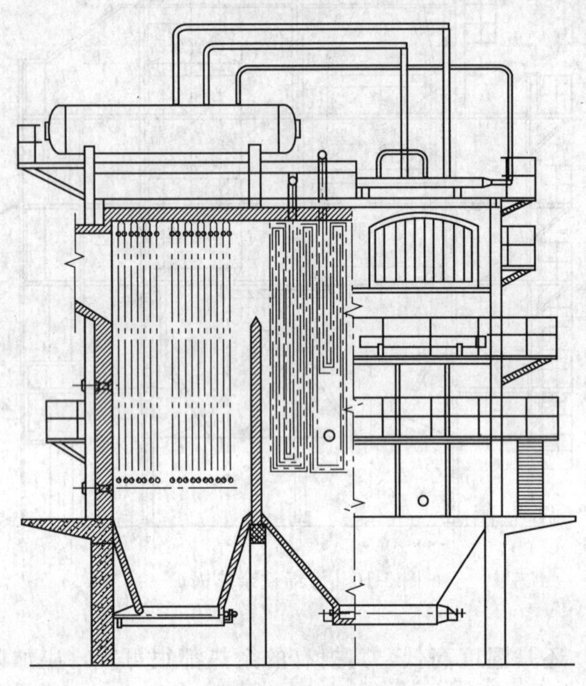

图 5-12 硫酸余热锅炉

(3) 焙烧炉用余热锅炉 硫铁矿在沸腾炉焙烧过程中排出高温含尘并有腐蚀性的烟气，为将其冷却到适合于送往除尘装置和后续的制酸设备中去，中间需用锅炉来冷却。这就是硫酸余热锅炉，见图 5-12。

这是一种多烟道式余热锅炉。烟气进入的第一烟道悬吊着过热器，第二、三、四烟道是屏式蒸发器。烟气总的行程呈 W 形。烟气纵向冲刷受热面，以减少烟气尘粒对受热面的磨损和便于冲刷受热面上的积灰。为避免低温酸腐蚀，锅炉尾部通常不设置省煤器，而且蒸汽参数的工作压力一般都在 3.82MPa 以上，其蒸汽饱和温度大于 250℃，从而避开酸露点。可见对有腐蚀气体余热的利用，蒸汽参数的选择非常重要，类似的固体垃圾废弃物焚烧都应该做这样的考虑，其排烟温度往往更高，达 350～400℃，以防二噁英再生和尾部腐蚀。

除此，为避免烟气中的粉尘黏结到悬挂在烟道中的对流受热面上，而因此堵塞通道，必须使烟气温度在进入该烟道之前冷却到 650℃以下，因此现有的硫酸余热锅炉和与之相似烟气条件的铜矿、锌矿沸腾焙烧炉、铜冶炼转炉和闪速炉，都在锅炉前部设置一个大的空腔——辐射冷却室，如图 5-13 所示。

这种形式不同于多烟道式余热锅炉，是烟气一次性通过吊挂的屏式受热面。为清除可能积附于锅炉水管上的粉尘，通常采用锤击或振打管屏的方法来去除（锤击式除灰器或振打式除灰器），而掉落至炉底的粉尘则由具有密封性较好的螺旋出渣机排出。

由于烟气中除含有大量粉尘外，其成分中还有大量的 SO_2 腐蚀性气体，故锅炉还要求严密不漏风，以防止漏风处发生局部腐蚀。

(4) 玻璃熔窑用余热锅炉 从玻璃熔窑中排出的烟气中含有粉尘（芒硝），为除尘和冷却烟气进行的热回收便具有节能与防环境污染的双重目的。类似的锅炉结构见图 5-14，这是水管式的，烟气流过的通路上没有折流板，一次性地从入口到出口，因此避免了可能折流过程中在局部死角处堆积烟尘。

芒硝是一种水溶性物质，当锅炉停炉检修时，往往采取水冲洗来彻底清洁锅炉受热面；但锅炉运行过程中则采用传统的除灰方法：或人工清灰，或压缩空气吹灰，或振打清灰；近来也有采用爆燃法清灰的。

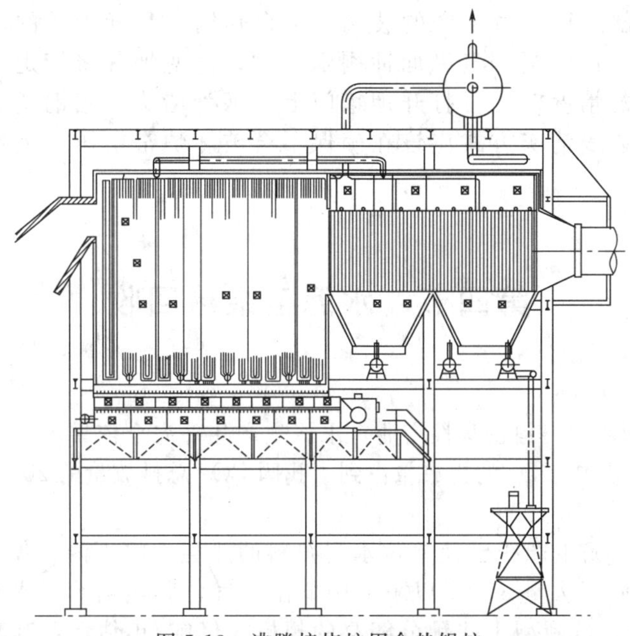

图 5-13 沸腾焙烧炉用余热锅炉

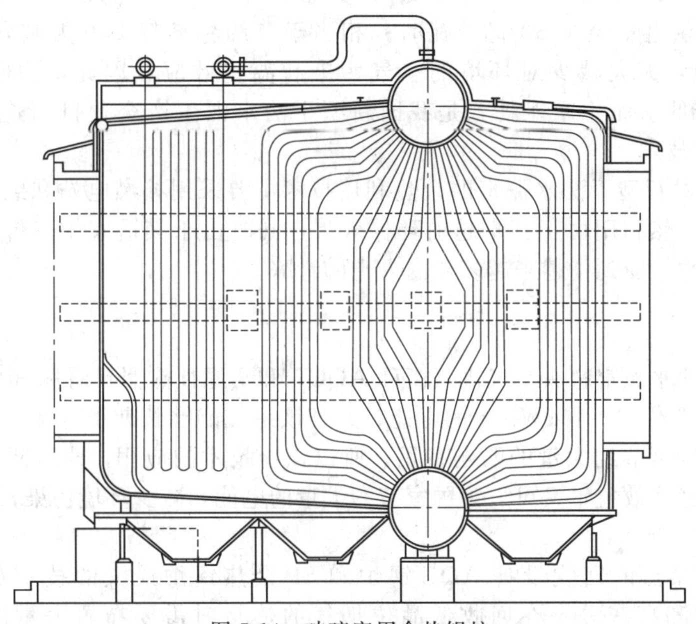

图 5-14 玻璃窑用余热锅炉

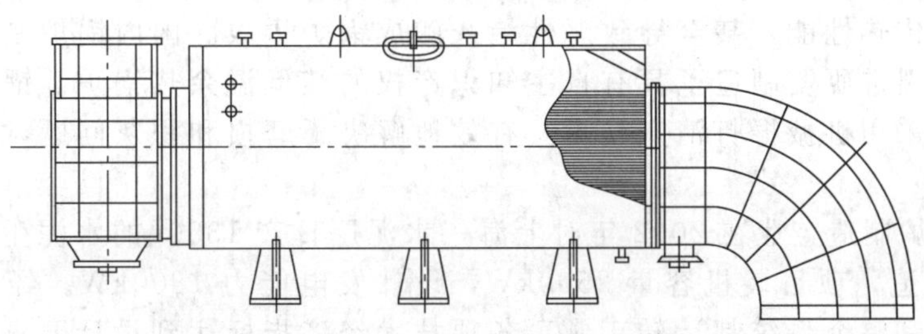

图 5-15 玻璃窑用烟管余热锅炉

有个时期锅炉制造厂大量生产的玻璃熔窑余热锅炉是烟管式的，见图 5-15。锅炉烟管中的烟速取用较高，当烟气纵向冲刷烟管时，高速烟气将带走管中的积灰；如有烟管出现被灰堵塞的情况时，可打开烟箱门上的烟管堵头，用钢丝刷伸入管内不停炉地人工除灰。这种在线清灰方式应该在确保不会破坏炉窑窑压，及不影响蒸汽使用的前提下进行。

第四节 水泥窑余热回收

一、国内现状

水泥工业是能源和原材料密集性产业，水泥生产几乎完全依靠煤炭、电力及矿产资源，并产生大量的废气，其中 CO_2 的排放量占到了我国 CO_2 总排放量的 20%，其能源和环保的压力是非常大的。

目前新型干法水泥生产线已使单位水泥熟料的热耗大幅下降，但其窑头熟料冷却机和窑尾预热器仍排放了大量 350℃以下的中低温废气，其热量约占水泥熟料烧成系统总热耗量的 30%以上。按新型干法预分解窑的规模 3 亿吨/年估计，其直接排掉的热量损失将达到 6×10^{11} kcal(1kcal＝4.1868kJ)，如全部采用纯余热发电，其总装机将达到 100 万千瓦，年供电量至少 60 亿千瓦时，相当于节约标准煤 230 万吨，可减少 CO_2 排放量约 316 万吨，大大减少对环境的空气污染和温室效应。因此，回收其中的低温余热从而进一步降低水泥生产能耗，是我国新型干法水泥生产企业目前迫切需要的节能、提效、环保的新技术。

目前国内针对新型干法水泥窑的余热利用技术主要采用补燃电站和纯低温余热电站方式，其中纯低温余热利用由于其卓越的环保效果，同时由于其适宜的造价、极低的运行费用、超长的运转率，受到了越来越多业内人士的青睐。

二、技术特点

用于回收干法水泥窑窑头空气机（简称 AQC）和窑尾预热器（简称 SP）排放的低温余热，每吨熟料可回收 30～40kW·h 的电能，并且该系统能够长期稳定运行，发电成本非常低，相对外购电价可节约大量的购电费用。所以该项技术的应用，既可降低水泥的生产成本，提高企业的经济效益，又可以为国家节约大量的电能，减少环境污染，具有广阔的推广应用前景。

对于水泥窑余热的回收设备 AQC 锅炉和 SP 余热锅炉最大的技术难点是，如何应对烟气的低品位和高灰分。在回收低品位烟气的热量时需要布置大量的受热面积，这往往受设备布置的占地、空间以及受热面成本的限制；而高灰分则带来受热面磨损和粉尘黏附降低传热性能，甚至导致恶性堵灰酿成锅炉事故。国内锅炉制造企业通过自主开发和技术引进研发制造了具有自主知识产权的纯低温余热锅炉。锅炉受热面采用螺旋鳍片管，采用机械振打清灰技术，有效地解决了磨损和积灰问题，并有效地提高了传热效率。

国内某锅炉制造企业在 2002 年对上海一水泥厂日产 1350t 的水泥生产线进行了余热发电技术改造，项目装机容量 2500kW，设计发电能力 1800kW。经过一年半的运行，主要设备和整个系统都运转正常，各项技术经济指标达到设计要求，实际平均发电能力超过 2000kW，年发电量为 1400 万千瓦时，每吨熟料发电能力约 35kW·h，同时窑的熟料产量还有所增加。这是国内第一套达到设计指标的国产化水泥窑纯低温余热发电系统。详见表 5-4。

表 5-4 日产 1350t 水泥窑锅炉规范

项目名称		单位	设计参数	
			SP 锅炉	AQC 锅炉
废气参数	废气流量	m^3/h	95000	50000
	进口温度	℃	390	350
	出口温度	℃	228	90
	废气含尘量	g/m^3	100	30
锅炉参数	型号		QC95/390-9-1.6/300	QC50/350-3(1)-1.6(0.25)/300(150)
	蒸发量	t/h	9	3(1)
	蒸汽出口压力	MPa	1.6	1.6(0.25)
	蒸汽出口温度	℃	300	300(150)
	烟气阻力	Pa	753	594

预分解窑窑头空气机（AQC）和窑尾预热器（SP）水泥余热回收的锅炉，如图 5-16、图 5-17 所示。SP 锅炉采用自然循环的立式结构，烟气自上而下分别冲刷过热器、蒸发器、省煤器，气流方向与粉尘沉降方向一致，每级受热面上均设置机械振打除灰装置。

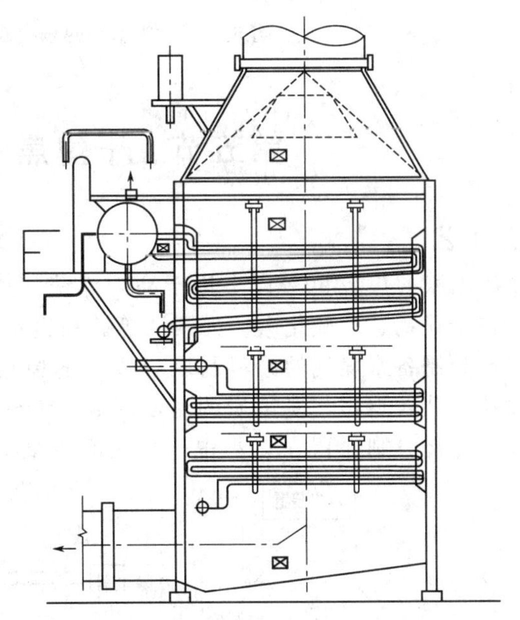

图 5-16 水泥窑空气冷渣（AQC）余热锅炉

AQC 锅炉亦采用立式结构，整个锅炉分两个压力单元，1.6MPa 为主汽段，0.25MPa 为补汽段，省煤器出水分别供给 SP 锅炉蒸发器和 AQC 锅炉高低压蒸发器。锅炉每段受热面为管箱式结构，可整体出厂，其受热面采用鳍片管。

图 5-17 是同样安排在预分解窑窑尾部预热器处的 SP 锅炉，烟气含尘量约 $120g/m^3$，但锅炉水平卧式布置，强制水循环，烟气一次性通过受热面，并依靠振打除灰器清灰。锅炉有时不安排省煤器，目的是不让锅炉排烟温度太低，还需要利用它的余热来预热生料和煤粉。

水泥窑纯低温余热发电技术符合国家能源政策、环保政策，符合可持续发展的基本国策，必将在全国新型干法窑中大力推广。同时水泥窑纯低温余热发电是个系统工程，不但要考虑发电系统的安全高效，更要保证整个水泥窑系统的可靠性，因此系统设计和锅炉、汽轮机、配套辅机等的配合十分重要。

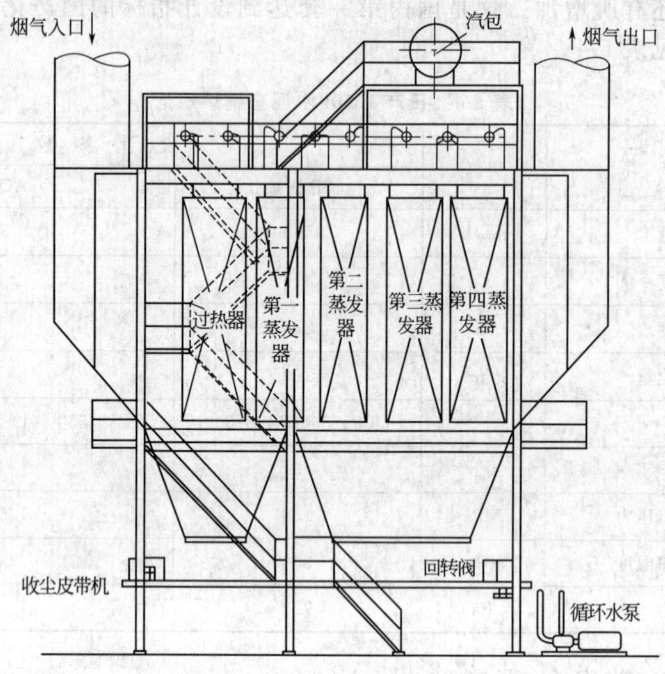

图 5-17 水泥窑预热器（SP）余热锅炉

第五节 干熄焦余热回收

一、熄焦工艺

大多数国家的焦炭90%以上用于高炉炼铁，其次用于铸造及有色金属冶炼工业，少量用于制取碳化钙、二硫化碳、元素磷等。在钢铁联合企业中，焦粉还用作烧结的燃料。焦炭也可作为制备水煤气的原料制取合成用的原料气。以往通常采用的是湿法熄焦，是将水通过喷洒装置熄焦，使焦炭的温度降到250～100℃。喷进去的水一部分在熄焦过程中被蒸发，一部分则保留在焦炭中。焦炭的热量被水吸收后就完全被浪费了，同时产生

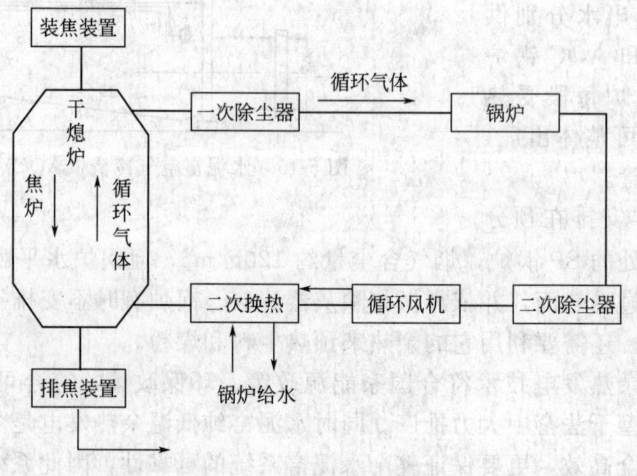

图 5-18 熄焦槽工艺流程图

的烟尘对环境造成了极大的污染。湿法熄焦过程中，在焦炭内部产生热应力，造成焦炭产生裂纹甚至破碎。

现在大部分炼焦企业或部门采用了干法熄焦。这是在一个熄焦槽、锅炉、循环风机的封闭系统内，利用惰性气体（N_2）在熄焦槽中与赤热红焦换热从而冷却红焦，并将吸收了红焦热量的惰性气体热量通过余热锅炉产生蒸汽，或进而再经过其他附加受热面进行二次降低气体温度，最后再将降低了温度的气体，由循环风机又一次鼓入熄焦槽冷却红焦的周而复始的炼焦新工艺。干熄焦余热锅炉就是利用循环气体携带热量的装置。余热锅炉产生中压（或高压）蒸汽用于发电。其工艺流程如图 5-18 所示。

二、干熄焦锅炉

在干法熄焦工艺的成套联合装置中，锅炉是其中的一项重要设备，它的好坏是决定干熄焦工艺是否能正常运作的关键，锅炉结构见图 5-19。烟气从锅炉上部引入，在烟道中流经布置在上部的过热器、蒸发器后，进入置于下部烟道的省煤器，最后通过出口烟道和循环风机将惰性气体再次鼓入熄焦槽，进入下一次的熄焦和热能回收循环。

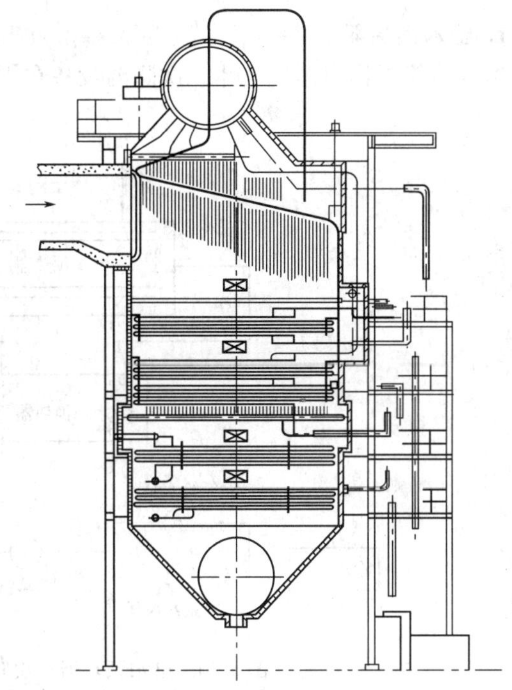

图 5-19　干熄焦余热锅炉

宝钢是我国冶金系统首次采用干熄焦工艺的企业，熄焦技术和设备从日本引进，干熄焦系统中的余热锅炉结构形式采用强制水循环。其后宝钢投产的二、三期工程技术国产化，干熄焦系统的余热锅炉和一期的形式大体相同。济钢的干熄焦余热锅炉的结构形式则是全自然水循环的。以上这两种形式各有其优缺点：强制循环需要循环泵，须有此项投资，而且多了一个转动部件，相应就多了一个故障源，对司炉人员的操作水平要求也高，但水循环有保障，锅炉运行可靠，尤其工作压力参数高，并且蒸发管又是水平布置的锅炉，在这方面优点更为明显。自然循环锅炉则与上述的优缺点正相反。不过，如今水平管自然循环即使在高压力参数下运行也是有保障的，这已经被实践所证明。而新的形式还有混合型的，即构成锅炉上部烟道的垂直蒸发器水冷壁为自然水循环，水平蒸发器为强制循环。这样做是为了减少强制循环水量，减少循环泵的装机容量，也就意味着减少一次投资和运行费用。

干熄焦锅炉外形上大多瘦而高，其主要原因是与熄焦槽的高度相匹配。在具体安排蒸发器和省煤器的结构形式时，它们有时可能用光管，有时可能用螺旋翅片管或其他鳍片型的；而过热器因处于高温区域，多为光管。

干熄焦烟气含的尘粒是焦粉，不具有黏结性，故可不考虑采取吹灰措施。但坚硬的焦粉所带来的磨损会伤害管子，因此锅炉设计的烟气速度必须合理。由于锅炉中的所谓烟气是惰性气体，负压运行，因此锅炉还必须有很好的气密性，不使漏入的空气烧损焦炭并与之反应产生 CO 气体，否则过量的 CO 气体在系统内将导致爆燃事故。

三、二次降温系统

为进一步降低循环气体入熄焦槽的温度并强化熄焦槽的换热效果，同时利用从循环气体中回收热量来加热锅炉给水，节约除氧器的蒸汽耗量，从而节约整个干熄焦装置的能耗，开发出二次降温系统，即在循环风机出口、熄焦槽进口管道段进行二次降温冷却。正常生产二次降温设备出入口烟气工艺参数见表 5-5。

表 5-5　循环气体工艺参数

入口温度	出口温度	入口压力	出口压力
170～190℃	115～130℃	约 7100Pa	约 6100Pa

惰性气体二次降温的系统有几种不同布置形式，下面主要介绍给水预热和热管换热两种形式。

1. 给水预热器

给水预热器作为循环气体二次降温设备在干熄焦系统中的工艺流程如图 5-20 所示。

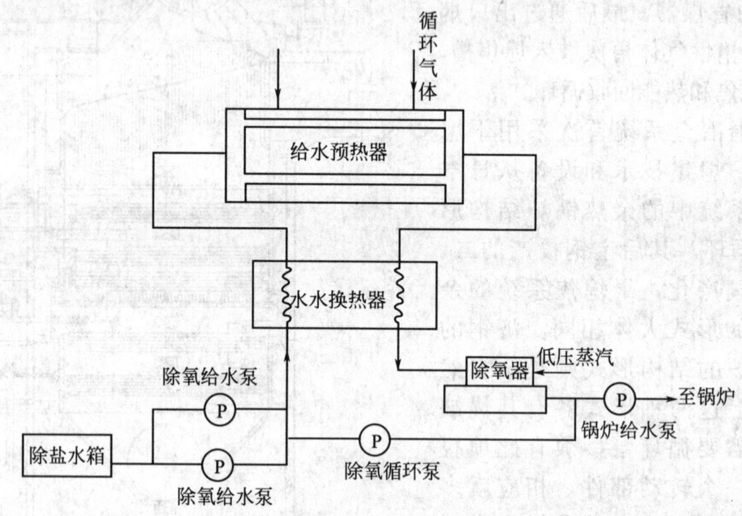

图 5-20　给水预热器二次降温设备的工艺流程图

除盐水箱中的除盐水经泵加压，通过水-水换热器进行温度调节达到 68℃左右进给水预热器，给水预热器出口水温≤120℃，再次通过水-水换热器使温度降到≤85℃，到达除氧器除氧后经锅炉给水泵打入锅炉。采用给水预热器的开工初期，由于换热性能不良，要注意提高其入口温度不可低于 60℃；当低于 60℃时，开除氧循环泵，并通过调整其出口电动阀，控制给水预热器的出入口温度。而随着负荷的增加，给水预热器的出入口温度差达 40℃左右时，关闭除氧器循环泵出口电动阀，停止除氧器循环泵运行。

2. 热管换热器

热管换热器作为二次降温设备在干熄焦系统中的工艺如图 5-21 所示。汽轮机凝结水和除盐补充水在除盐水箱汇合后，水温约 35℃直接经除氧给水泵加压进入热管换热器，出水温度为 68℃后直接进入除氧器除氧，经锅炉给水泵打入锅炉。

热管换热器运行过程中直接通过工质的蒸发及冷凝速度调节传热，在设计时便把握了热量的平衡从而达到自调节烟气温度的目的，从而不至于使烟气温度低于酸露点。有关热管换热器的技术见本章第二节。

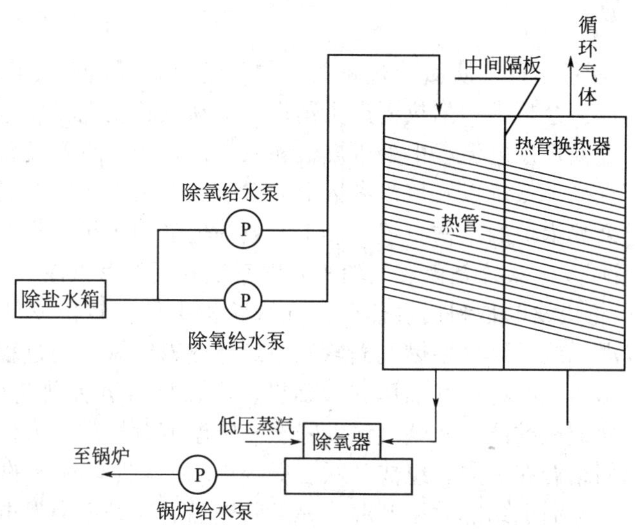

图 5-21　热管换热器二次降温设备的工艺流程图

四、两种换热工艺的比较

通过比较干熄焦循环气体二次降温系统的两种换热工艺，热管技术在干熄焦系统利用有如下优点。

1. 操作相对简单，设备维护量小

采用给水预热器工艺操作复杂，特别是干熄焦开工或检修后重新生产，工况不稳定，需人工操作，投入人力大。再者，该工艺设备多，投资大，设备维护量大。采用热管换热器工艺，操作时人工干预少，设备简单，平常无需维护。

2. 不会出现窜漏现象

给水预热器采用水走管内，烟气走管外的模式。当管道发生穿孔，管内冷却水将发生泄漏，造成停炉。而热管换热器中间采用隔板隔离烟气和冷却水，当热管发生穿孔，只会出现该管道中少量的工质泄漏，冷却水不会窜入烟气，不影响正常生产。

3. 避免酸腐蚀问题

给水预热器的结构形式和换热原理决定了它不可避免地存在酸腐蚀问题，所以通过一套复杂的工艺来提高给水预热器入口水温，保证出口循环气体温度高于酸露点温度。但当工艺发生变化，存在酸腐蚀可能。热管换热器在设计之初，通过工质选择以及烟气中硫的分压、热量平衡计算，保证出口烟气温度高于酸露点温度，避免了酸腐蚀问题。

热管换热器有结构简单、传热效率高、降低干熄焦能耗、投资小等优点，还可以将蒸发段与冷凝段隔离从而减少设备腐蚀，具有广阔的应用前景。

第六节　燃气轮机余热锅炉

一、燃气-蒸汽联合循环发电

燃气-蒸汽联合循环发电是目前世界上最先进的发电技术之一。近年来，基于燃机技术的不断提高和余热锅炉技术的日趋完善，在节能和环保方面极具优势的联合循环发电技术得

到了迅速发展。

燃气-蒸汽联合循环是两种工质做功过程的叠加与组合，利用燃气轮机做功后排出的含有大量热能的烟气，作为余热锅炉的热源产生蒸汽，推动汽轮发电机发电，实现热能的梯级利用。余热锅炉是联合循环发电流程中处于燃机和汽轮机之间的重要设备。因此，余热锅炉的总体布置方式、蒸汽循环系统以及蒸汽参数等的选取直接关系到整个联合循环机组的效率和安全运行。同时，余热锅炉的结构布置、热工参数等也受到燃机和汽轮机的制约。

燃气-蒸汽联合循环发电系统是由燃气轮机发电系统和锅炉蒸汽轮机发电系统所组成的。众所周知，锅炉-蒸汽轮机发电是利用过热蒸汽在汽轮机中做功转换成机械能，完成朗肯循环过程；燃气轮机发电系统是燃气在燃气涡轮机中经绝热膨胀做功的过程，这种热力循环又称布雷顿循环，它是由压气机将空气加压进入燃烧室，燃料燃烧后燃气在透平中膨胀做功，燃机将燃气的能量转换成机械能，在烟气温度降至一定温度时排放。人们充分利用这两种热力循环的特点，把它们结合在一起，组成“联合循环”，使其具有较高的吸热平均温度和较低的放热平均温度，为提高电站热效率开辟了一条新途径。这是人类发电事业上继发明蒸汽轮机发电后技术上的又一突破。

21 世纪以来，世界燃气轮机进入了一个新的发展时期，我国燃气轮机引进、开发和应用又进入了一个新的发展阶段。燃气轮机技术进步主要表现在单机容量增大，热效率提高与污染物排放量降低。目前全世界每年新增的装机容量中，有 1/3 以上系采用燃气-蒸汽联合循环机组，而美国则接近 1/2，日本则占火电的 43%。据不完全统计，全世界现有燃油和燃天然气的燃气-蒸汽联合循环发电机组的总容量已超过 400GW。当前燃气轮机单机功率已经超过 300MW，简单循环热效率超过 39%。联合循环功率已经超过 780MW，联合循环热效率超过 58.5%，干式低 NO_x 燃烧技术已使燃用天然气和蒸馏油时的 NO_x 排放量分别低于 25mg/kg 和 42mg/kg，提高了燃气轮机在能源与电力中的地位与作用。

二、燃机余热锅炉

燃机余热锅炉其中的一种结构形式见图 5-22，为自然循环带补燃。其他常见形式还有为减少占地面积的强制循环余热锅炉，即由水平管圈构成的管箱向空中叠加，另外还有用于尖峰负荷的无补燃余热锅炉等。但无论何种形式，燃机余热锅炉的受热面管除个别过热器为光管外，例如带补燃燃机的过热器热面，其他无一例外都用螺旋翅片管。

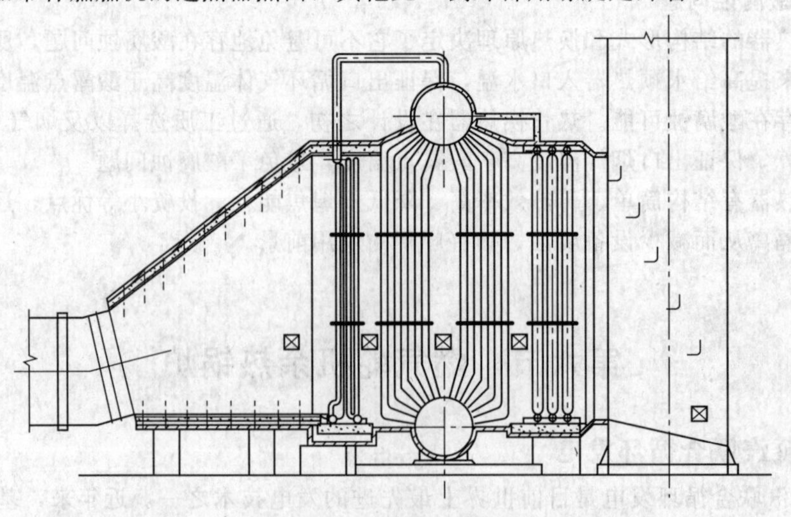

图 5-22　燃机余热锅炉

目前开发的燃机余热锅炉主要是无补燃的，随着市场需要而显现出的多样性，带补燃的燃机余热锅炉势必成为一项必须开发的产品。事实上这类锅炉产品已在国内问世，而其关键部件烟道式燃烧器用的是国外产品。所用的补燃燃料主要是油、气这两种。

燃气-蒸汽联合循环装置既能用于调峰机组，又可作为带中间负荷和基本负荷。为缩短安装周期，减少安装工作量，不论卧式还是立式布置，锅炉通常按照部件分组，以模块的形式出厂，现场安装。

燃机余热锅炉是正压运行的，因此锅炉炉体及各个模块之间必须有很好的密封性。而锅炉烟气侧的阻力应能被燃机排气的压力所克服，否则将影响锅炉的运行。

近年来，燃机余热锅炉正向着大容量高参数方向发展，目的是提高发电端的效率，其效果是很明显的。而与此同时，亦要求锅炉及其配套设备必须具有较高的可靠性。

1. 燃机余热锅炉主要特点

① 采用优化系列设计，标准单元模块结构，布置合理，性能先进，以实现高效节能；

② 锅炉能适应不同燃料的燃机，能满足不同余热利用需求，在配不同燃料燃机的锅炉运行实践中，均达到了安全可靠，操作方便；

③ 锅炉能够适应燃机频繁启停要求，调峰能力强，启动快捷：

④ 锅炉受热面采用高效换热元件——螺旋鳍片管，适应小温差、大流量、低阻力的传热方式；

⑤ 锅炉采用良好绝热保温结构，设置多层护板，严密性强，外形美观；

⑥ 最大限度地利用车间制造条件和技术，使得出厂的模块尽可能大，从而大大减少了工地安装的工作量。

2. 联合循环余热锅炉的炉型

（1）自然循环余热锅炉　自然循环余热锅炉多为卧式布置。锅炉烟气流程为：烟气从燃气轮机排出，经进口烟道或转弯烟道进入三通烟道，当机组单循环时，烟气经上部调节门由旁通烟囱排空；当需要联合循环时，烟气从三通烟道经调节门和过渡烟道进入锅炉本体，依次水平横向冲刷两级高压过热器、高压蒸发器、高压省煤器和低压蒸发器，最后经出口烟道及主烟囱排空。烟气流向和流量由与三通相连的调节门控制，过程可在主控室遥控，也可在调节门就地手动调节。锅炉汽水流程为：给水由高压省煤器入口集箱进入省煤器管屏加热后流入高压锅筒，再通过锅筒下部的集中下降管进入高压蒸发器管屏。吸热后上升进入锅筒进行汽水分离。分离后饱和水再进入集中下降管，而饱和蒸汽从锅筒上部引至高压过热器，经过热管屏吸热后由出口集箱引出锅炉。在两级过热器之间布置喷水减温装置，从而可有效地保证出口过热蒸汽温度。双压余热锅炉的另一路给水直接进入低压锅筒，由下降管引入低压蒸发器管屏，蒸发吸热后上升进入低压锅筒进行汽水分离，分离后饱和水回下降管，低压蒸汽由低压锅筒上部引出，经减压后进入除氧器用于除氧。

自然循环余热锅炉采用标准单元模块结构，由垂直布置的错列螺旋鳍片管和上下两集箱组成管屏，各级受热面管屏尺寸基本相似。该结构适应能力强，便于布置受热面，检修方便，烟气压降小，能彻底疏排水。

（2）强制循环余热锅炉　强制循环余热锅炉多为立式布置。锅炉的烟气流程：烟气经入口烟道、三通烟道和过渡烟道进入受热面管箱后自下而上，先后依次冲刷高低温过热器、高压蒸发器、高压省煤器和低压蒸发器。最后经主烟囱直接排空。

锅炉的汽水流程也类似于自然循环，但高、低压下降管均设有两套强制循环泵（一用一备）。高低压蒸发器内部循环动力由强制循环泵提供，确保水循环安全可靠。这类炉型的低压锅筒也可兼作除氧水箱，并安置于锅炉钢架上，可简化管路系统，减少占地面积。

强制循环余热锅炉受热面按部件制成管箱形式出厂，管箱由穿过数块管板的水平错列布置的螺旋鳍片管及进出口集箱组成，在厂内组装成大型箱体，现场整体安装。

(3) 卧式自然循环与立式强制循环燃机余热锅炉的对比（见表 5-6） 能源、环境问题已成为中国可持续发展的重要制约因素，可持续发展要求尽可能采用清洁燃料，以控制环境破坏和污染。较为清洁的天然气因而将成为中国能源结构改善的亮点，2010 年天然气在一次能源消费总量中所占比例将比 2005 年提高 2.5%。

表 5-6 卧式与立式燃机余热锅炉对比

项目	立式	卧式	项目	立式	卧式
水循环	强制	自然	操作运行	较复杂	简单
启动时间	短	较长	厂用电	较多	少
占地面积	小	较大	燃料适应性	强	较弱
结构	较复杂	简单	初投资	较高	低

中国能源产业结构的调整，天然气产量的不断增加，给以洁净天然气为燃料的燃气轮机提供了发展和应用的良好外部环境与条件。

根据国家发改委规划，到 2020 年，全国燃气轮机联合循环机组装机容量将达到 5500 万千瓦。我国将成为世界最大的燃气轮机潜在市场，发展前景广阔。

由于我国能源结构调整，至 2010 年，估计我国天然气消费可达 1200 亿立方米，假设 1/3 用于发电，可增加燃气轮发电机组 26900MW，或联合循环发电机组 41900MW，用作电网调峰和基本负荷发电。

第七节 高炉煤气的利用

在钢铁工业用能结构中，煤炭约占 70%左右，在煤炭的热能转换中有 65.88%是以焦炭和煤粉形式参与冶炼生产的，另有 34.12%的热能以可燃气体（包括高炉煤气、转炉煤气、焦炉煤气）形式出现。我国是钢铁生产大国，2007 年中国粗钢产量达 4.9 亿吨，每生产 1t 生铁约排出 3000m^3 高炉煤气，则一年中从高炉排出的煤气可达 10.5×10^3 亿立方米，如果所排放的高炉煤气用作锅炉燃料来发电，全年发电能力可达 1397×10^5kW。如果能充分利用这些可燃气体来发电或产热，数据将是非常可观的。高炉煤气含有 CO，CO 有毒并且可燃，但以前钢厂大部分作为废气直接向大气排放或以点天灯的途径来消耗多余的气体，不仅严重污染了当地环境，而且浪费大量能源。近年来随着国家能源结构和政策的调整，大力提倡循环经济，余热利用的不断深化，环境保护要求的日益提高，作为钢铁冶炼过程中排放的气体燃料在动力锅炉中得到了迅速的应用和发展。

高炉煤气锅炉不同于一般的余热锅炉，其实更接近于燃料锅炉，所以称此类锅炉为废气锅炉更为妥当。

一、燃气的种类与特点

燃气的种类繁多，但在锅炉设备中燃用的气体燃料主要有纯天然气（NG）、高炉煤气（BFG）、转炉煤气（LDG）和焦炉煤气（COG），主要成分和特性如表 5-7 所示。

天然气的主要成分是 CH_4，一般不含 H_2S 气体，燃烧产物中所含的固体悬浮物很少，天然气燃料是一种高热值清洁燃料。高炉煤气是炼铁的副产品，其主要的可燃成分是 CO，气体中含有大量的N_2，因此其热值很低，只有天然气的1/10左右，而且在气体中含有一定量的灰尘，高炉煤气是一种劣质低热值燃料。转炉煤气是炼钢生产过程中的产物，它的主要成分和高炉煤气相仿，热值是高炉煤气的2倍。焦炉煤气的发热量比较高，其主要成分是H_2、CH_4，焦炉煤气一般不作动力燃料，但由于其点火相对较容易，常用作点火启动燃料。

表5-7 各种燃气成分及特性

燃料种类	成分(体积分数)/%							标准密度 /(kg/m³)	低位发热量 /(kJ/m³)	理论空气量 /(m³/m³)	理论燃烧温度/℃
	H_2	CO	CH_4	C_3H_6	N_2	O_2	CO_2				
天然气	—	—	98	—	1	—	—	0.744	36593	9.64	1970
高炉煤气	1.8	23.5	0.3	—	56	—	17.5	1.355	3270	0.63	1350
转炉煤气	1.3	57	—	—	24	—	18	—	7341	1.41	1420
焦炉煤气	59.2	8.6	23.4	2	3.6	1.2	2	0.469	17615	4.21	—

二、高炉煤气的技术特点

高炉煤气由于热值较低，用于锅炉燃料时，首先需要解决的是燃烧问题。高炉煤气锅炉受热面的布置、燃烧器设计与其他燃料锅炉相比具有鲜明的特点。

1. 燃烧设备和炉膛

根据燃烧理论，燃料的燃烧取决于温度、时间和混合紊流度。由于高炉煤气中不可燃成分占了绝大部分，其理论燃烧温度远低于煤、油和天然气。根据表5-7，可以知道高炉煤气燃烧所需的理论空气量很小，仅相当于同类型燃煤锅炉的70%，但烟气量却是同类型煤粉锅炉的1.7倍。高炉煤气着火点在530～660℃之间，与烟煤的着火点相近。高炉煤气燃烧属于气相反应，具着火燃烧要比煤粉容易得多。燃烧速度和燃烧的完全程度主要取决于高炉煤气和空气的混合。根据以上分析，高炉煤气燃烧要解决的关键问题在于如何提高燃烧室温度和如何与空气充分混合。

(1) *炉膛的特点* 高炉煤气虽然理论燃烧温度低，但一旦具备了着火和稳燃条件，燃烧相当迅速，且火炬很短，所以炉膛容积热负荷可取得比煤粉炉大，炉膛可设计得较小。为了维持高炉煤气的稳定燃烧，需要炉膛保持一定的温度，就需要采取一些措施，使得燃烧区域能维持较高的温度。在小型的高炉煤气锅炉中通常采用绝热炉底和燃烧区域的绝热炉墙作为稳燃措施；中压高炉煤气锅炉一般在燃烧室采用卫燃带或在炉膛内加装蓄热器，目的是减少炉膛吸热和保持燃烧室一定的温度水平，另外还可以对高炉煤气和空气的混合物在着火前有一定的辐射预热作用；对于高压高炉煤气锅炉，除了在燃烧区采用卫燃带外，还把炉膛设计成缩腰的结构（图5-23），从而把炉膛分成上下两个，下炉膛为燃烧室，上炉膛为冷却室。这样的结构有利于改善燃烧室火焰的充满度，以提高燃烧区域的热强度，强化燃烧。

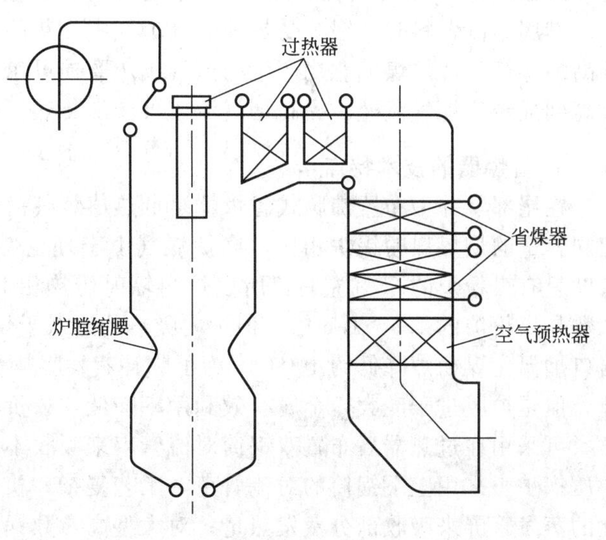

图5-23 高炉煤气锅炉

(2) *燃烧设备的选用* 高炉煤气的主要可燃物为CO，但它们的

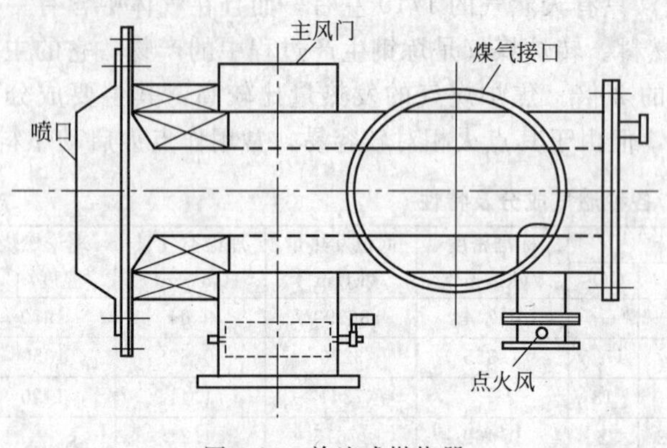

图 5-24 旋流式燃烧器

CO含量很低，决定其燃烧是否完全的主要因素是应保证燃料与空气之间的均匀混合。高炉煤气燃烧器主要采用多管式和旋流式两种形式，在以往的小容量高炉煤气锅炉的设计中，多采用多管式煤气燃烧器，这种燃烧器火焰比较长，且单个燃烧器容量较小，适合四角布置。随着锅炉容量的提高，其布置会出现困难，因此对要求出力较大的煤气燃烧器应选择燃烧稳定且煤气侧阻力相对较小的形式。旋流式燃烧器（图5-24）是适用于燃烧高炉煤气等低热值燃料的燃烧器。煤气和空气经各自的通道流经喷嘴导向叶片后旋流，在燃烧器出口产生强烈的混合。它采用的是扩散燃烧方式，火焰稳定性好，不会出现回火及脱火现象。煤气和空气分别流经内外套管的环形通道，通道内布置有轴向导流叶片，燃烧器中心留有点火通道。煤气和空气在环形通道作螺旋运动，离开燃烧器时，在离心力的作用下进行紊流扩散形成环形气流，并从内外两侧卷吸周围的介质。两股旋转气流之间存在较大的相对速度，使混合强烈。由于两股气流离开燃烧器后均存在切向速度，气流的扩展角增大，有利于中心回流区卷吸高温烟气，增加了着火稳定性。旋流燃烧器出力大，单个最大出力可达25000m^3/h，同时，旋流燃烧器的负荷调节比宽，最小可以达到设计功率的25%。低压小容量锅炉一般布置1～2只旋流燃烧器；中压锅炉（额定出力100～150t/h）一般布置4～6只旋流燃烧器；高压锅炉（额定出力200～250t/h）一般布置12～15只旋流燃烧器。旋流燃烧器一般布置在前后墙，这样的布置方式使炉前风管道和煤气管道的布置更简单、美观。

2. 过热器的设计对策

高炉煤气在进入燃料系统前一般均经过除尘装置，所以其灰分含量一般小于10mg/m^3，虽然仍会对受热面造成一定的污染，但它污染的程度比想象的要小，热力计算标准中过热器污染系数取为0.003，但根据锅炉实际运行情况，过热器受热面的污染系数可取更小的数值。燃用固体燃料时，锅炉受热面受到烟气中飞灰的磨损，会影响受热面的工作寿命，但由于高炉煤气和转炉煤气燃烧产生的烟气飞灰磨损可忽略，因此煤气锅炉过热器的烟气流速可提高到最经济烟气流速。提高烟气流速可增加传热，减少受热面而节省钢材。

3. 省煤器的技术特点

在尾部竖井中布置沸腾式省煤器是低热值煤气锅炉不同于常规高压锅炉的又一特点。和相同容量的烟煤煤粉锅炉相比，高炉煤气由于理论燃烧温度低，约为煤粉炉的70%，炉膛黑度只有煤粉炉的65%左右，所以炉内辐射传热相对较弱，虽然高炉煤气锅炉炉壁的沾污系数是煤粉炉的1.5～1.6倍，但炉内吸热远远低于煤粉炉，仅为煤粉炉的60%左右，炉膛出口烟温比煤粉炉降低约100℃。为了弥补蒸发吸热量的不足，可采取多种途径。①抬高炉膛，但是炉膛过于庞大，金属有效利用率降低，造价将相应提高。②对于小容量的中低压锅炉，可采用在过热器后布置双锅筒对流管束来吸收不足部分的蒸发量；而对于容量比较大的中压锅炉，采用上下锅筒的对流管束，工艺复杂，检修也很困难，可在对流过热器后布置独立的蒸发管屏来吸收部分蒸发热量；对大型高参数锅炉可采用沸腾式省煤器。将下级省煤器出口分为两路，一路占40%进入锅筒，作为蒸汽清洗水。另外60%进入上级沸腾式省煤器。

沸腾度达 25%～30%的汽水混合物引入锅筒的汽水分离器。

4. 煤气加热器的应用

采用加热器加热空气在动力锅炉中被广泛采用，既提高了锅炉效率，又强化了燃烧。同样，加热燃料也经常被采用。例如，重油用抽汽加热，主要是降低重油雾化黏度。贫煤、无烟煤着火较难的燃料尽量提高磨煤机出口温度和用热风送粉，是为了改善这些煤的着火条件。对低热值的煤气，尤其对高炉煤气锅炉，加热燃料的意义更大。从表 5-7 可知，高炉煤气的理论空气量约 $0.6m^3/m^3$，煤气量是空气量的 1.6 倍。所以加热煤气的效果比空气还大，煤气加热器可采用分体重力式热管装置。采用分体式密封性好，避免了整体热管冷热段之间隔板的泄漏。通过煤气加热器，烟气每降低 1℃放出的热量能使煤气温度升高 1.6℃左右，由于煤气加热器降低排烟温度比较明显，可以使排烟温度降到 150℃左右，同时使煤气温度加热到 180℃左右，并改善了炉膛燃烧条件。

5. 其他

高炉煤气燃烧后产生的烟气量比较大，管式空气预热器容易发生振动，振动的原因是由于气流流过圆管后产生卡门涡流造成的。在空气预热器受热面几何尺寸确定的情况下，为了避免共振，可以通过加设隔板来减小空预器管箱气室宽度，从而来提高其固有频率。

由于低热值煤气锅炉的排烟温度在锅炉本体范围内很难降低，除了上面提到的煤气加热器以外，另一个有效的方法是采用低温低压省煤器，就是在空气预热器后布置一级低温低压省煤器，用来加热凝结水，同样可以降低排烟温度，提高锅炉效率。但此必须和汽机配合，系统较复杂。

高炉煤气锅炉的设计不同于其他燃料锅炉，有其自身的特殊性。在设计此类型锅炉时，应根据不同参数和容量选择炉膛形式、燃烧器形式、不同的受热面结构以及决定是否采用其他附加形式。本章末的附录 1、附录 2 分别给出了我国烟道式余热锅炉的型号表示规定及余热锅炉的订货须知。

第八节　有机热载体炉余热利用

一、概述

有机热载体炉，俗称导热油锅炉。它是以煤、油、气为燃料，以导热油为循环介质供热的新型热能设备，采用高温循环泵强制导热油进行闭路循环，在将热能供用热设备后重新返回锅炉中加热的工艺流程。由于它具有高温（320℃左右）、低压（0.3～0.5MPa）的优点，且其供热温度可精确控制，因此可取代原蒸汽锅炉供热。同时该设备不需要水处理设备，并且无蒸汽锅炉的跑、冒、滴、漏等热损失，所以其一次性投资省，运行费用低，是一种安全、高效、节能的供热设备。

由于有机热载体能在较低压力下获得较高的温度，而且有较好的热稳定性，有机热载体锅炉正好满足了像建材、化纤、化工等一些中小型工业企业生产工艺的要求，所以有机热载体锅炉的发展十分迅速。有统计数据表明：1994 年我国在用各种有机热载体炉大约 6000 余台，至 2004 年时增加到 1.73 万台，已占当年我国在用各种锅炉总数量的 3.02%。近几年来，有机热载体锅炉在工业生产领域中的应用更加广泛，使用数量也成倍地增加。

但由于有机热载体锅炉介质温度较高，所以运行产生的排烟温度也高，大概在 360℃左右，按照一般的运行方式，这部分烟气经由除尘器、引风机直接排放到大气中，这样的排放方式有以下几种弊端：

① 排烟温度过高，热损失大；

② 不利于引风机的安全使用；

③ 烟风道的隔热要求增加。

如果在系统中配置烟气回收装置，便可在不需添加其他任何辅助设备，且无需多消耗燃料的情况下获得一定热量，可供生产和生活之用，且可降低排烟温度，有效保护引风机的运行，降低烟风道的隔热要求。

二、案例

2007年浙江省杭州市开展有机热载体锅炉余热回收利用工作，研制出“有机热载体锅炉尾部高效热管余热回收装置”，对有机热载体锅炉的尾部高温烟气进行回收二次利用，当年改造63台，平均200万千卡/台，一年实现节省标准煤6.975万吨，减少二氧化硫排放近2250t。

企业在购置有机热载体炉设备以后，还应根据本企业其他用热需要的实际情况，来回收利用有机热载体的排烟余热资源，进一步节约能源，减少排放，降低企业用能成本，增加效益。可以向有机热载体炉制造厂家提出要求，为企业提供节能帮助，也可另找设计单位寻求节能帮助。

附录1 烟道式余热锅炉的型号表示规定

我国规定了烟道式余热锅炉产品型号的编制方法（JB/T 9560—1999）。非管壳式的余热锅炉一般来说都是烟道式的。烟道式余热锅炉型号的表示方法如下：

△ △ △ XX / XXX — XX — XX / XXX

1 2 3 4 5 6 7 8

上列符号中，从第1位到第5位，即第1道横线之前所表示的为余热载体（即余热资源）的状态，第一道横线之后的第6位到第8位表示余热锅炉的规范，具体如下：

1. 第1位为补燃代号。如果因为余热载体的温度较低或其量太小，则在进入余热锅炉时需再补充燃烧一些燃料，使锅炉产生的蒸汽或热水达到要求，这就是有补燃的余热锅炉。在第一位用“B”（补）字表示。如果不需补燃，则不写“B”字。

2. 第2位为余热载体的类别代号，见表1。

表1 余热载体类别代号及余热载体量代号

余热载体类别代号		余热载体量代号	
名称	代号	单位名称	代号
气体	Q	一千立方米/时	$1000m^3/h$
液体	Y	吨/时	t/h
固体	G	吨/时	t/h

注：气体体积指在标准状态［0℃，0.1013MPa(760mmHg)］下的体积。

3. 第3位为余热载体特性代号，见表2。

表 2 余热载体特性代号

烟气特性分类	含尘类	腐蚀类	黏结类
代号	C	F	Z

当烟气含尘量小于 5g/m^3 并无腐蚀性或（和）黏结性时，或余热载体为液体或固体时，无该位代号。

4. 第 4 位为余热载体量，见表 1。对于烟气，其容积流量以 1000m^3/h 为单位。

5. 斜线后第 5 位为余热载体温度，以℃表示，当余热载体为可燃物质时，即载体进入余热锅炉后，尚需燃烧，释放出其所含有的燃烧热量时，则该段无斜线及第 5 位的数字。

需要说明的是，如果锅炉内还燃烧了一种废弃物的特别燃料，应该看作一体化特种燃料锅炉。

6. 第 6 位为余热锅炉的额定蒸发量，以 t/h 为单位。当为热水余热锅炉时，以锅炉的热功率 MW 为单位。

7. 第 7 位为余热锅炉的额定蒸汽压力，或热水锅炉的设计压力，以 MPa 为单位。

8. 斜线后第 8 位为余热锅炉的额定蒸汽温度（过热蒸汽），以℃为单位。当锅炉未设置过热器时，无此项；如为热水锅炉，则该项为额定出口热水温度/进口水温度。

9. 采用双压设计的锅炉在对应的参数位置用括号填入相关的数据。

10. 作为标准，其中容积流量以 m^3/h 为单位；该 m^3 是标准状态下的容积流量。但在实际应用过程中，为了与实际状态下的容积流量相区别，有种表示也是经常使用的：Nm^3 或 m^{3}N。

附录 2 余热锅炉订货须知

作为余热锅炉的用户，经常困惑于设备订货的内容如何才能适合真实的要求而又不会有所遗漏，为此，在这里列出供参考。

1. 烟气条件

烟气量（m^3/h、kg/m^3）：标准状态，最大、最小、平均，波动情况（如有）；真实状态时，标明在什么温度下。

烟温（℃）：最大、最小、平均，波动情况（如有）。

外来热源（MW）：（如有）。

烟气成分（体积分数、质量分数）及性质：标准状态、腐蚀性、毒性。

烟气含尘量（g/m^3）。

尘粒尺寸（μm）及各占比例（%）。

尘粒成分及性质：疏松、弱黏结、强黏结、软化和熔化温度（℃）。

2. 锅炉条件

蒸汽用途：生活、工业管网、发电。

蒸汽出口压力（MPa）：最大。

锅筒工作压力（MPa）：有特殊要求单独提出，一般由设计计算确定。

蒸汽出口温度（℃）。

锅炉排烟温度（℃）：（如有，通常根据主工艺需要，如防酸露点。据此确定锅炉热回收率）。

锅炉给水温度（℃）和给水来源（%）及给水水质：热力系统、工艺回水、补给水。

排污方式及排污率（%）。

3. 其他

作为热水回收：水量（t/h）、温度（℃）。

作为热风回收：风量（m^3/h）、温度（℃）。

大气环境及地震设防水平（度）：最大。

蒸汽温度调节方式：烟气侧、蒸汽侧的面式、喷水式、自制冷凝水式。

除灰和出灰方式：有特殊要求单独提出。

锅炉允许的占地面积及空间（m）：长×宽×高。

烟气进出口的方位及后续除尘器的温度要求。

可能采取双压或三压的需要。

第六章

系统节能技术

第一节　集中供热概论

一、概述

所谓集中供热是指由集中热源所产生的蒸汽、热水，通过管网供给一个城市（镇）或部分区域生产、采暖和生活所需的热量的方式。集中供热是现代化城市的基础设施之一，也是城市公用事业的一项重要设施。

集中供热不仅能给城市提供稳定、可靠的高品位热源，改善人民生活，而且能节约能源，减少城市污染，有利于城市美化，有效地利用城市有效空间。所以，集中供热具有显著的经济效益和社会效益。

集中供热的发展，要充分考虑到城市的性质、地位、热负荷密度、气象条件、发展规模及建设条件等多方面的因素，并和城市经济发展的目标相适应，同时与能源建设的发展相协调。

发展集中供热事业，首先要在城市总体规划的指导下，认真地编制集中供热规划。编制集中供热规划要贯彻“远近结合，以近期为主，合理布局，统筹安排，分期实施”的原则。

编制城市集中供热规划时，既要为今后的发展留有余地，又要实事求是地对热负荷进行调查和预测。在摸清热负荷的性质、类别、用途及发展规模、热网走向、供热介质和参数后，通盘考虑，防止脱离实际、一哄而上，盲目扩大建设规模。应该在落实城市总体规划的基础上落实集中供热规划。

集中供热设计应在集中供热规划批准后，按照基本建设程序组织实施。集中供热设计，必须执行国家的能源政策和其他有关法规，要符合城市规划的要求，坚持“因地制宜，广开热源，技术先进，经济合理，安全适用”的原则。

集中供热系统由热源、供热管网、热用户三部分组成。集中供热热源包括热电联产的电厂、集中锅炉房、工业与其他余热、地热、核能、太阳能、热泵等，亦可是由几种热源共同组成的多热源联合供热系统。热源分布要尽量集中、合理，而热源设备尽量选择高参数、大容量、高效率的设备。热源的位置应尽量设在热负荷中心，并根据燃料运输、热力管网和输电出线、水源、除灰、地形、地质、水文、环保、综合利用等诸因素，通过技术经济比较确定。

集中供热热源、热力管网和热用户设施要统一规划、统筹安排、同步建设，尽早发挥集中供热的经济效益和社会效益。

集中供热系统的规模不宜太小，根据建设部关于《城市集中供热当前产业政策实施办法》，对集中锅炉房，供热系统的最小规模可按如下方法确定：特大城市供热能力在50GJ/h（约14MW）以上；大中城市供热能力在25GJ/h(约7MW）以上；小城市供热能力在10GJ/

h(约 2.8MW) 以上；工业企业供热能力不得小于 25GJ/h(约 7MW)。

二、集中供热几个重要概念

在整理、分析热负荷资料，确定供热系统，选择各种供热设备，论证供热方案及进行有关计算时，经常使用如下几个概念。

1. 同时使用系数

在集中供热区域内许多热用户、一个企业内许多用热设备不能同时出现最大热负荷，因此在计算供热区域的最大热负荷时，必须考虑各热用户（或各用热设备）的同时使用系数。它表示全部用热设备运行时实际的最大热负荷与各热用户（或各用热设备）最大热负荷总和的比值，即

$$K=\frac{\text{全部用热设备运行时实际的最大热负荷}}{\text{各用热设备最大热负荷总和}}$$

式中 K——同时使用系数。

2. 最大热负荷利用小时数

在一定时间（供暖期或年）内总耗热量按设计热负荷折算的工作小时数。其数值等于在一定时间内总耗热量与设计热负荷之比，即

$$H_1=\frac{\text{一定时间内总耗热量}}{\text{设计热负荷}}$$

式中 H_1——最大热负荷利用小时数，h。

3. 发电设备年利用小时数

用来衡量发电设备的利用程度，为发电厂年发电量与同期内发电机组额定容量总和的比值，即

$$H_2=\frac{\text{发电厂年发电量}}{\text{发电机组额定容量总和}}$$

式中 H_2——发电设备年利用小时数，h。

4. 热化系数

热电联产的最大供热量占供热区域最大热负荷的份额，即

$$a=\frac{\text{热电联产的最大小时供热量}}{\text{供热区域最大热负荷}}$$

式中 a——热化系数。

热电联产的最大供热量指汽轮机抽汽或背压排汽的最大供热量，是扣除热电厂自用汽量后的最大相对供热量；区域最大热负荷是考虑同时使用系数之后的最大热负荷。

热化系数反映了该供热区域的热电联产程度，有条件时应进行优化选择。最佳热化系数与国家经济技术发展水平有关，一般均小于 1。按我国目前的情况，以常年热负荷为主时，热化系数为 0.7～0.8，而以季节性热负荷为主时为 0.5～0.6。

5. 热负荷中心

所谓热负荷中心是指在供热区域内，各热用户的热负荷最集中，通往各热用户的供热管网最短的点。

若将集中供热区域看作一个坐标系，则可以求出热负荷中心，即

$$x=\frac{Q_1x_1+Q_2x_2+\cdots+Q_nx_n}{Q_1+Q_2+\cdots+Q_n}$$

$$y=\frac{Q_1y_1+Q_2y_2+\cdots+Q_ny_n}{Q_1+Q_2+\cdots+Q_n}$$

式中　　x，y——热负荷中心点坐标，km；

x_1，x_2，…，x_n——各热用户 x 轴上的坐标，km；

y_1，y_2，…，y_n——各热用户 y 轴上的坐标，km；

Q_1，Q_2，…，Q_n——各热用户热负荷，GJ/h。

三、集中供热热负荷的类别及收集整理

在集中供热设计中，热负荷是最重要的基础资料。无论确定供热热源、供热系统，还是选择各类供热设备都离不开热负荷。所以，即使是运行管理人员，也应对热负荷的计算及确定有所了解。

在集中供热设计中，首先要确定热负荷。为了准确地确定热负荷，要进行热负荷资料的收集和整理。热负荷可以分为采暖热负荷、通风热负荷、生产工艺热负荷、生活热水供应热负荷及空调制冷热负荷等。

1. 各类热负荷的收集

(1) 采暖通风热负荷　采暖通风热负荷是季节性负荷，所以，其负荷量与室外温度、建筑围护结构的热工特性有关。

(2) 生产工艺热负荷　生产工艺热负荷是全年性较稳定的负荷，但由于生产工艺的要求，有的昼夜负荷变化较大，或由于生产班制连续与否等，使负荷发生波动。也有一些生产工艺负荷属于季节性的。此外，还有某些产品，其工艺热负荷虽然比较稳定，但也常有波动。为了从各方面分析热负荷，在可能的条件下，还要收集原设计产品数量、产品用热或用热标准的单耗指标、生产班次、季节性特性、检修周期等。此外，还需要收集各时段具有代表性的典型生产日小时热负荷。

(3) 生活热水供应热负荷　生活热水供应热负荷是全年性负荷，带有一定的季节变化特性。

(4) 空调制冷负荷　空调制冷负荷是季节性的，随着夏季室外温度的变化而改变。

(5) 热负荷收集方法　热负荷的种类较多，要针对各类热负荷的具体对象进行收集。生产工艺热负荷以生产厂为主，亦可向生产主管部门收集。了解工业锅炉运行时间、用煤量、蒸汽参数、蒸汽量、锅炉效率、回水率等。采暖热负荷，主要向城市规划部门、建设部门落实各类建筑面积的现状及发展情况，向燃料公司了解采暖用煤供应情况，向锅炉部门了解采暖锅炉运行情况。热负荷供应应该有双方的协议书。对新建项目的热负荷，必须以主管部门批准的设计任务书为依据。

2. 热负荷的核算与整理

在核实和重点调查热负荷时应考虑以下事项：

① 热用户的生产原料是否落实，产品是否适销对路，有无转产、停产的可能，及转产、停产后的热负荷情况。

② 有无一级热负荷用户，并注意用户的生产班次和同时使用系数。

③ 对供热连续的要求，中断供热时对生产的影响。

④ 对新增热用户的热负荷，应通过初步设计或有关主管领导机关批准的建设规模进行核定。

对已有热负荷的核算可采用耗煤量及设计能耗等方法进行验算。按耗煤量或原设计产品

数量、产品单耗、用汽规律等进行验算，能反映真实情况。用户所提供的热负荷往往出入较大，包括所提供的耗煤量、用汽量等，因管理、计量、监测仪表等不准确，在一定程度上只能是估算数据。此外，小锅炉热效率低，往往达不到额定出力，但仍按额定出力上报等原因，导致了热负荷量与煤耗量的误差。对上述两种验算方法的结果进行比较，如果误差太大，还应进一步分析，直到最后得出较符合实际的负荷量。

对新增加的热负荷，只能按该项目的初步设计，参考类似企业资料确定。

供热机组或锅炉确定后，各用户汽量无论是直接或间接用热量，均应换算到热电厂出口或锅炉出口的供热蒸汽参数处的相应汽量。

3. 集中供热热负荷图

各用户热负荷收集整理后，宜根据热负荷的类别及特点分别绘制热负荷图，以确定热源厂的运行方式及机组配置。

下面以生产热负荷曲线为例，说明热负荷图的绘制方法。

(1) 典型日负荷曲线　生产热负荷资料一般是以企业为单位分析的，对各企业用热单位进行分析，确定各季度（月份）“典型生产日”的小时负荷，换算到热源厂供热参数后绘制出各企业的各季度（月份）典型日负荷曲线，并将相同时间内各企业负荷曲线进行叠加，即可绘制出该企业的各季度（月份）典型日生产热负荷曲线，见图 6-1。

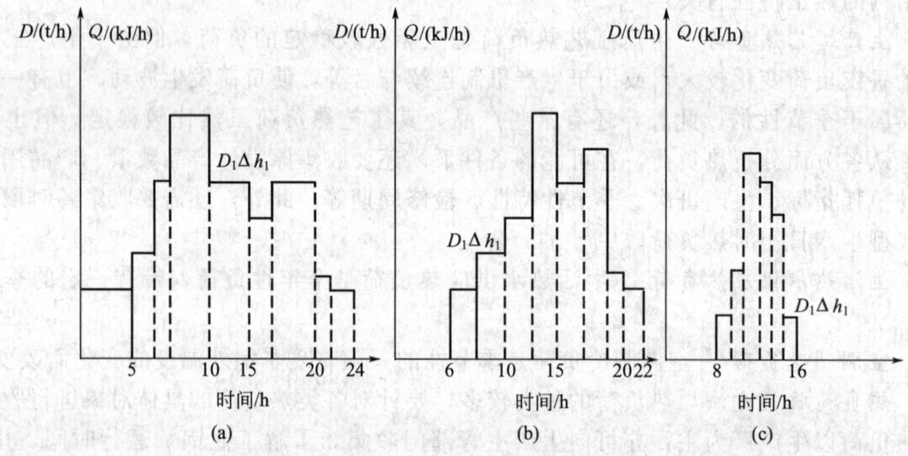

图 6-1　典型生产日负荷图

(a) 三班制典型日负荷图；(b) 两班制典型日负荷图；(c) 一班制典型日负荷图

(2) 月负荷曲线　假如有每日的小时负荷，就可以用上述方法绘制出逐日的负荷曲线，亦可以绘制出月负荷曲线。要收集各热用户的逐日小时负荷资料是不容易的，所以，往往以典型日平均负荷绘制出月负荷曲线，曲线的形状与典型日负荷曲线的形状完全相同，那么，把小时数的横坐标改为 30×24＝720(h)，就是月负荷曲线。

(3) 年生产热负荷曲线　用逐月的平均热负荷可以绘出年生产热负荷曲线，见图 6-2。按上述年负荷曲线由高到低排列，则可得出图 6-3。

四、集中供热热源厂

集中供热的热源主要有热电厂、区域锅炉房。

1. 热电厂

(1) 热电厂热电联产原理　热电厂汽轮机的热电联产过程是在热力循环的基础上进行

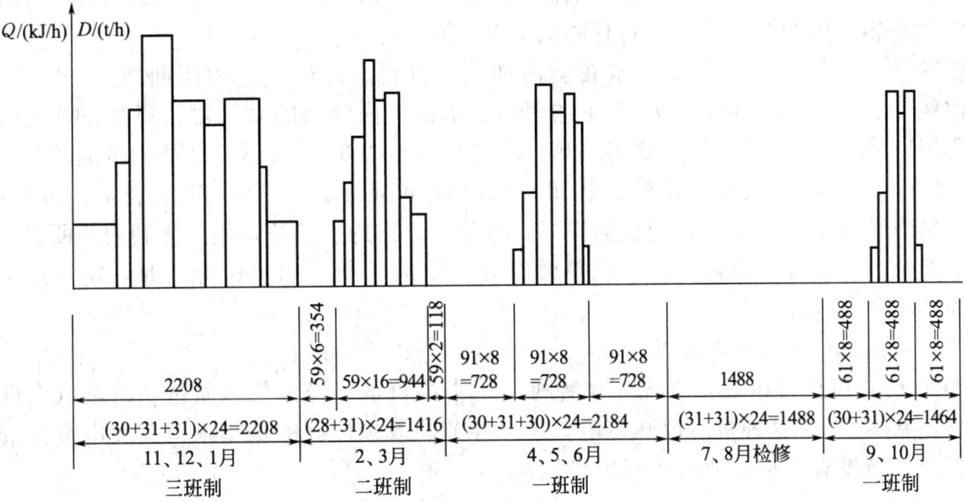

图 6-2 年生产热负荷曲线

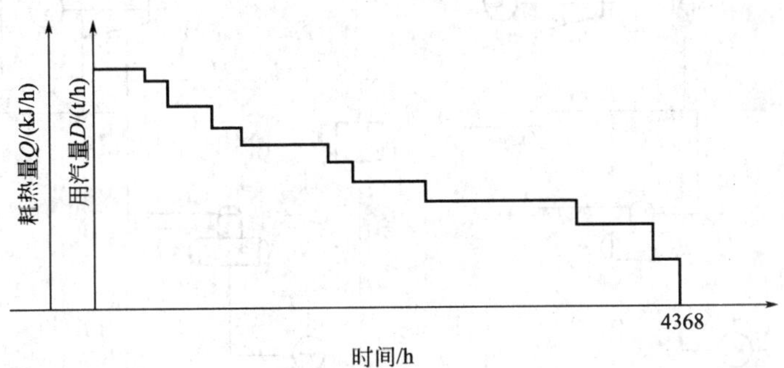

图 6-3 年生产热负荷曲线（由高到低排列）

的，其原理如图 6-4 所示。

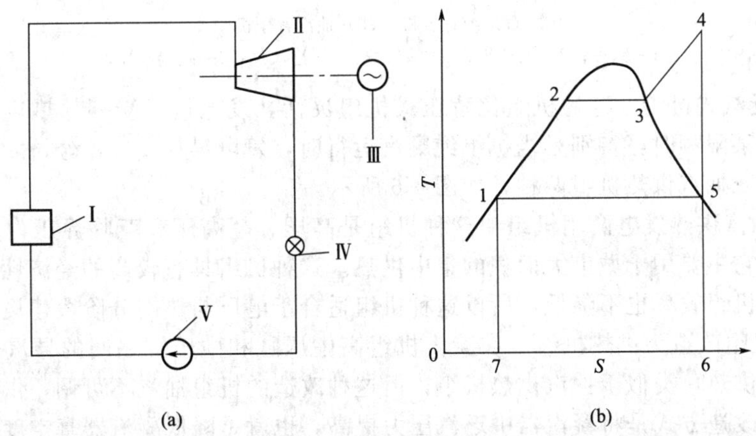

图 6-4 热电联产示意图

(a) 流程示意图；(b) T-S 图

Ⅰ—锅炉；Ⅱ—汽轮机；Ⅲ—发电机；Ⅳ—热用户；Ⅴ—凝结水泵

在锅炉（Ⅰ）内生产的高温高压蒸汽在汽轮机（Ⅱ）内膨胀做功，转化为汽轮机轴上的机械能，而后由发电机（Ⅲ）转化为电能。汽轮机乏汽送往用户（Ⅳ），然后在用户处凝结，放出汽化潜热，用凝结水泵（Ⅴ）打回锅炉（Ⅰ）。

在 T-S 图［图 6-4(b)］中，水在炉内加热、汽化、过热等过程用曲线 1—2—3—4 表示，曲线 1—2—3—4—5—6—7—1 下的面积表示锅炉内吸收的总热量，蒸汽在汽轮机内膨胀过程用直线 4—5 表示，往用户传递热量的过程用直线 5—1 表示；转变为电能的热量用面积 1—2—3—4—5—1 表示，传递给热用户的热量用面积 1—5—6—7—1 表示。由此可见，热电厂热力循环中，由于没有低温热损失，汽轮机乏汽的余热被热用户所利用，所以，大大提高了热效率。这样，热电联产时，热效率为 70%～90%。而热电分产时，凝汽式电厂热效率为 35%～40%。

(2) 供热机组形式及其系统

① 背压式供热机组及其系统　这种机组不带凝汽器，经汽轮机做过功的乏汽全部供给热用户，见图 6-5。这种机组以热定电，是一种节能效果较好的机型，但其发电量受到供热量的制约，当没有有热负荷时，机组停运。

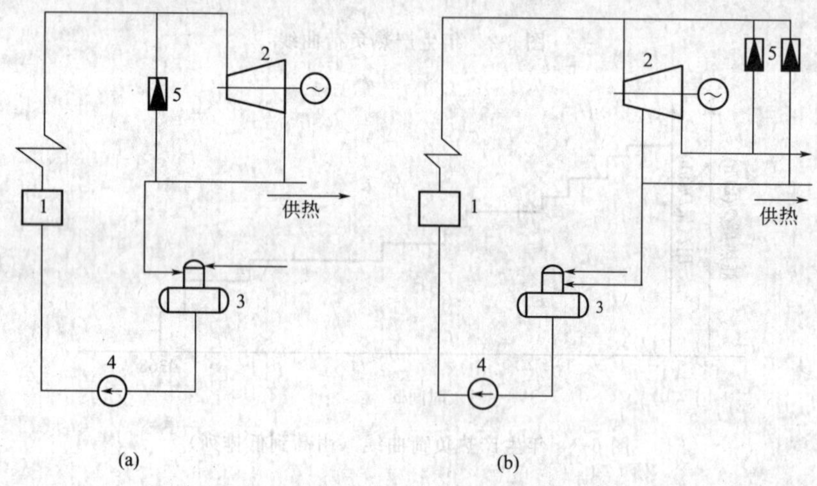

图 6-5　背压式汽轮机供热示意图

(a) 纯背压机；(b) 抽汽背压机

1—锅炉；2—汽轮机；3—除氧器；4—给水泵；5—减温减压器

② 抽汽凝汽式机组　这种机组比背压式机组灵活，发电量不受外部热负荷的制约，但热负荷降低到某限额时，特别是当机组纯凝汽运行时，发电煤耗高，不经济。抽汽凝汽式机组有单抽汽和双抽汽供热机组两种，如图 6-6 所示。

③ 大型抽汽供热发电两用机组　这种机组是高压、超高压和亚临界压力大型抽汽凝汽式供热机组。它主要用于城市大面积的集中供热。这种机组具有较高的经济性，即使在凝汽工况下运行，机组效率也不降低，所以这种机组适合于电厂与热网分阶段建设。

④ 凝汽机组改造为供热机组　在凝汽机组高中压缸和中压缸之间的导汽管开孔，将部分蒸汽抽出来供热，类似于抽汽供热机组，但这种改造的机组抽汽不可调，供汽能力有限。

还有一种改造方式是将凝汽器中乏汽压力提高，也就是降低凝汽器真空度，将凝汽器改造为供热系统的热网加热器，而冷却水直接作为热网的循环水。这种方法叫做凝汽机组的恶化真空供热。另外，还有拆除部分叶轮改为背压运行等方式。

(3) 供热机组选择原则

① 为了热电厂经济运行，供热机组的热化系数应小于1，一般可取 0.5～0.8。

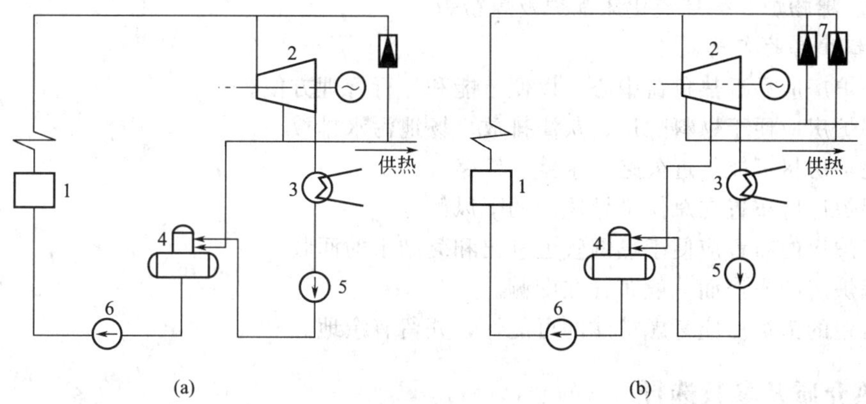

图 6-6　抽汽凝汽式机组供热示意图

(a) 单抽凝汽式汽轮机；(b) 双抽凝汽式汽轮机

1—锅炉；2—汽轮机；3—凝汽器；4—除氧器；5—凝结水泵；6—给水泵；7—减温减压器

② 在保证安全、经济运行的条件下，应尽量选择较高参数和较大容量的机组经济效益。

③ 凝汽机组低真空运行供采暖热负荷的项目，只适用于老的凝汽式发电厂改造。

④ 供热汽轮机组的选型可按如下原则：热负荷全年稳定，且热负荷较大的热电厂可以选择背压机组或抽汽背压机组；热负荷较大，且部分热负荷不稳定时，可以选一台抽汽凝汽式机组作为负荷的调节；当季节性负荷占较大比例时，可以选择抽汽凝汽式机组；对利用原有锅炉房发电或改建锅炉房搞小热电工程时，一般应选择背压机组。

⑤ 当一台机组停运时，其余机组（包括调峰机组）承担用户连续生产所需的生产用汽量，而且负担冬季采暖、通风、空调、生活用热量的 60%～75%。

⑥ 锅炉单台容量在 10t/h 或 20t/h 以上，供热设备年利用小时超过 4000h，经技术经济比较确实具有较为显著的经济效益者，均应建设热电站。

(4) 热电厂布置原则

① 热电厂的布置应符合城市总体规划及供热规模的要求。

② 热电厂尽量布置在热负荷中心，同时根据燃料运输、热网和输电出线、地形、地质、水文、气象、环保、综合利用等条件，通过技术经济比较确定。

③ 热电厂应尽量占用荒地、次地和低产田，应避开滑坡、溶洞及有塌方、断裂、淤泥、水淹等不良地质的地段。

④ 热电厂的布置应满足工艺流程的要求。应以主厂房为中心，确定主厂房位置后再确定辅助设施位置，使交通运输线路和各种管线通顺短捷，避免迂回交叉。

⑤ 主厂房的扩建端应面向厂区施工和发展方向；固定端靠近进厂干道一侧；汽轮机间尽可能靠近供排水的水源地，在可能的条件下要有较好的朝向，并兼顾高压输电线进出线方便。

⑥ 远近结合与分期建设。当热电厂需要发展时，总平面布置除预留发展用地满足主要厂房的需要外，尚应考虑相应辅助设施及各种管线和交通运输的发展需要，切实搞好远近结合，做到近期合理、远期适当。

2. 区域锅炉房

(1) 供热锅炉的形式　锅炉按供热介质分类，可分为蒸汽锅炉、热水锅炉及汽-水两用锅炉，其各种类型将在后面的“集中供热系统的类型”中详述；按所烧燃料分类，可分为燃煤锅炉、燃油锅炉、燃气锅炉、垃圾锅炉及生物质锅炉；按锅炉燃烧方式分类，可分为链条炉排锅炉、沸腾炉、循环流化床锅炉及煤粉炉。

(2) 锅炉房的布局

① 锅炉房应靠近热负荷中心，以便节能和运行管理方便。

② 锅炉房应便于燃料贮运、灰渣排放、场地污水排放。

③ 锅炉房尽可能靠近公路、水路、铁路。

④ 锅炉房应布置在总体主导风向的下风侧。

⑤ 锅炉房的布置应便于热网管道进出和凝结水的回收。

⑥ 锅炉房的操作面一般布置在南侧。

⑦ 新建的锅炉房应考虑扩建的可能性，并留有余地。

五、供热介质及参数选择

1. 集中供热系统的热介质

集中供热系统的热介质有两种：蒸汽和热水。

热水介质有如下优点：

① 热能效率高。从能源角度分析，以热水为热介质时，由于热水是用低压抽汽加热而得到的，所以能提高联产发电量。

② 调节方便。热水温度可以根据室外空气温度进行调节，以达到节能和保证室内采暖温度的目的。

③ 热水蓄热能力强，热稳定性好。

④ 输送距离长。一般可达 5～10km。

⑤ 热损失小。

热水介质的缺点是输送耗电量大，不能满足蒸汽热用户的需要。

蒸汽介质有如下优点：

① 可以满足多种热用户的需要。

② 输送靠自身压力，不用循环泵。

③ 使用和输送过程中不用考虑静压，甚至输送到 15～20km 也不会有什么问题。

④ 使用蒸汽介质，热用户的散热设备面积可减小。

但蒸汽热介质有如下缺点：

① 能源效率低。输送蒸汽需要的压力高，所以降低了联产发电量。

② 蒸汽使用后凝结水回收困难，不仅除盐水（或软化水）损失大，而且热损失亦大。

③ 蒸汽在使用和输送过程中损失大。

④ 比热水介质输送距离短，一般可以输送到 3～5km，最大可以输送到 5～7km。

热水参数愈高，输送能力愈大，愈能节省输送电量，但温度过高反而不经济。要提高热水参数则需要的蒸汽压力高，能耗大，设备投资大，所以确定热水温度时，要经过技术经济比较，蒸汽参数应根据热用户的需要和输送距离确定。

2. 供热介质选择

对民用建筑物采暖、通风、空调及生活热水供热的城市热网，宜采用水作为其供热介质。

对生产工艺采暖、通风、空调、生活热水供应热负荷的城市热网，供热介质可按下列原则确定：

①当生产工艺为主要热负荷，且必须采用蒸汽供热时，应采用蒸汽作为供热介质。

② 当以水为供热介质能够满足生产工艺需要（包括在用户处转换为蒸汽），且技术经济合理时，宜采用热水作为供热介质。

③ 当采暖、通风、空调热负荷为主要热负荷，生产工艺又必须采用蒸汽供热，经技术经济比较认为合理时，可采用热水和蒸汽两种供热介质。

3. 以热水为供热介质的供热参数选择

（1）热电厂热源供、回水温度　热水热力网最佳设计供、回水温度，应结合具体工程条件，考虑热源、管网、用户系统等方面的因素，进行技术经济比较确定。

当不具备确定最佳供、回水温度的技术经济比较条件时，热水供、回水温度可按以下原则确定：以热电厂为热源时，设计供水温度可取用110～150℃，回水温度可为70～90℃；采用一级加热时，供水温度可取较小值，采用二级加热（高峰加热器或调峰锅炉）时，供水温度可取大值。

（2）区域性锅炉房供、回水温度　区域锅炉房为热源，供热规模较小时，供、回水温度可采用95℃/70℃、80℃/60℃的水温；而供热规模较大时，经过技术经济比较可采用115℃/70℃、130℃/70℃、150℃/90℃等高温水作为供热介质。

区域锅炉房和热电厂联网运行时，应采用以热电厂为热源的热力网最佳供、回水温度。

（3）二次网供、回水温度　二次网供、回水温度，可根据一次网供、回水温度和卫生要求，及供热区内热用户的需要，并经过详细技术经济分析后确定。一般二次网供、回水温度有如下几种参数：95℃/70℃、85℃/65℃、80℃/60℃、70℃/50℃等。

（4）集中供冷和供热时供、回水温度　以热电厂为热源的城市热力网，在区域内空调用户集中且较多时，经过技术经济比较后亦可采用集中制冷、集中供冷的方式，此时，供热介质参数应根据制冷机组的技术要求确定。

吸收式制冷机组要求的热介质有蒸汽和热水，从经济技术角度分析，以热水为介质的热源更适合于大型热电厂。以热水参数划分，吸收式制冷机有低温型（热水温度为80℃/95℃）和中温型（热水温度为150℃/180℃）。

4. 以蒸汽为供热介质的供热参数选择

以蒸汽为供热介质一般应用于以生产工艺热用户为主的热网中，确定供热参数时，应在满足热用户所需蒸汽的温度、用汽压力等要求的前提下，经详细的水力计算并经技术经济比较后确定。

六、集中供热系统的类型

1. 锅炉房集中供热系统

为单个企业供热的锅炉房称为企业自备锅炉房，为多个企业（单位）供热的锅炉房称为区域锅炉房。

（1）蒸汽锅炉房集中供热系统　在工矿企业，生产工艺需要蒸汽，供暖需要热水，同时还需生活热水供应。当工艺用蒸汽数量占锅炉房总热负荷的30%以上时，锅炉房宜只设置蒸汽锅炉，而所需的热水通过汽-水热交换器获得。该系统以工艺用汽为主，锅炉压力应满足工艺所需蒸汽压力。加热采暖热水所需的蒸汽压力低于工艺用汽压力，可通过减压阀获得。蒸汽锅炉房集中供热系统详见图6-7。

（2）热水采暖系统　热水采暖系统如图6-8所示。这种系统比较简单，不论锅炉容量大小、台数多少、供水温度高低，系统原理基本相同。图中双点画线所画的方框代表补水定压装置。

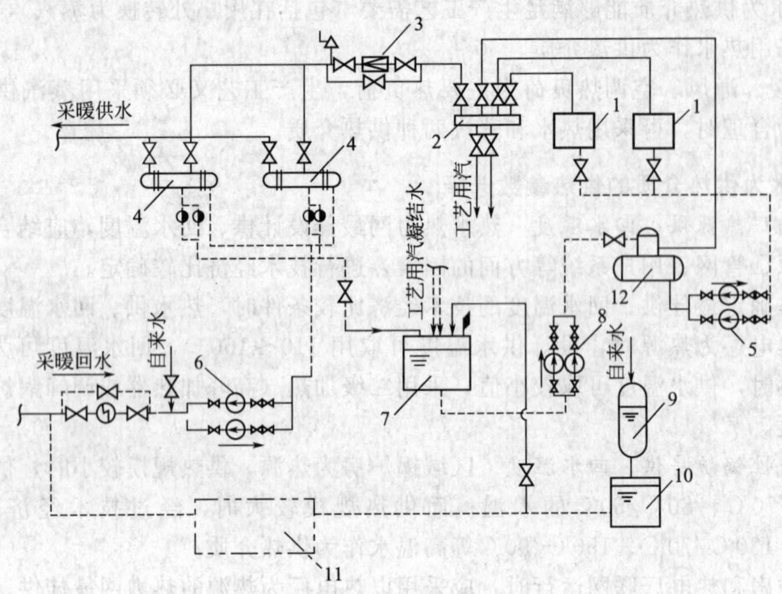

图 6-7 蒸汽锅炉房集中供热系统

1—蒸汽锅炉；2—分汽缸；3—减压阀；4—汽水热交换器；5—锅炉给水泵；
6—采暖循环水泵；7—凝结水泵；8—软水加压泵；9—水处理装置；
10—贮软水箱；11—补水定压装置；12—大气热力除氧器

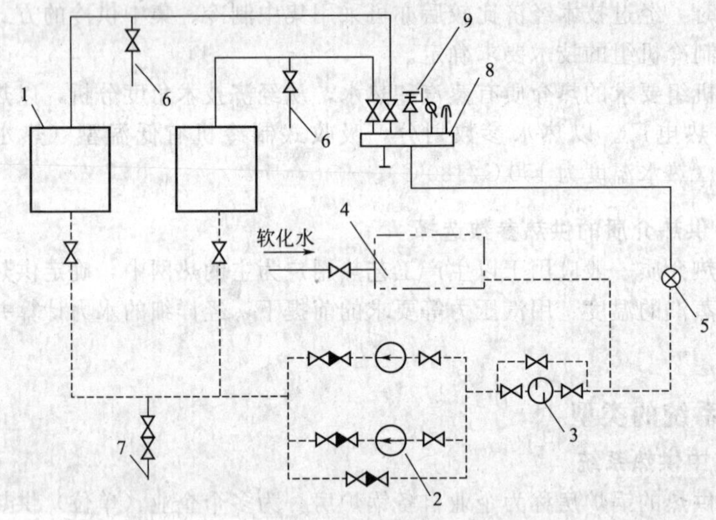

图 6-8 热水采暖系统

1—热水锅炉；2—循环水泵；3—除污器；4—补水定压装置；5—热水采暖用户；
6—紧急放水管；7—自来水管；8—分水器；9—安全阀

(3) 有热水采暖和生活用汽的系统　这种系统适用于宾馆和饭店的供热。蒸汽锅炉产生的蒸汽可供吸收式制冷机、厨房、洗衣机房和生活热水加热等民用供热，其蒸汽压力一般在0.1～0.4MPa，蒸汽锅炉以0.4MPa压力运行，低压蒸汽可通过减压阀减压获得。热水锅炉专用于冬季供暖，如果采暖用户是散热器系统，则供回水温度为95/70℃或80/60℃；如果是风机盘管系统，则供回水温度还可以降低。

(4) 汽水两用锅炉供热系统　汽水两用锅炉供热系统如图6-9所示。该系统的热水锅炉可以利用蒸汽锅炉改装而成，其工作原理简述如下：热网回水经热网循环水泵加压后，通过锅炉省煤器12进入锅炉的上锅筒1；在锅炉内水被加热到饱和温度后，从上锅筒引出。为了防止饱和水因压降而汽化，将其向下引入混水器2，在此与部分热网回水混合降温，从而保证在设计的供水温度下不会在管道或用户处产生汽化。调节混水阀9的开启度，将改变流入锅炉的水量，从而改变网路供水温度。该系统可一炉二用，在供热水同时也可供少量的蒸汽，在必要时，还可以按蒸汽锅炉方式运行，完全供应蒸汽，因而对热用户的需要具有较大适应性。

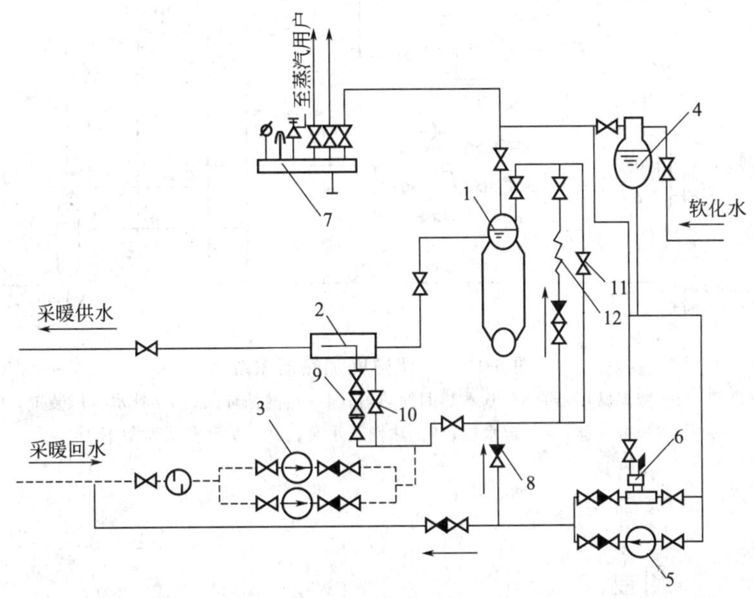

图 6-9　汽水两用锅炉供热系统

1—锅炉上锅筒；2—混水器；3—循环水泵；4—除氧器；5—补给水泵；6—蒸汽补给水泵；7—分汽缸；8—锅炉补水阀；9—混水阀；10—混水旁通管；11—省煤器旁通管；12—省煤器

2. 热电厂集中供热系统

(1) 生产工艺用汽供热系统　在南方地区，工业企业热用户主要以蒸汽为主，因此热电厂集中供热主要由抽凝式汽轮机及背压式汽轮机的抽（排）汽提供，经蒸汽热网管道送至各热用户。

(2) 采暖用供热系统　在北方地区，一般以采暖为主，因此热电厂集中供热主要由抽凝式汽轮机的抽汽作为热源，经热网加热器加热循环水向用户提供采暖热水。

① 一级热网加热器系统　如图6-10所示，这是一个实际工程的系统原理图，供热管网回水经过基本热网加热器后水温由70℃升至95～110℃，此系统适用于建筑物高度不超过30m的生活小区供暖。基本热网加热器的加热主汽源为汽轮机抽汽，压力一般不超过0.4MPa，备用汽源来自厂用蒸汽母管并经减温减压。加热蒸汽经热网加热器后进入疏水罐8，再由疏水泵9加压送入除氧器回入热力系统。

② 两级热网加热器系统　如图6-11所示，热网系统回水温度为70℃，经两级加热后可达130～150℃，适用于较大型的城市集中供热系统。基本热网加热器的加热蒸汽为汽轮机抽汽，并以来自厂用蒸汽母管的蒸汽减压后作为备用汽源。尖峰热网加热器的加热蒸汽来自厂用蒸汽母管。

以上所介绍的供热系统仅仅是具有典型意义的系统示意图。实际上，每个示意图都可根据使用条件的不同有多种的变型。例如，锅炉台数、热网加热器台数可以变化，热网循环水泵的组合也可变化（指不同流量、扬程的水泵组合运行方式）。

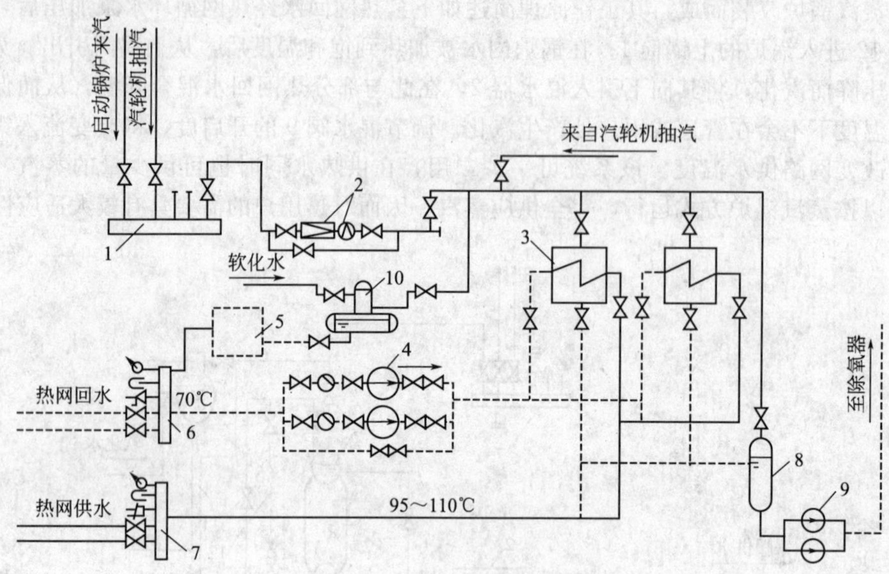

图 6-10　一级热网加热器系统

1—厂用蒸汽母管；2—减温减压器；3—基本热网加热器；4—热网循环泵；5—补水定压装置；6—集水器；7—分水器；8—疏水罐；9—热网疏水泵；10—大气热力除氧器

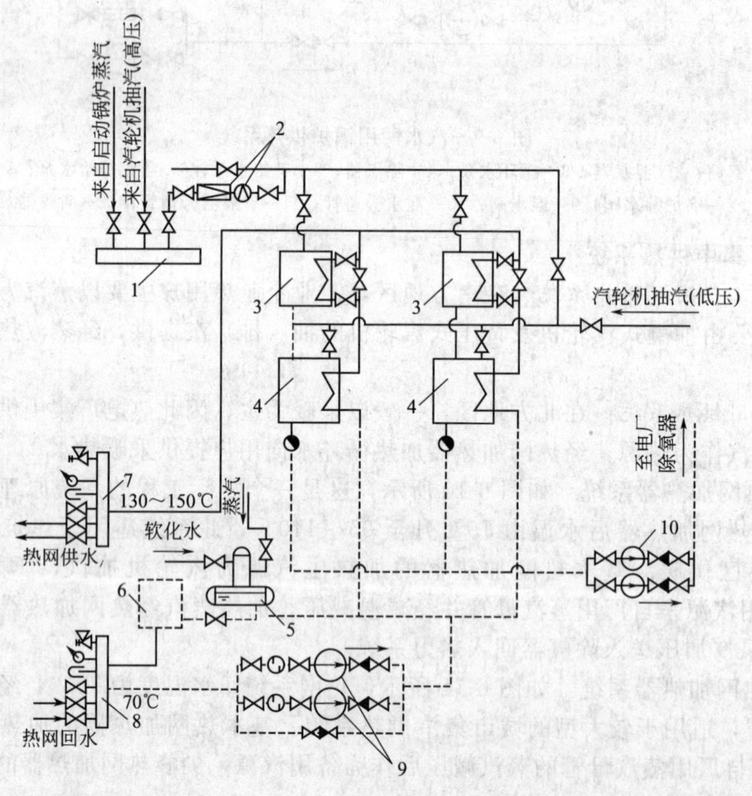

图 6-11　两级热网加热器系统

1—厂用蒸汽母管；2—减温减压器；3—尖峰热网加热器；4—基本热网加热器；5—大气热力除氧器；6—补水定压装置；7—分水器；8—集水器；9—热网循环水泵；10—疏水泵

3. 多热源集中供热系统

在大中型城市的集中供热系统中，往往有一个以上的热源。这样的系统统称作多热源集中供热系统。这类多热源系统在运行中具有较大的灵活性，且备用性好，因此在我国近年新建的大中城市集中供热系统上得到了广泛应用。但是，多热源系统在运行调节和设计上比较复杂，比如，各热源是同时启动还是递次启动，是共网运行还是摘网运行，运行中如何调节管理等等。

4. 利用集中供热系统集中供冷

在夏季高温、高湿的集中供热地区，当集中供热区域内的宾馆、饭店、商场和影剧院等公共建筑的制冷负荷足够大，且供热系统供热参数又能满足制冷要求时，应尽量利用现有的集中供热系统实现集中供冷（又称热力制冷）。

(1) 利用集中供热系统集中供冷的优点

① 有明显的节电效果。

② 增加了夏季制冷所需热负荷，全年季节性热负荷差缩小，延长了热源热负荷利用小时数。

③ 集中制冷便于集中管理，安全可靠、节能、维修方便。

(2) 集中供冷的主要方式　一种方式是将制冷机放在各冷热交换站（即热力站）内，如图 6-12(a) 所示。冷热交换站内设热交换器和吸收式制冷机，外源在冬夏季均向一次网供热（热水或蒸汽）。在夏季，以一次网供的热水（或蒸汽）作为吸收式制冷机的动力，向二次网供空调冷水。在冬季，以一次网供的热水（或蒸汽）作为热交换器的加热热媒，并向二次网供热水。制冷机为单效或双效吸收式，其热媒可采用热水（80～130℃）或蒸汽（0.08～0.8MPa），这种布置方式适用于以热电厂为热源的较大型区域供热系统。

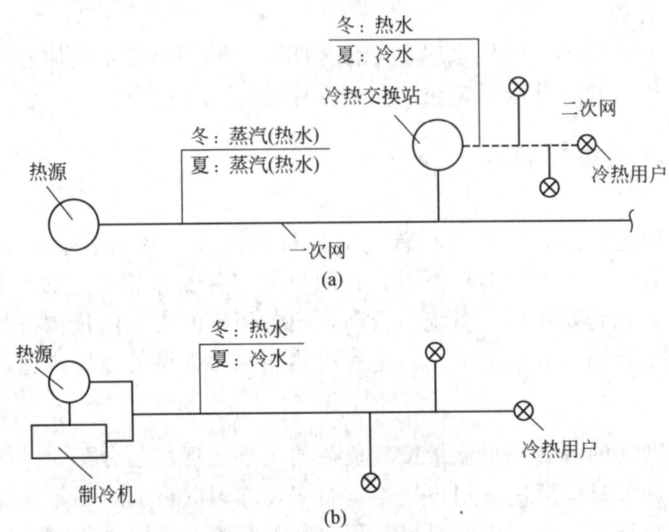

图 6-12　采用集中供热系统实现集中制冷

(a) 制冷机在冷热交换站内；(b) 制冷机在热源内部

另一种方式是将制冷机放在集中供热热源内，如图 6-12(b) 所示。吸收式制冷机放在热源内，热网冬季输送热水，夏季输送冷水。制冷机应根据热源性质选择，以区域供热锅炉房为热源的集中供热系统，一般宜选择单效溴化锂吸收式制冷机；以小型自备热电厂为热源的区域供热系统，宜选用以蒸汽为动力的双效溴化锂吸收式制冷机。

在设计中应注意到冬季（供暖）和夏季（供冷）共用热网管道，由于冬夏两季的冷热负荷、供回水温度差不一样（热水温差一般为20～40℃，冷水温差为5～8℃），所以管道内的水流量是不同的。设计中应按大流量的工况选择管径。如果冬夏两季的流量差别过大，将影响到集中供冷方案的经济性。只有当冬夏两季流量相差不多时，集中供冷才具有较大的经济性。在实施集中供热制冷方案时，应调查现有供热范围内的供冷市场，对实施方案进行可行性分析，包括需求分析，热、电、冷联产方案的分析，经济分析和市场策略分析。

七、集中供热系统的补水及定压

1. 集中供热系统的补水

热水网在正常运行时会损失一部分水量，损失的水量应及时予以补充。发生故障时还会增加额外的水量损失，对这些热水供热系统，为防止热网加热器和管道产生腐蚀、沉积水垢，应对热网水质进行控制。我国有些城市的热网，由于补水率高，有的甚至直接补充工业水、江河水，结果使热网加热设备、管道以致用户的散热器结垢、腐蚀，甚至堵塞，严重影响供热效果，降低了热网寿命。因此，在控制热网补水率的同时，还必须对热网补给水的水质进行严格控制。

正常补水量一般为热网循环水量的1%～2%。在具体工程中可视其情况确定补水量。热网正常运行时，补水可采用经过水处理的化学软化水。一般来讲，大型热网供水温度较高，补水应经过除氧，以防止供热系统氧腐蚀。除氧后的补水经补水泵加压补入热网系统。热网发生故障时，补水量增大，可采用工业供水作为备用补水。

2. 集中供热系统的定压

集中供热热水网的定压是保证热网正常运行的一项重要内容，目的是保证系统在任何情况下不倒空、不汽化，从而保证系统设备及管网的安全，定压点的定压值应根据水压图确定并考虑一定的安全余量。

热水网的定压方式很多，但从原理上可分为四类：利用补给水的原有压力定压；利用开式膨胀水箱水位定压；利用补水泵定压和利用气体定压。

八、集中供热系统的运行调节

1. 初调节

在热水供热管网进行运行调节前，首先应进行初调节。初调节也称流量调节或均匀调节。在一般的供热管网中，由于多种原因，各用户的实际流量很难与设计流量（理想流量）相符。初调节的目的就是要在供热系统运行前，把各用户的实际流量调得与设计流量基本相符。初调节是一个十分细致复杂的工作，是解决热网水力失调的重要措施，必须做好。

2. 运行调节

初调节可使管网上的各热用户流量按其负荷的大小实现均匀分配，进而使各用户平均室温基本一致。但初调节只能解决各用户平均室温实现均匀的目的，还不能保证各用户室温在整个供暖季节都满足设计室内温度的要求。用户室温与流量、室外气温、建筑物耗热量、采暖供水温度等因素有关。室外气温越高，用户的室温越高；中午有日照时，建筑物耗热量小，用户室温高；供水温度越高，室温也越高。因此，为使用户室温达到设计要求，除在系统运行前需要进行初调节之外，还应在整个供暖季节随室外气温的变化，随时对供水温度、流量等进行调节，这就称作供热系统的运行调节。

在热源处（热电厂或供热锅炉房）进行运行调节称为集中运行调节，共分四种：质调节、量调节、分阶段改变流量的质调节和间歇调节。

（1）质调节　在整个采暖季节，系统流量维持设计流量不变，随着室外温度的变化，只调节供水温度的高低，称作集中质调节。集中质调节的优点是操作简单，只调节水温，不必调节流量，热力工况较稳定。但主要缺点是运行电耗较大。

（2）量调节　在整个供暖季节供水温度始终维持设计值不变，调节供热系统流量和回水温度，以适应热负荷的变化，这种调节称为集中量调节。集中量调节的优点是省电。缺点是操作较复杂，需要采用无级调速的热网循环水泵；其次是热网流量过小时，会对用户的流量分配产生一定影响，易造成用户的垂直热力失调。

（3）分阶段改变流量的质调节　由于流量的连续变化难以控制，因此一般不采用单纯的集中量调节，而采用分阶段改变流量的质调节。即把整个供暖期按室外温度的高低分为几个阶段，在室外温度较低的阶段采用较大的流量，而在室外温度较高的阶段采用较小的流量。但在每一阶段内则维持流量固定不变而采用改变供水温度的质调节。在中小型供热系统中，一般可选用两挡不同容量的水泵。其中一挡的流量和扬程按计算值的100％选择，而另一挡的流量可按计算值的75％、压头按56％选择，用在室外温度较高时，这样可使循环水泵的运行电耗减小到原来的42％左右。在大型供热系统中，可分为三挡，流量分别为计算值的100％、80％和60％，扬程分别为100％、64％和36％，这样循环水泵的耗电量分别为100％、51％和22％。因为各种容量的循环水泵在一定程度上可以互为备用，因此采用分阶段改变流量的质调节时，可以不设置备用的循环水泵。这种调节方法，综合了质调节、量调节的优点，既能省电，又能避免热力工况失调。

（4）间歇调节　当室外温度升高时，不改变系统的循环流量和供水温度，只减少每天的供暖时间，这种调节方式称为间歇调节。间歇调节和目前国内广泛采用的间歇供暖制度有着根本的区别，间歇调节指的是在设计室外温度下应连续供暖，只有当室外温度升高时才减少供暖时间。而间歇供暖指的是不论室外温度高低，每天只供暖12～16h。间歇调节一般在供暖季节的初期及末期，可作为一种辅助调节措施。

九、集中供热系统的管理维护

1. 管理机构

在大中城市和集中工业区内的供热系统，一般设置专门的管理机构——热力公司来进行运行管理；较小的供热系统，可由热源部门（热电厂或锅炉房）兼管。

热网运行管理部门的主要任务是，保证热网的可靠运行，不间断地向用户供应所需的热量，采用最有效的供热运行方式，不断改进供热系统的运行技术经济指标。热网运行管理部门的具体任务是，维护、检修热网设备，调整供热系统；编制供热系统运行计划，监督热量的合理利用，协助热用户调整用热系统；计算各热用户的用热量，参与供热系统的发展规划，参加新建热网的设计工作，进行热网施工的监督检查。

2. 运行准备工作

（1）对热网进行技术检验　在热网正式运行前，要对系统进行水压试验，对热水网还应进行水温试验。水压试验的目的是检查整个热网系统的设备、管网及附件是否有泄漏，是否满足强度要求。水温试验的目的是为了检查补偿器的补偿能力和管道支架支座在热变形条件下的强度；水温试验前，要对填料式补偿器、连接法兰、支架和其他连接件做仔细检查，消除全部隐患和缺陷。试验时的水温，供水管应保持在计算温度值。水温试验时，热网各点的压力不应超过工作压力，且应保证各点不发生汽化。水压、水温试验后，要把试验记录作为原始技术档案保存好。

（2）获取供热系统的全部技术资料　在接收供热系统时，运行部门应从有关单位获取以下技术资料：

① 与设计有关的重要文件。如可行性研究、初步设计、施工图及相关部门对可行性研究、初步设计、施工图的审查意见等，热用户用热负荷调查表，重要设备的技术协议，重要的施工图修改通知单。

② 供热设备的技术资料（设备使用说明书、样本、鉴定书、设备订货单）。

③ 热源系统、热网系统、热力站的竣工图。

④ 技术检查、验收、水温与水压试验的原始记录资料。

上述技术档案资料对热网的运行管理十分重要，运行单位要有专门机构负责保管。它们是制定供热系统调度计划、检修计划，制定远景供热规划和处理技术经济纠纷的书面依据。

(3) 建立必要的规章制度　集中供热系统的可靠经济运行，离不开现代化、正规化、规范化、制度化的管理工作。因此，运行部门一定要预先制定一些必要的规章制度。例如：运行管理规程，换热站、热力站调度计划，换热站、热力站的标准运行记录表格，技术管理人员职责范围，各类紧急事故处理措施，设备完好标准，定期巡检制度，隐患报告制度等等。

(4) 熟悉管区内的热用户　通过阅读设计资料和走访热用户，了解所管理范围内热用户的用热性质、特点，特别应了解特殊用户（例如用热量特别大的用户、有高层建筑的热用户、处于热网尾端的换用户、有特殊要求的热用户、特别重要的热用户），了解这些内容对于运行管理是十分必要的。

(5) 监督施工　在热网施工期间，派出有经验的技术人员到现场监督施工质量，使所用的材料及设备符合设计要求，隐蔽部位的施工质量符合设计要求，并参与热网运行前的验收工作。

3. 运行及维护

(1) 调度室的运行调度　调度室是对热网运行进行控制管理的指挥监督性机构，有许多任务，例如，对热水供热系统而言，有如下任务：

① 制定和优化调节工况和供热工况，并监督热源的运行情况。

② 制定和优化供热系统的水力工况和热力工况，并监督其执行情况。

③ 对分泵站、中继泵站、干线阀门和分支管阀门进行远距离监测和远距离控制。

④ 制定排除热网、热力站运行事故的行动计划。

(2) 防止热水供热管网供水管道的腐蚀　目前，热水供热系统的最薄弱环节是热水供水管道。据有关部门统计，其损坏量约占所有热网损坏量的 80%以上，主要原因是地下热力管道的外部腐蚀。因此，防止供水管道腐蚀是运行维护的重要工作之一。

供水管表面温度高，当供水管道的保温层、保护层被破坏后，并与湿度高的空气接触时，会发生腐蚀；而当管道表面干燥时，腐蚀减缓。因此，在地下水位较高的地沟内，非采暖季节最好将地下热力管道保温层经常加以干燥。实践证明：运行管理部门事先查明有可能腐蚀的管段并采取措施，是延长热网寿命的有效方法之一。

管理人员要对外腐蚀进行预防，对管道的保温层和保护层、补偿器、阀件、接头等处经常进行严密监视。及时抽走地沟积存的雨水，管沟底部要清理干净，经常疏通排水设施。绝对避免管沟中积水浸泡管道的保护层、保温层。

(3) 防止热水供热管网失水　集中供热系统的补给水采用的是经过软化和脱氧处理的水，这需要在热源处设置水处理系统，并在运行中消耗热量、电能。因此，保证供热热网的严密性和减少补水量是运行管理人员经常性的和最为重要的任务。供热系统的补水率是代表热网运行管理水平的重要经济指标。一般认为，较大型一级网（间接连接用户）的补水量应少于系统总循环水量的1%，二级网（与用户直连）的补水量可以稍大些。

热网失水原因有如下几种：

① 热网管路破裂和不严密 当热网定压点压力降低很多，补水量很大时，运行人员可判断是热网漏水，应立即采取措施寻找漏水点，首先对热力网的外表进行检查，即通过地表面融化雪、地面冒水、热力管道路线和检查井大量冒汽以及从检查井中听到的漏水时特有声音等方法来发现漏水处。其次是重点检查新投入运行的管线或最老的、最易于腐蚀的管段。为了保证能尽快找到漏水点，运管人员应事先制定寻漏行动计划，对管区内的地下管网状况了如指掌，并备有寻漏仪器。

② 换热装置泄漏 即使热网加热器中有一根管道破裂，漏水量也相当可观。如果判定换热设备确实漏水，则应立即关断换热设备进行检修。否则，使大量热网水进入汽轮机会产生不良后果。

③ 热用户偷水 这是我国城市集中供热系统（与用户直接连接）中普遍存在的现象。用户偷水不会使热源处定压点压力下降很明显，失水量虽不很大，但具有时间周期性，会导致供热系统补水量长期超过设计标准。如果失水量持续超过补水系统的设计补水能力，需向热网大量补入未经处理的自来水，会降低加热设备和管网的使用寿命，对供系统产生严重后果。防止用户偷水是大中城市供热系统运行管理人员的一项长期而艰巨的任务。

(4) 不断对热网进行水力工况调节 在大中城市供热网中，每年都会有新的用户陆续接到网路上，将致使热网的水力工况发生变化，使一部分用户水力工况变坏。为了使供热系统运行经济、可靠，每年都应调整一次水力工况。运行管理部门通常要为此建立专门的调整小组，由热力公司和外部门的专业启动调试人员组成。

在工况调整前，要弄清热网的技术现状、实际水力工况，并核准将与热网连接的用户的计算热负荷、连接方式、用户系统特点等因素，在此基础上进行水力计算并制定新的调整工况。对实际工况与调整工况比较后，制定出排除水力失调的措施。例如：加装节流装置，消除热力管道的堵塞，更换管径，让管道改线，改变用户与网路的连接方式，更换用户热力设备等等。

运行管理部门应有一个对本热网供热区域供热规划负责的常设技术机构，由此机构负责对新接用户的采暖系统、连接方式等与热网联网有关的重大技术问题进行指导和咨询。凡是想新接入热网的用户，在自己的系统设计之前，一定要与设计部门的供热专业人员共同去热网管理部门研讨接入热网的方案。这样做可以使设计方案更为合理，并可避免许多技术误差，为新用户顺利进网创造有利条件。

4. 检修与抢修

(1) 检修 为了热网运行的可靠安全，应对热网及附属设备进行经常性的检修，为此应编制日常性的修理计划，使检修工作制度化。这是保证热网安全、可靠的重要措施。日常性的检修可把事故率降至最低。

(2) 抢修 在热网运行过程中，难免会由于种种原因而发生管网、阀件或设备损坏的故障，在多数情况下，关断并检修有故障的区段都会影响对用户的供热，这种检修必须抓紧时间、争分夺秒，具有抢救性质，通常称为运行管理部门“最叫劲的硬活儿”。因此，必须合理地组织抢修工作，从发现热网事故，判定事故性质，寻找出事点，防止事故扩大，直到最后排除事故，尽量压缩时间，以尽快恢复对用户的正常供热。

热网系统随着运行年限增加，管网逐渐老化，迟早会发生事故。如果平时不做好预防工作，一旦发生较大事故，处理不当，造成大面积冻坏供热系统，不但经济损失巨大，甚至会影响当地社会生活秩序。由此可见，热网运行管理部门的领导一定要重视抢修工作。

十、分布式能源系统

分布式能源系统是近年来发展较快的一种技术，下面对其作一简单介绍。

1. 分布式能源系统的概念

分布式能源是指分布在用户端的能源综合利用系统。一次能源以气体燃料为主，可再生能源为辅，利用一切可以利用的资源；二次能源以分布在用户端的热电冷联产为主，其他中央能源供应系统为辅，实现以直接满足用户多种需求的能源梯级利用，并通过中央能源供应系统提供支持和补充；在环境保护上，将部分污染分散化、资源化，争取实现适度排放的目标；在管理体系上，依托智能信息化技术实现现场无人值守，通过社会化服务体系提供设计、安装、运行、维修一体化保障；各系统在低压电网和冷、热水管道上进行就近支援，互保能源供应的可靠。分布式能源实现多系统优化，将电力、热力、制冷与蓄能技术结合，实现多系统能源融合，将每一系统的冗余限制在最低状态，利用效率发挥到最大状态，以达到节约资金的目的。

分布式能源系统，是相对于能源集中生产（主要代表形式是大电厂加大电网）而言的。电在已知的二次能源中最为有用，且占有绝对优势。如果没有电，就没有了绝大多数的先进生产力。一切高新技术的研发、应用都要在电力运行的基础上进行。所以，保证充足、安全、有效的电力供应是非常重要的事情。然而，在目前，我国只有大电厂加大电网才能够比较好地完成此任务。估计这种状态在较长一段时间内不会改变。分布式能源与上述比较集中的大电厂加大电网正好相反，它是把二次能源供能点分散到很多企业、社区、大厦、医院、学校、写字楼等，甚至到个别家庭住宅中去。由于分散，所以每个系统的出力都不会太大，需根据用户的具体要求而定，一般在成百上千千瓦以下。正如上述，电是最主要的二次能源，所以目前通称的分布式能源系统都至少有电力输出；而只出热、出冷的简单小型供能系统，如仅供热的小锅炉装置、仅供冷的独立空调设备，是极少有人称之为分布式能源系统的。但是，大多数的分布式能源系统，除了供电之外，还同时供热及供冷，是多联产系统，当然，还可能是多功能系统（意指除多联产输出外，输入的能源也是多种的，例如可以同时有化石能源与可再生能源输入）。

2. 分布式能源系统的优点

分布式能源系统的最主要优点是用在冷热电联产中。联产符合总能系统的“梯级利用”的准则，会得到很好的能源利用率，具有很大的发展前景。大型（热）电厂虽然电可远距离输送，但需建设电网、变电站和配电站并有输电损耗，而对于热，尤其是冷，就不像电能那样可以较长距离有效地输送。所以，除非事先特殊设计、安排好，否则，难以达到输送冷、热能的目的。因为大电厂选址有其自身的要求，一般来说，附近难以有足够大量的、合适的冷、热能用户，无法进行有效的联产。分布式能源系统却正好相反，按需就近设置，可以尽可能与用户配合好，也没有远距离输送冷、热能的问题，大电网的输电损失问题也不存在了。所以，虽然分布式能源系统纯动力装置本身效率低、价钱贵，但可以充分发挥其联产的优点，体现出它的优越之处。

分布式能源系统还可以让使用单位本身有较大的调节、控制与保证能力，保证使用单位的各种二次能源能够充分供应，非常适合对发展中区域及商业区和居民区、乡村、牧区及山区提供电力、供热及供冷，大量减少环保压力。总之，分布式能源系统可满足特殊场合的需求，为能源的综合梯级利用提供了可能，为可再生能源的利用开辟了新的方向，并可为提高能源利用率、改善安全性与解决环境污染方面做出突出贡献。这也是一个很重要的优点。

3. 分布式能源系统的缺点

分布式能源系统的主要不足在于，由于它是分散供能，单机功率很小，比起最大电厂单机功率有百万千瓦以上、单厂功率近千万千瓦而言，发电效率显然比不上后者。这是因为现有动力设备都是机组越大，效率越高。40 万千瓦的、以燃气轮机为主的联合循环装置效率比 40kW 回热燃气轮机的效率要高 1 倍。“麻雀虽小，五脏俱全”，因此大机组单位功率的售价相比小机组要低得多，相差近几倍。大机组集中在一起，有专门高级技工运行维护，安全性、工作寿命都应该更有保证。所以，要对纯发电成本和单位千瓦初投资作比较，分布式能源系统的经费投入肯定要大大高于现在的大电力系统。另外，分布式能源系统对当地使用单位的技术要求要比简单使用大电网供电高，要有相应的技术人员与适合的文化环境。

4. 分布式能源系统适用的设备与系统

分布式能源系统首先得有一台动力设备。经典蒸汽动力装置不适合用于出力较小的情况，所以一般不用。现在文献上提到的有燃气轮机、活塞式内燃机、燃料电池与斯特林发动机等。其中燃料电池与斯特林发动机在工程应用上严格说都还不够成熟，未达到广泛商业实用的程度，只可作为示范中试装置。燃料电池适合用于小机组，且变工况性能也好。但比较成熟的技术对燃料要求较高，正在研制中的高温燃料电池则要与热机联合才能获得较高效率。目前，实际广泛应用的是广义的内燃机——叶轮机械式（燃气轮机）与活塞式的，尤其是回热燃气轮机。应该说，燃气轮机与活塞式内燃机相比，前者较适宜于功率较大的情况，后者则正相反。在适用于分布式能源系统的功率范围内，目前两者能达到的发电效率均在 30%以上。从价格上来看，活塞式内燃机造价会便宜一些。但实际应用还是以燃气轮机为多，原因可能是使用分布式能源的地方都是经济比较发达的地区，能够承受昂贵的费用。而燃气轮机在减振、消声、降低排放污染、重量轻、占地小等方面都有潜在的优势。另外，它的供热能力也比活塞式内燃机大。

分布式能源系统的优势在于冷热电联产，所以除了动力设备外，还得有一个系统。例如，最常规的办法是利用广义的内燃机的排气余热通过余热锅炉产生蒸汽供热，同时通过吸收式制冷设备供冷。通常是简单或回热循环燃气轮机的冷热电联产。但要保证联产系统能满足很大范围变工况下的任意冷、热、电输出需求（这是联产系统的关键科技课题之一），上述系统是难以做到的。这时可用程循环（回注蒸汽循环，有时也称 STIG 循环）加上补燃，就可以使热电联产系统能够在电为设计点的 5/3 到 0、热为设计点的近 3 倍到 0 的任意热、电数值的匹配要求下，高效安全运行。对冷、热、电联产的情况，为达到广阔范围的冷、热、电输出，上述程循环加补燃在原则上也是合适的，但可用范围的具体数字尚待研究。

5. 适合用分布式能源系统的地区

由于分布式能源系统的初投资大，要用好燃料；同时要有比较稳定的冷、热、电用户，主要是第三产业和住宅用户；要求具有环保性能较好的特点等等，所以，它在我国比较适合应用的地区显然是经济比较发达的地区。从地域分布来说，主要是珠江三角洲、长江三角洲、环渤海地区等等。这些地方是我国现在经济高速发展的黄金宝地，也是应该“先环保起来”的地区，而且经济上也确是有可能适宜使用分布式能源系统的地方。另外，分布式能源系统既然是“分布”，也就是说与大电厂、大电网不一样，不是由一小批经验丰富的技术人员集中运行管理，而是分散式运行管理，这就要求使用区域的总体科技文化水平和素养较高。

分布式能源系统是能源利用的一个新的发展方向，但在可预见的较长一段时间内，大电厂与大电网仍是我国电力供应的主流。

第二节 集中供热系统的节能技术

一、概述

1. 集中供热系统节能的概念

中国是世界能源生产大国，也是能源消费大国。我国政府提出，缓解能源供给与经济发展的矛盾必须立足国内，显著提高能源利用效率，贯彻“能源开发与节约并重，节约优先”的方针，并制定了今后一个时期的节能目标：2010 年每万元 GDP 能耗比 2003 年下降 18%，到 2020 年年均节能率 3%，累计节能 14 亿吨标准煤。

本节重点介绍以锅炉房为热源的集中供热系统的节能技术。对以锅炉房为热源的供热系统，包括制水、除氧、输煤、锅炉本体、除尘、出渣、控制电气仪表、热交换站、供热管网、热用户等。其中锅炉系统是供热系统的核心，要实现节能减排降耗的总体目标，不能仅仅局限于某个环节或某个设备，必须对整个供热系统的各个环节进行分析，找出某个环节或某个设备对提高整个系统热效率的贡献度及所需投资，然后根据企业财力，优先安排性价比最好的项目进行节能改造，先易后难，逐个改造，从而达到供热系统的最优化，最大可能提高系统的热效率。

对以锅炉房为热源的供热系统而言，系统节能改造工程主要包括以下内容：

① 锅炉本体系统的节能改造；

② 锅炉房辅机系统节能改造；

③ 锅炉房公用设施系统节能改造；

④ 蒸汽热水管网的节能改造；

⑤ 凝结水回用系统改造；

⑥ 换热站系统节能改造。

限于篇幅，本节主要对锅炉本体系统、锅炉辅机系统及凝结水回收系统的节能改造进行介绍。

2. 供热系统节能改造前的基础工作

企业在进行节能改造前，应做好以下基础工作。

(1) 开展企业能源利用状况调查　能源利用状况是指用能单位在能源转换、输配和利用系统的设备及网络配置上的合理性与实际运行状况，工艺及设备技术性能的先进性及实际运行操作技术水平，能源购销、分配、使用管理的科学性等方面所反映的实际耗能情况及用能水平。

(2) 做好企业能量平衡工作　能量平衡是对进入体系的能量与离开体系的能量在数量上的平衡关系进行考察。在体系内，能量的移动、转换遵循能量守恒定律。

能量平衡包括各种能源的收入与支出的平衡、消耗与有效利用及损失之间的数量平衡。

企业能量平衡的目的：

① 掌握企业耗能状况，如能源消耗的数量与构成、分布与流向等。

② 了解企业用能水平，如能量利用损失情况、设备效率、能源利用率、综合能耗等。

③ 找出企业费能问题，如管理、设备、工艺操作中的能源浪费问题。

④ 查清节能潜力，如可进行余能和重能回收的数量、品种、参数、性质等。

⑤ 核算企业节能效果，如技术改进、设备更新、工艺改革等的经济效益、节能量等。

⑥ 明确节能方向，如怎样改造成省能结构、省能产品，怎样合理布局和制定技改方案、措施等。

能量平衡的类型分三种：

① 供入能平衡　以能源供给体系的能量为基础的能量平衡称供入能平衡。它主要考察能源供给体系的能量的利用状况，典型的设备如锅炉、加热炉、干燥箱等。这是采用最多、最普遍的一种能量平衡。平衡方程式为：

$$E_{供入}=(E_{出}-E_{入})+(E_{排}-E_{化放})$$

式中　$E_{化放}$——化学反应放热。

② 全入能平衡　以全部进入体系的能量为基础的能量平衡称为全入能平衡。它主要考察所有进入体系的能量的总体应用状况。这种全入能平衡在石油化工等行业应用较多，不但是由于石油化工行业化学反应热较多，能量回收多，而且在于它常常不是按设备而是按装置进行的单元操作能量平衡。平衡方程式为：

$$E_{全入}=E_{入}+E_{进}+E_{回}=E_{出}+E_{排}+E_{回}$$

③ 净入能平衡　以实际进入体系的能量为基础的能量平衡称净入能平衡。它主要考察实际加进体系的能量（即净收入或纯收入）的利用程度，即有多少真正被利用。例如在换热器中，为了计算保温效率，以考察散热的大小，就采用了净入能平衡。平衡方程式为：

$$E_{净入}=(E_{出}-E_{入})+E_{损失}$$

(3) 做好企业能源审计工作　有条件的企业最好进行企业能源审计工作。企业能源审计是一套集企业能源核算系统、合理用能的评价体系和企业能源利用状况审核考察机制为一体的科学方法。它科学规范地对用能单位能源利用状况进行定量分析，对企业能源利用效率、消耗水平、能源经济与环境效果进行审计、监测、诊断和评价，从而寻求节能潜力与机会。它的基本原理是依据企业的能量平衡、物料平衡的原理，能源成本分析原理，工程经济与环境分析原理以及能源利用系统优化配置原理。

开展企业能源审计的基本方法，便是依据上述基本原理，对企业的能耗、物耗的投入产出情况进行审计、诊断、评价。企业能源审计的具体实施，就是以企业经营活动中能源的收入、支出的财务账目和反映企业内部消费状况的台账、报表、凭证、运行记录及有关的内部管理制度为基础，以国家的能源政策、能源法规、法令，各种能源标准、技术评价指标、国内外先进水平为依据，并结合现场设备测试，对企业的能源使用状况系统地审计、分析和评价。能源审计的主要方法包括产品产量的核定、能源消耗数据的核算、能源价格与成本的核定、企业能源审计结果的分析等。

企业通过能源审计可以掌握本企业能源管理状况及用能水平，排查节能障碍和浪费环节，寻找节能机会与潜力，以降低生产成本，提高经济效益。所以企业能源审计方法既适用于政府对企业用能的宏观监督与管理，也更适用于企业对能源和物料的合理配置使用，节能降耗、降低成本、提高能效。

许多企业的实践证明，在企业能源管理中开展能源审计，有以下一些好处：

① 由于能源审计是按一套预定的程序来进行的，所以有利于节能管理向经常化和科学化转变。

② 有利于促进微型计算机在能源管理中应用，减少企业能源管理的日常工作量。

③ 通过能源审计，可以计算出不同层次的耗能指标，有利于对企业的能源使用情况进

行有效的监督和合理的考核。

④ 国家的能源方针、政策、法令、标准是进行能源审计的基本依据，通过能源审计可以了解其贯彻情况与实施的效果。

随着我国经济体制改革的逐步深化，为适应市场经济运行规律的要求，企业能源审计作为与市场经济条件下推进节能与提高能效的有效办法，最适合目前体制下对能源管理的新要求。为了规范节能市场，推进节能向产业化发展，调动企业加强用能管理和进行节能技改的积极性，通过企业能源审计来建立节能确认机制，作为实施合同能源管理、节能奖励办法提供依据，也是企业取得政府节能优惠政策、基金援助和节能技改优惠贷款的依据。

有条件的单位可建立能源管理师制度，其主要职责为：

① 协助和督促本单位负责人组织贯彻执行国家的能源法律、方针、政策和技术标准；

② 负责本单位能源管理制度、节能计划、节能技术进步措施、能源消耗定额、节能奖惩办法的制定与执行监督；

③ 负责本单位新增用能项目的合理用能评价，参与本单位增购用能设备的审查；

④ 组织用能分析、节能测试，协助节能管理部门完成节能监测，对发现的问题督促有关部门进行整改；

⑤ 开展节能宣传，组织节能培训，进行节能信息交流，积极应用节能新技术、新工艺、新设备、新材料；

⑥ 组织编写并报送能源利用状况报告，按照节能管理部门的规定定期报告工作；

⑦ 参与业内能源管理咨询和节能方案的制订。

企业能源审计和企业能量平衡相比，前者以统计计量数据为基础，不像后者要进行比较全面的测试。企业能源审计主要研究产品的耗能指标，不深入到工艺过程的内部去研究用能的有效、无效及各种效率指标。能源审计不仅要考察生产系统，更要重视整个企业范围内的考察。能源审计所取得的数据是一个统计期的实际数据，而不需用测试期的数据去推算计算期的数据，因此企业能源审计较为简便易行。

二、锅炉本体系统节能

锅炉系统包括锅炉本体、给水泵、鼓风机、引风机、脱硫除尘等辅助系统，本节主要对锅炉本体的一些节能技术进行介绍。

1. 燃煤锅炉分层层燃技术

分层层燃技术是为解决火床炉通风阻力大，煤层氧供应不均匀而发展起来的一种燃烧技术。该技术节能效果显著，如某玻璃纸厂在 1 台 SHL20-25/400 的锅炉上采用该项技术，锅炉出力由 60%～70%上升到 100%，炉渣可燃物含量由 20%～25%降为 12%～14%，节煤率 15%以上，半年内就收回投资。

2. 定量配风燃煤锅炉节能控制系统

锅炉传统的控制方法是使用挡板或阀门控制鼓、引风机、补水泵、循环水泵的流量，不考虑锅炉结构和燃烧工艺，不考虑煤种、发热量、进风量，同时生产工艺和生产任务不同，蒸汽、水温需求量变化时，需改变给煤量和配风量，以达到高效率燃烧。但传统控制方法治标不治本，既浪费能源，又污染环境。采用定量配风燃煤锅炉节能控制系统不仅可提高锅炉燃烧效率，还可降低排烟浓度，避免冒黑烟的环境污染。

运用此项技术改造现有锅炉的步骤如下：

现场测量锅炉的相关参数，如排烟温度，烟气氧气、二氧化碳、一氧化碳含量，炉膛负压等参数，利用专家软件诊断锅炉的结构和工艺问题，取煤样测定煤的发热量和配风量以及进行煤燃烧实验，计算当前正平衡、反平衡的热效率，推断改进后的燃烧效率。建立燃烧专家数据库，指导控制方案，由此制定一套改造方案，包括锅炉本体的改造和相适应的一整套自动控制系统，作出经济效益方案说明书。

3. 锅炉尾部采用热管余热回收技术

余热是在一定经济技术条件下，在能源利用设备中没有被利用的能源，也就是多余、废弃的能源。它包括高温废气余热、冷却介质余热、废汽废水余热、高温产品和炉渣余热、化学反应余热、可燃废气废液和废料余热以及高压流体余压等七种。根据调查，各行业的余热总资源约占其燃料消耗总量的17%～67%，可回收利用的余热资源约为余热总资源的60%。

超导热管是热管余热回收装置的主要热传导元件，与普通的热交换器有着本质的不同。热管余热回收装置的换热效率可达98%以上，这是任何一种普通热交换器无法达到的。热管余热回收装置体积小，只是普通热交换器的1/3。由若干根热管组成的余热回收装置，安装在锅炉烟口，将烟气中热量吸收并高速传导至另一端，使排烟温度降至接近露点而减少热量排放损失。加热后的清洁空气可烘干物料或补充到锅炉内循环使用，提高锅炉的热效率，降低燃料消耗，达到节能的目的。

在工业燃油、燃气、燃煤锅炉设计制造时，为了防止锅炉尾部受热面腐蚀和堵灰，标准状态排烟温度一般不低于180℃，最高可达250℃，高温烟气排放不但造成大量热能浪费，同时也污染环境。

热管余热回收器可将烟气热量回收，回收的热量根据需要加热水用作锅炉补水和生活用水，或加热空气用作锅炉助燃风或干燥物料，节省燃料费用，降低生产成本，减少废气排放，节能环保一举两得。改造3～10个月回收投资，经济效益显著。

4. 加装燃油锅炉节能器

经燃油节能器处理的碳氢化合物，分子结构发生变化，细小分子增多，分子间距离增大，燃料的黏度下降，结果使燃料油在燃烧前的雾化、细化程度大为提高，喷到燃烧室内在低氧条件下得到充分燃烧，因而燃烧设备的鼓风量可以减少15%～20%，避免烟道中带走的热量，烟道温度下降5～10℃。燃烧设备的燃油经节能器处理后，由于燃烧效率提高，故可节油4.87%～6.10%，并且明显看到火焰明亮耀眼，黑烟消失，炉膛清晰透明。彻底清除燃烧油嘴的结焦现象，并防止再结焦。解除因燃料得不到充分燃烧而炉膛壁积残渣现象，达到环保节能效果。大大减少燃烧设备排放的废气对空气的污染，废气中一氧化碳（CO）、氮氧化合物（NO_x）、碳氢化合物（HC）等有害成分大为下降，排出有害废气降低50%以上。同时，废气中的含尘量可降低30%～40%。安装位置：装在油泵和燃烧室或喷嘴之间，环境温度不宜超过60℃。

5. 安装冷凝型燃气锅炉节能器

燃天然气锅炉排烟中含有高达18%的水蒸气，其蕴涵大量的潜热未被利用，排烟温度高，显热损失大。天然气燃烧后仍排放氮氧化物、少量二氧化硫等污染物。减少燃料消耗是降低成本的最佳途径，冷凝型燃气锅炉节能器可直接安装在现有锅炉烟道中，回收高温烟气中的能量，减少燃料消耗，经济效益十分明显，同时水蒸气的凝结吸收烟气中的氮氧化物、二氧化硫等污染物，降低污染物排放，具有重要的环境保护意义。

6. 采用防垢、除垢技术

通过采用锅炉除垢剂和电子防垢器，优化水汽循环系统，合理控制锅炉的排污率，从而减少水垢，提高锅炉热效率。

7. 采用燃料添加剂技术

在燃料中加入添加剂达到优化燃料，达到降低烟垢，提高热效率的目的。

8. 采用富氧燃烧技术

空气中氧气含量约为 21%。工业锅炉的燃烧也是在这样的空气下进行的。实践表明：当锅炉燃烧的气体氧气量达到 25%以上时，节能高达 20%；锅炉启动升温时间缩短 1/2～2/3。而富氧是应用物理方法使空气中的氧含量增加，如氧含量增加到 25%～30%。富氧助燃是一种最新节能环保技术。近十几年来，随着环保要求的不断提高以及节约能源的需要，富氧燃烧作为一种新兴的燃烧技术在世界各国蓬勃发展。

三、锅炉运行中的节能

小型燃煤锅炉燃烧的好坏，节约还是浪费能源与多种因素有关。因此，要使小型燃煤锅炉节能取得较好的成效，除了对有关系统及设备进行改造，运行也是一个重要方面，特别是对那些暂未改造的锅炉，更应重视。运行中的节能，应从煤入炉前的处理、升炉、停炉、正常运行的燃烧调节、设备的维护、提高司炉工操作技术和建立奖惩制度等方面入手。

1. 入炉煤的处理

(1) 煤的存放　燃煤一进厂应尽量避免日晒、雨淋、风吹，应按煤种分堆分层存放在煤棚内，煤棚四周应有堵墙和排水沟。燃煤堆放要求分层压实，每层厚 0.5～0.7m，堆放高度一般不超过 3～5m。如果煤堆超高，煤堆内部温度容易升高，从而会引起自燃。煤炭存放随时间增长，煤质逐渐变化，发热量会减少。因此，应尽量避免煤炭长时间存放。

(2) 煤在入炉前的处理应除去煤中的“三块”　燃煤进入炉膛前首先应除去木块、石块、铁块。“三块”对锅炉的安全经济运行影响甚大，铁块、石块会卡住煤闸门、给煤机、抛煤机桨叶、炉排、风帽等，严重时会迫使锅炉停炉。木块会卡住、堵塞筛网、给煤机等，超过 50mm 直径的煤要碎破，对于抛煤机链条炉，煤粒度要求 0～3mm 的不超过 30%，6～15mm 的不超过 30%，其他部分最大煤粒直径不超过 50mm。而且粉煤与块煤要混合搭配好，链条炉 0～3mm 的占 20%，其他粒度同抛煤链条炉要求，这样才能使煤得到充分燃烧。

(3) 控制入炉煤水分　燃煤水分的大小与锅炉的稳定燃烧关系甚大，过多的水分使煤在炉内干燥时间加长，水分蒸发要吸热，这样既降低炉温，又增加烟气量，增大引风机电耗。

2. 控制好炉膛燃烧工况

炉膛燃烧工况主要是指着火点位置、火床长度、火床平整度、火焰颜色、燃尽段长度等几个方面。要创造一个良好的燃烧工况，需要从多个环节入手，逐一调整，并随时观察炉膛燃烧工况，一旦发现偏差，立即作出调整。

首先，确定炉排上煤层厚度，在正常负荷条件下，煤层不宜过厚，也不宜过薄。如果煤层太厚，可能造成燃尽段有大量炭火掉入出渣槽的现象；如果煤层太薄，火床可能被风吹破，造成漏冷风的豁口，降低炉膛的烟气温度，从而阻碍了烟气中可燃气体的燃烧。例如 CO、H_2、H_2S 等。但是煤层厚度又不能一成不变，而是应根据负荷的变化适当调整。当供暖负荷增加或减少较大时，适当增加或减少煤层厚度，同时调整鼓、引风量以及风门大小，以保证燃尽段整齐一致，无炭火存在。

其次，调整锅炉风室两侧风门的开关及大小。为保证炉膛内的着火点位置不致太靠炉排前端，预留出火床的干燥区及引燃区，第一风室风门一般要全部关闭。这样做对有些燃煤锅炉还有另一个好处，防止火焰由于太靠前端而点燃煤仓引发事故。第二风室风门可开 40% 左右，以保证平稳过渡到引燃区和燃烧区。为保证燃烧区火床不致太短，成为一条火线的状况（原因可能是由于煤层太薄或风量太大），第三至第五风门（燃烧区风门）可开启 80%左右。燃尽段由于无炭火存在，因此不应漏风，风门一般关闭。但如若燃尽段存在未完全燃烧的炭火时，应适当开启燃尽段风门，使炭火完全燃烧。

风量和风门的调整可根据炉膛的火焰颜色来作出判断：当火焰明亮刺目呈白光时，说明风量过大，此时应减少风量及关小风门开启度。当火焰呈暗红色时，说明风量不足，此时应增大风量及风门开启度。当火焰呈麦黄色或橘黄色时，说明风量适中，炉膛燃烧工况良好。

3. 控制好过量空气系数

过量空气系数是指向炉膛中的送风量不仅是煤在完全燃烧时所恰好需要的空气量，而应是比这个数值略大的一个数值。这个值与炉膛中的煤完全燃烧所恰好需要的空气量的比值，即称为过量空气系数。一般而言，过量空气系数 1.2～1.3 为宜，但这个数值还取决于燃烧方式、锅炉的密封性以及运行调整的恰当与否等条件。例如若层燃炉的过量空气系数值取 1.3，则沸腾炉的过量空气系数值可能取 1.2 就足够了，因为沸腾炉的燃烧条件比层燃炉要好。而密封差的锅炉比密封好的锅炉过量空气系数值也应小一些，因为锅炉的漏风点多。

给炉膛输送过量空气，可能降低炉膛温度。但之所以要给炉膛输送过量空气，是为了燃料与空气能更充分地混合，以便充分燃烧，提高锅炉热效率。因此，过量空气对炉膛燃烧工况的正面影响要远大于负面影响。但这绝不意味着过量空气因此就应该无限增多。过多的过量空气不仅会大大降低炉膛温度，还会造成排烟量的增大，使排烟热损失增加。同时由于炉膛温度的降低，反而使不完全燃烧热损失增加。

在运行中，过量空气是一个很抽象的东西，很难用一个准确的数值来衡量和控制它，这就需要运行人员平时注意细心观察，从排烟温度、炉膛负压、火焰颜色等间接数值和现象来判断过量空气的大小，从而控制炉膛内燃料的燃烧。

4. 控制好排烟热损失

影响排烟热损失的因素主要有两个：排烟量和排烟温度。排烟量的多少主要是由过量空气的数值决定的，过量空气多，则排烟量多，反之，则排烟量少。排烟量越多，则热损失越大。因此，只要调整好过量空气系数，即可将排烟量控制在最佳范围之内。对于排烟温度，可通过增加省煤器、空气预热器等设备来达到降低排烟温度的目的，同时排烟量的多少也影响排烟温度的高低。但排烟温度并不是越低越好，这是由于烟气中含有 SO_2 等酸性气体，如果温度太低，它们会形成结露，会引起低温受热面堵灰、腐蚀，还会腐蚀引风机、烟囱，造成重大损失。

5. 控制好灰渣热损失

灰渣热损失主要包括两个方面：由于灰渣的高温带走的物理热量；灰渣中未完全燃烧的炭带走的化学热量。高温灰渣带走的热量目前看几乎是不可避免的，这一部分热量还没有有效的再利用办法，我们只能通过控制燃尽段的长度来使它有稍微的变化（在不影响供热负荷的情况下）。而灰渣中未完全燃烧的炭带走的化学热量则是可以降低的。只要及时观察炉膛燃烧工况，一旦发现有掉火现象，及时调整、处理，最大限度地使炉膛内的燃料完全燃烧，提高锅炉热效率。

另外，还有一些因素影响到锅炉的运行能耗，如锅炉本体的散热损失、供热管网的散热损失等等。对这些热损失来说，只要对锅炉本体及管网系统的保温严格按规范施工，不偷工减料，也就可以了。

总之，要想尽可能地提高锅炉热效率，除了应掌握好各个环节的技术要领外，还要求运行人员做到勤观察，多动手，在一点一滴中积累自己的运行经验。例如及时观察炉膛燃烧状况，如有掉火现象，及时处理；若火床燃烧有参差不平现象，及时拨火；还要及时晃灰、放灰、清渣。做到对运行设备一目了然、了如指掌。

四、供热系统辅机节能技术

供热系统辅机在热源厂主要指锅炉给水泵、锅炉鼓风机、引风机等，在热水供热热网中主要指循环水泵、补给水泵等。

辅机节能首先在设计时就应该选用性能参数与设计工况相适应的流量及扬程（压力），避免大马拉小车的现象。其次应选用高效节能的风机、水泵产品。

但在锅炉及热网实际运行中，锅炉负荷总是随着热用户的负荷在频繁变动，因此，给水泵、风机等辅机的流量及扬程（压力）总是随锅炉负荷在不断变动。而辅机的流量调节传统方法是改变风机的挡板或水泵出口的阀门开度来实现，因此，大量的电能白白浪费在挡板或阀门上。离心式风机及水泵的流量与转速的一次方成正比关系，轴功率与转速成三次方关系。因此采用调速的方法是锅炉辅机节能的根本方法。

本节对几种典型的调速技术进行介绍及比较。

1. 变频器调速

(1) 变频调速的原理　在企业所使用的耗电设备中，风机、水泵、空压机、液压油泵、循环泵等电机类负载占绝大多数。由于受到技术条件限制，这类负载的流量、压力或风量控制系统几乎全部是阀控系统，即电机由额定转速驱动运转，系统提供的流量、压力或风量恒定，当设备工作需求发生变化时，由设在出口端的阀门的节流/减压或比例调节来调节负载流量、压力或风量，从而满足设备工况变化的需要。而经阀门节流/减压后，会释放大量的能量，这部分耗散的能量实际上是电机从电网吸收能量中的一部分，造成了电能极大的浪费。从这类负载的工作特性可知，其电机功率与转速立方成正比，而转速又与频率成正比。如果我们改变电机的工作方式，让它不总是在额定工作频率下运转，而是改由变频调整控制系统进行启停控制和调整运行，则其转速就可以在0～2900r/min的范围内连续可调，即输出的流量、压力或风量也随之可在0～100%范围内连续可调，使之与负载的工作要求精确匹配，从而达到节能降耗的目的。

交流电机转速如下：

$$n=60f(1-s)/p$$

式中　n——电机转速；
f——电源频率；
p——电机的电极对数；
s——转差率。

由式可见，交流电动机的同步转速 n 与电源频率 f 成正比，所以改变电源频率就能改变电机转速，从而实现调速的目的。

(2) 变频调速节能的几点注意事项　变频调速节能，顾名思义，调速才能节能，如果一台设备在实际应用的过程中根本都不需要或不能调速，装了变频器，不但达不到节电效果反而会增加能耗。现就离心风机、泵类负载作以下说明。

风机、泵类采用变频调速调节流量的方法，是一种有效且节能的方法，这已被许多工程实例所证明，也被普遍接受。然而需要说明的是，并不是任何风机、泵类负载使用变频调速均可实现节能。一台风机或泵能否节能，节能多少，变频调速投资有没有价值，这都与风机或泵组实际运行工况有关。由前所述，实现变频调速节能的必备条件是：在风机或泵的整个工作周期中，存在比较大的富余流量。

有些系统运行时负荷就比较满，没有多少溢流或放空的情况，此时采用变频装置就不仅达不到节能的目的，还会由于变频器的自身功率损耗而增添系统损耗。

虽然风机/泵类是平方律负载，其轴功率与转速的立方成正比，但在实际应用中并不是转速越低系统就越节能。主要是因为风机或泵与电机连成一体，在低速区系统的效率会大大降低，所以进行变频调速范围不宜太大，一般在额定转速的50%以上。

另外，不管采取何种调速方式，都要以满足生产工艺要求为前提，特别是风机、泵类负载进行变频调速时，需要考虑系统对维持生产所需的最小扬程、压力或流量的要求。

(3) 变频器产品特性

① 节电效益显著，节电率高达20%～60%；

② 平滑启动，消除启动时的冲击电流，启动时电机电流可限制在其额定电流的150%之内；

③ 减少电机发热及运动部件的磨损程度，有效延长电机使用寿命，降低维修成本；

④ 微电脑智能控制，自动适应、自动跟随，无需人工调整。

随着科学技术的飞速发展，特别是电力电子技术、微电子技术、自动控制技术的高度发展和应用，使变频器的节能效果更为显著。它不但能实现无级调速，而且在负载不同时，始终高效运行，有良好的动态特性，能实现高性能、高可靠性、高精度的自动控制。相对于其他调速方式（如降压调速、变极调速、滑差调速、交流串级调速等），变频调速性能稳定、调速范围广、效率高，随着现代控制理论和电力电子技术的发展，交流变频调速技术日臻完善，它已成为交流电机调速的最新潮流。变频调速装置（变频器）已在工业领域得到广泛应用。

使用变频器调速信号传递快、控制系统时滞小、反应灵敏、调节系统控制精度高、使用方便，有利于提高产量、保证质量、降低生产成本，因而使用变频器是厂、矿企业节能降耗的首选产品。

2. 液力耦合器调速

(1) 结构及工作原理　液力耦合器又称液力联轴器，是一种用来将动力源与工作机连接起来传递旋转动力的机械装置。

液力耦合器结构见图6-13。液力耦合器是一个内含两个环形轮片的密封机构。驱动轮称为泵轮，被驱动轮称为涡轮，泵轮和涡轮都称为工作轮。在工作轮的环状壳体中，径向排列着许多叶片。泵轮和涡轮装合后，形成环形空腔，其内充有工作油液。电动机运行时带动液力耦合器的壳体和泵轮一同转动，泵轮叶片内的液压油在泵轮的带动下随之一同旋转，在离心力的作用下，液压油被甩向泵轮叶片外缘处，并在外缘处冲向涡轮叶片，使涡轮受到液压油冲击力而旋转；冲向涡轮叶片的液压油沿涡轮叶片向内缘流动，返回到泵

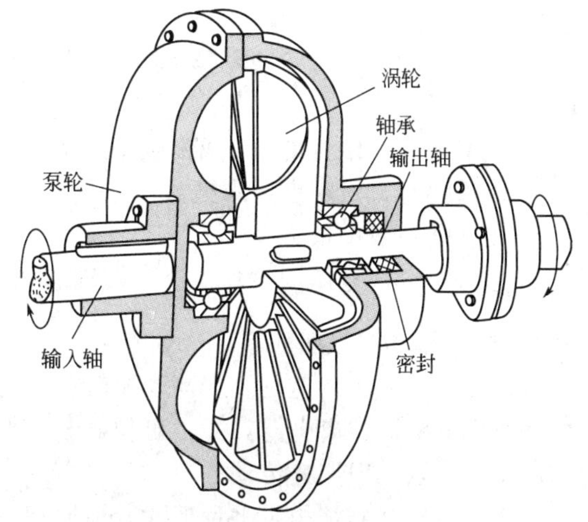

图6-13　液力耦合器简图

轮内缘，然后又被泵轮再次甩向外缘。液压油就这样从泵轮流向涡轮，又从涡轮返回到泵轮而形成循环的液流，其流动路线如同一个首尾相连的环形螺旋线。液力耦合器中的循环液压油，在从泵轮叶片内缘流向外缘的过程中，泵轮对其做功，其速度和动能逐渐增大；而在从涡轮叶片外缘流向内缘的过程中，液压油对涡轮做功，其速度和动能逐渐减小。液压油循环流动的产生，使泵轮和涡轮之间存在着转速差，使两轮叶片外缘处产生压力差。液力耦合器工作时，电动机的动能通过泵轮传给液压油，液压油在循环流动的过程中又将动能传给涡轮输出。液压油在循环流动的过程中，除受泵轮和涡轮之间的作用力之外，没有受到其他任何附加的外力。根据作用力与反作用力相等的原理，液压油作用在涡轮上的扭矩应等于泵轮作用在液压油上的扭矩，这就是液力耦合器的工作原理。

液力耦合器在实际工作中的情形是：电动机驱动泵轮旋转，泵轮带动液压油进行旋转，涡轮即受到力矩的作用，在液压油量较小时，当其力矩不足以克服负载的起步阻力矩，所以涡轮还不会随泵轮的转动而转动，增加液压油，作用在涡轮上的力矩随之增大，作用在涡轮上的力矩足以克服负载起步阻力而起步，其液压油传递的力矩与负载力矩相等时，转速随之稳定。负载的力矩和转速成平方比，随着液压油量的增加，输出力矩加大，涡轮的转速随之加大，达到调节转速的目的。

(2) *液力耦合器的转换效率*　液力耦合器调速原理表明，传动速度的改变，实质是机械功率调节的结果。因此液力耦合器输出转速的降低，实际是输出功率减小。在调速过程中，液力耦合器的原传动转速没有发生变化，假设负载转矩不变，原传动的机械功率也不变，那么输入与输出功率的差值功率哪里去了呢？显然是被液力耦合器以热能形式损耗掉了。液力耦合器是一种耗能型的机械调速装置，调速越深（转速越低）损耗越大，对于平方转矩负载，由于负载转矩按转速平方率变化，原传动输入功率则按转速的平方率降低，损耗功率相对小一些，但输出功率是按转速的立方率减小，调速效率仍然很低。同时在运行中耦合器排油温度高，一般勺管位置是在50%左右最高，因为这时涡轮中的油有一半，涡轮与泵轮界面摩擦产生热量大，勺管位置低时涡轮中油少，泵轮与涡轮摩擦产生的热量虽然大，但冷油器可以冷却，勺管位置高时滑差率小，所以排油温度不高。一般耦合器的工作冷油器的冷却水门是不调节的，故而低转速时产生的热量是可能通过冷油器带走的。随着转速的升高，工作油温是不断增加的。但随着转速的提高，工作油的循环量也增加了，因此工作油有一个高温点。在高温点，液力耦合器的损耗最大。

(3) *液力耦合器的性能特点*

① 调速范围宽，可实现从零调节。没有电气连接，可工作于危险场地，对环境要求不高。

② 技术成熟，结构简单，操作方便，故障率低。

③ 价格便宜，对精度要求低。

④ 能量转换效率低。

⑤ 运行时需加专用的冷却系统，液压油老化后需定时更换。

3. 电磁（转差）调速

(1) *原理*　电磁调速是改变电动机转差率的一种调速方法，它是在鼠笼异步电动机转轴上装有一个电磁转差离合器，并由可控硅装置控制离合器励磁绕组电流，而达到调节离合器的输出转速，以实现调速传动。

电磁转差离合器结构有多种形式，但原理是相同的。电磁转差离合器的电枢部分在异步电机运行时，随异步电动机转子同速旋转，转向设为顺时针方向，转速为 n，若励磁绕组通

入的励磁电流 $I_L=0$，电枢与磁极二者之间既无电的联系，也无磁的联系，磁极及所联的负载不转动，这时负载相当于被“离开”。若励磁电流 $I_L \neq 0$，则磁极有了磁性，磁极与电枢二者之间就有了磁的联系，由于电枢与磁极之间有相对运动，电枢鼠笼条要感应电动势，并产生电流。电流在磁场中流过，受力 f，使电枢受到逆时针方向的电磁转矩 M，电枢由异步电动机拖着同速转动，M 就是与异步电动机输出转矩相平衡的阻转矩。磁极则受到与电枢同样大小、相反方向的电磁转矩，也就是顺时针方向的电磁转矩 M，在它的作用下，磁极部分以及负载便顺时针转动，转速为 n'，此时负载相当于被“合上”。若异步电动机旋转方向为逆时针，通过电磁转差离合器的作用，负载转向也为逆时针，二者是一致的。显然，转差离合器电磁转矩 M 的产生，还有一个先决条件是电枢与磁极两部分之间有相对运动，因此，负载转速 n' 必定小于电动机转速 n（若 $n'=n$，则 $M=0$），所谓转差离合器的“转差”指的就是这点。

（2）电磁调速的优点

① 在调速范围内可实现平衡的无级调速；

② 空载启动，降低电机启动电流；

③ 控制方法灵活，可实现自动控制；

④ 价格低廉；

⑤ 体积小、操作方便；

⑥ 维护工作小，使用寿命长；

⑦ 适用范围广，既可用于高压大功率电机调速（如 10kV 高压电机），又可用于低压小功率电机调速（如 380V 搅拌机）。

⑧ 设有最低速限制，10%～80%可调。

（3）电磁调速的缺点　从电磁调速的原理中不难发现，电磁调速电机与拖动电机的转速存在一个差率，永远不可能相等，因此，不能发挥电机的最高效率。而且，电磁调速一般只适合 1000kW 以下电机的调速。

4. 串级调速

串级调速也是改变转差率的一种调速方法，以中等以上的绕线转子异步电动机与可控硅串级连接而实现平滑调速，即在绕线转子异步电动机电路内引入一个感应电势，以调节绕线转子异步电动机的转速。

5. 变极调速

变极调速是改变电动机的极数从而改变电动机转速的一种调速方法，因此它是不连续的，只适用于工况变化确定的场合，不适用于工况经常连续变化的场合。

6. 各种调速方式的比较

如上所述，交流异步电动机的调速方式有变频调速、液力耦合器调速、电磁调速、串级调速和变极调速。其中，液力耦合器调速、电磁调速及串级调速均是改变转差率 S 的调速方式，需要消耗转差功率，这种消耗转差功率的调速方式，也就是调速需要以消耗能量为代价，是低效的调速方式；变极调速和变频调速是改变电动机极数和电源频率，是一种改变旋转磁场同步速度的方法，转差率 S 未变，没有转差损耗，是不耗能的调速。

随着技术的发展，现在使用较普遍的是变频调速及液力耦合器调速，现对这两种调速方式作一比较，两者的技术经济性能比较如下：

（1）调速范围　变频器调速范围宽，达到 10∶1 以上，甚至达到 100∶1 以上；而调速型液力耦合器的调速范围最大为 4∶1。

(2) 调速精度　变频器调速精度达到 0.1Hz，而且稳定性高，这是一个重要的技术指标。调速精度高、稳定性高，意味着所传动的风机（水泵）的压力和风量（流量）稳定，这对于稳定生产工艺过程是很重要的，例如：对火力发电厂的锅炉辅机（引风机、送风机、给水泵等）都需保持压力的恒定，高压变频器能够满足这个要求。液力耦合器调速精度差，转速波动大，例如某火力发电厂的给水泵采用进口的液力耦合器调速，转速经常在 5100～400r/min 之间波动，使给水泵的压力波动大，给发电机生产带来了不利影响，难以保证稳定生产。

(3) 效率　高压变频器效率高，无转差损耗，其效率达 0.95 以上，并且不随调速的范围而变化。液力耦合器效率低，其效率与调速比成正比，负载的转速越低。其效率越低。液力耦合器属转差损耗型调速，是低效调速设备，在调速的过程中，转差功率以热能的形式损耗在油中。这不仅消耗了能量，而且使液力耦合器油温升高，为此必须采取妥善的冷却方式，特别是在环境温度较高的场合应用，对冷却的要求更高。例如某发电厂的给水泵的液力耦合器在夏季不得不采取不间断的冲水冷却等措施，即使如此，有时仍会因温度过高，威胁到液力耦合器安全，不得不停机，以使温度降下来。

(4) 额定转差率　高压变频器没有转差率问题，负载与电动机同轴，电机能达到额定转速，即电机转速与负载转速相同，能达到额定压力和额定风量（流量）。在电机结构允许的情况下，还可以超过额定转速运行。液力耦合器由于是柔性连接，存在着固定的转差率，即液力耦合器的转差率≥3%，所以，负载的转速不可能达到电机的转速，最高只能达到电机转速的 97%，因此负载（风机、水泵等）就不能达到额定输出，其压力最高只能达到额定压力的 94%，而风量（流量）最高只能到额定值的 91%左右。

(5) 启动性能　高压变频器具有真正意义上的软启动功能，它可以使启动电流值保持在额定电流以内，不会对电网造成冲击，也不会对所传动的风机、泵类的机械设备带来冲击，是最理想的软启动设备。液力耦合器属于直接启动类型，电动机的启动电流约为额定电流的 4～7 倍，对电网造成冲击，特别是在电网容量受限而电机容量较大时，这种直接启动对电网所造成的冲击有时是不允许的。例如某钢铁厂的一台 6kV、1400kW 的炉前风机，在采用液力耦合器的情况下，由于电机的启动电流对电网的冲击大，而不得不又增加了一台晶闸管高压软启动器。

(6) 可靠性　调速设备的可靠性是客户最关心、最基本的，也是最主要的指标之一，它是能否保证生产正常运行的关键指标。高压变频器的可靠性高，故障率低，这在许多高压变频器应用中得到证实。而液力耦合器则可靠性差，特别是漏油和打坏齿轮等。

(7) 维修工作量　高压变频器由于可靠性高，故障率低而使其维修量少，据某电厂反映，给水泵采用的进口液力耦合器维修工作量仅打坏齿轮一项就需维修费 30 余万元。当然，这也可能仅是个别的例子。但总的来看，液力耦合器的维修工作量大于高压变频器的维修工作量。

(8) 故障情况下对生产的影响　调速设备一旦发生故障时对生产会有什么影响，也是用户关心的一个问题。高压变频器一旦发生故障，则可立即切出，并切换到工频电源上，使负载（风机、水泵等）能保持连续运行。液力耦合器由于连接在电机和风机之间，一旦液力耦合器出了故障，负载便不能运行，不能保证生产的连续性。

(9) 设备的利用率　即是否能够充分地利用调速设备。高压变频器可以一机多用，即一台高压变频器可以通过开关切换设备控制几台高压电机的运行。液力耦合器只能一机一用，一台液力耦合器只能供一台负载使用。

(10) 功率因数　高压变频器由于采用二极管整流，可以保证电网侧的功率因数在 0.95

以上。液力耦合器调速则使电网侧功率因数降低，因为风机的电机裕量都较大，输入电流中无功分量就大，导致其在低功率因数下运行。

(11) *价格* 价格的高低是客户关心的重要指标之一。高压变频器的价格贵，液力耦合器价格便宜，这是液力耦合器与高压变频器相比的主要优势之一。

(12) *占地面积* 高压变频器设备占地面积较大，它包括变频器本身和与之配套的设备，但它可分散安装在控制室（如变频器）或室外（如变压器）；液力耦合器占地面积小，但它必须安装在电机和负载之间并与之同轴，需作基础固定。

交流异步电动机可用多种方法调速，液力耦合器调速是常用的方法之一，主要的优点是结构简单，造价较低，缺点是耗能。对于风机、泵类负载，液力耦合器调速要比变频调速多耗能；对恒转矩负载，多耗能的比例更高。在风机、泵类负载上选用变频调速，有非常好的节能效果，经济效益极好，因此，用变频调速取代液力耦合器初始投资大一些，但投资回收期很短，从经济角度考虑是值得的，从节能减排社会效益考虑有很大的意义。

五、蒸汽凝结水回收技术

1. 概述

蒸汽的热能由显热和潜热两部分组成的，通常用汽设备只利用蒸汽的潜热，释放潜热后的蒸汽还原成同温度的饱和水，即拥有显热的凝结水，1t 85℃蒸汽凝水所含的热量约为 1t 蒸汽所含热量的 12%。用汽设备使用的蒸汽压力越高，排放的凝结水热能价值也就越大。据统计，不同压力下蒸汽产生的凝结水所含有的余热可占到蒸汽总热量的 15%～30%，是一种数量可观、品质优良的理想余热资源。但是据调查，我国在蒸汽供热系统中有半数以上的凝结水没有经过完全回收和充分利用，每年浪费数以亿吨的水资源。目前我国很多企业凝结水回收率很低的原因主要有以下几个方面：

① 水质达不到规定的要求，铁离子等超标，不能简单回用。

② 由于蒸汽疏水阀选型、安装有误以及疏水阀本身质量等问题，致使间接用汽设备无法正常疏水，或影响加热，或漏汽严重；

③ 没有很好地解决高温凝结水的泵送汽蚀、水击、气堵等问题，即使勉强用开放式方法回收，闪蒸降温的损失也十分严重；

④ 不同用汽设备产生的凝结水压力不同而出现的高低压共网问题得不到妥善解决，使得各蒸汽用户不得不选择单独排放，从而造成了凝结水资源不能进行大规模综合利用的局面。

2. 凝结水回收系统形式及其优缺点

凝结水回收系统可分为闭式回收系统和开式回收系统两种形式。闭式回收系统在凝结水回收的过程中凝结水始终在闭式系统中，不与空气接触，因而不会因二次蒸发损失热量，同时可利用蒸汽的余压，减少回收过程的动力消耗，经济性较高，但回收过程需解决水击、泵汽蚀、高低压共网、水质保证等问题；开式回收系统因与空气接触，会因二次蒸发损失热量，同时不能利用蒸汽的余压，经济性较差，但系统简单、安全。

3. 热源厂的凝结水回收

在以供应采暖热水为主的热源厂，热网加热器或汽-水换热器是凝结水的主要来源。当向区域供应高温热水时，加热蒸汽压力一般较高，一般采用闭式系统，如图 6-14 所示；当向区域供应低于 100℃热水时，加热蒸汽压力一般为 0.12～0.25MPa，可采用开式系统，如图 6-15 所示。

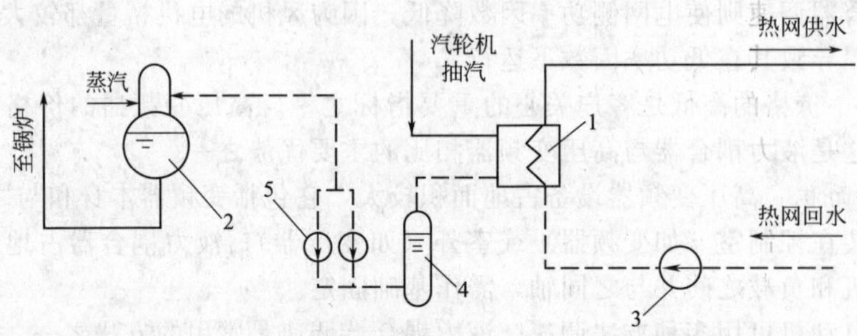

图 6-14 热网加热器的凝结水回收系统（闭式）

1—热网加热器；2—除氧器；3—热网循环水泵；4—疏水罐；5—凝结水加压泵

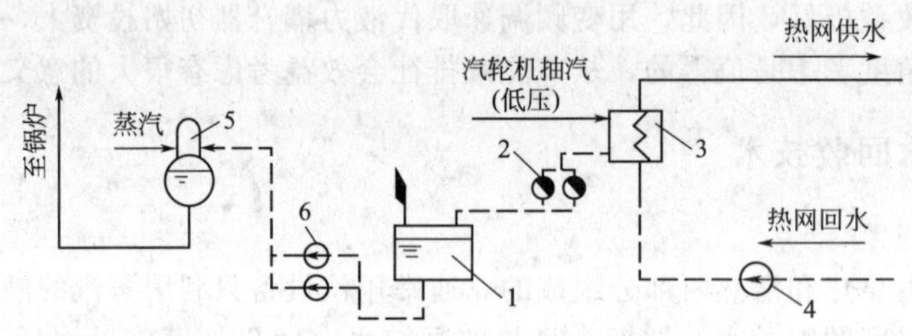

图 6-15 热网加热器的凝结水回收系统（开式）

1—开式凝结水箱；2—疏水器；3—热网加热器；4—热网循环水泵疏水罐；

5—除氧器；6—凝结水加压泵

在热源厂，尚有一些其他辅助用汽设备，这类杂用汽的凝结水与热网加热器或汽-水换热器的凝结水不同，存在污染的可能，不能直接返回到电厂的回热系统，可采用开式系统进行回收利用，如图 6-16 所示。全厂用汽的凝结水流入一个开式凝结水箱，水箱上有一取样装置。当水质较好时，可启动右侧的凝结水加压泵，使凝结水经除铁装置除铁后回到电厂除氧器。当水质不合格时，可启动左侧的凝结水加压泵，作为集中供热系统的补给水，经除氧后补入热网系统。当热网不需要补水时，可把凝结水打到水力除灰沉降池或冷却塔底池加以回收。该回收利用系统只在采暖季节利用率较高，可以把热源厂内各种杂用汽的凝结水统一

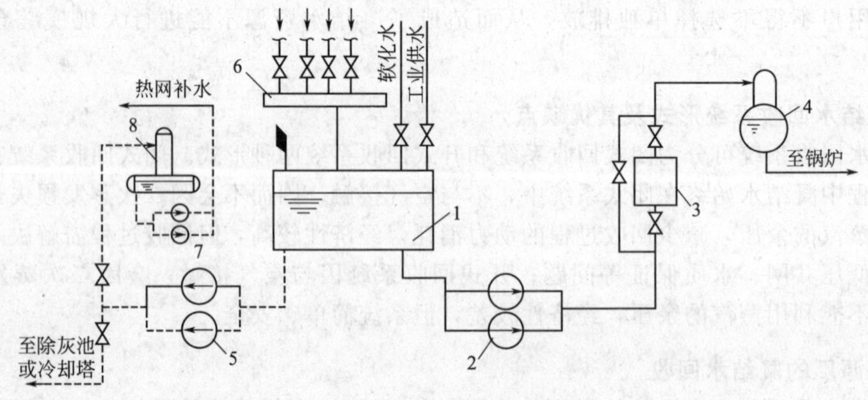

图 6-16 热源厂杂用汽的凝结水回收利用

1—总凝结水箱；2—凝结水加压泵；3—除铁装置；4—电厂除氧器；

5—凝结水泵；6—疏水联箱；7—热网补水泵；8—热网用除氧器

回收利用，避免在各处就地排放，污染环境。

4. 蒸汽供热热网的凝结水回收

在工业园区、开发区特别是南方地区的工业园区一般均设有集中供热热电厂，热电厂一般通过蒸汽管网向区域内的用户供热，供热用户从几十家到上百家不等，由于各用户的工艺流程及用汽设备特点不同，有的是直接加热，有的是间接加热，且由于供热距离长，管理复杂，故很少进行凝结水回收。一些热电厂供热蒸汽可达200～400t/h，却没有任何的凝结水回收，不仅浪费了大量的余热，也浪费了大量的水资源，而且这些水是经过除盐的水，花费了昂贵的处理成本，殊为可惜。实际上，大部分热用户的凝结水是可以通过一定的措施加以回收的，需要供热单位充分对每个热用户加以详细的调研，针对不同情况制定不同方案加以回收，可以先从大的热用户做起，再逐步发展，一定大有可为。

5. 凝结水闭式回收系统应用示例

凝结水闭式回收技术的关键在于凝结水回收的过程始终在闭式系统中进行，不与空气接触，因而要依据科学的理论进行回收系统的合理设计。同时，作为一项完整的系统工程，凝结水闭式回收系统不仅需要有能力解决水击、泵汽蚀、高低压共网、水质保证等问题的专有回收设备，还需要锅炉、热设备、疏水装置、收集装置、管网、水处理装置、控制系统等各环节的有效匹配，才能最大限度地发挥系统的效率和优势。

现以某学院集中锅炉房设计为例详细介绍凝结水闭式回收系统的流程。该锅炉房为院区内办公教学楼、报告厅、综合楼、学生宿舍等处的采暖和卫生热水系统，以及为游泳池、洗衣房等设施提供热源。锅炉房内分别设置2t/h和4t/h的蒸汽锅炉各一台，满足冬夏季不同的负荷需要，同时，对采暖和卫生热水用汽水换热器产生的凝结水进行回收。由于采暖和卫生热水换热器所需的蒸汽压力不同，在对凝结水进行回收时将不可避免地产生高低压共网问题，可采用分别接入集水器的方式加以解决。此外，由于采用汽动泵作为动力输送，有效解决了高温凝结水的泵送汽蚀问题。

该凝结水闭式回收系统主要由回收管网和回收泵站两部分组成。管网部分主要包括蒸汽疏水阀和回收管道；泵站部分的主要设备是凝结水回收装置，该装置采用高度集成化设备，将容纳凝结水的集水器、输送凝结水的汽动泵以及相关的控制阀门和仪表集于一体，大大节约了占地面积，并且安装简单，便于运行管理。

凝结水闭式回收系统的流程如图6-17所示，锅炉产生的蒸汽经过不同压力的用汽设备后由疏水阀疏水，并利用其背压将凝结水输送回锅炉房，进入凝结水回收装置。该装置中集水器的压力由压力调节阀控制，超压的少量闪蒸汽引入锅炉房内热水箱，由消声加热器将水加热后供值班人员淋浴使用。进入集水器中的高温凝结水由汽动泵直接送入：①容纳锅炉给水的软化除氧水箱，替代部分软化水，减小软化除氧设备的运行负荷，提高锅炉给水温度。②采暖换热机组携带的软水箱，充当全部采暖系统补水，从而节省补水所需软化水设备的投资。

凝结水密闭式回收系统中的管网部分是高温凝结水进入集水器的必经之路，因此，合理选择疏水阀是确保凝结水密闭式回收系统正常运行的关键环节。然而，相对于锅炉等大型设备来说，疏水阀在许多人眼中是不起眼的小设备，造成疏水阀的选型简单粗糙，出现了许多偏差。例如有的设计人员根据开式回收方法进行选型设计，导致采用密闭式回收技术时，管网压差减小，疏水排量下降，系统不能正常疏水；有的企业根据用汽设备疏水管径自己配置，没有按照压差和排量选取疏水阀排水孔直径，造成疏水阀排量过大或过小，出现漏汽或

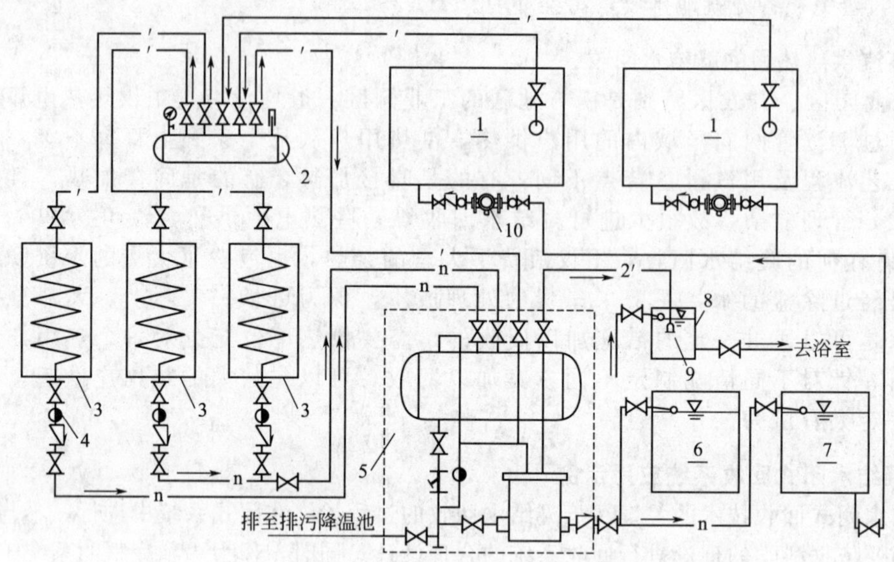

图 6-17 某学院集中锅炉房凝结水闭式回收系统流程示意图

1—蒸汽锅炉；2—分汽缸；3—汽水换热器；4—疏水阀；5—凝结水回收装置；6—热水采暖系统补水箱；7—锅炉给水软化除氧水箱；8—锅炉房内淋浴用热水箱；9—蒸汽型消声加热器；10—锅炉给水泵；′—汽管路；n—凝结水管路

开旁通管的浪费现象。因而，疏水阀的精确合理选型是非常重要的。

第三节 供热系统改造

一、水力平衡

在集中供热或集中空调系统中，热水或冷水由水力管网输送到各个用户。对于一个按照设计要求理想运行的供热或空调系统，各个用户都能够获得设计水流量，满足用户室内温度的舒适性要求和系统运行的节能性要求，避免了用户投诉和能源浪费。这样的系统就是实现了水力平衡的系统。

我国以往建成的各类建筑，在设计时大多没有考虑在集中供热和集中空调系统中设置水力平衡设备，因此比较普遍地存在水力失调现象。近年来，随着房地产业的快速发展，各类建筑中的集中供热和集中空调面积越来越大，达到几十万平方米已不鲜见，水力失调现象变得尤为突出，这就迫使业主或物业管理单位不得不在系统上投入更多的设备和能源，以满足用户的要求。这种长期的不合理运行，不仅不能解决供热或供冷品质不高的问题，还造成了大量的能源浪费。

二、气候补偿

气候补偿器可以根据室外气候温度变化，用户设定的不同时间的室内温度要求，按照设定曲线求出恰当的供水温度，自动控制供水温度，实现供热系统的供水温度的气候补偿，也可以通过室内温度传感器根据室温调节供水温度实现室温补偿，还有限定最低回水温度的功能。

气候补偿器的主要功能应用在两个方面：

一是我国集中供热缺乏量化管理，司炉工凭感觉、凭经验烧锅炉。散热器、锅炉等供热设备是按照设计工况进行选型的，通常情况下，室外温度高于设计温度点，如果不能及时根据室内外情况调节出力，必然会造成浪费。气候补偿器正可以针对这一点，根据回水温度与室外温度，随时控制出水温度，简单、准确地实现动态质调节。

二是我国的供热采暖系统多为直联系统，建筑物的类型和功能均统一24h供热，例如公共场所、办公建筑无人时间照常供热，因此造成了很大的浪费。利用三通混水阀或小型热力站，就可以将系统分割开来独立控制。在一些公共场所，利用气候补偿器时间编程的功能设定不同时间段的不同需求温度，大幅度地实现节能。这种方式在新疆等地区已经得到了应用，产生了良好的效果。

三、案例

1. 案例1

某住宅小区是20世纪90年代建设的综合住宅小区，以多层建筑为主，供热面积为42.5万平方米。小区建成后，每年都有部分用户因室温未达到该市最低供热标准，向小区供热所投诉，部分用户拒绝交纳供热费。小区供热所也曾采取了加装水泵变频调速器、更换锅炉、锅炉运行量化管理等多种手段，试图改善供热质量，但都没有明显效果。实行物业管理后，超额的运行费用也使供热单位不堪重负。根据理论计算及常规经验，在锅炉出力能够满足要求的情况下，42.5万平方米的供热面积在该地区所需的循环水量约为1100t/h左右。经调查实测，该系统的实际循环水量已高达近2100t/h，实际循环水量是所需循环水量的1.9倍。小区内住户最高室温高达26℃，最低却只能达到10℃，供回水温差只有5℃。这是典型的大流量、小温差的不合理的运行状态。

经改造设计选型，该系统共安装平衡阀195只，由专业人员对系统进行全面的水力平衡调试后，使安装了平衡阀的各个环路的流量基本都达到了设计流量，提高了供热品质，消除了物业与业主的矛盾，避免了用户投诉，收到了良好的社会效益和经济效益，见表6-1。

表6-1 供热系统改造前后的运行状况对比

项　目	锅炉运行数量/台	水泵运行数量/台	循环水流量/(m^3/h)	住户室内温度/℃
改造前	10t/h×4	110kW×2	2085	26
改造后	10t/h×3	110kW×1	1285	21
节省量	10t/h×1	110kW×1	800	—

2. 案例2

(1) 改造前基本情况　北京某大学位于海淀区西三环，占地480亩，建筑面积32万平方米，校园被环路隔开，形成东西两个校区，两校区各有独立运行的锅炉房。学校根据市政府要求，分别于1998年和2002年完成了锅炉房煤改气的改造，共安装了12台4～6t/h热水和蒸汽锅炉，改造后环境明显改善，但锅炉运行经费大幅度增加，经费开支由原300万元左右增加到1000万元左右，锅炉运行经费的大幅增加给学校带来了经费压力。供暖期，校长在干部会上，用一天烧一辆桑塔纳来形容供暖经费开支状况。而锅炉房运行经费开支大，主要是用于天然气和水电等能源支出。为此，锅炉运行过程中努力挖掘潜力，做好节能工作十分重要。

(2) 明确节能管理目标，努力挖掘节能潜力　锅炉运行节能管理目标是：通过强化科学管理和节能技术改造，最大限度地挖掘锅炉运行系统潜力，最大限度地降低能源消耗。为实现管理目标，首先到兄弟单位取经，实地考察节能效果，请专家分析，查找节能潜力，结合学校实际确定节能管理与改造的方式、方法。经过一年多的准备，明确了实施节能改造的基本思路，主要从以下几方面着手：

① 由于锅炉循环水加热流量过大，导致大火猛烧，增加了耗气量，降低了锅炉效率，可通过节能技术改造，提高锅炉热效率，达到节能的目的。

② 安装气候补偿自动控制系统，挖掘节能潜力。

③ 根据学校放寒假的特点与办公、教学、住宅供暖的不同需求，实现分时分区供热，降低能源不必要的消耗。

④ 解决供暖管网冷热不均、供热不平衡的问题。

⑤ 解决循环水泵匹配余量过大，造成电能损耗的问题。

(3) *公开招标落实节能改造* 依据对锅炉系统分析出的节能潜力与方案，经学校批准并由学校财务、审计、纪检委、后勤处、基建处、节能办公室、动力维修中心组成招标领导小组，选择了 6 家锅炉节能改造公司于 2006 年 9 月进行了公开招标，最后中标单位是某科技发展有限公司承担该校东校区锅炉系统改造，另一家环境技术有限公司承担该校西校区锅炉系统改造。因节能改造公司各有特点，这次招标确定了两家公司，目的是引入竞争、取长补短、进行对比、获取经验，有利于今后节能工作的开展。

(4) *节能改造采取的技术措施与效果* 整套系统电气自动控制部分由 JUCSAN 系列温度传感器 JCJ100TLB、压力传感器 JCJ800 系列压力传感器、JCJ500 系列数据集中采集监控系统及与之配套的通用工业自动化监控组态软件共同组成。主要实现以下功能：

① 提高锅炉热效率，采取在锅炉总进水和总出水干管上加装了旁通管和电动调节装置，调节锅炉水流量。改造后，保证了锅炉始终在高温水、高效率下运行，节约了燃料，同时减少了锅炉冷凝水对锅炉的腐蚀，延长了锅炉的使用寿命。

② 采用了环境气候补偿技术，通过采集的室外温度，可随时按机内设定的供暖参数，实现系统供水温度的自动控制。改变了过去靠人工操作和经验判断的被动局面。

③ 根据供暖区域内各建筑物的使用性质，在各建筑物入口安装调控装置，实现了分时分区供暖，在建筑物内无人办公的情况下或非正常使用时段，自动调控供气流量，适当降低室内温度，减少能源不必要的消耗。

④ 供暖管网系统采取了水力平衡技术改造，在每栋楼供暖系统回水管道上安装了自立式流量控制器，消除了冷热不均现象，降低了能源消耗。

⑤ 循环水泵采取了超常规节电技术改造，东西两校区原系统均为 3 台 55kW 水泵，采取二用一备的运行方式。在这次改造中，经重新计算选型，东校区换成 2 台 75kW 水泵，西校区换成 2 台 45kW 水泵，均采取一用一备运行方式，获得了明显的节电效果。

这次节能改造共投资 132 万元，基本达到了预期效果，在保证供暖质量的前提下，节约天然气 15%以上，并获得了明显的节电效果。通过这次节能改造，解决了原供暖系统的一些难题，实现了计算机智能测控管理，系统运行可根据当日当时室外气温、锅炉出水温度、典型用户室温等与系统运行有关的各种参数，进行动态调节，使供暖运行管理更方便、更及时、更科学。

(5) *实施节能改造的几点体会*

① 节能工作领导重视是关键。这次锅炉节能改造全过程，学校主管校长、后勤处领导亲自过问，遇有困难，帮助协调，资金上保证，政策上支持，使节能改造工作得以顺利进行。

② 良好的管理机制、稳定的政策有利于节能工作的开展。该校锅炉房由动力中心独立

经营，学校参照该市供暖标准，下拨运营经费，这次节能改造学校采取改造经费先由中心垫付，经费节约归中心，学校不减少锅炉运营经费，政策相对稳定，调动了中心做好节能工作的积极性。

③ 节能改造必须尊重科学，实事求是，结合本学校特点与实际，重视节能改造效果。

④ 锅炉节能改造，投资较大，但获得的节能效益，两年左右就可收回投资。同时通过节能改造，锅炉系统运行，实现了自动化调控，方便了运行管理，提高了供暖质量，带来了良好社会效益，节能改造投入非常值得。

第七章

锅炉节能评价及分析

第一节　锅炉热工试验方法

一、试验的分类和热效率试验的方法

了解锅炉的热工性能，评价锅炉的运行水平的高低，核算锅炉的节能效果，都要通过试验、测量、计算才能作出结论。试验测量和试验数据处理的过程，通常叫做锅炉的热平衡试验或锅炉热工试验。

锅炉的热工试验可分为两大类。第一类试验的目的是确定锅炉机组的热工性能，如热效率、蒸发量、蒸汽温度、蒸汽品质、热损失等，以了解锅炉机组的运行特性和结构特点。第二类试验属于科研工作，其目的是为了研制或校核试用的新结构、新部件、新材料，以探索其规律。锅炉热效率试验属于第一类试验。

按试验的目的，锅炉第一类试验主要可分为以下三种试验。

第一种试验称为验收试验。这种试验是用来考核锅炉设备供货方所提出的技术性能保证参数，它主要涉及以下几个技术特性：锅炉的出力、蒸汽的参数和品质、热效率、辅机的运行参数、烟气的排放值（烟尘浓度、黑度、SO_2 和 NO_x 浓度等）。试验有时还应给出运行负荷范围内的锅炉热效率和各项热损失，燃料品种变化时对锅炉热效率和其他热工参数的影响等内容。

第二种试验是锅炉产品定型试验，试验目的是考核锅炉在设计（额定）参数下的出力、蒸汽品质和热效率等。新设计的锅炉产品及对锅炉性能有重大影响的变型设计产品均应进行此种试验。

第三种试验为锅炉运行工况调整试验，这种试验的目的就是在保证外界用汽要求的条件下，有目的地改变一些可调参数及控制方式（即调整入炉的煤质、煤量和配风方式等），对锅炉燃烧工况进行全面的测量。然后对试验取得的数据进行分析比较，确定出最佳的运行方式。

根据热平衡原理，锅炉设备的热效率可以通过两种测量方法得出。一种是直接测量锅炉的输入热量和输出热量，并按下式计算得到：

$$锅炉热效率=\frac{输出热量}{输入热量}\times 100\% \tag{7-1}$$

此种方法称为正平衡法或直接测量法，利用此方法求得的热效率称为正平衡热效率。

第二种方法是测定锅炉的各项热损失，间接得出锅炉的热效率，并以下式表示：

$$锅炉热效率=\left(1-\frac{热损失}{输入热量}\right)\times 100\% \tag{7-2}$$

或

$$锅炉热效率=100\%-各项热损失的百分比之和 \tag{7-3}$$

这种方法也称为热损失法，上式用各项热损失百分率反算得到的锅炉热效率称为反平衡

法或间接测量法；此法不需要求得输出热量的值。因此，按该法求得的热效率称为反平衡热效率。

这两种确定锅炉热效率的方法各有长短，正平衡试验方法简便，试验所涉及的方面较少，小型锅炉的蒸发量和燃煤量可以用称量的方法直接得到。因此，只要确定热效率的小型锅炉，大多采用正平衡的方法测量热效率。但正平衡方法的缺点是不能确定锅炉的各项热损失，不能借以研究各种因素对锅炉热效率的影响程度，因而也无法找出提高锅炉热效率的途径。对于容量较大的锅炉，由于燃料量的测量相当困难，采用正平衡法测量锅炉热效率反而会引起较大的误差。因此，从提高锅炉试验的准确度来说，较大容量的锅炉一般采用反平衡方法测量，对小型锅炉则可采用正平衡法测量锅炉热效率。

二、试验组织与前期准备工作

在进行锅炉热工试验工作之前，通常应结合被测锅炉设备和试验现场的具体条件，根据试验标准的有关规定制定试验大纲。试验大纲应包括以下内容：

① 试验任务和要求；

② 测量项目；

③ 测点布置与所需仪器、仪表；

④ 人员组织与分工；

⑤ 试验进度安排；

⑥ 试验现场的安全措施等。

试验前，应根据试验大纲的要求组织试验人员。试验所需人数取决于试验规模和需完成的测量工作量。试验人员应明确自己的岗位工作，熟练掌握测量仪器的操作，以及熟悉被测锅炉设备的结构、运行特点等。试验工作由试验项目负责人统一指挥。如有必要还须成立试验协调小组，协调小组成员包括试验人员、用户、生产厂家，并明确各方职责。

根据试验中测量的项目，开设临时测点，准备测量仪器。参与试验的测量仪器、仪表均应校验合格。准备好各测量项目的记录表格，与热效率计算有关的参数和运行调整参数均应测量记录，以供试验结果分析。

试验开始前，试验负责人应向运行人员说明试验方案、试验要求及锅炉设备的运行调整操作方法。锅炉运行人员应按试验要求进行操作调整。但如发生影响安全运行的紧急情况，需要变更工况或操作方法时，运行人员应及时采取必要的措施。

试验前应全面检查锅炉各部位、炉墙和辅机的工作情况，如有泄漏和异常应及时消除。

正式试验前应根据现场情况，组织进行一次预备性试验，以全面熟悉试验组织、测量操作及各方人员的相互配合、协调工作，并初步掌握被试设备的运行特点和检查各岗位工作及试验仪器有无存在问题，以便在正式试验之前排除。

对于锅炉验收和新产品定型试验，应注意各受热面是否处于正常的积灰状态，如有必要试验前可进行清灰。

三、试验要求

为保证试验数据正确、可靠、完整，试验必须有严格的规定和要求。

1. 锅炉热状态要求

正式试验应在锅炉热工况稳定后进行。所谓热工况稳定，是指炉墙、钢结构等吸热达到稳定状态，锅炉的主要热力数据已不随时间呈变化状态。因此锅炉不能自冷炉点火后或工况变化后立即进行试验。锅炉热工况稳定时间对于不同类型炉子是不同的，具体的热工况稳定所需（自冷态点火开始）时间规定如下。

(1) 工业锅炉（额定蒸汽压力<3.8MPa 的蒸汽锅炉和热水锅炉）

① 对无砖墙（快、组装）的锅壳式燃油、燃气锅炉不少于 1h，燃煤锅炉不少于 4h；

② 对轻型炉墙锅炉不少于 8h；

③ 对重型炉墙锅炉不少于 24h。

试验工况稳定时间：正式试验应调整到预定的试验工况稳定运行 1h 后开始进行。

(2) 电站锅炉 电站锅炉验收试验前，锅炉应连续正常运行 3 天以上。正式试验前的 12h 中，前 9h 锅炉运行负荷应不低于试验负荷的 75%，后 3h 应维持预定的试验负荷。

2. 锅炉燃料要求

燃料的种类和性质对锅炉燃烧设备的结构选型、受热面的布置以及对运行的经济性和可靠性都有很大的影响。因此在进行锅炉性能试验时，应予充分的注意。对于锅炉的验收试验和新产品定型试验，试验所用燃料必须符合设计要求。工业锅炉常用设计煤种分类如表 7-1 所示。

表 7-1 锅炉燃煤分类表

燃料品种		干燥无灰基挥发分 V_{daf}/%	收到基低位发热量 $Q_{net,v,ar}$/(kJ/kg)
烟煤	Ⅰ	$V_{daf}>20$	$14400 \leqslant Q_{net,v,ar}<17700$
	Ⅱ	$V_{daf}>20$	$17700 \leqslant Q_{net,v,ar} \leqslant 21000$
	Ⅲ	$V_{daf}>20$	$Q_{net,v,ar}>21000$
贫煤		$10<V_{daf} \leqslant 20$	$Q_{net,v,ar} \geqslant 17700$
无烟煤	Ⅱ	$V_{daf}<6.5$	$Q_{net,v,ar} \geqslant 21000$
	Ⅲ	$6.5 \leqslant V_{daf} \leqslant 10$	$Q_{net,v,ar} \geqslant 21000$
褐煤		$V_{daf}>37$	$Q_{net,v,ar} \geqslant 11500$

对于电站锅炉，其设计用煤是供需双方根据实际情况予以确定的。但试验时的实际试验用煤需符合电站锅炉技术条件所规定的偏差要求，其具体的偏差要求如表 7-2 所示。如果试验时入炉煤特性指标超出规定的偏差要求，试验结果可按事先约定的方法进行修正。

表 7-2 燃料特性允许的变化范围

煤种	干燥无灰基挥发分 V_{daf}		收到基灰分 A_{ar}	收到基低位发热量 $Q_{net,v,ar}$/(kJ/kg)	
	设计值/%	偏差值/%	偏差值/%	设计值	偏差值
无烟煤	8～12	±1	±4	≥20800	±1670
贫煤	12～20	±2	±5	≥20800	±1670
低灰发分烟煤	20～30	±5	+5 −10	≥16700	±1400
高挥发分烟煤	30～40	±5	+5 −10	≥16700	±400
褐煤	40～50	—	±5	≥12500	+1000 −500

3. 锅炉工况要求

试验期间锅炉运行工况应保持稳定，对于工业锅炉，其波动值应符合下列要求。

(1) 锅炉出力的最大允许波动值应符合图 7-1 的要求。

(2) 蒸汽锅炉的压力允许波动范围如下：

① $p<1.0$MPa 时，不小于 85%；

② 1.0MPa $\leqslant p \leqslant$ 1.6MPa 时，不小于 90%；

③ 1.6MPa $< p \leqslant$ 2.5MPa 时，不小于 92%；

④ 2.5MPa $< p <$ 3.8MPa 时，不小于 95%。

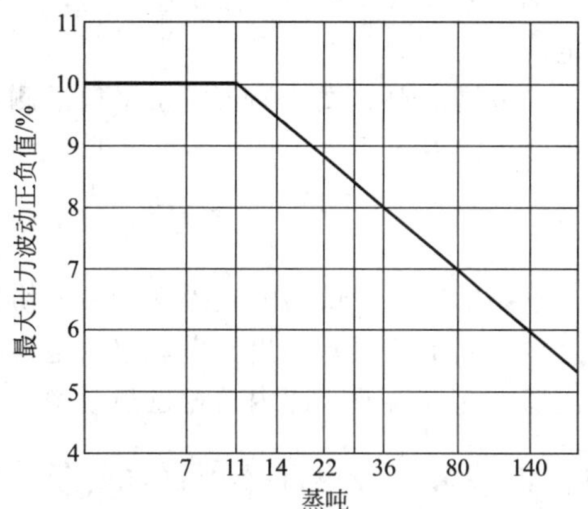

图 7-1　最大允许的出力波动值

(3) 过热蒸汽温度波动范围如下：

① 设计温度 250℃ 时，允许波动范围为－20～＋30℃；

② 设计温度 300℃ 时，允许波动范围为－20～＋20℃；

③ 设计温度 350℃时，允许波动范围为－20～＋20℃；

④ 设计温度 400℃时，允许波动范围为－20～＋10℃；

⑤ 设计温度 450℃时，允许波动范围为－15～＋10℃。

(4) 热水锅炉运行时，其出水温度应比出水压力下的饱和温度至少低 20℃。

(5) 试验期间安全阀不得起跳，锅炉不得吹灰，不得定期排污，连续排污一般亦应关闭。对过热蒸汽锅炉，当必须进行连排时，连排量必须进行计量。

4. 试验开始和结束时的状态要求

试验开始和结束时，锅筒水位、压力、煤斗煤位、炉排上的火线、煤层厚度和炉排移动速度等均应一致。试验期间，过量空气系数、给煤量、给水量、炉排速度、煤层厚度、流化床锅炉的料位高度应基本相同。

对于手烧炉，在试验开始和结束前均应进行一次清渣。试验结束与开始时，煤层厚度和燃烧状况应相同。

5. 试验时间要求

从试验误差的角度考虑，试验时间愈长，因各种因素引起的试验误差就会愈小。但有时受到试验现场等各种条件限制，试验时间也不能太长，锅炉热效率试验规定的试验时间如下：

① 火床燃烧、火室燃烧、沸腾燃烧燃煤锅炉，试验时间不少于 4h；

② 火床燃烧甘蔗渣、木柴、稻壳及其他固体燃料锅炉，试验时间不少于 6h；

③ 对于手烧炉排锅炉，试验时间不少于 5h。

6. 试验方法要求

工业锅炉热效率试验，一般正、反平衡试验同时进行，锅炉热效率取正、反平衡法测得热效率的平均值。但对大于或等于 20t/h 较大容量的工业锅炉，燃料量测定有困难时，可采用反平衡法测定热效率。

手烧炉和电加热炉可只进行正平衡的方法测定热效率。

电站锅炉热效率试验，采用反平衡法测量热效率，也可辅以正平衡法测量热效率作为参考。

锅炉额定工况热效率试验应进行两次，锅炉热效率取两次试验的平均值。

7. 试验次数和误差

锅炉验收试验和新产品定型试验，应在额定出力下进行两次。其他目的试验次数可协商确定。

工业锅炉每次试验的正、反平衡法测得的热效率之差应不大于5%，两次试验测得的正平衡效率之差应不大于3%，两次试验测得的反平衡效率之差应不大于4%。但对燃油、燃气锅炉，各种平衡的效率之差均不大于2%。对于电加热锅炉，两次试验的热效率之差不大于1%。

电站锅炉每次试验的热效率的偏差协商确定。两次试验的热效率误差应在协议规定的范围之内。当试验误差超出预先规定的范围时，应加做第三次试验。锅炉试验的热效率为其中两次落在允许误差范围内的相近热效率平均值。

四、正平衡热效率试验项目和计算方法

1. 试验项目

当按正平衡法进行试验时，基本测量项目如下：

① 入炉燃料采样、工业分析及元素成分分析；

② 入炉燃料量；

③ 过热蒸汽流量、压力、温度；

④ 减温水流量、压力、温度；

⑤ 给水（进水）流量、压力、温度；

⑥ 饱和蒸汽压力、湿度；

⑦ 热水锅炉进、出水温度、压力；

⑧ 泄漏与排污流量。

2. 正平衡热效率计算方法

通过式(7-1) 以确定锅炉热效率的方法，称为锅炉正平衡热效率试验，或以下式表示：

$$\eta=\frac{Q_1}{BQ_r}\times 100\% \tag{7-4}$$

式中 Q_1——锅炉有效输出热量，kJ/h；

Q_r——锅炉输入热量，kJ/kg；

B——锅炉入炉燃料量，kg/h。

(1) 锅炉输出热量 锅炉的输出热量亦称有效热量，一般定义为锅炉通过蒸汽、热水或其他介质向外提供的热量与进入锅炉的水或其他介质带入热量之差。不同种类锅炉的输出热量，可以用下列公式表示。

① 过热蒸汽锅炉

$$Q_1=D(h_{gq}-h_{gs}) \tag{7-5}$$

式中 D——过热蒸汽流量，kg/h；

h_{gq}——过热蒸汽焓，kJ/kg；

h_{gs}——给水热焓，kJ/kg。

② 饱和蒸汽锅炉

$$Q_1=D_b\left(h_{bq}-h_{gs}-\frac{rW}{100}\right) \tag{7-6}$$

式中 D_b——饱和蒸汽流量，kg/h；

h_{bq}——饱和蒸汽焓，kJ/kg；

h_{gs}——给水热焓，kJ/kg；

r——汽化潜热，kJ/kg；

W——饱和蒸汽湿度，%。

③ 热水锅炉

$$Q_1=G(h_{cs}-h_{js}) \tag{7-7}$$

式中 G——热水流量，kg/h；

h_{cs}——出水热焓，kJ/kg；

h_{js}——进水热焓，kJ/kg。

在利用正平衡方法进行试验时，可根据不同类型的锅炉，选用式(7-5)～式(7-7) 中所对应的公式，求得输出热量，代入式(7-4) 以计算锅炉热效率。此时，上述公式中的各种汽、水流量，饱和蒸汽湿度及燃料耗量应通过测量确定，各种汽、水焓值，汽化潜热，则按相应的压力、温度参数的测量值，从水、汽性质表中查得。

(2) 锅炉输入热量 锅炉的输入热量被定义为随每千克或每立方米（标态）燃料输入锅炉的总热量。向锅炉设备送入的热量主要包括有：

① 燃料的化学热量，即燃料的收到基低位发热量；

② 燃料带入的物理显热；

③ 外来热源加热燃料带入的热量；

④ 外来热源加热空气时带入的热量。

输入热量可用以下公式表示：

$$Q_r=Q_{net,v,ar}+Q_{wl}+Q_{rx} \tag{7-8}$$

式中 $Q_{net,v,ar}$——燃料收到基低位发热量，kJ/kg；

Q_{wl}——用外来热源加热燃料或空气时，相应每千克燃料所给的热量，kJ/kg；

Q_{rx}——燃料的物理显热，kJ/kg。

在所有上述所列输入锅炉的热量项目中，对锅炉来说，最主要的是第一项，即燃料的化学热量（$Q_{net,v,ar}$）。对其他外来热量（Q_{wl}），一般的锅炉并不存在，如果存在也要根据具体情况进行计算。燃料的物理显热（Q_{rx}）在多数情况也可忽略不计，因为燃料的温度一般与锅炉送风温度（环境温度）相差无几。因此，多数情况下式(7-8) 可以简化为：

$$Q_r=Q_{net,v,ar} \tag{7-9}$$

即一般条件下，输入热量仅为燃料的收到基低位发热量。

如果燃料的显热不容忽略，则燃料的物理显热可按下式计算：

$$Q_{rx}=c_r(t_r-t_k) \tag{7-10}$$

式中 c_r——燃料的比热容，kJ/（kg·℃）；

t_r——燃料的温度，℃；

t_k——送风机进口空气温度，℃。

五、反平衡热效率试验项目和计算方法

1. 反平衡法试验项目

当按反平衡法进行试验时，基本测量项目如下：

① 入炉燃料采样、工业分析及元素成分分析；

② 炉渣计量、采样及可燃物含量测定；

③ 漏煤计量、采样及可燃物含量测定；

④ 烟道灰计量、采样及可燃物含量测定；

⑤ 飞灰采样及可燃物含量测定；

⑥ 排烟温度；

⑦ 排烟烟气成分。

2. 反平衡热效率计算

通过式(7-2) 或式(7-3)，以确定锅炉热效率的方法，称为锅炉反平衡热效率试验，或以下式表示：

$$\eta=q_1=100-q_2-q_3-q_4-q_5-q_6 \tag{7-11}$$

式中：η——锅炉反平衡热效率，%；

q_1——锅炉输出热量百分率，%；

q_2——排烟热损失百分率，%；

q_3——化学不完全燃烧热损失百分率，%；

q_4——机械不完全燃烧热损失百分率，%；

q_5——锅炉的散热损失百分率，%；

q_6——灰渣的物理损失百分率，%。

(1) 排烟热损失的计算　锅炉排烟热损失就是从锅炉设备排出的烟气带走的物理显热占输入热量的百分率，以公式表示：

$$q_2=\frac{Q_2}{Q_r}\times 100\% \tag{7-12}$$

式中　Q_2——排烟损失热量，kJ/kg；

Q_r——输入热量，kJ/kg。

式(7-12) 也可用下式表示：

$$q_2=\frac{(H_{py}-H_{lk})\times\frac{100-q_4}{100}}{Q_r}\times 100\% \tag{7-13}$$

式中　H_{py}——排烟处烟气焓，kJ/kg；

H_{lk}——入炉冷空气焓，kJ/kg；

$\frac{100-q_4}{100}$——修正系数（计算燃料量与实际燃料量的差别所作的修正）。

排烟处烟气热焓 H_{py} 由两部分组成：①干烟气带走的热焓；②烟气所含水蒸气的显热。

$$H_{py}=V_{gy}C_{gy}t_{py}+V_{H_2O}C_{H_2O}t_{py} \tag{7-14}$$

式中　V_{gy}——排烟处的干烟气体积，m^3/kg；

V_{H_2O}——排烟处的水蒸气体积，m^3/kg；

C_{gy}——排烟处的干烟气比热容，kJ/(m^3·℃)，按表 7-7 中第 53 项计算；

C_{H_2O}——排烟处的水蒸气比热容，kJ/(m^3·℃)，按表 7-7 中第 52 项计算；

t_{py}——排烟温度，℃。

干烟气体积可由下式计算：

$$V_{gy}=V_{RO_2}+V^{\circ}_{N_2}+(\alpha_{py}-1)V^{\circ} \tag{7-15}$$

式中，三原子气体体积 V_{RO_2}、理论氮气体积 $V^{\circ}_{N_2}$ 和理论空气量 V°，根据燃料的元素成分的分析数据，按有关元素成分的气体生成量公式计算，具体公式和计算方法按表 7-7 中第 40 项、第 41 项和第 42 项公式。过量空气系数 α_{py} 计算按式(7-17) 或式(7-18)。

V_{H_2O} 可由下式计算：

$$V_{H_2O}=V^{\circ}_{H_2O}+0.016(\alpha_{py}-1)V^{\circ} \tag{7-16}$$

式中，理论水蒸气体积$V^{\circ}_{H_2O}$，根据燃料的元素成分分析数据，按有关元素成分的气体生成量公式计算，具体公式和计算方法见表7-7中第43项。

式(7-15)、式(7-16)中，α_{py}为排烟处过量空气系数，试验时用烟气分析仪测出排烟处的RO_2、O_2体积分数后，按下式计算：

$$\alpha_{py}=\frac{21}{21-79\dfrac{O_2}{100-(RO_2+O_2)}} \tag{7-17}$$

如进行烟气全分析，则在测出RO_2、O_2、CO、H_2、CH_4体积分数后，则按下式计算：

$$\alpha_{py}=\frac{21}{21-79\dfrac{O_2-(0.5CO+0.5H_2+2CH_4)}{100-(RO_2+O_2+CO+H_2+CH_4)}} \tag{7-18}$$

式(7-17)、式(7-18)中，RO_2、O_2、CO、H_2、CH_4分别表示烟气中的三原子气体、氧气、一氧化碳、氢气、甲烷的体积分数。

利用上述计算公式计算排烟热损失时，必须知道燃料的热值和元素成分。若只需简略估算排烟热损失时，可用以下经验公式计算：

$$q_2=\left(m+n\alpha_{py}\frac{100-q_4}{100}\right)\frac{t_{py}-t_{lk}}{100} \tag{7-19}$$

式中 t_{py}——锅炉排烟温度，℃；

t_{lk}——冷空气温度，℃。

m、n——经验常数，按表7-3选取。

表7-3 计算排烟热损失的经验常数

燃料品种	m	n
褐煤(含水分40%)	1.0	0.39
褐煤(含水分20%)	0.6	3.6
烟煤	0.4	3.55
贫煤	0.3	3.55
无煤煤	0.25	3.65

工业锅炉的排烟热损失一般为8%～12%，视排烟温度和排烟过量空气系数不同而不同。对于燃煤锅炉，排烟温度每降低15℃左右，可减少排烟热损失1个百分点；对于燃油(气)锅炉，排烟温度每降低20～25℃左右，可减少排烟热损失1个百分点。

(2) 可燃气体不完全燃烧热损失的计算 锅炉的可燃气体不完全燃烧热损失或称化学不完全燃烧热损失，是指排烟烟气中残留的可燃气体组分（CO、H_2、CH_4及C_mH_n）未放出其燃烧热而造成的热量损失占输入热量的百分率，以公式表示：

$$q_3=\frac{V_{gy}}{Q_r}(126.36CO+107.98H_2+358.18CH_4)\times(100-q_4)\% \tag{7-20}$$

式中 V_{gy}——排烟处干烟气体积，根据燃料元素分析成分和过量空气系数计算得到的烟气体积，m^3/kg；

Q_r——输入热量，kJ/kg；

CO、H_2、CH_4——烟气全分析仪测得的一氧化碳、氢气、甲烷的体积分数，%。

燃煤锅炉排烟中可燃气体成分中的H_2、CH_4及C_mH_n很少，主要为CO，因此上式可简化为：

$$q_2=\frac{V_{gy}}{Q_r}126.36CO\times(100-q_4) \tag{7-21}$$

具备燃料的元素成分分析而不具备烟气全分析的情况下，可以用奥氏气体分析仪测得烟气中的 RO_2 和 O_2 体积分数，然后用下式计算 CO 值：

$$CO=\frac{21-O_2-(1+\beta)RO_2}{0.605+\beta} \tag{7-22}$$

式中 β——燃料特性系数，可根据燃料元素分析值，由下式计算求得：

$$\beta=\frac{2.35H_{ar}-0.126C_{ar}+0.038N_{ar}}{C_{ar}+0.375S_{ar}} \tag{7-23}$$

式中 C_{ar}、H_{ar}、S_{ar}、N_{ar}——燃料收到基碳、氢、硫、氮元素成分，%。

气体不完全燃烧热损失也可按以下近似公式计算：

$$q_3=12.64\alpha_{py}CO \tag{7-24}$$

对于机械化燃煤锅炉，气体不完全燃烧热损失较小，燃烧正常时其值为1%以下。

(3) 机械不完全燃烧热损失的计算 燃煤锅炉的机械不完全燃烧热损失就是灰渣（炉渣、漏煤和飞灰）未燃尽残炭造成的热量损失占输入热量的百分率。此项损失也称固体不完全燃烧热损失。

对于炉排锅炉，机械不完全燃烧热损失是由炉渣不完全燃烧热损失 q_4^{lz}、漏煤不完全燃烧热损失 q_4^{lm} 和飞灰不完全燃烧热损失 q_4^{fh} 三部分组成的：

$$q_4=q_4^{lz}+q_4^{lm}+q_4^{fh} \tag{7-25}$$

如漏煤全部回烧，则热损失 q_4^{lm} 应不计入。

对于煤粉锅炉，灰渣不完全燃烧热损失也可用式(7-25)表示，但无漏煤一项；在正常工况下，q_4^{lz} 的量也很微小，可以忽略不计，或假定为常数。液态排渣炉则计算 q_4^{fh} 一项。

式(7-25)中三项热损失的具体计算公式如下：

$$q_4^{lz}=\frac{328.66A_{ar}}{Q_r}a_{lz}\frac{C_{lz}}{100-C_{lz}} \tag{7-26}$$

$$q_4^{lm}=\frac{328.66A_{ar}}{Q_r}a_{lm}\frac{C_{lm}}{100-C_{lm}} \tag{7-27}$$

$$q_4^{fh}=\frac{328.66A_{ar}}{Q_r}a_{fh}\frac{C_{fh}}{100-C_{fh}} \tag{7-28}$$

式中 A_{ar}——入炉燃料收到基灰分，%；

C_{lz}、C_{lm}、C_{fh}——分别为炉渣、漏煤、飞灰中可燃物含量，%；

a_{lz}、a_{lm}、a_{fh}——分别为炉渣、漏煤、飞灰中灰量占入煤炉煤总灰量的质量百分率，即灰平衡百分率，%。

锅炉灰平衡即入炉煤灰量与燃烧残余物（炉渣、漏煤和飞灰）含灰量之间的平衡。通常以炉渣、漏煤与飞灰的灰分质量占入炉煤含灰量的百分率表示：

$$a_{lz}+a_{lm}+a_{fh}=100\% \tag{7-29}$$

$$a_{lz}=\frac{(100-C_{lz})G_{lz}}{A_{ar}B}\times100\% \tag{7-30}$$

$$a_{lm}=\frac{(100-C_{lm})G_{lm}}{A_{ar}B}\times100\% \tag{7-31}$$

$$a_{fh}=\frac{(100-C_{fh})G_{fh}}{A_{ar}B}\times100\% \tag{7-32}$$

式中 G_{lz}、G_{lm}、G_{fh}——分别为炉渣量、漏煤量和飞灰量，kg/h；

B——入炉燃料量，kg/h。

在灰平衡试验中，可称量炉渣量 G_{lz}、漏煤 G_{lm} 并分别取样分析炉渣可燃物含量 C_{lz} 和漏

煤可燃物含量 C_{lm}，按式(7-30)、式(7-31) 计算出 a_{lz} 和 a_{lm}。

飞灰量测量较为困难，因此，可将式(7-29) 转化为下式进行计算：

$$a_{fh}=100-(a_{lz}+a_{lm}) \tag{7-33}$$

入炉燃料量 B，在试验时可进行称量。但在锅炉容量较大，称量有困难时，可采用计算的方法求出燃料量 B。计算时先依经验设定锅炉热效率 η，按燃料公式计算出燃料量 B 后，再依次算出灰平衡百分率和锅炉反平衡热效率数值。如果计算结果与设定值相差过大，则重复计算 η、B 和灰平衡百分率，直到计算结果与设定值基本相符为止。

燃料量计算公式：

$$B=\frac{Q_1}{\eta Q_r} \tag{7-34}$$

式中 B——锅炉燃料量，kg/h；

η——锅炉热效率，%；

Q_r——输入热量，kJ/kg；

Q_1——锅炉输出热量，kJ/h，根据不同种类的锅炉，按式(7-5) ～式(7-7) 计算。

有了灰平衡数据，各项机械不完全燃烧热损失可按式(7-26) ～式(7-28) 计算。总的机械不完全燃烧热损失 q_4 按式(7-25) 计算。式(7-25) 可转化为下式：

$$q_4=\frac{328.66A_{ar}}{Q_r}\times\left(\frac{a_{lz}C_{lz}}{100-C_{lz}}+\frac{a_{lm}C_{lm}}{100-C_{lm}}+\frac{a_{fh}C_{fh}}{100-C_{fh}}\right) \tag{7-35}$$

(4) 锅炉散热损失的计算　锅炉散热损失是指锅炉炉墙、金属结构及锅炉范围内的烟风道，汽、水管道，集箱等向周围环境中散失的热量占输入热量的百分率。它的测量和计算较为复杂，通常是根据锅炉的额定容量取一个近似的经验数值 q_5^e，如表 7-4 所示，也可按图 7-2 查取。当锅炉在其他负荷下运行时，散热损失可以按负荷成反比的原则计算：

$$q_5=q_5^e\frac{D_e}{D} \tag{7-36}$$

式中 q_5——散热损失，%；

q_5^e——锅炉额定负荷时的散热损失，%；

D_e——锅炉的额定蒸发量，t/h；

D——锅炉的实际蒸发量，t/h。

表 7-4 锅炉散热损失

锅炉额定蒸发量 D_e/(t/h)		≤2	4	6	10	15	20	35	65
散热损失 q_5^e/%	有尾部受热面	3.5	2.9	2.4	1.7	1.5	1.3	1.1	0.8
	无尾部受热面	3.0	2.1	1.5	—	—	—	—	—

对于快、组装锅炉（包括燃油、燃气锅炉和电加热锅炉）的散热损失可按以下公式近似计算：

$$q_5=\frac{1670F}{BQ_r}\times 100\% \tag{7-37}$$

式中 q_5——散热损失，%；

F——锅炉散热面积，m^2；

B——燃料消耗量，kg/h；

Q_r——输入热量，kJ/kg。

确定散热损失的另一种方法是热流计法。这个方法是利用热流计直接测出各部件单元表

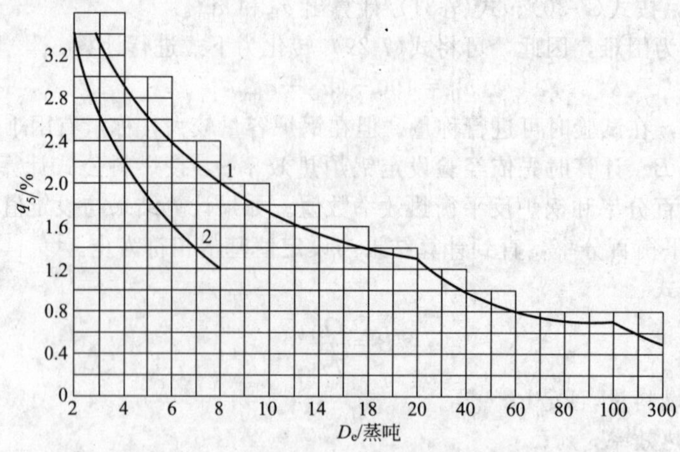

图 7-2 锅炉额定负荷下的散热损失

1—有尾部受热面的锅炉；2—无尾部受热面的锅炉

面积的散热强度，再乘以相应的的单元面积，即得散热量。然后用下列公式求得散热损失：

$$q_5=\frac{q_1F_1+q_2F_2+q_3F_3+\cdots+q_nF_n}{BQ_r}\times 100\% \tag{7-38}$$

式中 $q_1, q_2, \cdots, q_n$——分别为各单元的散热强度，kJ/(m² · h)；

$F_1, F_2, \cdots, F_n$——分别为各单元的面积，m²；

B——燃料消耗量，kg/h；

Q_r——输入热量，kJ/kg。

(5) 灰渣物理热损失的计算 灰渣物理热损失 q_6 是炉渣、漏煤和飞灰排出锅炉设备时带走的显热占输入热量的百分率。其计算公式如下：

$$q_6=\frac{A_{ar}}{Q_r}\left[\frac{a_{lz}(ct)_{lz}}{100-C_{lz}}+\frac{a_{lm}(ct)_{lm}}{100-C_{lm}}+\frac{a_{fh}(ct)_{fh}}{100-C_{fh}}\right] \tag{7-39}$$

式中 A_{ar}——燃料收到基灰分，%；

a_{lz}、a_{lm}、a_{fh}——分别为炉渣、漏煤、飞灰中灰量占入煤炉煤总灰量的质量分数，%；

$(ct)_{lz}$、$(ct)_{lm}$、$(ct)_{fh}$——分别为炉渣、漏煤、飞灰在温度 t 时的热焓，可查灰的热焓表得到，kJ/kg；

C_{lz}、C_{lm}、C_{fh}——分别为炉渣、漏煤、飞灰中含碳量，%；

Q_r——输入热量，kJ/kg。

六、锅炉的净效率

锅炉净效率或净热效率为锅炉热效率扣除锅炉自用电能折算的热损失之后的效率数值，即

$$\eta_j=\eta-\frac{\sum N\times 3600}{BQ_r}\times 100 \tag{7-40}$$

式中 η_j——锅炉净效率，%；

η——锅炉热效率，%；

B——锅炉燃料量，试验实测，也可按式(7-34) 计算，kg/h；

Q_r——锅炉输入热量，按式(7-8) 计算，kJ/kg；

$\sum N$——锅炉的制粉系统、送风机、引风机、燃烧设备、给水泵、除尘及除渣系统等各辅机电动机的实际功率，kW，亦即每小时的总耗电量，(kW·h)/h。

$$\sum N=N_{ZF}+N_{SF}+N_{YF}+\cdots$$

锅炉辅机电动机输入功率的测量计算有以下几种方法。

1. 功率表法

采用两只单相功率表测量，按下式计算电动机输入功率 N

$$N=C_T P_T C(N_1+N_2)\times 10^{-3} \quad \text{kW} \tag{7-41}$$

式中 C_T——电流互感器比值（电器设备系数）；

P_T——电压互感器比值（电器设备系数）；

C——功率表系数；

N_1、N_2——两只单相功率表的读数，W。

2. 电能表法

依据测量现场装设的电能表在一定时间内转盘的转速，按下式计算电动机输入功率 N

$$N=\frac{nC_T P_T}{Kt}\times 3600 \quad \text{kW} \tag{7-42}$$

式中 n——在 t 时间内电能表转盘转数；

K——电能表常数，即每千瓦时电能表转盘的转速；

t——测试时间，s。

建议以电能表转盘 10r 对应时间 t 来计算电动机的输入功率，则上式变为

$$N=\frac{10}{Kt}\times 3600C_T P_T \quad \text{kW} \tag{7-43}$$

3. 电流表法

用电流表、电压表、功率因素表的测值也可计算出电动机输入功率 N，计算公式如下：

$$N=\sqrt{3}IU\cos\phi\times 10^{-3} \quad \text{kW} \tag{7-44}$$

式中 I——电动机线电流，A；

U——电动机线电压，V；

$\cos\phi$——功率因素。

七、测量方法

1. 锅炉蒸发量测量

锅炉蒸发量可采用两种方法来测量，一种是直接测量蒸汽流量，另一种是测量给水流量来得出锅炉的蒸发量。在具体试验过程中采用哪种方法测量锅炉蒸发量应根据具体情况而定，一般来说测量水流量要比测量蒸汽流量精确。

(1) 过热蒸汽流量测量　过热蒸汽流量测量可采用标准孔板或喷嘴节流装置。当采用正平衡方法确定锅炉热效率时，应要求精确测量流量，则二次仪器需要利用差压计直接读取节流装置的差压。对管道上原来装的节流装置，在试验前进行检查，校核几何尺寸、加工精度及安装质量。

对于按反平衡法测定锅炉热效率的试验，二次仪表可采用经校验的表盘仪表。

(2) 饱和蒸汽流量测量　由于饱和蒸汽锅炉输出的蒸汽带有一定的水分，并在管道输送过程中含水量逐渐增加，同时在水平管道处会产生汽、水分层的现象，对带有水分的饱和蒸汽密度确定较为困难。因此，在锅炉的试验中饱和蒸汽流量一般通过测量给水流量的方法来

确定。

(3) 给水流量测量　由于试验期间锅炉不排污，进水量就是锅炉的蒸发量。给水流量测量可采用涡轮流量计、电磁流量计、孔板流量计、超声波流量计等任一流量计来测量。对于小型间断给水的锅炉，还可采用水箱（容积法）计量的方法、磅秤称量（重量法）计量的方法。

2. 压力测量

在一般试验情况下，锅炉蒸汽和给水系统的压力测量，可使用就地安装的运行监视仪表(精度为1.6～2.5级)，但试验前应经过校验，并需对试验数据作必要的修正。由于压力偏差对工质的热焓影响较小，因此，一般就地安装压力表的测量结果，可以满足试验的要求。只有当正平衡热效率试验测量要求的准确度很高，或有特殊的试验目的，如需准确测量各流通部件的汽、水阻力时，才需采用精度等级较高（例如1.0～0.4级）的仪表。

在锅炉热工试验中，汽、水压力的测量仪表最常用的为弹簧式压力表。工业弹簧式压力表允许使用的环境温度为－40～60℃，标准（精密）压力表为10～30℃。仪表最大刻度规范的选择应使经常指示范围位于仪表分度标尺的1/2～1/3区域内。在测量过程中，仪表的指针不应有跳动和停滞现象；用手指轻敲仪表外壳时，指针的指示值的变动量不应超过允许基本误差绝对值的1/2。

压力表及传压管的安装位置不宜受到过热或过冷以及振动的影响。压力表管应尽可能短而直，应具有虹吸管或相当虹吸管的装置，以保护仪表不会受到蒸汽或热水的冲击。传压管路应严密无泄漏。压力表的脉动不宜用缩小传压管管截面或阀门来阻尼，而应在表管上装设一个缓冲的空腔容器。

当压力表周围环境温度超过40℃时，其指示值应按下式进行环境温度修正：

$$P_{修}=\frac{P}{0.99+0.0004t} \tag{7-45}$$

式中　$P_{修}$——修正后的压力表读数，MPa；

P——压力表的读数或平均读数，MPa；

t——压力表的周围温度，℃。

3. 温度测量

锅炉的汽、水、空气、烟气等工质温度的测量可以使用热电偶温度计、热电阻温度计和实验室玻璃温度计。在锅炉试验中最常应用是热电偶温度计，热电阻温度计只是利用锅炉控制室表盘上的运行仪表进行测量时才采用。排烟等较低温度介质的测量也采用热电阻温度计。实验室玻璃温度计一般只用来测量较低温度的介质，或在小容量锅炉上用于蒸汽、烟温的测量。

在温度计或感温元件不宜直接与被测介质接触的情况下，应采用温度计套管来保护温度计或感温元件，使其免受还原与氧化侵蚀气氛以及受压介质流动等损害，如图7-3所示。对动态测量误差要求不高时，套管应尽可能使用导热性差的金属（如不锈钢）制造。套管壁厚应根据被测介质压力选取，介质压力＞1.5～5.9MPa时，壁厚为≤2～2.5mm，介质压力＞5.9～29.0MPa时，壁厚为≤3～3.5mm。套管内径与温度计管外径之差不应大于1～2mm，温度计插入后应用专用螺塞封紧，并且套管露出在外部分与温度计管头应保温。

安装测温套管时，要使温度计的感温元件尽可能靠近管道中心线，并迎着工质流动方向。对内径＜100mm的管道，套管与管道轴线间夹角可小于90°，或装在管道弯头处；对内径＞300mm以上的管道，套管的最大伸入长度会受到振动与材料的许用应力双重因素的限制，而不一定要伸至管道的中心线。

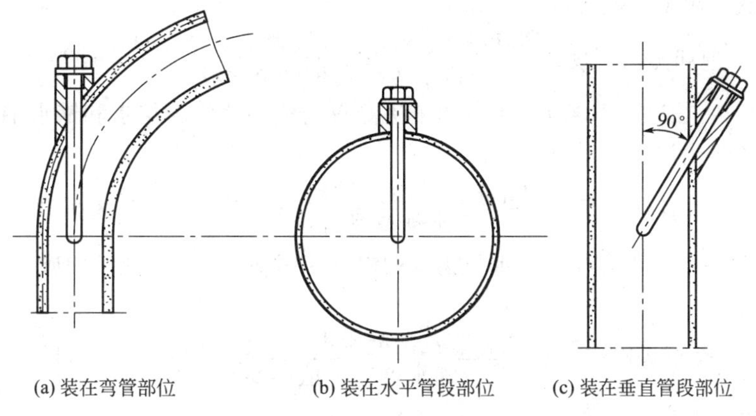

图 7-3 测温套管安装示意图

(1) 过热蒸汽温度测量 测量过热蒸汽温度时，应采用插入式套管。温度套管的安装位置应最大限度地接近过热器出口，且应远离束状流（如喷水减温器后）一定距离。如条件许可，应分别从两个尽可能互相靠近的测点进行测量，测量结果为两点修正测值的平均值，这两个修正后的读数偏差不应超过±0.25%，否则应检查原因并消除。测温仪表一般为热电偶温度计，二次仪表精度不低于0.5级。

(2) 烟气温度测量 根据试验目的，温度测点可布置在炉膛出口及相应受热面的进、出口。对于热效率试验，排烟温度测点应尽可能靠近末级受热面出口处。烟气温度测点应布置在烟温较均匀的位置。对于尺寸较大的烟道，应采用多点布置，烟气温度取其算术平均值。

当初步测试发现测量截面处流速有严重偏差，不同瞬间烟气温度波动较大时，可采用网格法布置。烟气温度取其加权算术平均值。

烟气温度采用热电偶温度计测量。热电偶头部应裸露于气流中，且热电偶丝直径不宜大于0.5mm。若用补偿导线，应用同型号的补偿导线引至温度较稳定的室温处。二次仪表可用便携式电位差计或精度为0.5级的电子电位差计。

(3) 给（出）水温度测量 给水温度应尽可能在靠近省煤器（或锅炉）进口处，给水温度测量一般可用水银温度计测量。

热水锅炉的进、出水温度差较小，温度测量的精度对锅炉的出力和效率影响较大，试验时必须引起足够的重视。热水锅炉的进、出口水温的测量必须采用较高精度的温度计，如实验室水银温度计，该温度计读数可至0.1℃。

(4) 空气温度测量 空气温度也称为环境温度，为计算锅炉各项输入热量和各项热损失的基准温度。空气温度测量可采用水银玻璃温度计，测点一般布置在送风机入口处附近，测量时应避免其他热源对它的辐射影响。

4. 饱和蒸汽湿度测量

蒸汽湿度表示蒸汽的含水量，用质量分数表示。工业锅炉产生的饱和蒸汽通常都带有1%～5%的水分。有些锅炉在提高出力后，蒸汽湿度有所增加。近几年来，各地生产的带烟管的快装锅炉，由于容器空间相对较小，汽水分离装置简陋，故蒸汽湿度较高，尤其是当负荷接近或超过额定蒸发量时，蒸汽湿度更是大幅增加。被蒸汽带走的水分，它还没汽化，还差汽化所吸收的热量（汽化潜热）。因此，在计算锅炉热效率时，须考虑蒸汽带水的影响。

蒸汽湿度测量可采用以下三种的任一种方法。

(1) 氯根法（硝酸银容量法） 用氯根法测得的饱和蒸汽凝结水和锅水氯根含量之比的

百分数为饱和蒸汽湿度，其计算公式如下：

$$饱和蒸汽湿度=\frac{饱和蒸汽冷凝水氯根含量(mg/kg)}{锅水氯根含量(mg/kg)}\times 100\% \tag{7-46}$$

(2) 钠度计法（P_{Na}电极法） 用钠离子法测得的饱和蒸汽凝结水和锅水钠离子含量之比的百分数为饱和蒸汽湿度，其计算公式如下：

$$饱和蒸汽湿度=\frac{饱和蒸汽冷凝水钠离子含量(mg/kg)}{锅水钠离子含量(mg/kg)}\times 100\% \tag{7-47}$$

(3) 电导率法 饱和蒸汽冷凝水与锅水的电导率值之比的百分数为饱和蒸汽湿度，其计算公式如下：

$$饱和蒸汽湿度=\frac{饱和蒸汽冷凝水电导率值(\mu S/\Omega)}{锅水电导率值(\mu S/\Omega)}\times 100\% \tag{7-48}$$

(4) 蒸汽和锅水样的采集

① 取样头 饱和蒸汽的取样头可采用图 7-4 所示结构，如饱和蒸汽引出管径大于 100mm 以上，也可采用图 7-5 所示结构。

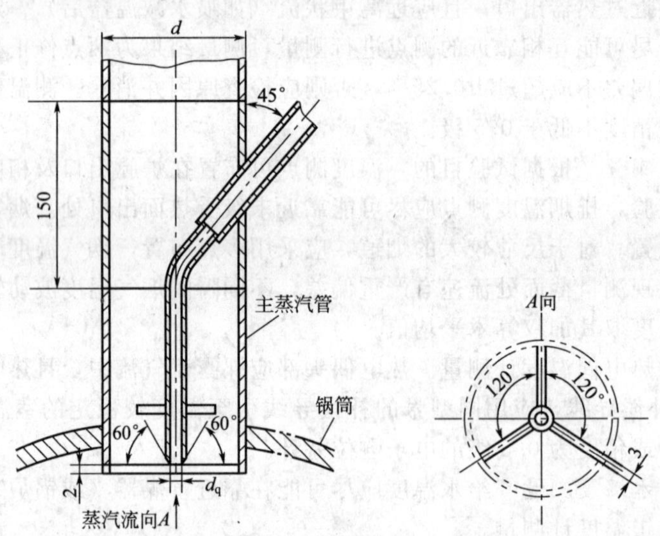

图 7-4 饱和蒸汽取样头

d_q 一般为 10mm

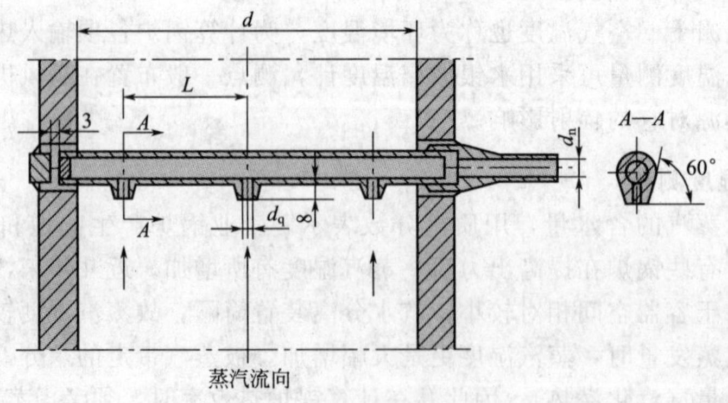

图 7-5 过热蒸汽取样头

$L\approx 0.433d$；$d_n=10\sim 15$mm；d_q 一般为 3～4mm

② 等速取样时蒸汽试样流量　为使蒸汽取样管取出的蒸汽含水量与蒸汽引出管中的含水量一致，蒸汽取样管中的速度应和蒸汽引出管中蒸汽速度相等，等速取样时蒸汽试样流量可按下式计算。

对单孔取样：

$$G_q=\frac{d_q^2}{d^2}D_{sc} \tag{7-49}$$

对多孔取样：

$$G_q=\frac{nd_q^2}{d^2}D_{sc} \tag{7-50}$$

式中　G_q——蒸汽试样流量，kg/h；

d_q——蒸汽取样管孔内径，mm；

d——蒸汽引出管内径，mm；

D_{sc}——输出蒸汽量，kg/h；

n——取样孔数。

蒸汽取样应调节调节阀至计算的试样流量，其偏差值不宜超过±10%。

③ 取样点及取样要求　锅水取样点应从具有代表锅水浓度的管道上引出。

蒸汽和锅水样品，应通过冷却器冷却至低于30～40℃。

取样管道与设备应用不影响分析的耐腐蚀材料制成。蒸汽和锅水样品应保持常流，并加以计量，以确保样品有充分的代表性。

盛取蒸汽凝结水样品的容器应是塑料制成的瓶，盛取锅水样品的容器也可以用硬质玻璃瓶。采样前，应先将取样瓶彻底清洗干净，按计算的试样流量取样，取样后应迅速盖上瓶塞。

在试验期间定期同时对锅水和蒸汽进行取样和测定。

(5) 蒸汽湿度的经验选取　在没有条件进行蒸汽湿度测量时，蒸汽湿度可按下列经验数据选取：

锅炉汽空间较大的卧式火管锅炉，$W=1\%\sim2\%$；

立式火管锅炉，$W=2\%\sim3\%$；

快装锅炉，$W=3\%\sim5\%$；

配置锅内旋风分离器的水管锅炉，$W=0$；

未装锅内旋风分离器的水管锅炉，$W=2\%\sim3\%$。

如锅炉改造后蒸发量提高一倍左右，而汽空间没有增加，汽水分离设备没有改进时，蒸汽湿度按增大一倍考虑。当负荷波动，发生吊水或降到过低压力下运行，蒸汽湿度会大幅度增加。

5. 燃料量测量

燃料量是指试验期间平均每小时用去多少燃料，即

$$燃料量\ B=\frac{试验期间用去总的燃料量(kg)}{试验持续的时间(h)} \tag{7-51}$$

用磅秤计量试验期间总的燃料量，然后按试验持续的时间平均。试验前，磅秤需校验合格。

6. 试验入炉煤的采样和制备

燃煤的采样和分析对锅炉热效率计算的准确度影响很大，是锅炉试验最基本而关键的测量项目。燃煤的采样必须要有代表性，即所取的样品完全能代表试验时的实际燃煤。

试验用的燃煤分析样品的采取，应在炉前进行。正平衡试验的煤样采集，可与煤的称量同步进行，即在称量前在每车不同部位3～5点同时采集。采样部位如图7-6所示。对于小

型锅炉，由于车子容积小，可按三点部位采样。采样时，每点、每车的采样量应基本相等。

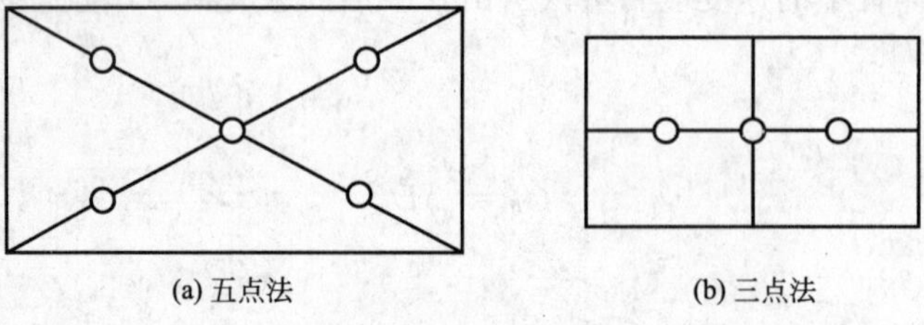

图 7-6 采样部位

对较大容量的链条炉或抛煤机炉的入炉煤样采集，应在炉前小煤斗或下煤管的中间煤斗内进行。在链条炉的炉前小煤斗采样时，由于下煤管可能因煤的流动性差异而造成沿煤斗宽度方向上颗粒度分布不匀现象，故需沿煤斗宽度方向均匀布置 3～5 点同时进行采集煤样。如图 7-7 所示。

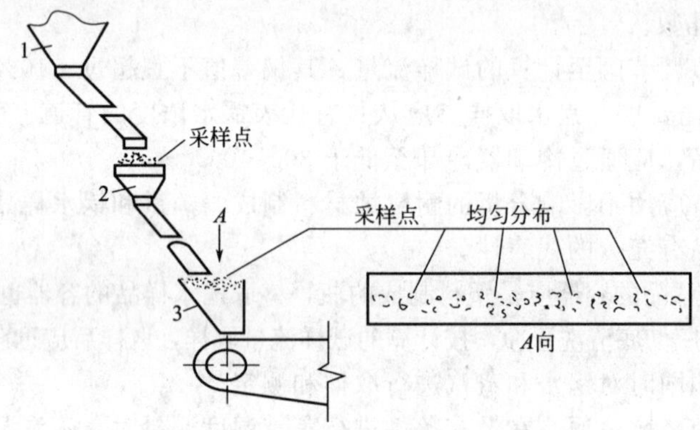

图 7-7 链条炉入炉煤采样点

1—煤仓；2—中间煤斗；3—炉前小煤斗

在入炉输送皮带上采集，采集时应用铁铲迎着煤流，对着整个皮带宽度方向采取。如铁铲面宽度大于皮带宽度，可一次截取全断面煤流；当铁铲面宽度小于皮带宽度时，则可根据铁铲面宽度与皮带上煤流的宽度比，分次截取。如铁铲面宽度为煤流宽度的 1/2 时，则分两次截取；如铁铲面宽度为煤流宽度 1/3 时，则分三次截取。分次截取整个断面煤样时，应按左—右或左—中—右顺序循环采取。用铁铲在皮带上煤流上截取煤样时，铲口应紧贴皮带，不得悬空只采出煤流的部分；分次截取煤样时，凡流过的部分不得交替重复采取。在整个采样过程中，每次的采样时间间隔相同，采样量基本相等。考虑采集煤样代表性，煤样的采集时间应适当提前，提前的时间应是煤由采样点移到炉内燃烧时所经过的时间。

采样所用的贮样桶应带有严密盖子，在采样和保存过程中，贮样桶必须盖好盖子，保持密封状态，以避免水分散发。

每次试验采集的量应不少于总燃煤量的 1%，且总取样量不少于 10kg。当锅炉蒸发量≥20t/h 时，采取的煤量应不少于总燃料量的 0.5%。

每次试验采集的煤样应及时加工制备，不宜久存。制备时也应迅速快捷，缩短时间，以减少水分的蒸发。煤样首次破碎至 25mm 以下后，进行混合、缩分；然后再将煤样破碎至 13mm 以下，进行混合、缩分；最后将煤样破碎至 3mm 以下，进行混合、缩分至 2kg 左右。把这 2kg 的煤样分成两份并密封，一份送化验室，一份保存备查。

当煤样采用人工破碎时，地面应铺以钢板，以防试样混入灰分杂质。煤样缩分采用四分法缩分，如图 7-8 所示。操作时，用铁锹将煤样堆积成圆锥体，见图 7-8(a)。要求每铲的煤从锥体顶部沿不同方向均匀落下，至少反复 3 次，以使煤样的粒度分布均匀。然后用铁锹从锥体顶部垂直压下，形成圆饼状，见图 7-8(b)。再按对角线分成四等分，将相对角的两等分除去，见图 7-8(c)。再继续照同样的方法进行混合缩分，直至所需要的煤样量为止。

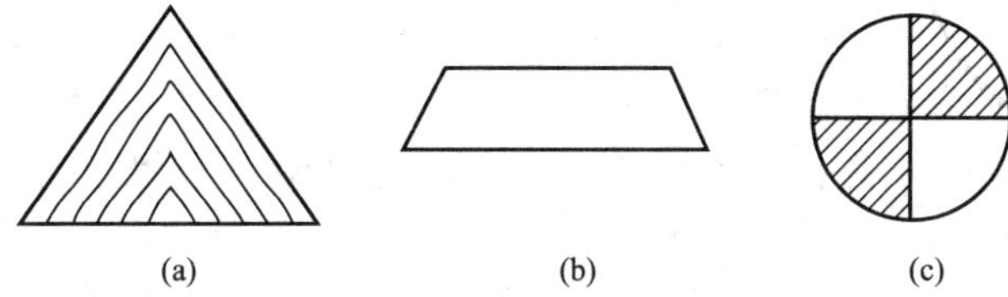

图 7-8　四分法缩分煤样示意图

7. 煤质的分析计算

(1) 元素成分的基质及换算　元素成分分析可以各种基质表示，即收到基（ar）、空气干燥基（ad）、干燥基（d）和无灰干燥基（adf）四种。

① 收到基　实际供给锅炉设备的燃煤成分，也称入炉燃料成分。收到基燃料计入灰分及全水分，可用下列两平衡式表示：

元素分析值　$$C_{ar}+H_{ar}+O_{ar}+S_{ar}+N_{ar}+A_{ar}+M_{ar}=100\% \tag{7-52}$$

工业分析值　$$FC_{ar}+V_{ar}+A_{ar}+M_{ar}=100\% \tag{7-53}$$

② 空气干燥基　燃料的化验室分析试样成分，通常为气干状态，即较收到基失去外在水分。空气干燥基的平衡式如下：

元素分析值　$$C_{ad}+H_{ad}+O_{ad}+S_{ad}+N_{ad}+A_{ad}+M_{ad}-100\% \tag{7-54}$$

工业分析值　$$FC_{ad}+V_{ad}+A_{ad}+M_{ad}=100\% \tag{7-55}$$

③ 干燥基　失去全水分后燃料成分。平衡式如下：

元素分析值　$$C_{d}+H_{d}+O_{d}+S_{d}+N_{d}+A_{d}=100\% \tag{7-56}$$

工业分析值　$$FC_{d}+V_{d}+A_{d}=100\% \tag{7-57}$$

④ 干燥无灰基　燃料的可燃成分，不计入灰分和全水分。平衡式如下：

元素分析值　$$C_{daf}+H_{daf}+O_{daf}+S_{daf}+N_{daf}=100\% \tag{7-58}$$

工业分析值　$$FC_{daf}+V_{daf}=100\% \tag{7-59}$$

式中，C、H、O、S、N、A、M、FC、V 分别为碳、氢、氧、硫、氮、灰分、水分、固定碳、挥发分含量的质量分数。

以上所述的燃料成分，如已知某一基质燃料成分的数值，可按表 7-5 所列的换算系数，换算为其他基质的燃料成分。

表 7-5　燃料基质换算系数

已知燃料基质	欲求燃料基质			
	收到基	空气干燥基	干燥基	干燥无灰基
收到基	—	$\frac{100-M_{ad}}{100-M_{ar}}$	$\frac{100}{100-M_{ar}}$	$\frac{100}{100-M_{ar}-A_{ar}}$
空气干燥基	$\frac{100-M_{ar}}{100-M_{ad}}$	—	$\frac{100}{100-M_{ad}}$	$\frac{100}{100-M_{ad}-A_{ad}}$
干燥基	$\frac{100-M_{ar}}{100}$	$\frac{100-M_{ad}}{100}$	—	$\frac{100}{100-A_{ad}}$
干燥无灰基	$\frac{100-M_{ad}-A_{ar}}{100}$	$\frac{100-M_{ad}-A_{ad}}{100}$	$\frac{100-A_{ad}}{100}$	—

锅炉试验用煤如系两种或多种煤均匀混合时，混合煤的元素成分应按相应基质的混合比加权平均计算。

煤的分析结果标明基质十分重要，只有这样分析结果才有可比性，并能正确地反映煤的质量。例如，为确定煤中矿物质的数量，计算成干燥基灰分（A_d）比计算成收到基灰分（A_{ar}）更合适，因为这样可以避免因水分变化引起灰分值的误差。同样道理，对于煤中的可燃成分，如对于挥发分，按干燥无灰基（V_{daf}）计算更能反映煤质好坏，因为煤的水分和灰分的改变，不会影响干燥无灰基挥发的百分含量。所以在实际工作中凡涉及可燃成分，多使用干燥无灰基，并在煤的分类中，多用V_{daf}这一指标作为区分各类煤的依据。对锅炉热效率计算所涉及的项目以收到基基质为基准，这样更符合实际情况。

（2）*发热量的计算与换算* 煤的发热量应以氧弹热量计实测值为准，据以计算燃料的高位发热量和低位发热量。燃料的高位发热量是燃料完全燃烧能释放出的全部化学热量；低位发热量则扣除了燃料所含水分及燃烧后生成水分在常压下蒸发为饱和蒸汽所吸收的热量，因为这一部分热量认为是不能利用的。

氧弹热量测得的发热量称为弹筒发热量 $Q_{b,ad}$，根据弹筒发热量可以计算出高位发热量 $Q_{gr,ad}$。计算公式如下：

$$Q_{gr,ad}=Q_{b,ad}-(94.1S_{b,ad}+aQ_{b,ad}) \tag{7-60}$$

式中 $Q_{gr,ad}$——分析试样高位发热量，kJ/kg；

$Q_{b,ad}$——分析试样的弹筒发热量，kJ/kg；

$S_{b,ad}$——由弹筒洗液测得的煤的含硫量，%，当全硫低于4%，或发热量大于14.60MJ/kg时，可用全硫或可燃硫代替$S_{b,ad}$；

94.1——煤中每1%硫的校正值，kJ；

a——硝酸校正系数：

当 $Q_{b,ad}\leqslant16700$kJ/kg 时，$a=0.001$；

当 16700kJ/kg $<Q_{b,ad}\leqslant25000$kJ/kg 时，$a=0.0012$；

当 $Q_{b,ad}>25000$kJ/ kg 时，$a=0.0016$。

燃料的低位发热量 Q_{net} 按下列公式计算：

收到基 $$Q_{net,ar}=Q_{gr,ar}-225H_{ar}-25M_{ar} \tag{7-61}$$

空气干燥基 $$Q_{net,ad}=Q_{gr,ad}-225H_{ad}-25M_{ad} \tag{7-62}$$

干燥基 $$Q_{net,d}=Q_{gr,d}-225H_{d} \tag{7-63}$$

干燥无灰基 $$Q_{net,adf}=Q_{gr,adf}-225H_{adf} \tag{7-64}$$

不同基质的高位发热量，从一种基质换算到另一种基质时，可直接采用表7-5的换算系数。干燥基和干燥无灰基低位发热量之间的换算，亦可采用表7-5的换算系数。

燃料收到基低位发热量与其他基质低位发热量之间的换算还需考虑水分的汽化潜热的修正，即

$$Q_{net,ar}=(Q_{net,ad}+25M_{ad})-\frac{100-M_{ar}}{100-M_{ad}}-25M_{ar} \tag{7-65}$$

$$Q_{net,ar}=Q_{net,d}\frac{100-M_{ar}}{100}-25M_{ar} \tag{7-66}$$

$$Q_{net,ar}=Q_{net,adf}\frac{100-M_{ad}-A_{ar}}{100}-25M_{ar} \tag{7-67}$$

同一煤种的水分从 M_{ar} 变为 M_{ar1}、灰分从 A_{ar} 变为 A_{ar1} 时，收到基低位发热量将随之从 $Q_{net,ar}$ 变为 $Q_{net,ar1}$，后者可按下式计算：

$$Q_{net,ar1}=(Q_{net,ad}+25M_{ad})\frac{100-(A_{ar1}+M_{ar1})}{100-(A_{ar}+M_{ar})}-25M_{ar} \tag{7-68}$$

8. 烟气成分测量

（1）取样点的布置　烟气取样点应选择在气流均匀的直管段上，不应安装在烟道拐弯处及有漏风处。伸入烟道内的取样管上开设 ϕ1～2mm 的若干小孔，取样管上小孔的开设方式应按等面积环原则，取样孔总面积应符合式（7-50）等速取样原则。为简便，也可采用等孔距的方式。小孔的总面积不应超过管子横截面积的 50%。

烟气温度小于 600℃时，烟气取样管可用不经冷却的 ϕ8～12mm 不锈钢管或优质碳素钢管；烟气温度超过 600℃时，则必须利用水冷取样管，因为在高温下金属管壁会使 CO_2 还原成 CO，且管内沉积的未燃炭粒也会继续燃烧；烟温在 700℃时，尚可采用不经冷却的紫铜管。

（2）烟气分析仪　烟气中 RO_2（CO_2 和 SO_2）、O_2 可用奥氏气体分析仪、烟气全分析仪、气相色谱仪、比长检测管等进行测量；也可采用其他形式的仪器测量，如顺磁氧量计、氧化锆氧量计。但采用仪器法测量时，应在试验前及试验过程中定时用奥氏气体分析仪进行校验。

（3）奥氏气体分析仪　奥氏气体分析仪是一种使用年代较长的手工操作的气体分析仪，由于它结构简单、使用可靠、准确度高，目前在锅炉热平衡试验中仍是最常用的气体分析仪。奥氏气体分析仪的构造如图 7-9 所示。

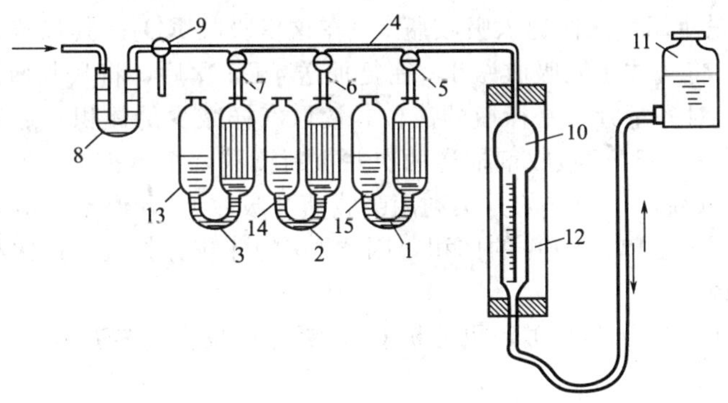

图 7-9　奥氏气体分析仪示意图

1～3—吸收瓶；4—梳形管；5～7—旋塞；8—过滤器；9—三通旋塞；10—量管；11—平衡瓶（水准瓶）；12—水套管；13～15—缓冲瓶

奥氏气体分析仪是利用化学吸收法，按容积测定烟气成分的仪器。在试验中常用来直接测定烟气试样中 RO_2、O_2 和 CO 体积分数［在 CO 体积分数 <0.2%时，可按式(7-22) 计算出 CO 体积分数］。

① 奥氏气体分析仪吸收剂的配制方法

a. 三原子气体（CO_2+SO_2）吸收剂。氢氧化钾与水以 1∶2 比例配制。吸收瓶装药容量约为 150mL，称取 75g 化学纯氢氧化钾，溶于 150mL 蒸馏水中。1mL 吸收剂能吸收 40mL RO_2 气体，吸收瓶装药量一般可做上百个试样。当吸收瓶浮现白色固体时，应及时更换吸收剂。三原子气体吸收剂常用氢氧化钾而不用氢氧化钠，因为氢氧化钠溶液常起泡沫，且析出难溶于氢氧化钠溶液中的碳酸钠而使管路堵塞。

b. 氧气吸收剂。先分别配制焦性没食子酸和氢氧化钾水溶液。称取 20g 焦性没食子酸溶于 40mL 蒸馏水中，再以 55g 氢氧化钾溶于 110mL 水中。为防止氧化，两种水溶液的混合应在吸收瓶中进行。混合后在吸收瓶的缓冲瓶中注入液体石蜡或透平油，厚度为2～3mm，隔绝空气以防氧化。一般一次装药可做30多个试样，视烟气含氧量不同而有所变化。吸收瓶中颜色呈黄色后即应更换吸收剂。

c. 一氧化碳吸收剂。将50g氯化铵溶于150mL蒸馏水中，再加入40g氯化亚铜。若暂时不用，可装入瓶中放入数圈铜丝，以防氧化。使用时，以3体积氯化亚铜溶液和相对密度为0.9的（25%）1体积的氨水相混合，注入插有铜丝的吸收瓶中。一般燃煤锅炉烟气中CO含量很少，配制一次可做上百个试样。

② 奥氏气体分析仪操作方法　使用奥氏气体分析仪之前，必须检查仪器，应严密不漏。检查严密性的方法如下（参见图7-9）：首先将吸收瓶的液位提升到旋塞5、6之下的标线处，关闭旋塞后液位不应下降；关闭三通旋塞9，尽量提高或放低平衡瓶11，量管中的液位经2～3min后不发生变化。

测量方法：将分析仪接通取样管后，利用旋塞9和平衡瓶11的动作连续数次吸取烟气样并加以排掉，以冲洗整个系统，使不残存非试样气体。另外，由于所有气体，特别是SO_2和CO_2都略溶于水，故水准瓶及量筒内的食盐水也应预先尽量接触烟气使其达到饱和。

正式吸取试样时，使量管的液位降到“0”刻度以下，关闭旋塞9。等2min左右，待烟气冷却后再对零位。对零位的方法很多，通常是提高平衡瓶使平衡瓶内的液位至“0”刻度下方但接近“0”刻度线，然后旋转旋塞9接通大气，将平衡瓶上移，使量管内的液位凹面的下缘对准“0”刻度线，然后将旋塞9旋回原位。这样可保证量管内取得的烟气体积在大气压下为100mL，即量管内的液位与平衡瓶内的液位一致并正好对准“0”刻度线。

分析时，应首先使烟气试样通入吸收瓶1，在这里吸收RO_2。其步骤如下：先抬高平衡瓶，后打开旋塞5，将气体压入吸收瓶1，往复抽送4～5次后，将吸收瓶内药液液位升高至原位，关闭旋塞5。对齐量管与平衡瓶的液位，读取气样减少的体积。之后为检查吸收进行得是否完全，应使气样再通过吸收剂抽送两次并重新读数，至体积不再减少为止。

在RO_2被吸收以后，用同样的方法利用吸收瓶2吸收O_2，但至少应往复抽送6～7次。吸收O_2后得到的读数是RO_2+O_2的体积，因此O_2的体积分数就是这次与上次（吸收RO_2以后的）读数的差额。

分析的顺序必须是先分析RO_2，再分析O_2。因焦性没食子酸碱溶液不仅能吸收O_2，且能吸收RO_2。

再进行量管排气时，应先将平衡瓶抬高，再旋转旋塞9通大气，接着关闭旋塞才能放低平衡瓶，以免吸入空气。

记录气样体积时，量管内液位（凹面）必须与平衡瓶中的液位（凹面）齐平，这样内外所受的压力相同，读数才正确。

进入分析仪的烟气试样温度不应超过40～50℃。最好保持分析仪的环境温度在20℃左右或稍高些，温度太低影响吸收效果。在分析过程中应注意避免环境温度有过大的变化，因为这样会导致气样体积的变化而引起的误差。

9. 灰渣测定

(1) 炉渣的计量与取样　在试验开始时，将炉排下（或渣斗）的灰渣全部清除干净，试验结束后将全部灰渣收集起来，等冷却后称量，称量前尽量不要向炉渣浇水。对于水封渣斗的锅炉，应分析湿炉渣的含水量，扣除湿炉渣水分后即为干炉渣量。湿炉渣折算成干炉渣可按下式计算：

$$G_{lz}=G_{lz}^{s}\left(1-\frac{M_{LZ}^{5}}{100}\right) \tag{7-69}$$

式中 G_{lz}——干炉渣重量，kg/h；

G_{lz}^{s}——湿炉渣重量，kg/h；

M_{LZ}^{5}——湿炉渣含水量，%。

湿炉渣计量前，最好先堆放一段时间，尽量使炉渣含水量均匀，并且可减少些水分。炉渣取样应能充分代表锅炉燃烧后全部炉渣的平均特性。因此，采样时要遵守下列规则：

① 尽量注意到由于燃烧程度不同，而形成的炉渣颜色不同区域的分布情况；

② 按照实际清渣的不同情况进行采样；

③ 在不同的位置进行采样。

采样次数：人工除渣时，每一渣车可按三点部位采样一次；装有机械除渣的锅炉，在试验时如连续运行，则可在出渣口处定期采样（一般可每隔 10min 采样一次），采样时间应稍迟于试验开始时间。

每次试验采样量应不少于总渣量的 2%，采集的原始灰渣量不少于 20kg。当总灰量少于 20kg 时，应予全部取样。炉渣试样的制备方法与燃煤试样制备方法相同。缩分制样量不少于 0.5kg。试样制备后装于密封容器中，送化验室测定水分、可燃物含量。缩分后炉渣的最小试样量与粒度的关系可参考表 7-6。

表 7-6 缩分后炉渣的最小试样量与粒度的关系

试样的最大粒度/mm	50	25	13	3
缩分后允许的最小试样量/kg	60	30	10	0.5

(2) 漏煤的计量和取样 漏煤在试验期间一般不予清除，在试验结束后一次放出后称量。各灰斗放出的灰应均匀混合后采样。漏煤试样的制备方法与炉渣试样的制备方法相同。

(3) 飞灰的取样 这里所谓的飞灰，是指离开炉膛以后的烟气中所携带的固体颗粒，包括纯灰粒和细小炭粒。到目前为止，准确地采取飞灰试样还是个较困难的问题。由于飞灰的粒度大小不一，粒粗的飞灰粒子，在取样点之前就在烟气的流动过程中沉降下来，因此，即便采用专门的飞灰取样器，也很难准确地取得飞灰试样。

装有除尘器的锅炉，可将在试验期间在除尘器和对流灰斗中收集的全部飞灰加以混合、缩分和取样。

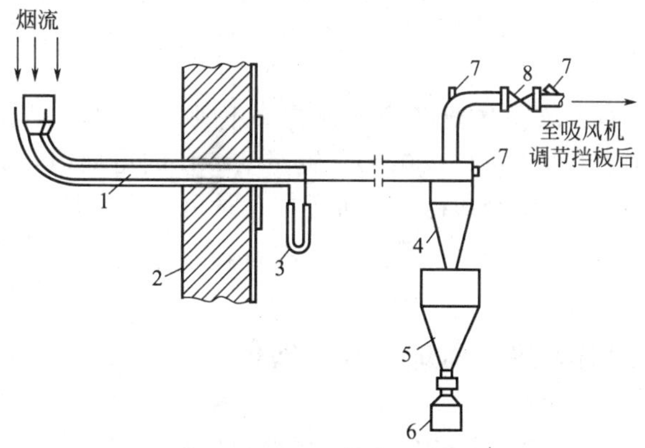

图 7-10 常用的飞灰取样器系统

1—取样管；2—炉墙；3—U 形管差压计（或微压计）；4—旋风捕集器；5—中间灰斗；6—取样瓶；7—吹扫孔；8—调节阀

没有装除尘器的锅炉，飞灰取样可按图 7-10 系统进行。利用引风机的负压，经取样头（图 7-11）吸入飞灰和烟气，由旋风捕集器（图 7-12）分离出飞灰，即可采取飞灰试样。装有除尘器时，飞灰取样点应装在除尘器前。

从烟道内抽取飞灰样品应采用等速取样的原则。这是因为不同粒径的飞灰颗粒含有的可燃物含量不尽相同。一般来说，粒径愈粗，可燃物含量也愈大。如果取样嘴的吸入速度与周围烟气流速相差过大，抽取的灰量粒度分布与实际飞灰有较大的偏离时，就会引起飞灰可燃物含量的测量误差。因此，在取样时调节调节阀，使取样管内的压力（P_n）与取样管外（烟道内）压力（P_y）相等，保持 $\Delta P = P_n - P_y = 0$，即能达到等速取样的目的。

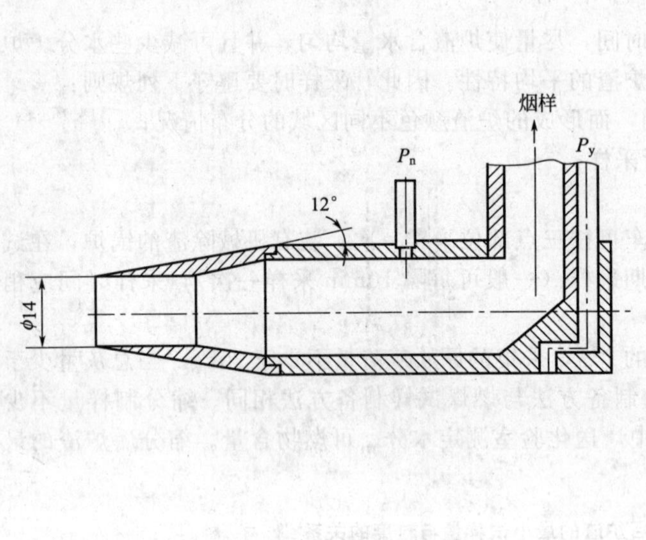

图 7-11 飞灰取样头

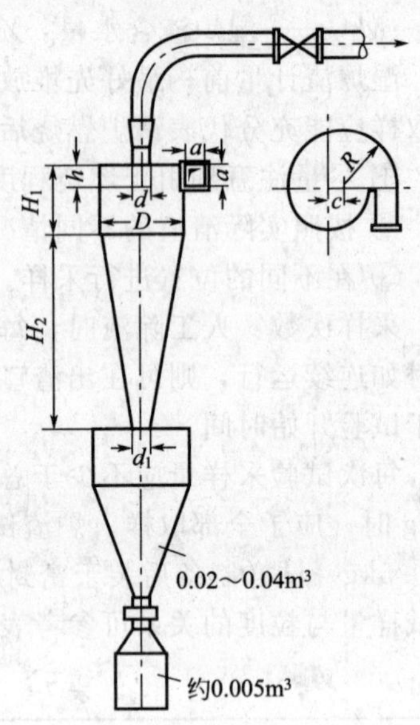

图 7-12 旋风捕集器的基本结构和相对尺寸

$D=50\sim100$mm；$d=0.233D$；
$d_1=0.217D$；$H_1=0.834D$；
$H_2=2.330D$；$a=0.250D$；
$h=0.283D$；$c=0.167D$；
$R=0.667D$

（4）*灰渣可燃物含量测定* 称取经烘干、研细、过筛（不得有遗弃）后的试样 1g±0.01g（称准到 0.0002g），置于 30mL 的坩埚内，放入高温马弗炉中，升温至 850℃，灼烧 1～2h，取出冷却称量。可燃物含量可按下式计算：

$$\text{可燃物含量}\ C=\frac{\text{试样失重(g)}}{\text{试样重(g)}}\times100\% \tag{7-70}$$

八、锅炉热平衡试验计算实例

1. 概述

某厂原装有 SZP 10-13 型抛煤机炉，后经技术改造为链条炉。改造后锅炉运行正常，烟囱不再冒黑烟，灰渣可燃物含量控制在 12%以下，运行部门对此已很满意。在开展节能活动中，为进一步提高锅炉热效率，挖掘锅炉节能潜力，需测定锅炉改造后实际运行的效率，并找出热损失分配的情况，为进一步改进运行操作提供数据。为此，对锅炉进行一次热平衡试验。

正式试验前对锅炉进行燃烧调整，使锅炉在较佳的工况下运行。试验共进行了两次，每次试验持续时间为 4h。

2. 锅炉热效率试验数据计算

锅炉燃煤的空气干燥基工业分析与元素成分分析如下：

碳 $C_{ad}=61.36\%$；氢 $H_{ad}=3.84\%$；氧 $O_{ad}=7.46\%$；硫 $S_{ad}=0.63\%$；氮 $N_{ad}=1.06\%$；

灰分 A_{ad}=24.15%；水分 M_{ad}=1.50%；挥发分 V_{ad}=27.93%

收到基全水分：M_{ar}=8.9%

收到基低位发热量：$Q_{net,v,ar}$=21829 kJ/kg。

锅炉热效率试验计算如表 7-7 所示。

表 7-7　锅炉热效率试验综合计算表

序号	名　　称	符号	单位	数据来源	试验数据	
					工况 1	工况 2
(一)燃料特性						
1	燃料收到基碳	C_{ar}	%	$C_{ad}\times\frac{100-M_{ar}}{100-M_{ad}}$	56.75	56.75
2	燃料收到基氢	H_{ar}	%	$H_{ad}\times\frac{100-M_{ar}}{100-M_{ad}}$	3.55	3.55
3	燃料收到基氧	O_{ar}	%	$O_{ad}\times\frac{100-M_{ar}}{100-M_{ad}}$	6.90	6.90
4	燃料收到基硫	S_{ar}	%	$S_{ad}\times\frac{100-M_{ar}}{100-M_{ad}}$	0.58	0.58
5	燃料收到基氮	N_{ar}	%	$N_{ad}\times\frac{100-M_{ar}}{100-M_{ad}}$	0.98	0.98
6	燃料收到基灰分	A_{ar}	%	$A_{ad}\times\frac{100-M_{ar}}{100-M_{ad}}$	22.34	22.34
7	燃料收到基水分	M_{ar}	%	化验数据	8.90	8.90
8	干燥无灰基挥发分	V_{daf}	%	$V_{ad}\times\frac{100}{100-M_{ad}-A_{ad}}$	37.57	37.57
9	燃料收到基低位发热量	$Q_{net.v,ar}$	kJ/kg	化验数据	21829	21829
(二)锅炉正平衡热效率						
10	给水流量	G	kg/h	试验数据	10596	10154
11	锅水取样量	G_s	kg/h	试验数据	45	53
12	蒸汽压力	P	MPa	试验数据	1.15	1.20
13	蒸汽焓	h_{bq}	kJ/kg	试验数据	2784.8	2786.0
14	蒸汽湿度	W	%	试验数据	1.53	1.67
15	汽化潜热	r	kJ/kg	试验数据	1978.1	1971.3
16	给水压力	P_{gs}	MPa	试验数据	1.94	1.96
17	给水温度	t_{gs}	℃	试验数据	31.5	30.7
18	给水焓	h_{gs}	kJ/kg	查 表	133.8	130.4
19	锅炉出力	D	kJ/h	G−Gs	10551	10101
20	燃料消耗量	B	kg/h	试验数据	1608.5	1562.3
21	输入热量	Q_r	kJ/kg	Qnet. var	21829	21829
22	锅炉正平衡热效率	η_1	%	$\frac{D_{gs}\left(h_{bq}-h_{gs}-\frac{rW}{100}\right)-G_s r}{BQ_r}\times 100$	78.834	77.782
(三)锅炉反平衡热效率						
23	炉渣淋水后含水量	M_{lz}	%	化验数据	30.5	31.8
24	湿炉渣重量	G_{lz}^{s}	kg/h	试验数据	426.6	398.5

续表

序号	名　　称	符号	单位	数据来源	试验数据	
(三)锅炉反平衡热效率						
25	炉渣重量	G_{lz}	kg/h	$G_{lz}^{s}\left(1-\frac{M_{lz}}{100}\right)$	296.5	271.8
26	漏煤重量	G_{lm}	kg/h	试验数据	44.30	35.80
27	炉渣可燃物含量	C_{lz}	%	化验数据	14.60	13.56
28	漏煤可燃物含量	C_{lm}	%	化验数据	25.75	22.43
29	飞灰可燃物含量	C_{fh}	%	化验数据	27.34	30.67
30	炉渣含灰量占入炉煤灰量百分比	a_{lz}	%	$\frac{G_{lz}(100-C_{lz})}{BA_{ar}}\times 100$	70.46	67.31
31	漏煤含灰量占入炉煤灰量百分比	a_{lm}	%	$\frac{G_{lm}(100-C_{lm})}{BA_{ar}}\times 100$	9.15	7.96
32	飞灰含灰量占入炉煤灰量百分比	a_{fh}	%	$100-(a_{lz}+a_{lm})$	20.38	24.73
33	固体未完全燃烧热损失	q_4	%	$\left(a_{lz}\frac{C_{lz}}{100-C_{lz}}+a_{lm}\frac{C_{lm}}{100-C_{lm}}+a_{fh}\frac{C_{fh}}{100-C_{fh}}\right)\times\frac{328.664A_{ar}}{Q_r}$	6.632	7.232
34	排烟处 RO_2	RO_2	%	试验数据	8.77	8.56
35	排烟处 O_2	O_2	%	试验数据	10.85	10.97
36	燃料特性系数	β		$2.35\times\frac{H_{ar}-0.126O_{ar}+0.038N_{ar}}{C_{ar}+0.375S_{ar}}$	0.1121	0.1121
37	排烟处 CO	CO	%	试验数据	0.55	0.71
38	修正系数	K_{q_4}	%	$\frac{100-q_4}{100}$	0.9337	0.9277
39	排烟处过量空气系数	α_{py}		$\frac{21}{21-79\times\frac{O_2-0.5CO}{100-(RO_2+O_2+CO)}}$	1.993	2.002
40	理论空气量	V°	m³/kg	$0.0889(C_{ar}+0.375S_{ar})+0.265H_{ar}-0.0333O_{ar}$	5.775	5.775
41	RO_2 体积	V_{RO_2}	m³/kg	$1.866\times\frac{C_{ar}+0.375S_{ar}}{100}$	1.063	1.063
42	理论氮气体积	$V_{N_2}^{\circ}$	m³/kg	$0.79V^{\circ}+\frac{0.8N_{ar}}{100}$	4.570	4.570
43	理论水蒸气容积	$V_{H_2O}^{\circ}$	m³/kg	$0.111H_{ar}+0.0124M_{ar}+0.0161V^{\circ}$	0.597	0.597
44	排烟处水蒸气体积	V_{H_2O}	m³/kg	$V_{H_2O}^{\circ}+0.0161(\alpha_{py}-1)V^{\circ}$	0.690	0.691
45	排烟处干烟气体积	V_{gy}	m³/kg	$V_{RO_2}+V_{N_2}^{\circ}+(\alpha_{py}-1)V^{\circ}$	11.368	11.423
46	气体未完全燃烧热损失	q_3	%	$\frac{V_{gy}K_{q_4}}{Q_r}\times 126.36CO\times 100$	3.404	4.369
47	入炉冷空气温度	t_{lk}	℃	试验数据	27.3	26.5
48	排烟温度	θ_{py}	℃	试验数据	156.5	151.3
49	排烟处 RO_2 定压比热容	C_{RO_2}	kJ/(m³·℃)	查表	1.7495	1.7449
50	排烟处 O_2 定压比热容	C_{O_2}	kJ/(m³·℃)	查表	1.3275	1.3266
51	排烟处 N_2 定压比热容	C_{N_2}	kJ/(m³·℃)	查表	1.2979	1.2977
52	排烟处 H_2O 定压比热容	C_{H_2O}	kJ/(m³·℃)	查表	1.5149	1.5140

续表

序号	名 称	符号	单位	数据来源	试验数据	
(三)锅炉反平衡热效率						
53	排烟处干烟气平均定压比热容	C_{gy}	kJ/(m³·℃)	$\frac{RO_2C_{RO_2}+O_2C_{O_2}+COC_{CO}+N_2C_{N_2}}{100}$	1.3408	1.3392
54	排烟处烟气焓	H_{py}	kJ/kg	$V_{gy}C_{gy}t_{gy}+V_{H_2O}C_{H_2O}t_{py}$	2548.9	2472.6
55	入炉冷空气比热容	C_{lk}	kJ/(m³·℃)	查表	1.3204	1.3204
56	入炉冷空气焓	H_{lk}	kJ/kg	$\alpha_{py}V°(ct)_{lk}$	414.9	404.6
57	排烟热损失	q_2	%	$\frac{K_{q_4}}{Q_r}(H_{py}-H_{lk})\times 100$	9.128	8.788
58	散热损失	q_5	%	查附录	1.604	1.674
59	炉渣温度	t_{lz}	℃	经验选取	600	600
60	炉渣比热容	C_{lz}	kJ/(kg·℃)	查 表	0.9504	0.9504
61	炉渣焓	$(ct)_{lz}$	kJ/kg	$C_{lz}t_{lz}$	570.2	570.2
62	飞灰比热容	C_{fh}	kJ/(kg·℃)	查表	0.8558	0.8545
63	飞灰焓	$(ct)_{fh}$	kJ/kg	$C_{fh}t_{py}$	133.9	129.3
64	灰渣物理热损失	q_6	%	$\frac{A_{ar}}{Q_r}\left[\frac{a_{lz}(ct)_{lz}}{100-C_{lz}}+\frac{\alpha_{fh}(ct)_{fh}}{100-C_{fh}}\right]$	0.482	0.455
65	热损失之和	Σq	%	$q_2+q_3+q_4+q_5+q_6$	21.249	22.518
66	反平衡热效率	η_2	%	$100-\Sigma q$	78.751	77.482
67	平均热效率	$\eta_{1,2}$	%	$\frac{\eta_1+\eta_2}{2}$	78.793	77.632

3. 试验结果分析与建议

(1) 锅炉两次试验平均热效率为 78.21%。容量为 10t/h 的链条锅炉燃用Ⅲ类烟煤时的要求热效率为 80%（工业锅炉技术条件规定），因此锅炉热效率略低。

(2) 试验实测锅炉机械不完全燃烧热损失（q_4）为 6.93%，该项指标较为理想。但锅炉运行时，排烟处过量空气系数偏大（α_{py}），其中一部分是用来增加燃尽区的，以减少炉渣的可燃物含量，但增加了排烟热损失（q_2）。因此，应设法减少锅炉送风量，将锅炉尾部过量空气系数（α_{py}）控制在 1.75 左右。

(3) 试验实测锅炉的化学不完全燃烧热损失（q_3）为 3.89%，此值偏高。造成化学不完全燃烧热损失偏高的主要原因是炉膛结构欠佳，致使可燃气体在炉膛内混合不良，可燃气体来不及燃尽就进入尾部低温烟道。因此，宜增加炉内二次风，加强炉内烟气的扰动，延长可燃气体在炉膛内的停留时间，以期减少化学不完全燃烧热损失。合理的化学不完全燃烧热损失应控制在 1%以下。

(4) 建议增加一台烟气分析仪，定期测量烟气中 O_2、CO 含量，在运行中控制过量空气系数，以减少排烟和化学不完全燃烧热损失。

第二节 锅炉能耗分析

一、锅炉排烟热损失

排烟热损失（q_2）是由于排出锅炉时的烟气焓高于进入锅炉时的空气焓而造成的热损

失。它是锅炉热损失中最主要的一项。

影响锅炉排烟热损失的主要因素是：排烟温度和排烟处的体积（烟气量）。排烟温度提高，则排烟热损失增大，因此，在锅炉设计时，合理地选择排烟温度直接影响锅炉的热效率。

烟气体积增大，则排烟热损失也增大。影响烟气体积的因素除了燃料的水分之外，主要是炉膛过量空气系数和锅炉烟道的漏风。因此，在锅炉运行时，合理地控制炉膛出口过量空气系数，尽量减少烟道各处的漏风量，以降低排烟热损失。

1. 排烟温度对排烟热损失的影响

排烟温度直接影响着排烟热损失，降低排烟温度，可以降低排烟热损失。一般情况下，排烟温度每升高 15～20℃，排烟热损失约增加 1 个百分点。从理论上来说，排烟温度降越低，排烟热损失就可以越小。但实际上锅炉排烟温度的选择取决于多种因素。因为降低排烟温度，势必要增加锅炉尾部受热面，这不但增加了钢材耗量，同时也增加了烟气侧的阻力，运行时要多耗电能。另外，为减轻尾部受热面的低温腐蚀，特别是燃用含硫量较高的燃料时，排烟温度应保持高些。因此，合理的排烟温度，应通过技术经济比较才能确定。对于小型锅炉一般排烟温度为 160～250℃，大型锅炉的排烟温度通常为 110～160℃。

对于工业锅炉的排烟温度，国家标准已有具体的规定。GB/T 17954—2007《工业锅炉经济运行》标准中规定工业锅炉在额定负荷运行时的排烟温度：

燃煤蒸汽锅炉	无尾部受热面	$<$ 250℃
燃煤热水锅炉	无尾部受热面	$<$ 220℃
油、气蒸汽锅炉	无尾部受热面	$<$ 230℃
油、气热水锅炉	无尾部受热面	$<$ 200℃
燃煤蒸汽、热水锅炉	有尾部受热面	$<$ 180℃
油、气蒸汽，热水锅炉	有尾部受热面	$<$ 160℃

锅炉运行时，当受热面积灰、结渣和结垢时，会使传热减弱、排烟温度升高，造成排烟热损失增大。因此，应及时吹灰、打焦和清除结垢，保持受热面内外的清洁，以降低排烟热损失。

2. 排烟烟气容积对排烟热损失的影响

本书第二章第一节“燃料及其基本特性”阐明，锅炉排烟烟气体积是理论烟气量与过量空气体积之和，即式(2-9)：

$$V_y = V_y^\circ + 1.0161(\alpha - 1)V_k^\circ \quad m^3/kg$$

而每千克燃料燃烧后生成的理论烟气量由二氧化碳、二氧化硫、理论氮气量及理论水蒸气量组成，即式(2-8)：

$$V_y^\circ = V_{CO_2} + V_{SO_2} + V_{N_2}^\circ + V_{H_2O}^\circ \quad m^3/kg$$

从式(2-8) 和式(2-9) 可知，对同一种燃料而言，影响其排烟烟气体积的主要可变因素是过量空气系数和取决于燃料水分及氧含量多少的烟气中水蒸气的体积。

而排烟处过量空气系数是由炉膛过量空气系数（供给锅炉燃烧用的风量）和各处烟道漏风系数（锅炉烟道漏入风量）两部分组成的，用以下公式表示：

$$\alpha_{py} = \alpha_1'' + \sum \Delta\alpha \tag{7-71}$$

式中 α_{py}——锅炉排烟处漏风系数；

α_1''——锅炉炉膛出口过量空气系数；

$\sum\Delta\alpha$——锅炉各处烟道漏风系数。

从以上各式可以得出，要减少烟气体积，可从三个方面进行着手：运行时炉膛过量空气系数的控制（α_l''）；减少各处尾部烟道的漏入风量（$\sum\Delta\alpha$）；减少烟气中水蒸气的体积（V_{H_2O}）。

（1）过量空气系数的调整　降低炉内过量空气系数，可以减少排烟体积，从而减少排烟热损失。但为使燃料完全燃烧，必须供给比理论空气量多而能与燃料均匀混合燃烧的最少过量空气，过量空气量是根据燃料的性质及燃烧装置而定的。一般而言，在燃料完全燃烧的前提下，过量空气量越小，越能提高燃烧温度而促进良好的燃烧，并能减少排烟体积而降低排烟热损失；而对低硫分燃料可减少 SO_3 的生成量并可改善排烟对锅炉尾部受热面的低温腐蚀和对环境所造成的污染。因此，在运行中合理控制过量空气系数非常重要。

过量空气系数的确定主要是根据锅炉燃烧的经济性，空气过量系数太大会增加排烟热损失，过小会增加化学不完全燃烧热损失（q_3）和机械不完全燃烧热损失（q_4）。所以应保持合理的过量空气系数，其值应按 q_2、q_3 和 q_4 之和（$q_2+q_3+q_4$）为最小的原则确定，如图 7-13 所示。

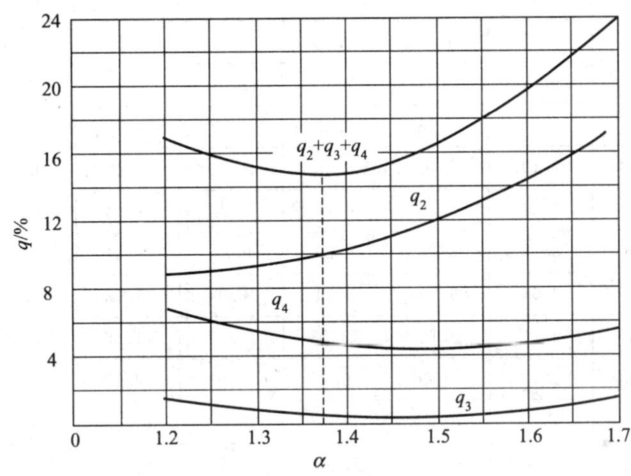

图 7-13　锅炉热损失与过量空气系数的关系

一般煤粉炉，在经济负荷范围内，炉膛出口适宜的空气过量空气系数在 1.15～1.25 范围内，这与煤种和炉膛有关。低挥发分的煤种常需要较大的过量空气系数，在链条炉上则较煤粉炉要高些。随着锅炉负荷的降低，空气过量空气系数有所提高。但一般在 75%～100% 额定负荷范围内，最合适的过量空气系数应无显著变化。

过量空气系数、排烟温度与排烟热损失之间的关系可由下面的经验公式来表示：

$$q_2=(K_1\alpha_{py}+K_2)\frac{\theta_{py}-\theta_{lk}}{100} \tag{7-72}$$

式中　q_2——排烟热损失，%；

α_{py}——排烟处过量空气系数；

θ_{py}——排烟温度，℃；

θ_{lk}——冷空气温度，℃；

K_1、K_2——经验常数，见表 7-8。

表 7-8　K_1、K_2 经验常数

煤　　种	K_1	K_2
烟煤及无烟煤	3.35	0.44
褐 煤	3.62	0.90
燃料油	3.55	0.32

锅炉燃用烟煤，锅炉进风温度为30℃时的过量空气系数、排烟温度与排烟热损失的关系见表7-9。

表7-9 过量空气系数、排烟温度与排烟热损失的关系

排烟温度/℃	排烟处过量空气系数								
	1.2	1.3	1.4	1.5	1.6	1.7	1.8	1.9	2.0
	排烟热损失/%								
100	3.12	3.36	3.59	3.83	4.06	4.29	4.53	4.76	5.00
110	3.57	3.84	4.10	4.37	4.64	4.91	5.18	5.44	5.71
120	4.01	4.32	4.62	4.92	5.22	5.52	5.82	6.12	6.43
130	4.46	4.80	5.13	5.47	5.80	6.14	6.47	6.81	7.14
140	4.91	5.27	5.64	6.01	6.38	6.75	7.12	7.49	7.85
150	5.35	5.75	6.16	6.56	6.96	7.36	7.76	8.17	8.57
160	5.80	6.23	6.67	7.10	7.54	7.98	8.41	8.85	9.28
170	6.24	6.71	7.18	7.65	8.12	8.59	9.06	9.53	10.00
180	6.69	7.19	7.70	8.20	8.70	9.20	9.71	10.21	10.71
190	7.14	7.67	8.21	8.74	9.28	9.82	10.35	10.89	11.42
200	7.58	8.15	8.72	9.29	9.86	10.43	11.00	11.57	12.14
210	8.03	8.63	9.23	9.84	10.44	11.04	11.65	12.25	12.85
220	8.47	9.11	9.75	10.38	11.02	11.66	12.29	12.93	13.57
230	8.92	9.59	10.26	10.93	11.60	12.27	12.94	13.61	14.28
240	9.37	10.07	10.77	11.48	12.18	12.88	13.59	14.29	14.99
250	9.81	10.55	11.29	12.02	12.76	13.50	14.23	14.97	15.71
260	10.26	11.03	11.80	12.57	13.34	14.11	14.88	15.65	16.42
270	10.70	11.51	12.31	13.12	13.92	14.72	15.53	16.33	17.14
280	11.15	11.99	12.83	13.66	14.50	15.34	16.18	17.01	17.85
290	11.60	12.47	13.34	14.21	15.08	15.95	16.82	17.69	18.56
300	12.04	12.95	13.85	14.76	15.66	16.56	17.47	18.37	19.28

从表中可以看出，排烟温度在150～200℃时，过量空气系数每增加0.1，排烟热损失增加0.40～0.5个百分点；当过量空气系数从1.5增大到时2.0时，排烟热损失将增加2.01～2.85个百分点。排烟温度越高，随着空气过量系数的增加，排烟热损失增加也越大。由此可见，在锅炉实际运行中，严格控制过量空气系数 α_{py}，对提高锅炉运行热效率是行之有效的方法。

由于过量空气系数对锅炉运行效率影响较大，因此，国家对工业锅炉运行中过量空气系数的控制有具体要求，GB/T 17951—2007《工业锅炉经济运行》标准中对工业锅炉运行时，排烟处过量空气系数的规定值如下：

层燃炉	无尾部受热面	$\alpha_{py} < 1.65$
	有尾部受热面	$\alpha_{py} < 1.75$
流化床锅炉		$\alpha_{py} < 1.50$
油、气室燃炉		$\alpha_{py} < 1.20$

(2) 炉膛及烟道的漏风　炉膛及烟道为负压运行的锅炉（即平衡通风锅炉），炉膛和烟道的严密性对锅炉运行的经济性有很大的影响。漏风会使排烟体积增大，并使漏风处以后所有受热面的传热减弱，而炉膛下部的漏风还会使排烟温度升高，漏风直接导致排烟热损失增加，并且烟道的漏风处越接近炉膛，其影响程度就越大。一般来说，当炉膛漏风系数每增加0.1，排烟温度将随之增加3～8℃，因而排烟热损失将增加0.2～0.5个百分点。炉膛的漏风还会使燃烧恶化，增加灰渣未完全燃烧热损失，同时也会导致过热蒸汽超温等不正常现象。漏风还会增加引风机的负荷及耗电量。严重的漏风甚至会限制锅炉的出力。因此，在运行中应保持适当的炉膛负压，尽量减少炉膛和锅炉各段烟道的漏风，以降低排烟温度热损失。同时还应经常定期检查并消除炉膛及烟道各处的漏风。

锅炉炉膛和各段烟道的漏风系数可进行漏风试验来确定。锅炉炉膛和烟道各区段在运行过程中允许漏风系数的最大值，可根据锅炉制造厂的规定，也可参考表7-10的数值。

表7-10　锅炉炉膛和烟道系统各区段的最大允许漏风系数

设备及结构形式			漏风系数 $\Delta\alpha$
炉膛	光管水冷壁的煤粉炉和链条炉		0.10
	膜式水冷壁的煤粉炉和燃油炉		0.05
防渣排管、屏式过热器			0
炉膛出口水平烟道			0.03
垂直烟道内的过热器及省煤器	蛇形钢管式	做成一级的	0.03
		做成二级的	0.02
	铸铁肋片管省煤器		0.10
空气预热器	管式，每一级		0.05
	板式，每一级		0.07
	铸铁肋片管式，每一级		0.10
	回转式		0.20
除法器	静电式		0.10
	多管式，水膜式，百叶窗式		0.05
烟道	钢板烟道，每10m		0.01
	砖砌烟道，每10m		0.05

(3) 燃料水分的影响　燃煤水分的增加会增加烟气中水蒸气（V_{H_2O}）的生成量，导致烟气体积的增加和排烟温度的升高，排烟热损失也会随之有所增加，同时引风机的耗电量也会略有增加。一般情况下，燃煤中含水量每增加1%，锅炉排烟热损失增加0.1%。

同时燃煤中水分的增加，会使燃烧温度下降，因为部分热量会消耗在加热水分使其汽化及过热上。这会导致炉膛燃烧温度的下降，使燃煤的着火和燃烧推迟，降低燃煤的燃尽度，增加灰渣的可燃物含量，降低锅炉的热效率。

但是，从燃烧动力学来讲，燃煤含有适当的水分对燃烧过程却有某些有利的作用。例如，链条炉燃用烟煤或贫煤时，如含有6%～8%的外在水分，煤的堆积密度可达到最小，炉排上的煤层孔隙度相对较大，便于均匀通风，且煤粉也不易飞扬，从而提高入炉煤的燃尽度，锅炉运行的经济性得到很好的提高。火焰中含有水蒸气对煤粉的悬浮燃烧也是一种十分有效的催化剂；因为水蒸气分子可以加速煤粉焦炭残骸的气化和燃烧。此外，水蒸气可以提高火焰的黑度，从而增加辐射放热强度，这在链条炉内是比较明显的。

二、化学不完全燃烧热损失

锅炉的可燃气体未完全燃烧热损失（q_3）或称化学不完全燃烧热损失，是指排烟烟气中含有可燃气体组分未燃烧放出热量就随烟气排出炉外而造成的热损失。

化学不完全燃烧热损失可按下式计算：

$$q_3=\frac{237.5CO(C_{ar}+0.375S_{ar})}{Q_r(RO_2+CO)}(100-q_4) \tag{7-73}$$

式中 RO_2——由烟气成分分析析测得的烟气中二氧化碳和二氧化硫体积分数之和，%；

CO——由烟气成分分析测得的烟气中一氧化碳，%。

化学不完全燃烧热损失 q_3 也可按简化公式近似计算：

$$q_3=3.23CO\alpha_1''\frac{100-q_4}{100} \tag{7-74}$$

式中 α_1''——炉膛出口处的过量空气系数。

由上述计算公式可知，烟气中的一氧化碳含量越多，则化学不完全燃烧热损失就越大。

影响化学未完全燃烧热损失的主要因素是：燃料挥发分、炉膛的过量空气系数、炉膛温度和炉内气流混合流动工况等。一般来说，挥发分多的燃料其化学未完全燃烧热损失相对较大，这时更应注意炉内燃烧的配风、火焰的充满及炉内的空气动力工况，务必使可燃气体及时获得充足的氧气，减少不完全燃烧。至于炉膛内的温度也不能太低，否则将影响一氧化碳气体的燃尽，因为当炉膛温度低于 800～900℃时，一氧化碳气体是很难燃烧的。

在运行中，保持适当的过量空气系数和较高的炉内温度以及稳定的负荷，并组织好炉内空气动力工况，使燃料与空气实现充分混合，就会减少化学不完全燃烧热损失。

通常，在燃烧正常的情况下，化学不完全燃烧热损失较小，一般为：

煤粉炉	$q_3=0\%$
气体或液体燃料炉	$q_3=0.5\%$
层燃炉	$q_3=0.5\%\sim1.0\%$

三、机械不完全燃烧热损失

机械不完全燃烧热损失（即固体不完全燃烧热损失）是由于进入锅炉的一部分燃料固定碳没有参与燃烧而引起的热损失，是锅炉的主要热损失之一，是锅炉的第二大热损失。机械不完全燃烧热损失由以下三部分组成：

① 灰渣不完全燃烧热损失（q_4^{lz}）—— 由灰渣中未燃烧或燃尽炭粒引起的损失；

② 漏煤不完全燃烧热损失（q_4^{lm}）—— 部分燃料经炉排落入灰坑引起的损失，它只存在于层燃炉中，对室燃炉 $q_4^{lm}=0$；

③ 飞灰不完全燃烧热损失（q_4^{fh}）—— 因未燃尽炭粒随烟气排出炉外而引起的损失。

机械不完全燃烧热损失的计算公式：

$$q_4=q_4^{lz}+q_4^{lm}+q_4^{fh}$$

上式内三项热损失的具体计算公式如下：

$$q_4^{lz}=\frac{328.66A_{ar}}{Q_r}a_{lz}\frac{C_{lz}}{100-C_{lz}}$$

$$q_4^{lm}=\frac{328.66A_{ar}}{Q_r}a_{lm}\frac{C_{lm}}{100-C_{lm}}$$

$$q_4^{fh}=\frac{328.66A_{ar}}{Q_r}a_{fh}\frac{C_{fh}}{100-C_{fh}}$$

式中 C_{lz}、C_{lm}、C_{fh}——分别为炉渣、漏煤、飞灰中含碳量，%；

a_{lz}、a_{lm}、a_{fh}——分别为炉渣、漏煤、飞灰中灰量占入煤炉煤总灰量的质量分数，即灰平衡百分率，%。

锅炉采用不同的燃烧方式，灰平衡百分比数值差别较大，对于确定其具体的数值，可在规定的工况下进行灰平衡试验得到。表 7-11 为不同燃烧方式的灰平衡百分率经验数据。

表 7-11　灰平衡百分率经验数据

燃　烧　方　式	a_{lz}/%	a_{lm}/%	a_{fh}/%
固态排渣煤粉炉			
鼓型钢球磨煤机及中速磨煤机	—	0	约 90
竖井磨煤机	—	0	约 85
链条炉	60 ～ 80	2 ～ 10	15 ～ 30
抛煤机炉	50 ～ 70	2 ～ 10	25 ～ 45

对于固态排渣煤粉炉的灰平衡受煤种、负荷等影响较小，且灰平衡的波动对机械不完全燃烧热损失 q_4 和灰渣物理热损失 q_6 的影响也较小。因此，除了特殊结构的炉型外，一般试验中可直接使用表 7-11 给出的数值。

链条炉及抛煤机的负荷、煤种（粒度、水分及黏结性）、炉排与炉膛结构、二次风的设计及运行方式等对灰平衡都有较大的影响。因此，在进行链条炉及抛煤机炉的试验时，应该实际测定其灰平衡。否则需利用已有的同炉型、同煤种、同运行方式的锅炉的灰平衡资料。

从表 7-11 可以了解到，煤粉炉中飞灰占总灰量的份额大，约 90%，机械不完全燃烧热损失的大小基本上是由飞灰不完全燃烧热损失决定的。因此，在实际运行中主要是控制飞灰含碳量，来降低机械不完全燃烧热损失。如飞灰含碳偏高（一般高于 6%），表示燃料在炉内燃烧不完全，则需要通过燃烧调整的方式来降低飞灰含碳量。调整时要根据实际燃烧的煤种，对过量空气系数、燃烧器出口风速和一、二风比率，煤粉细度等参量进行调整。如各方面调整合理，则 q_4 热损失就小。我国机械工程手册推荐的数据如下：

烟煤　　　$q_4=2\%$

贫煤　　　$q_4=3\%$

无烟煤　　$q_4=4\%$

煤粉炉的机械不完全燃烧热损失的计算公式：

$$q_4=32866\frac{A_{ar}}{Q_r}\left(0.90\frac{C_{fh}}{100-C_{fh}}+0.10\frac{C_{lz}}{100-C_{lz}}\right) \tag{7-75}$$

一般来说，由于炉渣的可燃物含量较飞灰可燃物含量要小，根据实际的经验上式可简化为：

$$q_4=0.95\times32866\frac{A_{ar}}{Q_r}\times\frac{C_{fh}}{100-C_{fh}} \tag{7-76}$$

如果煤种一定，A_{ar}、Q_r 为常数，q_4 仅与 C_{fh} 有关。

在链条炉和抛煤机炉中，炉渣占总灰量的份额最大，影响机械不完全燃烧损失 q_4 的主要是炉渣不完全燃烧热损失 q_4^{lz}。炉渣不完全燃烧热损失一方面取决于煤种，如挥发分少而灰分多时炉渣不完全燃烧热损失大；另一方面取决于运行操作，例如链条炉跑红火（火床拉长）、手烧炉排炉清炉时红火放掉过多等均会加大炉渣不完全燃烧热损失。

漏煤损失的大小，主要决定于炉排结构。要减少这项热损失，应在不影响通风的情况下，减小炉排缝隙，或者采用不漏煤炉排以减少漏煤。

飞灰热损失的大小，主要取决于炉膛温度、空气量以及混合情况等。如锅炉炉膛温度高、空气量合适、混合情况良好，则飞灰热损失就小。

为控制机械不完全燃烧热损失，国家标准 GB/T 17954—2007《工业锅炉经济运行》中对工业锅炉在运行时，炉渣可燃物含量的规定值如表 7-12 所列。

表 7-12　燃煤工业锅炉运行灰渣可燃物含量规定值　　单位：%

锅炉额定蒸发量 D_e/(t/h)（或额定热功率 Q_e/MW）	使用燃料								
	低质煤	烟煤			贫煤	无烟煤			褐煤
		Ⅰ类	Ⅱ类	Ⅲ类		Ⅰ类	Ⅱ类	Ⅲ类	
1～2(或 0.7～1.4)	20	18	18	16	18	18	21	18	18
2.1～8(或 1.5～5.6)	18	15	16	14	16	15	18	15	16
≥8.1(或≥5.7)	14	12	13	11	13	12	15	12	14

注：1. 表中数值除低质煤外均为层燃工业锅炉在额定负荷下运行时对炉渣可燃物含量的要求。

2. 表中数值除无烟煤外，可作流化床燃烧工业锅炉在额定负荷下运行时对飞灰可燃物含量的要求。

3. 非额定工况下运行时的灰渣可燃物含量，可近似取为表中数值与负荷率的乘积。

四、散热损失

散热损失（q_5）是由于锅炉炉墙、锅筒、集箱、汽水管道、烟风管道等部件的温度高于周围大气而向四周环境所散失的热量。散热损失相对于锅炉整个热损失来说，它的数值并不大，但对于较大容量的锅炉来说，它的热量绝对值却是可观的，因此不能轻视。

影响锅炉散热损失的主要因素有：锅炉容量及炉体的外表面积、水冷壁和炉墙结构、绝缘层的隔热性能与厚度、周围环境的空气温度和流动状况、锅炉负荷变化等。

显然，锅炉结构紧凑、外表面面积小、保温完善时，散热损失较小。锅炉周围空气温度高，空气流动状态差时，散热损失也较小。

一般来说，锅炉的容量越大，外表面积也越大，因而散热损失绝对值也就越大。但按散热损失的百分数来说，当锅炉容量增大时，燃料消耗量大致成比例增加，而锅炉的外表面积和炉膛温度等并不随锅炉容量的增大成正比例地增加。这样，对于单位蒸发量（或单位燃料消耗量）的外表面积是减少的，所以，锅炉容量越大，散热损失就越小。

对于同一台锅炉来说，当锅炉负荷增大时，炉壁面积不变，炉壁温度升高的幅度也赶不上负荷增大的幅度。所以，锅炉高负荷运行时，散热损失反而较小。

锅炉的散热损失可用以下公式表示：

$$q_5=\frac{q_f F+125600}{BQ_r} \tag{7-77}$$

式中　F——锅炉散热的总外表面积，m^2；

q_f——平均热流量，kJ/m^2；

125600——锅炉管道、联箱的散热损失值，kJ/h。

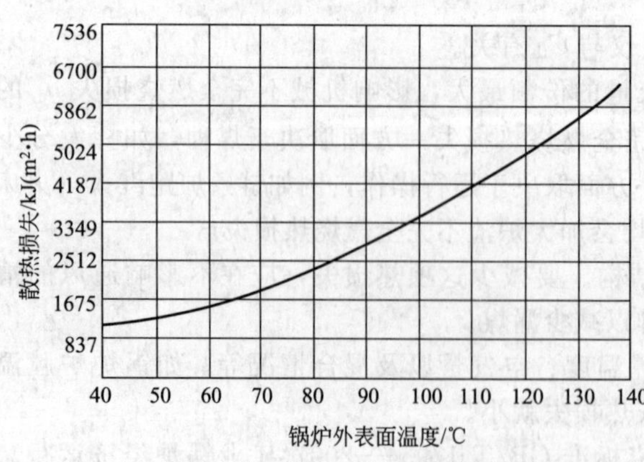

图 7-14　锅炉外壁温度与单位面积散热损失的关系

一般情况下，锅炉外壁温度小于 60℃，则可取 $q_f=1675kJ/(m^2\cdot h)$。若外表面温度超过 60℃，q_f 按图 7-14 选取。

锅炉炉体的散热损失 Q_5 也可通过计算的方法求得。由于炉体壁面的散热情况比较复杂，以下介绍几种计算方法供选择使用。

(1) 当周围介质是自然对流的空气，且壁面温度小于 150℃时，散热量可按下式计算：

$$Q_5=k_b F_b(t_b-t_h) \tag{7-78}$$

式中 Q_5——壁面散热损失的热量，kJ/h；

F_b——保温层外壁面积，m^2；

t_b——散热壁面外表面平均温度，℃；

t_h——离散热壁面 1m 远的环境温度，℃；

k_b——放热系数，kJ/(m^2·h·℃)。

对于平壁隔热层：

$$k_b = 35.2 + 0.251(t_b - t_h) \tag{7-79}$$

对于圆管或圆筒壁隔热层：

$$k_b = 33.9 + 0.188(t_b - t_h) \tag{7-80}$$

(2) 当炉墙由单一材料构成时，可用傅里叶公式计算：

$$Q_5 = \frac{\lambda}{l}(T_{ln} - T_{yb})F \tag{7-81}$$

式中 l——壁的厚度，m；

T_{ln}——炉墙内壁面的温度，K；

T_{yb}——炉墙外表面的温度，K；

λ——炉壁的热导率，kJ/(m^2·h·℃)。

热导率 λ 可按下式计算：

普通红砖 $$\lambda = 1.67 + 0.0018t_p \tag{7-82}$$

耐热黏土混凝土 $$\lambda = 2.51 + 0.0023t_p \tag{7-83}$$

烧黏土耐火砖 $$\lambda = 2.51 + 0.0023t_p \tag{7-84}$$

氮化物黏合剂金刚砖 $$\lambda = 33.49 + 0.0068t_p \tag{7-85}$$

硅藻土砖 $$\lambda = 0.42 + 0.00084t_p \tag{7-86}$$

珍珠岩混凝土 $$\lambda = 0.38 + 0.00084t_p \tag{7-87}$$

式中 t_p——炉墙材料平均温度。

$$t_p = \frac{1}{2}(T_{ln} - T_{yb}) \tag{7-88}$$

(3) 同时考虑对流、辐射放热时，计算公式为：

$$Q_5 = \sum F(\alpha_T + \alpha_f)(t_b - t_h) \tag{7-89}$$

式中 F——各单元的散热面积，m^2；

t_b——各单元的散热壁面温度，℃；

t_h——离散热面积 1m 远处空气温度，℃；

α_T——各单元对流放热系数，kJ/(m^2·h·℃)。

对平板和圆筒自然对流时：

垂直的散热表面 $$\alpha_T = 9.21\sqrt[4]{\Delta t} \tag{7-90}$$

水平向上散热表面 $$\alpha_T = 11.72\sqrt[4]{\Delta t} \tag{7-91}$$

水平向下散热表面 $$\alpha_T = 6.28\sqrt[4]{\Delta t} \tag{7-92}$$

式中 Δt——壁面和环境温度差，℃，$\Delta t = t_b - t_h$；

α_f——辐射放热系数，kJ/(m^2·h·℃)。

$$\alpha_f = \frac{C\left[\left(\frac{T_b}{100}\right)^4 - \left(\frac{T_h}{100}\right)^4\right]}{T_b - T_h} \tag{7-93}$$

式中 T_b——散热表面温度，K；

T_h——离散热面 1m 远处的空气温度，K；

C——辐射常数，按表 7-13 选取。

表 7-13 辐射常数 C

材 料	C	材 料	C
氧化的钢板、型钢红砖、泥灰、刷墙粉耐火砖	14.7～16.8 19.26 16.3～18.4	无光泽的黑漆 有光泽的黑漆 石棉板	20.1 18.8 19.7

由于锅炉散热损失的测量在一般情况下较为困难，因此，可根据锅炉的容量按图 7-2 来查取。

五、灰渣物理热损失

锅炉热损失中，除了上述损失外，还有灰渣热损失（q_6），它是锅炉在运行中，灰渣排出炉外时带走的热量。

灰渣热损失等于每千克燃料中的灰量与该温度下灰渣焓的乘积：

$$Q_6=\frac{A_{ar}}{100}\times\frac{\alpha_{hz}}{100}\times(c\theta)_{hz} \tag{7-94}$$

或

$$q_6^{hz}=\frac{Q_6}{Q_r}\times 100=\frac{A_{ar}\alpha_{hz}(c\theta)_{hz}}{100Q_r} \tag{7-95}$$

式中 Q_6——灰渣损失热量，kJ/kg；

q_6^{hz}——灰渣热损失，%；

A_{ar}——燃煤收到基灰分，%；

α_{hz}——灰渣中灰量占入炉煤总灰量的百分数，%；

$(c\theta)_{hz}$——每公斤灰渣在温度 θ 时的热焓，见表 7-14，kJ/kg；

Q_r——锅炉输入热量，kJ/kg。

表 7-14 灰渣的焓值

灰渣温度/℃	100	200	300	400	500	600	700	800	900	1000
灰渣焓值/(kJ/kg)	80.8	169.2	263.8	360.0	458.5	560.2	662.4	767.1	875.1	984.0

对于液态排渣炉、流化床炉和层燃炉，灰渣热损失较大，因此，必须考虑这部分热损失。

对于固态排渣煤粉炉，只有当燃料灰分含量很高时，即 $A_{ar}>\frac{Q_{net,v,ar}}{419}$，才须考虑这项热损失，否则可以忽略不计。

灰渣温度可按经验选取：

液态排渣炉 $\theta_{hz}=\theta_3+100℃$

固态炉及层燃炉 $\theta_{hz}=600℃$

式中 θ_{hz}——灰渣温度，℃；

θ_3——灰的熔化温度，℃。

第三节 几种热工测试仪器

一、超声波流量计

超声波在流动的流体中传播时就载上流体流速的信息。因此通过接收到的超声波就可以检测出流体的流速，从而换算成流量。根据检测的方式，可分为传播速度差法、多普勒法、波束偏移法、噪声法及相关法等不同类型的超声波流量计。超声波流量计是近十几年来随着集成电路技术迅速发展才开始应用的一种非接触式仪表，适于测量不易接触和观察的流体以及大管径流量。它与水位计联动可进行敞开水流的流量测量。使用超声波流量计不用在流体中安装测量元件，故不会改变流体的流动状态，不产生附加阻力，仪表的安装及检修均可不影响生产管线运行，因而是一种理想的节能型流量计。

众所周知，目前的工业流量测量普遍存在着大管径、大流量测量困难的问题，这是因为一般流量计随着测量管径的增大，会带来制造和运输困难、造价提高、能损加大、安装不便这些缺点，超声波流量计均可避免。因为各类超声波流量计均可管外安装、非接触测流，仪表造价基本上与被测管道口径大小无关，而其他类型的流量计随着口径增加，造价大幅度增加，故口径越大，超声波流量计比相同功能其他类型流量计的功能价格比越优越，被认为是较好的大管径流量测量仪表。多普勒法超声波流量计可测双相介质的流量，故可用于下水道及排污水等脏污流的测量。在发电厂中，用便携式超声波流量计测量水轮机进水量、汽轮机循环水量等大管径流量，比过去的皮脱管流速计方便得多。超声波流量计也可用于气体测量。管径的适用范围从 2cm～5m，从几米宽的明渠、暗渠到 500m 宽的河流都可适用。

另外，超声波测量仪表的流量测量准确度几乎不受被测流体温度、压力、黏度、密度等参数的影响，又可制成非接触及便携式测量仪表，故可解决其他类型仪表所难以测量的强腐蚀性、非导电性、放射性及易燃易爆介质的流量测量问题。另外，鉴于非接触测量特点，再配以合理的电子线路，一台仪表可适应多种管径测量和多种流量范围测量。超声波流量计的适应能力也是其他仪表不可比拟的。超声波流量计具有上述一些优点，因此它越来越受到重视并且向产品系列化、通用化发展，现已制成不同声道的标准型、高温型、防爆型、湿式型仪表，以适应不同介质、不同场合和不同管道条件的流量测量。

超声波流量计目前所存在的缺点主要是可测流体的温度范围受超声波换能器及换能器与管道之间的耦合材料耐温程度的限制，以及高温下被测流体传声速度的原始数据不全。目前我国只能用于测量 200℃以下的流体。另外，超声波流量计的测量线路比一般流量计复杂。这是因为，一般工业计量中液体的流速常常是每秒几米，而声波在液体中的传播速度约为 1500m/s，被测流体流速（流量）变化带给声速的变化量最大也是 10^{-3} 数量级。若要求测量流速的准确度为 1%，则对声速的测量准确度为 10^{-5}～10^{-6} 数量级，因此必须有完善的测量线路才能实现，这也正是超声波流量计只有在集成电路技术迅速发展的前提下才能得到实际应用的原因。

超声波流量计由超声波换能器、电子线路及流量显示和累积系统三部分组成。超声波发射换能器将电能转换为超声波能量，并将其发射到被测流体中，接收器接收到的超声波信号，经电子线路放大并转换为代表流量的电信号供给显示和积算仪表进行显示和积算。这样就实现了流量的检测和显示。

超声波流量计常用压电换能器。它利用压电材料的压电效应，采用适合的发射电路把电能加到发射换能器的压电元件上，使其产生超声波振动。超声波以某一角度射入流体中传播，然后由接收换能器接收，并经压电元件变为电能，以便检测。发射换能器利用压电元件的逆压电效应，而接收换能器则是利用压电效应。超声波流量计换能器的压电元件常做成圆形薄片，沿厚度振动。薄片直径超过厚度的 10 倍，以保证振动的方向性。压电元件材料多采用锆钛酸铅。为固定压电元件，使超声波以合适的角度射入到流体中，需把元件放入声楔中，构成换能器整体（又称探头）。声楔的材料不仅要求强度高、耐老化，而且要求超声波经声楔后能量损失小即透射系数接近 1。常用的声楔材料是有机玻璃，因为它透明，可以观察到声楔中压电元件的组装情况。另外，某些橡胶、塑料及胶木也可作声楔材料。

超声波流量计的电子线路包括发射、接收、信号处理和显示电路。测得的瞬时流量和累积流量值用数字量或模拟量显示。根据对信号检测的原理，目前超声波流量计大致可分传播速度差法（包括直接时差法、时差法、相位差法、频差法）、波束偏移法、多普勒法、相关法、空间滤波法及噪声法等类型。其中以噪声法原理及结构最简单，便于测量和携带，价格便宜但准确度较低，适于在流量测量准确度要求不高的场合使用。由于直接时差法、时差法、频差法和相位差法的基本原理都是通过测量超声波脉冲顺流和逆流传报时速度之差来反映流体的流速的，故又统称为传播速度差法。其中频差法和时差法克服了声速随流体温度变化带来的误差，准确度较高，所以被广泛采用。按照换能器的配置方法不同，传播速度差法又分为：Z法（透过法）、V法（反射法）、X法（交叉法）等。波束偏移法是利用超声波束在流体中的传播方向随流体流速变化而产生偏移来反映流体流速的，低流速时，灵敏度很低，适用性不大。多普勒法是利用声学多普勒原理，通过测量不均匀流体中散射体散射的超声波多普勒频移来确定流体流量的，适用于含悬浮颗粒、气泡等流体流量测量。相关法是利用相关技术测量流量，原理上，此法的测量准确度与流体中的声速无关，因而与流体温度、浓度等无关，因而测量准确度高，适用范围广。但相关器价格贵，线路比较复杂。在微处理机普及应用后，这个缺点可以克服。噪声法（听音法）是利用管道内流体流动时产生的噪声与流体的流速有关的原理，通过检测噪声表示流速或流量值。其方法简单，设备价格便宜，但准确度低。

以上几种方法各有特点，应根据被测流体性质、流速分布情况、管路安装地点以及对测量准确度的要求等因素进行选择。一般说来，由于工业生产中工质的温度常不能保持恒定，故多采用频差法及时差法。只有在管径很大时才采用直接时差法。对换能器安装方法的选择原则一般是：当流体沿管轴平行流动时，选用Z法；当流动方向与管轴不平行或管路安装地点使换能器安装间隔受到限制时，采用V法或X法。当流场分布不均匀而表前直管段又较短时，也可采用多声道（例如双声道或四声道）来克服流速扰动带来的流量测量误差。多普勒法适于测量两相流，可避免常规仪表由悬浮粒或气泡造成的堵塞、磨损、附着而不能运行的弊病，因而得以迅速发展。随着工业的发展及节能工作的开展，煤油混合（COM）、煤水混合（CWM）燃料的输送和应用以及燃料油加水助燃等节能方法的发展，都为多普勒超声波流量计应用开辟了广阔前景。

二、烟气分析仪

烟气分析仪是对有害气体如二氧化硫、一氧化氮、二氧化氮、一氧化碳等排放以及氧含量的气体检测的仪器，用于燃油、燃气锅炉污染排放，烟道气及污染源附近的环境监测。气体传感器是烟气分析仪检测气体的核心，常用气体传感器多为电化学传感器。

电化学气体传感器性能比较稳定，寿命较长，耗电很小，对气体的响应快，不受湿度的影响，分辨率一般可以达到0.1μmol/mol（随传感器不同有所不同）。它的温度适应性也比较宽（有时可以在－40～50℃间工作）。然而，它受读数温度变化的影响也比较大，所以很多仪器都有软硬件的温度补偿处理。同时电化学传感器又具有体积小、操作简单、携带方便、可用于现场监测及成本低等优点，所以，在目前各类气体检测设备中，包括烟气分析仪、电化学气体传感器占有很重要的地位。

1. 常用电化学传感器原理及结构

按照检测原理的不同，电化学气体传感器主要分为金属氧化物半导体式传感器、催化燃烧式传感器、定电位电解式气体传感器、迦伐尼电池式氧气传感器、红外式传感器、PID光离子化传感器等等。目前，烟气分析仪中使用较多的是定电位电解式气体传感器和迦伐尼电池式氧气传感器。

定电位电解式气体传感器的工作原理是：使电极与电解质溶液的界面保持一定电位进行电解，通过改变其设定电位，有选择地使气体进行氧化或还原，从而能定量检测各种气体。其结构是：在一个塑料制成的筒状池体内安装工作电极、对电极和参比电极，在电极之间充满电解液，由多孔四氟乙烯做成的隔膜，在顶部封装。前置放大器与传感器电极的连接，在电极之间施加了一定的电位，使传感器处于工作状态。气体在电解质内的工作电极发生氧化或还原反应，在对电极发生还原或氧化反应，电极的平衡电位发生变化，变化值与气体浓度成正比。可测量 SO_2、NO、NO_2、CO、H_2S 等气体，但这些气体传感器灵敏度却不相同，灵敏度从高到低的顺序是 H_2S、NO、NO_2、SO_2、CO，响应时间一般为几秒至几十秒，一般小于 1min；它们的寿命，短的只有半年，长则 2 年、3 年，而有的 CO 传感器长达几年。

伽伐尼电池式气体传感器与定电位电解式一样，通过测量电解电流来检测气体浓度。但由于传感器本身就是电池，所以不需要由外界施加电压。这种传感器主要用于 O_2 的检测，检测缺氧的仪器几乎都使用这种传感器。隔膜迦伐尼电池式氧气传感器的结构：在塑料容器的一面装有对氧气透过性良好的、厚 10～30μm 的聚四氟乙烯透气膜，在其容器内侧紧贴着贵金属（铂、黄金、银等）阴电极，在容器的另一面内侧或容器的空余部分设置阳极（用铅、镉等离子化倾向大的金属），用 KOH、$KHCO_3$ 作电解液。氧气在通过电解质时在阴阳极发生氧化还原反应，使阳极金属离子化，释放出电子，电流的大小与氧气的多少成正比，由于整个反应中阳极金属有消耗，所以传感器需要定期更换。

2. 如何科学地延长电化学传感器的使用寿命

电化学气体传感器大都是以水溶液作为电解质，电解质的蒸发或污染，常会导致传感器的信号下降，使用寿命短；由于在空气中有被测物质存在，传感器中的有效成分被消耗，因此传感器一旦被启封，就视为参加了使用，即使没用于测量，它的生命也在缩短；电化学型气体传感器的寿命期望值为 2 年，使用不当它的寿命可能更短，而传感器更换的费用较高。因此如何保证其使用寿命，传感器的正确维护对烟气分析仪的使用尤为重要。

传感器长时间暴露在烟气中会极大影响使用寿命，只有短时间与被测对象接触，长期处于新鲜的空气中即可维护其正常使用寿命。因此，仪器开机时，一定要在清洁的空气中。测量完毕后，不要立即关机，仪器必须在清洁空气保持运行时间 5～10min，待仪器气体显示值降至 10 单位以下，保持仪器内部处于新鲜空气的环境，方可关机或停泵，否则，传感器容易“中毒”并加速传感器的损耗。

对于装有粉尘过滤装置的仪器，要及时更换过滤芯，避免粉尘进入传感器内，污染传感器。对于便携式仪器，不论仪器是否经常使用，至少每隔 2～3 周充电一次，且采样时电池电量不应低于 30%。

有些厂商安装了两个泵：抽气泵和内置的清洗泵，在仪器连续监测一段时间后，抽气泵会关闭，在仪器内部的清洗泵会自动开启，抽取仪器周围的清洁空气，使仪器的传感器得到充分的清洗，这样也延长了传感器的使用寿命。

3. 如何保证仪器的准确性

为了保证烟气分析仪的精度和系统的完整性，对仪器还需要进行正常运行性流量检查及示值标定。

烟气分析仪是通过抽取烟道中气体到气体传感器，对被测量气体进行检测的，为利于烟气排放，烟道常采用负压，也就是说在烟道中如果仪器的泵抽力小，即泵的流量小，当负压超过仪器中泵的吸力时，会导致实际测量数值偏低。因此，使用仪器时，既要根据测试工况的负压范围，选择相应型号的仪器，还要对仪器的流量进行测量，一般仪器的流量要保证在0.7L/min以上，才有可能保证仪器测量的准确性。

日常工作中，可以根据本身具备的环境及条件选择不同的方法进行示值标定，以保证仪器的正常运转，但要对外出具公证数据时，则一定要到计量检定部门按周期检定，以保证仪器的准确性。

其一，选择洁净的空气，对仪器的零点进行标定。此时有害气体的含量应为“零”，而氧的含量则应为20.9%。

其二，选择纯氮，通入氮气氧传感器的显示应迅速下降为0.2mg/m³以下，否则氧传感器失效，而有害气体的显示应为“零”。

其三，选择一定体积质量的被测量标准气体进行标定，按照仪器使用说明书对每个传感器进行一一标定，如果发现示值误差超过说明书给出的技术指标，可通过校准程序或仪器内部电器指标的调整，对仪器进行调整。如果在使用中监测的数据异常偏低，反应非常慢；或在标定过程中发现传感器反应非常慢，线性误差较大，无法调整；或是刚刚调整好，再进行测量数值又发生了变化，则可以考虑更换传感器。

在更换传感器之后，也要对传感器或仪器进行及时反复的标定，调整准确后才能使用。

总之，科学合理的使用、维护，可有效地延长电化学传感器的寿命，以保证烟气分析仪的测量准确性。

三、热电偶温度计

热电偶是一种感温元件，它把温度信号转换成热电动势信号，通过电气仪表转换成被测介质的温度。热电偶测温的基本原理是两种不同成分的均质导体组成闭合回路，当两端存在温度梯度时，回路中就会有电流通过，此时两端之间就存在塞贝克电动势——热电动势，这就是所谓的塞贝克效应。两种不同成分的均质导体为热电极，温度较高的一端为工作端，温度较低的一端为自由端，自由端通常处于某个恒定的温度下。根据热电动势与温度的函数关系，制成热电偶分度表，分度表是自由端温度在0℃时的条件下得到的，不同的热电偶具有不同的分度表。在热电偶回路中接入第三种金属材料时，只要该材料两个接点的温度相同，热电偶所产生的热电势将保持不变，即不受第三种金属接入回路中的影响。因此，在热电偶测温时，可接入测量仪表，测得热电动势后，即可知道被测介质的温度。

热电偶是工业中常用的温度测温元件，具有如下特点：

① 测量精度高，热电偶与被测对象直接接触，不受中间介质的影响。

② 热响应时间快，热电偶对温度变化反应灵敏。

③ 测量范围大，热电偶从－40～＋1600℃均可连续测温。

④ 性能可靠，机械强度好。

⑤ 使用寿命长，安装方便。

热电偶的种类及结构：

1. 热电偶的种类

热电偶有K型（镍铬-镍硅）WRN系列，N型（镍铬硅-镍硅镁）WRM系列，E型（镍铬-铜镍）WRE系列，J型（铁-铜镍）WRF系列，T型（铜-铜镍）WRC系列，S型（铂铑10-铂）WRP系列，R型（铂铑13-铂）WRQ系列，B型（铂铑30-铂铑6）WRR系列等。

2. 热电偶的结构形式

热电偶的基本结构是热电极、绝缘材料和保护管，并与显示仪表、记录仪表或计算机等配套使用。在现场使用中根据环境、被测介质等多种因素研制成适合各种环境的热电偶。热电偶简单分为装配式热电偶，铠装式热电偶和特殊形式热电偶；按使用环境细分有耐高温热电偶，耐磨热电偶，耐腐蚀热电偶，耐高压热电偶，隔爆热电偶，铝液测温用热电偶，循环流化床用热电偶，水泥回转窑炉用热电偶，阳极焙烧炉用热电偶，高温热风炉用热电偶，汽化炉用热电偶，渗碳炉用热电偶，高温盐浴炉用热电偶，铜、铁及钢水用热电偶，抗氧化钨铼热电偶，真空炉用热电偶，铂铑热电偶等。

四、热流计

热流计是测量物体散热或吸热热流密度的仪表。热流计中最常见的是导热式热流计，还有测量锅炉炉内对流换热和辐射换热两者总热流密度的全热流计，以及只测辐射热流密度的辐射式热流计，它们都是测量炉内传热用的专用仪表。导热式热流计的工作基于传热学原理：一块平板在单位时间内所导过的热流密度 q，与平板材料的热导率 λ 和平板两面的温度差 Δt 成正比，而与平板的厚度 d 成反比，即 $q=\lambda\Delta t/d$。

因此，利用一小块已知厚度和热导率的平板做芯板，在芯板的两边装上由多支热电偶串接组成的热电堆来测量芯板两面的温度差，即可得知热流密度。为了使用方便，将芯板和热电堆全部用塑料或橡胶封装，并做成各种板状检测头。显示仪表可直接显示热流密度和温度。使用时将检测头敷贴在被测的建筑物、炉墙或热管道表面上，显示仪表即指示出其表面散热的热流密度和温度，从而可知其热量损失。

第八章

燃煤锅炉污染物减排技术

作为最大的煤炭生产国和消费国，大量使用煤炭的结果使煤烟污染成为我国大气的主要污染源之一。这是因为煤炭中含有硫、氮和矿物质等成分，燃烧时会放出大量的SO_2、NO_x、CO、烟尘等大气污染物，其中对人类环境威胁较大的按其状态可以分成两类：

① 颗粒状态污染物——尘、烟和雾（指液体微滴的悬浮体）。

② 气态污染物——以SO_2为主的含硫化合物、以NO_2为主的含氮化合物、碳的氧化物、碳氢化合物等。

除此之外，锅炉运行过程中还会产生废水、噪声等，对人的生存环境产生的不利影响也不能低估和忽视。我国绝大部分中小型燃煤锅炉运行技术粗放，效率不高，在燃烧的污染排放控制方面，与先进国家相比更是有很大的差距。

第一节　燃烧产生的主要污染物特性及危害

一、烟尘性质和危害

1. 烟尘的产生

烟尘是煤炭燃烧的必然产物，煤炭燃烧过程中会排放出黑烟和其他微粒状的飞灰，这就是烟尘。烟尘含有多种成分，其主要包括：未完全燃烧的炭粉、烟炱以及不可燃烧的矿物质微粒，如氧化钙、二氧化硅等。

煤燃烧过程中的黑烟主要是煤不完全燃烧产生的。煤在燃烧过程中，如果存在空气量不足，炉膛尺寸不当，或者空气与煤混合不均匀、燃烧反应时间不够等情况，就会使一部分可燃气体在炉膛中没有燃尽就随烟气排到炉外，形成不完全燃烧，这是化学不完全燃烧。炉膛温度比较低、通风不均匀也会使燃烧后形成的灰渣及烟气中含有大量的可燃物，这是机械不完全燃烧。在实际的燃烧过程中，不完全燃烧是不可能完全避免的。当然，即使燃烧条件非常好，煤炭100%地燃尽，由于煤中还有不可燃的成分（灰分、不可燃硫等），燃烧时也会有烟尘排出，只不过不是黑烟，我们通常讲的消烟除尘就是降低烟气黑度和减少烟气含尘量。

2. 烟尘的分类

工业上对黑烟常按下面方式分类：颗粒大于1μm的称为烟尘，如飞灰，飞灰中颗粒大于76μm的粗颗粒不能通过200目的筛子，我们称之为灰粒，其他的则称为尘。黑烟中颗粒小于1μm的称为烟气，通称为烟，如烟黑。另外，按微粒的重力沉降作用将其分成两类：粒径在10μm以上的容易沉降，称为降尘，如粉煤和大部分飞灰等，它们大多降落在污染源的附近；粒径小于10μm的飞灰不易沉降，称为飘尘（其中粒径小于0.1μm的飘尘基本不会沉降），它们在空气中可以飘浮几小时，甚至更长时间。这些飘尘既有细灰粒，还有煤灰中的矿物质如碱金属、重金属等的化合物，它们挥发升华，当温度降低时会集结凝聚，或聚结在细灰粒上。

3. 烟尘的危害

烟尘具有很大的危害性，在污染严重的地区，空中烟雾弥漫，建筑物表面被熏黑，环境卫生恶化，影响开窗、晒衣、工作和休息，更为严重的是危害人们身体健康。一般认为，烟尘被吸入人体后，大于 5μm 或小于 0.5μm 的尘粒会被鼻腔、气管和支气管阻留后排出，而粒径在 0.5～5μm 之间的粉尘能深入肺部，沉积于肺组织内无法排出，引起各种尘肺病。这些颗粒的表面含有某些化学物质和芳烃类化合物，颗粒组成中还有金属粒子，人长期吸入含有粉尘（特别是含有有害物质的粉尘）的空气后，会引起鼻炎、气管炎等呼吸道疾病，严重时会中毒和死亡。烟尘大的地区粉尘也大，而粉尘作为传染病源的载体，易带的致病菌有十多种，并且粉尘浓度越高，空气中的细菌数目也就越多。

此外，烟尘还会大量吸收太阳紫外线短波，能散射和吸收阳光，使光照度和大气能见度降低，使植物减少光合作用，影响植物的正常生长和农作物产量。大气中的 SO_2 通过含有重金属的飘尘的催化作用而氧化成 SO_3，遇水蒸气后，可生成硫酸烟雾，若与尘粒结合生成硫酸盐，形成酸性烟雾。飘尘还会吸附大气中的 NO_2 和某些致癌性碳氢化合物，形成有毒性粉尘，对人身体的伤害更大。总之，粉尘具有飘浮性、致病性、吸附性、病菌的载体性，粉尘的粒径愈小，在空中悬浮的时间愈长，危害就愈大。

二、SO_2 的性质和危害

SO_2 是一种无色具有强烈刺激性气味的气体，易溶于人体的体液和其他黏性液中，它是造成空气污染的主要物质之一，大气中二氧化硫对人、动植物和建筑物都有危害。在催化剂作用下，SO_2 易被氧化为三氧化硫，遇水即可变成硫酸。

儿童、老年人和哮喘病患者容易受到二氧化硫的危害，最初的表现为支气管收缩，可以引起气喘、胸闷和呼吸急促等症状。二氧化硫可被吸收进入血液，对全身产生毒作用，从而明显地影响碳水化合物及蛋白质的代谢，对肝脏有一定损害。动物实验证明，二氧化硫慢性中毒后，机体的免疫力受到明显抑制。长期暴露于二氧化硫浓度较高的空气中，可改变肺的防病机制，导致多种疾病产生。

当二氧化硫与飘尘一起被人吸入时，飘尘微粒可把二氧化硫带到肺部使毒性增加 3～4 倍。若飘尘表面吸附金属微粒，在其催化作用下，使二氧化硫氧化为硫酸雾，其刺激作用更强。

SO_2 对植物也存在危害，在低浓度 SO_2 的影响下，植物的生长机能受到影响，造成产量下降，品质变坏。在高浓度 SO_2 的影响下，植物产生急性危害，可致使植物叶片枯萎脱落。

大气中的 SO_2 对金属的腐蚀主要是对钢结构的腐蚀，直接威胁到工业设施、生活设施和交通设施的安全，若与空气中水蒸气结合即成硫酸雾，具有更严重的腐蚀性。

我国已将二氧化硫列为一种主要的法规控制空气污染物，并将大气中二氧化硫的浓度水平作为评价空气质量的一项重要指标。2007 年，我国废气中二氧化硫排放量 2468.1 万吨，比上年减少 4.7%。另据有关统计，2008 年上半年浙江省二氧化硫排放量为 45.29 万吨，比 2007 年上半年 42.69 万吨减少排放 2.5 万吨，减排 5.75%。

从上面一组数字我们可以看出，中国的二氧化硫排放量呈下降趋势，但总体来讲，数量还是很大的，污染物减排形势依然严峻。

三、NO_x 的性质和危害

氮氧化物（NO_x）是一种危害人体健康和破坏大气环境的剧毒污染物，主要是在燃烧过程中产生的，主要包括 NO 和 NO_2，通常把这两种氮的氧化物称为 NO_x，其中 NO 约占 90%以上。

NO_2 红棕色，溶于水，具有氧化性，人呼吸时，可达肺部，引起呼吸系统疾病，此外 NO_2 在紫外线的照射下，与碳氢化合物作用，形成臭氧（O_3）为主的光化学氧化物，称为光化学烟雾，构成对大气环境的严重污染。

NO 为无色无味的气体，它与血红蛋白的亲和能力强，破坏人畜血液中的血红蛋白，容易造成缺氧。锅炉燃烧产生的 NO 排放到空气中很快就会被氧化成 NO_2，其毒性更强，对人的眼睛和呼吸器官有强刺激作用。此外 NO 还有致癌作用，对细胞分裂和遗传信息的传递有不良影响。NO_x 的危害是在不知不觉中缓慢积累的，其危害隐蔽而持久，能引发一系列明显的 NO_x 综合征，诸如胸闷、头晕、乏力、呼吸系统不畅及老年痴呆症等，以致在人发病后竟不知病源来自何方，所以 NO_x 又被称为“隐形杀手”。

在一般情况下当污染物以二氧化氮为主时，肺的损害比较明显，严重时可出现以肺水肿为主的病变，而当混合气体中有大量的一氧化氮时，高铁血红蛋白的形成就占优势，此时中毒发展迅速，出现高铁血红蛋白症和中枢神经损害症状。

四、酸雨

酸雨通常是指表示酸碱度指数的 pH 值低于 5.6 的酸性降水。酸雨的形成过程比较复杂，其主要是由 SO_2 和 NO_2 与降水产生作用转化而来的。酸雨的危害是多方面的，对人体健康、生态系统和建筑设施都有直接和潜在的危害。酸雨可以使儿童免疫功能下降，使老人患病增加；酸雨还可使农作物、蔬菜大幅度减产和品质下降，比如小麦可减产10%以上。酸雨可使森林和其他植物叶子枯黄、病虫害增加，最终造成大面积死亡。酸雨可以改变土壤的物理化学性质，在酸雨的作用下，土壤中的营养元素，钾、钙、镁等元素会释放出来，并随着雨水被淋溶掉，长期的酸雨会使主要营养元素流失，造成营养元素不足。此外，酸雨能使土壤中的铝从稳定状态中释放出来，活性铝的增加严重地抑制林木的增长。总之，酸雨对湖泊、地下水、建筑物、森林以及人的衣物等多数物品的腐蚀危害巨大。

五、CO 和 CO_2

燃料不完全燃烧会产生大量的 CO，但由于近代对燃烧装置和燃烧技术的改进，所以锅炉燃烧排放的 CO 量逐渐有所减少。CO 是无色、无臭、无气味的气体。一般城市空气中的 CO 含量水平对植物及有关微生物均无害，但对人和动物有害，因 CO 能与血红蛋白化合，生成“碳氧血红蛋白”。CO 与血红蛋白的结合能力比 O_2 与血红蛋白的结合能力要大 200～300 倍，因此 CO 进入血液后，会使血液输氧能力降低甚至失去输氧能力，导致人体缺氧。轻度中毒有头痛、恶心等症状，严重时则昏迷、痉挛甚至死亡。

CO_2 与 CO 不同，它本身没有毒性，因此过去都不把 CO_2 列为污染物，但从长远观点看，CO_2 也是相当重要的污染物。近一个多世纪以来，随着工业、交通和能源的高速发展，排入大气中的 CO_2 日益增多，超过了植物的光合作用等自然界消除 CO_2 的能力，从而使 CO_2 浓度迅速增加。CO_2 是一种温室气体，其含量的不断增加会引起全球气候变暖。

第二节 燃烧主要污染物排放标准

一、燃烧主要大气污染物排放标准

1. 标准适用范围

《锅炉大气污染物排放标准》（GB 13271—2001），适用于除煤粉发电锅炉和单台出力大于

45.5MW（65t/h）发电锅炉以外的各种容量和用途的燃煤锅炉、燃油锅炉和燃气锅炉。使用甘蔗渣、锯末、稻壳、树皮等燃料的锅炉，可参照燃煤锅炉大气污染物最高允许排放浓度执行。

2. 区域类别和年限划分

（1）标准中区域类别　一类区为自然保护区、风景名胜区和其他需要特殊保护的地区。二类区为城镇规划中确定的居住区、商业交通居民混合区、文化区、一般工业区和农村地区。三类区为特定工业区。

“两控区”系指《国务院关于酸雨控制区和二氧化硫污染控制区有关问题的批复》中所划定的酸雨控制区和二氧化硫污染控制区的范围。

（2）标准中年限划分　标准按锅炉建成使用年限分为两个阶段，执行不同的大气污染物排放标准。

Ⅰ时段：2000 年 12 月 31 日前建成使用的锅炉；

Ⅱ时段：2001 年 1 月 1 日起建成使用的锅炉（含在Ⅰ时段立项未建成或未运行使用的锅炉和建成使用锅炉中需要扩建、改造的锅炉）。

3. 锅炉烟尘最高允许排放浓度和烟气黑度限值

见表 8-1。

表 8-1　锅炉烟尘最高允许排放浓度和烟气黑度限值

<table>
<tr><th colspan="2" rowspan="2">锅炉类别</th><th rowspan="2">适用区域</th><th colspan="2">烟尘排放浓度/(mg/m³)</th><th rowspan="2">烟气黑度(林格曼黑度)/级</th></tr>
<tr><th>Ⅰ时段</th><th>Ⅱ时段</th></tr>
<tr><td rowspan="5">燃煤锅炉</td><td rowspan="2">自然通风锅炉[<0.7MW(1t/h)]</td><td>一类区</td><td>100</td><td>80</td><td rowspan="2">1</td></tr>
<tr><td>二、三类区</td><td>150</td><td>120</td></tr>
<tr><td rowspan="3">其他锅炉</td><td>一类区</td><td>100</td><td>80</td><td rowspan="3">1</td></tr>
<tr><td>二类区</td><td>250</td><td>200</td></tr>
<tr><td>三类区</td><td>350</td><td>250</td></tr>
<tr><td rowspan="4">燃油锅炉</td><td rowspan="2">轻柴油、煤油</td><td>一类区</td><td>80</td><td>80</td><td rowspan="2">1</td></tr>
<tr><td>二、三类区</td><td>100</td><td>100</td></tr>
<tr><td rowspan="2">其他燃料油</td><td>一类区</td><td>100</td><td>80①</td><td rowspan="2">1</td></tr>
<tr><td>二、三类区</td><td>200</td><td>150</td></tr>
<tr><td colspan="2">燃气锅炉</td><td>全部区域</td><td>50</td><td>50</td><td>1</td></tr>
</table>

① 一类区内禁止新建以重油、渣油为燃料的锅炉。

4. 锅炉二氧化硫和氮氧化物最高允许排放浓度

见表 8-2。

表 8-2　锅炉二氧化硫和氮氧化物最高允许排放浓度

<table>
<tr><th colspan="2" rowspan="2">锅 炉 类 别</th><th rowspan="2">适用区域</th><th colspan="2">SO_2 排放浓度/(mg/m³)</th><th colspan="2">NO_x 排放浓度/(mg/m³)</th></tr>
<tr><th>Ⅰ时段</th><th>Ⅱ时段</th><th>Ⅰ时段</th><th>Ⅱ时段</th></tr>
<tr><td colspan="2">燃煤锅炉</td><td>全部区域</td><td>1200</td><td>900</td><td>—</td><td>—</td></tr>
<tr><td rowspan="2">燃油锅炉</td><td>轻柴油、煤油</td><td>全部区域</td><td>700</td><td>500</td><td>—</td><td>400</td></tr>
<tr><td>其他燃料油</td><td>全部区域</td><td>1200</td><td>900*</td><td>—</td><td>400①</td></tr>
<tr><td colspan="2">燃气锅炉</td><td>全部区域</td><td>100</td><td>100</td><td>—</td><td>400</td></tr>
</table>

① 位于两控区内的锅炉，还应执行所在控制区规定的总量控制标准。

5. 燃煤锅炉烟尘初始排放浓度和烟气黑度限值

见表 8-3。

表 8-3 燃煤锅炉烟尘初始排放浓度和烟气黑度限值

锅炉类别		燃煤收到基灰分/%	烟尘初始排放浓度/(mg/m³)		烟气黑度(林格曼黑度)/级
			Ⅰ时段	Ⅱ时段	
层燃锅炉	自然通风锅炉[<0.7MW(1t/h)]	—	150	120	1
	其他锅炉[≤2.8MW(4t/h)]	A_{ar}≤25%	1800	1600	1
		A_{ar}>25%	2000	1800	
	其他锅炉[>2.8MW(4t/h)]	A_{ar}≤25%	2000	1800	1
		A_{ar}>25%	2200	2000	
沸腾锅炉	循环流化床锅炉	—	15000	15000	1
	其他沸腾锅炉	—	20000	18000	
抛煤机锅炉		—	5000	5000	1

6. 监测方法

监测锅炉烟尘、二氧化硫、氮氧化物排放浓度的采样方法应按 GB 5468《锅炉烟尘测试方法》和 GB/T 16157《固定污染源排气中颗粒物测定与气态污染物采样方法》规定执行。

二、噪声控制标准

1. 适用范围与主题内容

国家标准 GB 3096《城市区域环境噪声标准》规定了城市五类区域的环境噪声最高限值，适用于城市区域，乡村生活区域可参照执行。

2. 标准内容

见表 8-4。

表 8-4 城市 5 类环境噪声标准值 单位：dB

类别	昼间	夜间	类别	昼间	夜间
0	50	40	3	65	55
1	55	45	4	70	55
2	60	50			

0 类标准适用于疗养区、高级别墅区、高级宾馆区等特别需要安静的区域。位于城郊和乡村的这一类区域分别按严于 0 类标准 5dB 执行。

1 类标准适用于以居住、文教机关为主的区域，乡村居住环境可参照执行该类标准。

2 类标准适用于居住、商业、工业混杂区。

3 类标准适用于工业区。

4 类标准适用于城市中的道路交通干线道路两侧区域，穿越城区的内河航道两侧区域。穿越城区的铁路主、次干线两侧区域的背景噪声（指不通过列车时的噪声水平）限值也执行该类标准。

夜间突发的噪声，其最大值不准超过标准值 15dB。各类标准适用区域由当地人民政府划定。昼间、夜间的时间由当地人民政府按当地习惯和季节变化划定。噪声的监测方法按 GB/T 14623《城市区域环境噪声测量方法》执行。

三、废水控制标准

1. GB 8978—1996《污水综合排放标准》的相关内容

见表 8-5。

表 8-5 污水综合排放标准相关内容

年 限	污染物	一级标准	二级标准	三级标准	标准采用的测定方法
1997 年 12 月 31 日前建设的单位	pH	6～9	6～9	6～9	玻璃电极法
	色度	50	80	—	稀释倍数法
	悬浮物	70	200	400	重量法
	硫化物	1.0	1.0	2.0	亚甲基蓝分光光度法
1998 年 1 月 1 日后建设的单位	pH	6～9	6～9	6～9	玻璃电极法
	色度	50	80	—	稀释倍数法
	悬浮物	70	150	400	重量法
	硫化物	1.0	1.0	1.0	亚甲基蓝分光光度法

2. 标准分级

（1）排入 GB 3838《地表水质量标准》中Ⅲ类水域（划定的保护区和游泳区除外）和排入 GB 3097《海水水质标准》中二类海域的污水，执行一级标准。

（2）排入 GB 3838Ⅳ、Ⅴ类水域和排入 GB 3097 中三类海域的污水，执行二级标准。

（3）排入设置二级污水处理厂的城镇排水系统的污水，执行三级标准。

（4）排入未设置二级污水处理厂的城镇排水系统的污水，必须根据排水系统出水受纳水域的功能要求，分别执行（1）、（2）的规定。

3. GB 3838《地表水质量标准》中水域功能和标准分类

依据地表水水域环境功能和保护目标，按功能高低依次划分为五类。

Ⅰ类：主要适用于源头水、国家自然保护区；

Ⅱ类：主要适用于集中式生活饮用水地表水源地一级保护区、珍稀水生生物栖息地、鱼虾类产卵场、仔稚幼鱼的索饵场等；

Ⅲ类：主要适用于集中式生活饮用水地表水源地二级保护区、鱼虾类越冬场、洄游通道、水产养殖区等渔业水域及游泳区；

Ⅳ类：主要适用于一般工业用水区及人体非直接接触的娱乐用水区；

Ⅴ类：主要适用于农业用水区及一般景观要求水域。

4. GB 3097《海水水质标准》中海水水质分类

按照海域的不同使用功能和保护目标，海水水质分为四类：

第一类适用于海洋渔业水域、海上自然保护区和珍稀濒危海洋生物保护区。

第二类适用于水产养殖区、海水浴场、人体直接接触海水的海上运动或娱乐区，以及与人类食用直接有关的工业用水区。

第三类适用一于一般工业用水区、滨海风景旅游区。

第四类适用于海洋港口水域、海洋开发作业区。

第三节 燃煤锅炉烟尘的控制

一、烟尘的形成机理

固体燃料主要包括煤和焦炭，燃烧产生的烟尘颗粒物主要包括两部分，即飞灰和黑烟。

飞灰是煤中的不可燃的矿物质微粒，它是煤中灰分的一部分，另外一部分为炉渣。黑烟主要是未燃尽的炭粒。

如果燃烧条件非常理想，煤可以完全燃烧，即碳被完全氧化成 CO_2 等气体，余下灰分。如果燃烧很不理想，甚至很差，则煤在高温下发生热解作用，易形成多环化合物 HC，HC 受热发生脱氢、分解、聚合等反应生成炭黑粒子，也就是黑烟。燃烧的装置不同、条件不同，产生的黑烟差别很大。实践证明，煤粉愈细，挥发分及燃烧的火焰愈高，燃烧的时间就愈短，燃烧就愈完全，产生的黑烟等污染物就愈少。在完全燃烧的理想条件下，是否容易形成黑烟，与煤的种类和质量有很大的关系，易于燃烧而又少出黑烟的燃料顺序为：无烟煤→焦炭→褐煤→低挥发分烟煤→高挥发分烟煤，即烟煤最易形成黑烟。

固体燃料中由灰分形成的烟尘一般数量较大，所以煤质越差，灰分含量越高，排出的烟尘浓度也就越高。

二、烟尘生成量的控制

在燃料一定时，促进燃料的完全燃烧是减少烟尘量的主要措施。保证燃料完全燃烧的条件是：适宜的过量空气系数、良好的湍流混合（turbulence），足够的温度（temperature）和停留时间（time），即供氧充分下的“3T”条件。

(1) 适宜的过量空气系数　燃烧时如果空气供应不足，燃烧就不完全；相反，空气量过大，会降低炉温，增加锅炉的排烟损失。因此，按燃烧不同阶段供给相适应的空气量是十分必要的。

(2) 改善燃料与空气的混合　燃料和空气充分混合是有效燃烧的又一基本条件，混合不均匀就会产生大量的烟尘和不完全燃烧产物。混合程度取决于湍流度，对于蒸气相的燃烧，湍流可以加速液体燃料的蒸发，对于固体燃料的燃烧，湍流有助于破坏燃烧产物在燃料颗粒表面形成的边界层，从而提高表面反应的氧利用率，并使燃烧过程加速。

(3) 保证足够的温度　燃料只有达到着火温度，才能与氧化合而燃烧。着火温度通常按固体燃料、液体燃料、气体燃料的顺序上升，如无烟煤 713～773K，重油 803～853K，发生炉煤气 973～1073K。在着火温度以上，温度越高，燃烧反应速度越快，燃烧越完全，烟尘越少。

(4) 保证足够的燃烧时间　燃料在高温区的停留时间应超过燃料燃烧所需要的时间。燃料粒子烧尽时间与粒子初始直径、粒子表面温度和氧气含量有关。

三、烟气的除尘

1. 除尘设备分类

一般说，任意形状与任何密度的固体粉尘或液珠，大小在 $10^{-3}\sim10^{3}\mu m$ 之间，悬浮在气体介质中，这种混合气体称为气溶胶（俗称含尘气体）。把含尘气体中固相粉尘或液相雾珠从气体介质中分离出来的过程称为除尘过程。在除尘过程中，起除尘作用的器具或装置系统称为除尘器。通俗地讲，锅炉的除尘就是把烟气中的粉尘分离出来。

要使颗粒污染物与含尘气体分离也就是除尘，必须有两个基本条件：一是分离作用力，二是必须有沉积面。分离过程是悬浮于含尘气体中的颗粒在外力作用下产生分离运动，并在沉积面上沉积下来。已沉积的颗粒物要不断清除，清除时还要防止颗粒物再飞扬。颗粒物分离作用力有以下几种：与颗粒物质量有关的力，如重力、惯性力和离心力等；分子作用力，如扩散力、湍流力等；势差力，如电场力、磁场力以及热泳、光泳、扩散泳等过程中的作用力。烟气除尘的沉积面可以是固体表面，也可以是液体表面。现有的除尘方法，可按作用力和沉积面的不同，分为6种基本类型。

(1) 重力沉降 在重力作用下，较大的尘粒能产生明显的沉降运动，最后在沉积面上沉积下来。

(2) 惯性分离 使含尘气体的运动速度大小或方向突然变化，其中的颗粒物在惯性作用下产生分离运动并沉积。

(3) 离心分离 使含尘气体做圆周运动，尘粒在离心作用下产生分离运动，并以分离设备内壁面为沉积面被分离。

(4) 静电沉积 含尘气体通过电晕放电的电场，其中的颗粒物荷电，并在电场力作用下，向集尘极表面沉积。

(5) 过滤 让含尘气体通过多孔性滤层，使其中的颗粒物阻留在滤层中。过滤的机理比较复杂，分离作用力较多，如惯性力、湍流力、扩散力等。如果需要，还可以利用电场力、磁场力等。

(6) 洗涤 将液体在含尘气体中分散成液滴、液膜，或使气体在液体中分散成气泡，通过气液充分接触，使气相中的颗粒物转入液相。洗涤过程的机理和作用力与过滤基本相似，其沉积面为液滴、液膜或气泡的液面。

常用的颗粒物分离装置分为沉降室、惯性分离器（惯性除尘器)、离心分离器（旋风除尘器)、静电沉积器（电除尘器)、过滤器（袋式除尘器、颗粒层除尘器等）和洗涤器（湿式除尘器）等。习惯上将沉降室、惯性除尘器和旋风除尘器合称为机械类除尘器，其中前两种为低效、低阻除尘设备，后一种为中效除尘设备。过滤式除尘器、电除尘器和湿式除尘器为高效除尘设备。

2. 除尘设备的性能

除尘设备的主要性能指标有效率、阻力和处理气量，其他技术经济指标有对负荷变化的适应能力、造价、体积、运转费用和寿命等。

(1) 除尘设备的效率 除尘器除尘效果用除尘效率表示，除尘效率包括全效率（总效率）和分效率（分级效率)。全效率描述了捕集设备对颗粒物的捕集效果，分级效率是对某一粒径或粒径范围的颗粒物的捕集效率。

① 颗粒物除尘设备的全效率为被捕集的颗粒物质量占进入除尘设备的颗粒物总质量的分数，即

$$\eta=\frac{m_2}{m_1}\times 100\%$$

式中 η——颗粒物捕集设备的全效率；

m_1——进入捕集设备的颗粒物总质量，g或kg；

m_2——被捕集的颗粒物质量，g或kg

除尘效率除与设备性能、被处理气溶胶特性有关外，还随设备运转工况的改变而改变。除尘设备的除尘效率和透过率，通常用百分数表示。

② 除尘设备的透过率是指排出的污染物质量占总质量的分数。对于高效的除尘设备，用效率来描述捕集效果不够明显。例如，某净化系统效率由99%提高到99.5%，从数值上看，效率似乎提高不多，但该系统的污染物排放量减少了一半，也就是环境效益了提高一倍。如果改用透过率来表示，透过率由1%降低到0.5%，即透过率降低了一半，就比较直接地反映了环境效益提高的程度。

③ 除尘效率与被处理颗粒物的粒度有很大关系。要正确评价颗粒物捕集设备的效果，必须确定其对不同粒径颗粒物的捕集效率，即分级效率。

（2）阻力 气体通过除尘设备时，由于与壁面摩擦及因折流、扩张、收缩、合流、分流等作用，引起气流流动能量的损耗，具体表现为气流的全压下降。这种设备对气流流动的作用，通常称为设备的阻力，阻力越大，运转过程的能量消耗越多。

四、典型的烟气除尘方法和设备

1. 重力沉降室

重力沉降室是一种最古老、最简单的除尘器，它主要是依靠重力的作用使粉尘从气流中自然沉降出来，从而达到与气流分离的目的。重力沉降室可分为水平气流沉降室和垂直气流沉降室两种。

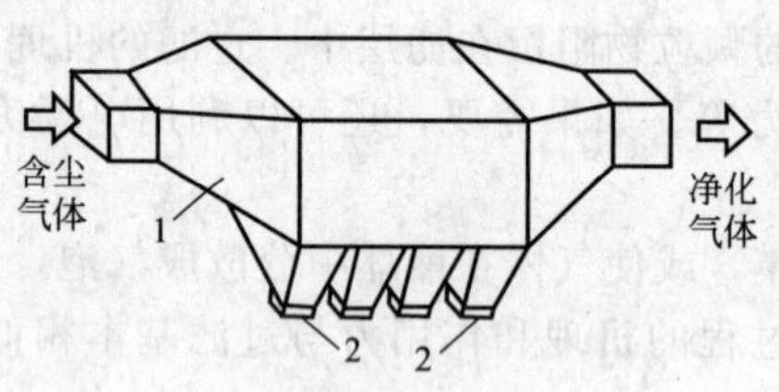

图 8-1 水平气流沉降室

1—沉降室；2—灰斗

（1）水平气流沉降室 水平气流沉降室如图 8-1 所示，当含尘气体从入口管道进入沉降室 1 后，由于横截面的扩大，气体流速就会大大降低，大的尘粒就会在沉降室中由于重力作用而逐渐沉降下来，并进入灰斗 2 中，净化气体便从沉降室的另一端排出。

（2）垂直气流沉降室 垂直气流沉降室与水平气流沉降室相似，当含尘气流从管道进入沉降室后，由于截面扩大，气体的流速降低，其中沉降速度大于气体速度的尘粒就会沉降下来。

常见的垂直气流沉降室有 3 种结构。它们都可以直接安装在烟囱的顶部，多用于小型冲天炉或锅炉的除尘。如图 8-2（a）是最简单的一种，称为屋顶式沉降室。尘粒沉降

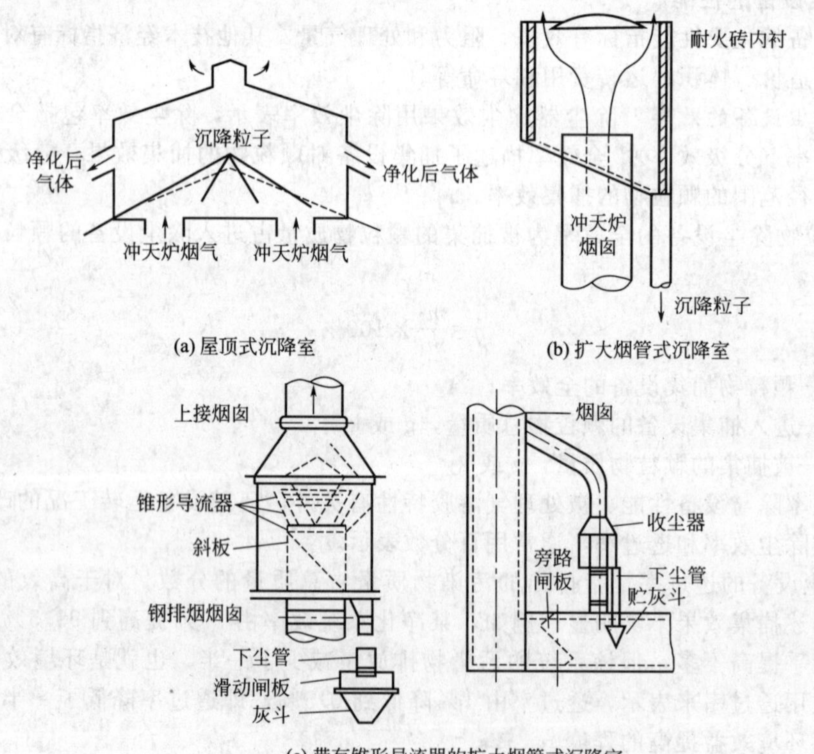

图 8-2 垂直气流沉降室

后堆积在入口的周围，所以需要定期停止排尘设备的运转以清除积尘。图 8-2(b) 是扩大烟管式沉降室，其沉降室是在烟囱顶部，用耐火材料做成，沉降室的直径一般比烟囱大 2～3 倍，因此，气体在烟囱中的流速是在沉降室中流速的 4～9 倍。而且沉降室上部设置的反射板可以提高其沉降效率。捕集的粉尘随时可通过侧面的降尘管落到灰斗中。图 8-2(c) 是带有锥形导流器的扩大烟管式沉降室，其内部设置了能够提高除尘效率的反射锥体（即锥形导流器）。

2. 惯性除尘器

惯性除尘器是利用气流中粉尘的惯性力大于气体的惯性力而使粉尘与气体分离的除尘设备，在惯性除尘器内部，含尘气体急速转向或冲击在挡板上方向再发生急剧转变，此时由于尘粒本身的惯性作用，使其运动轨迹与气流不同，从而使其与气流分离并被捕集。对于惯性除尘器，气流速度越高，这种惯性效应就越大，所以这类除尘器要求烟气有较高的流速，但除尘器的体积则可以大大减少，占地面积较小。由于惯性加速度远大于重力加速度，所以惯性除尘器的效率高于重力沉降室，但相对高效的除尘器，一般也多用于初净化或配合其他形式的除尘器组成复合式除尘装置。

惯性除尘器的结构形式多种多样，主要可分为冲击式和反转式两类。

(1) 冲击式惯性除尘器　冲击式结构是利用含尘气体中的粒子冲击挡板，在重力作用下掉入灰斗，来收集粉尘粒子的。

图 8-3 为冲击式惯性除尘器的结构示意图。其中，图 8-3(a) 为单级冲击式惯性除尘器，适用于烟道的转折处，可在烟气阻力不大的情况下将粗大的尘粒除掉。图 8-3(b) 为多级冲击式惯性除尘器，这两种除尘器中，沿气流运动方向上，都设有一级或多级隔板，当含尘气体冲击到挡板上时，尘粒受阻失去惯性而靠重力作用沿挡板下降，从而被分离捕集。图 8-3(c) 为迷宫型惯性除尘器，可以有效地防止已被捕集的粉尘被气流冲刷而再次飞扬，同时，这种除尘器中装有喷嘴，用来增加气体的冲撞次数，从而增大除尘效率。

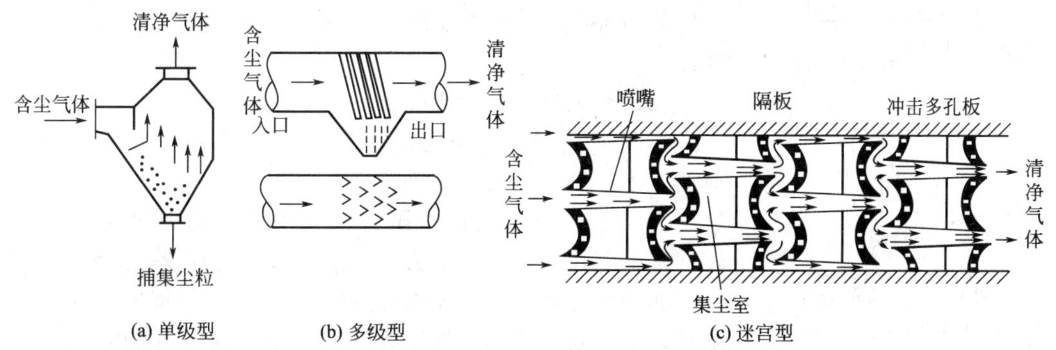

图 8-3　冲击式惯性除尘器

(2) 反转式惯性除尘器　反转式结构是通过改变含尘气体流动方向，利用气体和粉尘在转折时具有不同惯性的特征，收集较细粒子的。图 8-4 为常见的三种反转式惯性除尘器的结构示意图。

3. 旋风除尘器

旋风除尘器是利用旋转的含尘气体所产生的离心力，将粉尘从气流中分离出来的除尘装置。气流在做旋转运动时，气流中的粉尘颗粒会因受离心力的作用从气流中分离出来。

(1) 旋风除尘器的工作原理　普通旋风除尘器是由进气管、筒体、锥体、排灰管和排气管等组成的，结构组成如图 8-5 所示。当含尘气流以一定的速度由进气管进入旋风除尘器

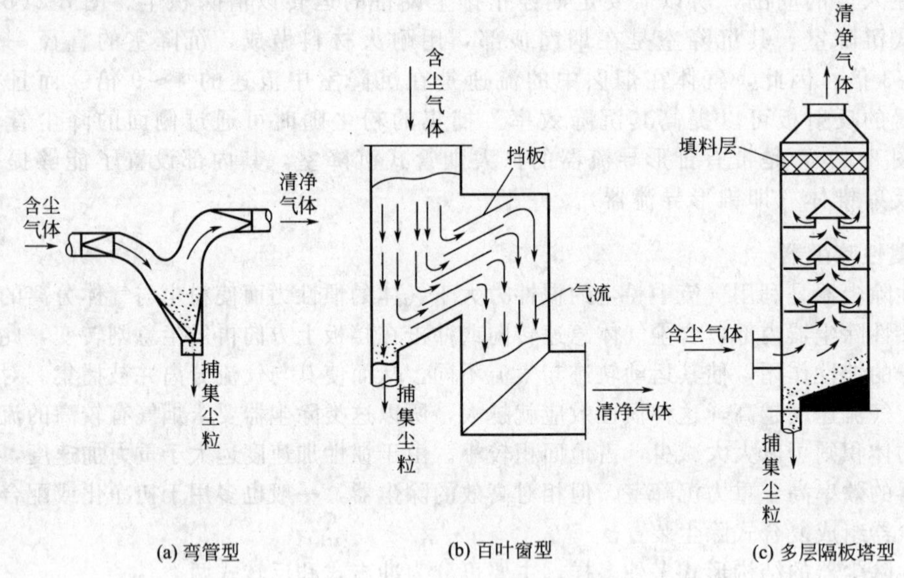

(a) 弯管型　(b) 百叶窗型　(c) 多层隔板塔型

图 8-4　反转式惯性除尘器

时，气流将由直线运动变为圆周运动。旋转气流的绝大部分沿器壁自圆筒体呈螺旋形向下，朝锥体运动，通常称此为外旋流。含尘气体在旋转过程中产生离心力，将密度大于气体的尘粒甩向器壁，尘粒一旦与器壁接触，便失去惯性力而靠入口速度的动量和向下的重力沿壁面下落，进入排灰管。旋转下降的外旋气流在到达锥体时，因圆锥形的收缩而向除尘器中心靠拢，当到达锥体下端某一位置时，即以同样的旋转方向从旋风除尘器中部，由下而上继续做螺旋形运动，即形成内旋流。净化后的气体经排气管排出，一部分未被捕集的尘粒也由此逃逸。

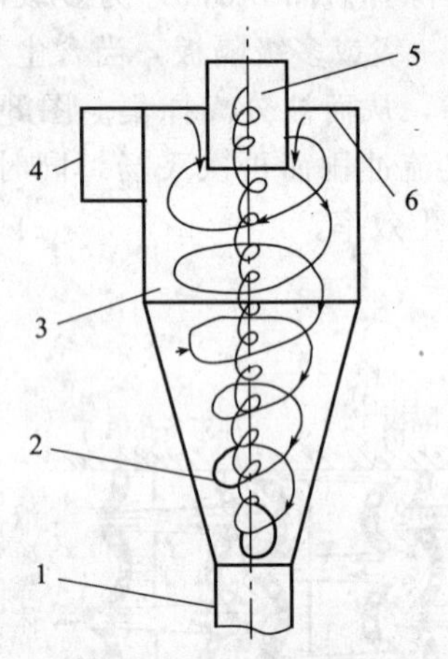

图 8-5　旋风除尘器

1—排灰管；2—圆锥体；3—圆筒体；4—进气管；5—排气管；6—顶盖

(2) 旋风除尘器的特性

① 结构简单，器身无运动部件，不需特殊的附属设备，占地面积小，制造、安装投资较少。

② 操作、维护简便，压力损失中等，动力消耗不大，运转、维护费用较低，对于大于 10μm 的粉尘有较高的分离效率。

③ 操作弹性较大，性能稳定，不受含尘气体的浓度、温度限制。对于粉尘的物理性质无特殊要求，同时可根据生产工艺的不同要求，选用不同材料制作，或内衬各种不同的耐磨、耐热材料，以提高使用寿命。

④ 采用干式旋风除尘，可以捕集干灰，便于综合利用。

⑤ 对捕集微细粉尘的效率不高。

⑥ 由于除尘效率随筒体直径增加而降低，因而单个除尘器的处理风量有一定的局限。

⑦ 处理风量大时，要采用多个旋风子并联，但设置不当，对除尘性能有严重影响。

(3) 旋风除尘器的类型　目前，国内外常用的旋风除尘器种类很多。根据除尘器净化烟气进口和已分离尘粒的出口两者位置的不同，旋风除尘器可以大致分为两类：烟气切向进入，尘粒由轴向或周边排出的旋风除尘器；烟气轴向进入，尘粒由轴向或周边排出的旋风除尘器。

根据出风口形式的不同，除尘器又可分为带出口蜗壳和不带出口蜗壳两种，带出口蜗壳的称为 X 型（吸出式），不带出口蜗壳的称为 Y 型（压入式）。

旋风除尘器可以是单筒（单个除尘器）使用，也可以做成多筒组合使用。当处理烟气量较大时，旋风除尘器可以设计为并联装置；而当除尘效率要求较高或者要求体型较小的高效除尘器不致受到尘粒的磨损时，旋风除尘器可以设计为串联装置。

① 按含尘气体的导入方式进行分类，主要有切向进口和轴向进口两种，如图 8-6。切向进入式又分为直入型和蜗壳型，前者是入口管外壁与筒体相切，后者则是入口管内壁与筒体相切，入口管外壁采用渐开线形式。相对于直入型入口，蜗壳型入口增大了进口面积，并因入口有一环状空间，使入口气流距筒体外壁更近，这样，既缩短了尘粒向筒壁的沉降距离，又可减少入口气流与内旋流间的相互干扰，对提高除尘效率有利，但却使除尘器体积有所增大。

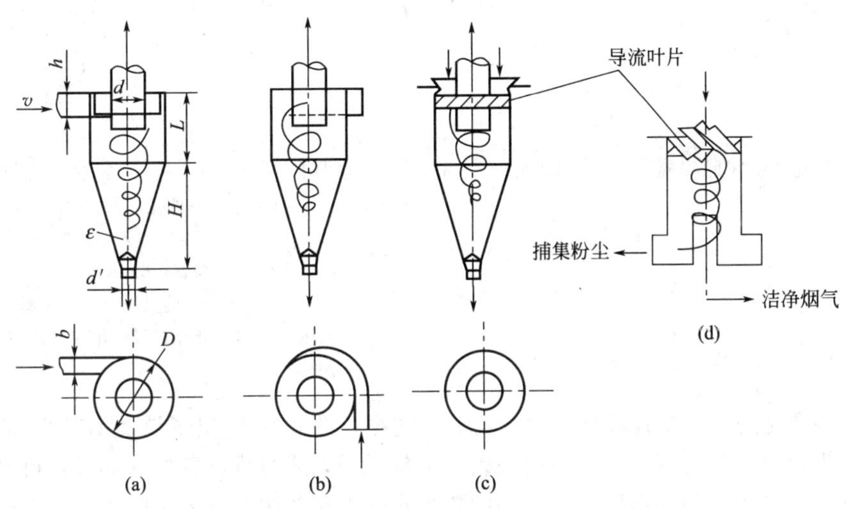

图 8-6 旋风除尘器的几种形式

(a) 切向直入型；(b) 切向蜗壳型；(c) 轴向逆转型；(d) 轴向正交型

轴向进入式是利用固定的导流叶轮使气流旋转的，导流叶轮有花瓣式、螺旋式等各种形式，它可以最大限度地避免进入气体与旋转气流之间的干扰，以提高效率。与切向进入式相比，在相同阻力下，能处理约 3 倍的气体量，且气流分配均匀。因此主要用其组成多管旋风除尘器，并用于处理大气量的场合。按气流出口不同，轴向进入式又分为逆转型和正交型。

② 旋风除尘器按气流流动方式可分为回流式、平流式和直流式三种类型。

回流式是旋风除尘器的基本形式，使用最广。回流式（图 8-5）含尘气流进入除尘器后螺旋下降，到达底部后再螺旋上升，经芯管排出。这种除尘器分离路径长，除尘效率高，但阻力也大。平流式旋风除尘器如图 8-7，其特点是气流仅做平面旋转运动。含尘气体高速进入，平旋约一周后由芯管竖向开口进入芯管并排出。由于旋流路径短，效率和阻力均较低。直流式如图 8-8，含尘气体由一端进入，经旋转分离后由另一端排出。与回流式相比，由于没有内旋流，所以没有返混和二次飞扬现象，但由于分离运动的路径较短，分离效率较低。

③ 多管旋风除尘器　多管除尘器是由多个相同构造形状和尺寸的小型旋风除尘器（旋风子）组合在一个箱体内并联使用的除尘器组。由于多管旋风除尘器是由多个旋风子组成的，处理风量大，所以当需要处理的烟气量大时，可采用这种组合形式。而且，由于旋风子

的直径较小，除尘效率较高。

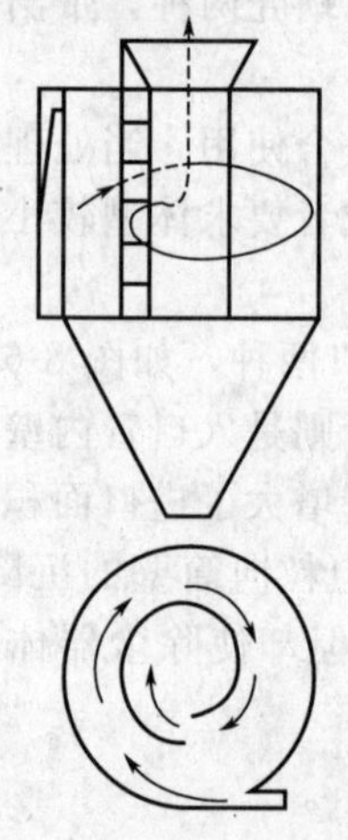

图 8-7　平流式旋风除尘器

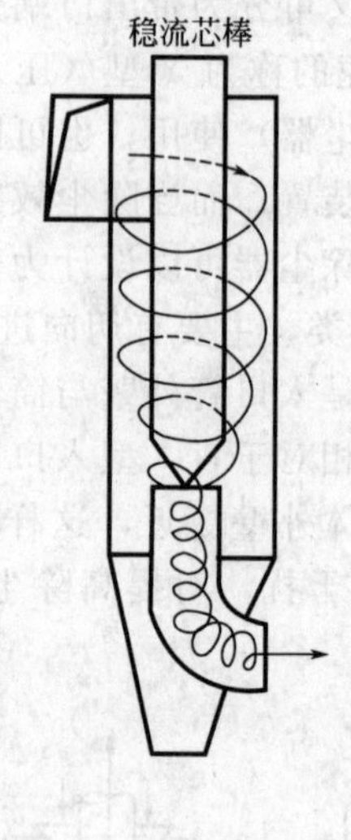

图 8-8　直流式旋风除尘器

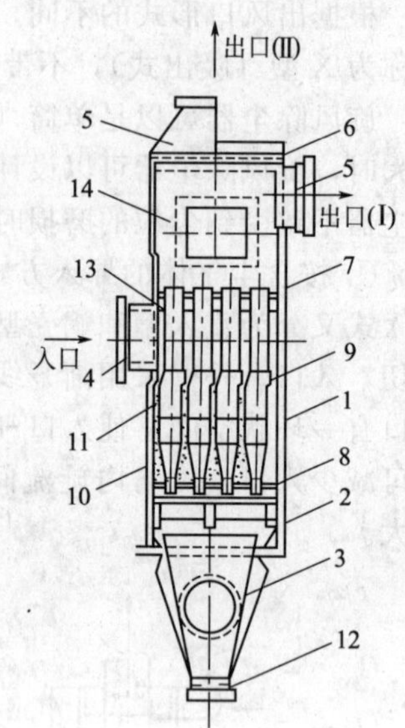

图 8-9　立式多管式旋风除尘器

1—外壳；2—支撑部分；3—灰斗；4—气体入口扩散管；5—出口收缩管；6—顶盖；7,8—支撑花板；9—旋风子；10—填料；11—导向叶片；12—排灰口；13—配气室；14—净气室

图 8-9 是常见的立式多管式旋风除尘器的结构图，图 8-10 给出了该类型除尘器实体外观。含尘气体从入口进入配气室后，沿轴向进入各个旋风子，通过排出管外壁的导流叶片，做旋转运动。净化后的气体经净气室排出。去除的粉尘在下部灰斗中存放，定时排出。多管旋风除尘器内通常并联几十个乃至上百个旋风子，使气流均匀分布是保证其除尘效率的关键。

多管除尘器的旋风子一般采用铸铁或陶瓷材料，可以耐磨损、耐腐蚀，能处理含尘浓度高的气体，可有效地分离 5～10μm 的粉尘。

4. 电除尘器

电除尘是利用高电压产生的电场使气体电离，即产生电晕放电，进而使粉尘荷电，并在电场力作用下，使气体中的悬浮粒子分离出来的技术。

(1) 电除尘器原理　图 8-11 为管式电除尘器工作原理示意图，接地的金属圆管叫收尘极（阳极或集尘极），与直流高压电源输出相连的细金属线叫电晕极（阴极或放电极）。电晕极置于圆管的中心，靠下端的重锤张紧。含尘气流从除尘器下部进气管引入，净化后的清洁气体从上部排气管排出。

在电晕极与收尘极之间施加足够高的直流电压，使电晕极周围的气体电离，即产生电晕放电。气体电离生成的大量自由电子和正离子，在电晕外区（低场强区），自由电子由于动能的降低，不足以使气体发生碰撞电离而附着在气体分子上形成负离子。负离子在电场力作用下向收尘极运动，在电场空间充满了大量负离子。当含尘气体通过电场时，负离子与尘粒碰撞并附着其上，实现了粉尘的荷电。荷电粉尘在电场中受电场力的作用被驱往收尘极，经过一定时间后达到收尘极表面，放出所带负电荷而沉集其上。收尘极表面上的粉尘沉集到一定厚度后，用机械振打等方法将其清除掉，使之落入下部灰斗中。

图 8-10 多管除尘器实体图

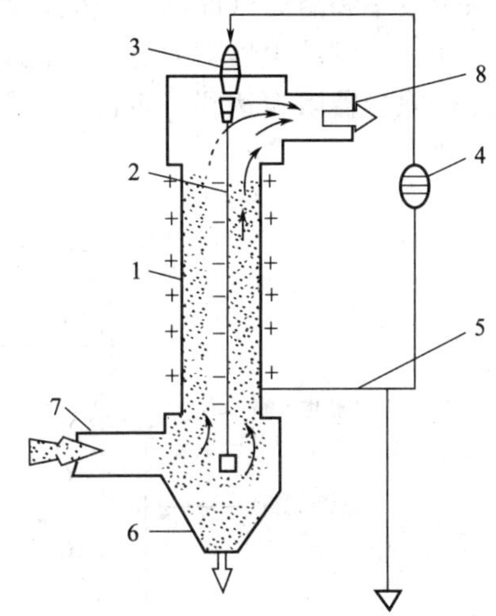

图 8-11 管式电除尘器

1—收尘极；2—电晕极；3—绝缘子；
4—高压直流电源；5—接地线；
6—灰斗；7—含尘气体进口；
8—净化气体出口

电除尘器有许多类型和结构，但它们都是按照同样的基本原理设计出来的，用电除尘的方法分离气体中的悬浮尘粒，主要包括以下五个相互有关的物理过程：施加高电压产生电场使气体电离，即产生电晕放电；悬浮尘粒的荷电；荷电尘粒在电场力的作用下向电极运动；荷电尘粒在电场中被捕集；振打清灰。

(2) 电除尘器的结构 实际中的电除尘器主要由两大部分组成。一部分是产生高压直流电的控制装置，另一部分是电除尘器本体，烟气在本体内完成净化过程。

电源控制装置的主要功能是根据烟气和粉尘的性质，随时调整供给电除尘器的最高电压。电除尘器本体的主要部件包括：烟箱系统、电晕极系统、收尘极系统、槽形板系统、储灰系统、壳体、管路等。

(3) 电除尘器的分类 由于被处理烟气的温度、压力、化学成分、湿度、操作工艺条件、烟气含尘浓度、粉尘粒度分布及其他条件的不同，电除尘器可以设计成不同的类型。按电极清灰方式不同，可以分为干式电除尘器和湿式电除尘器。按气体在电除尘器内的运动方向，可以分为立式电除尘器和卧式电除尘器。按收尘极的形式，可以分为管式电除尘器和板式电除尘器。

5. 过滤式除尘器

过滤式除尘器是使含尘气体通过滤材或滤层，将粉尘分离和捕集的装置。过滤式除尘器主要有两类。一类是以填料层（玻璃纤维、硅石、矿石等）作滤材的内部过滤器，如颗粒层除尘器；另一类是以织物为滤材的表面过滤器，如袋式除尘器。

(1) 袋式除尘器的工作原理 袋式除尘器是将棉、毛或人造纤维等织物作为滤料制成滤袋对含尘气体进行过滤的除尘装置。图 8-12 是袋式除尘器除尘原理示意图，当含尘气体通过洁净的滤袋时，由于滤材本身的网孔较大，新用滤袋的除尘效率是不高的，大部分微细粉尘会随着气流从滤袋的网孔中通过，而粗大的尘粒却被阻留。随着含尘气体不断通过滤袋的纤维间隙，一段时间后，滤袋表面积聚一层粉尘，称为粉尘初层。在以后的除尘过程中，粉尘初层便成了滤袋的主要过滤层，而滤布只不过起着支撑骨架的作用，随着粉尘在滤布上的积累，除尘效率和阻力（即压力损失）都相应增加。当滤袋两侧的压力差很大时，使除尘效率明显下降，同时除尘器阻力过大会使除尘器系统的风量显著下降，以致影响生产系统的排风。因此，除尘器阻力达到一定值后，要及时进行清灰，而清灰时不能破坏粉尘初层，以免降低除尘效率。

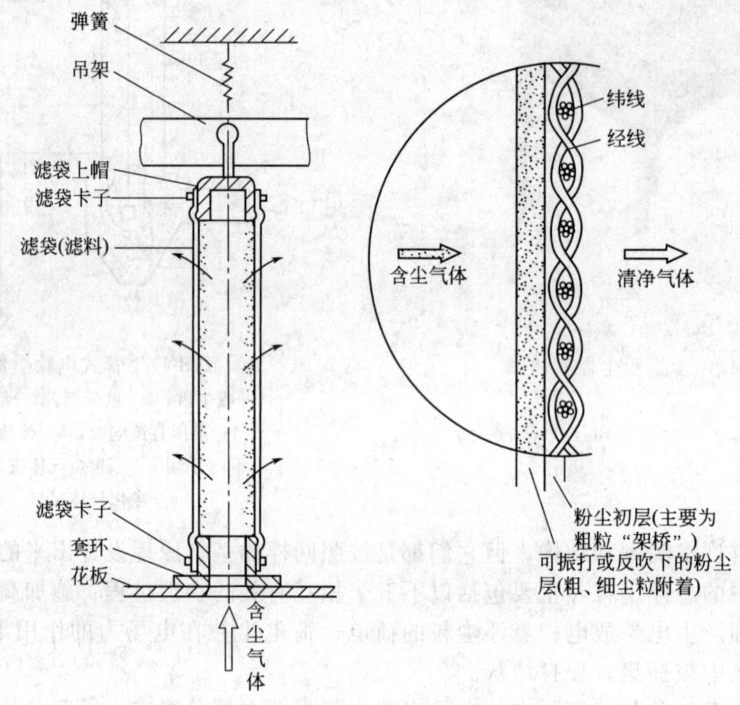

图 8-12　袋式除尘器除尘原理示意图

(2) 袋式除尘器的分类和结构类型　目前国内外一般都采用清灰方法来区分袋式除尘器。根据清灰方法的不同，将袋式除尘器分为五类：机械振动类、分室反吹类、喷嘴反吹类、振动与反吹并用类、脉冲喷吹类。根据结构特点将袋式除尘器划分为四种形式，即上进风式和下进风式、圆袋式和扁袋式、吸入式和压入式、内滤式和外滤式。

① 上进风式和下进风式　上进风式是指含尘气流入口位于袋室上部，气流与粉尘沉降方向一致。下进风式是指含尘气流入口位于袋室下部，气流与粉尘沉降方向相反。

② 圆袋式和扁袋式　圆袋式是指滤袋为圆筒形，而扁袋式是指滤袋为平板形（信封形）、梯形、楔形以及非圆筒形的其他形状。

③ 吸入式和压入式　吸入式是指风机位于除尘器之后，除尘器为负压工作。压入式是指风机位于除尘器之前，除尘器为正压工作。

④ 内滤式和外滤式　内滤式是指含尘气流由袋内流向袋外，利用滤袋内侧捕集粉尘。外滤式是指含尘气流由袋外流向袋内，利用滤袋外侧捕集粉尘。

(3) 袋式除尘器的性能　袋式除尘器的性能在很大程度上取决于过滤风速的大小，风速过高会使积于滤料上的粉尘层压实，阻力急剧增加。由于滤料两侧的压差增加，使粉尘颗粒渗入到滤料内部，甚至透过滤料，致使出口含尘浓度增加。这种现象在滤料刚清灰完毕后更为明显，过滤风速高时还会导致滤料上迅速形成粉尘层，引起过于频繁的清灰。在低过滤风速的情况下，阻力低，效率高，然而需要过大的设备，占地面积也大。

6. 湿式除尘器

湿式除尘器，也叫洗涤式除尘器，是通过含尘气体与液滴或液膜的接触、撞击等作用，使尘粒从气流中分离出来的设备。湿式除尘器既能净化废气中的固体颗粒污染物，也能脱除气态污染物（气体吸收），同时还能起到气体降温的作用。湿式除尘器还具有设备投资少、构造简单、净化效率高的优点。湿式除尘器的缺点是容易受酸碱性气体腐蚀，管道设备必须防腐；要消耗一定量的水，粉尘回收困难，污水和污泥要进行处理；使烟气抬升高度减小，冬季烟筒会产生冷凝水；遇到疏水性粉尘，单纯用清水会降低除尘效率，往往需要加净化剂来改善除尘效率。

（1）湿式除尘器除尘原理　湿式除尘器的除尘原理主要是：在除尘器内含尘气体与水或其他液体相碰撞时，尘粒发生凝聚，进而被液体介质捕获，达到除尘的目的。气体与水接触有如下过程，尘粒与预先分散的水膜或雾状液相接触，含尘气体冲击水层产生鼓泡形成细小水滴或水膜，较大的粒子在与水滴碰撞时被捕集，捕集效率取决于粒子的惯性及扩散程度。因为水滴与气流间有相对运动，并由于水滴周围有环境气膜作用，所以气体与水滴接近时，气体改变流动方向绕过水滴，而尘粒受惯性力和扩散的作用，保持原轨迹运动与水滴相撞。这样，在一定范围内，尘粒都有可能与水滴相撞，然后由于水的作用凝聚成大颗粒，被水流带走。湿式除尘器中，水滴小且多，比表面积大，接触尘粒机会就多，产生碰撞、扩散、凝聚效率也高。尘粒的容重、粒径以及与水滴的相对速度愈大，碰撞、凝聚效率就愈高，除尘效率也就愈高。相反，液体的黏度、表面张力愈大，水滴直径愈大，分散愈不均匀，碰撞凝聚效率就愈低，除尘效率就愈低。

根据除尘机理，可将湿式除尘器分为重力喷雾洗涤器、旋风洗涤除尘器、自激式喷雾洗涤器、泡沫洗涤器、填料床洗涤器、文丘里洗涤器及机械诱导喷雾洗涤器。

根据气液分散的情况，湿式除尘器可分为液滴洗涤器，包括重力喷雾洗涤器、自激式喷雾洗涤器、文丘里洗涤器和机械诱导喷雾洗涤器；液膜洗涤器，包括填料床洗涤器、旋风水膜除尘器；液层洗涤器，包括泡沫洗涤器。

（2）常见的湿式除尘器

① 重力喷雾洗涤器　重力喷雾洗涤器又称喷雾塔或洗涤塔，是湿式洗涤器中最简单的一种。如图 8-13 所示的是重力喷雾洗涤器示意图，在塔内，含尘气体通过喷淋液体所形成的液滴空间时，由于尘粒和液滴之间的碰撞、拦截和凝聚等作用，使较大较重的尘粒靠重力作用沉降下来，与洗涤液一起从塔底排走。为了防止气体出口夹带液滴，常在塔顶安装除雾器。被净化的气体排入大气，从而实现除尘的目的。按照尘粒与水流流动方式不同，一般可将重力喷雾洗涤器分为逆流式、并流式和横流式。除尘工艺中应设置沉淀池，使液体沉淀后循环使用，因为蒸发的原因，还应不断给予补充。

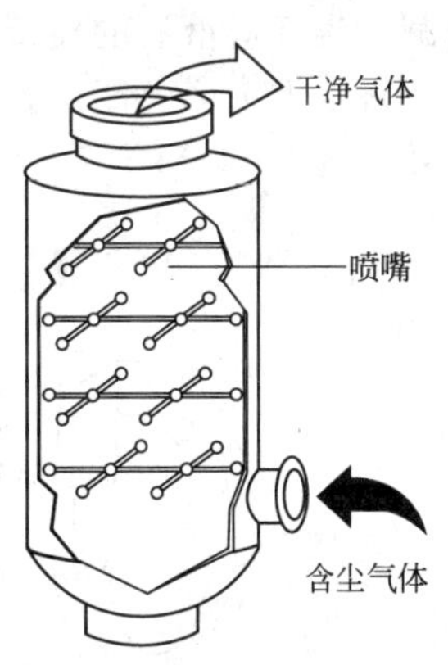

图 8-13　重力喷雾洗涤器

重力喷雾洗涤器具有结构简单、阻力小（压力损失一般在 250Pa 以下）、操作方便等特点，但耗水量大，设备庞大，占地面积大，除尘特别对于 10μm 以下尘粒的捕集效率低，因此多用于净化大于 50μm 的尘粒，常被用于电除尘器入口前的烟气调质，以改善烟气的比电阻，另外也可用于处理含有害气体的烟气。

② 旋风洗涤除尘器　旋风洗涤除尘器与干式旋风除尘器相比，由于附加了水滴的捕集作用，除尘效率明显提高。在旋风洗涤除尘器中，含尘气体的螺旋运动产生的离心力将水滴甩向外壁形成壁流，减少了气流带水，增加了气液间的相对速度，不仅可以提高惯性碰撞效率，而

且采用更细的喷雾，壁液还可以将离心力甩向外壁的粉尘立刻冲下，有效地防止了二次扬尘。

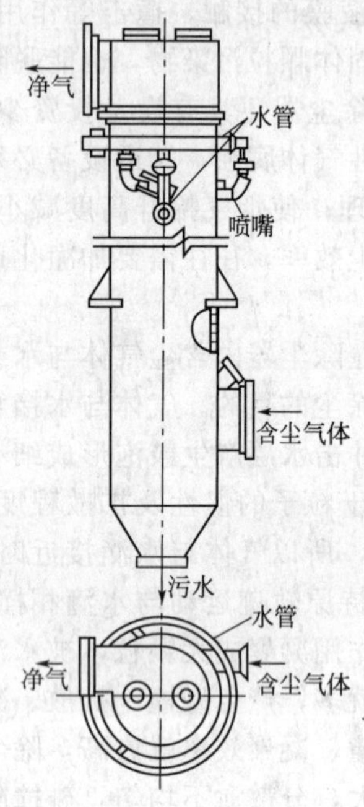

图 8-14　立式旋风水膜除尘器

旋风洗涤器适用于净化大于 5μm 的粉尘。在净化亚微米范围的粉尘时，常将其串联在文丘里洗涤器之后，作为凝聚水滴的脱水器。旋风洗涤器中气流压力损失约为 500～750Pa，除尘效率一般可达 90％～95％。常用的旋风洗涤除尘器有旋风水膜除尘器和中心喷雾旋风除尘器。

旋风水膜除尘器中含尘气体从筒体下部进风口沿切线方向进入，后旋转上升，使尘粒受到离心力作用被抛向筒体内壁，同时被沿筒体内壁向下流动的水膜所黏附捕集，并从下部锥体排出除尘器。

旋风水膜除尘器一般可分为立式旋风水膜除尘器和卧式旋风水膜除尘器两类。立式旋风水膜除尘器是应用比较广泛的一种洗涤式除尘器，其构造如图 8-14 所示。在圆筒形的筒体上部，沿筒体切线方向安装若干个喷嘴，水雾喷向器壁，在器壁上形成一层很薄的不断向下流动的水膜。含尘气体由筒体下部切向导入旋转上升，气流中的尘粒在离心力的作用下被甩向器壁，从而被液滴和器壁上的液膜捕集，最终沿器壁向下注入集水槽，经排污口排出。净化后的气体由顶部排出。

立式旋风水膜除尘器的除尘效率随气体的入口速度增加和筒体直径减小而提高。但入口气速过高，会使阻力损失大大增加，有可能还会破坏器壁的水膜，使除尘效率下降。因此入口气速一般控制在 15～22m/s。为减少尾气对液滴的夹带，净化气出口气速应在 10m/s 以下。入口含尘浓度不宜过大，最大允许浓度为 2g/m^3。若用于处理含尘浓度大的废气时，应设置预除尘装置。一般情况下除尘效率为 90％～95％，设备阻力损失为 500～750Pa。

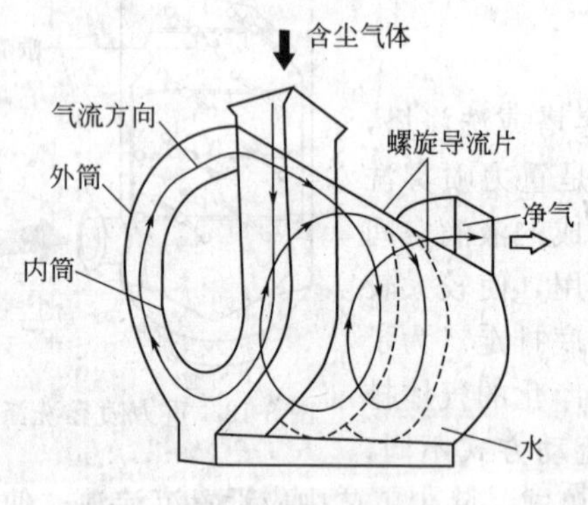

图 8-15　卧式旋风水膜除尘器

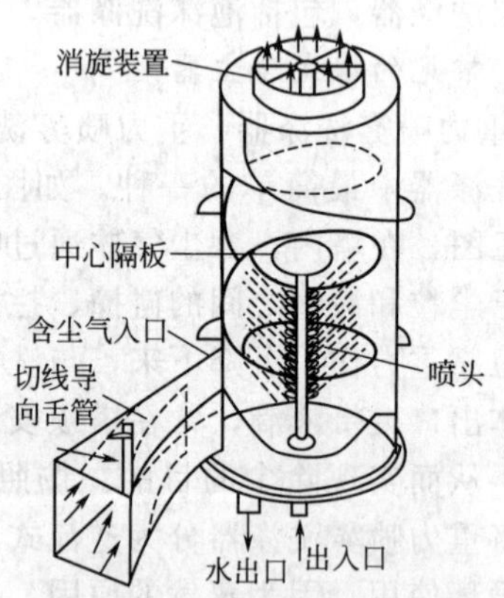

图 8-16　中心喷雾旋风除尘器

卧式旋风水膜除尘器也称旋筒式除尘器，如图 8-15 所示。它由外筒、内筒、螺旋形导流体、集水槽及排水装置等组成。除尘器的外筒和内筒横向水平放置，设在内筒壁上的导流片使外筒和内筒之间形成一个螺旋形的通道，除尘器下部为集水槽。含尘气体从除尘器一端沿切线方向进入，气体沿螺旋通道作旋转运动，在离心力的作用下，尘粒被甩向筒壁，气流冲击水面激起的水滴和尘粒碰撞，把一部分尘粒捕获，携带水滴的气流继续作旋转运动，水滴被甩向器壁形成水膜，又把落在器壁上的尘粒捕获。由于这种卧式旋风除尘器综合了旋风、冲击水浴和水膜三种除尘形式，因而其除尘效率可达 90%以上，最高可达 98%。

影响卧式旋风水膜除尘器效率的主要因素是气速和集水槽的水位。在处理风量一定的情况下，若水位过高，螺旋形通道的断面积减小，气流通道的流速增加，使气流冲击水面过分激烈，造成设备阻力增加；反之，若水位过低，通道断面积增大，气体流速降低会使水膜形成不完全或者根本不能形成，使除尘效率下降。为了防止或减少卧式旋风水膜除尘器排出气体带水，通常将除尘器后部做成气水分离室，并增设除雾装置。

卧式旋风水膜除尘器的阻力损失大约 800～1000Pa，平均耗水 0.05～0.15L/m^3。由于它具有结构简单、设备压力损失小、除尘效率高、负荷适应性强、运行维护费用低等优点，因此应用十分广泛。

中心喷雾旋风除尘器如图 8-16 所示。含尘气流由除尘器下部以切线方向进入，水通过轴向安装的多头喷嘴喷入，尘粒在离心力的作用下被甩向器壁，水由喷雾多孔管喷出后形成水雾，利用水滴与尘粒的碰撞作用和器壁水膜对尘粒的黏附作用而除去尘粒。入口处的导流板可以调节气流入口速度和压力损失，如需进一步控制，则要调节中心喷雾管入口处的水压。

中心喷雾旋风除尘器结构简单，设备造价低，操作运行稳定可靠，由于塔内气流旋转运动的路程比喷雾塔长，尘粒与液滴之间相对运动速度大，因而使粉尘被捕集的概率大。中心喷雾旋风除尘器对粒径在 0.5μm 以下粉尘的捕集效率可达 95%以上。

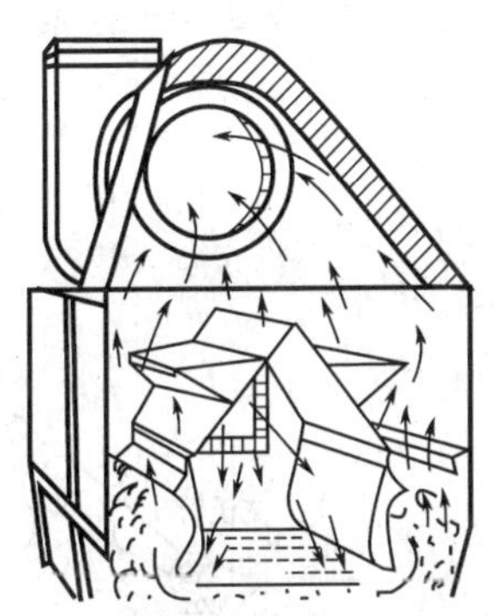

图 8-17　自激式喷雾除尘器

③ 自激喷雾除尘器　依靠气流自身的动能，冲击液体表面而激起水滴和水雾的除尘器称为自激喷雾式除尘器。图 8-17 所示的是自激式除尘器示意图。除尘器由洗涤除尘室、排泥装置和水位控制系统组合而成。在洗涤除尘器内设置了 S 形通道，使气流冲击水面激起的泡沫和水花充满整个通道，从而使尘粒与液滴的接触机会大大增加。含尘气流进入除尘器后，转弯向下冲击水面，粗大的尘粒在惯性的作用下冲入水中被水捕集直接沉降在泥浆斗内。未被捕集的微细尘粒随着气流高速通过 S 形通道，激起大量的水花和水雾，使粉尘与水滴充分接触，通过碰撞和截留，使气体得到进一步的净化，净化后的气体经挡水板脱水后排出。

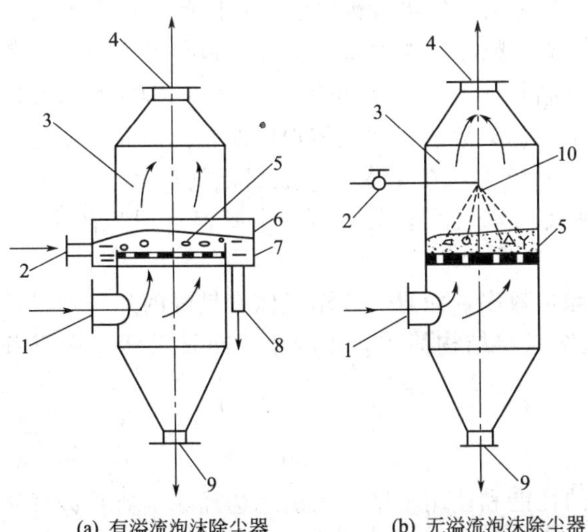

(a) 有溢流泡沫除尘器　(b) 无溢流泡沫除尘器

图 8-18　泡沫除尘器

1—烟气入口；2—洗涤液入口；3—泡沫洗涤器；4—净气出口；5—筛板；6—水堰；7—溢流槽；8—溢流水管；9—污泥排出口；10—喷嘴

自激式喷雾除尘器结构紧凑，占地面积小，施工安装方便，负荷适应性好，耗水量少，除尘效率一般可达 95%，设备阻力 1000～1600Pa，耗水量 0.04L/m^3，缺点是价格较贵，压力损失大。

④ 泡沫除尘器　泡沫除尘器又称泡沫洗涤器，简称泡沫塔，如图 8-18 所示。这类除尘器一般分为无溢流泡沫除尘器和有溢流泡沫除尘器两类。

泡沫除尘器一般做成塔的形式，

根据允许压力降和除尘效率，在塔内设置单层或多层塔板。塔板一般为筛板，通过顶部喷淋（无溢流）或侧部供水（有溢流）的方式，保持塔板上具有一定高度的液面。含尘气流由塔下部导入，均匀通过筛板上的小孔而分散于液相中，同时产生大量的泡沫，增加了两相接触的表面积，使尘粒被液体捕集。被捕集下来的尘粒，随水流从除尘器下部排出。

无溢流泡沫除尘器采用顶部喷淋供水，筛板上无溢流堰，筛板孔径5～10mm，开孔率为20%～30%。气流的空塔速度为1.5～3.0m/s，含尘污水由筛孔漏至塔下部污泥排出口。

有溢流泡沫除尘器利用供水管向筛板供水。通过溢流堰维持塔板上的液面高度，液体横穿塔板经溢流堰和溢流管排出。筛孔直径4～8mm，开孔率20%～25%，气流的空塔速度为1.5～3.0m/s，耗水量约0.2～0.3L/m^3。泡沫除尘器的除尘效率主要取决于泡沫层的厚度，泡沫层越厚，除尘效率越高，阻力损失也越大。

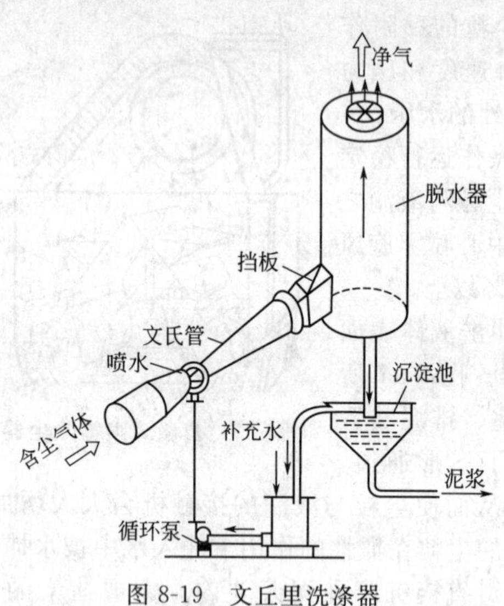

图8-19　文丘里洗涤器

⑤ 文丘里洗涤器　文丘里洗涤器如图8-19所示，它是一种高效湿式洗涤器，常用在高温烟气降温和除尘上。

文丘里洗涤器一般包括文丘里管（简称文氏管）和脱水器两部分。文丘里洗涤器的除尘包括雾化、凝聚和脱水三个过程，前两个过程在文氏管内进行，后一个过程在脱水器内进行。文氏管是由收缩管、喉管和扩散管三部分组成的。含尘气体进入收缩管，流速逐渐增加，气流的压力逐渐变成动能，进入喉管时，流速达到最大值。水通过喉管周边均匀分布的若干小孔进入，然后在高速气流冲击下被高度雾化。喉管处的高速低压使气流达到饱和状态，同时尘粒表面附着的气膜被冲破，使尘粒被水润湿。因此，在尘粒与水滴或尘粒之间发生激烈的碰撞和凝聚。进入扩散管后，气流速度降低，静压回升，以尘粒为凝结核的凝聚作用加快。有水分的颗粒继续凝聚碰撞，小颗粒凝结成大颗粒，并很容易被脱水器捕集分离，使气体得以净化。因此，要想提高尘粒与水滴的碰撞效率，喉部的气体速度必须较大，在工程上一般保证气速为50～80m/s，而水的喷射速度应控制在6m/s。除尘效率还与水气比有关，运行中要保持适当的水气比，以保证高的除尘效率。

由于文丘里洗涤器对细粉尘有很高的除尘效率，而且对高温气体有良好的降温效果，因此常用于高温烟气的降温和除尘。文丘里洗涤器结构简单，体积小，布置灵活，投资费用低，缺点是压力损失大。

五、除尘方法和设备的选用

除尘器的种类和形式很多，具有不同的性能和使用范围。正确地选择除尘器并进行科学的维护管理，是保证除尘设备正常运转并完成除尘任务的必要条件。如果除尘器选择不当，就会使除尘设备达不到应有的除尘效率，甚至无法正常运转。

除尘设备的选用，大量的问题可以归结为除尘效率与动力消耗之间的平衡，除尘效率高的设备往往动力消耗较大或设备费较高，因此应在全面衡量装置的技术指标和经济指标的基础上进行选择。

1. 锅炉烟气除尘设备选用时应考虑的因素

（1）烟气的含尘浓度　锅炉排烟的含尘浓度，是决定选用除尘器的一个重要因素。不同类型的除尘器对被处理气体的含尘浓度有不同的适应性，应使除尘器较高效率运行的理论含尘浓度与锅炉排烟含尘浓度的变化范围相适应。对于含尘浓度因素，一般可作如下考虑。

对于旋风除尘器，一般情况下，除尘器进口的含尘浓度越高，除尘效率越高。但到某一临界含尘浓度后，除尘效率反而随含尘浓度的增加而降低。通常，该临界含尘浓度为 10～20g/m^3，与旋风除尘器的结构形式、尺寸和运行条件等有关。

对于文丘里除尘器等洗涤式除尘器，考虑到喉部的摩擦损耗和喷嘴堵塞等方面的问题，希望进口含尘浓度尽可能保持在 10g/m^3 以下。

对于袋式除尘器等设备，进口含尘浓度低时，整体除尘性能较好。当进口含尘浓度很高时，则宜采用机械式除尘器进行预处理。袋式除尘器理想的含尘浓度为 10g/m^3 以下。

对于电除尘器，含尘浓度高时会使集尘极清灰次数增加，易产生粉尘的二次夹带等问题，导致实际除尘效率下降。一般希望含尘浓度在 30g/m^3 以内。

（2）除尘要求，除尘效率、阻力及排放标准等　除尘效率是选择除尘器的主要依据，但是，随气体性质和运行工况的改变，除尘效率必然发生变化。因此选用除尘器时必须考虑装置本身对运行条件的适应性。除尘器阻力越大，动力消耗越大，增加了运行成本，因此应在排放标准允许的前提下，选择效率高、阻力小的除尘器。

（3）不同的除尘器对于烟气流量变化具有不同的适应特性，选用除尘器时应使烟气流量的变化与除尘器适宜的烟气流速相适应。通常，旋风除尘器的除尘效率和阻力随烟气流量的增加而增加，而其他多数除尘器的效率却随烟气流量的增加而下降。对于工业锅炉，运行时负荷多变，使其烟气流量变化范围较大。因此，在选择除尘器时，应特别注意烟气流量变化这一重要因素。

（4）烟气温度　烟气温度对除尘器性能的影响很大。一是对烟气流量的影响，烟气流量的改变会使含尘浓度改变，并且决定装置体积的大小和设备费用。二是各种除尘器因其结构材料不同，对温度有一个适用范围。三是温度会影响烟气黏度，烟温高时，黏度大，粉尘的沉降速度减小，旋风或电除尘器效率下降。此外，为防止腐蚀、堵灰，烟温应高于露点 20℃以上。

（5）装置的经济性　主要包括设备费、安装费、运行费、使用寿命和综合利用等，因此必须了解各种除尘器的技术性能和经济指标，然后结合具体情况，如锅炉类型、燃料特性、燃烧方式、负荷变化、可利用的空间及环境条件等因素，选择合适的除尘器，选择时设备的初投资及运行、维护费用等经济指标应全面考虑。

2. 干式还是湿式除尘器

选用干式还是湿式除尘器对整个除尘系统的运行与管理都有很大影响，须根据具体情况作全面的考虑。湿式除尘器一般比干式除尘器效率高、阻力较小，设备也较简单，不仅能捕集较细小的尘粒，而且还能除去烟气中的酸性气体。当烟气中含有 SO_x、NO_x 等气态污染物时，采用洗涤式除尘器可同时实现除尘和脱除气态污染物的双重效果。对于湿度较大的烟气，容易造成机械式除尘器的堵塞，易使袋式除尘器的滤料结块，因此选用洗涤式除尘器可能是适当的。但湿式除尘器的耗水量较大，同时还要解决二次污染、灰浆处理和设备防腐等问题。干式除尘器灰尘处理较简单，没有腐蚀问题，但除尘效率较低，不能同时脱除烟气中的有害气体。

第四节 锅炉 SO_2 减排技术

一、SO_x 的生成

硫氧化物 SO_x 主要是指 SO_2 和 SO_3。燃料燃烧时，以有机硫为主的低温硫和以单质硫和硫铁矿硫为主的高温硫大量析出。当析出的可燃性硫进行燃烧时，就生成了 SO_2，一少部分约 1%～5%的 SO_2 被进一步氧化成 SO_3。

有机硫燃烧时先生成 H_2S、CS 等含硫化合物，进一步被氧化形成 SO_2。元素硫和硫化物硫在燃烧时直接生成 SO_2 和 SO_3，主要的化学反应如下：

元素硫的燃烧

$$S + O_2 = SO_2$$

$$SO_2 + 1/2O_2 = SO_3$$

硫化物的燃烧

$$4FeS_2 + 11O_2 = 2Fe_2O_3 + 8SO_2$$

$$SO_2 + 1/2O_2 = SO_3$$

有机硫的燃烧

$$CH_3CH_2SCH_2CH_3 \longrightarrow H_2S + H_2 + C + C_2H_4$$

$$2H_2S + 3O_2 = 2SO_2 + 2H_2O$$

$$SO_2 + 1/2O_2 = SO_3$$

二、SO_2 控制技术概述

二氧化硫控制技术的研究，从 20 世纪初至今已有 90 多年的历史。自 60 年代起，一些工业化国家相继制定了严格的法规和标准，限制煤炭燃烧过程中 SO_2 等污染物的排放，这一措施极大地促进了二氧化硫控制技术的发展。进入 20 世纪 70 年代以后，二氧化硫控制技术逐渐由实验室阶段转向应用性阶段。据统计，目前世界各国开发、研究、使用的 SO_2 控制技术将超过 200 种，根据 SO_2 控制工艺在煤炭燃烧过程中的位置，这些脱硫技术概括起来可分为三大类，即燃烧前脱硫、燃烧中脱硫及燃烧后脱硫（烟气脱硫）。

1. 燃烧前脱硫

燃烧前脱硫主要是指煤炭选洗技术，应用化学或物理方法去除或减少原煤中所含的硫分和灰分等杂质以提高煤质量，并加工成满足不同需要的商品煤的工艺过程，它是燃前除去煤中的矿物质，降低煤中硫含量的主要手段。煤的燃前脱硫方法有数十种之多，主要有物理脱硫法、化学脱硫法、微生物脱硫法等。

物理脱硫法是依据煤炭颗粒与含硫化合物的密度、磁性、导电性及其悬浮性差异而除去煤中无机硫的方法，目前已有成熟工艺和设备。物理法工艺简单，投资少，操作成本低，但不能脱除煤中有机硫，对黄铁矿硫的脱除率一般在 50%左右。物理方法主要可分为湿法和干法两种，常见的物理脱硫方法包括重介质分选、重选、浮选、选择性絮凝、电选、磁选、浮选柱及重选与浮选相结合的方法。

化学脱硫法是在煤泥浮选过程中，通过添加有机脱硫剂，与细煤中的黄铁矿硫反应，从而使硫透过煤粒脱除。化学脱硫方法已有许多种，如碱水溶液法、部分氧化法、氯解法、热解法。这些方法虽然都能脱除煤中几乎全部的无机硫及部分有机硫，但大都需要强酸、强碱和强氧化剂并在高温高压条件下操作，工艺条件苛刻，成本昂贵，并且对煤的性质影响较大。

微生物脱硫方法是利用某些微生物以硫化物为能源，并使硫元素的存在形态发生改变的脱硫方法。从本质上讲，它也是一种化学的方法。具体采用的方式主要有堆积浸滤法、空气搅拌式浸出法和表面氧化法等。该法具有反应条件温和、成本低、能耗省、无煤流失等优点。但使用该方法脱硫反应时间长，微生物繁殖慢，并且有酸性处理液产生，目前还不实用。

煤的燃前脱硫还可使煤炭增值，尤其是会提高煤炭出口的附加值，提高企业的经济效益，因此燃前脱硫多为煤炭生产企业所重视。

2. 燃烧中脱硫

燃烧中脱硫技术主要是指煤在炉内燃烧的同时，向炉内喷入脱硫剂（常用的有石灰石、白云石等），或将脱硫剂与煤混合加工成型煤（型煤技术）。脱硫剂一般利用炉内较高温度进行自身煅烧，煅烧产物（主要有 CaO、MgO 等）与煤燃烧过程中产生的 SO_2、SO_3 反应，生成硫酸盐和亚硫酸盐，以灰的形式排出炉外，减少 SO_2、SO_3 向大气的排放，达到脱硫的目的。燃烧过程中脱硫反应温度较高，一般在 800～1250℃的范围内。该方法的优越性在于不需要燃烧前的脱硫设备，或可大大减少燃烧后的脱硫设备，并且脱硫工艺简单、成本低，还可提高热利用效率，但其中固硫剂部分或全部参与燃烧过程，将会影响煤的燃烧性能。此外，由于煤中碱性物质利用率低，以及形成的硫酸盐再分解等原因，导致脱硫效率不高。煤燃烧中脱硫技术主要有以下几种。

（1）*煤粉炉直接喷钙* 在煤粉炉中，脱硫剂选择温度较低区域喷入进行脱硫。由于其脱硫效率没有湿法烟气脱硫高，故曾在较长一段时间内没有得到工业应用。但由于目前一些国家，特别是发展中国家的有关环保法令只要求对燃煤排放的 SO_2 有中等程度的控制，这一方法所具有的投资省、装置简单、便于改造、能满足一般环保要求的特点受到人们的关注。单纯的炉内直接喷钙脱硫效率只能达到 30%～40%左右，若与尾部活化器增湿或在脱硫中添加催化剂等技术相结合，其脱硫效率可达 70%以上。

（2）*型煤技术* 型煤技术就是把粉碎的煤与石灰石以及氢氧化钙等脱硫剂混合加工成具有一定强度且块度均匀的固体型块，在燃烧的同时自行脱硫，此法能提高锅炉出力 10%～30%，燃烧时烟尘和 SO_2 排放都比燃烧散煤时减少 40%～60%。型煤技术是一项投资少、见效快、减少污染物排放并节约能源的有效过渡措施。型煤生产工艺大致可分为冷压成型和热压成型两大类。

在我国，民用型煤加工已有成熟技术，长远看来，工业型煤技术是实现工业炉窑高效、清洁燃烧的一个很有希望的方向，但由于技术、价格、市场等原因，型煤技术多用于化工行业，锅炉燃料型煤推广较慢。

（3）*流化床燃烧脱硫技术* 流化床燃烧固硫是用于煤炭脱硫的又一种燃烧技术，它是把石灰石或白云石与煤在流化床内加以混合，煤和石灰石或白云石悬浮在燃烧烟气中，通过生成 $CaSO_4$ 而在炉内捕捉 SO_2 的方法。因为可以使脱硫剂在床内的停留时间延长，因此可以提高脱硫率和石灰的利用率。流化床燃烧炉内的最佳脱硫温度大约在 850℃，恰好是石灰石和白云石脱硫的最佳温度，因此该方法能实现炉内脱硫和低温燃烧，从而大大降低 SO_2 的排放量，脱除率可达 80%～90%。

流化床燃烧脱硫技术包括常压鼓泡流化床燃烧技术、常压循环流化床燃烧技术、增压鼓泡流化床燃烧技术与增压循环流化床燃烧技术。其中前三类已得到工业应用，增压循环流化床燃烧技术尚在工业示范阶段。

(4) *水煤浆技术*　水煤浆是 20 世纪 70 年代国际上发展起来的一种以煤代油的新型燃料。由于水煤浆燃烧时火焰中心温度比烧煤和烧油低，能够降低燃烧时产生的 SO_2 和烟尘。目前我国在水煤浆制备和燃烧的研究开发以及工程示范方面取得了很大进展，已具备了商业化应用条件。

3. 燃烧后脱硫

燃烧后脱硫即烟气脱硫，是当前应用最广、效率最高的脱硫技术。按照净化的原理可将烟气脱硫分为吸收法、吸附法和催化转化法等。按照烟气脱硫后的生成物是否回收，将脱硫技术分为抛弃法和回收法。按脱硫剂的种类划分，可分为以下五种方法：以 $CaCO_3$（石灰石）为基础的钙法，以 MgO 为基础的镁法，以 Na_2SO_3 为基础的钠法，以 NH_3 为基础的氨法，以有机碱为基础的有机碱法。世界上普遍使用的商业化技术是钙法，所占比例在 90% 以上。按吸收剂及脱硫产物在脱硫过程中的干湿状态又可将脱硫技术分为湿法、干法和半干（半湿）法。湿法 FGD 技术是用含有吸收剂的溶液或浆液在湿状态下脱硫和处理脱硫产物，该法烟气脱硫技术成熟，脱硫效率高，运行可靠，但脱硫产物的处理比较麻烦，烟气温度的降低也不利于扩散。传统湿法的工艺复杂，占地面积大，投资也大，多用于燃用中高硫煤机组，或大容量机组的电站锅炉。

干法技术的脱硫吸收和产物处理均在干状态下进行，该法无污水废酸排出、设备腐蚀程度较轻，烟气在净化过程中无明显降温、净化后烟温高、利于烟囱排气扩散、二次污染少等，但存在脱硫效率低、反应速度较慢、设备庞大等问题。

半干法 FGD 技术是指脱硫剂在干燥状态下脱硫、在湿状态下再生（如水洗活性炭再生流程），或者在湿状态下脱硫、在干状态下处理脱硫产物（如喷雾干燥法）的烟气脱硫技术。特别是在湿状态下脱硫、在干状态下处理脱硫产物的半干法，既有湿法脱硫反应速度快、脱硫效率高的优点，又有干法无污水废酸排出、脱硫后产物易于处理的优势。干法和半干法的脱硫产物为干粉状，处理容易，工艺简单，投资也较低，但用石灰（石灰石）作脱硫剂时的 Ca/S 比高，脱硫效率和脱硫剂的利用率较低，一般适用于燃用中低硫煤的中小机组的电站锅炉。

三、典型的烟气脱硫方法

1. 湿法脱硫

湿法烟气脱硫是采用液体吸收剂如水或碱性溶液等洗涤烟气以除去 SO_2。在湿法烟气脱硫当中，烟气在吸收塔内与碱性浆液接触和反应。吸收塔的具体形式很多（液柱塔、喷淋塔、板式塔等等），形式的选用取决于制造商和所需流程结构。在实际应用当中，使用最多的吸收塔是垂直逆流喷淋塔。到目前，根据所使用的不同的吸收剂和最终的副产物的不同，已经发展出了许多种湿法烟气脱硫方法，湿法也是目前在实际运用中应用最广、工艺应用最多的脱硫方法。

湿法由于是气液反应，脱硫反应速度快、效率高、脱硫剂利用率高。但系统存在堵塞以及脱硫后的烟气温度低于酸露点、易产生腐蚀问题，并且脱硫后的烟气需要再加热才能排出。湿法的流程和设备相对比较复杂，所需费用也较高，为了避免二次污染，必须对污水进行处理，因此运行成本也较高。湿法烟气脱硫系统一般位于烟道的末端，除尘器之后。湿法脱硫方法主要有：石灰（石灰石）-石膏法、简易石灰（石灰石）-石膏法、钠碱吸收法、双碱法、氨吸收法、氧化镁吸收法、海水脱硫、磷铵肥脱硫等。

(1) *石灰/石灰石-石膏法*　石灰/石灰石-石膏法烟气脱硫技术最早是由英国皇家化学工

业公司提出的，该方法脱硫的基本原理是用石灰或石灰石浆液吸收烟气中的 SO_2，先生成亚硫酸钙，然后将亚硫酸钙氧化为硫酸钙，副产品石膏可抛弃也可以回收利用。

用石灰石或石灰浆液作吸收剂吸收烟气中的 SO_2 主要包括吸收和氧化两个过程：

① 吸收过程　在吸收塔内进行，主要反应如下。

石灰浆液吸收剂：$Ca(OH)_2 + SO_2 \longrightarrow CaSO_3 \cdot 1/2H_2O$

石灰石浆液吸收剂：

$CaCO_3 + SO_2 + 1/2H_2O \longrightarrow CaSO_3 \cdot 1/2H_2O + CO_2$

$CaSO_3 \cdot 1/2H_2O + SO_2 + 1/2H_2O \longrightarrow Ca(HSO_3)_2$

由于烟气中含有氧，还会发生如下副反应：

$2(CaSO_3 \cdot 1/2H_2O) + O_2 + 3H_2O \longrightarrow 2(CaSO_4 \cdot 2H_2O)$

② 氧化过程在氧化塔内进行，主要反应如下：

$2(CaSO_3 \cdot 1/2H_2O) + O_2 + 3H_2O \longrightarrow 2(CaSO_4 \cdot 2H_2O)$

$Ca(HSO_3)_2 + 1/2O_2 + H_2O \longrightarrow CaSO_4 \cdot 2H_2O + SO_2$

传统的石灰/石灰石-石膏法的工艺流程如图 8-20 所示。将配好的石灰浆液用泵送入吸收塔顶部，经过冷却塔冷却并除去 90%以上的烟尘的含 SO_2 烟气从塔底进入吸收塔，在吸收塔内部烟气与来自循环槽的浆液逆向流动，经洗涤净化后的烟气经过再加热装置通过烟囱排空。石灰浆液在吸收 SO_2 后，成为含有亚硫酸钙和亚硫酸氢钙的混合液，将此混合液在母液槽中用硫酸调整 pH 值至 4 左右，送入氧化塔，并向塔内送入压缩空气进行氧化，生成的石膏经稠厚器使其沉积，上层清液返回循环槽，石膏浆经离心机分离得成品石膏。

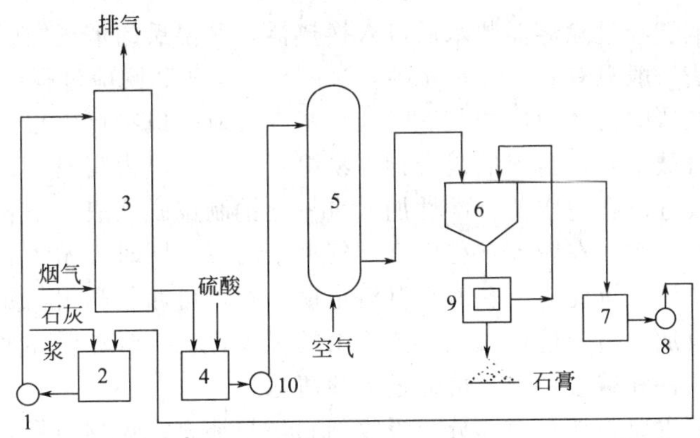

图 8-20　石灰/石灰石-石膏法脱硫工艺流程

1,8,10—泵；2—循环槽；3—吸收塔；4—母液槽；5—氧化塔；6—稠厚器；7—中间槽；9—离心机

现代石灰/石灰石-石膏法工艺流程如图 8-21 所示。主要有原料运输系统、石灰石浆液制备系统、烟气脱硫系统、石膏制备系统和污水处理系统。

(2) *双碱法*　双碱法烟气脱硫技术是为了克服石灰石-石灰法容易结垢的缺点而发展起来的。传统的石灰石/石灰-石膏法烟气脱硫工艺采用钙基脱硫剂吸收二氧化硫后生成的亚硫酸钙、硫酸钙，由于其溶解度较小，极易在脱硫塔内及管道内形成结垢、堵塞现象，结垢堵塞问题严重影响脱硫系统的正常运行。而单纯采用钠基脱硫剂运行费用太高而且脱硫产物不易处理，由此双碱法烟气脱硫工艺应运而生，该工艺较好地解决了上述矛盾问题。

双碱法是先用碱性溶液如 NaOH、$NaCO_3$、$NaHCO_3$、$NaSO_3$ 溶液吸收 SO_2，然后将吸收 SO_2 后的吸收液在另一反应器中用石灰石或石灰进行再生，再生后的吸收液可循环使

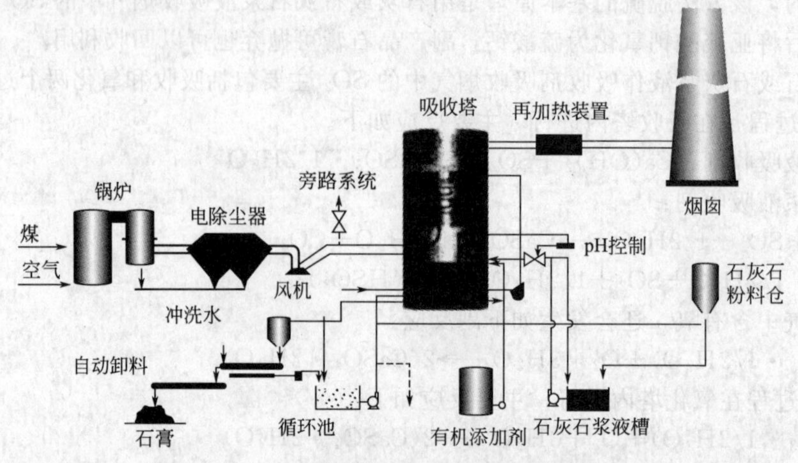

图 8-21　现代石灰/石灰石-石膏法脱硫工艺

用，SO_2 则以石膏的形式析出，生成亚硫酸钙和石膏。由于在吸收和吸收液的再生处理中使用了不同的碱，故称为双碱法。

双碱法烟气脱硫工艺以氢氧化钠溶液作为启动脱硫剂，配制好的氢氧化钠溶液直接打入脱硫塔洗涤脱除烟气中 SO_2，来自锅炉的烟气先经过除尘器除尘，然后烟气经烟道从塔底进入脱硫塔。一般在脱硫塔内布置若干层旋流板的方式，旋流板塔具有良好的气液接触条件，从塔顶喷下的碱液在旋流板上进行雾化使得烟气中的 SO_2 与喷淋的碱液充分吸收、反应。经脱硫洗涤后的净烟气经过除雾器脱水后进入换热器，升温后的烟气经引风机通过烟囱排入大气。最初的双碱法一般只有一个循环水池，NaOH、石灰和脱硫过程中捕集的飞灰同在一个循环池内混合。在清除循环池内的灰渣时，烟灰，反应生成物亚硫酸钙、硫酸钙及石灰渣和未反应的石灰同时被清除，清出的混合物不易综合利用而成为废渣。为克服传统双碱法的缺点，对其进行了改进。在清水池一次性加入氢氧化钠制成脱硫液，用泵打入吸收塔进行脱硫。三种生成物均溶于水，在脱硫过程中，烟气夹杂的飞灰同时被循环液湿润而捕集，从吸收塔排出的循环浆液流入沉淀池。灰渣经沉淀定期清除，可回收利用，如制砖等。上部清液溢流进入反应池与投加的石灰进行反应，置换出的氢氧化钠溶解在循环水中，同时生成难溶解的亚硫酸钙、硫酸钙和碳酸钙等，可通过沉淀清除。

双碱法脱硫工艺主要包括 5 个部分：吸收剂制备与补充；吸收剂浆液喷淋；塔内雾滴与烟气接触混合；再生池浆液还原钠基碱；石膏脱水处理。双碱法具有明显的优点，由于采用清液吸收，从而克服了湿式石灰/石灰石-石膏法中结垢的缺点，不存在结垢和料浆堵塞等问题；另外，副产石膏的纯度较高，应用范围也更广泛。双碱法的种类很多，如钠碱双碱法、碱性硫酸铝-石膏法、CAL 法等。

(3) 钠碱吸收法　钠碱法就是用 NaOH 或 Na_2CO_3 水溶液吸收废气中的 SO_2 后，不用石灰（石灰石）再生，而直接将吸收液处理成副产品。与石灰/石灰石法相比，该法具有吸收速度快，不存在堵塞、结垢问题等优点。根据钠碱液的循环使用与否，分为循环钠碱法和亚硫酸钠法。

① 循环钠碱法　又称威尔曼洛德法，采用 NaOH 或 Na_2CO_3 作为初始吸收剂，在低温下吸收烟气中的 SO_2。随着 Na_2SO_3 逐渐转变成 $NaHSO_3$，溶液的 pH 值将逐渐下降。当吸收液中的 pH 值降低到一定程度时，溶液的吸收能力降低，这时候将吸收 SO_2 后含有 $NaHSO_3$ 的吸收液送入解吸系统，加热使 $NaHSO_3$ 分解，获得固体 Na_2SO_3 和高浓度的 SO_2。

在 Na_2SO_3 和 $NaHSO_3$ 混合溶液中，由于 Na_2SO_3 的溶解度较小，可以让其结晶出来，然后将固体 Na_2SO_3 用水溶解后返回吸收系统重复使用。

② 亚硫酸钠法 亚硫酸钠法是将吸收后得到的 $NaHSO_3$ 溶液用 NaOH 或 Na_2CO_3 中和，使 $NaHSO_3$ 转变为 Na_2SO_3。Na_2SO_3 溶液经加热浓缩、结晶，用离心机甩干，烘干后就得到了 Na_2SO_3 产品，纯度达可 96%。

(4) 湿式氨吸收法 以氨作为 SO_2 的吸附剂，它是一种较为成熟的方法，较早地应用于工业中。其主要优点是吸附剂费用低，并且利用率和脱硫效率高，同时氨可以保留在吸收产物中制成含氮肥料。但氨易挥发，因而吸收剂的消耗量较大，另外氨的来源受地域以及生产行业的限制较大。尽管如此，氨法仍然是一种治理 SO_2 的有效方法。

氨法吸收技术是将氨水通入吸收塔内，使其与含有 SO_2 的废气接触进行吸收，在吸收过程中所生成的酸式盐 NH_4HSO_3 对 SO_2 不具有吸附能力，随着吸收过程的进行，循环液中 NH_4HSO_3 增多，吸收液吸收能力下降。此时，需要向溶液中补充氨，使部分 NH_4HSO_3 转变为$(NH_4)_2SO_3$，以保持吸收液的吸收能力。根据吸收液的再生方法可分为氨-酸法、氨-亚硫酸铵法和氨-硫酸铵法，在氨法的这些脱硫方法中，其吸收原理和过程基本是相同的，只是吸收液再生方法不同。氨-酸法将吸收液用酸分解，一般常用硫酸进行分解，得到 SO_2 来制酸，硫酸铵溶液制化肥。氨-亚硫酸铵法对吸收液不进行分解，而是直接加工为亚硫酸铵，这样既可以节约硫酸，又可减少氨耗。氨-硫酸铵法与前两种方法不同，前两种方法都要求尽量防止和抑制氧化副反应的发生，避免将吸收液中的 $(NH_4)_2SO_3$ 氧化为 $(NH_4)_2SO_4$，以保证吸收液的吸收效率。但在氨-硫酸铵法中，须促使循环吸收液氧化，氧化产物硫酸铵是该方法的最终产品。

湿式氨法脱硫工艺脱硫塔不易结垢、不产生废水，副产品硫酸铵可作为农用肥料，减少了对环境的二次污染等，是较适合我国国情的烟气脱硫技术。

(5) 氧化镁法 一些金属氧化物，如 MgO、ZnO、MnO_2 等，对 SO_2 具有较好的吸附能力，将金属氧化物制成浆液洗涤气体，由于其吸收效率高，吸收液再生容易，因而常被用来净化 SO_2 废气。镁法烟气脱硫技术是用氧化镁作为脱硫剂进行烟气脱硫的一种湿法脱硫方式，也称为氧化镁湿法烟气脱硫技术。氧化镁的脱硫机理与氧化钙的脱硫机理相似，都是碱性氧化物与水反应生成氢氧化物，再与二氧化硫溶于水生成的亚硫酸溶液进行酸碱中和反应，反应生成亚硫酸镁和硫酸镁，亚硫酸镁氧化后生成硫酸镁。氧化镁法可处理大量的烟气，具有脱硫效率高（可达 90%以上）、无结垢、可长期连续运转，并可回收硫，避免产生固体废物等特点。

氧化镁法的化学反应过程如下。

① 氧化镁浆液的制备 氧化镁原料粉和工艺水按照比例混合在一起，制成一定浓度的氢氧化镁浆液。

$$MgO + H_2O \longrightarrow Mg(OH)_2$$

② SO_2 的吸收 氢氧化镁浆液送入主吸收塔，浆液自上而下与烟气中的 SO_2 进行逆向接触反应，主要反应为如下：

$$Mg(OH)_2 + SO_2 + xH_2O \longrightarrow MgSO_3 \cdot (x+1)H_2O$$

$$MgSO_3 + 1/2O_2 \longrightarrow MgSO_4$$

③ 后处理 主吸收塔排出的溶液经离心分离机分离后，再经回转干燥窑干燥，分离干燥从吸收塔中排出的固体含量为 15%的吸收液，固液分离后进行干燥，除去结晶水，得到 $MgSO_3$、$MgSO_4$、MgO 和惰性组分（如飞灰）等的混合物。由干燥过程排出的尾气需通过除尘器除尘，通过风机返回吸收塔与烟气混合处理。

④ 氧化镁再生　将干燥后的 $MgSO_3$ 和 $MgSO_4$ 煅烧分解，重新得到 MgO，同时放出 SO_2。

$$MgSO_3 \longrightarrow MgO + SO_2$$
$$C + 1/2O_2 \longrightarrow CO$$
$$MgSO_4 + CO \longrightarrow MgO + SO_2 + CO_2$$

氧化镁法脱硫工艺流程如图 8-22 所示。系统主要由制浆部分、预洗涤塔、主吸收塔和氧化镁再生系统组成。来自除尘器的烟气经过升压后进入预洗涤塔，去除 HCl、HF 和飞灰，以避免杂质影响再生氧化镁的纯度。烟气从预洗涤塔出来经一级除雾器后直接进入主吸收塔，在主吸收塔内进行 SO_2 的脱除。吸收剂由制浆系统制成脱硫剂浆液打入主吸收塔，吸收塔内的浆液排至亚硫酸镁干燥系统，在这个系统里可再生出氧化镁，回收到脱硫系统。氧化镁再生过程产生的 SO_2 富气可用于制硫酸。

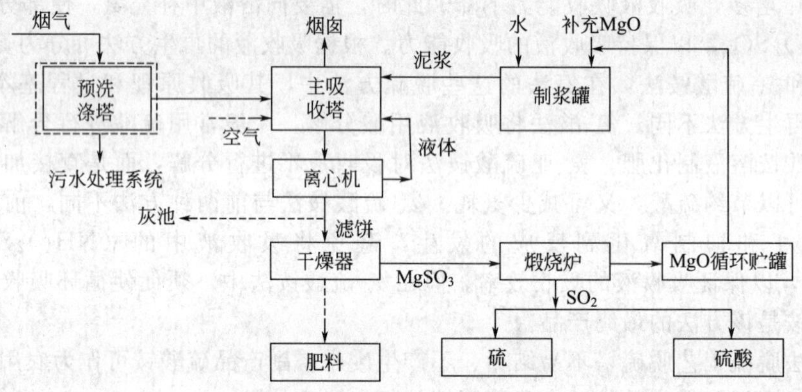

图 8-22　氧化镁法工艺流程图

(6) 海水脱硫技术　海水烟气脱硫是利用海水的天然碱度来脱除烟气中的 SO_2。根据是否添加其他化学吸收剂，海水脱硫工艺可分为两类。一类是用纯海水作吸收剂的工艺，另一类是在海水中添加一定量石灰以调节吸收液的碱度。

由于雨水将陆上岩层的碱性物质带到海中，天然海水含有大量的可溶性盐，其中主要成分是氯化钠和硫酸盐及一定量的可溶性碳酸盐。海水通常呈碱性，一般 pH 值在 7.5～8.3 之间，海水中的可溶盐类一般都可以与其酸式盐之间相互转化，依靠海水天然碱度就能使脱硫海水的 pH 值得到恢复，既达到了烟气脱硫的目的，又能满足海水排放的要求，但该法受地域限制比较大，企业必须在海边，多用于大型火力发电厂脱硫。

2. 干法和半干法烟气脱硫技术

(1) 喷雾干燥法　喷雾干燥法是 20 世纪 70 年代开发的一种半干法脱硫技术，80 年代开始成功地用于燃用低、中硫煤的锅炉。该法是用碱性吸收剂的悬浮液或溶液通过高速旋转雾化器雾化成细小的雾滴喷入吸收塔中，并在塔中与经气流分布器导入的热烟气接触，水蒸气和碱性吸收液在干湿两种状态下同 SO_2 反应，干燥产物则在气液后侧用除尘器除去。

喷雾干燥法脱硫工艺以石灰为脱硫吸收剂，石灰经消化并加水制成消石灰乳，消石灰乳由泵打入位于吸收塔内的雾化装置。在吸收塔内，被雾化成细小液滴的吸收剂与烟气混合接触，与烟气中的 SO_2 发生化学反应生成 $CaSO_3$，烟气中的 SO_2 被脱除。与此同时，吸收剂带入的水分迅速被蒸发而干燥，烟气温度随之降低。脱硫反应产物及未被利用的吸收剂以干燥的颗粒物形态随烟气带出吸收塔，进入除尘器被收集下来。在湿态的吸收剂喷入吸收塔之后，一方面吸收剂与烟气中的二氧化硫发生化学反应，另一方面烟气又将热量传递给吸收剂使之不断干燥，完成脱硫反应后的废渣以干态形式从吸收塔的锥体出口排出，因而称为半干法烟气脱硫，脱硫后的烟气经除尘器除尘后排放。为了提高脱硫吸收剂的利用率，一般将部分脱硫灰加入制浆系统进行循环利用。

该法设备和操作简单，系统能耗较低，只是湿法工艺所需能耗的1/2～1/3，因此，投资及运行费用较低，经济性能较好，但脱硫率不高(80%～85%)，吸收剂消耗大，利用率不高，对高硫煤不经济。

旋转喷雾干法烟气脱硫工艺流程如图8-23所示，主要包括：吸收剂制备；吸收剂浆液雾化；雾粒与烟气的接触混合；液滴蒸发与 SO_2 吸收；废渣的排出。

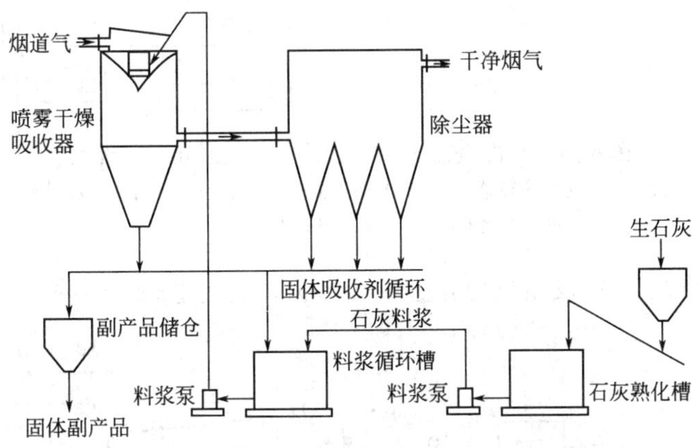

图8-23 旋转喷雾干法烟气脱硫工艺流程

(2) *炉内喷钙尾部增湿脱硫工艺* 炉内喷钙脱硫技术多以石灰或石灰石粉为吸收剂，直接将吸收剂喷入炉膛内750～1150℃温度区域与烟气中的 SO_2 反应。炉膛内石灰石受热分解为氧化钙和二氧化碳，氧化钙与烟气中的二氧化硫反应生成硫酸钙。硫酸钙最终与未反应完的吸收剂和飞灰一起由布袋除尘器收集。严格来讲，炉内喷钙属于燃烧过程中脱硫，由于单纯炉内喷钙脱硫效率往往不高，脱硫剂利用率也较低，因此炉内喷钙还需与尾部增湿配合以提高脱硫效率。

炉内喷钙加尾部烟气增湿活化脱硫工艺是在炉内喷钙脱硫工艺的基础上，在锅炉空气预热器和除尘器之间加装了一个增湿活化反应器，如图8-24所示，以提高脱硫效率。在尾部增湿活化反应器内，增湿水以雾状喷入，与未反应的氧化钙接触生成氢氧化钙，进而与烟气中的二氧化硫反应。由于增湿水的加入，使烟气温度下降，一般控制出口烟气温度高于露点温度10～15℃，增湿水由于烟温加热被迅速蒸发，未反应的吸收剂、反应产物呈干燥态随烟气排出，被除尘器收集下来。

炉内喷钙具有系统设备简单、投资少的特点，实施可在原有装置上进行，不需要更换原有设备，特别是对一批现有场地老锅炉改造来说是可以选择的方法之一，在 $Ca/S\geqslant 2$ 时，脱硫效率达75%以上。

(3) *荷电干吸收剂喷射脱硫法* 荷电干吸收剂喷射系统是在20世纪90年代开发的干法脱硫技术。该法投资少，占地面积小，工艺简单，但对脱硫剂中 $Ca(OH)_2$ 的含量、粒度及含水率的要求较高。另外，该法脱硫效率也不高，当 Ca/S 为1.5左右时，脱硫效率达60%～70%，比较适用于中小型锅炉的烟气脱硫。

荷电干脱硫剂喷射系统如图8-25所示，主要由脱硫剂给料装置、高压电源和喷枪等组成，当脱硫剂粉末以高速流过喷枪主体时，就产生高压静电电晕区，从而使脱硫剂粒子荷电。当荷电的脱硫剂粉末通过喷枪的喷管被喷射到烟气流中后，因排斥作用便很快在烟气中

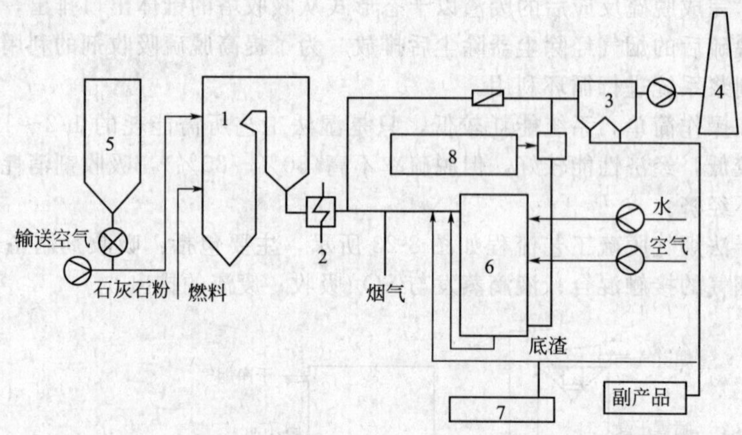

图 8-24 炉内喷钙-炉后增湿火花烟气脱硫工艺流程

1—锅炉；2—空气预热器；3—静电除尘器；4—烟囱；5—石灰石粉计量仓；6—活化器；7—再循环灰；8—空气加热器

扩散，迅速与烟气中的 SO_2 发生反应，生成 $CaSO_3$，通过电除尘器除去。

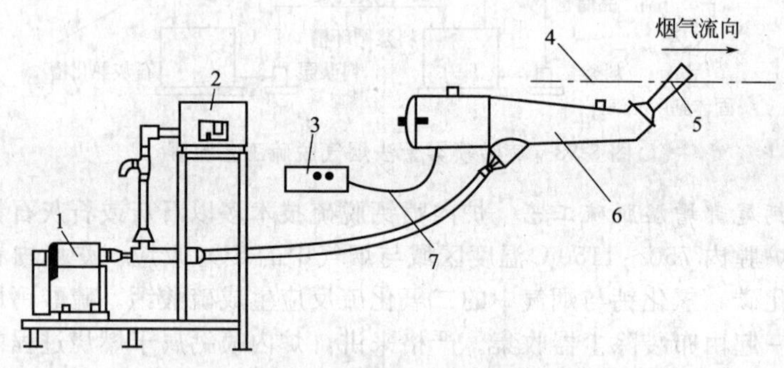

图 8-25 荷电干脱硫剂喷射系统图

1—反馈式鼓风机；2—干粉给料机；3—高压电源发生器；4—烟气管道；5—安装板；6—喷枪主体；7—高压包心电缆

由于脱硫剂能形成均匀的悬浮状态，使每个吸收剂粒子的表面都暴露在烟气中，增大了与 SO_2 接触的概率，与传统的烟道内直接喷钙脱硫技术相比，有效地提高了 SO_2 的去除率。另外脱硫剂粒子表面的电晕荷电，还大大提高了脱硫剂的活性，减少了同 SO_2 反应所需的滞留时间，一般在 2s 左右即可完成反应，而传统的烟道内直接喷钙脱硫充分反应的时间要 4s 以上。

(4) *活性炭吸附法* 吸附法脱除 SO_2 是用活性固体吸附剂吸附烟气中的 SO_2，然后再用一定的方法把被吸附的 SO_2 释放出，并使吸附剂再生供循环使用。目前应用最多的吸附剂是活性炭。

活性炭对烟气中 SO_2 的吸附，既有物理吸附，也有化学吸附，特别是当烟气中存在着氧气和水蒸气时，化学反应表现得尤为明显。这是因为在此条件下，活性炭表面对 SO_2 与 O_2 的反应具有催化作用，使烟气中的 SO_2 氧化成 SO_3，SO_3 再和水蒸气反应生成硫酸。活性炭再生：活性炭吸附的硫酸存在于活性炭的微孔中，降低了其吸附能力，可通过水洗或加热放出 SO_2，使活性炭得到再生。水洗再生是用水洗出活性炭微孔中的硫酸。加热再生是对

吸附有 SO_2 的活性炭加热，使炭与硫酸发生反应，硫酸被还原为 SO_2。

(5) 电子束照射法　电子束烟气脱硫技术是干法排烟处理技术之一。其主要特点如下：一是干式处理方式，无废水废渣排放，不需要废水处理装置；二是可达到 90%以上的脱硫率；三是系统简单，主要设备单元为冷却塔、反应器、电子束发生器和副产品收集器，操作方便，过程易于控制；四是占地面积少，投资及运行费用均较低，脱硫成本低于常规方法。该技术实现了资源的综合利用和自然生态循环，能适应未来我国烟气污染治理的需要，是符合我国国情的资源化烟气净化技术。

该工艺流程由排烟冷却塔、供氨设备、电子束发生装置以及副产品收集器组成。锅炉排出的高温烟气经过电除尘后，进入冷却塔，在塔中由喷雾水冷却至脱硫反应的合适温度约 65～70℃。然后根据硫化物的浓度定量注入所需要的氨气，再导入反应器。在高能电子束的照射下，烟气在极短时间内发生辐射反应，生成大量的离子、自由基、原子、电子和各种激发态的原子、分子等活性物质，它们将烟气中的 SO_2 氧化为 SO_3。这些高价的硫氧化物与水蒸气反应生成雾状的硫酸，酸再与共存的氨进行中和反应，生成硫铵，最后通过电除尘器收集气溶胶形态的硫铵，净化后的烟气由烟囱排入大气，副产品经造粒处理后可作化肥。该工艺流程如图 8-26 所示。

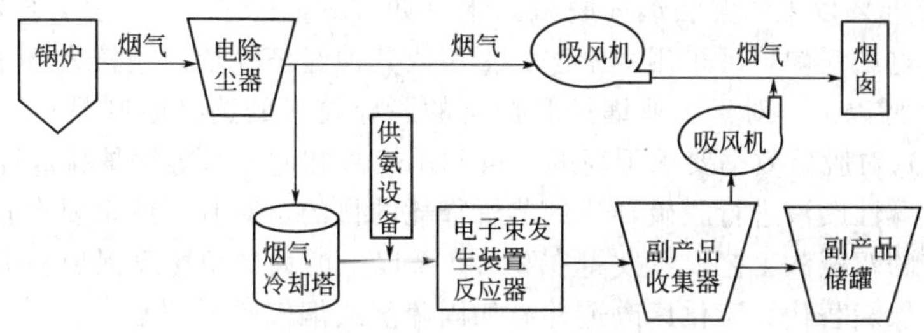

图 8-26　电子束烟气处理流程示意图

(6) 流化床技术　循环流化床烟气脱硫是 20 世纪 80 年代德国鲁奇公司开发的一种脱硫工艺，以循环流化床原理为基础，通过脱硫剂的多次再循环利用，延长了脱硫剂与烟气的接触时间，大大提高了脱硫剂的利用率和脱硫效率(90%)。

循环流化床烟气脱硫系统如图 8-27 所示，主要由电石渣加料系统、流化床吸收塔、预除尘器、电除尘器及回料系统组成。锅炉排出的烟气经流化床塔底的文丘里喷口进入反应塔

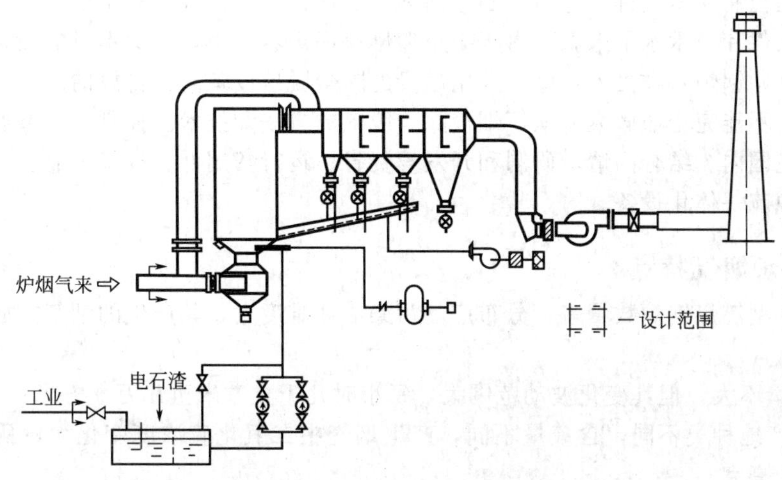

图 8-27　循环流化床烟气脱硫系统

底部，脱硫剂自反应塔下部由雾化风机雾化后进入反应塔。反应塔底部为一个文丘里装置，烟气流经文丘里管后速度加快，并在此与很细的吸收剂粉末互相混合，颗粒之间、气体与颗粒之间剧烈摩擦，形成流化床，在喷入均匀水雾降低烟温的条件下，吸收剂与烟气中的二氧化硫反应生成 $CaSO_3$ 和 $CaSO_4$。充分反应后，反应产物从吸收塔上部随烟气流出再经过预除尘器分离，将分离下来的脱硫剂由空气斜槽送回反应塔循环使用，而烟气经过电除尘器除尘后经烟囱排出。该法由于固体颗粒反复循环，故吸收剂利用率较高，它不但具有干法工艺的许多优点，如流程简单、占地少、投资小以及副产品可以综合利用等，而且能在很低的钙硫比情况下达到湿法工艺的脱硫效率，尤其适合于老机组烟气脱硫。

四、烟气脱硫方法的选取

无论是中小锅炉或大中型锅炉，选用何种烟气脱硫技术，应充分考虑所选技术的使用寿命、运行可靠性、自动化控制程度、有无二次污染、副产品的安全处置、经济投入和管理等多方面的因素。

具体的脱硫工程项目，应在当地技术政策允许的条件下，根据当地的资源和自然条件状况，选用适宜的技术。对于燃用中高硫煤机组或大容量机组的电站锅炉，应采用技术成熟可靠、脱硫效率在95%以上的湿法烟气脱硫技术（如湿式石灰石-石膏法工艺）。燃用中低硫煤的中小机组的电站锅炉，可采用半干法、干法或其他经济性较好且较为可靠的技术，脱硫率也应保证在75%以上。对于工业锅炉和炉窑的脱硫技术的选择原则是，中小锅炉（蒸发量在20t/h以下）对脱硫效率要求不高的，可利用飞灰和冲渣水等锅炉排放物，或企业自排的无二次污染的碱性废液进行脱硫，达到节资降耗的目的。对脱硫效率要求较高的，可采用系统运行较可靠的双碱法工艺，蒸发量在20t/h及以上的大中型燃煤锅炉和炉窑，可根据具体条件选用清洁煤炭替代、流化床改造并添加固硫剂或烟气脱硫技术。

第五节 中小型燃煤炉烟气除尘脱硫技术

我国二氧化硫排放主要来自三大方面：电站燃煤锅炉、中小型燃煤锅炉、其他工业部门的窑炉，其中中小型燃煤锅炉约占排放总量的40%。由此可见，实施对中小型燃煤锅炉二氧化硫排放的控制非常关键，它与控制电站锅炉二氧化硫的排放同等重要。

就经济条件和技术水平来看，由于中小型燃煤锅炉容量小，锅炉本身的投资少，目前尚不能像大型电站锅炉那样投入巨资，采用昂贵的除尘脱硫设备对其排放的烟尘和二氧化硫进行有效控制，不能完全照搬大型电厂烟气除尘脱硫的方法和技术。控制中小型燃煤锅炉烟气污染必须立足国内、结合国情，研制和开发投资省、运行费用低、技术可靠、具有真正使用价值的除尘脱硫一体化设备。

一、工业锅炉烟气特点

我国中小型燃煤锅炉数量多、分布广，污染治理难度大，其产生的烟气排放主要有以下特点：

① 烟气量不大，但其变化波动范围大，每小时几千立方米至几万立方米；

② 原煤产地种类不同，含硫量不同，产生烟气中二氧化硫浓度变化大，从每立方米几百毫克至几千毫克；

③ 燃烧方式、原煤组分不同，产生的烟尘浓度变化范围大，从每立方米几百毫克至几

十克；

④ 二氧化硫与烟尘同时产生，污染大气。

二、烟气除尘脱硫装置的分类和特点

按照整体形式可分两类，一类为一体化脱硫除尘装置，脱硫与除尘过程同时在一套装置内完成；另一类为组合式结构，前置除尘装置可以是静电、袋式或多管旋风除尘器，其后设置独立的烟气脱硫除尘装置。

1. 分体式除尘脱硫器

现有的分体式除尘脱硫器有两种方式，即多管除尘器串联水浴沉降室脱硫和多管除尘器串联喷淋式脱硫。

(1) *多管除尘器串联水浴沉降室脱硫法* 锅炉的烟气首先进入多管除尘器干式除尘，经过一次除尘的烟气由引风机送入水浴沉降室脱硫，烟气在水浴沉降室内经过水浴脱硫后进入烟囱。水浴脱硫沉降室是一段半地下式烟道，烟道的下部是沉淀池，在沉淀池的侧墙上有连通孔与外池相通，用于清除沉淀污泥，沉淀池上方设有1～2道隔板，迫使烟气从水面下通过完成水浴过程。这种脱硫方法的优点是：结构简单、造价低廉、使用方便，可配简易烟囱，多用于4t/h以下小型锅炉的脱硫。

(2) *多管除尘器串联喷淋式脱硫法* 锅炉的烟气经过多管除尘器除尘，除尘后的烟气进入外形类似烟道的脱硫器，烟气在脱硫器内脱硫后经引风机排入烟囱。脱硫器是由180°弯管、喷雾装置、筒体、气水分离装置、水封排污管、循环水泵和沉淀池组成的，喷水装置布置在180°弯管上。当筒体内的水与烟气充分混合时，SO_2 被水雾吸收，实现烟气的脱硫，分离器的作用在于将含硫水雾从烟气中分离出来。水封排污管将分离出来的污水连续排入沉淀池，循环水泵将经过沉淀后的水送到喷雾装置，沉淀池是将脱硫污水中的污泥沉淀，使脱硫水可以循环使用。沉淀池的另一个作用是可在水中投入石灰，调节脱硫水的pH值，使其保持弱碱性，以利达到脱硫效果。

2. 一体式除尘脱硫器

现有的一体式除尘脱硫器有多种多样的产品，其共同特征是：除尘与脱硫在同一容器中进行，脱硫用水与污物同时从排污口排出。一体式除尘脱硫器可以分为两大类：一类是常见的水膜除尘器，这种除尘脱硫器脱硫效果好，但是占地面积大，沉淀池容积大并需配备捞泥设备，适用于20t/h以上锅炉。另一类是冲击式脱硫除尘装置，该装置水量小，脱硫水不重复使用，水与污泥呈稀泥状从排污口排出。其除尘与脱硫原理是：高速流动的烟气冲击水面后折返180°离开水面。尘粒在惯性作用下冲入水中，实现第一次的除尘脱硫；由气流溅起的泡沫对烟气起到二次洗涤作用，烟气再折返180°使气水分离。有的设计是将污泥排入除渣机，随着锅炉渣一起送入灰场，有的设计是排入小型的污泥槽，经淋水处理后将多余的水排入下水道，污泥人工清除。小水量的一体式除尘脱硫器设备的体积小，占地面积小，适用于面积较小的锅炉房。

3. 一体式脱硫除尘方法的技术分类

(1) *喷淋塔除尘脱硫装置* 喷淋洗涤是较为简单的一种方法，喷淋塔内设置若干喷嘴，用来喷射碱性吸收液。喷头有多种形式，可多个、多层布置，一般为塔式设计。含尘气体从塔底均匀进入塔体，液滴通过喷嘴从上而下喷淋。烟尘、SO_2 由于与液滴的碰撞、接触、凝聚作用而除去，经除雾后外排。根据液体与气体的流动方向，可分为逆向、顺向或交错三种。净化效率与喷淋供液量、液滴直径、待处理烟气流量、气液接触区高度等因素有关。这类装置对 10μm 以上的粉尘去除率在 90%左右，脱硫率 60%，设备阻力约 300～900Pa。

(2) 冲击水浴式脱硫除尘装置 冲击水浴式脱硫除尘装置一般箱型或塔式设计。含尘气流经喷头高速喷出，冲击水面造成气液间的剧烈混合、翻动，粗尘粒靠惯性与水碰撞而被捕获；接着气流以细流方式穿过水层，激发出大量泡沫和水花，受到二次净化。净化后气体再经脱水结构排出。该装置的净化效率与气流出口没入深度、烟气流速有关，除尘效率可达 90%。运行和停机时液位控制、灰浆排放是此类设备的主要问题。阻力受液位影响很大，通常在 1000～1800Pa。

(3) 自激式除尘脱硫装置 自激式除尘脱硫装置是另外一种冲击式脱硫除尘装置，它是一种高效净化方法。含尘气流进入后转弯向下冲击碱液，粗尘粒落入碱液中，同时激起大量的水花。细尘粒随气流进入两叶片之间的“S”形净化室，由于与高速气流冲击水面激起的液滴碰撞及离心分离作用，使细尘粒被捕集下来。该装置具有结构简单紧凑、占地面积小、便于施工、费用低、运行和维护管理较简单的优点。

(4) 板式塔脱硫除尘装置 常用有筛板、旋流板、舌型板等多种形式。板式塔形成气液逆向接触、混合的良好条件，一般供液量较大。有的舌型单板除尘效率即可达 98%以上。

筛孔板除尘脱硫装置依靠供液管道将碱液喷淋到筛孔板上，形成一定厚度的原始液层，当气体从板下进入时，在板上形成鼓泡层，气液强烈掺混，除去气体中的粉尘和 SO_2。该装置结构简单，生产、安装、维修方便，脱硫除尘效率理想，但运行弹性较小，并且应适当增大孔径和液气比，以防结构堵塞现象的发生。目前用于脱硫除尘装置的筛孔板孔径一般为 20～30mm，开孔率一般选 20%～60%，液气比一般为 0.3～5L/m^3，还可根据实际需要适当调整液气比。

旋流板除尘脱硫装置中，烟气从塔底部切线方向进入塔内，自下而上与吸收液逆流接触。烟气在旋流板上旋激液体，把液体分散成较小的液滴，增大了传质效果。由于塔板上的气液接触时间较短，因此不适合用 $CaCO_3$ 等反应速度较慢的脱硫剂。该装置具有开孔率大、负荷高、压降低、处理能力大、操作弹性大、不易堵塞等优点。主要技术指标：脱硫率大于 70%，如采用 $Ca(OH)_2$ 溶液作为脱硫剂，其脱硫率可达 70%～84%，除尘率 99%，阻力小于 1500Pa，液气比 2～5L/m^3。旋流板技术由于压降较低，操作弹性较大，有长期应用历史，在除尘脱硫、除雾脱水结构方面较多应用。目前国内已有数套该工业装置推广，并已成功应用于 220t/h 锅炉的烟气除尘脱硫上，是我国自行研制的处理烟气量最大的除尘脱硫装置。

(5) 其他脱硫除尘装置 PS 型脱硫除尘装置，装置的上部为喷雾脱硫塔，下部是湿式除尘器。烟气在脱硫塔内完成一次脱硫除尘后，进入下部的湿式除尘器进行颗粒物分离。主要技术经济指标：脱硫效率大于 80%(Ca/S=1.5～1.6)，除尘效率大于 90%。

GGT 除尘脱硫器，装置的基本原理是利用喷射雾状的高效脱硫除尘药剂溶液，在对锅炉烟气中烟尘增湿的同时吸收 SO_2，并凝于粉尘，再由旋风除尘器进行分离，从而达到除尘脱硫的目的。该设备的脱硫效率可达 60%以上。

三、烟气除尘脱硫装置的材料和结构

根据采用的材料，除尘脱硫装置可以分为钢制结构、花岗岩砌筑结构、组合结构三类。钢制结构脱硫除尘装置通常以 316 耐酸不锈钢焊接结构与普通碳素钢焊接结构内壁涂敷“水玻璃-铸石粉”涂层两种为代表形式。一般，钢材制作可以较好实现流体力学特性的设计结构，尤其是配用≤35t/h 锅炉的脱硫除尘装置，快装形式配套，占地面积较小，最终用户在安装、管理方面易于接受。316、316L 不锈钢被认为是国内外脱硫除尘装置的优选材料，但价格因素使其成本远高于碳素钢焊接结构，在目前经济欠发达地区最终用户接受还有困难。而碳素钢焊接结构内壁涂敷“水玻璃-铸石粉”涂层形式得以推广，最主要的是较低的市场价格优势，此类产品的耐腐蚀耐磨损涂层涂敷质量是运行可靠性的保障。花岗岩砌筑结构主要为石英、长石和云母等，耐酸碱化学稳定性好。以文丘里+捕滴器的水膜形式作为酸性锅炉烟气的典型除尘技术，应用于≥20t/h燃煤锅炉，已有较长历史。在执行更高排放标准、提高脱硫除尘效率的情况下，传统花岗岩水膜除尘器则必须增设气液传质结构及良好的除雾脱水结构。此类产品由于采用水力冲灰，需要大容积的灰水沉淀池，占地面积较大。组合结构随着科学技术的发展，脱硫除尘装置的材料也有较大变化，上述两类材料的组合，尤其是不同钢制材料的组合，以适应脱硫除尘装置内不同运动和化学反应要求的局部结构设计，技术经济优势明显。还有钢筋混凝土-不锈钢复合结构、碳素钢-不锈钢复合结构、碳素钢-陶瓷复合结构、玻璃钢复合结构等。

四、除尘脱硫一体化工艺的特点和存在的问题

1. 工艺特点

① 基本上是从除尘设备稍加改进演变过来的，因而与除尘装置结构相似。

② 大大降低投资，一般比分别安装除尘器和脱硫塔节约费用1/3以上。

③ 有效减少运行费用。目前常用的旋风除尘器的阻力约为800～1200Pa，普通脱硫器大致与之相当，如果分别安装脱硫器和除尘器，风机克服阻力所耗电能必然比安装一台脱硫除尘器增加一倍，而风机所耗的电费是脱硫运行费的主要部分。

④ 脱硫率适中，操作管理简便，易于推广应用。

⑤ 脱硫剂价廉，可利用锅炉运行中产生的飞灰和炉渣中的碱性物质脱硫。

⑥ 推广较好的技术多为湿式脱硫除尘技术。

⑦ 除尘、脱硫设备组合为一体，结构紧凑，占地面积小。

2. 烟气脱硫除尘装置当前存在的主要问题

中小型锅炉烟气脱硫除尘技术经过十几年越来越广泛的应用，无论技术水平、工艺系统，均依照适合中国国情的道路不断改进、提高、创新，但是在应用过程中仍然存在着许多问题，其中最主要直接影响锅炉与脱硫除尘装置正常运行的是以下几个问题。

① 装置整体脱硫效率不高，而且差别很大，从10%左右到80%以上。

② 产生的泥浆处理比较麻烦，容易造成二次污染。

③ 结垢现象严重。对于除尘脱硫一体化装置，尤其用石灰作为脱硫剂，此问题更为突出。系统堵塞影响系统正常运行的情况极为普遍，在文丘里水膜基础上进行脱硫改造的用户这个问题更为明显。从理论上讲，调整浆液的pH值、改变吸收塔内部的结构，即能达到极高的脱硫效率，但pH值增加，会加剧结垢，使管道堵塞，影响了设备运行的可靠性。分析其原因，首先是文丘里及水膜烟气流速不尽合理；其次是脱硫液、除尘液混合运行；第三是化学反应生成物与尘混合结垢；第四是不能合理控制pH值、造成大量过饱和结晶与尘混合结垢堵塞。

④ 腐蚀问题严重。烟气中的SO_2与水蒸气结合形成的亚硫酸烟雾，对排烟管道及塔设备零部件腐蚀严重，缩短设备使用寿命，在某些设计结构的特定部位还要受到烟气中粉尘颗粒的强烈冲刷，如果材料选用失当，腐蚀、因腐蚀磨损造成穿透的情况可能会在极短时间内发生，导致局部结构功能失效，影响脱硫除尘工艺系统乃至锅炉系统的运行可靠性。

⑤ 耗水量大。剧烈的蒸发使每天都要补充大量的洗涤水，寒冷地区要采用防冻措施，在水资源缺乏的地区更难以实行。循环水利用率低，浪费了水资源。

⑥ 排气温度低，不利于烟气的抬升、扩散，还可能出现白烟。如果进行尾部湿式脱硫除尘的再热，则需消耗能量。

⑦ 由于脱硫除尘装置中烟气与水接触后，气液未能很好分离，造成烟气带水。锅炉排放的烟气含湿量，主要来自三个部分：燃煤燃烧前调整加水、燃煤本身含水、湿式脱硫除尘装置气液混合后不可能完全除去的水分。如前所述，简易湿式脱硫除尘工艺是不可能100%除去烟气中的水雾、液滴与微细尘粒的，所以烟气含湿量数值脱硫之后总要有一定增加，并且，这一部分水中还可能有碱性吸收剂与脱硫生成物，在较高温度条件下有固化趋向。一般脱硫除尘装置在负压状态下安装运行，锅炉引风机叶轮叶片必然会有黏附现象发生，引风机叶轮粘灰，积聚到一定程度导致引风机叶轮失去平衡，引发噪声，严重时发生风机震动甚至拉断地脚螺栓、主轴断裂，造成运行事故。

上述多个问题，有技术设计方面的原因，也有操作管理方面的原因。烟气脱硫工作原理与操作，对于许多尤其是中小型锅炉房操作人员来说，还是新问题，甚至不了解设备正常运行的技术调整，包括锅炉工况不佳，都是造成相当一部分脱硫除尘装置非正常运行的重要原因。

五、烟气脱硫除尘装置选择原则和技术选型

对于中小型燃煤锅炉烟气脱硫，根据其烟气特点及排放要求，选择脱硫、除尘方法时，应遵循一定的选取原则进行技术选型。

1. 烟气脱硫方法选择的一般原则

① 投资少，运行费用低。脱硫装置应简单，除尘脱硫同时进行。

② 工艺流程简单，对煤种适应性强，占地面积小，技术成熟，运行可靠，维护方便。

③ 除尘效率和脱硫效率高，烟气经过一级除尘和脱硫后，应达到排放标准。

④ 脱硫剂来源广泛、方便及价格低廉，能源消耗少，有条件者，可以以废治废。

⑤ 副产物尽量能回收利用，对环境不会造成二次污染。

2. 技术选型

(1) 考虑排放标准　目前执行的国家标准为GB 313271—2001《锅炉大气污染物排放标准》，规定了锅炉烟尘、二氧化硫最高允许排放浓度与烟气黑度限值。脱硫除尘装置技术选型首先应考虑满足何种排放标准，技术性能更加可靠。

(2) 结合锅炉房设计　无论新建或改造，均有脱硫除尘装置安装，达到设计的占地、高度等有效空间问题，有吸收剂制备、灰渣与脱硫生成物处理问题，锅炉房现场最好留有足够的空间。尤其是“除尘-脱硫除尘”改造项目，设备占地、高度能否适应现场条件往往成为选型的重要问题。

(3) 针对燃用煤种、煤质　燃煤的不同硫含量，决定燃烧后转化的烟气二氧化硫初始排放浓度，因此应结合排放标准确定所需设备的技术性能。中小型燃煤锅炉，较高浓度二氧化硫的排放治理，除了选择脱硫除尘装置的材料、性能之外，工艺系统以采用双碱法为宜，但必须考虑大量生成物的处理。

(4) 能否充分利用锅炉废水　燃煤锅炉灰渣水、排污水同属碱性废水，含有大量碱性重金属离子，可以参与烟气脱硫过程，从而减少吸收剂耗量。国家技术政策倡导利用锅炉自排碱性废水或企业自排碱性废液的脱硫除尘工艺。脱硫除尘装置的系统说明与设计，以能够充分利用锅炉废水为好。

(5) 脱硫过程吸收液闭式循环，无二次污染　这是选择脱硫除尘装置的“绿色”保证，

尤其是中小型燃煤锅炉的脱硫除尘装置，吸收液 pH 值多不稳定，首要的工艺条件应保证吸收液闭式循环，减少与避免外排，防止外排污染附近土壤或水体；脱硫产物应稳定化或经适当处理，没有二次释放二氧化硫的风险。

(6) 排烟温度不可过低　一般较大液气比、除雾脱水效果不佳的脱硫除尘装置常常导致排烟温度偏低，尤其环境温度较低的情况下极易结露，“白烟”浓重，腐蚀排烟管道，甚至形成“酸雨”，对周边环境造成危害。

(7) 耐腐蚀问题　如前所述，耐腐蚀问题是脱硫除尘装置以及保障锅炉系统正常运行的关键。通常钢制结构脱硫除尘装置解决耐腐蚀问题，主要是本体材料的选用与耐腐蚀涂层的施工质量保证。国家技术政策要求脱硫设备的寿命在 15 年以上，重点也是在耐腐蚀方面。

(8) 良好的除雾脱水性能　同样如前所述，脱硫除尘装置良好的除雾脱水性能也是保证设备正常运行的重要条件。烟气除雾脱水主要是技术设计问题。除雾脱水方法很多，应用条件不同，效果也差异很大。一般脱硫除尘装置前、后烟气含湿量增加 1～2 个百分点，则可以认为除雾脱水性能良好。

(9) 脱硫、除尘净化效率，阻力指标　这是脱硫除尘装置的三项主要技术指标。以燃用收到基灰分≤25%、含硫量约 2%煤种，满足国家标准一类区Ⅱ时段排放限值为例，除尘效率应≥98%，脱硫效率≥68%。在实际运行中，湿式脱硫除尘装置的净化效率与液气比、吸收液 pH 值直接相关。我们要求的是在稳定状态下的脱硫除尘净化效率，实现满足排放标准的环境保护功能。阻力指标表示设备的本体能量耗损，设计形式与液气比是主要影响因素。此项数值涉及锅炉配套的引风机全压、流量与功率大小，无论一体化形式或组合形式，一般总阻力宜为 1000～1600Pa。特别是技术改造项目，阻力数值增大，可能要更换更高风压的锅炉引风机，这也是一个需要考虑的问题。

(10) 自动化程度　国家技术政策倡导湿式脱硫除尘装置的自动控制，有利于设备的正常、可靠运行。如液位监测控制、吸收液 pH 值监测控制与液气比相关的流量参数等实现自动控制，能够避免人为因素造成的失误与操作事故。

(11) 适应性　脱硫除尘装置的操作运行应具有可调整性，以适应不同地区煤种、不同锅炉负荷状况，安装运行的脱硫除尘装置应保证四季正常使用。

(12) 一次性投资和运行费用　一次性投资包括产品价格、附属设备价格及相关的土建费用，最主要的还是选用材料价格。运行费用通常包括脱硫剂费用，脱硫水泵电机耗电、耗水量与运行维护费用。其中脱硫剂所占比重最大，因此，应因地制宜利用锅炉自排废水，选择吸收剂与处理方法，也是必须首先考虑的问题。总之脱硫除尘装置的投资要技术性能与价格综合考虑。

六、我国中小型燃煤锅炉烟气除尘脱硫技术的发展趋势

当前我国中小型燃煤锅炉除尘脱硫设备今后的发展趋势可归纳为以下几点：

① 仍以湿法为主，继续向除尘脱硫一体化方向发展，在提高现有除尘设备除尘效率的基础上，增加脱硫功能，并研制新的除尘脱硫一体化设备。

② 仍以抛弃法为主，尽量简化除尘脱硫系统的操作和管理。因为中小型锅炉烟气量小，二氧化硫浓度低，采用回收利用系统必然使操作和管理复杂，可回收利用物量小，在经济上不划算。因此，就中小型燃煤锅炉脱硫而言，采用抛弃法比较适合。

③ 闭路循环或无外排除尘脱硫技术是今后的发展方向。无论是从减少二次污染还是从降低脱硫费用来看，脱硫污水直接外排都是不可取的。继续完善吸收液闭路循环系统的腐蚀、结垢和堵塞等问题，研究和开发经济合理的吸收方法和吸收剂。

④ 烟气同时脱硫脱硝是一项远景发展目标。燃煤排放的氮氧化物也是诱发酸雨的原因之一。脱硫脱硝是全面控制酸雨危害的最终目标。脱硝的重点应放在改进燃烧工艺上，即以减少氮氧化物的生成来达到脱硝的目的。

第六节 锅炉低 NO_x 控制技术

一、概述

控制氮氧化物（NO_x）的污染，通常采用改进工艺设备、改善燃烧状况、烟气净化处理等方法。国内外对燃烧方式的改进做了大量的研究工作，开发了许多低氮氧化物燃烧技术和设备，并已在一些锅炉上进行应用。但由于低氮氧化物燃烧技术和设备有时候会降低燃烧效率，造成不完全燃烧，而且氮氧化物的降低率较低，所以低氮氧化物燃烧控制技术和设备目前仍未达到全面实用的阶段。

目前采用的净化处理氮氧化物烟气的方法很多，主要可分为催化还原法、液体吸收法和吸附法三大类。

催化还原法是在催化剂作用下，利用还原剂将氮氧化物还原为氮气。该法脱氮效率高，设备紧凑，操作平稳，能回收热能，但投资和运行费用较高，且要消耗有用的氨或燃料气，氮氧化物被还原成无用的氮气而放空。国外由于对氮氧化物排放要求较严格，采用该法较多。

用液体吸收法吸收烟气中的氮氧化物，工艺简单，投资少，可根据具体情况选择吸收液，能以硝酸盐等形式回收氮氧化物，从而达到综合利用的目的。但液体吸收法效率不高，对含一氧化氮较多的烟气净化效果差，并且不易处理气量很大的烟气。

吸附法对氮氧化物的脱除效率很高，且能回收氮氧化物，但由于吸附容量较小，需要吸附剂量大，因而设备庞大，投资费用高，运行中动力消耗大。

需要指出的是，由于国家政策、经济成本以及技术等多方面的原因，NO_x 的控制技术目前在我国仅在电厂的大型电站锅炉上有所实施，方法也多为催化还原法（选择性非催化还原法 SNCR 和选择性催化还原法 SCR），对于中小型工业锅炉，这方面基本上还是空白。

二、NO_x 的生成途径

煤中的氮主要是有机氮，它来自形成煤的植物和细菌中的蛋白质、氨基酸、生物碱、叶绿素。一般认为煤中的无机氮是很少的，因此对煤中氮的研究工作主要集中在有机氮上。研究表明，煤种与煤中含氮量的多少之间的规律性不太明显，一般地，煤中氮含量的范围在1%～2.5%之间，尽管煤中氮含量的多少随煤种的变化规律不明显，但是，由于煤中氧和氢的含量随煤种的变化较大，煤中氮的成分随煤种的变化也是会变化的。

煤燃烧过程中生成氮氧化物的途径主要有三种：一是燃料型，指煤中的氮化物在火焰中热分解，然后氧化生成氮氧化物。二是热力型，指空气中的氮在高温下与氧反应生成。三是快速型，指空气中的氮与煤中的碳、氢离子团发生反应短时间内生成，这部分生成的氮氧化物含量相对非常小。

三、影响 NO_x 排放的主要因素

由 NO_x 的生成机理可以看出，影响锅炉 NO_x 排放量的主要因素除了燃料含氮量外，任何影响炉膛火焰温度和空气动力工况的结构和运行方式都将对 NO_x 的排放量产生影响。总

的说来主要有以下几个方面。

1. 燃煤特性

主要包括煤的含氮量、挥发分含量。

2. 炉膛结构参数的影响

主要包括炉膛容积热负荷、炉膛断面热负荷、燃烧器区域壁面热负荷、燃烧器区域容积热负荷。其中，炉膛容积热负荷和断面热负荷与 NO_x 的生成量息息相关。炉膛容积热负荷与受热面布置决定了炉内的吸热条件，并最终影响炉内温度及其分布情况，因而影响 NO_x 生成量。

3. 过量空气系数的影响

过量空气系数大，入炉总风量则多，有利于燃料的充分燃尽，但 NO_x 的生成量相应的也会增加。在低过量空气系数下运行，炉内燃烧过程将有所推迟，火焰周围将出现大量还原性气体成分和未燃尽的炭粒，使燃料氮生成的中间产物因得不到足够的氧而无法生成 NO，还会使部分已生成的 NO 还原分解。

4. 燃料粒度的影响

燃料的粒度能影响燃烧速度，燃烧快，炉内温度峰值水平提高，热力型 NO_x 增加，随着温度峰值高，释放出的挥发分多，煤的燃尽度高，因而燃料型 NO_x 增加。同时，燃烧快会使耗氧增加，燃料在富燃贫氧条件下燃烧会促使 NO_x 还原成 N_2，因而使 NO_x 生成量减少。

5. 燃料及燃烧产物在火焰高温区和炉膛内的停留时间

四、低 NO_x 燃烧技术

影响燃烧过程中氮氧化物生成的主要因素有燃烧温度、烟气在高温区的停留时间、烟气中各种组分的浓度以及混合程度等，从实用的观点来看，控制燃烧过程中的氮氧化物形成的因素包括：空气-燃料比；燃烧空气的预热温度；燃烧区的冷却程度；燃烧器的形状设计。综合考虑以上因素，则得出了低氮氧化物的燃烧技术，即空气分级燃烧、燃料分级、烟气再循环技术。

1. 空气分级燃烧

根据氮氧化物的形成机理可知，反应区内的空燃比极大地影响氮氧化物的形成。由于反应区在过量空气状态下会使氮氧化物排放增加，因此就采用了风分级的办法来控制反应区内的氧量。所谓风分级，就是把供燃烧用的空气由原来的一股分为两股或多股，在燃烧开始阶段只加部分空气，造成一次气流燃烧区域的富燃料（贫氧）状态。采用空气分级燃烧的主要燃烧机理是：由于富燃料缺氧，故在该区域的燃料只是部分燃烧，使得有机地结合在燃料中的氮的一部分生成无害的氮分子，故而减少了“热力”氮氧化物的形成。作为二次风的供完全燃烧用的空气喷射到一次富燃料区域的下游，在这个区域内完成燃烧。除此之外，由于一次燃烧区域的燃烧产物进入二次区域，同时降低了氧浓度和火焰温度，于是二次区域内的氮氧化物的形成受到了限制。

2. 燃料分级

燃料分级是一种燃烧改进技术，也可称为再燃烧或氮氧化物再燃烧，它是用燃料作为还原剂来还原燃烧产物中的氮氧化物。燃烧分级过程是大部分燃料进入一次燃烧区并造成富燃料状态，而小部分燃料在一氧化氮的一次燃烧产物中进行燃烧，故在一次燃烧区内生成的一氧化氮在二次燃烧区大量地被烃还原成氮分子。

3. 烟气再循环技术

对烟气进行再循环是减少氮氧化物形成的很有效的方法。部分冷却了的烟气再被送回到燃烧区，同时这些烟气会起到热量吸收体的作用，进而降低了燃烧温度，氧的浓度也变低了。这两方面都减少了氮氧化物的生成。

五、液体吸收法控制 NO_x

液体吸收法根据吸收剂种类的不同大致可分为水吸收法、酸吸收法、碱吸收法、氧化还原吸收法等。具体可采用的吸收剂很多，便于因地制宜综合利用。

1. 水吸收法

由于二氧化氮易溶于水，因此可用水来吸收烟气中的二氧化氮，水和二氧化氮反应生成硝酸和亚硝酸，亚硝酸在通常情况下不稳定，易发生分解反应，生成硝酸、一氧化氮和水。一氧化氮不与水发生反应，在水中的溶解度也很小。虽然该法经济、简便，但净化效率不高，仅适用于含少量二氧化氮废气的处理。

2. 酸吸收法

该法用浓硫酸和稀硫酸来吸收含 NO_x 的烟气，用前者吸收主要生成亚硝基硫酸，属于化学吸收，而后者是利用 NO_x 在稀硝酸中有较高的溶解度而进行的物理吸收。

3. 碱吸收法

碱吸收法是利用碱性溶液吸收废气中的 NO_x，常用的吸收剂有 NaOH、$Ca(OH)_2$、NH_4OH 等。碱性溶液和 NO_2 反应生成硝酸盐和亚硝酸盐，和 N_2O_3 生成亚硝酸盐。

二氧化氮在氮氧化物中所占的百分比称为 NO_x 的氧化度。对于碱吸收法，若 NO_x 的氧化度大于或等于 50%，吸收比较完全，若其小于 50%，则多余的 NO 不被吸收。因此，碱性溶液吸收法不适合主要含 NO 的燃烧烟气的净化，而比较适合氧化度较大的含 NO_x 废气的净化。

4. 氧化还原吸收法

氧化吸收法是将氮氧化物中的一氧化氮部分氧化为二氧化氮以提高氮氧化物的氧化度，然后用碱性溶液吸收。按氧化剂的不同，分为高锰酸钾氧化法、重铬酸钾氧化法、过氧化氢氧化法等。

还原吸收法是用亚硫酸盐、亚硝酸盐、硫化物或尿素的水溶液作为吸收剂，将氮氧化物吸收并将其在液相中还原为氮气的方法。

六、吸附法净化 NO_x

吸附法是利用多孔性吸附剂净化含氮氧化物废气的方法。净化氮氧化物常用的吸附剂有分子筛、硅胶、活性炭、含氨煤泥等。吸附法净化氮氧化物的优点是：能比较彻底地消除氮氧化物的污染，又能将其回收利用，设备简单且操作方便。缺点是：由于吸附剂的吸收容量小，需要的吸附剂量大，设备庞大，需要再生处理，而且过程为间歇性操作。因此，吸附法仅用于净化处理含氮氧化物浓度小的废气。

七、催化还原法净化 NO_x

1. 选择性催化还原法(SCR)

所谓选择性催化还原法，就是在还原催化剂作用下，在低温条件下，有选择性地将烟气

中的 NO_x 还原为 N_2，而基本上不与氧发生反应。选择性催化还原法脱硝效率高，副作用较小。在已运行的 SCR 装置锅炉中，脱硝率达到 80%～90%甚至更高，NH_3 的逃逸一般在 5×10^{-6}以下，能够满足目前及今后严格的环保要求。在众多的燃煤电站脱硝技术中，SCR 是应用最广，且技术成熟的烟气脱硝方法，已成为目前电站锅炉脱硝的主流技术并日益受到我国及世界上其他国家的重视。

(1) **工艺原理** SCR 脱硝工艺通常使用液态氨、氨水、尿素作为还原剂。释放的 NH_3 优先和 NO_x 发生还原脱除反应，生成氮气和水，而不是被 O_2 所氧化。SCR 系统采用催化剂，降低了脱硝反应的活化能，脱硝反应可以在较低的温度条件(200～450℃)下进行。催化剂的种类很多，有贵金属、钒金属、铁和铜的氧化物等，但常用的催化剂多为钒基(V_2O_5)催化剂。

SCR 烟气脱硝的工艺系统由烟气系统、氨气喷射系统、氨的储存与蒸发系统、催化反应系统、检测控制系统组成。锅炉烟气由省煤器后烟道进入 SCR 烟气系统，液氨由槽车运送到液氨贮槽，输出的液氨经氨气蒸发器后变成氨气，将之加热到常温后送氨气缓冲槽备用。缓冲槽的氨气经减压后送入氨气/空气混合器中，与来自送风机的空气混合后，经过设置在适当位置的氨喷射器，氨气与空气的混合气体均匀喷入烟气中，当烟气均匀流经催化反应器时，氨气与烟气中的氮氧化物在激活状态下的催化剂作用下，发生了化学反应，生成了氮气和水。

(2) **SCR 系统的布置** 在电站中，SCR 系统的布置通常有三种方式。

① 催化反应器位于空气预热器前、省煤器的出口处，即高粉尘布置，如图 8-28 所示。这种布置中，烟气从省煤器出来，在进入催化反应器之前不需要加热，因此这是一种最有利的方案。但是，这段烟气中含有燃烧过程中产生的所有飞灰和氧化硫，将使催化剂活性降低从而降低 NO_x 的脱除效率。这种布置所需要的催化剂的体积比其他布置的大，在现有机组上加装 SCR，由于受到场地的限制，用这种布置方式会有一定的困难。

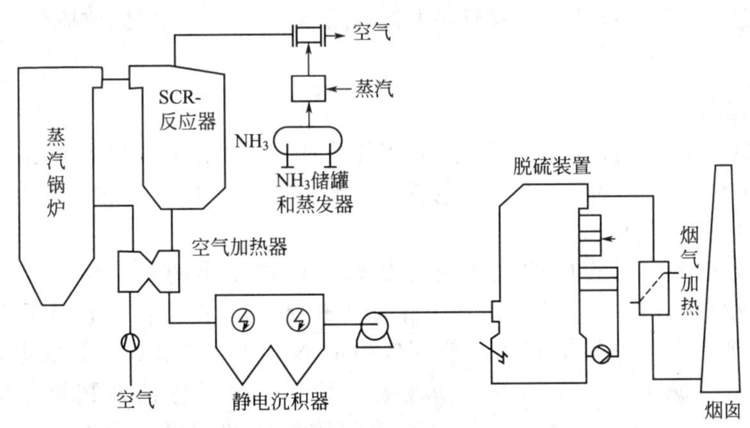

图 8-28 选择性催化还原法（SCR）脱硝工艺流程示意图

② 催化反应器位于静电除尘器之后、烟气脱硫装置之前，即低含尘量布置。这种布置中，粉尘含量非常少，但是，催化反应器的积尘实际也很高，这是因为没有高粉尘的自清洁作用，因此这种布置方式实际的应用数量不多。

③ 催化反应器位于烟气脱硫装置之后，即尾烟气段布置。这种布置中烟气由于经过了脱硫装置，SO_2 和粉尘的含量很小，催化反应器上不会产生烟尘的沉积。但是，此时的烟气温度很低，湿式脱硫时烟气温度为 50～60℃，而半干式脱硫为 75℃左右，为了使脱氮反应

能正常进行，需要将烟气加热至300～400℃，要消耗很大的能量。

2. 选择性非催化还原法(SNCR)

所谓SNCR技术，就是不采用催化剂的情况下，在炉膛内烟气温度适宜处(850～1100℃)均匀喷入氨或尿素等氨基还原剂，与烟气中的NO_x反应脱硝的技术。还原剂在炉内迅速分解，就可选择性地把烟气中的NO_x还原为N_2和H_2O，而基本上不与烟气中的氧气作用。反应控制在很窄的烟气温度范围对应的炉膛位置进行。SNCR过程不需要催化剂，因此脱硝还原反应的温度比较高。若反应不在这一温度范围内进行，当反应温度过高时，由于氨的分解会使NO_x还原率降低，而反应温度过低时，氨的逃逸增加，也会使NO_x还原率降低。NH_3是高挥发性和有毒的物质，氨的逃逸会造成新的环境污染。

SNCR工艺脱硝效率相对不高，只有50%左右，并且要求较高的NH_3/NO_x比值，还存在生成的氨盐腐蚀和堵塞空气预热器等问题。虽然不需要催化剂及催化反应器，工艺简单、投资低，但因其脱硝效率低，NH_3的逃逸浓度高，对于大型锅炉难以满足更高的环保要求。

值得注意的是，对于垃圾炉、某些工业锅炉，由于其炉膛内的温度正好处于其反应温度窗内，因此SNCR适应性比较好，喷氨点的设置和控制比较简单。而且由于不经过对流受热面，炉膛内的温度又相对稳定，所以运行的可靠性应当相对要好一些。

八、烟气同时脱硫脱硝技术介绍

分段脱除二氧化硫和氮氧化物不仅投资和运行费用昂贵，而且由于SCR的最佳操作温度在450℃左右，还存在脱硫后烟气再热的问题。如果运行不当，SO_2含量升高将使SCR催化剂中毒。所以目前开发既廉价又高效可以同时脱硫脱硝的新技术、新设备是国内外烟气净化技术研究的总趋势。目前许多国家和地区都开展了烟气同时脱硫脱硝技术的研发工作，有的还进行了工业应用。由于种种原因，我国烟气同时脱硫脱硝技术目前大多处于研究和工业示范阶段，但一旦开发成功，将具有很大的应用前景。当前烟气同时脱硫脱硝技术主要有以下几种。

1. 电子束照射法

电子束脱硫脱硝工艺开发于20世纪70年代的日本，后在美国和德国也有研究。该法系统简单，操作方便，对于煤种和烟气量的变化有较好的适应性，可达到90%以上的脱硫效率和80%以上的脱硝效率。

电子束辐射技术脱硫脱硝的工艺流程是燃煤锅炉排出的烟气经除尘后，进入冷却塔，在塔中由喷雾水冷却到65～70℃，在烟气进入反应器之前，注入适量的氨气，然后在反应器中接受高能电子束照射，使烟气中的N_2、O_2和水蒸气等发生辐射反应，生成大量的自由基、原子、电子和各种激发态的原子、分子等活性物质，它们将烟气中的SO_2和NO氧化为SO_3和NO_2，这些高价的硫氧化物和氮氧化物与水蒸气反应生成雾状的硫酸和硝酸，这些酸再与事先注入反应器的氨反应，生成硫酸铵和硝酸铵，净化后的烟气经烟囱排放。

2. 电晕放电法

脉冲电晕等离子体技术是在电子束法的基础上发展起来的，等离子体化学过程在增强氧化能力、促进分子离解以及加速化学反应等方面具有很高的效率。脉冲电晕法就是将高压脉冲电源加到放电电极（电晕极）上，电晕极对接地极发生脉冲电晕放电，使迁移率高的电子在自由程中受到突发强电场的加速而获得足够的能量。利用前沿窄脉宽的高压脉冲电晕放电，使容器中烟气分子突然获得“爆炸”式的巨大能量从而在常温下获得非平衡等离子体，即产生大量的高能电子和O、OH等活性自由基，对烟气中的气体分子进行氧化、降解等反应，使污染物转化。再向其中注入NH_3气体，反应除了产生硫铵、硝铵及其复盐的微粒外，氨与脉冲电晕的协同效应还能显著地提高SO_2脱除率。该方法具有显著的脱硫脱硝效果，去除率均可达到80%以上。但是当前，对脉冲电晕技术的研究还很不充分，特别是对脱除效率，以及复杂反应的生成物及其相互影响的研究还还有待提高，并且脉冲电源的性能还有待改善。

3. 固相吸附再生技术

这类技术利用固体吸附剂来吸附废气中的SO_2和NO_x，然后在不同的条件下把SO_2和NO_x分别脱附出来再进行转化。可用的吸附剂很多，如活性炭、活性氧化铝或者分子筛为载体负载钠、氧化铜、碳酸钾等的吸附剂。SO_2在这些吸附剂上以硫酸盐形式存在，然后在再生期间用还原气体还原生成较高浓度的SO_2或以SO_2、H_2S混合物的形式存在，NO_x最终被还原成N_2。固相吸附再生技术包括碳质材料吸附法、氧化铜吸附法、NOXSO法等，该法至今还没有工业化应用，主要原因在于吸附剂在不断的吸附、还原和氧化过程中，活性逐步下降，经过多次循环后就失去了作用。虽然脱硫脱氮是在一个反应器中完成的，但后处理过程比较复杂。

4. SNOX工艺

SNOX技术是一种干式脱硫脱硝技术，锅炉排烟首先经过高效布袋除尘器，以尽可能减少其后部SO_2转化器内催化剂的清洁频率。布袋除尘器出口的排烟经加热后进入NO_x催化反应器，在有氨的条件下NO_x被还原成氮气和水，在第二级催化反应器内，SO_2被氧化成SO_3，经降温、水合而浓缩形成液体硫酸。该工艺的脱硫效率和脱硝效率分别可达95%和90%，副产品为硫酸。

5. SNRB工艺

该工艺的特点是：利用高温布袋除尘器达到一台设备同时脱硫脱硝和除尘的目的，烟气中的SO_2通过在布袋除尘器前的烟道内喷入钙基或钠基脱硫剂并利用布袋外表的过滤层脱除；NO_x的脱除通过向烟道内喷入氨气，然后由设置在布袋内部的选择性催化还原剂(SCR)来实现，除尘则是通过布袋的自身特性完成的。在适当条件下，该法的脱硫效率和脱硝效率分别可达80%和90%。

第七节 锅炉房噪声控制和废水减排

一、噪声的控制

一般来说，噪声就是杂乱无章的、听起来不和谐的、使人烦躁的、不需要的声音。它是声波的一种，主要由于物体振动、撞击等理化过程而产生，在介质中以波的形式向四面八方辐射。锅炉噪声影响周围居民安静的工作、生活环境，损害人的身体健康，特别是位于人口密集的城市居民区和厂矿职工生活区的中小型锅炉噪声污染环境，干扰人们的工作、学习和生活，常常引发扰民事件，产生纠纷。锅炉噪声已成为目前城市噪声源之一，因此，锅炉噪声的防治与治理日益重要。如何选择较少的投资、较简单的设备并取得较好的降噪效果和较长的使用周期，是当前的重要课题之一。

1. 噪声的危害

噪声对人体的影响和危害一般可分为劳动保护和环境保护，前者指危害人的身体健康，导致各种疾病的发生，后者指干扰环境安静，影响人们正常的工作和生活。噪声对人体健康危害主要表现在：损伤听力，造成噪声性耳聋；导致大脑皮层兴奋和平衡失调，脑血管功能损害，导致神经衰弱；损伤心血管系统，引发消化系统失调，影响内分泌；干扰人们正常的生活、休息、语言交谈和日常的工作学习，分散注意力，降低工作效率。研究表明，噪声级为 30～40dB 是一个比较安静的正常环境，超过 50dB 就会影响睡眠和休息，由于休息不足，疲劳不能消除，正常生理功能会受到一定影响；70dB 以上的噪声会干扰谈话，造成心烦意乱，精神不集中，影响正常工作效率。总之，锅炉房噪声危害严重的噪声污染源，若不进行有效的治理，将对现场人员及周围居民造成影响和危害。

2. 锅炉房噪声的来源

锅炉房的噪声主要来自鼓、引风机的空气动力性噪声，另外还有机壳、管壁、电动机轴承的机械性噪声，水泵、给煤机、除尘器等设备振动产生的机械噪声，锅炉的燃烧噪声。

3. 噪声的控制措施

噪声的传播过程通常包括声源、传播介质、接受者 3 个环节。噪声的控制也要从这 3 个环节着手。首先是降低噪声源的噪声；其次从传播途径上控制噪声，采用吸声、隔声、减振等技术来降低噪声；第三是对接受者进行保护。

(1) *从声源上降低噪声* 改进风机结构形式，选择最佳叶型，确定合理的转速，提高加工精度和装配质量，配置低噪声电动机等。

(2) *对接受者进行防护* 对接受噪声危害的操作工人进行个人防护，如佩戴防声耳塞、防声耳罩、防声头盔等。

(3) *在噪声传播途径上控制*

① 隔声 采用隔声罩把整个风机机组用密闭的隔声罩封闭起来，由于对风机机组的整体密闭，隔声罩同时也把风机的机壳、电机基础振动等部位辐射的噪声进行了有效的治理，一般固定密封型隔声罩可降低噪声 20～30dB。隔声罩由罩板、阻尼材料和吸声层构成，罩板可用 3mm 的钢板，为改善共振区的隔声性能，钢板上必须涂一定厚度的阻尼层，罩内衬吸声层，以减弱罩内产生的混响声。这对那些没有单独建造风机房的锅炉房，是一种比较经济适用的治理措施。

建隔声风机房，将风机噪声封闭在房内传播不出去。风机房一般砖砌，砖间的灰缝要饱满，不要有空隙。采取隔声措施，除选择合适的隔声材料外，最主要的是对隔声间的门、窗进行密封处理，房间的门、窗要按隔声技术的要求，建成隔声门和隔声窗。

② 隔振 风机运转不平衡会引起基础振动，这种振动传给地板、墙壁后而把噪声辐射出来。所谓隔振就是把风机与基础的刚性连接改为弹性连接，以减弱固体中声波的传递，如设计防振基础或安装减振器，安装橡胶隔振垫进行隔振等，均是有效的方法。

另外，在风机的进、出气口与管道之间，用软连接的办法进行管道隔振，这样就减弱了振动能量的传递，达到隔振降噪的目的。

③ 阻尼 噪声可以通过管壁和机壳辐射，对管壁或机壳进行阻尼就是用一些内损耗、内摩擦较大的涂料，如沥青、软橡胶及其他一些高分子材料涂在管壁或机壳上，使振动能量被阻尼材料消耗而变为热能。用沥青涂在管壁上，再紧裹一层油毡就能收到一定效果。

④ 吸声 在风机房墙面、顶棚上铺设多孔吸声材料（如超细玻璃棉）可降低室内的混响声，其表面用金属丝网固定，同时根据穿孔板共振吸声结构原理，在距金属丝网留有一定

厚度的外表层装设以一定的孔径和穿孔率的穿孔制成的穿孔板。如风机室过大、室顶过高时，可在风机近旁或风机顶面设置吸声屏，采取局部处理的方法，也能收到较好效果。

⑤ 消声器　实践证明，鼓、引风机声源主要是风机进出口部位辐射的空气动力性噪声。因此，锅炉房噪声的治理就集中在对鼓、引风机进出口的空气动力性噪声的控制。在风机进、排气管道上安装消声器（不妨碍气体流通，又能消除空气动力性噪声）是目前降低风机噪声的重要措施。消声器的安装部位一般在鼓风机的进出口和引风机的出气口，但如果噪声控制要求很严格，也可根据现场具体情况，在进气和出气口都安装消声器。

安装消声器是一种既能允许气流通过，又能有效降低空气动力性噪声的主要技术设施。消声器根据消声原理一般有阻性消声器和抗性消声器两种。阻性消声器主要是借助镶嵌在管内壁上的吸声材料或吸声结构的作用，使沿管道传播的噪声随距离衰减，从而达到消声的目的，主要用来控制中、高频噪声。而抗性消声器并不直接有吸声性能，主要是利用管道截面的突然扩张和收缩，使沿管道传播的噪声在突变处向声源反射，从而达到消声的目的，主要用来控制低、中频噪声。在实际应用中，为扩大控制噪声频率范围，一般将二者组合应用，即为阻抗复合式消声器。

二、锅炉房废水减排利用

锅炉房废水主要包括氢钠离子交换法处理锅炉给水排出的余酸废水和湿法除尘、除渣、排污排出的酸性及碱性废水，若不经处理直接排放，必然会对环境造成二次污染，危害人类健康。

1. 除尘废水的处理

锅炉产生的烟尘经水膜除尘后，虽然除去了烟气中硫化物的污染，但除尘废水是一种污染水，呈弱酸性，pH 值在 4～5 之间，循环使用未加药剂中和的除尘废水 pH 值在 4 以下。同时，废水中含有许多不完全燃烧的细小煤灰，其浊度及悬浮物含量较高，且除尘废水排放量较大，未经处理就排放会严重污染环境。除尘废水的处理方法主要有以下几种。

（1）自然沉降法　一般采用一级或多级沉淀方式，处理后的水排入水体或循环使用。采用的沉淀池多为沉灰池（或沉渣池），此类构筑物对大颗粒的灰渣处理有效，而对燃烧不完全的细小煤灰处理效果较差，悬浮物难以沉降。如果经简单沉淀后直接排放，则外排水质超标，造成二次污染，并且浪费大量水资源。如果循环使用，循环时未加药剂中和，则循环回去的水质很差，水很稠，灰渣多，颗粒会不断地在管道中沉积，造成管路堵塞，严重影响除尘效果。另外，循环水酸度越来越高，酸性灰水对除尘器存在较大的腐蚀、磨损，酸性水质会影响到烟气脱硫的效果。在实际运行中，系统需不断补充新水来满足除尘需要，水的循环利用率实际很低，除尘器要定期排污，排污污水还会对环境造成二次污染。

自然沉降工艺，由于悬浮物的沉降速度慢，废水停留时间长，因此，自然沉降法构筑物占地面积和体积大，基建投资高。其次，由于自然沉降对细微颗粒处理效果差，所以当废水中悬浮物浓度很高时，即使沉降时间很长，出水中仍含有大量的细微颗粒。

（2）加药中和沉淀　该法是目前中小型锅炉湿法除尘废水处理通常采用的处理工艺，就是在沉淀池加入药剂对酸性除尘水进行中和，降低废水酸度，加入的药剂通常为工业碱或石灰。

采用石灰中和除尘废水，可以直接投加粉状石灰，也可水解消化后投加，在操作上可以采用连续或间接生产方式，处理后出水 pH 值一般为 6.5～8.5。采用石灰中和工艺的主要原因是石灰价廉，来源广泛，但该法的缺点是中和效率差，石灰在水中溶解度低，形成浆液后流动性不好。特别是在中和过程中石灰会被生成的硫酸钙所覆盖，此外在反应过程中由于

生成 CO_2 等因素也会进一步限制中和反应的继续进行。解决这一问题可以将石灰制成石灰乳后再投入水中，并在中和池中增加搅拌设备，破坏石灰表面生成的硫酸钙，提高石灰中和效率。采用石灰中和工艺另一缺点是反应后生成的混凝物和泥渣量较大。此外，石灰难以保管，管理费用高，操作过程复杂及工人劳动强度大，这些因素都限制了石灰中和工艺的应用。

采用工业碱主要为苛性钠和苏打进行中和，效率高，反应速度快，不产生污泥，且药剂管理和生产操作都较方便，但价格比较贵，废水处理成本较高。

中和工艺过程复杂，构筑物（沉淀池等）占地面积大，基建投资大，运行费用高（需用石英或工业碱中和，混凝剂絮凝去除悬浮物）。

(3) 利用碱性工业废水中和　我国工业生产每年产生大量碱性工业废水，如印染废水、造纸废水、制革废水、石油化工废水等。目前这些碱性工业废水还未得到完全有效治理，每年都有大量碱性工业废水被排放掉。利用碱性废水中和锅炉湿法除尘废水可以节约大量碱性中和药剂，碱性废水中含有的碱性物质主要为 NaOH，其在除尘废水中扩散速度快、中和效果好，不产生大量泥渣。由于直接中和，因而设备少、操作简单。采用碱性工业废水处理锅炉燃煤烟气及废水工艺比较适用于有碱性废水需处理的企业。该工艺要解决的问题有两点，一是酸性除尘废水和碱性废水的浓度波动大时，处理效果难以保证，当废水酸碱度不足以相互中和时，需另投中和剂补充处理；二是由于碱性废水进行反应时易产生其他化学反应，产生有害物质而出现二次污染。

(4) 利用燃煤锅炉自身产生的碱性物质中和　煤中含有不少碱性氧化物，这些固体氧化物在燃烧过程中以粉煤灰的形式进入烟气并在烟气湿法除尘过程中被冲洗下来进入除尘废水，这些含有碱性氧化物的粉煤灰在废水中浸泡愈久，进入水中并溶解的碱性物质愈多。另外煤炭经燃烧后形成的炉渣也含有较多的碱性氧化物，将炉渣浸泡于废水中可达到中和效果，炉渣过滤除尘废水可以选择将酸性除尘废水直接经刚出炉的炽热的炉渣接触过滤，这时废水掺入炉渣，可在极短时间内发生汽化造成炉渣爆裂，使炉渣粒度减小，促进炉渣内碱性氧化物的溶出，生成硫酸钙，达到降低废水酸度的目的。

目前国内某些企业将除尘后酸性废水经粉煤灰和炉渣过滤，一方面除去废水中悬浮物，另一方面也是充分利用粉煤灰和炉渣溶解而进入水中碱性物质，中和除尘废水中的酸性物质，使出水 pH 值达到达 6～7。

(5) 废水悬浮物及微小颗粒的处理　若循环使用除尘废水，废水中的细小悬浮颗粒和胶体颗粒，很难用自然沉淀法直接从水中分离出去，废水排放还不能达到环保要求，大量悬浮物、细小颗粒的沉积也会堵塞水循环系统，影响循环系统的正常运行。中小型锅炉湿法除尘废水循环系统由于场地、资金限制，还不能建立有效容积的沉淀池以满足除尘废水中悬浮物沉降要求。为了解决这一矛盾，可以采取以下几项措施：

一是对除尘废水循环水池进行优化设计，根据除尘废水沉降特性，按照水力学原理选取最佳沉降曲线设计沉淀池型和池容，尽可能在一定容积沉淀池内及一定沉降时间内获取烟尘和悬浮物最佳沉降效果。

二是在废水中投加合适的混凝剂，使细小悬浮颗粒和胶体微粒聚集成较粗大的颗粒而沉淀，得以与水分离，使废水得到净化，更好地循环使用。混凝效果的主要影响因素有 pH 值、药剂种类及其投加量等。

第三点也是重要的一点就是在废水进沉淀池前增加一套快速过滤装置，进行灰水分离。比较实用的方法是采用直接过滤工艺，利用稀土瓷砂、炉渣作过滤介质，可以快速有效地对锅炉除尘废水进行固液分离，滤速快，水质好，有效减少除尘废水处理停留时间和沉淀池容积。稀土瓷砂过滤材料价格低，对酸性废水耐腐蚀能力强，过滤材料更新周期长。炉渣中含有许多微孔，不仅可以中和除尘废水，还可以作为过滤介质过滤废水，并且是工业废料，可以一次性使用。

2. 排污水与除尘脱硫废水的综合治理

锅炉排污水的 pH 值为 11～12，直排后会对环境造成危害，不符合《环境管理体系》的要求。锅炉运行中，一方面需用碱性脱硫剂来治理有害气体 SO_2，另一方面又需治理 pH 值过高的锅炉排污水。将锅炉排污水通过湿式除尘器的循环水系统注入脱硫装置，既可以节约脱硫剂的使用，又可以使排污水达标排放，从而达到节约资源、以废治废的目的。考虑到锅炉排污水量的有限性，一般还需要有一套化学碱性水辅助系统，保证脱硫的连续性。

3. 废水处理的环境效益及社会效益

生产废水达标排放，企业可减少排污费支出，处理后的废水回用于厂内，可节约大量水费。并且，废水减排避免了环境污染，实现了绿色生产的目的，为企业创造了文明清洁的生产环境，有助于提高企业的良好形象和竞争力。

第九章

锅炉房的安全节能管理

锅炉由于广泛应用于发电、生产和生活之中，因此锅炉能否安全运行，直接关系到人民生命和财产的安全。锅炉按压力可以分为：低压锅炉、中压锅炉、高压锅炉，按燃料可分为：燃煤锅炉、燃油锅炉、燃气锅炉、电锅炉等，按照热媒可分为：热水锅炉和蒸汽锅炉。锅炉又是一种具有高温带压的特种热力设备，存在一定的火灾爆炸危险。为此，国务院发布的《特种设备安全监察条例》和国家质检总局颁发的《锅炉房安全管理》等法规，对锅炉房的安全管理都作了具体的规定和要求。

第一节　锅炉房的基本设计要求

一、锅炉房的基本设计建造要求

锅炉房的设计建造应符合《蒸汽锅炉安全技术监察规程》、《热水锅炉安全技术监察规程》、《锅炉房设计规范》、《建筑设计防火规范》、《高层民用建筑设计防火规范》等有关规定，并在锅炉房建造前将锅炉房平面布置图等设计图纸送交当地质监部门特种设备安全监察机构审查同意。

(1) 锅炉一般应安装在单独建造的锅炉房内。

锅炉房不应直接设在聚集人多的房间（如公共浴室、教室、餐厅、候车室等）或在其上面、下面、贴邻或主要疏散口的两旁。原则上新建的锅炉房不应与住宅相连。

(2) 锅炉房如设在多层或高层建筑的半地下室或第一层中，则必须同时符合以下条件：

① 每台锅炉的额定蒸发量不超过4t/h，额定蒸汽压力不超过1.6MPa；

② 每台锅炉必须有可靠的超压联锁保护装置和低水位联锁保护装置；

③ 每台锅炉的安全附件和联锁保护装置要定期维护和试验，以保证其灵敏、可靠；

④ 锅炉房的建筑结构应有相应的抗爆措施；

⑤ 独立操作的司炉工人必须持有相应级别的司炉操作证，且连续操作同类别锅炉五年以上，未发生过事故；

⑥ 锅炉房必须有安全疏散通道。

(3) 锅炉房不宜设在高层或多层建筑的地下室、楼层中间或顶层，但由于条件限制需要设置时，除符合第2条的要求外，还应符合以下条件，且锅炉房的设置应事先征得地市级及以上特种设备安全监察机构的同意：

① 每台锅炉的额定蒸发量不超过4t/h，额定蒸汽压力不超过1.6MPa；

② 必须是用油、气体作燃料或电加热的锅炉；

③ 燃料供应管路的连接应采用氩弧焊打底。

此外，当锅炉房设置在地下室时，应采取强制通风措施。

(4) 锅炉房不得与甲、乙类及使用可燃液体的丙类火灾危险性房间相连。若与其他生产厂房相连时，应采用防火墙隔开（余热锅炉不受此限制）。

（5）锅炉房建筑的耐火等级和防火要求应符合《建筑设计防火规范》、《高层民用建筑设计防火规范》的要求。

锅炉间的外墙或屋顶至少应有相当于锅炉间占地面积10%的泄压面积（如玻璃窗、天窗等）。泄压处不得与聚集人多的房间和通道相邻。

（6）锅炉房内部建筑设计应符合下列要求：

① 锅炉房内的设备布置应便于操作、通行和检修；

② 应有足够的光线和良好的通风以及必要的降温和防冻措施；

③ 锅炉房地面应平整无台阶，且应能有效防止积水；

④ 锅炉房承重梁柱等构件与锅炉应有一定距离或采取其他防范措施，以防止因受高温而损坏。

（7）锅炉房每层至少应有两个出口且分别设在两侧。

二、锅炉房位置的选择

锅炉房位置的安全选择，原则上应根据下列要求具体分析确定：

① 应靠近热负荷比较集中的地区；

② 应使引出管道和室外管道的布置在技术、经济上合理；

③ 应便于燃料储运和灰渣排送，并尽量使人流和煤、灰车流分开；

④ 应有利于自然通风和采光；

⑤ 应尽可能位于地质条件较好的地区；

⑥ 应有利于减少烟尘和有害气体对居住办公区和主要环境保护区的影响。

由于多种原因，包括工程具体条件的限制，地、市一级特种设备安全监察部门可以在“确保安全”的前提下，坚持“合理规划、节能利用”的原则灵活审批。

1. 蒸汽锅炉房

蒸汽锅炉房可以同时满足洗衣房、厨房、开水间、空气蒸汽加湿等场所的蒸汽需求，又可通过汽-水换热器给建筑物提供冬季采暖、空调用热或卫生热水等生活用热。蒸汽供应系统无需另外的机械动力消耗，可以利用自身的压力进行热量输配。另外，由于热水采暖、空调用热或生活热水利用蒸汽的潜热，单位质量热媒输热能力远大于热水，输配管线也可相应减少，从而节省了建筑空间。因此，传统上很多工程选用蒸汽锅炉作为建筑内部供热热源。

蒸汽锅炉房设计涉及的安全方面的主要内容有：锅炉房安全间距、锅炉房锅炉间泄爆、锅炉燃料贮存与供应系统的防火、锅炉房灭火、防排烟通风及事故通风等。

锅炉房内锅炉间属于丁类生产厂房，油箱间、油泵间属于丙类生产厂房，燃气调压间属于甲类生产厂房。油箱间、油泵间、燃气调压间可与锅炉间贴邻布置，但应设防火墙隔开。GB 50045—2005《高层民用建筑设计防火规范》、GB 50016—2006《建筑设计防火规范》中规定，置于建筑物内的燃油或燃气锅炉房应设于首层或地下一层靠外墙部位。

蒸汽锅炉房均应考虑泄压措施，在《锅炉房设计规定》泄压面积不得少于锅炉间占地面积10%的基础上，上海市地方标准DGJ 08-73—2002《民用建筑锅炉房设置规定》要求：“锅炉房的泄压面积不得小于锅炉占地（包括锅炉前、后、左、右检修场地1m）面积的10%，且泄压口应避开人员密集场所和主要安全出口。”对设置泄压面积有困难的场所（地下锅炉房，较大的泄压面积往往给建筑处理带来困难），可在设计中将热交换器、水泵、分汽缸、水处理设备等移至锅炉间外，以最大限度减少锅炉间面积，从而减少泄压面积，这一方面有利于锅炉的灭火效果，另一方面减少了锅炉房灭火系统的造价。

2. 热水锅炉房

热水锅炉房可以直接或间接地提供大楼空调用热，也可同时通过“水-水”换热器提供大楼生活用热水。民用建筑用热水锅炉根据需要，可将供回水温度定为95℃、70℃，直接用于建筑采暖系统，也可通过“水-水”换热器向各用户提供所需的二次循环热水。空调用二次循环热水供回水温度通常设置为60℃、50℃。采用二次循环间接供热的系统，锅炉本体的承压可以控制在低压或微压范围内。如果采用锅炉（锅炉本体，包括进、出水接管尺寸等应作相应调整，以适应空调供暖系统水量大、温度低、温差小的特点）直接加热空调系统热水，则锅炉供回水温度一般为60℃、50℃左右。可见，选用热水锅炉供热，既有高效节能、水处理简单、费用低等优点，又可比蒸汽锅炉更安全。正因如此，热水锅炉近年来得到较大的发展。

与蒸汽锅炉房一样，热水锅炉房不得直接设置在人员较多房间的上面、下面、贴邻或主要疏散口的两旁。1992年颁布实施的《热水锅炉安全技术监察规程》（劳锅字［1991］8号）中，允许额定出口热水温度低于或等于95℃的热水锅炉房与住宅相连或设在多层建筑的地下室、半地下室、第一层或顶层中（在满足某些安全条件的前提下），对置于高层建筑的地下室、半地下室、第一层或顶层内的热水锅炉房，应同时满足单台锅炉额定供热量小于或等于7MW的限定条件。在劳部发［1997］74号《热水锅炉安全技术监察规程》的修订条款中规定：“对于设在多层或高层建筑的半地下室或第一层的锅炉房，每台锅炉的额定供热量应小于或等于7MW，额定出水温度小于或等于120℃，且应满足《蒸汽锅炉安全技术监察规程》第184条的相应条件。对于由于条件限制需要在高层或多层建筑的地下室、楼层中间或顶层设置锅炉房时，每台锅炉的额定热功率应小于或等于2.8MW，且额定出水温度小于或等于120℃，且应满足《蒸汽锅炉安全技术监察规程》第185条的相应条件。”

如果从发生直接火灾的可能性及防火因素考虑，热水锅炉与蒸汽锅炉条件相近，但是这样，较大的工程锅炉房布置会很困难。但是从客观上讲，建筑物内的热水锅炉房，其出水温度一般不超过95℃，总体来说，比蒸汽锅炉更安全。因此在热水锅炉房设计时，对于没有蒸汽要求的较大建筑物，可直接选用热水锅炉作为热源，对于有蒸汽要求的较大建筑物，可通过同时采用热水锅炉与蒸汽锅炉作为供热热源。对于后者，如能选用合适的可同时供应蒸汽和热水的汽水两用锅炉，那将更为合理、经济。

热水锅炉间是否需要采取泄压措施，这主要取决于热水锅炉额定功率和额定出水压力的大小。对于锅炉额定热功率小于0.1MW或额定出水压力小于0.1MPa（表压）的热水锅炉间，可以不考虑泄压措施。对于采用间接供热的热水锅炉，在一次循环系统中，只要将热水锅炉置于一次循环水泵的上游（吸入式），热水锅炉出水压力就很容易控制在0.1MPa以内，可以不考虑泄压。但是在有条件时，还是建议设置泄压窗，这样即使炉膛内发生爆炸，也可减少些破坏力，另外，还有利于自然采光和通风。

3. 直燃型冷热水机机房

随着城市化的进程，直燃型冷热水机组的应用越来越多，但是现行的防火规范、监察规程等技术规定都还没有明文提到直燃型溴化锂吸收式冷热水机机房。事实上，从直燃型溴化锂吸收式冷热水机的工作原理可知，燃油、燃气直燃型溴化锂吸收式冷热水机房应该与锅炉房相似，主机间属丁类生产厂房，油箱、油泵间属丙类生产厂房，燃气调压间同样属甲类生产厂房。

机房一般应单独设置，且与其他建筑的间距应满足防火规范规定的相应防火间距的要求。在满足一定的安全要求前提下，可将机房置于建筑物的某些特定位置。机房设计的有关安全防火规定可以参照微压热水锅炉房执行。原则上可以将其设置于多层或高层建筑的地下一层、半地下室、首层靠外墙部位。同样，在任何情况下，都不应将直燃机房布置于人员较多房间的上面、下面、贴邻或主要疏散口的两旁。直燃型溴化锂冷热水机间可不设泄压措施，但与锅炉房一样，其燃气调压间应设必要的泄压措施，泄压气流不应危及人员及仪表设备等安全。上海市地方标准 DGJ-74—2004《燃气直燃型吸收式冷热水机组工程技术规程》对直燃型冷热水机机房设置等作了规定。

三、锅炉房的工艺布置设计

在对锅炉房的工艺布置设计时，锅炉操作地点和通道的净空高度不应小于 2m，并应满足起吊设备操作高度的要求。

热力管道严禁与输送易燃液体，可燃气体，有害、有腐蚀性介质的管道敷设在同一沟内。气体和液体燃料管道应有静电接地装置，当管道为金属材料时，可与防雷或电气系统接地保护线相连，不另设静电接地装置。

油管道宜采用地上敷设。当采用地沟敷设时，在地沟与建筑物与外墙连接处应填沙或耐火材料隔断。油泵房和贮油罐之间的管道地沟，应有防止油品流散和火灾蔓延的隔绝措施。

锅炉房内的设备及管道，其保护层或保温层的表面宜涂色或色环，并作出箭头标示内部介质的种类及其流向。当介质温度低于 120℃时，设备和管道的表面应涂刷高温防锈漆。

热水、蒸汽和凝结水管道的高点和低点，应分别装设放气阀和放水阀；热水、蒸汽和凝结水管道通向每一用户的支管上均应装设阀门，当支管的长度小于 20m 时可以不装。

四、锅炉房的消防设施

锅炉房内油箱间、油泵间及燃气调压间等丙类及甲类火灾危险性的场所，应设置水喷雾或气体灭火装置，并宜设置室内消防给水。锅炉房间建筑为一、二级耐火等级时，可不设置室内消防给水。灭火器配置数量一般按 50m^2 配置一只，但锅炉房内不得少于两只。

对于设置在建筑物地下、地层、顶层及组合建造的燃油、燃气锅炉房，除设置灭火器外，还应设置火灾自动报警设施和自动灭火设施。

燃气调压间、燃气锅炉间和油泵间，应设置可燃气体浓度报警装置。

燃油、燃气锅炉后的烟道上应装设防爆门。防爆门的位置应有利于泄压，当防爆炸气体有可能危机操作人员的安全时，防爆门上应装设泄压导向管。

砖砌或钢筋混凝土烟囱应设置避雷针或安全带，可利用烟囱爬梯作为其下引线，但必须可靠地连接。

五、锅炉房的通风设计

在锅炉房设计中除了锅炉房的位置、容量等要满足有关规范要求外，其通风系统的设计也是一个非常重要的内容。现行的各类规范和手册中对涉及通风的内容不多，本书在一定基础上结合设计专家的工程经验，进行了相应的归纳。

1. 燃油燃气锅炉房通风系统的设计原则

(1) 根据《锅炉房设计规范》(GB 50041—2008) 第 15.3.2 条规定：锅炉间、凝结水箱间、水泵油泵间等余热，宜采用有组织的自然通风排除，当自然通风不能满足要求时，应设置机械通风。锅炉房内的余热主要来自锅炉本体、汽水管道、烟道、水箱等散热损失。这就涉及锅炉房内各房间夏季要保持多少温度较合适的问题，而温度的高低决定了采用何种通风方式及通风量的大小。虽然现在的燃油燃气锅炉自动化程度较高，操作人员大多时间在设有空调的控制室内，但其他房间的温度也不宜太高，所以通风量的大小首先应从消除余热来考虑。

(2) 按照《锅炉房设计规范》(GB 50041—2008) 第15.3.7～15.3.9条规定：设在其他建筑物内的燃气锅炉间应有每小时不少于3次的换气量，换气量中不包括锅炉燃烧用风量。燃气调压间等有操作危险的房间，应有每小时不少于3次的换气量，当自然通风不能满足要求时，应设置机械通风装置，并应有每小时换气不少于12次的事故通风装置。燃油泵房和贮存闪点小于45℃的易燃油品的地下油库，除了用自然通风外，燃油泵房应有每小时换气次数12次的机械通风装置，油库应有每小时换气6次的机械通风装置。以上三条均是为了保证排除各房间内空气中易燃易爆油气而规定设置的最小通风量。通风装置应防爆。

(3) 燃油燃气锅炉运行时，需要有充足的空气才能保证燃料的充分燃烧。而各种燃料所需的空气量是不同的，所以要通过计算确定所需的通风量。

2. 燃油燃气锅炉房通风量的设计确定

以0号柴油为燃料举例作具体计算。至于燃气锅炉房及各种其他燃料，可根据有关资料，参照下面的方法类推。

(1) 燃料燃烧空气需要量和产生的烟气量

① 空气需要量　根据有关资料，每千克（kg）燃料完全燃烧所需要的空气量为：

$$V_\alpha=\alpha V^\circ=1.2\left(\frac{0.85Q_{net,ar}}{4186}+2\right)$$

式中 α——过量空气系数，一般取1.2；

$Q_{net,ar}$——燃料的低位发热量，对0号柴油为42900kJ/kg；

V°——1kg燃料完全燃烧所需要的理论空气量。

则有：

$$V^\circ=\frac{0.85\times42900}{4186}+2=10.71\text{m}^3/\text{kg}$$

所以每kg燃料完全燃烧所需要的空气量为：

$$V_\alpha=1.2V^\circ=1.2\times10.71=12.85\text{m}^3/\text{kg}$$

② 产生烟气量　每千克燃料燃烧产生的烟气量为

$$V_y=V_{RO_2}+V^\circ_{N_2}+V^\circ_{H_2O}+1.0161(\alpha-1)V^\circ$$

式中：

$$V_{RO_2}=0.01866(C_{ar}+0.375S_{ar})=1.6\text{m}^3/\text{kg}$$

$$V^\circ_{N_2}=0.79V^\circ+0.008N^y=8.46\text{m}^3/\text{kg}$$

$$V^\circ_{H_2O}=0.111H_{ar}+0.0124W_{ar}+0.0161V^\circ=1.67\text{m}^3/\text{kg}$$

(对0#柴油，$C_{ar}=85.6$，$S_{ar}=0.25$，$N_{ar}=0.04$，$H_{ar}=13.5$，$W_{ar}=0$)

则每千克燃料燃烧产生的烟气量为：

$$V_y=1.6+8.46+1.67+1.0161\times(1.2-1)\times10.71=13.906\text{m}^3/\text{kg}$$

以某锅炉房为例，设置2台2t/h的燃油锅炉，其锅炉间面积约150m²，层高6m，每台锅炉耗油量为140kg/h，则2台锅炉全部满负荷运行时所需要的空气量为：

$$V_\alpha\times140\times2=12.85\times140\times2=3598\text{m}^3/\text{h}$$

换气次数为4次/h（不考虑不同状态下的修正，以下同），所产生的烟气量为：

$$V_y\times140\times2=13.906\times140\times2=3895\text{m}^3/\text{h}$$

烟气量是锅炉房烟道、烟囱设计的依据。

③ 常用燃料燃烧空气需要量和产生的烟气量　见表9-1。

表 9-1 单位燃料燃烧所需空气量及产生烟气量

燃料种类	低位发热量/kJ	空气需要量/m^3	产生烟气量/m^3
重油	41868	12.60	13.56
轻油	42906	12.85	13.91
液化石油气	96296	30.96	32.66
城市煤气	18841	5.76	6.33
天然气	41868	13.46	14.24

注：表中单位燃料中液体为每千克，单位气体为每立方米（标态）。

(2) 排除锅炉房内余热所需的通风量

① 锅炉间内余热计算 锅炉间的余热主要来自锅炉本体、汽水管道及烟道等散热损失。对于目前普遍使用的进口或国产燃油燃气锅炉，通过锅炉的热平衡分析，可知其散热损失约为 2%。对于（1）中 2 台 2t/h 的锅炉房，其余热量为：

$$Q=\frac{Q\times 140\times 2\times 2\%}{4.18}=\frac{42900\times 140\times 2\times 2\%}{4.18}=57473\text{kcal/h}=67\text{kW}$$

② 排除余热所需要的通风量 假如锅炉房温度夏季保持在 40℃左右，则余热中一部分通过房间围护结构传到室外，其余由排风带走。

经过以上计算，对 2 台 2t/h 的锅炉房，要保持锅炉间内温度在 40℃以下，则需要约 26 次/h 的通风量，而为了保证 2 台锅炉满负荷运行时燃料的充分燃烧，则需要的空气量约为 4 次/h。而目前锅炉房设计中，排风量一般只有 6～10 次/h，送风量一般为排风量的 50%～90%，这样很难满足上述要求，所以大多数锅炉房内温度较高。尤其是在夏季容量较大的地下锅炉房，由于无法进行自然通风，机械通风量又较小时，其温度可达 50℃以上，而且往往燃烧所需的空气量得不到保证。因此：

① 燃油燃气锅炉房通风系统设计时，首先要计算排除锅炉房内余热所需要的通风量，再计算锅炉燃烧所需要的空气量。由于燃烧所需要的空气量是由燃烧器从锅炉房抽走的，所以在选用锅炉房送排风机型号时，送（补）风机的风量即为排除余热所需要的通风量，而排风机的风量为上述两者之差。

② 根据送、排风量，校核是否满足有关规范要求的排除易燃易爆油气所需的换气次数。

③ 所有安装在有易燃易爆危险房间内的通风装置应有防爆措施。

④ 确定送、排风量时还要考虑到对锅炉房内外空气压差的影响，因为锅炉房内保持正压或负压关系到燃烧器的调节和烟道、烟囱的设计。

六、锅炉房的防火安全设计

1. 锅炉房的火灾危险性

锅炉房发生火灾的原因主要是烟囱靠近建筑物的可燃结构，炽热炉渣处理不当，引燃周围的可燃物，烟囱飞火，锅炉房操作间和附属房间可燃物起火等等。

2. 锅炉房的土建防火安全设计

(1) 锅炉房的火灾危险性分类和耐火等级 在《建筑设计防火规范》中明确锅炉房属于丁类生产厂房，但是鉴于锅炉的燃料不同，对锅炉房建筑的耐火等级应有不同的要求。锅炉房应为一、二级耐火等级的建筑，如果蒸汽锅炉额定蒸发量小于或等于 4t/h，热水锅炉额定出力小于或等于 2.8MW 时，锅炉房建筑不应低于三级耐火等级。对于油箱间、油泵间和油加热间均属于丙类生产厂房，其建筑不应低于二级耐火等级，上述房间布置在锅炉辅助间内时，应设置防火墙与其他部位隔开。

燃气调压属于甲类生产厂房，与锅炉房贴邻的调压间应设置防火墙与锅炉房隔开，其门窗应向外开启并不应直接通向锅炉房。

(2) 燃油储罐的安全设置　在日常安全监察中发现，在燃油锅炉房火灾隐患中违反《建筑设计防火规范》规定，将燃油锅炉所使用的丙类液体储罐附设在民用建筑内，或者违反《高层民用建筑设计防火规范》规定，将燃油锅炉所使用的丙类液体中间油箱设置在燃油锅炉房内等问题是非常普遍的。因此在燃油锅炉房的设计中，燃油储罐的布置应当引起足够重视。燃油储罐与燃油锅炉房或其他厂房、民用建筑之间的防火间距，应根据储量按《建筑设计防火规范》以及《小型石油库及汽车加油站设计防火规范》(GB 501516—92) 的有关规定确定。燃油罐宜直埋成地下式设置，严禁在建筑物内或地下室内设置，当容量较大或直埋有困难时，可设在地上。燃油罐容量应当根据运输条件确定，如采用火车或船舶运输，一般应保持 20～30 天的储量；当采用汽车运输时，则应为 10 天的储量。中间油箱的容积不应太大，以每小时最大耗油量的 3～5 倍为宜，重油一般不能超过 $5m^3$，轻柴油不超过 $1m^3$，中间油箱应设置溢流管，并应设置在耐火等级不低于二级的单独房间内。《高层民用建筑设计防火规范》对丙类液体燃料在高层建筑或裙房附近的设置位置及容量作了严格限制。对于多层民用建筑附近丙类液体储罐的设置，应有相关限制规定，或者参照《高层民用建筑设计防火规范》执行。

(3) 锅炉输油（气）管道的安全设计　室外油罐与中间油箱之间的输油管道上应设计分隔阀门，该阀门应设在专用阀门井中并应便于操作，与建筑外墙应保持 5m 以上的间距，此阀门不应设置在锅炉房内或中间油箱间以及加油间内。室外油罐与中间油箱之间宜采用自流输油方式，如必须设置油泵，应设在专用设备间内。输油管线应埋地敷设，当需要地沟敷设时，在地沟内应用细沙将输油管填实，输油管内油品设计流速一般不得超过 1m/s。输油（气）管进入建筑物处，应用不燃烧材料将空隙严密填实。输油（气）管道不应穿过锅炉房，因为如该输油（气）管线泄漏，遇到正在燃烧的锅炉明火，将酿成火灾。输油（气）管道应有不少于两处良好的接地，连接法兰等处应有防静电跨接装置。

3. 锅炉房的灭火设施设计

(1) 室内消防给水设计　根据《建筑设计防火规范》规定，锅炉房可不设室内消防给水。而锅炉房内燃油及燃气的丙类及甲类生产厂房、储罐，宜设置室内消防给水，并应设置泡沫、蒸汽等灭火装置；锅炉房的运煤层、输煤栈桥宜设置室内消防给水。因此，考虑到锅炉房的火灾危险性，对锅炉房室内消防给水设计作更严格规定是很有必要的，建议当单台蒸发量超过 4t/h 或总蒸发量超过 12t/h 时，应设置室内消防给水，对于多层建筑内部设置的锅炉房，宜设置室内消防给水。

(2) 水喷雾灭火系统设计　鉴于燃油、燃气锅炉房的火灾和爆炸危险性，《高层民用建筑设计防火规范》规定高层建筑内的燃油、燃气锅炉房应设置水喷雾灭火系统。《水喷雾灭火系统设计规范》(GB 50219—1995)（以下简称《水雾规》）的颁布早于《高层民用建筑设计防火规范》97 增订版，没有规定燃油、燃气锅炉的设计喷水强度、持续喷雾时间等，而该设计参数是系统设计的主要依据，这容易给设计带来难度。燃油、燃气锅炉房与《水雾规》第 3.1.2 条所列举的保护对象相比，火灾特点差异较大，也难以比照执行，在《水雾规》中进一步明确燃油、燃气锅炉房设计喷雾强度、持续喷雾时间是非常必要的。由于水喷雾灭火系统是局部应用系统，作用面积应取被保护对象的外表面尺寸，设计中可按锅炉产品样本提供的外形尺寸取值。水喷雾灭火系统应设置自动控制、手动控制和应急操作三种控制方式。对于燃气锅炉房的水喷雾灭火系统，有三种自控方式可以选择，可燃气体浓度探测器联动启动、火灾探测器联动启动、湿式先导管传动水力启动。根据燃气锅炉房的火灾特点，水喷雾灭火系统的自动启动方式宜同时设两种，其中可燃气体浓度探测器联动启动必须设置。

第二节　中小型工业锅炉的经济运行要求

2007 年 10 月 28 日，第 10 届全国人大常委会第 30 次会议修订通过了《中华人民共和国节约能源法》（以下简称《节能法》），并由中华人民共和国第 77 号主席令颁布，自 2008 年 4 月 1 日起施行。《节能法》共 7 章 87 条，进一步明确了节能管理、合理使用与节约能源、节能技术进步、激励措施和法律责任。明确提出了：对于耗能大户的重点用能单位，重点用能单位要报送能源利用状况报告，设立能源管理岗位。并在第二章“节能管理”，第十六条，第三款明确“对高耗能的特种设备，按照国务院的规定实行节能审查和监管。”

工业锅炉是我国耗能最多的设备之一。而工业锅炉耗能是为了生产二次能源——蒸汽或热水。蒸汽或热水通过热力管网送往各种用热设备。因此，节省工业锅炉耗能必须突出锅炉的节能使用和节能管理。

一、工业锅炉经济运行要求

1. 运行要求

工业锅炉使用单位应按设计要求选购主管部门认可的检测单位检测合格，环保指标符合 GB 13271 要求的锅炉。

工业锅炉给水和锅水应符合 GB 1576 的要求。

新安装工业锅炉其辅机应选用国家公布的节能产品。原安装的锅炉辅机属国家公布的淘汰产品的，应在节能监测部门的指导下更换为节能产品。

工业锅炉运行时，应选用设计燃料或与设计燃料相近的燃料。如采用非燃料的化学药剂，必须防止炉内结渣、受热面沾污腐蚀和造成炉内爆振。

工业锅炉运行中，应合理配风，压力、温度、水位均应保持稳定。锅炉运行负荷宜不低于额定出力的 70%，不允许持续 2h 以上额定出力在大于 100%～110%的工况下运行，不允许在 110%额定出力以上工况下运行。受热面应定时清灰，保持清洁。使用清灰剂必须保证安全性和有效性。应经常对锅炉烟风道、炉墙、炉门、烟箱、风机及除尘设备的严密性进行检查，发现泄漏应及时修理。对管道、阀门、仪表及保温结构等进行检查，确保其严密、完好，及时消除跑、冒、滴、漏等现象。

锅炉应配备燃料耗量计、汽或水流量计、压力表、温度计等反映锅炉经济运行状态的仪器和仪表。在用仪器、仪表必须在检定周期内，并按规定定期检查、校正和维修。仪器、仪表的精度应≤2.0 级。燃油、燃气锅炉应配备燃烧过程自控装置；7MW 以上燃煤锅炉也应配备燃烧过程自控装置。

工业锅炉的运行工况原始记录的主要项目应符合表 9-2 的规定。

2. 管理原则及技术指标

工业锅炉经济运行的综合评判分三个运行级别：一级优秀、二级良好、三级合格。

工业锅炉运行热效率指标分三个等级，各等级热效率指标应不小于表 9-3 的规定值。

表 9-2　工业锅炉运行原始记录项目

锅炉类型	锅炉额定蒸发量 D_e 或额定热功率 Q_e	主要记录项目
蒸汽锅炉	≤4t/h	燃料品种及消耗量累计值①；蒸汽压力、湿度、温度及流量；给水压力、温度及流量；排烟温度；排污量；炉渣或飞灰可燃物含量②；水处理化验数据③；运行时间；排烟含 O_2 量（或 CO_2 量）
	>4t/h	燃料品种及消耗量累计值①；蒸汽压力、湿度、温度及流量；给水压力、温度及流量；排烟温度；排污量；炉膛出口或排烟处烟气分析数据；炉膛温度及压力；水处理化验数据③；除氧器压力及温度；送风温度及风压；炉渣或飞灰可燃物含量②；运行时间
热水锅炉	≤2.8MW	燃料品种及消耗量累计值①；热水流量累计值，补给水量累计值；进出水的压力、温度；排烟温度；排污量；炉渣或飞灰可燃物含量②；水处理化验数据③；运行时间；排烟含 O_2 量（或 CO_2 量）
	>2.8MW	燃料品种及消耗量累计值①；热水流量累计值；补给水量累计值；进出水的压力、温度；排烟温度；排污量；炉膛出口或排烟处烟气分析数据；炉膛温度及压力；水处理化验数据③；送风温度及风压；炉渣或飞灰可燃物含量②；运行时间

① 燃油、燃气锅炉应增加供油、供气压力的记录。

② 流化床锅炉为飞灰可燃物含量，层燃锅炉为炉渣可燃物含量。当煤种变化时应有化验记录，煤种无变化时，不大于 4t/h 或不大于 2.8MW 锅炉，应每六个月化验记录一次，大于 4t/h 或大于 2.8MW 的锅炉应每三个月化验记录一次。

③ 每星期应化验记录一次，如采用简易试剂、试纸法，则应每天化验记录一次。

注：1. 对海拔 2000m 以上地区，应增加当地大气压力、湿度及温度的记录。

2. 未注明记录时间的项目为每班至少一次。

3. 对有省煤器、空气预热器、过热器的锅炉，应有相应的压力、温度等记录。

表 9-3　工业锅炉运行热效率①　　　　单位：%

锅炉额定蒸发量 D_e/(t/h) 或额定热功率 Q_e/MW	运行热效率 η 等级	使用燃料及其燃烧方式															
		层燃②								流化床燃烧				室燃			
		烟煤			贫煤	无烟煤			褐煤	低质煤③	烟煤			贫煤	褐煤	重油	轻柴油、气④
		Ⅰ类	Ⅱ类	Ⅲ类		Ⅰ类	Ⅱ类	Ⅲ类			Ⅰ类	Ⅱ类	Ⅲ类				
1～2 或 0.7～1.4	一等	73	76	78	75	70	68	72	74	—	73	76	78	75	76	87	89
	二等	70	74	76	72	65	63	68	72	—	70	73	75	72	73	86	88
	三等	67	72	74	69	62	60	64	70	—	67	70	72	69	70	85	87
2.1～8 或 1.5～5.6	一等	75	78	80	76	71	70	75	76	74	78	81	82	80	81	88	90
	二等	72	76	78	74	68	66	72	74	72	76	79	80	78	79	87	89
	三等	70	74	76	72	65	63	69	72	70	74	77	78	76	77	86	88
8.1～20 或 5.7～14	一等	76	79	81	78	74	73	77	78	76	79	82	83	81	82	89	91
	二等	74	77	79	76	71	69	74	76	74	77	80	81	79	80	88	90
	三等	72	75	77	74	68	66	72	74	72	75	78	79	77	78	87	89
＞20 或 ＞14	一等	78	81	83	80	77	75	80	81	78	80	83	84	82	83	90	92
	二等	76	78	80	77	74	71	77	78	75	78	81	82	80	81	89	91
	三等	74	76	78	75	71	68	75	76	73	76	79	80	78	79	88	90

① 表中所列为锅炉在额定负荷下运行时的热效率值，非额定负荷下运行时的热效率值，可近似取为表中数值与负荷率的乘积，即 $\eta=\eta_e(D/D_e)$ 或 $\eta=\eta_e(Q/Q_e)$。

② 对抛煤机锅炉，其运行热效率比同等容量层燃锅炉高 1 个百分点。

③ 指收到基灰分 $A_{ar}\approx50\%$，收到基低位发热量 $Q_{Det,v,ar}\leqslant14.4$MJ/kg 或折算灰分 $A_{ar,zs}\geqslant36$g/MJ 的煤。

④ 对燃用高炉煤气的工业锅炉，其运行热效率比表中燃用轻柴油、气锅炉的热效率值低 3 个百分点。

工业锅炉运行排烟温度指标均应不超过表 9-4 的规定值。

表 9-4　工业锅炉运行排烟温度规定值[1]　　单位：℃

项　目		无尾部受热面				有尾部受热面[2]	
锅炉类型		蒸汽锅炉		热水锅炉		蒸汽锅炉或热水锅炉	
使用燃料		煤	油、气	煤	油、气	煤	油、气
额定蒸发量 D_e /(t/h)(或额定热功率 Q_e/MW)	≤2(或≤1.4)	＜250	＜230	＜220	＜200	＜180	＜160
	＞2(或＞1.4)	—	—	—	—		

① 表中所列为锅炉在额定负荷下运行时的排烟温度值。

② 对部分地区燃用高硫（S_{ar}≥3%）煤的有尾部受热面的锅炉，其运行排烟温度可适当提高，但提高幅度不超过 30℃。

燃煤工业锅炉运行灰渣可燃物含量指标均应不超过表 9-5 的规定值。

表 9-5　燃煤工业锅炉运行灰渣可燃物含量规定值[3]　　单位：%

锅炉额定蒸发量 D_e/(t/h)(或额定热功率 Q_e/MW)	使用燃料[2]								
	低质煤[1]	烟煤			贫煤	无烟煤			褐煤
		Ⅰ类	Ⅱ类	Ⅲ类		Ⅰ类	Ⅱ类	Ⅲ类	
1～2(或 0.7～1.4)	20	18	18	16	18	18	21	18	18
2.1～8(或 1.5～5.6)	18	15	16	14	16	15	18	15	16
≥8.1(或≥5.7)	14	12	13	11	13	12	15	12	14

① 表中数值除低质煤外，均为层燃工业锅炉在额定负荷下运行时对炉渣可燃物含量的要求。

② 表中数值除无烟煤外，可作为流化床燃烧工业锅炉在额定负荷下运行时对飞灰可燃物含量的要求。

③ 非额定负荷下运行时的灰渣可燃物含量，可近似取为表中数值与负荷率的乘积。

工业锅炉运行排烟处过量空气系数指标应不超过表 9-6 的规定值。

表 9-6　工业锅炉运行排烟处过量空气系数规定值

项　目	煤[1]		油、气
燃烧方式	火床燃烧(层燃)	沸腾燃烧(流化床)	火室燃烧(室燃)
空气系数	＜1.65(无尾部受热面) ＜1.75(有尾部受热面)	＜1.50	＜1.20

① 燃用无烟煤的火床燃烧锅炉，不受表内数值限制。

对于海拔 2000m 以上地区，工业锅炉经济运行技术指标可由当地主管部门根据具体情况合理调整。

二、工业锅炉使用管理要求

工业锅炉经济运行是指：在安全可靠、保护环境和满足供热需求的前提下，通过科学管理、技术改造、提高运行操作水平等方法，使工业锅炉运行实现高效率、低能耗的工作状态。

使用单位应指定人员负责锅炉设备的技术管理，并确保每台锅炉具有《锅炉使用登记证》。应严格执行《特种设备安全监察条例》、《蒸汽锅炉安全技术监察规程》和《热水锅炉安全技术监察规程》等法律法规的规定。

锅炉应有健全的技术档案，包括：

(1) 锅炉使用登记规定的全部资料。

（2）年度锅炉检验报告。

（3）至少 3 年内锅炉热效率测试报告（逐步完善）。

（4）节能行政主管部门批准的锅炉增容手续。

（5）锅炉设计总图，热力计算书。

（6）汽水系统图、燃烧系统图、能源计量检测网络图、总平面布置图、电气一次接线图。

（7）发生重大事故时锅炉设备事故的调查、分析报告。

（8）以下原始记录应保存 2 年以上。①运行记录（记录表格各单位自定）；②燃料、电力、水的月消耗总量及蒸汽、热水的月生产总量记录；③锅炉给水、锅水品质化验记录；④燃料化验记录；⑤炉渣、飞灰分析记录；⑥设备检修、改造记录；⑦安全阀、压力表定期校验记录。

为确保工业锅炉的安全节能经济运行，还应根据实际情况建立健全以下制度：

（1）岗位责任制和交接班制度；

（2）设备维修保养和定期检验制度；

（3）巡回检查制度；

（4）锅炉操作人员、水处理人员、热工仪表人员培训考核制度；

（5）燃料管理制度和经济核算制度；

（6）奖罚制度；

（7）水质管理（含排污）制度；

（8）用能单位供用汽、热水制度；

（9）安全保卫制度。

工业锅炉运行应制定下列规程：锅炉运行操作规程、水处理运行规程、设备维修保养及验收规程、安全作业规程等。

工业锅炉节能运行测定的技术数据具有一定有效期年限，工业锅炉大修及改造前、后，均应进行热效率测试，确保改造效果和节能效果。

燃料进厂、入炉均应计量、分析化验；燃料存放应有防止流失的设施。为确保节能效果，应加强对供、用热系统凝结水的回收利用。

在确保安全的基础上，工业锅炉经济运行还应保证锅炉操作人员持有操作证和受过节能培训，锅炉给水、锅水品质应符合 GB 1576 的规定，入炉燃料宜与设计燃料一致，锅炉辅助设施应采用国家推广的节能产品，并匹配合理，锅炉本体及烟风系统应防止和减少漏风，锅炉受热面应定时清灰，保持清洁。

三、工业锅炉使用管理注意事项

当前，下列工业锅炉节能管理和使用的几个方面对工业锅炉的节能有重要意义。

1. 蒸汽的有效利用

蒸汽是锅炉的产品，应严格按计划使用。在有多台锅炉的锅炉房，每台锅炉负荷（供汽量）的分配应按机组总效率最高的原则分配。锅炉负荷先由效率高的锅炉承担，至满负荷后，再由效率低的锅炉承担。

为有效利用蒸汽，在各种情况下均不应将高压蒸汽白白地膨胀为低压蒸汽而未得到功的利用。应杜绝向空气排汽，尤其在锅炉启动时，应尽量少向空气排汽，或将这部分蒸汽利用起来。为了节省能量，锅炉应尽量少排污，排污量应控制在 5%以下，最佳为 2%，尽量利用排污热量，可装排污扩容器或换热器利用之。应保持疏水器正常工作，可用扩容器回收疏水器的热量，疏水器里的蒸汽凝结水，水质好，是优质锅炉给水，回收后可节省水资源和水处理费用。应防止各种管道、阀门漏汽漏水，总泄量不超过2%～3%。应回收各种余热和废热。

2. 管道的保温

蒸汽管道、热水管道及各种用热设备都会向周围的空气散失热量，必须对输汽、水管道保温。保温用绝热材料应符合以下要求：

① 热导率低，绝热性能好。热导率 λ<0.12kcal/(m·h·℃)。

② 管内介质达到最高温度时，性能仍较稳定，而且机械性能良好，一般抗压强度不低于3kgf/cm²。

③ 当热介质温度大于120℃时，保温材料不应含有有机物和可燃物。只有当介质温度在80℃以下时，保温材料内可含有有机物。

④ 保温材料要求吸湿性小，对管壁无腐蚀，易于制造成型，便于安装。

符合上述要求的保温材料有膨胀珍珠岩、碱玻璃纤维、泡沫塑料、石棉和矿渣棉等。保温层的厚度一般按以下原则确定：

① 保证管道的热损失在规定值以下。

② 保温层表面温度不超过55～60℃。

③ 保温层的经济厚度为应使保温层的费用及热损失折合为燃料费用之和最小。

为减少蒸汽管道的散热损失，应尽可能采用小的管径，并缩短输送距离，同时应使其压降较小。在输送蒸汽前将汽压降低到最低必需的数值。如压降较大，则应利用其做功。对于动力装置，应采用高温高压蒸汽；对于工艺用汽，应采用低压和小的过热度。对供热设备和管道进行良好的保温是重要的节能措施。

3. 热水供暖

除了生产工艺必须使用蒸汽以外，对于供暖、通风和热水供应等应采用热水供热。其主要优点是：

(1) 热水供暖可以比蒸汽供暖节约燃料20%～40%。因为它没有凝结水和二次蒸发损失。其次，热水供暖管道散热损失小，蒸汽供暖管道漏汽损失较大。蒸汽锅炉需要连续和定期排污，而热水锅炉只需少量的定期排污。最后，热水供暖可根据室外环境温度的变化，灵活地对热水进行质量调节，达到既节约燃料又保证供热质量的要求。

(2) 高温热水供暖系统的维修费用比蒸汽供暖低。实践证明，热水供暖系统维修费用只是蒸汽供暖系统的1/3，维修人员可相应地减少一半。

(3) 热水供暖热半径大，可达几十公里，而蒸汽供暖受管道阻力损失限制，一般仅为2～3km。

(4) 高温水供暖适合于区域性供热事业的发展。而采用区域性集中供热不仅可以节约大量燃料，又可减少锅炉对大气环境的污染。

热水采暖的缺点是外部管网的投资比蒸汽供暖要大，尤其是供水和回水的温差较小时更为显著。热水采暖循环泵的容量大，消耗电能多，增加了运行费用。由于水的密度大，对于地形高度差大的地区以及高层建筑中会产生相当大的重位压差，给系统设计和运行带来很大的复杂性。但是从全面衡量，热水供暖经济效益显著。因此，应大力发展热水供暖，在区域锅炉房安装高效率大容量的热水锅炉。

随着供热半径的扩大，提高供水温度是必然趋势。提高供回水温差可减少循环水量，降低管网费用，节省电能。但是大多数单位实际采用的供水温度多低于100℃，根据我国目前条件，应提高供水温度130℃系统的运行管理水平，有重点地推广150℃。将区域锅炉房的供回水温差提高到0～60℃是可能的。设计管网时，选用经济比压降，使热网费用最小。对于集中供热的干管，经济比压降值约为40～60Pa，支管内的比压降为200～300Pa。管内流速推荐1.5m/s，但不得低于0.67m/s，以免流速过低造成管道弯曲，引起过大的热应力。

4. 区域锅炉房集中供热

我国供热系统基本上是采用小锅炉分散供热的方式，锅炉效率低，能源利用率差，环境污染严重，而采用具有规模和场地的选择比较灵活，以及不定因素少、投资少、建设周期短、能较快发挥投资效益的区域锅炉房集中供热可节省燃料，提高能源的利用率。区域锅炉房集中供热就是用高效率大容量锅炉代替分散小锅炉的一种集中供热方式。集中供热就是由一个大型的热源通过热力管网向一个或几个较大区域或工业企业供热的方式。它由热源、热网和热用户组成。

集中供热的热效率由锅炉、管道和热网三部分效率组成。当锅炉热效率提高所获得的效益足以补偿热网系统输送热量所产生的损失时，就开始节省燃料。区域锅炉房节能的关键是要采用高效率的锅炉代替分散低效率的小锅炉。因此，区域锅炉房的容量不能太小，至少应有容量不少于10t/h的锅炉两台，即供热量应在50GJ/h以上，相应的供暖面积应在20万平方米以上。

5. 热管换热器回收锅炉烟道余热

6. 蒸汽蓄热器

蒸汽蓄热器是利用水的蓄热能力把热能储存起来的一种装置，它是由蓄热器本体和控制蒸汽进出自动调节阀两个主要部分组成的。

当蒸汽使用量不大时，将剩余蒸汽通过喷嘴进入容器，使蓄热器内的水温和压力逐渐上升，直到额定压力下的饱和温度，完成热能的储存。当蒸汽使用量增大时，就由蓄热器供汽，蓄热器内的压力下降。蓄热器的工作压力受锅炉压力的限制，当锅炉额定压力与汽压有很大的压差时，蓄热器单位容积所产生的蒸汽量就多，使用蓄热器的经济效益就高。在采用蓄热器时，宜选用工作压力较高的锅炉，用汽部门按不同压力分类，分别配置蒸汽管路，以提高蓄热器工作的经济性。

第三节 锅炉房安全管理的基本要求

一、锅炉房规章制度

制度是要大家共同遵守的办事规程或行动准则，使用锅炉的单位应根据国家有关规定，结合单位的实际情况建立健全锅炉房规章制度，并组织锅炉房全体人员认真学习，督促其严格执行。从广义上讲，锅炉房规章制度包括岗位责任制、锅炉设备的运行操作规程和锅炉房各项制度。编制规章制度时应做到依据正确、内容明了、要求具体、检查方便、切实可行。本节介绍锅炉房各项制度的主要内容，供使用单位编制制度时参考。

1. 交接班制度

锅炉房的交接班制度应明确交接班的要求、内容和手续。

（1）交接班前的要求

① 交班人员在交班前应提前10min做好交接班的准备工作，包括：

a. 对锅炉设备的运行情况作最后一次检查和调整，使锅炉压力和水位达到正常值范围内。

b. 由班长填写好交班记录并签名，以及将运行记录等整理好。

c. 将锅炉房设备和场地打扫干净。

② 接班人员应按规定时间（一般距上班时间提前10～15min）到达锅炉房，做好接班准备（如穿戴好劳保用品）。接班前4h内不准饮酒。

（2）交接班时应进行的工作

① 交班人员应向接班人员介绍本班中锅炉、辅机、仪表等的运行情况，锅炉供汽情况，软水和锅水质量，设备故障及检修情况，事故及故障处理情况，移交公用工具等情况；并请接班人员检查本班的运行记录、水质化验记录、事故及故障记录和交接班记录等。

② 接班人员在听取交班情况介绍后，应根据上班的各项记录，在交班人员陪同下进行一次全面检查，逐一核实。在接班检查中，接班人员必须冲洗一次水位表，要特别注意锅炉是否存在危及安全运行的缺陷（如受压元件是否有渗漏、变形、鼓包等）。

③ 经接班检查无误后，接班班长应在交接班记录上签名，表示交接班完毕；其后，交班人员方可离开锅炉房。

（3）关于不得交接班的规定　遇有下列情况之一时不得交接班：

① 接班人员未到齐或不到上班人数的一半时不交班，交班人员应报告锅炉房负责人，但不得擅离岗位。

② 设备运行不正常不交班。

③ 接班人员发现有不正常情况不接班。

④ 交接班过程中如发生事故应停止交接班，接班人员应协助交班人员处理完事故后再接班。如事故处理时间过长时，可由锅炉房负责人决定是否交接班。交接班记录表可参考表9-7。

表9-7　司炉工交接班记录

年　月　日

设备运行情况		
设备润滑情况		
环境卫生情况		
蒸汽锅炉排污次数		
其他		
时间：	交班人：	接班人：

2. 巡回检查制度

（1）巡回检查制度的含义　巡回检查制度是指，操作人员或维修人员按规定的路线对所管的设备、工具和物件等定时巡回检查，以便及时掌握设备运行情况，记录数据资料，发现设备隐患、故障和事故，迅速处理问题所作出的规定。对于有自动给水调节装置或微机控制的锅炉，制定和严格执行巡回检查制度尤为重要。

（2）巡回检查的时间、路线和内容

① 巡回检查一般每小时进行一次。

② 巡回检查的路线一般由炉前到炉后，由炉下到炉上，由仪表、附件到管道，由锅炉本体间到辅机和附属设备间。对辅机和附属设备，可按锅炉房系统（如汽水系统、烟风系统、上煤除灰渣系统等）从头到尾顺着查。

③ 巡回检查的内容与要求如下：

a. 水位、汽压、汽温正常，安全附件和测量、控制仪表以及保护装置灵敏可靠。

b. 受压元件各可见部位无鼓包、变形、渗漏或异常现象。

c. 炉墙无裂缝、倾斜或倒塌，钢架未烧红或变形，炉门完整，开关灵活。

d. 汽、水及排污管道和阀门无泄漏（包括内漏）现象，阀门开关灵活。

e. 锅炉燃烧工况良好，供汽正常；炉内无异常响声（主要是漏水漏汽声）。

f. 燃烧设备及其他转动机械完好，冷却、润滑正常。

g. 煤、水、电、汽计量仪表正常。

h. 环保设施运行正常。

(3) *巡回检查记录* 巡回检查的记录项目一般应列入锅炉运行记录表，进行巡回检查的人员应认真填写，特别要将故障及事故等处理结果记录清楚。

3. 设备维修保养制度

建立设备维修保养制度的目的是提高设备的完好率，它的主要内容如下。

① 将锅炉设备的维修保养工作落实到人。锅炉房设备维修保养的责任人应是锅炉房负责人。在锅炉房内部，应根据人员岗位的设置情况，将设备维修保养工作逐级分解到人；推荐采用司炉工（或设备操作工）的“双包机制”（包使用的同时包日常保养与小维修）。

② 规定维修保养周期、内容和要求。应根据本单位锅炉房设备的具体情况，定出锅炉本体、附件、仪表、辅机和附属设备等的维修保养周期、内容和要求。

③ 规定备品备件的管理。为保证锅炉安全可靠运行，锅炉房应备有可随时更换的安全附件、易损件及专用检修工具等，并设专柜，分门别类固定存放，以供急用。

4. 水质管理制度

水质管理制度应根据所使用的锅炉炉型、水处理设备和工艺的要求，明确水质（包括给水和锅水）定期化验的项目，保证锅炉水质符合相关标准的要求。水质管理制度一般包括以下内容：

① 认真做好水处理工作，保证锅炉无垢或薄垢（<0.5mm/a）运行。

② 水处理设备（有预处理、加药和除氧工艺的，则应包括相应设备）的运行操作规程。

③ 水质检测规程，包括水样的采集，原水、软化水、锅水的化验项目、化验方法、合格标准，标准溶液的配制与标定等。

④ 应规定化验间隔时间，一般每小时一次。对于较稳定的项目，当积累一定经验后可延长间隔时间。但在固定床或浮动床离子交换器快要失效时、流动床钠离子交换设备刚投入运行时，应相应缩短水质化验间隔时间，增加水质化验次数。

⑤ 从事锅炉水质化验的人员必须经培训考核，获取质监部门颁发的“水处理人员操作证”后方可操作。

⑥ 水质化验数据的整理、校核与保管的要求。

⑦ 化验仪器设备的定期校验、维护和保管的要求。

⑧ 离子交换剂、再生剂的贮存管理的要求。

5. 安全保卫制度

锅炉房安全保卫制度一般包括以下内容：

① 锅炉发生爆炸或重大事故后的报告办法及处理要求。

② 明确规定锅炉房安全生产的具体要求、措施，必要的安全用具、劳保用品。

③ 明确规定锅炉房为安全重地，无关人员不准进入，其他人员进入时应经允许或办理登记手续。

④ 对锅炉房内的设施，非锅炉房当班人员不得动用。

⑤ 无证的司炉工、水质化验人员不得独立操作锅炉或进行水处理或水质分析。

⑥ 加强电器、线路和照明设施的安全保护。

6. 清洁卫生制度

锅炉房清洁卫生制度主要包括：

① 锅炉房设备、环境应做到清洁、明亮，工具、备品备件应做到摆放整齐。

② 明确划分锅炉房设备、内外环境卫生区的责任区域，做到定时定人清扫整理。

③ 规定废渣、废水、废油和除尘设施的灰的处理要求。

7. 节能管理制度

使用锅炉的单位应按照国务院《节约能源法》的规定，明确锅炉房的节能目标、措施及考核办法，保证锅炉的运行热效率等指标达到《工业锅炉经济运行》标准的要求，并提高锅炉房能源转换效率。

锅炉房节能管理制度一般包括以下内容：

① 锅炉房（车间）及班组相应建立节能网，责任落实到人。

② 编制和实施年度节能及技术改造计划。

③ 根据炉型、参数和燃料情况，规定有关节能指标，分班组进行考核，并根据锅炉运行时间、状况和产汽量等，按目标定用煤量。对节能者奖励或表扬，对超额者处罚或批评教育。

④ 锅炉不满水运行，保证供汽质量，使蒸汽带水率小于5%，锅炉的排污不过量。

⑤ 燃料、蒸汽、水、电有计量，有记录，有成本核算，及时、准确地进行统计分析，统计台账齐全。计量仪表应符合有关规定并定期校验。

⑥ 进场的原煤必须过磅验收和取样分析，分堆存放于煤棚内；库存数量准确，取煤实行“先进先用”的原则，按定额发煤并做好记录。

⑦ 保持锅炉炉墙、隔火（烟）墙完好，不漏风、漏烟和漏气短路。

⑧ 锅炉房热力管道保温达到相关技术规范的要求，给水截止阀、排污阀及其管道、阀门无跑、冒、滴、漏。

⑨ 锅炉水质达到相关标准的要求，使锅炉年结垢厚度小于0.5mm，要定期清除锅炉受热面上的积灰。

⑩ 锅炉的燃烧应正常，使锅炉的运行热效率、炉渣含碳量、过量空气系数等指标达到《工业锅炉经济运行》标准的要求。定期对锅炉进行热平衡测试。对锅炉房设备进行选型、技改时，应选用高效低耗的设备。

二、锅炉房安全管理岗位责任制

1. 锅炉房管理人员

所谓锅炉房管理人员主要是指锅炉房（车间）从事行政管理与生产指挥的人员，也包括单位对锅炉房进行管理的各职能部门的人员，如设备动力科、安全技术科、环境保护科、能源计量科等部门的人员。

（1）锅炉房管理人员的设置 所谓锅炉管理人员，对于企业设有锅炉（或动力）车间的，应是锅炉（或动力）车间的主任，如果锅炉房附属于单位的某个部门，则应是部门的负责人，也可明确部门管理人员。应该指出，明确单位锅炉房管理人员，是指明专职或兼职管理人员为主要负责人，而其他部门的人员，也应在自己的职、责、权限内对锅炉房的管理工作尽职尽责。

（2）管理人员应掌握的基本知识 随着现代科技的发展，锅炉房的管理工作将由经验型的、孤立的传统管理模式，逐步发展成为技术型的、全面的科学管理。这就要求锅炉房管理人员具有较高的文化技术素质，以适应现代管理的需要。一般来讲，锅炉房管理人员应掌握以下基本知识。

技术方面：①热工基础知识；②燃料、燃烧、燃烧设备的知识；③锅炉的结构和工作原理；④锅炉的附件、仪表、辅机等的用途、工作原理和操作注意事项；⑤锅炉及其设备的运行操作和控制，锅炉事故（故障）的预防和处理；⑥锅炉房设备的维修保养方法；⑦锅炉水质指标和水质处理方法；⑧锅炉检验的常识；⑨锅炉房的节能、环保措施和方法；⑩系统安全工程常识。

管理方面：锅炉房管理人员应掌握管理知识，熟悉本行业务，熟知国家对锅炉及锅炉房有关法规，并能正确运用与执行。

（3）管理人员的岗位责任制 锅炉房管理人员在安全技术管理方面的岗位责任制，应根据相关法律法规，并结合单位的具体情况制定，其主要内容有：

① 传达并贯彻执行国家安全生产法规，以及特种设备安全监察机构和主管部门下达的锅炉安全指令。

② 参与制定锅炉房各项规章制度。

③ 每周对锅炉房安全生产和各项规章制度的执行情况进行检查，并认真填写检查记录。

④ 对司炉工人、水质化验人员组织技术培训和安全教育，不断提高其技术素质和遵章守纪的自觉性。

⑤ 参与锅炉房的兴建、技术改造等大项目的决策研究，督促检查锅炉及其辅助设备的维修保养和定期检修计划的实施。

⑥ 解决锅炉房有关人员提出的问题，如不能解决应及时向单位负责人报告。

⑦ 有权制止违章作业和违章指挥。

⑧ 参与锅炉事故调查，按《生产安全事故报告和调查处理条例》的规定提出改进措施和对事故责任者的处理意见，报当地特种设备安全监察机构和当地安全生产办公室。

2. 主管领导和各职能部门

（1）主管领导 根据《安全生产法》，使用单位的法人是安全生产的第一责任人。锅炉使用的主管领导应主管锅炉房的安全生产工作，对锅炉房的安全生产负直接领导、组织实施的责任。主管领导在锅炉房安全生产方面的职责主要有：

① 认真贯彻执行国家特种设备安全监察机构和上级有关部门发布的锅炉房安全管理的法规、政策和各项工作要求，把锅炉房安全工作列入当年的目标管理内，定期研究安全生产工作。

② 教育和影响锅炉房及其管理部门的人员牢固树立“安全第一、预防为主”的思想，在布置、考核、总结工作，以及在对有关人员奖惩时，要与安全工作结合起来。

③ 在研究、决定锅炉房的兴建、改建、技改、重大修理等项目时，要同时讨论与布置有关锅炉设备的安全工作。

④ 每月至少对锅炉房进行一次检查并做好记录，落实和解决锅炉房内的各种问题。

⑤ 锅炉房发生重大事故时，应亲临现场指挥抢救，组织或协助上级部门对事故的调查，并督促有关部门或人员做好“四不放过”工作。

(2) 安全技术部门　安全技术部门是单位领导在锅炉房安全生产工作方面的参谋和助手，对锅炉房的安全生产负具体的指导、督促和检查的责任。

① 将特种设备安全监察机构、上级主管部门和单位领导的指示意见向锅炉房有关人员传达，并协助锅炉房管理人员具体布置安全生产方面的工作，指导、督促锅炉房对安全生产工作进行交流、总结、评比，定期向单位领导及向上级部门汇报锅炉房安全生产情况和今后工作建议。

② 参与、督促锅炉房制定安全生产方面的岗位责任制、规章制度和操作规程等。

③ 指导、协助、督促锅炉房加强安全管理，使其将安全工作列为重点工作之一。经常对锅炉房执行国家法规和单位规章制度的情况进行检查，对检查中发现的不安全隐患有权提出整改意见，对严重险情应速报单位领导并提出立即停炉的建议；根据检查评比情况对锅炉房安全生产的优劣，向单位领导提出奖惩建议。

④ 应邀参加锅炉房的基建、改建、技改、大修等项目的决策研究，参与锅炉的水压试验和检修验收工作，对安全阀的定压、铅封进行确认。

⑤ 配合有关部门做好锅炉房安全宣传和教育工作，参与并督促司炉工、水处理化验员的培训工作。

⑥ 参加锅炉事故的调查。

(3) 设备动力部门　设备动力部门是单位领导在锅炉房设备安全运行方面的参谋和助手，对锅炉房的安全运行负有具体领导、督促检查的责任。

① 负责锅炉房设备的管理，督促锅炉房有关人员对锅炉设备的日常运行进行检查，有计划地对锅炉房设备进行定期维修保养，使之保持良好状态，保证安全附件和自动保护装置齐全、灵敏、可靠。

② 参与制定锅炉及其辅助设备的维修保养制度、巡回检查制度和运行操作规程。

③ 保证锅炉设备的选购符合国家规定，在锅炉设备的安装、检修、技术改造等工作中严格执行国家安全法规和标准，负责锅炉施工的竣工验收工作。

④ 参与锅炉事故的调查、分析，对涉及锅炉设备的缺陷或故障而造成的事故提出鉴定意见。

⑤ 参与司炉工、水处理化验员的培训工作。

(4) 生产计划部门

① 在制定年度和长期生产计划时要相应考虑锅炉房安全生产措施计划，做到同时布置、检查、考核。

② 安排生产任务时，要考虑锅炉房设备的承受能力，将锅炉房安全生产列入调度会的内容。

③ 组织锅炉房的均衡生产，注意劳逸结合、生产与计划检修结合。

(5) 基建部门

① 保证锅炉房的兴建、改建工程的设计、审批、施工符合国家相关法规。

② 参与锅炉房及锅炉设备施工的竣工验收工作。

(6) 劳动工资部门

① 按照《特种设备作业人员管理规则》选派合格人员作为司炉工人。

② 通知锅炉车间（房）以及教育、安技、设备等部门对新入锅炉房的工人进行培训；

司炉工、水处理化验员经考试合格、取得质监部门颁发的操作证后，才能正式上岗。

③ 保证司炉工队伍的相对稳定，不随意调动司炉工人。

(7) 财务部门

① 按国家规定或单位实际需要，保证锅炉房安全技术措施经费和其他劳动费用，并单立科目，监督专款专用。

② 负责拨给对锅炉房职工进行安全教育、宣传和奖励的费用。

(8) 保卫部门

① 将锅炉房列为单位重要安全保卫对象，对锅炉房安全保卫情况经常进行检查，禁止无关人员擅入锅炉房。

② 对燃用易燃燃料（油、气等）的锅炉，应加强锅炉房的防火工作，并督促检查。

3. 人员配备及其岗位责任

(1) 各工种人员的配备　人员的配备属于锅炉房工人的定员定额问题（见表 9-8），配备人员应考虑锅炉房的以下特点：

表 9-8　锅炉房人员定额表

<table>
<tr><th>锅炉型号</th><th>锅炉台数</th><th>司炉工人数</th><th>水处理(及煤样)化验人员数</th><th>上煤、除渣工人数</th><th>维修工人数</th><th>合计人数(按三班合计)</th></tr>
<tr><td rowspan="3">DZL1-0.7</td><td>2</td><td>3～4</td><td>1</td><td rowspan="7" colspan="2">由司炉工兼</td><td>12～13</td></tr>
<tr><td>3</td><td>5～6</td><td>1</td><td>18～20</td></tr>
<tr><td>4</td><td>6～7</td><td>1</td><td>22～24</td></tr>
<tr><td rowspan="3">DZL2-0.7</td><td>2</td><td>5～6</td><td>1</td><td>18～20</td></tr>
<tr><td>3</td><td>6～7</td><td>1</td><td>22～24</td></tr>
<tr><td>4</td><td>9～10</td><td>1</td><td>30～32</td></tr>
<tr><td rowspan="3">DZL4-1.25</td><td>2</td><td>7～8</td><td>1</td><td>24～26</td></tr>
<tr><td>3</td><td>6～7</td><td>1～2</td><td>3～5</td><td>1～2</td><td>31～34</td></tr>
<tr><td>4</td><td>8～9</td><td>2</td><td>4～5</td><td>1～2</td><td>43～45</td></tr>
<tr><td rowspan="3">SHL6-1.25</td><td>2</td><td>5～6</td><td>2</td><td>4～5</td><td>1～2</td><td>34～37</td></tr>
<tr><td>3</td><td>6～7</td><td>2</td><td>5～6</td><td>1～2</td><td>40～43</td></tr>
<tr><td>4</td><td>8～9</td><td>2</td><td>6～7</td><td>2～3</td><td>50～53</td></tr>
<tr><td rowspan="3">SHL10-1.25</td><td>2</td><td>5～6</td><td>2</td><td>6～7</td><td>2～3</td><td>41～44</td></tr>
<tr><td>3</td><td>7～8</td><td>2～3</td><td>6～7</td><td>3～4</td><td>48～50</td></tr>
<tr><td>4</td><td>9～10</td><td>2～3</td><td>7～8</td><td>4～5</td><td>58～60</td></tr>
<tr><td rowspan="3">SHL20-2.45/400</td><td>2</td><td>5～6</td><td>2～3</td><td>6～7</td><td>3～4</td><td>43～45</td></tr>
<tr><td>3</td><td>7～8</td><td>2～3</td><td>7～8</td><td>3～4</td><td>51～54</td></tr>
<tr><td>4</td><td>9～10</td><td>2～3</td><td>7～9</td><td>4～5</td><td>58～62</td></tr>
</table>

注：1. 除合计人数外，维修人员以白班计，其余人数以每班计。

2. 合计人数不包括锅炉房管理人员、技术人员或勤杂人员。

3. 6t/h 以上锅炉的司炉工人数和设专职上煤除渣工的人数，是考虑锅炉有较高的自动化和机械化程度，可以根据实际情况对表中的人数进行适当调整。

① 锅炉房生产的“产品”是具有规定参数的蒸汽或热水，而不像一般的车间制造出某种产品或零件；锅炉房的“产量”随用汽或用热部门的变化而变化；燃料性能的变化会影响操作者的工作量。这些都表明锅炉房的工作较难量化。

② 较大容量的锅炉房（如 2 台 6t/ h 以上锅炉房），一般需多工种（或由多岗位）人员共同配合操作，而不像生产零件的机床等，每道工序仅完成某些特定的工作。

③ 对于 $D \geqslant 2$t/h 的锅炉，即使装有自动保护装置，为保证锅炉安全运行，也必须有人（至少一人）不间断地监视水位计、压力表等。

④ 生产用锅炉是企业的心脏，一旦出故障要及时抢修。锅炉工作条件恶劣，维修工作量大，宜设专职维修工。

(2) 岗位责任 司炉工岗位责任制：

① 严格执行锅炉安全操作规程和各项规章制度，精心操作，正确填写运行记录。

② 严格遵守劳动纪律，坚守岗位（不脱岗、不串岗）；当班前 4h 之内和当班时不饮酒，不做与生产无关的事；当班人员严禁“大班套小班”。

③ 发现锅炉有异常现象危及安全时，应采取紧急停炉措施并及时报告单位负责人。

④ 对任何危害锅炉安全运行的违章指挥，应拒绝执行。

⑤ 配合锅炉设备的维修工作，经常保持锅炉设备和锅炉房内外整洁，做到文明生产。

⑥ 努力学习业务知识，不断提高操作水平。

若司炉工按锅炉房具体情况分设了不同的岗位，则可根据他们的岗位制定具体的条款内容。若司炉工兼作维修工时，可将维修工的职责列入。

维修工岗位责任制：

① 认真执行巡回检查制度，定时进行巡回检查并做好记录。

② 做好锅炉设备的维修保养工作，保证其安全经济运行。

③ 根据设备维修计划和锅炉设备状况，积极做好维修准备工作。

④ 努力学习业务知识，不断提高技术水平。

水处理化验员岗位责任制：

① 认真执行水质管理制度，定时进行水质分析，保证锅炉的给水、锅水符合国家标准要求。

② 做好水处理设备的运行和水质化验记录，努力降低消耗。

③ 保证分析用溶液、试剂等的准确性。

④ 做好仪器、化验设备的维护保养工作。

⑤ 遵守劳动纪律，使化验室的工作间做到清洁卫生。

⑥ 努力学习业务知识，不断提高操作水平。

参考文献

[1] 江泽民. 对中国能源问题的思考. 上海交通大学学报，2008，42（3）. 345-359.
[2] BP 公司. BP 世界能源统计，2008.
[3] 国际能源署. 世界能源展望，2007.
[4] 中华人民共和国环境保护部. 2007 年中国环境状况公报.
[5] 车得福，刘银河. 供热锅炉及其系统节能. 北京：机械工业出版社，2008.
[6] 冯维君主编. 工业锅炉运行与管理. 浙江省质量技术监督局培训资料，2001.
[7] 王乃华，李树海，张明. 锅炉设备及运行. 北京：中国电力出版社，2008.
[8] 吴味隆等著. 锅炉及锅炉房设备. 北京：中国建筑工业出版社，2006.
[9] 赵钦欣等. 工业锅炉安全经济运行. 北京：中国标准出版社，2003.
[10] 刘瑞清. 燃煤锅炉（窑炉）节能改造强制性国家能效标准与管理工作操作人员配套培训考核工作手册. 北京：中国科技出版社，2005.
[11] 曾纬西. 锅炉设备及运行. 北京：水利电力出版社，1993.
[12] 于临秸等. 锅炉运行. 第 2 版. 北京：中国电力出版社，2006.
[13] 邵和春等. 汽轮机运行. 北京：中国电力出版社，2001.
[14] 岑可法等. 循环流化床锅炉理论设计与运行. 北京：中国电力出版社，2002.
[15] 童有武，张孝勇. 锅炉安装调试运行维护. 北京：地震出版社，1999.
[16] 刘德昌. 循环流化床锅炉运行与事故处理. 北京：中国电力出版社，2006.
[17] 郝继红. 循环流化床锅炉技术 600 问. 北京：中国电力出版社，2006.
[18] GB/T 1576—2008.
[19] 李培元. 锅炉水处理. 武汉：湖北科学技术出版社，1989.
[20] 张兆杰等. 锅炉水处理. 郑州：黄河水利出版社，2003.
[21] 李瑞扬等. 锅炉水处理原理与设备. 哈尔滨：哈尔滨工业大学出版社，2003.
[22] 宋业林. 锅炉水处理实用手册. 北京：中国石化出版社，2001.
[23] 王方. 锅炉水处理. 北京：中国建筑工业出版社，1993.
[24] 贾思怀. 工业锅炉水处理实用技术. 北京：金盾出版社，2008.
[25] 许兴炜. 工业锅炉水处理技术. 第 2 版. 北京：中国劳动社会保障出版社，2008.
[26] 郝景泰等. 工业锅炉水处理技术. 北京：中国气象出版社，2007.
[27] 解鲁生. 锅炉水处理原理与实践. 北京：中国建筑工业出版社，1997.
[28] 李瑞扬，吕薇. 锅炉水处理原理与设备. 哈尔滨：哈尔滨工业大学出版社，2003.
[29] 周本省. 工业水处理技术. 第 2 版. 哈尔滨：化学工业出版社，2003.
[30] 陆柱. 水处理技术. 第 2 版. 上海：华东理工大学出版社，2006.
[31] 程世庆. 化学水处理设备与运行. 北京：中国电力出版社，2008.
[32] 王鼎臣. 水处理技术及工程实例. 北京：化学工业出版社，2008.
[33] 李春友. 低压锅炉水处理技术. 大连：大连理工大学出版社，1990.
[34] 周英，赵欣刚. 锅炉水处理实用技术. 北京：地震出版社，2002.
[35] 刘兴无. SZL10-1. 25-AⅡ型锅炉连续排污的热能回收改造. 特种设备安全技术，2008，3：15.
[36] 汤凤，尹显录，胡念武，黄禄全. 蒸汽锅炉冷凝水回收控制方法及效益分析. 工业锅炉，2008，4：32-34.
[37] 徐振刚，刘随芹主编. 型煤技术. 北京：煤炭工业出版社，2001.
[38] 潘效军主编. 锅炉改造技术. 北京：中国电力出版社，2006.
[39] 刘茂俊编著. 燃煤工业锅炉节能实用技术. 北京：中国电力出版社，2000.
[40] 林宗虎等编著. 循环流化床锅炉. 北京：化学工业出版社，2004.
[41] 赵旺初. 循环流化床锅炉存在的问题及解决途径. 湖南电力，2000，20（4）.
[42] 张洪伟. 循环流化床锅炉的优点和技术发展方向. 锅炉制造，2004，（4）：34-36.
[43] 乔金莲. 分层燃烧技术及其应用. 煤矿现代化，2007，（2）：52.

[44] 纪建民，隋旭光. 锅炉分层燃烧技术的燃烧特性及节能分析. 信息产品与节能，2001，2.

[45] 管永林. 小型锅炉改造技术研究及工程应用 [D]. 重庆：重庆大学动力工程学院，2002.

[46] 岑可法，姚强等. 煤浆燃烧、流动、传热和气化理论与应用技术. 杭州：浙江大学出版社，2002.

[47] GB/T 18855—2002.

[48] 陈学俊，陈听宽主编. 锅炉原理. 北京：机械工业出版社，1981.

[49] 林宗虎，张永照主编. 锅炉手册. 北京：机械工业出版社，1989.

[50] 厚凌云，侯晓春编著. 喷嘴技术手册. 第 2 版. 北京：中国石化出版社，2007.

[51] JB/T 10440—2004.

[52] 陕西升苍能源管理有限公司. 高效洁燃煤粉. Q/SJ 002—2008.

[53] "十五"国家科技支撑计划重点项目"动力煤优质化技术与高效大型煤锅炉技术开发"课题申请指南. 北京：煤炭科学研究总院，2006.

[54] 屠传经，洪荣华，王鹏举. 重力热管式换热器及其在余热利用中的应用. 杭州：浙江大学出版社，1989.

[55] 张俊如，王继方. 波纹重力式热管余热锅炉在节能玻璃熔窑余热回收中的应用. 玻璃与陶瓷，2007，35 (4)：30-34.

[56] 陈泽鹏，李正宓. 热管换热设备在余热回收上的应用. 节能环保技术，2006，(10)：19-23.

[57] 赵斌，王子兵. 热管及其换热器在钢铁工业余热回收中的应用. 冶金动力，2005，109 (3)：34-36.

[58] 董其伍，王丹，刘敏珊. 余热回收用热管及热管式换热器的研究. 工业加热，2007，36 (4)：37-40.

[59] GB/T 9560—1999.

[60] 三菱废热锅炉. 三菱重工产品样本.

[61] 冈谷，清水. 辅燃型燃气轮机余热锅炉. 三菱重工技报，1985，22 (3)：原动机特集号.

[62] 李聪. 电厂锅炉运行. 北京：水利电力出版社，1989.

[63] 杜斌，许为权，彭佳佳. 钢厂节能型锅炉的设计对策. 工业锅炉，2007，3：11-14.

[64] 王柏仁. 燃气-蒸汽联合循环发电技术发展对策研究. 湖北电力，2007，31 (1)：64-66.

[65] 李善化，康慧等. 集中供热设计手册. 北京：中国电力出版社，1995.

[66] 刘茂俊. 燃煤工业锅炉节能实用技术. 北京：中国电力出版社，2000.

[67] 孙国琴. 发电厂风机、水泵变频调速与液力耦合器调速运行比较. 上海应用技术学院学报，2007，7 (2)：128-131.

[68] 童有武，张孝勇. 锅炉安装调试运行维护实用手册. 北京：地震出版社，1999.

[69] GB/T 10180—2003.

[70] 西安热工研究所，东北电力局技术改进局. 燃煤锅炉燃烧调整试验方法. 北京：水利电力出版社，1976.

[71] GB/T 17954—2000.

[72] GB/T 17954—2007.

[73] GB 10184—88.

[74] 杜涛恒. 热平衡测试技术. 杭州：浙江省杭州燃料利用监测站，1983.

[75] 杜涛恒. 工业锅炉经济运行. 杭州：浙江大学出版社，1985.

[76] 辽宁省电力工业局. 锅炉运行. 北京：中国电力出版社，1993.

[77] 西安电力学校锅炉教研组. 小型火力发电厂锅炉设备及运行. 北京：水利电力出版社，1988.

[78] 胡满银等. 除尘技术. 北京：化学工业出版社，2006.

[79] 陈鸿飞. 除尘与分离技术. 北京：冶金工业出版社，2007.

[80] 唐敬麟等. 除尘装置系统及设备设计选用手册. 北京：化学工业出版社，2004.

[81] 马广大. 除尘器性能计算. 北京：中国环境科学出版社，1990.

[82] 张殿印等. 除尘工程设计手册. 北京：化学工业出版社，2003.

[83] 杨明珍等. 工业锅炉除尘设备. 北京：中国环境科学出版社，1991.

[84] 王怀彬等. 锅炉辅助设备. 哈尔滨：哈尔滨工业大学出版社，1994.

[85] 国家环保局科技标准局，环境工程科技协调委员会. 工业锅炉除尘设备. 北京：中国环境科学出版社，1992.

[86] 赵振元等. 工业锅炉用户须知. 北京：中国建筑工业出版社，1997.

[87] 曾汉才. 燃烧与污染. 武汉：华中理工大学出版社，1992.

[88] [日] 森康夫等. 燃烧污染环境保护. 蔡锐彬等译. 广州：华南理工大学出版社，1989.

[89] 张新生等. 燃煤烟气脱硫. 北京：中国地质大学出版社，1991.

[90] 钟秦. 燃煤烟气脱硫脱硝技术及工程实例. 第 2 版. 北京：化学工业出版社，2007.

[91] 解鲁生．供热锅炉节能与脱硫技术．北京：中国建筑工业出版社，2004.

[92] 孙克勤．电厂烟气脱硫设备及运行．北京：中国电力出版社，2007.

[93] 杨旭中．燃煤电厂脱硫装置．北京：中国电力出版社，2006.

[94] 王力等．煤的燃前脱硫工艺．北京：煤炭工业出版社，1996.

[95] 陈进生．火电厂烟气脱硝技术：选择性催化还原法．北京：中国电力出版社，2008.

[96] 蒋文举等．烟气脱硫脱硝技术手册．北京：化学工业出版社，2007.

[97] 孙克勤等．火电厂烟气脱硝技术及工程应用．北京：化学工业出版社，2007.

[98] 杨飏等．氮氧化物减排技术与烟气脱硝工程．北京：冶金工业出版社，2007.

[99] 张强等．燃煤电站 SCR 烟气脱硝技术及工程应用．北京：化学工业出版社，2007.

[100] 孟志坚，林天立．中小型燃煤工业锅炉湿法烟气脱硫设备存在的问题及对策．能源环境保护，2001．18（2）：49-50.

[101] 吴星．燃煤工业锅炉烟气的脱硫方法．化工装备技术，2002，23（1）：41-42.

[102] 刘幼林．工业锅炉脱硫除尘装置的技术选型．工业锅炉，2006，2：27-30.

[103] 张均刚．中小型燃煤锅炉及工业炉窑烟气除尘脱硫设备的研究［学位论文］．武汉：武汉理工大学，2004.

[104] 田成．35T/H 链条锅炉湿式脱硫除尘综合改造［学位论文］．济南：山东大学，2006.

[105] GB 13271—2001.

[106] GB/T 10354—2002.

[107] 甘朋利．提高燃油锅炉经济运行水平的探讨．中国设备工程，2004，(1).

[108] 孙剑锋，张帆．锅炉经济运行的要素分析与措施．区域供热，2008，(3).

[109] 车得福．供热锅炉及其系统节能．北京：机械工业出版社，2008.

[110] 胡金堂．节能经验集锦．工业锅炉，2006，4.

[111] 李平．KZL4-13 锅炉节能消烟改造．节能，2001，(8)：30-31.

[112] 金波．SHL-20-13-A 锅炉炉拱的改造．节能，2000，(8)：36-37.

[113] 吕剑明．锅炉高效清灰剂在链条炉上的应用．应用能源技术，2000，(5)：31-32.

[114] 刘茂俊．燃煤工业锅炉节能实用技术．北京：中国电力出版社，2000.